自然灾害风险分析与管理

黄崇福 著

科学出版社

北京

内 容 简 介

许多自然灾害不能精确预测，只能对其进行风险分析和风险管理。本书给出了自然灾害的基本定义、风险的情景定义和风险分析的基本原理等，较全面地介绍了自然灾害风险分析和风险管理的基础理论和基本方法。本书的独到之处是，针对自然灾害系统通常都具有不可忽略的模糊不确定性这一特点，最权威地阐述了信息扩散技术在风险分析中的应用。本书再次说明，风险管理是除资源和科技以外的国家强盛的第三块基石。本书还探讨了风险综合管理的体系框架、应急管理系统仿真和智联网在线风险分析。

本书集专著和教材为一体，可供自然灾害、防灾减灾、财产保险、区域规划、国土整治、管理科学、人工智能等专业的高年级大学生、研究生、科研工程人员使用，也可供政府减灾、应急、规划等部门的技术官员参考使用，还可作为风险咨询公司高层主管的参考依据。

图书在版编目(CIP)数据

自然灾害风险分析与管理/黄崇福著. －北京:科学出版社，2012

ISBN 978-7-03-034452-6

Ⅰ.①自… Ⅱ.①黄… Ⅲ.①自然灾害－风险管理－研究 Ⅳ.①X43

中国版本图书馆 CIP 数据核字(2012)第 106334 号

责任编辑:彭胜潮 李 静/责任校对:林青梅
责任印制:吴兆东/封面设计:王 浩

科学出版社 出版
北京东黄城根北街 16 号
邮政编码:100717
http://www.sciencep.com

北京中石油彩色印刷有限责任公司 印刷
科学出版社发行 各地新华书店经销

*

2012 年 6 月第 一 版 开本:787×1092 1/16
2023 年 3 月第八次印刷 印张:25 7/8
字数:600 000

定价:138.00 元
(如有印装质量问题，我社负责调换)

前　言

自然灾害是人类共同的敌人，减轻灾害损失和影响是人类社会永恒的主题之一。提高灾害风险意识，防范灾害于未然，实现灾害管理的关口前移，是提高防灾减灾能力最有效的手段。强烈的风险意识必然促使人们科学地认识所面对的风险，并进行必要的风险管理。

什么是风险？什么是风险管理？"仁者见仁，智者见智"。有客观学派，有主观学派；有大量的数学模型，还有铺天盖地的各种流程，更有其他一些"不可知"学派。风险其实是与某种不利事件有关的一种未来"情景"。风险事实只有一个，但观察风险的角度可以不同。

"情景"泛指能被人们看到、感觉到或用仪器监测到的事件。任何过去和现在的情景都不是风险。"不利"是与人们的利益或福利相背，是伤害或损失。一个情景必须用一个系统进行描述，涉及"时间"、"场地"和"对象"等要素。"有关"的程度要放在度量空间中进行测量，概率被用来测量随机意义下的"有关"程度。一个不利事件应该用强弱加以标度。

风险的语言定义相比数学术语的定义更能抓住风险的本质。现代科技为人们系统地研究风险问题提供了重要帮助，风险问题的数学化加深了人们对风险的认识，概率统计使人们能够总结出一些风险现象的规律。然而，古人没有数学，更没有概率，但却有风险意识，也对风险进行了管理。

风险情景的最主要特征是不确定性。以确定性的观点探讨未来情景称为预测，以不确定性的观点研究风险情景称为风险分析。对风险发生的强度和形式进行评定和估计称为风险评估。能用概率描述其不确定性的风险称为概率风险，它只是风险中的一类。

从风险分析的角度看，建立风险评价指标体系，是不得已而为之，几乎无科学意义，多由经验而来。风险分析的核心不是追求新概念，不是数据的多少，而是实实在在的物理模型。如果对风险系统的物理机制有了深入研究，当有较多的观测数据时，风险分析的水平自然会有所提高，反之则不然。

风险管理是依据风险评价的结果，结合法律、政治、经济、社会及其他有关因素对风险进行管理决策并采取相应控制措施的过程。只要资源充足，人类有足够的智慧应对日常风险。例如，人们本能地远离不健康食品、建造抗震建筑、十字路口设置红绿灯等，都可以大大降低风险。然而，资源并非总是充足。例如，低收入家庭不得不购买品质较差的奶粉喂养自己的婴儿，尽管安全没有保障但价格低廉。

既使人类的知识已极为丰富，但人类对未来仍有许多不解。人们尚无法确切地知道何时何地何种强度的破坏性地震会发生，也不知道各种力量博弈之下房地产泡沫何时破裂，更不知道全球变暖后会出现什么稀奇古怪的事。在许多情况下，风险对人们而言是"雾里看花"。隐隐约约看出轮廓，总比一无所知要强。承认有所不知，比盲目地充满自信更有利于风险管理。面向未来，应对风险，是人类永恒的主题。

依靠只言片语的部分信息去尽可能全面地认识风险系统，这是人类求知的本能。以往，人们常常将一个知之不多的系统去同一个熟知的系统相比，在物理机制上获得支持，进而提高识别精度；今天，我们认为，存在用部分信息进行推测的机制，这就是信息扩散机制，它可以帮助我们提高对风险系统的识别精度，而且效果会更好。

概率论和数理统计是研究大量同类随机现象的统计规律性的数学学科。由于不具备统计规律性的风险不能经营，所以保险公司涉及的标的风险均是可以用概率来描述的风险。这使许多人误认为风险必须用概率来描述。

模糊集理论是处理不精确、不完备和模糊信息的数学工具。由于我们通常是用不完备信息估计风险，难以清楚地知道未来，所以大多数风险对我们而言是模糊风险。我们能看到的是模糊的未来情景。

本书最重要观点，不是对风险给出了情景定义，也不是信息扩散技术的应用，更不是对某些灾害风险的认识，而是认为风险管理的本质是有效降低生存成本，进而再次说明，风险管理是除资源和科技以外国家强盛的"第三块基石"。作者认为，这是一个重大发现。

在本书写作中，我所指导的博士研究生辛晶、艾福利、王蔚丹、郭君和硕士研究生张峰分别帮助完成了第9章、第10章、第11章、第12章和第15章中的部分排版工作。辛晶对前15章、杨富平副教授对第16章、赵晗萍副教授对第17章和王蔚丹对第18章的终稿进行了校对。在此，作者真诚地对他们表示感谢。

本书重在对具体问题的点滴探讨，而不是资料汇集，难免挂一漏十。摒弃空泛的讨论，提供实在的分析工具，是本书追求的目标。为便于读者一书在手应用自如，本书尽可能地提供常用的公式，如线性回归公式。

本书定位为理论研究和方法介绍，而非工程项目成果展示，所以并不追求处理最新数据。因此，附录C资料的时间跨度是1900年到1975年，没有补充新资料到2010年。另外，这批资料有很多学者用过，相关模型给出的结果容易比较。

本书在撰写和出版过程中得到下述项目的资助：①国家自然科学基金项目"缺失原始资料条件下自然灾害风险区划的更新理论和方法"，批准号40771007；②国家高技术研究发展计划（863计划）项目"农作物洪涝灾情遥感监测与评估关键技术研究"，批准号2009AA12Z124；③国家重大科学研究计划（973计划）项目课题"全球变化与环境风险演变过程与综合评估模型"，批准号2012CB955402。

由于作者水平有限，许多研究很不完善，书中不妥之处一定不少，敬请读者指正。

黄崇福

2012 年 5 月于北京师范大学

目　录

第四部分　风险管理探讨

第一部分 基 础 理 论

第1章 自然灾害

1.1 引 言

当 1976 年唐山 7.8 级大地震极其惨烈的罹难场面仍记忆犹新时，2008 年 5 月 12 日，一场地动山摇的 8.0 级特大地震在汶川发生了，四川省的 13 个市、县顷刻间变成残垣断壁，满目疮痍。汶川地震造成 8 万余人遇难，直接经济损失超过 1 万亿人民币。

我国是世界上自然灾害最为严重的国家之一。灾害种类多，分布地域广，发生频率高，造成损失重。70％以上的城市、50％以上的人口分布在气象、地震、地质和海洋等自然灾害严重的地区。近 15 年来，我国平均每年因各类自然灾害造成约 3 亿人（次）受灾，倒塌房屋约 300 万间，紧急转移安置人口约 800 万人，直接经济损失近 2000 亿元①。

自然灾害同时也是一个全球性灾害。全球 1/4 人口生活在自然灾害频发地区，涉及 160 个国家。世界上的三大地震带依次使美国、加拿大、墨西哥、哥伦比亚、秘鲁、智利、新西兰、裴济、印度尼西亚、菲律宾、中国、日本、俄罗斯等国家的许多地区成为地震区。仅 2002 年前 9 个月全球就有 80 多个国家 1700 多万人遭受水灾。1968～1973 年，非洲大旱，波及 36 个国家，受灾人口达 2500 万之多，逃荒者逾 1000 万。世界上有 50 多个国家存在泥石流的潜在威胁。

人类从诞生的那天起就开始了与自然灾害的斗争。几千年来，自然灾害历来是中国的严重社会问题，它不仅直接危害人类生命，造成财产的损失，而且对社会生产产生了巨大的破坏作用；并由此引发一系列的社会问题，涉及政治、经济、文化、生活等方面，甚至成为直接诱发社会动乱，导致改朝换代的因素。此外，自然灾害的发生还会导致生态系统的破坏，威胁到人类生存环境和文明的发展。

中国文明起源的神话传说如女娲补天、后奕射日等，都是与自然灾害斗争的写照。《孟子·滕文公上》载："当尧之时，天下犹未平。洪水横流，泛滥于天下；草木畅茂，禽兽繁殖，五谷不登；……禹疏九河，渝济、漂而注诸海；决汝、汉，排淮、泗而注之江。"这是距今四千多年前尧舜时期的禹与洪水斗争的概括总结。就我国历史而言，几乎从有文字记载那天起，就有了自然灾害的记录。从汉朝司马迁的《史记》到清朝组织撰写的《明史》，中国古代各朝撰写的，上起传说中的黄帝（公元前 2550 年），止于明朝崇祯十七年（公元 1644 年），计 3213 卷，约 4000 万字的二十四史中，就大量记载频频发生的洪涝、干旱、地震、虫灾等自然灾害。

---

① 国家综合减灾"十一五"规划 . http://news. xinhuanet. com/newscenter/2007-08/14/content _ 6530351. htm. 访问时间：2009 年 1 月 1 日

例如，《宋史》卷 92，《河渠志二》记载：宋神宗熙宁十年(1077)七月十七日，黄河大决于滑州曹村，擅渊北流断绝，河道南徙，东汇于梁山、张泽泺，由此分为两派，一合南清河入于淮，一合北清河入于海，"凡灌郡县四十五"。

《元史》卷 51《五行志》记载：元至正二十二年(1362 年)，河南洛阳、孟津、偃师三县大旱，人相食。

《汉书》卷 27《五行志》记载：本始四年四月壬寅地震，河南以东四十九郡，北海琅琊坏祖宗庙城郭，杀六千余人。四十九郡，北海琅琊坏祖宗庙城郭，杀六千余人。后人推算出，这次地震发生在公元前 70 年 6 月 1 日，震中在山东的诸城昌乐一带(北纬 36.3°，东经 119.0°)，震级为里氏 7.0 级，震中烈度为Ⅸ度。

《魏书》卷 112《灵征志》记载：高祖太和五年七月，敦煌镇蝗，秋稼略尽。六年七月，青、雍二州虸蚄害稼。八月，徐、东徐、兖、济、平、豫、光七州，平原、枋头、广阿、临济四镇，蝗害稼。

我国最早从事自然灾害科学研究的是物候学家竺可桢，他从地理学和气象学的角度研究自然灾害，发表了"中国之雨量及风暴说"(《科学》，第 2 卷第 2 期，1916 年)、"吾国地理家之责任"(《科学》，第 6 卷第 7 期，1921 年)、"论我国应多设气象台"(《东方杂志》，第 18 卷第 15 期，1921 年)、"气象与农业之关系"(《科学》，第 7 卷第 7 期，1922 年)、"南宋时代我国气候之揣测"(《科学》，第 10 卷第 2 期，1925 年)等相关文章。

随着自然科学和社会科学的发展，尤其是计算机技术和遥感技术的飞速发展，为人们分析和观测自然灾害这样的大系统提供了便利条件，使自然灾害的研究在 20 世纪 90 年代进入了快速发展的时期，逐步形成了一些有一定共识的研究和管理自然灾害的基本概念和描述方法。

1.2　自然灾害的基本定义

什么是自然灾害(natural disaster)？这似乎不是个问题，最简单的回答甚至可以说成是与"自然现象"有关的"灾害"就是自然灾害；网络资料中大量引用的则是维基百科中的表述："自然灾害，指自然界中所发生的异常现象，这种异常现象给周围的生物造成悲剧性的后果，相对于人类社会而言即构成灾难。"在陈颙院士和史培军教授合著的《自然灾害》(北京师范大学出版社，2007 年)一书中，干脆就避而不谈这个问题，而是在介绍地球和地球活动的能量来源后直接介绍自然灾害的特点。

"自然灾害"这一概念，与现代数学中最基本的概念"集合"不一样，并非无法寻找更基本的概念来给出一个确切的定义，并非只能通过列举进行描述性定义。况且，就是"集合"这样的概念，也存在由康托给出的非描述性定义："将具有某种特征或满足一定性质的所有对象或事物视为一个整体时，这一整体就称为集合，而这些事物或对象就称为属于该集合的元素。"

定义(definition)其实就是用已知的概念描述所定义的概念，定义的作用就是明确概念的内涵。

为厘清"自然灾害"的内涵，便于相关内容的表述，我们先对"概念"、"内涵"和"外延"这三个术语进行说明。

1. 概念（concept）

对于客观世界存在的对象，存在着一个"认知主体"。人们通过对客观对象的观察和思考，认识到认知主体的存在。经过思维的抽象，在思想中产生了"概念"。概念是思维的产物，在思维领域，概念用来反映思维对象特有属性或本质属性。

例如，"直角三角形"这一概念反映对象的本质属性是"三角形，其中有一个内角是直角"，至于三边的长短及其他两个锐角的大小都是特殊的、次要的、非本质的属性。

任何一个概念都是用词语表现的。概念的两个基本逻辑特征是内涵与外延。

2. 内涵（intension）

概念的内涵就是这个概念所反映对象的本质属性的总和。

例如，"平行四边形"这个概念，它的内涵包含着一切平行四边形所共有的"有四条边，两组对边互相平行"这两个本质属性。又例如，"青菜"是一个概念，它是一种植物，绿色，一般叶子直立，可食用。这是这个概念的内涵。

大量的数学概念采用内涵方式来定义。

3. 外延（extension）

概念的外延就是适合这个概念的一切对象的范围。

例如，"平行四边形"这个概念，它的外延包含着一切正方形、菱形、矩形以及一般的平行四边形。"青菜"这个概念的外延包含油菜、菠菜、芹菜、芥菜、葱等。

从数学上来讲，有一个概念，相应地应有一个对象的集合。例如，有狗的概念，就有全部狗的集合。给这个集合下定义有两个方法：一是把狗的性质一个一个地叙述出来，狗有四只脚，大约有多重等，即用集合的内涵给集合下定义；另一办法则是把所有的狗都列举出来，即用外延给集合下定义。

一个概念的内涵越广，则其外延越狭；反之，内涵越狭，则其外延越广。

当母亲把狗的概念教给孩子时，并不采用经典数学的上述两种方法，内涵和外延都没有指出，只说这是狗，那不是狗，让孩子看几次以后，区别就清楚了。这样，母亲没有把全世界的狗都领给孩子看；也没有给孩子讲清狗的严格定义，而只靠极少数几个实例代表全体，就教会了孩子掌握狗的概念。表面上看，这是一种不同于内涵和外延的第三种方法，也是人类思考事物的独特的特点。但其实它是两种方法的组合。人脑中储存的与日常生活相关的概念，大多是把感觉到的事物的共同特点抽出来，加以概括而形成，本质是以外延为基础，以内涵为导向的概念学习法。

用外延的方式定义"自然灾害"或许比较简单，似乎列举出大量文献提及的自然灾害，如洪涝灾害、旱灾、地震灾害、虫灾等就可以了。事实上，自然灾害举不胜举。而且，一些看似非自然灾害的现象，其实掺杂有自然灾害的成分。例如，煤矿中的瓦斯大爆炸，主要与生产安全管理不到位有关，一般不归入自然灾害研究的范围。但是，引起大爆炸的瓦斯却是来自自然界，瓦斯大爆炸也有自然灾害的成分。如果以外延方式定义"自然灾害"，是否要列举这类灾害现象，就成了问题。如果我们将煤矿中的瓦斯大爆炸以现行管理体制为由排除在"自然灾害"的集合外，这就意味着人们可以随意更改"自然灾害"这个概念。如果在这样的概念上建立自然灾害风险分析的理论和风险管理的体系，其科学研究结果的客观性和真实性将受到质疑。

用内涵的方式定义"自然灾害"则要求简洁明了，用词准确，具体地揭示概念所反映的对象的本质。要对"自然灾害"作出一个正确的定义，不仅要具备有关的科学知识，掌握下定义的逻辑方法，还必须遵守如下的四条规则。

规则 1　相称性规则，即定义概念和被定义概念的外延相等

例如，"两组对边分别平行的四边形叫做平行四边形。"这个定义的定义概念是"两组对边分别平行的四边形"，被定义概念是"平行四边形"。它们指的是同一类对象，所以它们的外延完全相同。

如果违反了这条规则，就会犯"定义过窄"或"定义过宽"的逻辑错误。例如，"企业就是从事现代化生产的经济活动部门"，就犯了"定义过窄"的逻辑错误。而"正方形是四角相等的四边形"就犯了"定义过宽"的逻辑错误。前者的错误是将"传统化生产的经济活动部门"刨除在了企业之外；后者的错误是正方形包括了"没有直角的四角相等的四边形"。

由上可见，无论定义过宽或窄，都不能准确揭示概念的内涵。

规则 2　非循环规则，即不能循环定义

在一个定义中，被定义概念是不明确的，正因为如此，我们才用定义概念去明确被定义概念。如果定义概念中直接或间接地包含被定义概念，这就等于用一个不明确的概念去说明不明确的概念。

例如，"太阳是白昼发光的星体，而白昼就是有太阳的光照着的时候。"这是相互联系的两个定义。其中，第二个定义的定义概念"有太阳的光照着的时候"，就用到了第一个定义的被定义概念"太阳"。这就等于是先用"白昼"去定义"太阳"，后来又反过去用"太阳"去定义"白昼"，这样就犯了"循环定义"的错误。

规则 3　非否定性原则，即定义一般不能用否定判断

给概念下定义就是要揭示概念的内涵，说明它具有什么本质属性。如果定义是否定的，只能说明被定义的概念不具有什么属性，这样就达不到下定义的目的。例如，"故意犯罪不是过失犯罪。"这个定义没有正面揭示概念的内涵，不是正确的定义。

规则 4　清楚确切规则，即定义应清楚确切

这条规则就是要求定义概念必须采用科学术语，不能用含混的概念，也不能用比喻。否则不能使人明确概念的内涵，达不到下定义的目的。例如，"生命是通过塑造出来的模式化而进行的新陈代谢。"其中，"通过塑造出来的模式化"就是一个含混模糊的概念。

我们用上述规则来判断下面 5 个"自然灾害"的定义是否合理：

(1)自然灾害是与自然现象有关的灾害；

(2)自然灾害，指自然界中所发生的异常现象，这种异常现象给周围的生物造成悲剧性的后果，相对于人类社会而言即构成灾难①；

(3)自然灾害是自然致灾因子影响的后果[1]；

(4)自然灾害是能造成灾难性后果的任何自然事件或力量，如雪崩、地震、水灾、森林火灾、飓风、雷击、龙卷风、海啸和火山爆发②；

(5)自然灾害指自然界中发生的、能造成生命伤亡与人类社会财产损失的事件[2]。

第 1 个定义不符合规则 1。这个定义的定义概念"与自然现象有关的灾害"其外延比被定义概念"自然灾害"的外延要广许多。例如，有研究表明，人类的疾病发病率、犯罪率、交通事故率，甚至是饮食量的变化都与月相盈亏有关。事故率在满月之前的两天会达到顶峰。月相盈亏是一种自然现象，是否与此有关的交通事故就是自然灾害呢？显然不是。因为造成交通事故的主要原因不是月相变化。

第 2 个定义不符合规则 4。我们姑且不说是否异常才可能造成灾害，这个定义中用到模糊概念"异常现象"就不符合要求清楚确切的规则。什么样的自然现象才能能称得上"异常"，并没有明确的边界，"异常现象"就是一个含混模糊的概念。

第 3 个定义是联合国统计署曾推荐使用的。由于"影响"和"后果"这两个概念均过于抽象，须进一步定义，所以这个定义只能在很小的人群中使用，甚至于在 2009 年版联合国国际减灾战略减轻灾害风险的术语中，也只有"natural hazard"（自然致灾因子）的条目，而没有"natural disaster"（自然灾害）的条目。

第 4 个定义是新编的韦氏字典(*Webster's New Millennium*)对"自然灾害"这一词条的解释。虽然该字典相当于中国的《辞海》，在释词方面具有权威性，但它并不按逻辑学的方式来定义概念，给出的词条大多数不满足科学定义的要求。上面的表述只涉及了造成"自然灾害"的外因，与承受灾难性后果的对象无关，并不能揭示"自然灾害"这一概念所反映的对象的本质。

第 5 个定义是作者在 2005 年由科学出版社出版的《自然灾害风险评价——理论与实践》一书中给出的，问题在于定义中"自然界中发生的"这一限定词使定义概念的外延过广，因为人类社会存在于自然界中，人类遭遇的种种灾难自然是发生在自然界中，但并非所有这些灾难都是自然灾害。

为此，本书将第 5 个定义中的限定词"自然界中发生的"进行修改，使定义概念和被定义概念的外延相等，形成了一个更为合理的定义：

定义 1.1 自然灾害是由自然事件或力量为主因造成的生命伤亡和人类社会财产损失的事件。

这里，"自然事件或力量"指明了原因，"生命伤亡和人类社会财产损失"指明了后果。换言之，自然灾害并是不自然事件或力量本身，而是由其造成的后果。因此，地震、洪水本

---

① http://zh. wikipedia. org/wiki/%E5%A4%A9%E7%81%BE. 访问时间：2009 年 4 月 20 日

② http://dictionary. reference. com/browse/natural%20disaster. 访问时间：2009 年 4 月 21 日

身不是自然灾害，而是自然现象，只有由它们为主因造成的生命伤亡和人类社会财产损失才是自然灾害。煤矿中的瓦斯大爆炸造成的灾难，其主因是生产安全管理不到位，因此这种灾难不是自然灾害。战争造成的生命伤亡和人类社会财产损失与自然事件和力量均无关，战争灾难不是自然灾害。雷电引起的森林火灾，主因是自然事件"雷电"，而森林被视为人类社会财产的一部分，所以这类火灾是自然灾害。

笔者曾在全国减灾救灾标准化技术委员会工作，该会在 2009 年 7 月提交的《自然灾害管理基本术语》国家标准报批稿中，自然灾害的术语是：由自然因素为主引起，对人类生命、财产、社会功能等造成危害的事件或现象。包括气象灾害、地震灾害、地质灾害、海洋灾害、生物灾害、森林或草原火灾等。与本书给出的定义 1.1 相比，该术语使用了较为抽象的"自然因素"概念，涉及"社会功能"，列举了 7 种自然灾害。本质上这两者是一致的，但该委员会建议的术语与严格的定义尚有一些差距，主要是该术语涉及的"社会功能"不符合"清楚确切"的规则，但由于"管理"的需要，放在这些术语中也是可以的。换言之，该委员会建议的自然灾害的术语，是与自然灾害管理较为密切的术语，并不是自然灾害的基本定义。

本书之所以在定义"自然灾害"这一概念时引入了一些逻辑学的研究成果，主要是作者提倡对纷杂的自然灾害问题也要采取平和的逻辑推理分析方法，反对跑马圈地，信口开河，好大喜功式的研究风格。只有这样，我们才可能固守着流失的岁月和苍桑的变迁，经受住历史的考验。

根据自然灾害的内涵我们可以推知，不论其成因和机制存在多大的差异，自然灾害都有下述三大共性：

共性一　自然灾害均发生在地球表层。由于地球表层的物质圈是人类赖以生存和发展的环境，所以，只有发生在地球表层，诸如岩石圈、生物圈、水圈、大气圈的自然事件或力量才可能造成自然灾害。因此，我们必须深入研究地球表层系统，才能对自然灾害的危险性有正确的认识。

共性二　一种自然灾害常诱发或伴生其他的自然灾害。自然灾害是在由自然系统和人类社会系统组合成的高度复杂系统中发生的现象，所以，一种自然事件或力量常常会导致另一种自然事件或力量的出现，一些生命伤亡和人类社会财产损失会导致另一些生命伤亡和人类社会财产损失。例如，地震会诱发崩塌、滑坡、海啸等其他自然灾害。一个地区的水灾往往伴生另一地区的旱灾，旱灾又容易诱发虫灾等。地震中大量人员的伤亡可以诱发流行疾病等生物灾害。地震一旦使燃气管道发生泄漏并同时使地下电缆外壳损坏，就有可能引发重大火灾和爆炸事故。因此，我们必须全面研究灾害链，才能对复杂的自然灾害获得更好的理解和控制。

共性三　自然灾害的强度与发生频率呈反比。由于巨大自然力量的积累需要相当长的时间，并且人类具有躲避自然灾害的本能，所以，任何种类的自然灾害，巨灾发生的频率都很低，而轻微灾害却可能频繁发生。例如，在任何地震区内，超过 7 级以上的地震发生的频率都很低，而中小地震却频繁发生。人们选择水色丰润之地而耕作，远离沙漠而居住，所以，严重的旱灾偶有发生。虽然沙漠中十分缺水，但由于没有村庄和城市，并不会出现严重的旱灾。因此，我们必须认真研究灾害强度与发生频率的关系，才能合理使用有限的防灾减灾资源。

自然灾害会有各种各样的表现，如不均匀性、多样性、差异性、随机性、突发性、迟缓性、重现性及无序性等，不一而足。但它们并不是自然灾害的共性。例如，很多自然灾害的不均匀性只能放在一个大的地理空间里才能显现出来。从保险理赔的角度看，很难说遭受水灾的一片鱼池中有什么不均匀性。又例如，旱灾的发生一般有较长的发展过程，根本没有突发性。事实上，自然灾害形成的过程有长有短，有缓有急。有些自然灾害，当自然力量的积累超过一定强度时，就会在几天、几小时甚至几分钟、几秒钟内表现为灾害行为，像地震、洪水、台风、冰雹等，这类灾害才是突发性自然灾害。旱灾、农作物和森林的病、虫、草害等，一般要在几个月的时间内成灾。而像土地沙漠化、水土流失、环境恶化等，通常要几年或更长时间的发展，完全就是缓发性自然灾害。

虽然不同研究领域、管理部门或行业对自然灾害的理解不同，但这并不影响自然灾害的本质属性，所以本书给出的自然灾害基本定义，不限于某一范畴。换言之，如果因不同的理解而描述客观对象的概念不同，相关的定义必须加上某些限制，这样的定义并不是基本定义。只有在自然灾害基本定义之上，人们才可能用系统动力学过程的观点[3]，对自然灾害系统进行有效研究，而不会由于观点不同，对客观系统的认识产生较大歧义。

为方便读者使用本书，下面我们对《国家综合减灾"十一五"规划》中提及的洪涝、干旱、台风、冰雹、雷电、高温热浪、沙尘暴、地震、地质灾害、风暴潮、赤潮、森林草原火灾和植物森林病虫害等自然灾害，分别作一简单介绍。

国内外对这 13 种自然灾害都做了大量研究，相关文献浩如烟海，大多数概念的形成已相当成熟，如洪水[4]、地震[5]、台风[6]、泥石流[7]等。本书并非提出新的概念，而是对它们进行规范化，使其与自然灾害基本定义相一致。针对每一种自然灾害最新研究成果的概述，均可以形成一篇有分量的学术论文，由于篇幅所限，本书不展开这方面的讨论。

1.3　洪涝灾害

当一地由于长期降雨或其他原因，使山洪暴发，或使江、河、湖、海所含水体水量迅猛增加，水位急剧上涨超过常规水位时的自然现象，叫作洪水（flood），由此造成的灾害，叫作洪水灾害，简称"洪灾"。由于降水过多，地面径流不能及时排除，农田积水超过作物耐淹能力，造成农业减产的灾害，叫作涝灾（waterlog）。洪灾和涝灾统称为洪涝灾害（flood disaster），简称"洪涝灾"。

洪涝灾害是由于水流与积水超出天然或人工的限制范围，危及人类生命财产的安全而形成的。

洪水对人类社会有多方面的危害。例如，直接造成人畜伤亡；冲毁或淹没建筑物与人类财产；破坏铁路、公路、通信线路与其他工程设施；使农作物与经济作物歉收或绝收，土质恶化；使工农业生产及其他人类活动中断；导致某些疾病的流行；诱发某些次生灾害，如崩塌、滑坡、泥石流等地质灾害，病虫害等农林灾害。

降水过多造成农作物减产的原因是：积水深度过大，时间过长，使土壤中的空气相继排出，造成作物根部氧气不足，根系部呼吸困难，并产生乙醇等有毒有害物质，从而影响作物生长，甚至造成作物死亡。

在农村地区的洪灾，多数伴生有涝灾。因此，洪涝灾害常常被视为洪灾(flood disaster)。

洪水灾害的形成受气候、下垫面等自然因素与人类活动因素的影响。我国水利部门将洪水分为河流洪水、湖泊洪水和风暴潮洪水等。其中河流洪水依照成因的不同，又被分作五种类型[①]：

(1)暴雨洪水。由较大强度的降雨形成。我国受暴雨洪水威胁的主要地区有 73.8 万 km^2，分布在长江、黄河、淮河、海河、珠江、松花江、辽河七大江河下游和东南沿海地区。这类洪水的主要特点是洪峰高，流量大，持续时间长，灾害波及范围广。20 世纪在我国发生的几次大水灾，如长江 1931 年和 1954 年大水、珠江 1915 年大水、海河 1963 年大水、淮河 1975 年大水、长江 1998 年大水等都是这种类型的洪水。

(2)山洪。山区溪沟中发生的暴涨暴落的洪水。由于山区地面和河床坡降都较陡，降雨后产流和汇流都较快，形成急剧涨落的洪峰。这类洪水具有突发性强、水量集中、破坏力强等特点，但一般灾害波及范围较小。这种洪水如形成固体径流，则称作泥石流。

(3)融雪洪水。主要发生在高纬度积雪地区或高山积雪地区。

(4)冰凌洪水。主要发生在黄河、松花江等北方江河上。由于某些河段由低纬度流向高纬度，在气温上升、河流开冻时，低纬度的上游河段先行开冻，而高纬度的下游河段仍封冻，上游河水和冰块堆积在下游河床，形成冰坝，也容易造成灾害。在河流封冻时也有可能产生冰凌洪水。

(5)溃坝洪水。指大坝或其他挡水建筑物发生瞬时溃决，水体突然涌出，给下游地区造成灾害。这种溃坝洪水虽然范围不太大，但破坏力很大。此外，在山区河流上，在地震发生时，有时山体崩滑，阻塞河流，形成堰塞湖。一旦堰塞湖溃决，也会形成类似的洪水。这种堰塞湖溃决形成的地震次生水灾造成的损失，往往比地震本身所造成的损失还要大。

1.4　干旱灾害

在一个较长的时间内无雨或少雨而造成的空气干燥、土壤缺水的现象，叫作干旱(drought)。若干旱较严重，导致农业生产等经济活动与人类生活受到危害时，造成的灾害称为干旱灾害(drought disaster)，简称"旱灾"。干旱的最严重后果是饥荒。

严格来讲，干旱可分为大气干旱和土壤干旱两种。

所谓大气干旱就是少雨、相对湿度很低的情况。大气干旱还常常伴随着高温和多风。干旱的标准，有不同的规定。最简单的干旱标准是降水量的多少。一般采用降水量(年或季)小于或等于常年的 80% 为小旱；降水量小于或等于常年的 40% 为大旱。此外，也有用降水的标准差来确定旱涝指数的，公式如下：

$$I = \frac{X_i - \overline{X}}{\sigma} \tag{1.1}$$

————————

①中国水利国际合作与科技网．http://www.chinawater.net.cn/popularization/CWSArticle _ View.asp? CWSNews-ID＝20386．访问时间：2009 年 1 月 2 日

式中，I 为旱涝指数；X_i 为某地某年降水总量；X 为该地历年平均降水量；σ 为年降水量的标准差。如果 $-1<I<1$，则为正常年；$-2<I<-1$，为旱年；$I<-2$，为大旱年。

大气干旱常常伴随土壤水分减少，不能满足作物的需要，出现土壤干旱。但是，土壤干旱也可能由人类过量使用水资源或其他原因引起。一般根据土壤水分和作物参数确定土壤干旱的程度。

发生干旱时，降水量较常年同期明显减少（干旱地区或半干旱地区可能例外）。干旱的具体指标因时间、地点和农作物的不同而异。处于不同生长发育期的不同种类或品种的农作物对水分的需求量是不同的，耐缺水的能力及因缺水而对生长和产量的影响也是不同的。况且，由于农作物还可以从地下获取水分，故干旱程度的确定不但与前期降水量和干旱持续日数有关，也与地下水位、灌溉条件及农作物的特征有关。

发生在某些特定时期的旱灾因对农作物有特殊的危害，故有特殊的名称。例如，伏天时出现的干旱称为伏旱。伏旱时温度高，水分的蒸发和蒸腾量大，而当时正是农作物生长旺盛的时期，因此伏旱不但对当年作物的危害比春旱重，且因制约了水库蓄水量与土壤底墒的形成，对冬小麦及来年春播作物的生长与产量也有重要影响。

目前，旱灾的主要防治措施是借助于各种水利工程对农作物进行灌溉及进行其他方面的水资源补充。具体来讲，防治旱灾的主要措施有三种：

（1）兴修水利。建造大、中、小型水库，修筑塘坝，配置排灌渠道，挖凿机井和水井，做到蓄水、保水和合理用水。

（2）营造水土保持林、农田防护林。林带能减小风速，减少径流量，保存积雪，提高空气和土壤湿度，既能防止干旱又能涵养水源。

（3）采取各种技术措施保墒。例如，及时翻耙、中耕除草、喷洒抑制蒸发剂和覆盖等减少土壤的蒸发，储蓄降水，防止干旱。

1.5 台风灾害

发生在热带洋面上的大气旋涡叫热带气旋（tropical cyclone）。当热带气旋中心附近最大平均风速超过 32.6m/s 时，在大西洋、加勒比海和北太平洋东部被叫作"飓风"（hurricane），在西北太平洋和我国南海叫作台风（typhoon）。台风登陆造成严重的人畜伤亡与财产损失或在海面使船只等颠覆沉没称为台风灾害（typhoon disaster）。

台风可摧毁登陆地区的大片建筑物或工程设施，吹断通信与输电线路，毁坏农作物或经济作物，造成严重的灾难。台风在海面上引起的巨浪可使来不及躲避的船只颠覆沉没，还会使海上石油钻井平台遭到破坏。台风带来的暴雨常常造成严重的洪水灾害。

世界气象组织（World Meteorological Organization，WMO）对热带气旋的定义和分类标准是，按中心附近最大平均风力将热带气旋划分为四级[1]：

———————————————

[1] World Meteorological Organization，WMO. http://www.wmo.int/pages/prog/www/tcp/documents/TCP−21_OP2008_Rev.pdf. 访问时间：2009 年 1 月 3 日

（1）热带低压（tropical depression，TD）——最大风速小于 17.2m/s，风力为 6～7 级。

（2）热带风暴（tropical storm，ST）——最大风速 17.2～24.4m/s，风力 8～9 级。

（3）强热带风暴（severe tropical storm，STS）——最大风速 24.5～32.6m/s，风力 10～11 级。

（4）台风（typhoon，TY）——最大风速大于 32.6m/s，风力 12 级以上。

我国国家标准 GB/T 19201—2006 对热带气旋的分级见表 1.1[①]。

表 1.1　我国热带气旋等级划分表

热带气旋等级	中心附近最大平均风速/(m/s)	底层中心附近最大风力/级
热带低压（TD）	10.8～17.1	6～7
热带风暴（TS）	17.2～24.4	8～9
强热带风暴（STS）	24.5～32.6	10～11
台风（TY）	32.7～41.4	12～13
强台风（STY）	41.5～50.9	14～15
超强台风（Super TY）	≥51.0	16 或以上

对于风力等级的划分，人们沿用的是英国海军上将薄福（Francis Beaufort）1805 年提出的风级概念。我国从 2006 年起采用表 1.2 的 17 级风级表（参见"国家标准 GB/T 19201—2006"）。

表 1.2　蒲福风力等级表

风力级数	名称	陆地地面征象	风速	
			m/s	km/h
0	静稳	静，烟直上	0～0.2	<1
1	软风	烟能表示风向，但风向标不能动	0.3～1.5	1～5
2	轻风	人面感觉有风，树叶微响，风向标能转动	1.6～3.3	6～11
3	微风	树叶及微枝摇动不息，旌旗展开	3.4～5.4	12～19
4	和风	能吹起地面灰尘和纸张，树的小枝摇动	5.5～7.9	20～28
5	清劲风	有叶的小树摇摆，内陆的水面有小波	8.0～10.7	29～38
6	强风	大树枝摇动，电线呼呼有声，举伞困难	10.8～13.8	39～49
7	疾风	全树摇动，迎风步行感觉不便	13.9～17.1	50～61
8	大风	微枝折毁，人行向前感觉阻力甚大	17.2～20.7	62～74
9	烈风	建筑物有小损（烟囱顶部及平屋摇动）	20.8～24.4	75～88
10	狂风	陆上少见，见时可使树木拔起或使建筑物损坏严重	24.5～28.4	89～102
11	暴风	陆上很少见，有则必有广泛损坏	28.5～32.6	103～117
12	飓风	陆上绝少见，摧毁力极大	32.7～36.9	118～133
13	—	—	37.0～41.4	134～149
14	—	—	41.5～46.1	150～166
15	—	—	46.2～50.9	167～183
16	—	—	51.0～56.0	184～201
17	—	—	56.1～61.2	202～220

[①] 中国台风网．http://www.typhoon.gov.cn/uploadfile/200712/20071207112447598.pdf．访问时间：2009 年 1 月 3 日

我国位于太平洋西岸，海岸线绵延 18000 余千米，是世界上遭受台风灾害最严重、最频繁的区域之一。例如，2006 年 8 月 10 日下午 5 时 25 分在浙江省苍南县马站镇沿海登陆的超强台风"桑美"，最大风力超过 17 级（60m/s），苍南霞光站测得最大风速 68m/s。台风"桑美"还给沿途带来暴雨，苍南县昌禅站 24 小时降雨量达到 576mm。虽然"桑美"的云系紧凑，边界光滑，个头较小，其云系直径只有 300km 左右，但所造成的灾害却十分严重。根据中华人民共和国水利部公报，此次台风造成福建、浙江、江西等省农作物受灾面积 265700hm²，其中成灾 120300hm²，受灾人口 599.4 万人，因灾死亡 483 人，倒塌房屋 8.5 万间，直接经济总损失 195.0 亿元[①]。

1.6　冰雹灾害

从强对流云团中降落到地面的，直径为 5～50mm 的小冰粒或小冰块叫作冰雹（hail）。云团是指停留在大气层上的水汽或水滴或冰晶胶体的集合体。当云团的温度比周围空气温度高时，因密度较周围空气小，云团就要上升，周围的空气就要下沉，这称之为空气的对流运动。当对流运动中云团的垂直上升速度接近 50cm/s 时，称之为强对流运动。云团中的水汽随着气流上升，高度越高，温度越低，水汽就会凝结成液体状的水滴；如果高度不断增高，温度降到 0℃以下时，水滴就会凝结成固体状的冰粒或冰块，降落到地面就是冰雹。冰雹对人类社会造成的灾害，称为冰雹灾害（hail disaster）。

虽然冰雹云的范围不大，多数不到 20km²，由于移速可达 50km/h，降雹的持续时间也比较短，一般为 5～20min，但冰雹常砸坏农作物和房屋、设施等，加之下冰雹时，常伴有强烈的大风和暴雨，冰雹灾害有时会相当严重。例如，2008 年 5 月 12 日凌晨 1 时许，陕西省紫阳县双桥镇遭遇冰雹袭击，强降雨持续约 20min，冰雹直径约 9～12mm，全镇直接经济损失约 400 万元，其中粮食作物受灾面积达 6168 亩（1 亩≈666.7m²），绝收面积 3973 亩[②]。

冰雹多发生在春末夏初季节交替时。这个时期暖空气逐渐活跃，带来大量的水汽，而冷空气活动仍很频繁，这是冰雹形成的有利条件。

虽然冰雹的危害十分严重，但是只要掌握了冰雹的活动规律，在作好预报的基础上，充分发动群众，积极开展防雹和人工消雹工作，可以把雹灾减小到最低限度。

目前人工消雹常用的方法有两种。

（1）在冰雹云内加入大量的碘化银微粒或食盐粉末。这种消雹方法的原理和人工降水一样，加碘化银微粒或食盐粉末可破坏冰雹的形成过程，使云内水分分散，凝结成小冰雹或水滴，避免造成严重危害。碘化银和盐粉可以用飞机从云顶向下撒播，也可以携带在气球上，或用高射炮，借助爆炸力散布于云中。此外，还可以把碘化银及盐的溶液在高温炉中化为蒸

[①] http://www.mwr.gov.cn/xygb/slbgb/200801/200801.pdf. 访问时间：2009 年 1 月 3 日

[②] 西安晚报，2008 年 5 月 14 日，第 10 版 . http://news.idoican.com.cn/xawb/html/2008-05/14/content_4981643. htm. 访问时间：2009 年 1 月 5 日

汽，借热气流吹入云中。

（2）用土炮、土火箭等轰击冰雹云。这也是消雹的有效方法。100 年前，我国西南、西北等多冰雹的地区就用这种方法消雹。炮击云的消雹作用经观察、研究和分析已经得出一些结论。当炮轰击雹云后，由于爆炸的冲击波和强烈的声波振荡，可以破坏雹云中气流的扰动规律和积云的发展过程。在炮击时，可以直接目测到云体破碎、云头断裂、云层扩散变薄、云色变淡、云中的强烈扰动减弱等现象；在雷达回声波上也观测到雹云回波的减弱。炮击的地区多降阵雨或小冰雹。

1.7　雷电灾害

当天空中乌云密布，雷雨云迅猛发展时，突然一道夺目的闪光划破长空，接着传来震耳欲聋的巨响，这就是闪电和打雷，亦称为雷电（lightning）。就雷（thunder）的本质而言，它属于大气声学现象，是大气中的小区域强烈爆炸产生的冲击波而形成声波，而闪电（lightning flash）则是大气中发生的火花放电现象。

雷电灾害（lightning disaster）泛指雷击或雷电电磁脉冲入侵和影响造成人员伤亡或物体受损，其部分或全部功能丧失，酿成不良的社会和经济后果的事件。雷电灾害的损失包括直接的人员伤亡和经济损失，以及由此衍生的经济损失和不良社会影响。雷电灾害作为自然界中影响人类活动的严重灾害之一，不仅造成了人员伤亡，也给航空航天、国防、通信、计算机、电子工业、化工石油、邮电、交通、森林等行业造成了严重的经济损失。雷电灾害已经被联合国有关部门列为"最严重的十种自然灾害之一"。

1989 年 8 月 12 日 9 时 55 分，位于青岛市的中国石油总公司管道局胜利输油公司黄岛油库因雷击发生特大火灾爆炸事故，5 个着火的油罐内 2 万多吨原油燃烧的火焰高达 300 多米，大火连续燃烧了 5 天 4 夜，造成 19 人死亡，100 多人受伤，直接经济损失 3540 万元[1]。

2002 年 7 月 28 日至 8 月 14 日，内蒙古自治区大兴安岭北部原始林区因雷击引发多起森林火灾，火场总数达 24 个，受害森林面积 $13808 km^2$[8]。

2005 年 12 月 11 日，尼日利亚一架飞机在下降过程中被雷电击中，导致机翼起火并引发爆炸，造成 106 人死亡。

据中国气象局不完全统计，2007 因雷击死亡人数是 744 人，受伤 585 人[2]。2007 年 6 月 23～27 日，江西省遭受强对流天气系统带来的雷电袭击，在短短 5 天时间里，江西省上报有 35 人遭雷击死亡。

预防雷电灾害的主要措施有以下三方面：

（1）安装避雷设施。在建筑物上安装避雷针、避雷网、避雷带，在高压输电线路上方安装避雷线。为了防止静电感应产生的高压，电子信息系统的机房应设等电位连接网络，并加

---

① 中国石油和化学工业协会．http://www.cpcia.org.cn/html/news/20048/8889 _ 9341.shtml.访问时间：2009 年 1 月 6 日

② 中国中央电视台，新闻频道，中国新闻，2008 年 01 月 11 日．http://news.cctv.com/china/20080111/105545.shtml.访问时间：2009 年 1 月 6 日

装避雷器。

（2）室外人员远离雷电。雷雨天气时，不要在旷野里行走，要离开山丘、海滨、河边和水池，离开孤独的树木和没有防雷装置的孤立建筑等。要远离建筑物的避雷针及其接地装置，远离各种天线、电线杆、高塔、烟囱、旗杆，并尽快离开铁丝网、金属晒衣绳等。

（3）加强雷击火的监测预报。使用雷电探测系统、气象卫星遥感技术等方法，对雷击火进行监测和预报，便于对雷电引起了草原和森林起火点及时发现、及时扑救。

1.8　高温热浪灾害

大气温度高，而且高温持续时间较长，引起人、动物及植物不能适应的天气过程叫作高温热浪（high temperature heat waves）。我国民政部 2008 年 5 月 5 日印发的《自然灾害情况统计制度》通知中规定，"高温热浪"指连续 5 天以上日最高气温大于或等于 35℃。高温热浪给人类带来的危害叫作高温热浪灾害（high-temperature heat wave disaster）。

虽然高温热浪往往伴有干旱出现，但高温热浪不等于干旱。干旱的标准和类型划分主要突出以水分为显著特征。高温热浪的标准和类型划分则主要突出高温为显著特征，也有增加相对湿度作为辅助性指标。

高温热浪超过人体的耐受极限会导致疾病的发生或加重，甚至死亡。高温热浪影响人们的正常生活和工作，造成城市用水、用电紧张，引发人们心情烦躁，降低工作效率，导致交通安全等事故率上升。

高温热浪影响植物生长发育，使农林牧业的产量和品质下降。例如，使处于乳熟期的早稻逼熟，降低千粒重而减产；棉花因蒸腾作用加大，水分供需失调，产生了萎蔫和落蕾落铃现象。高温热浪还极易引发森林或草原火灾。当伴随有干旱出现时，高温热浪对农业的影响更为严重。

高温热浪原先只是印度、巴基斯坦等热带、副热带地区的典型气象灾害，但是近年来，在上述地区极端高温事件日益严重的同时，原先比较凉爽的欧洲、美国、日本、中国等的中高纬度地区的天气却日趋炎热，极端高温事件越来越多。例如，2003 年高温热浪袭击了意大利、西班牙、葡萄牙、英国等欧洲国家，造成数千人死亡[9]。2006 年我国重庆、四川两省（市）7 月中旬至 8 月下旬遭受罕见的持续高温热浪袭击，其中重庆市≥38℃的高温日数达21 天，创历史新高；22 个区（县）最高气温破当地历史纪录。两地因旱出现 180 多万人饮水困难，直接经济损失 150 多亿元人民币①。

一般认为，自然的气候波动和人类活动增强的温室效应共同引起的全球变暖，是近年来高温热浪频繁出现的主要原因。另外，城市化进程加快，植被减少等也加剧了极端高温的酷热程度。

预防高温热浪对人体造成伤害的主要措施有：

（1）在经常受高温热浪袭击的地区，房屋建筑设计应考虑安装空调等设施，没有条件的

---

①中新社消息，2006 年 9 月 1 日．http://society.people.cn/GB/1062/4772593.html．访问时间：2009 年 1 月 6 日

地方要注意房屋通风。

（2）在热浪袭击之前，要根据气象部门的预报，及时做好供电、供水和防暑医药等的供应准备。

（3）在热浪袭击时，保证清凉饮料供应，改善休息条件，医疗条件，及时抢救中暑病人。

1.9　沙尘暴灾害

沙暴和尘暴的总称叫沙尘暴（sandstorm），是指由于强风把地面大量沙尘物质卷入空中，使空气特别混浊，水平能见度低于 1km 的严重风沙天气现象。其中，沙暴指大风把大量沙粒吹入近地面气层所形成的携沙风暴；尘暴则是指大风把大量尘埃及其他细粒物质卷入高空所形成的风暴。沙尘暴发生时，天空呈现沙褐色，甚至红褐色。由沙尘暴造成的人员伤亡、经济损失和环境破坏称为沙尘暴灾害（sandstorm disaster）。

沙尘暴会吹走上游农田中肥沃表土，使土壤贫瘠、农业减产；沙尘暴对下游地区的农田产生覆盖，把庄稼埋掉。沙尘暴使大量的沙尘飘浮在大气中，污染了空气，严重地危害了人们的健康，并使动物死亡等。沙尘暴使地面水平能见度低，严重影响交通运输并使交通事故增加。有的强沙尘暴风力达到 10 级以上，会使建筑物受到损伤。

2000 年 3 月 22～23 日，内蒙古自治区出现大面积沙尘暴天气，部分沙尘被大风携至北京上空，加重了扬沙的程度。3 月 27 日，沙尘暴又一次袭击北京城，局部地区瞬时风力达到 8～9 级。正在安翔里小区一座两层楼楼顶施工的 7 名工人被大风刮下，两人当场死亡。一些广告牌被大风刮倒，砸伤行人，砸坏车辆。2002 年 3 月 20 日沙尘暴袭击北京，时间持续长达 51h，此次沙尘暴北京总降尘量高达 3 万 t，相当于人均 2kg[①]。

有关研究表明[10]，形成沙尘暴有三个基本条件：

（1）大风。这是形成沙尘暴的动力条件。例如，在我国西北地区形成沙尘暴，一般需要平均风速≥16m/s。

（2）地面上的沙尘物质。它是沙尘暴的物质基础。例如，我国内蒙古境内的浑善达格沙是途径河北省坝上地区，到达北京及周边地区的沙尘暴的沙尘物质主要提供地。

（3）不稳定的空气状态。这是重要的局地热力条件。沙尘暴多发生在午后至傍晚时段内，就充分说明了大气不稳定状态的重要性。

目前，人们已基本掌握了沙尘暴的形成机理和活动规律，并在沙尘暴的监测、预报体系建设方面取得重要进展，但在环境治理和环境保护方面进展不大，减轻沙尘暴的危害任重而道远。

1.10　地震灾害

由地球内部运动引起的，人们通过感觉或仪器可察觉到的地面振动称为地震（earth-

---

①新华网．http://news.xinhuanet.com/environment/2006-04/18/content_4443068.htm．访问时间：2009 年 1 月 6 日

quake)。由强震的破坏性引起的有害于人类生存与社会发展的现象称为地震灾害(earth-quake disaster)。

　　破坏性地震主要是构造地震,它由地下深处应变能高度聚集部位岩石破裂、断层错动与应变能释放过程中发出地震波所引起。地球内部导致地震现象发生的活动场所叫震源。震源在地面的垂直投影叫震中。震源中心到地面的垂直距离叫震源深度。地震能量大小用震级衡量。由地震导致的地面运动强度或破坏程度用烈度表示。烈度相同区域的外包线,称为等震线,通常为不规则的封闭曲线。图 1.1 是一个地震构造示意图。

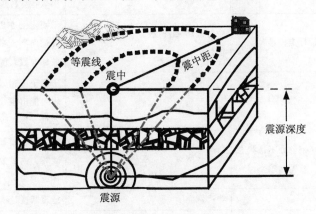

图 1.1　地震构造示意图

　　由地震引起的强烈地面振动会造成建筑物、工程设施的倒塌与损坏,破坏人类生存和生产环境,并造成大量的人身伤亡。地震还会诱发火灾、水灾、冻灾,使有毒物质的生产、输送、储存设备破坏,造成的损失有时比直接的地震灾害还严重。

　　目前,我国法定向社会公布的震级,是国际通用的里氏震级。这是由美国加州理工学院的地震学家里克特(Charles Francis Richter)和古登堡(Beno Gutenberg)于 1935 年提出的一种震级标度。根据里氏震级的定义,在震中 100km 外,由伍德-安德森扭力式地震仪监测到最大振幅为 $1\mu m$ 的地震波,地震便是 0 级;$10\mu m$ 的地震是 1 级地震,1mm 的地震就是 3 级地震。以此类推,里氏震级每上升 1 级,地震仪记录的地震波振幅增大 10 倍。我国对地震烈度的评定使用修正的麦卡里烈度表(表 1.3;参见国家标准 GB/T 17742—1999)。

　　减轻地震灾害的主要措施是地震预报和建筑物抗震设防。

表 1.3　修正的麦卡里烈度表

烈度	在地面上人的感觉	房屋震害程度	其他震害现象
Ⅰ	无感	—	—
Ⅱ	室内个别静止中人有感觉	—	—
Ⅲ	室内少数静止中人有感觉	门、窗轻微作响	悬挂物微动
Ⅳ	室内多数人、室外少数人有感觉,少数人梦中惊醒	门、窗作响	悬挂物明显摆动,器皿作响
Ⅴ	室内普遍、室外多数人有感觉,多数人梦中惊醒	门窗、屋顶、屋架颤动作响,灰土掉落,抹灰出现微细裂缝,有檐瓦掉落,个别屋顶烟囱掉砖	不稳定器物摇动或翻倒

续表

烈度	在地面上人的感觉	房屋震害程度	其他震害现象
Ⅵ	多数人站立不稳，少数人惊逃户外	损坏墙体出现裂缝，檐瓦掉落，少数屋顶烟囱裂缝、掉落	河岸和松软土出现裂缝，饱和砂层出现喷砂冒水；有的独立砖烟囱轻度裂缝
Ⅶ	大多数人惊逃户外，骑自行车的人有感觉，行驶中的汽车驾乘人员有感觉	轻度破坏-局部破坏，开裂，小修或不需要修理可继续使用	河岸出现塌方；饱和砂层常见喷砂冒水，松软土地上地裂缝较多；大多数独立砖烟囱中等破坏
Ⅷ	多数人摇晃颠簸，行走困难	中等破坏-结构破坏，需要修复才能使用	干硬土上亦出现裂缝；大多数独立砖烟囱严重破坏；树梢折断；房屋破坏导致人畜伤亡
Ⅸ	行动的人摔倒	严重破坏-结构严重破坏，局部倒塌，修复困难	干硬土上出现许多地方有裂缝；基岩可能出现裂缝、错动；滑坡坍方常见；独立砖烟囱许多倒塌
Ⅹ	骑自行车的人会摔倒，处不稳状态的人会摔离原地，有抛起感	大多数倒塌	山崩和地震断裂出现；基岩上拱桥破坏；大多数独立砖烟囱从根部破坏或倒毁
Ⅺ	—	普遍倒塌	地震断裂延续很长；大量山崩滑坡
Ⅻ	—	—	地面剧烈变化，山河改观

注：表中的数量词：“个别”为 10% 以下；“少数”为 10%～50%；“多数”为 50%～70%；“大多数”为 70%～90%；“普遍”为 90% 以上。

1. 地震预报

对未来破坏性地震发生的时间、地点、震级进行预测，就称为地震预报（earthquake forecast）。破坏性地震是指能造成一定的人员伤亡和建筑物破坏的地震，一般指震级大于 5 级的地震。

地震预报主要是根据地震地质、地震活动性、地震前兆异常来进行。主要采用地震监测、大震考察、野外地质调查、地球物理勘探、室内实验研究等综合技术。主要方法大体有三种：地震地质法、地震统计法和地震前兆法，通常是三者结合、相互补充。

人们对地震孕育发生的原理、规律已有所认识，但还没有完全认识；人们能够对某些类型的地震做出一定程度的预报，但还不能预报所有的地震；人们作出的较大时间尺度的中长期预报已有一定的可信度，但短临预报的成功率还相当低。地震学家许绍燮院士认为[11]，目前的地震预报成功率约为 30%。

目前，人们还没有能力像隔天预报刮风下雨一样较为准确地预报地震。短临地震预报仍然是一个世界性科学难题。笔者认为，短临地震预报尚未解决有两大原因：

（1）地震学仍停留在假说阶段。最有影响的是弹性回跳说[12]：地球内部不断积累的应变能超过岩石强度时产生断层，断层形成后，岩石弹性回跳，恢复原来状态，于是把积累的能量突然释放出来，引起地震。相变说[13]也有一定的影响：地下物质在一定临界温度和压力下，从一种结晶状态转化为另一种结晶状态，体积突然变化而发生地震。"岩浆冲击说"、

"俯冲带说"也有一定的道理。这些假说均无法加以彻底证实，更没有形成像气象学中的大气运动基本方程式那样的描述物理变化过程的数学物理方程，人们无法根据这些假说较准确地预报地震。

（2）人们没有能力在地震可发生的部位直接或间接观测相关介质的物理状态，地面观测的物理量异常变化是否与地震的发生真正相关还不能确知。虽然人们使用数字化、计算机、GPS、网络技术等，已经能实时、高精度监测地下水位变化、电磁波、地球化学、地形变、次声波、温度、重力变化等，但并没有从本质上提高地震预报水平。

众多的案例表明，我们尚无法建立所能观测到的异常与地震一对一的关系，据此，作者总结出这样的结论：大地震发生前一定有某种异常，但有异常则不一定会有地震发生。

目前能够较为成功地进行预报的地震，仍然停留在"大地震前，小地震频度增高"这类群震型地震上。对于突然发生的大地震，现有的任何方法都不能准确预报。宣称用其提出的科学方法能成功预测这类地震的学者，大多是用已发生的事实来验证自己的方法，基本上是马后炮。

2. 建筑物抗震设防

在地震预报问题没有解决前，建筑物抗震设防是减轻地震灾害最重要的措施。即使有一天预报问题解决了，建筑物抗震设防仍然是减轻地震灾害的主要措施，因为人们虽然可以在地震发生前逃出，有效减少人员伤亡，但建筑物和其内的大量财物是无法搬走的，大地震会造成严重损失。

建筑物抗震设防主要进行下述两项工作：

（1）地震危险性分析。进行地震区划，划分地震危险与安全区；进行城市和工程建设时尽量避开地震危险区；计算不同类别场地地震动参数，如地震动峰值加速度、地震动反应谱特征周期等。为抗震设计提供地震动参数的工作，称为地震工程（earthquake engineering）。

（2）抗震设计和施工。对高烈度区内的建筑物，根据相关的地震动参数，分析建筑物的可能反应，根据国家公布的建筑物抗震设计规范，对建筑物进行抗震设计，并要求施工建造具有抗震性能的建筑物。抗震设计和施工工作，称为工程地震（engineering seismology）。

上述两项工作，有很强的交叉性。研究什么样的地震动参数，与抗震设计的需要有关，所以，从事地震工程的，多数是土木工程师，只有个别是地震学家。设计用的地震动参数，须与地震工程的研究水平相适应。在相当长的时间内，抗震设计的主要依据是地震烈度，加速度是简单地从烈度换算过来。所以，抗震设计师，大多对地震危险性分析等有相当的研究。

1.11　地　质　灾　害

广义的地质灾害（geological disaster）应包括地震、火山活动等由于地壳内部的自然过程引起的灾害，但我国政府从 2004 年 3 月 1 日起施行的《地质灾害防治条例》（第 394 号国务院令）涉及的地质灾害，是指与山体崩塌、滑坡、泥石流、地面塌陷、地裂缝、地面沉降等与地质作用有关的，由自然因素或者人为活动引发的危害人民生命和财产安全的灾害。本书采用上述条例所指的狭义地质灾害的定义，它们主要是水圈、大气圈的外力与岩石圈地质过程相结合的产物，而且往往受人类活动的诱发影响。

1. 山体崩塌

在丘陵地区或山区的陡峭斜坡上，一定体积的岩体或者土体在重力作用下，突然脱离母体，发生崩落、滚动的地质现象叫作山体崩塌（mountain collapse）。

狭义地质灾害中的山体崩塌，常常是多种原因综合所致，不像地震引起的山体崩塌那样主因比较明显。

例如，2008 年 11 月 23 日发生在广西凤山县凤城镇巴炼山，崩塌约 2.1 万 m³，造成 6 死 6 伤的山体崩塌[①]，为岩体风化加上近期持续强降雨所致。

而 2007 年 1 月 18 日发生在江西武宁县澧溪镇太平村高速公路工地，造成 9 人伤亡的山体崩塌，则有四大原因：一是地层软硬岩层相间，破碎程度较高，地层倾向为顺向坡；二是工区平整场地人工切坡形成高陡临空面，破坏了斜坡原有的稳定状态，造成岩石失稳，是这次山体崩塌的主要原因；三是山体崩塌点附近的隧道爆破产生强烈震动，引起附近岩石破裂、松动；四是在山体崩塌发生的前一段时期，武宁县持续降水，造成岩层之间摩擦力减小，渗入岩土裂隙中的雨水在低温下结冰，导致裂隙膨胀，诱发岩土崩塌，是山体崩塌产生的重要原因[②]。

2. 滑坡

斜坡上的土体或者岩体，受雨水或河流冲刷、地下水活动、地震及人工切坡等因素影响，在重力作用下，沿着一定的软弱面或者软弱带，整体或者分散地顺坡向下滑动的自然现象叫作滑坡（landslide）。

滑坡和崩塌的发育环境比较接近，都是发育在坡地上的一种块体运动现象，而且滑坡和崩塌常常相互伴生或交错发生，在现实生活中，滑坡与崩塌常常被互相混淆，统称为塌方、坍塌、岩崩、山崩等。有时，人们也将崩塌译为"landslide"，和滑坡用同一个英文词，也就是将崩塌视为了一种特殊的滑坡现象。

事实上，山体崩塌与滑坡还是有明显的区别，主要表现在以下四个方面[③]。

（1）崩塌发生之后，崩塌物常推积在山坡脚，呈锥形体，结构零乱，毫无层序；而滑坡堆积物常具有一定的外部形状，滑坡体的整体性较好，反映出层序和结构特征。

（2）崩塌体完全脱离母体（山体），而滑坡体则很少是完全脱离母体的。

（3）崩塌发生之后，崩塌物的垂直位移量远大于水平位移量，其重心位置降低了很多；而滑坡则不然，通常是滑坡体的水平位移量大于垂直位移。

（4）崩塌堆积物表面基本上不见裂缝分布。而滑坡体表面，尤其是新发生的滑坡，其表

---

①中华人民共和国国土资源部网 . http://www.mlr.gov.cn/xwdt/dfdt/200811/t20081125_112483.htm. 访问时间：2009 年 1 月 8 日

②中国环境岩土工程在线 . http://www.geoenv.cn/lrm_article/10/5631.html. 访问时间：2009 年 1 月 8 日

③中国环境岩土工程在线 . http://www.geoenv.cn/lrm_article/75/5834.html. 访问时间：2009 年 1 月 10 日

面有很多具有一定规律性的纵横裂缝。

近百年来，滑坡分类由简单到复杂，又由复杂到简单，即由低级认识阶段向高级认识阶段发展。从已有的分类方案来看，有单因素分类法，如按成因、滑动年代、物质组成、变形特征、运动形式、滑床特点、滑动面形态、滑坡规模、平面形状、预测难易等分类；也有多因素复合分类法，如按物质组成分为土质滑坡（黄土滑坡、黏土滑坡、碎屑滑坡）和基岩滑坡；按滑动年代分为古滑坡、老滑坡、新滑坡和发展中滑坡；按运动形式分为牵引式滑坡和推动式滑坡；按滑床特点和滑动面形态分为顺层面滑坡、构造面滑坡和不整合面滑坡；按滑坡规模（滑坡体厚度）分为浅层滑坡（数米）、中层滑坡（数米至 20m）和深层滑坡（20m 以上）。简便常用的滑坡分类是按物质组成分。

滑坡的发育可分为三个阶段：①蠕动变形阶段：斜坡内部的平衡遭受破坏，产生微小滑动，形成拉张裂隙和剪切裂隙，滑动面逐渐形成；②剧烈滑支阶段：滑动面已形成，滑坡体向下滑动，滑坡的各种地貌形态都基本形成；③渐趋稳定或稳定阶段：滑坡体重心降低且基本稳定，在自重作用下，滑坡体内逐渐压实，地表裂缝逐渐闭合。

滑坡是诸多因素综合作用于斜坡的产物，这些因素，依其在滑坡形成过程中的作用可分为基本因素和诱发因素两大类。例如，地貌特征、地层岩性、气候条件和地下水等是滑坡形成的必要条件，而震动和流水侵蚀作用等为滑坡形成的诱发因素。

某些人类活动可诱发滑坡、崩塌。例如，2007 年 7 月 19 日发生于云南腾冲县猴桥镇苏家河口电站工地，造成 29 人死亡，5 人受伤，损失严重的滑坡[①]，虽然是由持续 3～4 天的强降雨激发，但直接的原因是工程开挖后，山坡稳定性显著下降，地质环境较脆弱，对岩土工程活动敏感。

减轻或避免人类活动导致的滑坡、崩塌，就应做到如下几点：搞好滑坡、崩塌灾害防御知识的普及宣传；进行重点斜坡易滑程度的预勘察、评价，加强斜坡用土、用地、进水及附近地区爆破的管理；工程选址时要充分考虑边坡稳定性，合理选择施工方法、顺序与时间，并及时治理不稳定的斜坡；严禁乱砍乱伐等。

滑坡、崩塌灾害造成的损失是多方面的，如人畜伤亡，建筑物、矿山、桥梁、隧道、水利水电工程设施、山林与耕地等被毁坏，铁路、公路被压埋或破坏，列车被颠覆，交通中断，水库淤积与报废，船舶被推翻或击沉，河流阻塞（严重的可断流），形成江河中的险滩，影响或中断航运并可能导致次生水灾，也可能为泥石流积累提供固态物质。

防治滑坡的工程设施很多，我国常用的主要有三类：一是消除或减轻水的危害，如用一定的工程措施排除地表水、地下水，以及防止河水对坡角的冲刷等；二是用"削坡减重"等方式改变易滑斜坡的外形及修筑支挡工程；三是改善滑动带土石的性质。在实际治理过程中几种方法往往综合使用。

3. 泥石流

山区沟谷或者山地坡面上，由暴雨、冰雨融化等水源激发的，含有大量泥沙石块的介于

---

① 西安地质矿产研究所 2007 年地质灾害通报 . http://www.xian.cgs.gov.cn/shuiyuhuanjing/2008/0711/content_1574.html. 访问时间：2009 年 1 月 10 日

挟沙水流和滑坡之间的土、水、气混合流叫作泥石流(debris flow)。泥石流是一种突然暴发、历时短暂、来势凶猛、具有强大破坏力的特殊洪流。泥石流中泥沙石块的体积含量一般超过15%,最高可达80%,其容量在1.3t/m³以上,最高可达2.3t/m³。泥石流暴发时,像一条褐色的巨龙,奔腾咆哮,巨石翻滚,激浪飞溅,石块撞击的声音雷鸣似的响彻山谷。

泥石流的形成需同时具备三个条件:陡峻的便于集中与迅速移动水和碎屑物质的地形地貌;丰富的松散物质来源;短时间内有大量的水源。我国泥石流的发生主要受集中降雨的激发。

按照物质成分泥石流可分为三类:以黏性土为主,含少量砂粒、石块,呈稠泥状的叫泥流;大小不等的砂粒、石块与水组成的叫水石流;大量黏性土与粒径不等的砂、石组成的叫泥石流。若按物质状态则可分为两类:一是含大量黏性土的泥石流或泥流,叫黏性泥石流。其特点是黏性大、稠度大、暴发突然、持续时间短、破坏力大。二是以水为主要成分,固体物质仅占10%~40%的稀性泥石流。它具有强烈的下切作用。

泥石流发生处一般山体破碎,植被生长不良,地质构造复杂,新构造活动强烈,或滑坡、崩塌等不良地质现象发育,或岩层软弱易破坏。人类的一些活动也助长了泥石流的形成,如滥砍滥伐森林,乱垦荒地,开山采矿,采石弃渣,因修建公路、铁路、水渠或其他工程而不合理地开挖山体等。

泥石流兼有滑坡、崩塌与洪水的破坏作用。它可以摧毁建筑物、矿山、铁路、公路、桥涵、水利水电或其他工程设施;埋没村庄、车站;颠覆正在运行的火车、汽车,中断交通;毁坏土地;淹没人畜;引起河道大幅度变迁或淤积水库等。

减轻泥石流灾害常用的工程措施有抗、防、避等。例如,修建公路、铁路桥梁等从泥石流沟上方跨越通过以避灾;或修建隧道、明硐与渡槽等从泥石流的下方通过;建立预警预报系统;用护坡、挡墙、顺坝、丁坝等防护工程保护泥石流地区的重要工程设施;治理沟谷、修建排导工程帮助泥石流按照人们的意向顺利排泄;修建拦挡工程削弱泥石流的流量、下泄总量与能量;水土保持工程、封山育草、植树造林等。

4. 地面塌陷

地表岩体或者土体受自然作用或者人为活动影响向下陷落,并在地面形成塌陷坑洞的自然现象叫作地面塌陷(ground collapse)。

地面塌陷有自然塌陷和人为塌陷两大类。前者是地表岩、土体由于自然因素作用(如地震、降雨、自重等)向下陷落而成;后者是由于人为作用(如矿山采空塌陷)导致的地面塌落。塌陷区有岩溶塌陷和非岩溶塌陷之分。前者是岩溶地区因地下水等岩溶作用,形成地下岩溶洞,并逐渐向地面发展,最终导致地面塌陷。后者根据塌陷区岩、土体的性质又可分为黄土塌陷、火山熔岩塌陷和冻土塌陷等许多类型。

在我国,岩溶地面塌陷的分布最广、危害最重。根据《全国地质灾害防治"十一五"规划》提供的数据,我国岩溶塌陷灾害分布在24个省(区、市)的300多个县(市),塌陷坑总数达4.5万多个,中南地区、西南地区最多,约占总数的70%。全国有20个省(区、市)发现采空塌陷。黑龙江、山西、安徽、山东等省最为严重[1]。

地面塌陷常常毁坏城乡各种建筑、交通设施和农田，威胁人民生命财产安全，影响经济建设，造成严重的经济损失。例如，由于 1967 年起工业发展的需要过量抽取地下水，贵州水城约 5km² 的范围内，产生地面塌陷，到 1983 年，产生塌陷坑 1023 个，导致 89 座房屋开裂或倒塌，道路坍裂，423 亩农田毁坏，电杆倒塌，一度引起全城停电，直接赔偿和经济损失达 260 余万元，局部地段因污水灌入造成地下水水质污染和生态环境恶化[2]。

目前，我国国土资源部要求对岩溶塌陷采取预防和治理相结合的防治措施。

预防措施是在查明塌陷成因、影响因素和致塌效应的基础上，为了清除或消减塌陷发生发展主导因素的作用而采取的工程措施。例如，设置场地完善的排水系统，进行地表河流的疏导或改道，填补河床漏水点或落水洞，调整抽水井孔布局和井距，控制抽水井的降深和抽水量，限制开采井的抽水井段，重要建筑物基底下隐伏洞隙的预注浆封闭处理等。

对塌陷地基都需要进行处理，未经处理不能作为天然地基。其处理措施有：清除填堵法，跨越法，强夯法，灌注法，深基础法，旋喷加固法，地表水的疏、排、围、改治理和平衡地下水、气压力法[3]。

5. 地裂缝

地表岩、土体在自然或人为因素作用下，形成一定长度、宽度和深度的裂缝，并出露于地表面的现象称为地裂缝(ground fissure)。这种现象有可能会因影响人类活动与社会发展而形成灾害。

地壳活动、水的作用与人类活动是导致地面开裂的主要原因。据成因可把地裂缝分为构造地裂缝、非构造地裂缝与混合成因地裂缝三类。构造地裂缝，如地震裂缝(由破坏性地震引起，因其成因具有一般性，通常作为地震灾害另作研究处理)、基底断裂活动裂缝(由基底断裂的长期活动造成，规模与危害最大)。非构造地裂缝，如松散土体在地表水或地下水作用下形成的潜蚀裂缝、膨胀土或淤泥质软土胀缩变形产生的裂缝、地面沉陷裂缝、滑坡裂缝等。混合成因的地裂缝，如土体中的隐伏裂隙在地表水或地下水的作用下形成的裂缝等。

地裂缝可破坏建筑物、工程设施、农田、道路、地下管道、地下电缆等，影响人民生活、工农业生产与城市建设。

我国地裂缝集中在汾渭盆地、华北平原、郯庐断裂带和大别山北麓断裂带。汾渭盆地有50 多个县遭受地裂缝灾害。至 1995 年，河北平原共发现地裂缝 573 条，主要分布在北京、天津、廊坊、衡水、沧州、保定、石家庄、邢台、邯郸等地区[14]。截至 2000 年，全国地裂缝造成的经济损失累计 91.2 亿元，其中华北平原 64.2 亿元，约占 70%。我国西安、邯郸、榆次、大同、泰安、兖州、韩城、南阳等城市地裂缝灾害严重，西安、邯郸、榆次、大同 4个市累计经济损失 26.43 亿元[15]。近年来，苏锡常平原是我国地裂缝灾害最为活跃的地区之一。截至 2004 年 3 月，全区共有 25 条地裂缝，直接经济损失超过 12.8 亿元[16]。

---

①http://www.mlr.gov.cn/zwgk/ghjh/200711/t20071106_90467.htm. 访问时间：2009 年 1 月 11 日
②中国地质环境信息网．http://www.cigem.gov.cn/kpzs/dzzhzs/zaihai64.htm. 访问时间：2009 年 1 月 11 日
③http://www.mlr.gov.cn/zt/cdzfzxcc/dmtxzhfz/200711/t20071122_93059.html. 访问时间：2009 年 1 月 11 日

违反客观规律的人类活动有可能引发或加剧地裂缝活动。这些人类活动包括过量开采地下水，地下采矿，松散土、隐伏裂隙发育的土体或其他不良土体地区的人工蓄、排水，以及农田灌溉等。

防治地裂缝的主要措施主要有四个方面：一是对已有的地裂缝进行回填、夯实等处理；二是采用各种管理手段制止或限制人们的那些可能加重地裂缝的不合理行为；三是改善地裂区的土体性质与地下水条件，或采用其他防止裂缝发生的措施；四是提高地裂区建筑物或工程设施的抗裂能力。

6. 地面沉降

在一定的地质条件与人类经济、工程活动的影响下，因地表松散、土层固结压缩，导致局部地壳表面标高降低的现象称为地面沉降（land subsidence），地面沉降又叫地面下沉或者地陷。

引起地面沉降的主要人为原因是：过量抽取地下水，采掘固体矿产、石油或天然气，建造地面压强大的建筑物或工程设施等。

地面沉降的危害主要是：可能导致海水上岸、进城（沿海地区）；河水倒灌；因河道纵坡降变化而影响航运；增加洪水淹没市区的危险性；使潜水位抬高，加重土壤的次生盐渍化、沼泽化；不均匀沉降破坏建筑物、工程设施、道路，或因破坏地下管道而影响供、排水，若排水管破裂还可能污染地下水质。

据估计，1949~2004 年，我国地面沉降造成的损失累计高达 4500 亿~5000 亿元，其中，年均总损失为 90 亿~100 亿元，年均直接损失 8 亿~10 亿元[17]。

减少地下水开采量，调整开采层次，人工回灌地下含水层等措施可减轻地面沉降灾害。

1.12　风暴潮灾害

由台风、温带气旋等强烈大气扰动引起的海面异常升高的现象称为风暴潮（storm surge）。风暴潮形成高水位驱使海水侵入陆地造成的灾害称为风暴潮灾害（storm surge disaster）。

风暴潮灾害与台风灾害的区别是，前者只在海岸带地区形成，而后者形成的区域则广得多。而且，台风灾害主要由强风、特大暴雨和风暴潮造成，所以，由台风引起的台风风暴潮灾害，是台风灾害的一部分。

风暴潮范围一般为几十公里至上千公里，往往夹狂风恶浪而至，溯江河洪水而上，可使所影响的海域内潮水暴涨，漫溢上陆，吞没码头、城镇和村庄，造成巨大的财产损失与人员伤亡。但有时较为缓和的风暴潮使潮位异常升高时，也可利用来引导吃水深度大的船舶出入港口航道。另外还有一种"负风暴潮"，是由长时间的离岸大风导致岸边潮位骤降，海滩大片暴露，严重时会影响港湾与航道船舶的正常通行与停泊。

风暴潮可否成灾，从自然因素说，与风暴潮位是否和天文潮高潮重叠关系很大，也取决于风暴潮发生地区的地理位置、海岸形状与海底地形等。从社会因素说，取决于沿岸社会、经济和人口状况等。

风暴潮灾害居海洋灾害之首。全球有 8 个热带气旋发生区，这些区域的沿岸国家都有可能遭受台风风暴潮的袭击。1970 年 11 月 13 日发生于孟加拉湾沿岸的强风暴潮灾害，夺去了恒河三角洲一带 30 万人的性命，使 100 万人无家可归。

一次风暴潮与风暴潮灾害过程一般延续几十分钟至几十个小时。因台风风暴潮与台风活动，温带风暴潮与冷暖空气活动密切相关，因此，受制于使风暴潮发生的天气系统的周期变化，这两种类型的风暴潮在发生频率与强度上也有明显的季节变化与年际变化。较大温带风暴潮主要发生于晚秋、冬季与早春，尤其 11 月发生的次数最多。在我国登陆的强热带风暴多集中于 7~9 月，尤其是 8~9 月。相应地这几个月也是台风风暴潮的多发季节。1949~1992 年，我国的风暴潮位大于 2m 的强风暴潮中，有 88% 发生于 7~9 月这 3 个月内。

早在 20 世纪 20~30 年代日本与美国就相继开展了风暴潮成因的研究。50~60 年代是风暴潮理论研究的鼎盛时期。此期间提出了边缘波、陆架波及天文潮与风暴潮的非线性耦合理论，同时广泛开展了风暴潮数值模拟实验。为寻求风暴潮动力数值预报的最佳方案，70 年代风暴潮研究的重点转移到数值模拟与实验工作上来，提出了一些与实况基本相符的台风气压场与风场模式，进而用于实际的预报。80 年代，美国联邦应急总署(Federal Emergency Management Agency，FEMA)转入了 SLOSH(sea，lake and overland surges from hurricanes)模式研究[①]，能够更好地进行风暴潮预报。

全球气候变化，导致气温增高、海平面上升，以及暴雨、飓风和洪水等极端天气和气候事件频发。风暴潮、海浪和海啸等海洋灾害也更趋频繁，其中，对我国影响最大、发生频次最高、造成经济损失最严重的海洋灾害是风暴潮灾害。据水利部提供的数据，2001~2007 年，我国平均每年风暴潮灾害损失约 161 亿元，其中 2005 年和 2007 年经济损失总值分别达 333 亿元和 298 亿元[②]。

目前，海堤工程仍然是抵御风暴潮灾害的主要措施。防波堤、滨海路堤、连岛交通堤等均为海堤的范畴。设防标准应根据工程等级，防护对象的重要性及当地的实际情况合理地进行调整。海堤工程的堤顶高程有别于传统的江河堤防工程，并非不允许海浪越过堤顶，而是以控制越浪量为准则确定海堤工程的堤顶高程。对于抗冲性能良好的堤身结构，越浪量可大些，以降低堤顶高程。

1.13　赤潮灾害

海水中某些微小的浮游植物、原生动物或细菌，在适宜的环境条件下突发性地增殖或聚集达到某一水平，使一定范围内的海水在一定的时间内变色的现象称为赤潮(red tide)。由赤潮的发生给海洋的环境、渔业与养殖业造成的危害与损失称为赤潮灾害(red tide disaster)。由于赤潮起因、生物种类与数量的不同，赤潮不一定都呈红色，也可能是黄、绿、褐色等。

①http://www.fema.gov/plan/prevent/nhp/slosh_link.shtm. 访问时间：2009 年 1 月 12 日
②http://www.mwr.gov.cn/xwpd/slyw/20080807072312e0e63f.aspx. 访问时间：2009 年 1 月 12 日

　　赤潮的发生可给海洋的环境、渔业与养殖业造成严重的危害与损失，并威胁人类的健康与生命安全。例如，赤潮可引起海洋异变，局部中断海洋食物链，威胁海洋生物的生存；且有些赤潮生物向体外排泄的或死亡后分解的黏液，可妨碍海洋动物滤食与呼吸，从而导致其窒息死亡；或赤潮生物所含的毒素被鱼、虾、贝类或脊椎动物及人类摄食后导致中毒或死亡；大量赤潮生物死亡后，仍会继续毒害海洋生物，或使鱼、虾、贝类死亡。

　　目前，我国赤潮灾害已相当严重。以 2007 年为例，根据中国海洋灾害公报提供的数据，全海域共发生赤潮 82 次，累计面积 11610km²，直接经济损失 600 万元。仅 9 月 7～21 日发生于广东省汕尾港区及附近海域，面积约 30km² 的赤潮，其直接经济损失就达 100 万元[①]。根据中国海洋环境质量公报，在这一年中，发生 100km² 以上的赤潮达 30 次，赤潮集中发生在东海海域，其次数和累计面积分别占全海域的 73％和 84％[②]。

　　我国海域引发赤潮的生物种类主要为无毒性的中肋骨条藻、角毛藻、具齿原甲藻和具有毒害作用的米氏凯伦藻、棕囊藻、链状裸甲藻、亚历山大藻等。

　　我国的赤潮已呈现出发生频率增加、爆发规模扩大、原因种类增多及危害程度加重的发展趋势，若不采取有力措施，将严重制约海洋经济的可持续发展，影响社会稳定。

　　研究表明，赤潮发生的主要原因是海洋水体富营养化，即海水中营养物质如氮、磷等过剩，它们主要来源于途经城市和村庄流入海洋的江河中废水、污水和废物。工业废水中的有机物、重金属、无机盐，农业生产施用化肥、灌溉、冲刷出来的废水中的氮和磷，养殖废水中的营养盐、有机物和油，以及生活废水中大量的有机物、营养盐和磷，都源源不断地随污水流入江河，最终汇入大海，使海洋成了一个大型垃圾场。海洋的严重污染，导致了赤潮灾害的频繁发生。

　　人们对赤潮灾害的防治主要开展下述四项工作。

　　（1）深化赤潮发生机理的基础研究。海水的富营养化为某些赤潮生物的大量繁殖，乃至赤潮的暴发提供了可能，但只有深化研究赤潮生物的生理特点与繁殖规律，才能增加对赤潮发生机理的了解和爆发规律的认识。例如，对产生赤潮的主要生物之一"原甲藻"的氮营养生理研究表明[18]，硝酸氮含量的多少与甲藻的生长密切相关。在适宜条件下，氮浓度高，原甲藻生长速度就快，指数生长期持续时间长。这一结果证实了赤潮发生与物理原因引起的上升流或径流造成的海水富营养化的内在联系。

　　（2）建立赤潮灾害预警预报服务系统。主要是利用卫星遥感探测技术，建立赤潮遥感监测模型，并进行跟踪预报；开发赤潮数值预报技术，建立有毒赤潮诊断技术指标，规范赤潮信息发布的行为。我国现已由国家海洋局建立起由卫星、飞机、船舶、浮标和岸站组成的国家海洋环境监视、监测网络，通过卫星遥感、航空光谱测量、船舶现场调查采样、实验室贝毒检测等赤潮监测技术和灾害分析评估技术，能够对赤潮灾害进行预警预报。主要问题是，现有的监测手段在监测布点、频次、项目及资料传输的要求上与海上赤潮监测高密度、高频

---

①http://www.soa.gov.cn/hyjww/ml/gb/news/webinfo/2008/01/1200912281040825.htm. 访问时间：2009 年 1 月 16 日

②http://www.soa.gov.cn/hyjww/ml/news/news/webinfo/2008/01/1200011790027381.htm. 访问时间：2009 年 1 月 16 日

率、应急性的技术要求还存在一定的差距。

(3) 对于赤潮灾害发生后进行补救。主要方法有[19]：①物理方法：向赤潮水体充气，或将养殖网箱下沉或拖曳它处以避开赤潮发生水域，以及用超声波破坏赤潮藻细胞等；②化学方法：采用一些对赤潮生物细胞破坏力大、其自身的毒力又比较低、对海洋环境不造成污染或污染非常轻微的化学物质，如硫酸铜、过氧化氢等，以及一些凝固剂，喷洒在赤潮发生海区以杀灭赤潮生物；③生物方法：研究探索"以藻治藻"或"以虫治藻"等方法，挑选和培养出某些赤潮生物的"克星"生物。

(4) 控制和治理陆地污染源。控制沿岸工业废水、生活污水未经处理排入海中，避免氮、磷等物质在水体中超标。在洗涤剂中禁磷是有效措施之一。在江河径流地域、入海口建立大面积湿地，可使废水、污水中携带的氮、磷等微量元素和有机营养物得到有效的沉淀、净化和吸收后再流入近海，则可大大缓解近海水域水质的富营养化。

对产生赤潮的海洋环境污染进行大规模整治，需要大量的财力和物力，并且要经过长时期的努力才能取得明显成效，因此，从国内外赤潮管理实践经验看，对大范围赤潮的防治技术还很不成熟，难以投入实用。

根据国情和国力，我国目前的做法是以赤潮灾害监测为基础，以减灾防灾为突破口，按照预防为主、防控治相结合的原则，开展相关工作。

1.14　森林草原火灾

由于雷电、自燃、或在一定自然背景条件下人为的原因导致的森林或草原的燃烧叫作森林草原火灾(forest and grassland conflagration)。因为森林和草原是人类的财富，它们的失控燃烧，自身就是一种灾难，因此，上述英文表达中并没有用到"Disaster"这个词。如果森林草原火灾导致人员伤亡或其他财产损失，也是森林草原火灾的部分，属于广义的森林草原火灾，本书仍使用上述的英文表达。

火即燃烧现象，它是可燃物质剧烈氧化而发光发热的化学反应。"森林草原火"就是森林和草原燃烧现象，指的是森林和草原中可燃物，在一定温度条件下与氧气快速结合，发热放光的化学反应。根据燃烧理论，森林和草原燃烧是自然界中燃烧的一种现象。

森林草原火灾，是由于火势失去人们的控制，经常烧毁森林和草原，破坏森林和草原生态系统平衡，危及人类的生命财产。森林草原火灾是一种突发性强，破坏性大，处置救助较为困难，对森林和草原资源危害极为严重的灾害之一，它可直接烧毁过火区域内的森林和草场植被，火灾常常引起房屋烧毁、牲畜死亡和人员伤亡，同时，防火部门为预防、扑救火灾需投入大量的人力、物力及财力，给当地林业和畜牧业生产造成巨大损失。

森林草原火灾是当今世界性的重大灾害之一。例如，2007 年 10 月 21 日至 11 月 6 日美国加利福尼亚州南部森林大火，燃烧面积达 200 多平方公里，至少有 1500 个家园被烧毁[①]，约 100 万人被迫撤离家园，是美国历史上最大的疏散行动[②]。又例如，仅 2002 年夏季，我

---

①http://seattletimes.nwsource.com/html/nationworld/2003971082_wildfires24.html.访问时间：2009 年 1 月 16 日

②http://en.wikipedia.org/wiki/California_wildfires_of_October_2007.访问时间：2009 年 1 月 6 日

国内蒙古自治区就发生森林、草原火灾 142 起[20]。频繁发生的森林草原火灾严重破坏了火灾区域内生态系统的结构和平衡，加剧了林牧区的"资源危困"和"经济危困"，严重制约和影响了林牧区经济的可持续发展。

通常，人们对森林和草原分别开展火灾成因分析。

偏远地区的森林火灾，大多是闪电雷击造成的。首先，各类闪电中，有一种混合型云地闪电具有持续长的发光度和电场变化，它最容易引起林火。其次，天气条件表明，各地林火的产生随时间、系统、条件不同，但高气温、低湿度、高压形势控制、大风等，都是林火闪击形成的条件[21]。城市周边的森林火灾，则更多的是人们不慎用火引起的，是一个极其复杂的自然现象，它涉及的因素许多具有自然和社会双重属性。自然属性中有可燃物的类型及其分布状况、地形地貌分布状况气象因子等。社会因素包括城市森林管理、城市森林火灾的预防和扑救措施等[22]。

森林火灾具有发生地点的随机性和在短时间内能造成巨大损失的特点，如果在火灾发生前或在火灾发生初期能及时准确预测林火发生的态势，进行预防、扑救、决策，就可以把林火控制在初发阶段，大幅度减少火灾损失。森林火灾蔓延具有突发性，而随森林自身特性和外界环境条件的瞬息万变，都对森林火灾的未来发展事态的准确预测带来了巨大的困难。

防治森林火灾的主要措施有以下方面。

（1）严格火源管理，特别是重点时期，重点地段的火源管理。进入防火期，一是要禁止非生产性用火，严格实行野外用火许可证制度；二是对重点人员，要重点管理重点地段、专人守护重点地区，重点督促；三是春节、清明等高火险季节，要增派第一线巡山护林人员，死看硬守；四是根据本地多年山火发生规律，划定森林防火戒严区，适时发布森林防火期和森林防火戒严令。

（2）加强营林管理，提高森林自身的抗火性。一是减少林间空地，提高林地生产力，减少森林火灾的策源地；二是加强抚育间伐，卫生伐及清理采伐迹地，减少可燃物的积累，降低火险程度；三是调节林分结构，以降低林分的燃烧性；四是营造各种防火林带，阻隔或减缓林火的蔓延[23]。

（3）采用 3S 技术（GPS——全球定位导航系统；RS——遥感；GIS——地理信息系统）对森林火灾进行监测。森林火灾发生地的温度远远高于周围地区，利用卫星的温度敏感通道实时监测林区温度异常区域，可以判断是否发生火灾并准确确定发生地点，随后利用 GPS 导航仪引导飞机和地面人员实施救火。野外采集的过火边界在 GIS 环境下与遥感影像进行叠加，可以进行受灾分析。

另外，根据森林火灾统计的或物理的规律，建立各种相关的林火预测数学模型，估计林火的属性，能帮助进行林火管理。目前，较多的是林火蔓延模型，每个数学模型的功能、适用的地区和植被类型及自身的假设条件等，都有一定的局限性。应用专家系统技术，通过对森林火灾安全问题的调查，以及从火灾发生前、后的预测模型及模型的适应范围和条件、火灾的扑救方法、火场看守、火场清理、灾后损失评估等各个阶段及各种模型的选择使用等问题作细致的研究，并结合林火专家多年积累的知识和经验，开发出的基于网络的森林火灾防治决策专家系统[24]，对指导林火管理，提高森林防火的安全性有重要帮助。

草原起火的原因，可归结为三类：第一类是人为火，即由于人们生产和生活用火不慎引起；第二类是自然火，即由于自然因素引起，如禾草腐败自燃、雷击等；第三类是外来火，即由其他草原或森林火窜入本草原引起。其中，人为火所占比例最大。例如，在内蒙古锡林郭勒盟锡林浩特市境内，1990～2000 年的 51 起草原火灾中，吸烟、野外用火、上坟烧纸、机动车排气管喷火、居民倒灰、烟囱跑火、小孩玩火等人为引起的火灾 34 起，占整个发生火灾的 66.67%；燃烧过的草原火死灰复燃而引起的草原火 2 起，占 3.92%；原因待查的草原火 14 起，占 27.45%；雷击而引起的草原火 1 起，占 1.96%。也就是说，该市的草原火灾绝大部分是人为引起的[25]。

为了防治草原火灾对草原造成破坏，《中华人民共和国草原法》①第 30 条规定：县级以上人民政府应当有计划地进行火情监测、防火物资储备、防火隔离带等草原防火设施的建设，确保防火需要。第 53 条还规定：草原防火工作贯彻预防为主、防消结合的方针。各级人民政府应当建立草原防火责任制，规定草原防火期，制定草原防火扑火预案，切实做好草原火灾的预防和扑救工作。1993 年 10 月 5 日国务院发布施行的《草原防火条例》②，依据预防为主、防消结合的草原防火方针，对草原防火的措施作出了具体规定。例如，第 11 条不仅授权县级以上地方各级人民政府根据本地区的自然条件和草原火灾发生规律，规定草原防火期，而且授权有关地方人民政府草原防火主管部门在防火期内可以对进入草原的车辆和人员进行防火安全检查。又例如，第 12 条对防火期内野外用火进行了严格规定：①因烧荒、烧茬、烧灰积肥、烧秸秆、烧防火隔离带等，需要生产性用火的，须经县级人民政府或者其授权单位批准。生产性用火经批准的，用火单位应当确定专人负责，事先开好防火隔离带，准备扑火工具，落实防火措施，严防失火。②在草原上从事牧业或者副业生产的人员，需要生活性用火的，应当在指定的安全地点用火，并采取必要的防火措施，用火后必须彻底熄灭余火。③进入草原防火管制区的人员，必须服从当地县级以上地方人民政府草原防火主管部门或者其授权单位的防火管制。

除了对人为火加以有针对性的管理外，防治森林火灾的相关措施也适用于防治草原火灾。例如，利用遥感监测面积广，时间、空间分辨率高等优点，遥感，特别是 MODIS 数据，在草原火灾监测和预警工作中已发挥重要作用[26]。MODIS 的全称为中分辨率成像光谱仪（moderate resolution imaging spectroradiometer），是搭载在卫星上的一个重要的传感器，共有 36 个光谱通道，其空间分辨率最大可达 250m，扫描宽度为 2330km，且数据免费获取。MODIS 从设计上考虑了火灾监测，在火灾应用方面较其他遥感仪器有以下优点：①传感器灵敏度和量化精度高，在发现和测定火灾方面具有优势；②具有多个可用于火灾检测的通道，不仅避免了饱和问题，而且还可以对火灾的性质进行定性、定量分析；③具备精确的定位功能[27]。

---

① http://news.xinhuanet.com/zhengfu/2002-12/30/content_674397.htm.访问时间：2009 年 1 月 18 日
② http://www.gov.cn/ziliao/flfg/2005-09/27/content_70637.htm.访问时间：2009 年 1 月 18 日

1.15　植物森林病虫害

植物森林病虫害是植物病虫害和森林病虫害的统称。

任何伤害植物或植物产品的植物、动物或病原体品种、品系或生物类型都称为植物病虫害（plant diseases and insect pests）。对森林、林木种苗及木材、竹材的病害和虫害称为森林病虫害（forest diseases and insect pests）。

植物病虫害对我国农业生产影响十分严重，全国农业技术推广服务中心的统计表明，我国每年因此损失 4000 万 t 粮食，约占全国粮食总产量的 8.8%[①]。而且，新的重大病虫害不断出现，一些有害生物扩散蔓延，病虫害发生时间拉长、发生量大、抗药性不断增强，严重威胁粮食生产安全。如果防治不力，将有可能减产 50%，甚至颗粒无收。据测算，按照 2008 年的防治水平，每年挽回粮食损失 1000 多亿斤，但仍造成粮食损失近 300 亿斤[②]。

危害我国农业的病虫害达 1580 种[28]。其中，病害情况是：严重危害小麦者有绣病、白粉病、赤霉病、黄矮病、根腐病、黑穗病等；严重危害棉花者有枯萎病、黄萎病等；危害玉米者有大斑病、小斑病、丝黑穗病、黑粉病、矮花叶病等；危害大豆者有花叶病、顶枯病、斑驳病等。严重危害水稻者有稻瘟病、白叶枯病、纹枯病等；世界上已发现的水稻病害有 240 多种，其中我国已发现的有 50 多种。害虫情况是：危害棉花的害虫有 310 种，危害水稻的有 252 种，小麦的有 100 多种，玉米的有 52 种。还有储粮害虫 133 种。主要虫害如蝗虫（飞蝗、土蝗）、水稻螟虫（三化螟、二化螟、大螟、台湾稻螟、褐边螟）、稻飞虱、小麦吸浆虫、黏虫、玉米螟、棉红铃虫、棉铃虫、金龟子类、蝼蛄类、地老虎类、蚜虫类等。

作为新的危险性病虫害，外来有害生物入侵，每年给我国造成经济损失达 560 亿元[③]，令人触目惊心。据 2004 年新华网公布的农业部统计资料，入侵我国的外来生物已达 400 余种[④]。我国已经成为遭受外来入侵生物危害最严重的国家之一，面临的防治形势越来越严峻。据统计，在国际自然及自然资源保护联盟（International Union for Conservation of Natural and Natural Resources，IUCN）公布的全球 100 种最具威胁的外来生物中，我国已经有 50 余种。鉴于严峻的防治形势，国家成立了“外来物种管理办公室”，明确农业部作为外来物种管理的牵头部门。

虽然我国森林总面积 15894.09 万 hm²，但森林覆盖率仅为 16.55%，相当于世界森林覆盖率 27% 的 61%。但我国又是世界上森林病虫害发生较为严重的国家之一，全国有各种森林病虫鼠害 8000 多种，造成严重危害的有 200 多种[29]，其中目前危害较严重的十大病虫害有：松毛虫、美国白蛾、杨树蛀干害虫、松材线虫、日本松干蚧、松突园蚧、湿地松粉蚧、大袋蛾、松叶蜂和森林害鼠。

2003 年，我国森林病虫害发生面积 888.74 万 hm²。其中，森林虫害 718.46 万 hm²，病

①http://www.agri.gov.cn/gndt/t20051121_498097.htm. 访问时间：2009 年 1 月 20 日

②http://www.gov.cn/wszb/zhibo280/content_1145966.htm. 访问时间：2009 年 1 月 20 日

③http://news.xinhuanet.com/society/2006－08/16/content_4970780.htm. 访问时间：2009 年 1 月 20 日

④http://www.people.com.cn/GB/huanbao/1072/3042734.html. 访问时间：2009 年 1 月 20 日

害 75.75 万 hm²[①]。从 2005 年起，国家林业局发布的《中国林业发展报告》将以往统计的"森林病虫害"扩充为包括鼠害等的"林业有害生物"。2007 年，我国林业有害生物发生面积 1244 万 hm²，比 2006 年增长 9.99%，检疫性有害生物进一步扩散蔓延；杨树食叶害虫发生面积迅速增加，蛀干害虫和杨树溃疡病危害严重；松毛虫、松树钻蛀性害虫等有害生物局部成灾；突发性有害生物种类增多，一些次要有害生物转化为主要种类；森林鼠(兔)害在西北地区危害加重；森林有害植物在西南、华南林地中快速扩散[②]。1980 年前，我国林业仅有 10 种外来病虫，到 2006 年，短短 20 多年已增加到 26 种，增加 160%，发生面积增加到 4200 多万亩。外来有害生物每年给我国林业造成的损失达 560 亿元[③]。

近年来，由于人民生活水平的提高，病虫害对园林植物产量、质量及观赏价值造成的影响，日益受到重视。这类病虫害发生的特点是外来有害生物不断入侵，主要病虫种类出现更迭。在我国不断引入国外园林风格和园林植物种类，植物配置和种植方式更加丰富在同时同，一些原产于世界各地区的园林植物的危险性及检疫性病虫害随之传入我国，并扩散为害本土园林植物。其中，美国白蛾、蔗扁蛾、锈色棕榈象、曲纹紫灰蝶、外来红火蚁、刺桐姬小蜂等的威胁较大。与此同时，蛀干害虫和"五小害虫"即蚜、蚧、螨、粉虱、蓟马和生态性枝干病害(由不良环境因素造成树木生长势下降而诱发产生的病害，如杨树溃疡病、松枝枯病等)，已成为我国城市园林植物的主要病虫害。外来病虫害种类传入我国以后快速蔓延，往往能够造成非常大的危害，损失较大。例如，蔗扁蛾的寄主植物种类达 60 种以上，仅在广东省每年平均造成的经济损失就达 1000 万元之多，为害严重时盆栽发财树虫株率可达 40%，巴西木在催芽期间有 30% 的柱桩受害[30]。

农作物病虫害的防治，主要有下述四种措施：

(1) 农业防治技术。通过合理轮作和间作、深耕细作和清洁田园、合理施肥和灌溉等，可以促进农作物正常生长发育，达到减轻或防治病虫害的目的。

(2) 生物防治技术。利用自然界中的生物因素来进行病虫害防治，包括昆虫、螨类、鸟类、两栖类、真菌、细菌、病毒等，以虫治虫，以微生物治虫，以害虫天敌动物治虫。

(3) 物理机械防治技术。通过人工捕杀、灯光诱杀、温度灭菌和灭虫等人工方法、简单的器械、温度、光、电磁波、超声波、核辐射等方法防治病虫害。

(4) 化学防治技术。由于作用快、效果好、使用方便等优点，农作物病虫害防治的主要手段还是使用化学药剂，但如果使用不当，极易造成农药残留、环境污染和病虫产生抗性等后果。所以，能不用药的尽量不用药，能少用药的尽量少用药，应选用高效、低毒、低残留的药剂，并应尽可能避免对天敌的杀伤。

我国 1989 年公布实施的森林病虫害防治条例[④]规定，森林病虫害防治实行"预防为主，综合治理"的方针，政府的森林病虫害防治机构负责森林病虫害防治的具体组织工作，通过抓好预测预报和森林植物检疫，因地制宜地使用生物、化学和物理等防治方法，逐步改善森

---

① http://www.forestry.gov.cn/distribution/2006/12/18/lygk-2006-12-18-2049.html. 访问时间：2009 年 1 月 22 日

② http://www.forestry.gov.cn/distribution/2008/11/19/lygk-2008-11-19-2067.html. 访问时间：2009 年 1 月 22 日

③ http://www.gov.cn/jrzg/2006-08/16/content_364077.htm. 访问时间：2009 年 1 月 22 日

④ http://www.forestry.gov.cn/distribution/2008/03/13/xzxk-2008-03-13-121.html. 访问时间：2009 年 1 月 22 日

林生态环境等途径，提高森林抗御病虫害的能力。

森林病虫害的防治，主要有下述四种措施：

（1）选育抗病虫树种。种苗是造林的基础，要选用良种，培育壮苗造林，提高苗木抗病虫性。

（2）大力营造混交林。混交林可以增加生物多样性，有利于林内生物种类形成多样化的食物链，使生物种群之间达到动态平衡，抑制有害昆虫在林分内形成优势种而暴发成灾。

（3）合理经营，改善森林生态环境。通过封山育林、科学营林、纯林改造等途径，提高和增强森林抵御病虫害的能力，并对猖獗发生的松毛虫等起到一定的控制作用。

（4）预防为主，综合治理。加强检疫，防止检疫性病虫害传播蔓延；加强测报工作，为防治提供科学依据；采用综合技术手段和工程管理办法相结合，对重点病虫害实行工程治理。

应用遥感技术可在大范围内监测重点森林病虫害的发生危害情况。以虫治虫能在森林病虫防治中发挥重要作用。例如，白蛾周氏啮小蜂是美国白蛾的天敌；利用花绒坚甲、管氏肿腿蜂可防治栗山天牛；赤眼蜂携带病毒防治松毛虫；利用瓢虫防治日本松干蚧等[31]。

由于园林植物相比普通农作物和树木较为贵重，人们对其病虫害的防治针对性更强。目前，对 40 种常见园林植物病虫害，均有专门的防治方法。例如，对月季白粉病防治方法是：①改善种植条件，温室要通风透光，降低湿度，避免施过多的氮肥，适当多施磷钾肥；②结合修剪剪除病枝、病芽和病叶，减少浸染源；③发病初期喷洒 15％粉锈宁可湿性粉剂 1000 倍液或 70％甲基托布津可湿性粉剂 1000 倍液均有良好的防治效果，也可喷施 1kg/L 的石硫合剂①。

近年来，人们开始重视农作物病虫害与气象条件的关系，对我国农作物病虫害宏观气候可预测性的机理、流行的前兆性气候指标、流行气候区划、影响的关键气象因子、预报模式的气象信息技术改造等方面开展了研究[32]，对提前做出农作物病虫害防治准备有重大作用。

植物森林病虫害防治，不仅仅耗资巨大，而且常有副作用，因此，并非一定要将害虫和病原微生物赶尽杀绝。对园林植物病虫害防治的研究表明，应该容忍有害生物的存在，只要把危害控制在不影响植物观赏效果就可以了[33]。

---

①http://www.plant.ac.cn/yuanlin/2008-10/35593.htm. 访问时间：2009 年 1 月 22 日

第 2 章　自然灾害风险

2.1　引　言

人类文明史，是一部与自然灾害的搏斗史。始于 1990 的"国际减灾十年"(International Decade for Natural Disaster Reduction，IDNDR)活动，更是极大地促进了世界各国的防灾减灾工作。可以说，人类对各种自然灾害的认识和管理水平，已达到相当高的程度。无论是自然灾害发生机理的研究、监测技术的现代化，还是防灾减灾措施的实施，都给人一种这样的感觉：人类正有效地从对自然灾害无能为力的"必然王国"走向摆脱自然灾害奴役的"自由王国"。

然而，事实并非如此。

根据瑞士再保险公司 2000 年的研究报告，1970～1999 年全球自然灾害的严重程度呈上升趋势[34]。可见，"国际减灾十年"活动并没有减轻自然灾害。而近些年来，全球灾害保险损失，更是急剧上升(图 2.1)。

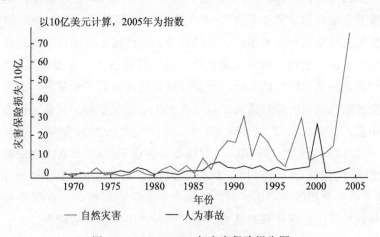

以10亿美元计算，2005年为指数

图 2.1　1970～2005 年灾害保险损失图

资料来源：瑞士再保险公司，Sigma，2006 年第 2 期

由图 2.1 可知，20 世纪 70 年代，每年自然灾害所造成的赔偿金额约为 30 亿美元。1987～2003 年增长到 160 亿美元。2004 年和 2005 年分别猛增到 450 亿美元和 780 亿美元。自然灾害没有随着人类防灾减灾的大量投入而明显减缓，除了"人口密度增大"、"工业化国家价值增高"和"全球变暖引发极端天气气候事件增多"等广为人知的原因，另一个重要的原因是，在"国际减灾十年"活动结束前，人们防灾减灾的主要重点放在力求精确预测、有效控制和及时救援之上。然而，许多自然灾害的不确定性使精确预测很难实现，大量的减灾投入可能得不偿失，及时救援常常只是美好的愿望。

人们发现，防灾减灾必须有新的战略。于是，第 54 届联合国大会于 1999 年 11 月通过决议，从 2000 年开始，在全球范围内开展"国际减灾战略"(international strategy for disaster reduction，ISDR)行动，将减灾作为一项长期的、战略性的行动开展下去。国际减灾战略秘书处设在日内瓦，并在亚洲、非洲、美洲、欧洲和太平洋地区设有办公室，在纽约设有一个联络办公室。

与"国际减灾十年"最大不同的是，"国际减灾战略"从总体上改变了前者的减灾观念，从灾后的反应转变为灾前防御，包括建立国家一级在未来 5～10 年中短期和 20 年长期的综合减灾和降低风险的战略；建立或完善风险分析措施，增强相关部门之间的协作，提高技术转让水平；重视城市地区的减灾和土地利用规划；重视对不同层次减灾和降低风险工作的总结等。

为推进"国际减灾战略"的发展，由联合国主办的世界减灾大会于 2005 年 1 月 17～22 日在日本兵库县神户市举行，通过了《兵库宣言》和《兵库行动框架》。其中，《兵库行动框架》为 2005～2015 年全球减灾工作确立了战略目标和 5 个行动重点。这些重点分别是：确保减少灾害风险成为国家和地方的优先立项并在落实方面具备牢固的体制基础；确定、评估和监测灾害风险并加强预警；利用知识、创新和教育在各级培养安全和减灾意识；减少潜在的风险因素；为有效反应加强备灾。

为适应国际减灾战略由减轻灾害到减轻灾害风险，加强风险管理，立足关口前移的重大调整，近年来，我国在风险科学研究和风险管理领域开展了大量的工作，标志性事件主要有五个：

(1) "中国灾害防御协会风险分析专业委员会"于 2004 年 12 月 8 日在北京师范大学正式成立。该专业委员会简称"风险学会"，是在中华人民共和国民政部登记的唯一一个从事多学科风险分析研究的全国性学术组织，其宗旨是：广泛团结全国从事风险研究和风险管理的科技人员和管理干部，坚持"研究风险理论，发展风险技术，为提高风险管理水平服务"的指导思想和"理论联系实际"的方针，全面开展风险问题的科学研究，大力开发和引进现代风险技术，为提高我国经济运行质量、保障人民生活安宁服务。目前，该专业委员会已成功举办了 4 届年会，会员从 81 人发展到 352 人，学术论文从 2004 年第一届年会上只发表 47 篇发展到 2010 年第四届年会的 173 篇。该专业委员会还于 2007 年在上海成功举办了"首届风险分析与危机反应国际学术研讨"，获得了风险分析学会(Society for Risk Analysis，SRA)等国际学术界专业团体的广泛认同。由该专业委员会组稿，北京师范大学出版社出版的《风险分析与危机反应》国际系列丛书，在国内外产生了良好的影响。

(2) 国际风险管理理事会(International Risk Governance Council，IRGC)于 2005 年 9 月 20～21 日在北京饭店召开"2005 年国际风险管理理事会大会"，大会主题为"实施风险管理的全球策略"，集中研讨在全球经济、科技发展日益国际化的情况下，如何警惕潜在的全球性风险发生、如何建设国家应急系统、如何加强国家间的信息交流与合作等议题，并设立中国风险管理与可持续发展特别专题。葡萄牙科教部长、南非科技部长、瑞士联邦科研国务秘书、美国国务卿科技顾问、经合组织(OECD)秘书长等来自 30 多个国家和国际组织的官员以及专家、产业界人士共 300 多位代表与会。大会发表了《风险治理白皮书——面向一体化的解决方案》一书，由 IRGC 提出了一个用于风险管理的综合分析框架。该框架结合了科学、经济、社会和文化的各个方面，而且还包括相关参与者的利益有效管理。该框架反映了 IRGC 本身所关注因素的优先次序，涉及的风险有可能很大地影响人的健康和安全、经济、环境和社会的组织结构。该框架的提出是对国际风险管理策略的改进。会议由我国科技部承办，标志着中国科技界开展认识到风险学科的研究在现代社会中的重要作用。

（3）由教育部组织实施、科技部农村科技司管理的"十一五"国家科技支撑计划重点项目"综合风险防范关键技术研究与示范"于 2007 年 6 月 8 日正式启动，项目国拨经费 4000 万元，分成 7 个课题开展工作：

第一课题　综合风险分类与评价技术研究；

第二课题　综合风险防范的关键技术；

第三课题　综合风险防范技术集成平台研究；

第四课题　综合风险防范救助保障与保险体系示范；

第五课题　综合全球环境变化与全球化风险防范关键；

第六课题　综合能源和水资源风险防范关键技术研究与示范；

第七课题　综合生态与食物安全风险防范关键技术示范。

（4）第十届全国人民代表大会常务委员会第二十九次会议 2007 年 8 月 30 日通过的《中华人民共和国突发事件应对法》第五条中规定：国家建立重大突发事件风险评估体系。国务院办公厅 2007 年 8 月 5 日发布的《国家综合减灾"十一五"规划》中主要任务中第一方面的建设任务就包括"全面调查我国重点区域各类自然灾害风险和减灾能力，查明主要的灾害风险隐患，基本摸清我国减灾能力底数，建立完善自然灾害风险隐患数据库。对我国重点区域各类自然灾害风险进行评估，编制全国灾害高风险区及重点区域灾害风险图，以此为基础，开展对重大项目的灾害综合风险评价试点工作"。这两个重要法律文件的发布，标志着风险评估已成为我国政府的法定任务之一。

（5）为提升北京市应急管理能力、城市安全运行水平和执政能力，维护首都稳定，保障第 29 届奥运会和第 13 届残奥会安全顺利举办，2007 年 2 月 11 日，北京市突发公共事件应急委员会发布了"北京市突发公共事件应急委员会关于做好奥运期间突发公共事件风险评估工作的通知"，并成立了由闪淳昌、王昂生、薛澜、刘铁民、吴正华、金磊、顾林生、明发源、黄崇福、丁辉等组成的专家组。奥运期间突发公共事件风险评估工作的开展，标志着风险管理已进入我国政府的决策体系。

2008 年，在中国历史上注定是不平凡的一年。因为这一年，是中国人民圆百年奥运之梦的一年。然而，当我们沉浸在喜悦中为 2008 年 8 月 8 日到来的北京奥运会全方位冲刺各项筹备工作之时，各种超乎想象的压力却不期而至，这些压力既有国外来的，也有国内的；既有自然的，也有人为的。从 2001 年 7 月 13 日北京在莫斯科举行的国际奥委会第 112 次全会上获得 2008 年奥运会主办权开始，漫长 7 年筹备工作的最后一年，成为了考验中国国力最严峻的一年。

2008 年 1 月中旬至 2 月上旬，一场罕见的雨雪冰冻灾害突然降临在中国温暖的南方。这场灾难造成了电力中断，通信瘫痪，道路封闭，不仅让成千上万人难以春节回家团聚，而且夺去了 100 多人的生命并造成 1500 多亿元的直接经济损失。

3 月 14 日，拉萨发生暴力事件，并使一些人以此为借口，对奥运圣火在境外的传递进行了大量的干扰。

4月28日，胶济铁路列车相撞造成70余人死亡，给交通安全敲响警钟，而之前突如其来的手足口病已夺去40多名儿童的生命。

当高昂的房价、暴涨暴跌的股市、通货膨胀的经济等正在考验中国全面建设小康社会的总体部署之时，5月12日，一场地动天摇，山水崩摧，数十年不遇的八级特大地震在我国的四川省汶川县发生了。尽管震后第一时间，温家宝总理就到达地震现场，中国地震应急搜救中心的救援队当天到达灾区，然而，大规模的救援，直到震后的第三天才真正开始！

这一切，都验证了一个严酷的现实：中国已全面进入风险社会，甚至是高风险社会。不可控因素增加，灾难可预见性下降；局部灾害引发多米诺骨牌效应的可能性增大，简单的危机反应有效性下降。

似乎为了再次验证全球已进入风险社会，2008年9月发源于纽约华尔街的金融海啸迅速演变成全球金融危机，并波及实体经济，为2009年世界经济的发展投下了重重的阴影。严峻的风险形势，给各国从事风险分析和管理的专家、学者、决策者提出了更高的要求。

也似乎为了再次提醒中国民众，我们时刻不能忘记中国自然灾害的严重性，2009年春节刚过，河南省气象局就发布干旱红色预警。2008年11月1日至2009年1月26日，河南省平均降水量为11.0mm，较常年同期偏少79%，由于降水严重偏少，加之气温偏高，河南省小麦受旱面积已达总数的63.1%。截至2009年2月1日，全国作物受旱面积1.45亿亩，其中河南、安徽、山东、河北、山西、甘肃、陕西等主产省小麦受旱1.41亿亩，严重受旱5320多万亩，分别比去年同期增加1.32亿亩和5240万亩，这意味着全国已有接近43%的冬小麦遭受旱灾[①]。这样的灾害是否能在事先通过风险管理而避免或减缓发生，灾害发生后是否能通过风险管理而减少损失，这些都是我们必须面对的问题。

2.2　对部分风险定义的评述

当人们越来越清楚地意识到我们已进入德国社会学家贝克所提出的"风险社会"时[35]，各种关于"风险"（risk）的学术理论、技术方法、应用系统、政策和法律纷纷面世。然而，对于什么是"风险"，并没有形成一个较为统一的认识。

对于自然灾害的概念，人们的认识是较为统一的。例如，"地震造成的损失是自然灾害"，对这样的陈述，没有人会提出异议。厘清自然灾害概念的内涵和外延后，给出自然灾害的定义就比较容易。但对于风险的概念，似乎不易厘清其内涵和外延，"风险"总给人一种捉摸不透的感觉。

在贝克的"风险社会"概念中，他所说的风险，指的是"处理由现代化本身诱发和带来的危险源和不安全因素的一个系统方法"（原文为 a systematic way of dealing with hazards and insecurities induced and introduced by modernization itself）。也就是说，风险是"一种特定的处理方法"，方法不当，就会出现灾难。例如，由于当时苏联对切尔诺贝利核电站的

---

① http://news.xinhuanet.com/fortune/2009-02/04/content_10759662.htm. 访问时间：2009年2月5日

管理方法不当，1986 年 4 月 26 日该电站发生严重的核泄漏事故，造成约 9.3 万人致癌死亡[①]。然而，在贝克的定义中，风险的内涵和外延是什么，根本无法厘清。即使是限定在社会学的范畴内，将"方法"放在定义概念中描述"风险"的内涵，也让人"一头雾水"。

瑞士再保险公司将"风险"界定为"有损失可能性的条件；该条件也被保险从业员用于说明保险标的或承保的风险"（原文为 Condition in which there is a possibility of loss；also used by insurance practitioners to indicate the property insured or the peril insured against[②]）。这里，"风险"又被视为是"一种特定的条件"。在这种条件下，保险标的可能会被毁坏或灭失。例如，建于活动断层上的房屋，极易被地震毁坏。这里的"地震地质条件"，就是风险。再例如，将贵重保险标的放置于没有防盗设施的房屋中，极易被盗。这里的"没有防盗设施"这一条件，也是风险。然而，在这个保险业的风险定义中，风险的内涵和外延仍然不清楚，将"条件"放在定义概念中描述"风险"，也不恰当。

我国保险监管部门 2007 年 4 月 6 日发布的"保险公司风险管理指引（试行）"（保监发〔2007〕23 号）对"保险风险"界定，则是指"由于对死亡率、疾病率、赔付率、退保率等判断不正确导致产品定价错误或者准备金提取不足，再保险安排不当，非预期重大理赔等造成损失的可能性"。这里，其核心是沿用了"损失的可能性"这一保险业中常用的表述方式。然而，什么是可能性？定义起来更加困难。也就是说，"指引"中的这一界定不满足下定义"应清楚确切"这一规则。

国外学术界和许多重要组织对风险已有长久的研究，提出了各种各样的风险定义，较有影响的有下述 20 个定义。

（1）日本亚洲减灾中心定义：通常，风险被定义为由某种危险因素导致的损失（死亡、受伤、财产等）的期望值。灾害风险（disaster risk）是由危险性（hazard）、暴露性（exposure）和脆弱性（vulnerability）构成的函数[36]：

$$\text{disaster risk} = \text{function (hazard, exposure, vulnerability)} \qquad (2.1)$$

评述：这里实际涉及两个定义："损失期望值定义"和式（2.1）的"概念化公式定义"。前者是对一般的风险，后者是对灾害风险。概念化公式定义有背于"定义是用陈述句进行逻辑判断"的基本要求。如果用这种定义，甚至"风险"外延中的元素是什么样子都无法解释。

（2）亚历山大定义：风险可以被定义为可能性，或较正式地定义为概率。这里的概率，是指由于一系列因素而产生的特定损失的概率，损失是由于某种危险源的存在而产生的。在一个特定地区受到灾害威胁的风险因素包括人口、社区、建筑环境、自然环境、经济活动和服务等[37]。

评述：该定义的核心是用"损失的概率"这一概念来描述风险。其内涵是某种概率，其外延也可例举。例如，假定计算出建筑物 A 在 50 内年被震毁的概率值是 0.001，根据该定义，这一计算结果和相应的条件就是风险外延中的一个元素，可以记为一个五元有序组，$r = <A, 50 年, 地震, 毁坏, 0.001>$。风险的内涵仅仅是损失的概率吗？显然不是。因为具有该定义内涵的所有对象构成的外延过于偏狭。例如，全球变暖并没有概率意义，这并不

①http://www.china.com.cn/chinese/zhuanti/pic1/1193747.htm. 访问时间：2009 年 2 月 5 日

②http://www.swissre.com/pws/research%20publications/glossary/glossary.html. 访问时间：2009 年 2 月 5 日

意味着相关的损失事件不是风险问题。概率反映的是多次试验中频率的稳定性。对常见建筑物，可以用以往的震害资料估计出地震毁坏概率；对特殊建筑物，可以通过地震动实验台的相关实验结果来推算毁坏概率。尽管估计和推算出的概率可能很粗糙，但它们都与"多次试验"有关。然而，"全球变暖"与"多次试验"之间并没有什么关系。所以，"损失的概率"并不能定义"风险"。

（3）阿尔王、西格尔和约根森定义：风险由已知或未知的事件概率分布来刻画，而这些事件是由它们的规模（包括尺寸和范围）、频率、持续时间和历史来刻画[38]。

评述：一方面，将概率扩充为概率分布，并且可以是未知的分布，但该定义仍然用概率不适当地限定了风险；另一方面，该定义不限定事件是否为不利事件。这样一来，任何事件的概率分布都可以用来刻画风险。例如，假定投资某项目一定可以赚取利润，并且假定人们可以估计出赚取不同利润的概率分布，那么，按该定义，这个概率分布就是投资风险。这显然与常识相抵触。

（4）卡多纳定义：预期出现的伤亡人数、财产损失和对经济活动的破坏，这种预期归因于特定的自然现象和因此产生的风险要素[39]。

评述：由于预期是一个含混模糊的概念，将"某些不好的预期"定义为风险，不满足下定义要求"清楚确切"的规则。事实上，经济学中的预期可分为三种，即静态预期、适应性预期、理性预期，是否经济活动中的风险就有静态风险、适应性风险、理性风险之分？显然难以解释。预期与人的主观愿望关系密切，不宜放入风险定义中。该定义的另一个问题是"循环定义"，因为定义概念中用到了"风险要素"。而"风险"是被定义概念。

（5）克拉克定义：风险就是由于某种选择导致可能发生的事件的可能范围。不确定性就是不知道。风险的一般形式是事件发生的可能性，具体形式是不良后果发生的概率[40]。

评述：本质上，克拉克定义与亚历山大的定义是一样的，只不过用"可能性"作为风险的一般形式。并增加了"风险"是与人们的"某种选择"有关的内容。虽然人们用概率论、Dempster-Shafer 理论和模糊集理论等对"可能性"展开了大量的研究，但事实上"可能性"是相对于"现实性"的一个哲学概念，反映的是存在于现实事物中的，预示着事物发展前途的种种趋势。可能性着眼于事物发展的未来，是潜在的、尚未实现的东西。这种可能性一旦条件具备了，就会由可能性转化为现实。也就是说，无论"可能性风险定义"的形态如何，它们都是用一个哲学概念来定义风险。作者认为，某些可能性测度，如概率，可以被用来描述部分风险，但这种测度背后的哲学概念"可能性"，只有在特别的场合，针对特别的风险，才能替代风险定义中应该指明的相关内涵。就像我们可以用尺子来量人的"身高"，但不能用尺子来定义"身高"，我们可以用可能性来研究风险，但不能用可能性定义风险。只有当我们确定某类风险能用可能性描述时，才可以简单地把风险与可能性联系起来。更一般地讲，如果不是用哲学术语表述"可能性"，也不是用数学测度讨论可能性，要定义什么是"可能性"，就像要定义什么是"灵魂"一样困难，在这种情况下，克拉克定义不满足"清楚确切"的规则。

（6）美国《灾后恢复》季刊定义：风险是潜在的暴露损失。人为或自然的风险比比皆是。通常用概率来测量这种潜在性①。

评述：这里用到 3 个概念"潜在"、"暴露"(exposure)和"损失"来定义风险概念。"暴露"这个概念是从化学品安全管理领域引入的，原意是指可能被伤害的对象与有害化学品的接触。暴露评估是鉴别导致暴露的化学品的来源，计算被暴露的有机体的接触剂量或评估化学品向某一特定的环境区域的释放量。后来，这一概念被引伸到一般的风险评估程序中，泛指危险源影响场的评估。事实上，"暴露"并不是风险的本质属性之一。例如，金融风险很难与"暴露"挂起钩来，计算机网络安全风险也与"暴露"无缘。

(7) 赫伯特·爱因斯坦定义：风险是事件发生的概率乘以事件的后果[41]。

评述：这是用有乘法运算的概念化公式来定义风险，不符合下定义的基本要求，无法指明风险概念的内涵。这种概念化公式，只能作为量化某种风险的选项之一，并不能说明什么是风险。

(8) 欧洲空间规划观察网络定义：风险，是危险发生的概率或频率和产生后果的严重性的组合。更具体地讲，风险定义为由自然或人为诱发危险因素相互作用而造成的有害后果或预期损失发生的概率，损失包括：人的生命、人员受伤、财产损失、生计无着、经济活动受干扰和环境破坏等②。

评述：这里，概率和频率仍然被视为风险的有机部分，只不过用"组合"替代常用的"相乘"，拓展了概念的外延。由于概率和频率只能作为某些风险的描述工具，并不具有一般性意义，所以该定义不能作为风险定义使用。

(9) 盖雷特瓦和博林定义：下列公式用于计算灾害风险

$$\text{disaster risk} = \text{hazard} \times \text{vulnerability} \qquad (2.2)$$

式中，风险为两个因素"危险性"和"脆弱性"的乘积。显然，只有对自然危险表现脆弱才会有风险[42]。

评述：这是一个特定意义下灾害风险的计算公式，不能作为定义使用。所谓特定意义，只要比较一下式(2.1)就清楚了。在该式中，灾害风险的计算还涉及"暴露性"。所以，"两个因素"应该视为一种特殊情况。

(10) 世界急救和灾害医学协会杂志《院前和灾害医学》定义：风险是危险变成事件的客观或主观概率。可以发现风险因素从而修改概率。这些风险因素由个人行为、生活方式、文化、环境因素，以及与健康有关的遗传特性所构成③。

评述：本质上是用"概率"来定义风险，只是限定为"危险变成事件"的概率。该定义的外延过于偏狭，只能用于描述灾害医学中某些与概率有关的风险。

(11) 奈特定义：涉及风险和不确定性的情况是可能的结果不止一个。

风险：我们可以识别每个可能结果的概率。

不确定性：我们可以识别出结果，但没有相应的概率[43]。

---

① http://www.drj.com/glossary/glossleft.htm. 访问时间 2009 年 2 月 9 日

② http://www.gsf.fi/projects/espon/glossary.htm. 访问时间：2009 年 2 月 9 日

③ http://pdm.medicine.wisc.edu/vocab.htm. 访问时间：2009 年 2 月 10 日

评述：这就是有名的奈特定义，1921年给出。奈特在研究概率论的基础时，涉及对概率的主观与客观的解释。根据客观的解释，概率是真实的；而主观解释认为，概率是人类的信仰，不是大自然内在的，因人而异有他们自己的不确定性。为了区别可测的不确定性和不可测的不确定性，奈特使用"风险"指前者，用术语"不确定性"指后者。奈特已意识到，他的"风险"与公众使用的概念很不相符。

（12）澳大利亚昆士兰州紧急服务部定义：对某些对象有影响的事情发生的机会。用后果和可能性对其测量（在灾害风险管理中，风险概念用于描述由危险、社区和环境相互作用而产生的有害后果的可能性）①。

评述：用"机会"（chance）来定义风险，用"后果和可能性"（consequences and likelihood）来测量。该定义的外延过于偏狭，只能用于描述与概率有关的某些灾害风险。

（13）拉希德和威克斯定义：风险是在城市地区由于危险暴露而潜在的损失程度，可以将风险视为危险发生概率和脆弱程度的乘积[44]。

评述：该定义是针对城市地区的地震风险而言的，使用"潜在的损失程度"这样的表述方式，有一定的可取之处。但"概率"和"乘积"的使用，使该定义的外延过于偏狭。

（14）施奈德鲍尔和埃尔利希定义：风险是有害后果发生的概率，或能产生一定威胁的危险因素所导致的预期损失[45]。

评述：用"概率"定义风险，外延过于偏狭，只适用于与概率有关的风险。

（15）什雷斯塔定义：系统风险可以简单地定义为不利或不希望事件发生的可能性。风险可能归因于纯粹的物理现象，如对健康的危害，或人工系统和自然事件之间的相互作用，如洪水越过堤坝造成损失。水资源系统的工程风险，通常用函数的某种性能指标来描述，如可靠性、事件期间，可修复性等[46]。

评述：用"可能性"定义系统风险，但没有说明"系统风险"和"风险"的区别。

（16）史密斯定义：风险是生活的一个组成部分。事实上，表达风险用的中文"危机"（weiji），其词意义是"机会/偶然"和"危险"的组合，意味着不确定性总是涉及盈利和亏损之间的平衡。由于风险不能完全排除，唯一的选择就是管理[47]。

评述：该定义用中文"危机"来解释风险，并不正确，但也说明西方学者对中国文化中风险的概念有一定的认识。史密斯对风险的表述，不是定义的形式，只是对这一概念做了一些说明。事实上，是生活一个组成部分的东西很多，所以他的表述方式不能指明风险的内涵。

（17）蒂德曼定义：风险是预期出现的伤亡人数、财产损失和对经济活动的破坏，这种预期归因于特定的自然现象和因此产生的风险要素。具体风险是因特定自然现象的损失预期度，该预期度是自然危险和脆弱性的函数[48]。

评述：该定义的前半部分与卡多纳的定义完全一致，后半部分与盖雷特瓦和博林的定义类似。从时间上看，蒂德曼为瑞士再保险公司提供的这一风险定义比上述两个定义的时间都早。不过，这三个定义的撰写人都没有指他们定义的出处。如前所述，由于预期是一个含混模糊的概念，将其用于定义不满足"清楚确切"的规则，而后半部分是一个概念化公式，不

---

① http://www.disaster.qld.gov.au/publications/pdf/NDRM_guidelines.pdf. 访问时间：2009年2月11日

能作为定义使用。

(18) 联合国开发计划署定义：风险是由自然或人为诱发危险因素和脆弱的条件相互作用而造成的有害后果的概率，或生命损失、人员受伤、财产损失、生计无着、经济活动受干扰(或环境破坏)等的预期。表达风险的方程通常是[49]：

$$Risk = Hazard \times Vulnerability \tag{2.3}$$

评述：该定义与欧洲空间规划观察网络的定义基本一致，不同的是相互作用的因素中加入了"脆弱的条件"，它们与施奈德鲍尔和埃尔利希的定义一样，也用到预期损失。其表达式与盖雷特瓦和博林的式(2.2)类似，只不过这里不是"灾害风险"，而是"风险"。如前所述，由于概率只能作为某些风险的描述工具，并不具有一般性意义，所以该定义不能作为风险定义使用。更有意思的是，该机构推荐使用的式(2.3)中并没有概率的成分，不知与其用概率定义的风险有什么关系。

(19) 联合国环境规划署定义：风险是暴露于某一事件的概率，该事件在不同地理尺度发生的程度可能不同，暴露程度也可能不同，可能突然发生，可能在预期中发生，或可能逐渐发生，可能在预见中发生[50]。

评述：用"概率"定义风险，外延过于偏狭，只适用于与概率有关的风险。该定义对事件的进一步说明，并没有扩充外延。

(20) 克莱顿定义：风险是损失的概率，取决于三个因素：危险、脆弱性和暴露。这三个因素的任何一个增大或减小，风险就相应地增大或减小[51]。

评述：仍然是用"概率"定义风险。所列出的三个因素只适用于某些特殊的风险。例如，金融风险很难与"暴露"挂起钩来，计算机网络安全风险也与"暴露"无缘。

上述一些定义涉及的"概念化公式"，只是表达"风险"的公式之一。根据公式的具体化程度，表达"风险"的公式共有 3 种。

概念化公式：只指明参与公式计算的变量名称，支撑该公式的是变量后面的概念：

$$R = F(Z, E, V) \tag{2.4}$$

式中，R 为风险；Z 为危险性；E 为暴露性；V 为脆弱性。

形式化公式：给出形式化数学表述式，但函数的具体形式或全局性参数尚待确定：

$$R = \int_0^\infty f(x) p(x) \mathrm{d}x \tag{2.5}$$

式中，R 为风险；$f(x)$ 为危险事件 x 发生导致的损失程度；$p(x)$ 为危险事件 x 的概率密度函数。

应用公式：给定函数的具体形式和全局性参数。例如，估计水稻洪水风险的公式[52]：

$$R = \int_0^\infty (1 - e^{-bx}) a e^{-ax} \mathrm{d}x \tag{2.6}$$

式中，R 为风险；a 为用损失数据进行统计；b 为用危险事件数据进行统计。a，b 均是局部参数，由所评估地区的相关数据确定。

上述的 20 个风险定义，可分为下述三类。

(1) 可能性和概率类定义。根据定义的核心部分可以归入这一类的有 14 个(占 70%)，分别由下述学者和机构给出：亚历山大，阿尔王、西格尔和约根森，克拉克，美国《灾后恢复》季刊，欧洲空间规划观察网络，世界急救和灾害医学协会杂志《院前和灾害医学》，奈特，澳大利亚昆士兰州紧急服务部，拉希德和威克斯，施奈德鲍尔和埃尔利希，什雷斯塔，联合国开发计划署，联合国环境规划署，克莱顿。

（2）期望损失类定义。归入这一类的有 4 个（占 20%），分别由下述机构和学者给出：日本亚洲减灾中心、卡多纳、拉希德和威克斯、蒂德曼。涉及的有联合国开发计划署的定义。

（3）概念化公式类定义。只有盖雷特瓦和博林的定义可以完全归入这一类的，但根据定义涉及的内容，下述学者和机构给出的定义可以部分归入这一类：日本亚洲减灾中心、赫伯特·爱因斯坦、拉希德和威克斯、蒂德曼、联合国开发计划署。

史密斯只是用中文"危机"来解释风险。他对风险的表述，无论对错，都不能形成定义，不能归入上述的任何一类。

风险的意义，自然科学家、工程师、心理学者、社会学家、财经学者都可以有各种不同的解释。一个有趣的现象是，被官方科学所认可的"风险"，被媒介所表征的"风险"，被公众所感知的"风险"，往往有不同的解释。官方科学所认可的"风险"，主要是基于概率思维和统计学计算的数字形式。从可能性和概率类定义所占比重高达 70% 可见一斑。被媒介所表征的"风险"，更具弹性，侧重于感知和表述。公众所感知的"风险"，常通过与灾害性事件的环境类比而感知。对公众而言，风险是一种心理认知的结果，在不同文化背景有不同的解释，不同群体对于风险的应对都有自己的理想图景。就是在与官方科学所认可的"风险"关系密切的领域，由于可能性和概率均可以有多种解释，期望损失常受人们的心理影响，任何概念化公式都有发展空间，风险的解释也难求一致。

那么，是否人们就不能对风险概念形成共识呢？回答是否定的，因为在各种风险概念的表述中，常涉及"损失"和"未来"。这是人们进行风险沟通的基础。作者将在此基础上提出风险的基本定义。

2.3　风险的基本定义

"风险"一词的英文是"risk"，来源于古意大利语"riscare"，意为"to dare"（敢），其实指的就是冒险，是利益相关者的主动行为，有某些正面的含意。虽然正如上一节所述，西方学术界中并没有一个被各个学科都接受的风险定义，但现代西方学者更多地将风险与破坏、伤害、损失等负面的东西相联系。

作者从史料中考证，中国春秋战国时期老子留下的五千言《道德经》第六十四章中的"其安易持，其未兆易谋。其脆易泮，其微易散。为之于未有，治之于未乱"就有风险管理的思想。"其安易持，其未兆易谋"是说，没有灾难的时候，容易维持下去；事未发生之时，容易计划。而"其脆易破，其微易散"则是说，脆弱的东西，容易破开；细小的东西，容易散开。因此要"为之于未有，治之于未乱"，也就是说，没有发生之前就要先做好；还没有乱，就要治理好。

现在尚无法考证中国最早于何时、何处出现"风险"一词。最为普遍的一种说法是，在中国的远古时期，以打鱼捕捞为生的渔民们，每次出海前都要祈祷，祈求神灵保佑自己能够平安归来，其中主要的祈祷内容就是让神灵保佑自己在出海时能够风平浪静、满载而归；他们在长期的捕捞实践中，深深的体会到"风"给他们带来的无法预测无法确定的危险，他们认识到，在出海捕捞打鱼的生活中，"风"即意味着"险"，因此有了"风险"一词的由来。

现代意义上的"风险"一词，被认为是泊来品，越来越被概念化，并随着人类活动的复杂性和深刻性而逐步深化，被赋予了从哲学、经济学、社会学、统计学甚至文化艺术领域的更广泛更深层次的含义，且与人类的决策和行为后果联系越来越紧密，风险一词也成为人们生活中出现频率很高的词汇。政治上有"战胜各种困难和风险[53]"之说，学术上则多称"规避风险"，大多数专家认为"风险不可消除"。

由此带来的问题是，人们在对风险进行沟通、交流时，面临越来越多的困难。当"综合风险评估"、"综合风险管理"被大肆炒作时，由于"风险"这一基础概念之不可穷尽的广泛而深层的含义，为鱼龙混杂提供了条件。于是学术界出现沾边就往"风险领域"蹭的现象。似乎人人都懂风险，人人都会进行风险评估。于是，五花八门的预测模型、拟合模型、插值模型等被称为是风险分析模型。而且，"专家打分"进行风险评估，似乎成了灵丹妙药。显然，探讨一个严格但却一般化的风险概念之表述，成为了推动风险分析科学发展必须解决的一个重大问题。根据"风险"的中文字面给出的综合性定义，或许能满足这一需要。

1. 风险的基本定义

尽管中国现代在科学技术上大幅度落后于西方，但中国文化中综合性的思维方式也使中国在古代辉煌过。其实，人类认识客观世界一般是先通过综合思维了解其全貌，再通过分析思维深入地认识其各个方面。中国以综合思维见长，这使我们比西方更能认识客观存在的全貌，这正是古代中国比西方发达的重要原因。到近代，人类完成了对客观存在的全貌的认识，需要分门别类、更加深入地认识客观存在，这时西方的分析思维就更有优势。这是近代西方崛起、中国滑坡的主要原因之一。

如今，人类进入了风险社会，在通过综合思维了解其全貌之前，分析思维的作用有限。一般化的风险，是一个综合现象，具体到某个系统中的风险，才能发挥分析思维的优势。因此，我们应以中国的风险定义改造西方的定义，以西方的分析方法完善中国的经验体系，然后中西合璧，提升人类认识和管理风险的层次。

在汉语中，"风险"由"风"和"险"两个字构成。这就使人想起了与施工现场有关的下面情景：一块石头由钩子勾住位于一个工人的上方，如果一阵强风刮来，可能刮落这块石头砸在工人的头上。我们称这一情景为"石头-钩子-工人-风"系统（SHWW 系统，图2.2）。一方面，如果石头很小，或钩子能牢牢地勾住石头，对于工人而言，刮来什么风都不会使这块石头对他的安全构成威胁。否则，我们不得不采取某种防护措施。另一方面，如果钩子是木制的，既便没有大风刮来，或许由于被虫蛀，某一天石头也会砸下来。在这一情景中，有三个对象：石头、工人和风。风可能被其他力量所替代，如虫蛀钩子。换言之，以中国的综合性思维来表述，风险是一种综合现象。特别地，这种现象与未来和不利事件相关。据此，我们给出风险的基本定义如下[52][54][55]。

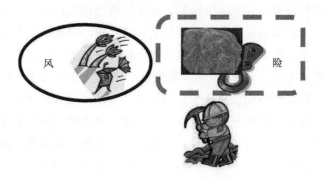

图 2.2　“石头-钩子-工人-风”系统(SHWW 系统)

定义 2.1　风险是与某种不利事件有关的一种未来情景。

如图 2.2 所示，一块石头由钩子勾住，位于一个工人的上方，如果一阵强风刮来，可能刮落这块石头砸在工人的头上，造成灾害性后果。未来威胁到我们生命的这一情景是一种风险。如果石头已砸下来，无论后果如何，都不再有风险。

这里的“情景”泛指能被人们看到、感觉到或用仪器监测到的事件，并非时下流行的，用来进行预测的情景分析法[56]中类似“剧情”的情景。定义风险的情景是一种广义的景象或前景。“不利”是与人们的利益或福利相背，是伤害或损失。

一个情景，必须用一个系统进行描述，涉及“时间”、“场地”和“对象”等要素。“有关”的程度要放在度量空间中进行测量。一个不利事件应该用强弱加以标度。

根据风险的基本定义，风险的内涵是“与某种不利事件有关的一种未来情景”，其外延包括任何的风险，如银行未来收益损失的情景、股票持有人未来股价下跌的情景、公司计算机网络未来不能正常运行的情景、官吏收受贿赂未来被查处的情景、一幢建筑物未来遭遇地震破坏的情景、民居未来遭遇火灾的情景等。

显然，任何过去和现在的情景都不是风险。如果是，也是相对更早时间而言。风险只是对未来而言。例如，2008 年 2 月 9 日 21 时许，中央电视台新大楼北配楼发生火灾时，新华社记者拍摄的火灾照片①(图 2.3)是当时的情景，而不是未来情景。这一情景是火害，但不是火灾风险。

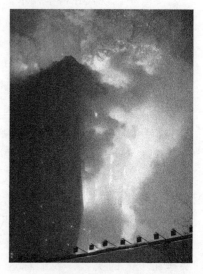

图 2.3　是火灾，但不是火灾风险

图片来源：新华网

根据风险的基本定义和火灾的性质，我们可以给出火灾风险定义如下。

定义 2.2　火灾风险是与人们所不希望的失去控制的燃烧有关的一种未来情景。

图 2.4 是火灾风险的一个情景。这里的火源相当于“风”，可能使房屋着火的可燃物相

①http://news.xinhuanet.com/photo/2009-02/09/content _ 10790495.htm. 访问时间：2009 年 2 月 11 日

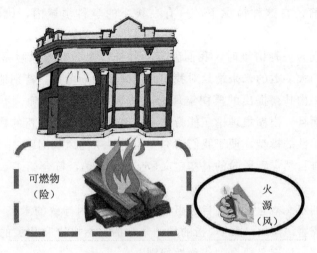

图 2.4　火灾风险的一个情景

当于"险"。当然，如果没有受可燃物影响的房屋（或其他财产）存在，就不会有不利事件发生，就无所谓风险。

2. 自然灾害风险的基本定义

根据风险的基本定义，将风险的内涵限制在"自然变异为主因导致"的不利事件，我们可以给出自然灾害风险的基本定义如下。

定义 2.3　自然灾害风险是由自然事件或力量为主因导致的未来不利事件情景。

这个定义的外延，包括任何的自然灾害风险，如未来地震导致建筑物破坏的情景、未来台风导致船只颠覆沉没的情景、未来洪水导致农作物减产的情景、未来干旱导致人畜饮水困难的情景、未来雷电导致草原燃烧的情景等。

更进一步地，对风险的内涵作进一步的限制，我们可以给出具体类型的自然灾害风险的定义，如气象灾害风险定义如下。

定义 2.4　气象灾害风险是由气象因素导致人类社会造成损失的一种未来情景。

依此规则，可以将内涵限制到不能再限制的程度，定义出外延只有一个元素的最具体的自然灾害风险。例如，未来 100 年内在北纬 31°、东经 103.4°发生地震导致四川省汶川县再次遭受破坏的情景。这就是将地震因素锁定在 2008 年 5 月 12 日发生 8 级特大地震的位置，时间是未来 100 年内，承受不利后果的对象是四川省汶川县。至于如何去量化这一具体的风险，须根据可用的量化手段和可以使用的数据。而并不是用这些手段和数据去定义风险。

语言的定义相比用数学术语的定义更能抓住风险的特征。事实上，在现实世界中，未来情景很难用精确的数学语言进行定义。任何对风险的数学定义，都只是为了对风险的某个侧面进行量化分析。例如，人们常常用概率这种数学语言来定义风险。概率是数学上的一种可能性测度。用概率定义风险，是用可能性测度来量化风险，而不是定义风险。地震灾害发生的时间、空间、强度的可能性，也是对地震灾害风险的一种量化，并不是定义地震风险。而用"风险＝概率×损失"或类似的数学式子来对风险进行量化描述，实际上是忽略了时间和空间因素，表述的只是与损失有关的一个侧面。各领域中用数学式子表达的风险，千差万别，毫无系统性可言。在这种情况下，只有在狭小的学科领域内，风险沟通和交流才有可能。

当我们将风险视为一种情景时，我们就容易理解，大多数的风险是不精确的、不清楚的、不明确的，因为大多数的未来情景对我们而言并非清晰可见。特别地，用不完备信息很难清晰地看到未来。由扎德提出的模糊集理论[57]提供了描述不精确、不清楚、不明确情景的一个适当框架。而且，模糊集理论还能帮助我们改进传统风险分析的数学模型，提供既有鲁棒性，又有一定柔性的模型，便于我们研究真实世界中的风险问题。

下面，我们考查自然灾害风险的基本定义（定义 2.3）是否符合第 1 章中列出的下定义的四条规则。

（1）定义 2.3 的定义概念是"由自然事件或力量为主因导致的未来不利事件情景"，被定义概念是"自然灾害风险"。它们均指的是"未来的自然灾害和相关的不利事件"，所以，它们的外延完全相同，该定义符合"相称性规则"。

（2）在定义 2.3 中，被定义概念"自然灾害风险"是不明确的，正因为如此，我们才用概念"自然事件或力量"、"未来不利事件"和"情景"等去明确被定义概念。这些概念没有直接或间接地包含被定义概念，所以，该定义符合"非循环规则"。

（3）定义 2.3 是一个肯定陈述句，说明被定义的概念具有什么属性，该定义符合"非否定性原则"。

（4）定义 2.3 中的定义概念所采用的"自然"、"事件"、"力量"、"主因"、"导致"、"未来"、"不利"和"情景"等，均是科学术语，没有含混的概念，也没有比喻，所以，该定义符合"清楚确切规则"。

作为一个比较，我们来考查被广泛使用的联合国开发计划署的风险定义（见本章第 2 节，下面简称 UNDP 定义）是否符合下定义的四条规则：

（1）UNDP 定义的定义概念是下述三个子定义概念的合并：① "…有害后果的概率"；② "…经济活动受干扰（或环境破坏）等的预期"；③ "hazard×vulnerability"。也就是说，定义概念的外延是上述三个子定义概念的外延的合并。而被定义概念是"风险"，它的外延包含 disaster risk＝function（hazard，exposure，vulnerability）的情形，它并不在定义概念的外延中。也就是说，UNDP 定义不符合"相称性规则"。

（2）UNDP 定义的定义概念中没有用到被定义概念"风险"，所以，该定义符合"非循环规则"。

（3）UNDP 定义不是一个肯定陈述句，③说明不了被定义的概念具有什么属性，该定义不符合"非否定性原则"。

（4）UNDP 定义中有三个子定义概念，不符合"清楚确切规则"。

显然，一个只符合"非循环规则"的定义，并不是一个科学定义。我们只能说，联合国开发计划署可能只是从其机构管理风险的方便给出风险的定义，并非从风险的本质属性来给出定义。这种情形，有点类似于韦氏字典在释词方面的实用主义。然而，不按逻辑学的方式给出的风险定义，毕竟不是科学定义。

2.4　风险的分类

严格来讲，风险的分类与分类学有关。

世界上有如此庞杂、浩如烟海的事物，千变万化，各不相同，如果不予分类，不立系统，便无从认识，更难以管理。分类学就是通过对事物的特殊性和普遍性的研究，将其加以区分和归类，建立分类系统，加以研究，从而使人类能更准确地认识、改造和利用各种事物。

无论是复杂的生物分类学，还是简单的个人文案分类管理，分类的基本原则是：将具有共同属性或特征的事物或现象归并在一起，而把不同属性或特征的事物或现象分开。

建立分类体系的基本方法有两种：一种是线分类法；另一种是面分类法。

线分类法又称层级分类法。它是将拟分类的事件集合总体，按选定的属性或特征逐次地分成相应的若干个层级类目，并编制成一个有层级的、逐级展开的分类体系。线分类体系的一般表现形式是大类、中类、小类等级别不同的类目逐级展开，体系中，各层级所选用的标志不同，各个类目之间构成并列或隶属关系。由一个类目直接划分出来的下一级各类目之间存在着并列关系，不重复，不交叉。例如，生物分类是线分类法。

面分类法又称平行分类法。它是将拟分类的事件集合总体，根据其本身的属性或特征，分成相互之间没有隶属关系的面，每个面都包含一组类目。将每个面中的一种类目与另一个面中的一种类目组合在一起，即组成一个复合类目。例如，服装的分类是面分类法，把面料、款式、穿着用途分为三个互相之间没有隶属关系的"面"，每个"面"又分成若干个类目。使用时，将有关类目组配起来，如纯毛男式西装、纯棉女式连衣裙等。

风险的分类，有三种体系：按管理要求进行分类、从诱因的角度进行分类，以及从认识论的角度进行分类。前两种分类系统中采用的主要是线分类法，第三种体系中采用的是面分类法。

1. 按管理要求进行分类

不同行业根据其对风险管理的需要对风险进行分类。其中，保险行业的分类比较完善。由于管理的角度不同，同一个行业中又可能存在多种分类体系。例如，保险行业最少有下述四种分类：

(1)按风险产生的根源划分，如水灾、火害等因素所形成的风险；

(2)按风险标的划分，如财产风险、人身风险、责任风险等；

(3)按风险的后果划分，可分为纯粹风险和投机风险；

(4)按风险管理的标准划分，可分为可管理风险和不可管理风险。

其中，按标的划分和按后果划分又分别称为"按风险损害的对象分类"和"按风险的性质分类"，是两种基本的分类体系。

1) 保险行业中按风险损害的对象分类

(1)财产风险。指导致财产发生毁损、灭失和贬值的风险。例如，房屋遭受地震、火灾和洪水等的风险，机动车发生车祸的风险，财产价值因经济因素而贬值的风险等。

（2）人身风险。指因生、老、病、死、残等原因而导致经济损失的风险。例如，因为年老而丧失劳动能力或由于疾病、伤残、死亡、失业等导致个人、家庭经济收入减少，造成经济困难。生、老、病、死虽然是人生的必然现象，但在何时，以何种程度发生，并不确定，一旦发生，将给其本人或家属在精神和经济生活上造成困难。

（3）责任风险。指因侵权或违约，依法对他人遭受的人身伤亡或财产损失应负的赔偿责任的风险。例如，汽车撞伤了行人，如果属于驾驶员的过失，那么按照法律责任规定，就须对受害人或家属给付赔偿金。又例如，根据合同、法律规定，雇主对其雇员在从事工作范围内的活动中，造成身体伤害所承担的经济给付责任。

（4）信用风险。指在经济交往中，权利人与义务人之间，由于一方违约或犯罪而造成对方经济损失的风险。例如，汽车生产厂家或销售商要承担购车方不履行分期付款义务的风险。

2）保险行业中按风险的性质分类

（1）纯粹风险。指只有损失可能而无获利机会的风险。例如，交通事故只有可能给人民的生命财产带来危害，而决不会有利益可得。在现实生活中，纯粹风险是普遍存在的，如水灾、火灾、疾病、意外事故等都可能导致巨大损害。但是，这种灾害事故何时发生，损害后果多大，往往无法事先确定，于是，它就成为保险的主要对象。人们通常所称的“危险”，也就是指这种纯粹风险。

（2）投机风险。指既可能造成损害，也可能产生收益的风险，其所致结果有 3 种：损失、无损失和盈利。例如，有价证券，证券价格的下跌可使投资者蒙受损失，证券价格不变无损失，但是证券价格的上涨却可使投资者获得利益。还有赌博、市场风险等，这种风险都带有一定的诱惑性，可以促使某些人为了获利而甘冒这种损失的风险。在保险业务中，投机风险一般是不能列入可保风险之列的。

（3）收益风险。指只会产生收益而不会导致损失的风险。例如，接受教育可使人终身受益，但教育对受教育的得益程度是无法进行精确计算的，而且，这也与不同的个人因素、客观条件和机遇有密切关系。对不同的个人来说，虽然付出的代价是相同的，但其收益可能是大相径庭的，这也可以说是一种风险，有人称之为收益风险，这种风险当然也不能成为保险的对象。

2. 从诱因的角度进行分类

根据产生不利事件的诱因对风险进行分类。在第一层，可分为 4 类：

（1）自然因素类风险。指诱因主要为自然事件或力量，包括一般的自然因素，如地震、台风、洪水、干旱等，也包括非人为造成的瘟疫、生物或微生物等。这类风险是现实生活存在数量最多的风险。这一大类的风险，又可根据具体的自然因素进行第二层分类，如地震风险、台风风险等。对每一个自然因素的风险类，又可按不利事件承受体和风险等级等分别进行第三层分类，依此类推，直到无法再细分。

（2）技术因素类风险。指诱因主要为人类的生产和生活中采用的技术，包括传统技术，如高压电传输技术、爆破技术、核技术等，也包括新技术，如纳米技术、转基因技术等。这类风险往往与巨大的利益相关连，不易被客观分析和有效管理。

（3）社会因素类风险。指诱因主要为个人或组织的行为，包括影响有限的过失行为、不当行为及故意行为等，也包括毁灭性的恐怖袭击、战争等。产生这类风险的深层因素极为复杂，是各国政府最为关注的风险。

（4）责任类风险。指诱因主要为个人或组织的责任履行不到位，包括一般性责任，如监护责任、保管责任、消防安全责任、生产安全责任等，也包括法律特别规定的责任，如环境保护责任、食品安全监管责任、重大事务的管理责任等。这类风险是最应该被大量规避的风险。

3. 从认识论的角度进行分类

从认识论的角度对风险进行分类，有利于根据风险的类别选择合适的研究工具。最早进行这种分类的是著名风险学家 Starr[58]，影响较大的有 IRGC 建议的分类，我们还可以根据对风险问题所掌握信息的完备度进行分类。

在 Starr 分类的基础上，根据风险的基本定义，我们给出一种朴素分类，将风险分为下述 4 类：

（1）真实风险（real risk）指完全由未来环境发展所决定的风险。真实风险也就是未来的真实情景。现在的，与某种不利事件有关的真实情景，就是过去面对的真实风险。来自于工业的污染问题主要与真实风险相联系。许多环境污染的研究，大多着眼于已形成的污染问题。污染，对人类来讲，是一种不利后果事件。污染研究，大部分工作是对现有污染的观测分析和整治。震后灾情评估也属于真实风险的范畴。此时，主要的工作不是推测今后灾情的发展，而是了解当时的灾情状况，对已经出现的不利后果事件进行调查、归类、统计，给出评估结果。对于洪水、干旱、病虫害等，由于灾害有一定的过程，随时间的变化灾情有时变化较大，因此，对某些阶段来说，很难把灾情调查归为真实风险的调查。

（2）统计风险（statistical risk）指由现有可以利用的数据来加以认识的风险。统计风险，事实上是历史上曾发生过的某种不利事件相关情况的统计总结。机动车保险费率与统计风险密切相关。具有超越概率指标的《中国地震动参数图》（国家质量技术监督局，2001），本质上是一种统计风险区划图。我们说某江堤具有抗御 50 年一遇特大洪水的能力，涉及的洪水风险，是一种统计风险。

（3）预测风险（predicted risk）指可以通过对历史事件的研究，在此基础上建立系统模型，从而进行预测的风险。预测风险是对未来情景的预测。核电站的核安全保护措施大多基于预测风险之上。项目投资风险，发射卫星失败的风险，均可归为预测风险。自然灾害风险，既有统计风险的成分（因为自然灾害频繁出现），又有预测风险的成分（因为有的自然灾害可以预测）。

（4）察觉风险（perceived risk）指由人们通过经验、观察、比较等来察觉到的风险。察觉风险是一种人类直觉的判断。在日常生活中，我们常常凭直觉来处理风险问题。

一个风险问题，可能涉及两类以上的风险。例如，对于一个拥有大量飞行事故数据资料的保险公司来说，民航飞行风险问题，是已知的统计风险。但是，对一个在飞机场考虑是否购买乘客保险单的乘客来说，民航飞行风险是一个察觉风险。对一个乘客来说，他不可能在即将登机前的短暂时间内去收集和分析任何数据。大多数情况下，他会将当时的情况和一些典型的情况相比较。这些典型情况，有的是安全的，有的是空难。

朴素分类中，只有统计风险才涉及用概率来测量不利影响的严重程度。事实上，即使对于统计风险而言，统计方法也只有在大量收集了数据资料后才是一种有效的工具。概率方法几乎对察觉风险的识别无能为力。

在 IRGC 的管理框架中[59]，风险问题被分为 4 类：

(1) 简单的风险问题(simple risk problem)。各种因果关系十分清楚，使用传统决策方法可以处理的风险问题。

(2) 诱因复杂的风险问题(complexity-induced risk problem)。多个可能的诱因和观测到的特定结果之间因果关系的识别和定量相当困难的风险问题。

(3) 诱因不确定的风险问题(uncertainty-induced risk problem)。由于人类知识的不完全性，并具有选择性，由此导致人们不能确认假定的诱因是否真实的风险问题。

(4) 诱因模糊的风险问题(ambiguity-induced risk rroblem)。人们对诱因存在许多分歧，其评估结果难以得到共识的风险问题。

也就是说，IRCG 是从人们对诱因的认识程度上对风险问题进行分类。IRCG 的风险分类，并不比朴素分类有明显的优势。特别地，在 IRCG 的分类中，似乎一个风险问题是简单的，它在任何时候都简单。事实上，风险的性质由我们拥有的风险知识来决定。今天的简单风险，在远古时候极有可能是模糊风险。按 IRGC 在其 2005 年白皮书第 13 节中关于风险管理策略中的表述，自然灾害是简单的风险问题，这显然与现实不符。仅仅就地震灾害风险问题而言，就有许多的问题尚未解决，并不简单。

根据风险的基本定义，我们可以将上述两个分类发展为一个新的风险分类。

首先，重要的是要注意到，由于不同种族文化背景的不同，人们对风险的认知往往不同。甚至于同宗同族的人，由于谋生的产业不同，对风险的认知也有相当差异。这些不同和差异，其实是来于人们知识和信息千差万别。在古代，雷击是模糊的风险问题。今天，我们有了天气动力学的知识，有了诸如卫星这样的现代设备监测天气过程，雷击就成为了简单风险问题。当我们将知识也视为一种特殊的信息时，信息成为了我们认知风险的广义约束。因此，我们之所以对一种风险有不同的认知，原因在于我们掌握的信息不同。不同的信息导致了不同的认知。特别地，对风险拥有越多的信息，我们对风险的理解就越清楚。显然，对于我们来讲，掌握大量的信息去分析风险是非常重要的。

也就是说，新的风险分类应该与信息的完备度相关联。换言之，所谓的"简单"、"复杂"、"不确定"、"模糊"风险，并不能由风险自身来定义，而应该由我们所拥有的信息的完备度来决定。因此，我们提出了下面的风险认知分类。

(1) 伪风险(pseudo risk)是可以用系统模型和现有数据精确预测的与特定不利事件有关的未来情。伪风险并不是真正的风险。伪风险是没有悬念的一种情景。例如，当原子弹在一个城市中爆炸时，其破坏面积可以精确计算出来。原子弹爆炸时没有悬念，是伪风险。

(2) 概率风险(probability risk)是可以用概率模型和大量数据进行统计预测的与特定不利事件有关的未来情景。概率风险是一种随机不确定情景。这里，有关事件要么发生，要么不发生。例如，一些很好的概率模型和大量的数据可用于研究交通事故。对于保险公司而言，交通事故是概率风险。

(3) 模糊风险(fuzzy risk)是可以用模糊逻辑和不完备信息近似推断的与特定不利事件有关的未来情景。模糊风险是一种模糊不确定情景。这里，要么事件的边界不分明，要么就是我们用于预测的信息不完备。例如，用现有的方法和可用的数据，我们既不能精确预报强烈地震，也不能进行统计预测。然而，我们对地震并非一无所知，我们还有一些零零碎碎的不完备信息可用于识别地震活动性。我们可以用模糊逻辑和不完备信息近似推断地震灾害。一个地区的未来地震灾害是一种模糊风险。

(4) 不确定风险(uncertain risk)是用现有方法不可能预测和推断的与某种不利事件有关的未来情景。不确定风险不仅难以推测，甚至于对原因和结果的解释都不确定。例如，全球变暖对人类的实际影响并不清楚，大多数衍生于全球变暖的风险是不确定风险；纳米技术在解决材料和能源问题的同时是否会使人类像生活在高放射环境中一样无法生存[60]，至今并不清楚，纳米技术风险是不确定风险。

人们对一个给定的风险问题，首先应该用认知分类法进行分类，才能确定用什么样的理论和方法对其展开研究。如果是不确定风险，任何设计巧妙的数学模型给出的风险情景描述都没有实际意义，任何精准模型计算的结果都不可相信。反之，如果是伪风险，进行概率风险分析就是多此一举。例如，一辆失控冲向悬崖的汽车，它掉下悬崖是必然的未来情景，再分析掉下悬崖的随机性是没有意义的。

第3章 自然灾害风险分析

3.1 引　言

使用有关理论和方法，在相关知识和数据资料的基础上，对未来不利事件出现的可能性、规模、影响等进行的分析，称为风险分析。风险分析（risk analysis）是为了认识风险，为风险管理提供科学依据，使未来情景向好的方向转变。

由于风险是与某种不利事件有关的一种未来情景，决定了风险分析就是要认识未来的情景。风险分析属于预测方法研究范畴，即如何利用科学的方法对事物的未来发展进行推测，并计算未来情景的相关参数。

自然灾害风险，更多地与未来自然现象相关。按英国物理学家牛顿（Isaac Newton，1643～1727）的观点，全部自然现象可归结为自然力的作用[61]。而关于自然力的研究，历经了一个从确定性向不确定性发展的过程。

17 世纪，牛顿建立了描述质点运动的方程，根据这一方程，如果知道质点所受的力，并且知道了质点的初始状态，就可以求解质点的运动。他用这一方法成功地解释了行星的运动，并在 1687 年出版了他的巨著《自然哲学的数学原理》。由于无法解释行星绕行太阳的初始速度是怎样产生的，牛顿引入了人们称为"上帝的最初一棍子"或"上帝的第一推动"假定。

18 世纪，法国数学家拉普拉斯（Pierre Simon de Laplace，1749～1827）按照牛顿学说将世界上任何事物的状态都归结为用一个向量 $x=(x_1, x_2, \cdots, x_n)$ 来描述。大自然的变化，或它的运动规律，归结于一组微分方程的初值问题

$$dx/dt = f(x), \qquad x(0) = x_0 \tag{3.1}$$

其中，x_0 为 $x(t)$ 当 $t=0$ 时的初始状态。当知道了 x_0 与 $f(x)$ 时，便可以求解 $x(t)$，包括 $t>0$（未来）和 $t<0$（过去）。他抛掉了牛顿关于"上帝"的假设，将一切归结于自然界自己在一定外力和一定初始条件下的运动。拉普拉斯认为："现有条件和行为法则，将完全决定未来的条件，换句话说，一个物理定律的应用将会使人们能够预测未来的事件[62]"。这就是所谓的"拉普拉斯确定论"，也称为"经典机械确定论"。

以确定论的观点，风险就可以用一些状态方程来研究，未来情景，不过是 $t>0$ 的状态罢了。现有的状态和条件，将完全决定未来的情景，前提是我们能找到这些状态方程。换言之，如果自然现象按确定论的方式发展，风险分析的工作就是研究状态方程。而风险管理的问题，原则上说，同工程控制问题在本质上没有什么区别。

事实上，早在牛顿与拉普拉斯之前，人们便曾发现了一类不能由初始条件完全决定的现象。在 1644 年，意大利科学家托里塞利（Evangelista Torricelli，1608～1647）发现重力作用

下，重心取最低时物体的平衡才是稳定的。例如，一个放在大球顶上的小球，初速度为零，这时，它的平衡就是不稳定的，它可以沿着任何方向从球顶上滚落，显然初位置与初速度都是确定的，可是却无法确定小球以后的行为。当时，人们对这类不稳定现象并没有引起足够的注意。

直到 19 世纪，人们才对拉普拉斯的确定论产生置疑。法国数学家庞加莱(Jules-Henri Poincare，1854~1912)在他的《科学与方法》一书(1913 年出版)中对确定论做了如下的注解："如果我们可以正确地了解自然定律及宇宙在初始时刻的状态，那么我们就能够正确地预言这个宇宙在后继时刻的状态。不过，即使自然定律对我们已无秘密可言，我们也只能近似地知道初始状态。如果情况容许我们以同样的近似度预见后继的状态，这就是我们所要求的一切，那我们便说该现象被预言到了，它受规律支配。但是情况并非如此，可以发生这样的情况：初始条件的微小差别，在最后的现象中产生了极大的差别；前者的微小误差促成了后者的极大误差"。

尽管如此，在 20 世纪初叶，审视自然变化过程的观点，主要还是确定论。直到哥德尔(Kurt Gödel，1906~1978)指出并证明了用被接受的逻辑原理不能证明数学的一致性后，确定性观点的统治地位才宣告结束。

量子力学的出现，更证明了不确定性是本质存在的。量子机制的本质不确定性可用"不确定性原理"来表达。它是说，不可能同时精确地测定一个量子的位置和速度。这是可以理解的，因为量子如此之小，测量的干扰，使得测量位置时速度发生了变化，测量速度时位置发生了变化。这一原理，也被称之为"测不准原理"。

统计学家认为，自然行为的原因并不是总能被人们知道，人们对自然现象的观测也仅仅是近似正确，概率被认为是不确定性的测度。

在概率公理体系中，不确定现象被抽象为随机事件(粗略地说，在一定条件下，可能发生也可能不发生的事件，称为随机事件)，概率被定义为随机事件频率的极限(或稳定值)。

通常，人们认为随机性有两种来源：一是由于观察现象中固有的不规律性，人们对某些现象不可能完全进行确定性的描述而产生；另一是因为缺乏过程涉及的知识而产生。后者的不确定性程度会随着人们知识的增加而减少。

概率论的建立为人们从理论上研究随机不确定性现象提供了重要的工具；一系列统计理论和方法的提出，使人们有可能通过对观测样本的研究，估计出现实系统的有关统计规律。概率统计理论和方法的建立，使得人们对统计型的风险进行分析成为可能。

以随机不确定的观点，风险就可以被定义为不利事件在未来发生的概率。风险只不过是未来的随机情景。换言之，如果自然现象按随机不确定的方式发展，风险分析的工作就是研究随机现象。特别地，随机状态方程的研究成为最高境界。加入白噪声和给定初始状态概率特性的随机状态方程能简化问题。甚至许多人认为，未来情景的随机性，可以通过对现有统计资料的分析而加以描述。这就是人们热衷于用统计数据进行风险评估的缘由。以随机不确定的观点，风险管理的问题，本质上是随机系统的控制问题。

从理论上讲，或许存在描述风险系统的确定性状态方程或随机状态方程，但存在和能够找到并不是一回事，除非是伪风险，大多数风险系统都太复杂，不易建立相关的状态方程。

即使我们高度简化、高度抽象地获得了状态方程，要确定合适的边界条件并求解也并非易事。因此，为了认识风险而进行的风险分析，并非是研究状态方程，更不是对现有统计资料的简单回归。

状态方程是确定论的产物，随机状态方程是随机不确定观点的产物。它们的一个共同特点是参数关系的解析化。例如，式(3.1)中的 $f(x)$ 是一个解析函数（指在定义域上处处可微分的函数），能进入分析程序的概率分布是概率密度函数，也是一个解析函数。

无论是确定论的，还是随机不确定论的理论和方法，都能为风险分析提供帮助。尤其是概率统计，更是风险分析中常用的方法。从理论上讲，只要事物的发展遵循一定的规律，相关的风险均可以由现有理论和方法加以分析。特别地，随着遥感、网络、地理信息系统等获取和处理信息的技术迅猛发展和快速普及，人们的风险分析能力更是今非昔比。

然而，大量的风险分析问题仍然没有解决。

例如，2001 年 9 月 11 日，19 名恐怖分子劫持了美国 4 架民航客机，并对美国的几个标志性建筑发动恐怖袭击，制造了震惊世界的"9·11"事件。两架飞机先后撞击美国纽约世界贸易中心双子楼，并引发爆炸和倒塌，造成近 3000 人死亡[①]的悲惨一幕，更是令人难忘。在这一事件发生之前，"9·11"的一幕就是风险。但是，相关的情报人员和管理机构无法通过现有的理论和方法进行有效的风险分析。

又例如，始于 2006 年的美国房地产泡沫破灭，使美国房地产市场上的次级按揭贷款的危机在 2007 年爆发，导致了 2008 年 9 月以雷曼兄弟公司破产为临界点的纽约华尔街金融海啸，并迅速演变成全球金融危机，波及实体经济。这一危机，就像原子弹爆炸一样，危害向四周不断地扩散的，从一个公司到另一个公司，从一个行业到另一个行业，从一个地区到另一个地区，截至 2009 年 3 月，人们仍然不知道危机将如何发展。虽然许多人认为这一轮的金融危机不会像 20 世纪 30 年代那么糟，但人们无法通过现有的风险分析方法，比较有说服力地描述危机发展的未来情景。是否会更糟，并无人知晓。

再例如，湖南省洞庭湖区域水灾频发，人们有大量的气象、水文和地理信息，以及民政部门统计的历史水灾损失数据，但是，现有的理论和方法均不能计算出当地一户农民的水稻来年的水灾风险。

现有的情况是，大而复杂系统的风险分析做不了，小而细的风险又算不准。人们所能做的，主要是习以为常的统计分析。于是，自然地，人们在 1977 年把主要内容为概率统计方法在石油勘探中应用的书籍冠名为"风险分析概论[63]"，到了 2008 年，似乎已超越了期望值和概率的风险分析[64]，倚重的还是概率统计的基本工具。

出现这些问题的根本原因在于，风险分析是一项时效性很强的工作，不象天文学那样，可以喝着咖啡，慢慢观测，慢慢研究。风险分析面对的是瞬息万变而又充满危险的世界，不可能极端精确地、过分仔细地寻找状态方程，更不可能等待很长时间获取足够的统计资料后来计算事件发生的概率。使用有限的知识和资料快速进行风险计算和风险更新，是风险分析的活力所在；快速而合理的风险判断，为及时而有效地规避风险提供科学依据，是风险分析

---

① "War Casualties Pass 9/11 Death Toll". CBS News. September 22, 2006. http://www.cbsnews.com/stories/2006/09/22/terror/main2035427.shtml. 访问时间：2009 年 2 月 23 日

最重要的任务。

　　本章将根据风险分析已有的理论和方法，并考虑快速而合理地进行风险判断的需要，研究如何进行自然灾害的风险分析。

3.2　风险分析的基本原理

　　根据风险的基本定义，为了认识风险，风险分析要进行的工作就是，研究风险存在的原因、过程、强度和形式。完成这些工作所遵循的基本原理，就称为"风险分析的基本原理"。

　　风险分析是风险科学的核心，是风险评估、风险评价和风险管理的基础。

　　风险评估（risk assessment）是对风险发生的强度和形式进行评定和估计。

　　风险评估类似于我们评价某产品的质量好或不好；风险分析类似于我们分析某产品的质量为什么好或为什么不好。评估偏重于结果，分析偏重于原因、过程。评估可以通过观察外表或对有关参数进行测试来完成，也可通过分析有关原因、过程，推导出结果。简单的概率统计属于观察外表的方法，系统分析方法属于推导方法。采用何种方法，完全由我们进行风险评估时拥有的数据资料和掌握的相关知识来决定。

　　在 2009 年 5 月形成的《自然灾害管理基本术语》国家标准征求意见稿中，灾害风险评估的术语是：对灾害发生的概率及其可能造成的后果进行评定和估计。在本书作者的建议下，在 7 月形成的报批稿中改为：对可能发生的灾害及其造成的后果进行评定和估计。去掉了使定义概念的外延过于狭小的"发生的概率"这一限定。该术语的落脚点是"后果"，不能体现"风险"既有强度又有形式的特点。因此，该术语仍然停留在灾害预测阶段，不能作为灾害风险评估的定义使用。例如，评估某建筑物在 50 年内的地震风险，既要评定破坏程度，还要估计出现这种情况的可能性大小。"破坏程度"是强度，"可能性大小"就是出现此"强度"的一种形式。

　　风险评价（risk evaluation）是根据一定的标准或管理措施对风险危害大小做出判断。

　　风险评价类似于我们评价某学生是否为优秀学生，有一定的评价标准；风险评估类似于我们评估一个学生的能力，偏重于能力参数。通常，将评估得到的参数与评价标准相比较，可以得出评价结论。例如，食用同量的含有三聚氰胺的三鹿奶粉，成年人患肾结石的可能性不大，而导致婴儿出现肾结石的可能性就较大，但这并不等于这种奶粉对成年人就构不成威胁，只不过可能的病症显现慢一些，评价标准还难以确定。以"患肾结石"为标准，可以评价出婴儿食用这种奶粉的健康风险很高。如果没有该标准，就难以判定风险高低。

　　risk assessment 也常被译为"风险评价"，但与 risk evaluation 并不相同。由于进行风险评估时，相应的参数均有定义域，其边界可以看作某种标准，所以风险评估自然被视为了风险评价。

　　广义的风险管理（risk management），既包括风险分析，也包括风险评估和风险评价，但狭义的风险管理，是指根据风险评估和对法律、政治、社会、经济等综合考虑所采取的一种风险控制措施，其目的是规避风险、减免灾难。除非特别说明，本书所指风险管理，是指狭义风险管理。

　　由于风险问题的复杂性，参与风险管理的团队要协调开展工作，而不是各自为战[65]。足够而及时的信息是促进协调最基本的要求。值得注意的是，没有这种协调的过程，有时从经济、技术、环境、健康的观点看来可行的风险管理计划，极有可能在现实中不可行。传统上，把有某种协调的风险管理称之为"综合风险管理"。

　　通常，综合风险评估是指组合使用多种方法、多种资源和多种监测手段[66]。例如，对于技术风险，综合风险评估涉及相关设备、外部安全形势、规章制度、规划、训练、应急管理，还要考虑风险沟通，并从环境、人类健康和社会经济的角度综合评估物理和化学指标。亦即是说，信息和方法综合起来进行风险评估称为"综合风险评估"。综合风险评估的概念提高了不同学科间的融合，有助于捕捉风险问题的不同方面。

　　显然，风险评估、风险评价和风险管理的成败很大程度上取决于风险分析是否能提供科学的分析结果。

　　不同的风险问题，具体的分析方法并不相同。通过对环境危害、食品安全、生产安全、项目投资、金融系统、保险业、自然灾害、信息技术等八个领域中的主要风险问题和常用分析方法进行剖析，我们可以总结出风险分析的基本原理。

1. 环境危害中的风险问题

　　风险分析最早应用于环境危害控制领域。环境危害指因环境污染给人类健康造成的各种危害和因生态破坏造成的直接经济损失及对经济发展的不利影响。环境污染主要指有毒有害化学物和重金属对空气、水源、土地等的污染。噪声污染、放射性污染、海洋污染等危害也相当严重。生态破坏主要指水土流失、土地荒漠化、土壤盐碱化、森林减少、水源枯竭、物种的减少等。城市地区的环境问题主要表现为环境污染，广大的乡村地区主要表现为生态破坏。由于许多环境危害具有危害后果无法预测、爆发时间不可确定等特性，以1970年美国庆祝第一个地球日并同时设立了环境保护署为标志，环境危害的风险问题引起了人们的高度重视。

　　传统的环境风险，是指生产事故对环境的破坏，对空气、水源、土地、气候和动物等造成的影响和危害，尤其是突发性事故对环境和健康的危害程度。例如，国家环境保护总局发布的《建设项目环境风险评价技术导则》（HJ/T 169—2004）中，环境风险是指突发性事故对环境（或健康）的危害程度，用风险值 R 表征，其定义为事故发生概率 P 与事故造成的环境（或健康）后果 C 的乘积，即

$$R\left(\frac{危害}{单位时间}\right) = P\left(\frac{事故}{单位时间}\right) \times C\left(\frac{危害}{事故}\right) \tag{3.2}$$

　　包括生态破坏在内的现代环境风险，则不再限于生产事故对环境的破坏。事实上，渐进性污染、大量温室气体的排放、乱砍滥伐引起的森林植被破坏等非生产事故对环境的破坏，其危害时间更长，影响范围更广。

　　传统的环境风险分析，其实是风险评价，基本内容有5个部分：

　　(1)风险识别：资料收集和准备、物质危险性识别、生产过程潜在危险性识别；

　　(2)源项分析：确定最大可信事故的发生概率、危险化学品的泄漏量；

　　(3)后果计算：有毒有害物质在大气中的扩散、有毒有害物质在水中的扩散；

(4)风险计算和评价：用式(3.2)计算风险值，最大可信灾害事故风险值 R_{max} 与同行业可接受风险水平 R_L 比较；

(5)风险管理：风险防范措施、应急预案。

这种评价，是利用安全评价数据来进行，主要区别是，环境风险评价关注点是事故对厂(场)界外环境的影响。

目前流行的生态风险分析，是指生态系统在受到胁迫因素影响后，对不利的生态后果出现的可能性进行的评估，基本内容是：①生态风险辨识：在研究区域内找出可能对生态系统产生负面影响的人类生产、生活活动，锁定为潜在危险源；②生态风险估计：特定事件发生的主观概率估计，受时间影响的范围及危害的人群和生物种群；③生态风险评价：潜在生态破坏与生态承载力的比较。

由于危险后果的滞后性和生态系统的多样性，人们积累的相关数据不多，统计方法和实验方法使用的效果有限，人们更多地是通过专家征询和定性推理进行生态风险分析。

环境危害的风险分析有两个值得注意的重大动向。

一是综合性酸雨模型向地区化发展。1984 年由国际应用系统分析研究所(International Institute for Applied Systems Analysis，IIASA)开发出的综合性酸雨模型 RAINS 目前已发展为国际上最成功的大气管理决策支持平台，正在从全球尺度向城市和区域尺度发展。该非线性模型的变量和约束分别都有 3 万个左右[67]，可以由 NH_3(氨)、SO_x(氧化硫)、NO_x(氮氧化物)和 VOC(挥发性有机化合物)等的排放量和大气传输条件估算出各地区的污染物沉降量及其造成的环境影响，并可以根据费用最小化原则进行优化计算，得出最佳的控制方案。

二是纳米材料风险。用扫描电镜处理纳米颗粒制作的纳米技术产品已大量问世。例如，用纳米材料做成的水处理器能使水具有较强的溶解力、扩散力和代谢力等物理活性；在陶瓷的制作过程中采用纳米技术就能解决其脆性问题；在纺织品中使用纳米材料掺和的纤维就具有灭菌和自动消毒的保健功能。一个时期以来，纳米成为技术创新的代名词。许多实际上与纳米技术毫不相干的产品也冠以纳米产品，使商家赢得暴利。但最新的研究表明，纳米粒子进入人体可能对人体健康造成威胁。对动物的研究表明，纳米粒子能侵入身体的某些自然防御系统，它可在脑、细胞、血液和神经中积累起来。研究还表明，这种物质有可能引起肺炎，并能从肺转移到其他器官，具有很强的生物毒性。它们还可以从皮肤转移到淋巴系统，而且还有可能穿过细胞膜[68]。这些问题已在欧美引起了重视。SRA 有专门的纳米材料风险研究组；2008 年启动的欧盟第七框架项目 iNTeg-Risk①，其关注点之一就是"纳米材料风险"。

2. 食品安全中的风险问题

20 世纪 80 年代末，风险分析出现在食品安全领域。1991 年在意大利罗马，联合国粮农组织(Food and Agriculture Organization of the United Nations，FAO)、世界卫生组织

---

①http://www.integrisk.eu-vri.eu/. 访问时间：2009 年 3 月 13 日

(World Health Organization，WHO)和关税与贸易总协定(General Agreement on Tariff-sand Trade，GATT)联合召开了"食品标准、食物化学品及食品贸易"会议，建议法典各分委员会及顾问组织"在评价时，继续以适当的科学原则为基础，并遵循风险评估的决定"。第19次国际食品法典委员会(Codex Alimentarius Commission，CAC)大会采纳了该决定。

目前，CAC推荐使用的是1997年工作程序手册中给出的风险分析定义，指对可能存在的危害的预测，并在此基础上采取的规避或降低危害影响的措施。CAC的风险分析过程包括风险评估、风险管理和风险交流三部分。

(1)风险评估：一个包括在特定条件下，风险源暴露时将对人体健康和环境产生不良效果的事件发生可能性的评估，此风险评估过程包括：危害识别、危害描述、暴露评估和风险描述。

(2)风险管理：根据风险评估的结果，对备选政策进行权衡，并且在需要时实施适当的控制，包括管理和监控的过程。

(3)风险交流：在风险评估人员、风险管理人员、消费者和其他有关的团体之间就与风险有关的信息和意见进行相互交流。

其中，风险指将对人体健康或环境产生不良效果的可能性和严重性，这种不良效果是由食品中的一种危害所引起的。而危害是指潜在的将对消费者健康造成不良后果(事件)的生物、化学或物理因素。

美国的食品安全风险分析处于国际最前沿，已率先完成首例从农场到餐桌的食物微生物风险评价的模型，包括"蛋制品中肠炎沙门氏菌的风险分析"和"牛肉中E. Coli 0157：H7的风险分析"等。

美国食品安全风险评价是以一种目标性方式进行。首先是在科学和经验的基础之上，并且是有法律依据地进行危害识别。对于新添加剂或杀虫剂的使用有相关的法律要求，要求对其在食品供应中的任何危害进行描述；对在市场上的产品，可通过控制危害需要的经验进行识别。其次是危害描述，要考虑不同暴露水平和模式下潜在危害的数据，而且经常依赖来自最敏感物种的数据进行危害描述。当信息不够，无法识别哪个是最真实的数据时，要使用能够显示不会低估危害的数据和模型。最后是进行暴露评价，对于短期急性暴露和长期慢性暴露是不同的。对于急性暴露，如病原菌，引起敏感人群疾病的病原菌水平这一数据是非常重要的；对于慢性危害，如可能引起积累损害的，寿命平均暴露是重要的。

风险管理则是通过训练有素的立法机构操作。美国法律要求食品添加剂、兽药和杀虫剂的安全使用规范要在进入市场前建立。对于食品组成部分中固有的有毒物质，当某种物质达到显著风险水平时，政府要进行干预。每年美国的食品安全机构都要制定综合的以风险分析为基础的年取样计划，用来检验美国食品中药品和化学物质的残留。在动物中使用抗生素的风险管理包括在兽药被验证前抗性阈值和监测的建立，这些数据来源于对人和动物的肠细菌抗性的连续监测。在需要的时候采取法规行动，包括限制药品的使用和从市场上撤回等。

风险交流是透明立法过程所固有的一部分。美国法律允许政府在制定法规时，考虑公众对该法规制定的时间及该法规的现实基础合理性的评价。政府所依赖的信息任何人都可以看到和得到。政府科学家利用公共媒体向公众解释法规的科学基础。当需要进行紧急风险交流时，通过与各级食品安全体系相连的国家范围的通信体系传输警告，使所有公民都意识到风险。

3. 安全生产中的风险问题

在英文中，safety 和 security 同为安全的意思。safety 侧重的是"具体的"诸如人身和物品的安然无恙，如施工中的安全、旅行中的安全、汽车的安全性能、人到达安全的区域等。而 security 更多指向"抽象的"安全问题，如信息的保密、情报等相关的安全性。例如，food safety 和 food security 就是两个不同的概念。前者通常是指食品质的安全，也就是现在"食品安全"的概念，但更强调的是针对一些偶然的、食品意外污染的危害；而后者通常是指食品量的安全，即是否有能力得到或者提供足够的食物或者食品。

"安全"其实是一种状态，是指满足人和物不受损伤、身心健康和完整完满的一种状态。安全生产是指所有生产经营型企事业生产活动过程的安全，侧重于对安全生产事故的控制、预警和预防问题。

安全生产事故有狭义和广义之分。狭义上是指职工在本岗位劳动，或虽不在本岗位劳动，但由于企业的设备和设施不安全、劳动条件和作业环境不良，管理不善，以及企业领导指派到企业外从事本企业活动，所发生的人身伤害和急性中毒事故。广义上则包括施工质量欠佳导致的水库大坝垮塌、核电站泄漏、银行自动取款机出现故障等与工程设施毁坏、失效等有关的事件。

在国务院 2006 年发布的《国家突发公共事件总体应急预案》[1] 中，事故灾难主要包括工矿商贸等企业的各类安全事故、交通运输事故、公共设施和设备事故、环境污染和生态破坏事件等。根据这种划分，非自然因素引起的各种火灾、海陆空交通事故、社会公共场所拥挤踩踏等，均应属于安全生产事故。

安全生产风险可以简单地定义为"潜在的安全生产事故"。安全生产风险分析又简称为安全风险分析，通常包括危险辨识、风险估计和风险评价。

(1)危险辨识：辨识出危险因素，即潜在和固有的危险性、触发条件、存在条件。例如，运输系统的危险辨识可归结为对固有危险因子和变动危险因子的辨识。前者通常是"速度"、"驾驶疲劳"、"单调"、"极限反应能力"、"道路曲折"等；后者用一般的方法很难辨识，其基本方法是对运输系统多年事故资料进行数理统计处理，以期获得变动危险因子的活动规律。

(2)风险估计：对安全生产事故的发生概率和后果进行估计。例如，对于核电工程中那些可以获得统计概率分布的事故，可以采取动态模拟或直接计算的方法，计算事故发生的概率。

(3)风险评价：对生产系统所有阶段的风险、各个风险之间的相互影响、相互作用，以及对生产安全的总体影响、相关人员的承受能力等进行研究。

---

[1]http://news. xinhuanet. com/politics/2006-01/08/content_4024011. htm. 访问时间：2009 年 3 月 13 日

在安全生产领域的风险分析，目前并没有成熟的理论和方法。这一领域的所谓风险分析，其实大部分是传统的危害识别评价，国内外已有几十种相关的方法。例如，故障树分析（FTA）、事件树分析（ETA）、故障模式与影响分析（FMEA）、管理疏忽与危险树分析（MORT）、预先危险分析（PHA）、故障危险分析（FHA）、系统安全检查表（SCL）、危险指数法等。这些都是很成熟的方法，不但能进行定性，也能进行定量的分析。

4. 项目投资中的风险问题

项目是一项或一组在规定的时间内为完成某种特定目标或任务而进行的活动的总体。投资是指特定经济主体为了在未来可预见的时期内获得收益或使资金增值，在一定时期向一定领域的标的物投放足够数额的资金或实物等的经济行为。项目投资是一种以特定建设项目为对象，直接与新建项目或更新改造项目有关的长期投资行为。项目投资风险，是指在项目投资的过程中，由于自然条件、技术、管理、经济和政策等方面的不确定性因素共同作用所导致预定目标不能实现或不能完全实现。

项目投资风险分析主要由三个部分组成：盈亏平衡分析、敏感性分析与概率分析。

(1) 盈亏平衡分析：通过盈亏平衡点（break even point，BEP），分析投资与收益的平衡关系。BEP 是投资项目盈亏的分界点，在盈亏平衡点上，收入与支出相等。盈亏平衡分析的基本模型是

$$P_r = P_x - (V_x + F) = 0 \qquad\qquad (3.3)$$

即

$$P_x = (V_x + F) \qquad\qquad (3.4)$$

式中，P_r 为利润；P 为产品销售价格；V 为单位变动成本；F 为固定成本总额；x 为产量（或销售量）。使式(3.4)成立的 x 点，就是 BEP，它越低，表示项目适应市场变化的能力越强，项目抗风险能力也越强。

(2) 敏感性分析：通过对项目各不确定因素在未来发生变化时对经济效果指标影响程度的比较，找出敏感因素，提出相应对策。通常可以改变一种或多种选定变量的数值，如现金流量、项目周期、折现率等来计算其对项目净现值（net present value，NPV）和内部收益率（internal rate of return，IRR）的影响，各变量的变化百分率可反映出项目评价结果随变量变化的敏感程度。敏感性强的因素的变动会给项目投资带来更大的风险。

(3) 概率分析：利用概率来研究和预测不确定因素对项目经济评价指标的影响的一种定量分析方法。通常是根据经验来设定项目在各种不确定情况下可能发生的概率大小，进而求得项目净现值的期望值及净现值大于或等于零时的累计概率，累计概率越大，表明项目承担的风险越小。净现值的期望值计算公式如下：

$$E(\text{NPV}) = \sum_{i=1}^{m} \frac{E(\text{NPV}_t)}{(1+i)^t} \qquad\qquad (3.5)$$

式中，$E(\text{NPV})$ 为整个项目寿命周期净现值的期望值；i 为折旧率；m 为项目寿命周期长度；$E(\text{NPV}_t)$ 为第 t 年净现值的期望值：

$$E(\text{NPV}_t) = \sum_{i=1}^{n} X_{it} P_{it} \qquad\qquad (3.6)$$

式中，X_{it} 为第 t 年第 i 种情况下的净现值；P_{it} 为第 t 年第 i 种情况发生的概率；n 为发生的状态或变化范围数。

在项目投资领域，没有对负面因素进行专门分析的方法，更多地是将各种因素的不确定性视为风险源。

5. 金融系统中的风险问题

货币资金的融通称为金融（finance）。资金融通的中介机构称为金融机构。银行是最具代表性的金融机构。基金管理公司、信托公司、保险公司、证券公司等，都是重要的金融机构。

由金融制度、金融机构、金融工具、金融市场和金融调控机制构成的系统称为一个完整的金融系统。其内的任何一个子系统均可称为一个金融系统。例如，一家银行是一个金融系统；一个股票交易系统也是一个金融系统。大多数金融系统是复杂的、开放的社会巨系统，其运行不仅对经济活动具有重大的影响，而且直接关系到许多人的切身利益。

金融系统的一个重要作用，就是将经济运行中存在的流动性风险和收益率风险予以最适度的防范、化解和分担，当金融系统不能正常运行时，就出现金融危机。潜在的金融危机就是金融风险。

流动性风险是指将资产转化为交换媒介时的不确定性，其根源在于投资者资金供给期限和融资者资金需求期限存在结构上的不匹配，通常表现为投资者希望提供短期资金而融资者希望得到长期资金。因此，需要有金融系统来解决这一不匹配的状况，而化解流动性风险的技术问题要与不同的金融系统联系起来。

收益率风险是指市场利率和由于股息、证券价格波动而引起的收益率的不确定性。现代金融系统的一个显著特点就是，股票市场、衍生工具市场发达，可以为投资者提供大量不同的金融产品，且有共同基金、养老基金等机构投资者为个人和家庭提供低成本的直接投资机会，因而提供了大量横向分担收益率风险的机会。

金融风险是指金融机构在经营过程中，由于决策失误、客观情况变化、监管不到位或其他原因使资金、财产、信誉有遭受损失的可能性。

金融具有天然的脆弱性，这种脆弱性不仅仅是因为金融交易存在着跨时风险（与当前的金融交易、未来支付和预期有关），还由于对交易对手的特征及其行为存在信息不充分和信息不对称的问题（逆向选择和道德风险），而且，随着金融产品的日趋多元化、业务流程的日趋复杂化和人文环境的不断变化，金融的脆弱性更显突出。操作风险的日益凸现，充分说明了这一点。

金融系统中的风险分析，主要有下述方法。

(1)市场风险内部模型-风险价值(value at risk) VaR 模型：计算在一定的置信水平和持有期内，某一金融资产或证券组合因未来价格可能发生波动而可能面临的最大损失。市场正常波动下，某一金融资产或证券组合的最大可能损失可表示为

$$\text{VaR} = E(W) - W^* \tag{3.7}$$

式中，$E(W)$ 为资产组合的预期价值；W 为资产组合的期末价值；W^* 为一定置信水平下资

产组合的期末最低价值。例如，某公司的证券投资组合在置信水平为 99%，持有期为 10 天时的 VaR 为 180 万美元。这就说明该公司持有 10 天该证券组合的损失超过 180 万美元的可能性只有 1%。根据相关资料和条件，可选用历史模拟法、分析方法或 Monte Carlo 模拟方法中的一种来计算 VaR。

（2）度量信用风险的模型-预期违约率 KMV 模型：它是基于 Black-Scholes[69] 和 Merton[70] 的权定价理论，由 Modigliani-Miller 的资本结构原理[71]，根据企业股权的市场价格与其资产的市场价值之间的结构性关系，及股权的波动性和企业资产价值的波动性，利用股权及股权的波动性来估计资产的价值和资产价值的波动性，然后求出预期违约率。

（3）流动性风险的模型-银行流动性需求预测方法。流动性是指金融资产持有者按该资产的价值或接近其价值出售的难易程度。这里的流动性风险，是专门针对银行自身而言，指银行没有足够的现金清偿债务和保证客户提取存款而给银行带来损失的可能性。商业银行防范流动性风险，进行流动性管理的第一手资料来自对流动性需求的预测。常用的三种预测方法是：资金来源与运用法、资金结构法和流动性指标法。以资金来源与运用法为例，其基本原理是先建立存款变动函数 ΔD 和贷款变动函数 ΔL 的计量经济模型，于是预测期内的流动性缺口 $\Delta G(=\Delta D-\Delta L)$ 也就可以估计了。这两个函数可表达为[72]

$$\Delta D = f(\mathrm{PI}^p, S^p, m_s, r_t^p - r_m^p, \frac{1}{p} \cdot \frac{\mathrm{d}p}{\mathrm{d}t}, \mu) \tag{3.8}$$

$$\Delta L = f(g^p, e^p, m_s, r^p - r_c^p, \frac{1}{p} \cdot \frac{\mathrm{d}p}{\mathrm{d}t}, \mu) \tag{3.9}$$

式中，ΔD 为存款变动额预期值；PI^p 为个人收入增长额的预期值；S^p 为储蓄率的预期值；m_s 为本期货币供给增长率；$r_t^p - r_m^p$ 为定期存款利率与货币市场存款利率差额的预期值；$\frac{1}{p} \cdot \frac{\mathrm{d}p}{\mathrm{d}t}$ 为通货膨胀预期；μ 为不确定因素；ΔL 为贷款需求变动值；g^p 为 GNP 增长率预期值（GNP，指国民生产总值。只要是该国公民，无论在什么地方创造的最终产品与劳务的市场价值都应计入）；e^p 为企业盈利预测值；$r^p - r_c^p$ 为优惠贷款利率与商业票据利率差的预测值。

（4）操作风险（operational risk），又称营运风险，指的是由不完善或有问题的内部程序、人员及系统或外部事件所造成损失的风险[73]。虽然新巴塞尔资本协议给出了从简单到复杂的三种方法，即基本指标法、标准法和高级计量法，但目前仍缺乏成熟的数量模型来度量操作风险。新巴塞尔协[74] 推荐使用的高级计量法（advanced measurement approach，AMA）有多种模型，式（3.10）是其中的一个模型。

$$\mathrm{OR} = \sum_{i,j} \gamma(i,j) \times \mathrm{EI}(i,j) \times \mathrm{PE}(i,j) \times \mathrm{LGE}(i,j) \tag{3.10}$$

式中，i 为第 i 种操作；j 为第 j 类风险事件；γ 为预期损失转化成资本配置要求的转换因子；EI 为风险暴露的规模和金额；PE 为损失事件的发生概率；LGE 为事件的损失程度。

市场风险、信用风险和操作风险被称为金融系统的三大风险。人们先后开发了成熟的市场 VaR 模型和信用 VaR 模型，在正试图开发操作 VaR 模型，从而形成统一的风险度量模型[75]。

6. 保险业中的标的风险问题

保险（insurance），是通过缴纳一定的费用，将一个实体潜在损失的风险向一个实体集合的平均转嫁。实体是指个人、企业或者任何类型的组织。承保人是指从事保险业的各种经济组织。投保人是指与承保人订立保险合同,并按照保险合同支付保险费的人。被保险人是指其财产或人身受到保险合同保障、享有保险金请求权的人。保险的对象称为保险标的(sub-ject-matter insuranced),是指作为保险对象的财产或者人的寿命和身体。保险标的是保险合同的客体。

保险主要分人寿保险(life insurance)和非人寿保险(non-life insurance)两大种类。前者是以人的生存或死亡为唯一损失的险种;后者一般指人身意外伤害保险、财产保险、医疗保险和责任保险等。对财产保险而言,标的是指参加投保的房屋、建筑、设施、设备等。

保险,是经营"风险"的行业。这种风险,就是保险标的的风险(简称"标的风险")。本书将其定义为"标的损失的期望值"。换句话说,如果无法计算标的损失的期望值,那么,相关"风险"是不能被经营的。这与可保风险必须具备以下条件是相一致的:损失程度高;损失发生的概率小;损失有确定的概率分布;存在大量具有同质风险的保险标的;损失发生必须是意外的;损失必须可以确定和测量。

损失的期望值,也称"期望损失",是投保人与承保人在保费上达成一致的关键因素。很早以前,很多人就开始对它进行了研究。虽然 1944 年 Nuemnan 和 Morgbestern[76]已将期望损失理论发展得比较完善,但保险业更多地是将注意力放在市场风险、信用风险和操作风险等问题上。行业特有的"保险精算",主要内容也不是计算标的风险。

保险精算(actuarial)是在对保险标的的事故发生率及其变化规律研究的基础上,考虑资金投资利率及其变动,按照保险契约对保险种类、保险金额、保险时期、保险金给付方式、保险费缴纳方式及承保人对营业费用开支的规定等,预先对投保人须缴纳的保险费水平、承保人在不同时期必须准备的责任准备金、投保人因故退保时保单具有的现金价值、一定时期有效保单的资产份额、红利分配等进行科学准确的计算。

精算是寿险的一个必要环节,主要解决的问题包括人口死亡率(生存率)的测定、生命表的编制、保险条款的设计、费率的厘定、准备金的计提、盈余的分配、险种创新及投资等问题。

精算在非寿险中并不普及,原因是非寿险标的涉及的风险种类繁多,影响风险发生的因素很多且索赔方式复杂。非寿险精算没有寿险那样系统和标准,往往是一类问题对应一类方法,有时甚至在同一类问题中也要随时间和环境的变化而修正计算方法。

事实上,承保人更关注的是同质标的的平均事故发生率,而不是特定标的的期望损失。因此,相关的计算,只能称为是对标的风险的"框定",主要有下述方法:

(1)寿险的生命表(life table)法。生命表是人们根据大数法则的原理,运用统计方法和概率论,编制出反映同批人从出生到陆续死亡的生命过程统计表。生命表统计的主要项目一般分为五项:①年龄,用 x 代表,表示年龄 x 岁;②年龄 x 岁的生存人数;③年龄 x 岁至 x+1 岁内的死亡人数;④年龄 x 岁的人在一年内的生存率;⑤年龄 x 岁的人在一年内的死亡率。

(2)非寿险的损失分布估计法。根据承保人的索赔记录或从其他渠道收集的损失数据,运用统计方法,估计同质标的损失的概率分布。常见的方法有:经验分布法、最大似然法、最小距离方法、χ^2 估计方法和 Bayes 估计方法等。

在保险精算的研究范畴内，剩余量模型相当流行，它是用来分析破产与否的模型。t 时刻的资本剩余量 $U(t)$ 可以作为保险公司稳健性的一个指标，是风险管理的有效工具。该模型表达为

$$U(t) = U_0 + ct - S(t) \tag{3.11}$$

式中，U_0 为原始准备金；c 为保费收入（简化为按固定的比率增加）；$S(t)$ 为 t 时刻为止该项业务的总索赔额。显然，式（3.11）并不是计算标的风险的模型，标的风险的内容，包含在 $S(t)$ 中。

人们常常误认为风险分析最早应用于保险业，这是将风险管理想当然地认为包含风险分析所至。确实，从风险管理的历史上看，最早形成系统理论并在实践中广泛应用的风险管理手段就是保险，但保险仅仅是分散风险的管理而已，在相当长的时间里，人们主要通过保险的方法来管理企业和个人的风险。对以标的为核心的风险分析，目前在保险业中并不占主导地位，人们更关心的还是各种统计规律。这是由于只有统计规律明确的标的群体才可保。如果仅仅只分析清楚某个标的的风险，而不存在同类标的，或同类标的风险不大清楚，则已进行了风险分析的标的并不具有可保险性，因为它的风险无法分散。通过相关研究，作者给出下面的两个结论。

结论 1　保险与风险评估的关注点和功能不同。

关注点不同：保险是以大量同质标的存在为基础，通过对标的损失率的研究来厘定费率。保险所关注的是群体统计特征；风险评估是对具体标的面对的风险进行评估，通过对它的管理来降低风险。

功能不同：保险的功能是分散风险，管理的是全体；评估的功能是了解风险大小，决定是否干涉。

以往的保险精算，其实是"同质假设"下的精算，可称为"同质精算"。

结论 2　风险评估是未来精算的归宿。

显然，绝对的同质是没有的，大体同质的标的间的差异是普遍的。

如果能在展业时考虑同质中的差异，计算具体标的面对的风险，并根据群体统计特征和具体标的的风险来厘定标的费率，那么，既能分散风险，又能控制风险，这样的保险精算，可称为"复合精算"。这种精算将将有效提高保险公司的竞争力，条件是要有较高的技术支撑水平。

有意思的是，可以证明，在完全同质条件下，个体标的的损失期望值正好是群体的平均损失或损失率。也就是说，同质精算是复合精算的特例。

7. 自然灾害中的风险问题

由于自然灾害风险是由自然事件或力量为主因导致的未来不利事件情景（见定义 2.3），所以，自然灾害中的风险问题，归根结底是认识这类情景的问题。而且，该问题被隐含地加上了一个假设：未来情景与现在的情景不相同。换言之，如果情景随时间没有任何变化，未来的样子就是今天的样子，就不存在自然灾害的风险问题了。

为了描述情景的变化，必须合理地构造一个由风险源子系统、介质子系统和社会子系统组

成的自然灾害系统。这里, 风险源是自然事件或力量的来源, 介质子系统决定致灾力的传播, 社会子系统是暴露于致灾力的人员和社会财产的组合。例如, 由地震活动断层、相关岩土体系和人类社会组成的系统是一个地震灾害系统。被研究的活动断层组成风险源子系统, 传播地震波的岩石层和土层等组成介质子系统, 被地震波影响的人员和社会财产组成社会子系统。

自然灾害系统本质上是一个物理系统。严格来讲, 只有自然灾害系统未来 t 时刻状态的特征才能描述自然灾害风险情景: 一幅未来 t 时刻的灾难情景画。

由于系统的变化意味着有能量在驱动系统, 所以自然灾害系统是一个能量系统, 而且通常是一个与外界有能量交换的系统。于是可以引入庞加莱－契达耶夫方程来研究这类系统[77]。例如, 当我们将自然灾害系统视为一个广义力学系统, 并由 n 个广义坐标 q_1, q_2, $\cdots$, q_n 确定其位形时, 由韩广才和张耀良在式(3.12)中建议的能量方程[78]就有一定的参考价值。

$$\frac{\mathrm{d}}{\mathrm{d}t}\left[\sum_{s=1}^{n}\sum_{m=1}^{\varepsilon}p_{s/m}\overset{(m)}{\dot{q}}_s - L\right] = \sum_{s=1}^{n}Q_s\dot{q}_s - \frac{\partial L}{\partial t} \tag{3.12}$$

式中, L 为系统的拉格朗日函数; Q_s 为广义非势力; p 为广义动量, 且

$$\dot{p}_{s/m} = -\frac{\partial H}{\partial \overset{(m-1)}{q}_s} \tag{3.13}$$

式中, H 为系统的哈密顿函数。

由于自然灾害系统的复杂性, 我们几乎不可能获得建立能量方程所需的拉格朗日函数和哈密顿函数, 况且, 如何确定方程的边界条件, 如何使用实时监测数据等, 更是十分艰巨的任务。因此, 就是在计算技术已十分发达的今天, 人们也不可能用系统动力学的方式来进行自然灾害风险分析。人们广泛使用的, 本质上是经验总结法, 并以下述四种形态出现。

(1)自然灾害预测。根据现有的资料和背景知识, 推断何种程度的自然灾害将会出现。一次全面的自然灾害预测, 应完整地回答何时、何地、何种强度的灾害将会发生, 从而使有关的人可以有足够的时间来做应对灾害的准备。特别值得注意的是, 现有的资料和背景知识, 其实都是人类已有经验的某种形态。用经验预测, 总是精度不高。典型的例子是用古登堡-里克特地震频度 N 与相应震级 M 之间公式中的 b 值来预报地震。

$$\lg N = a - bM \tag{3.14}$$

式(3.14)说明, 震级越大发生的次数越少, 用统计方法可以算出某个地区地震震级和发生次数(频度)的负相关的比例数(b 值), 在大地震发生前, 有的地区这一比例数(b 值)可能反常。我国根据这一规律较成功地预报出了 1975 年 2 月 4 日发生在我国辽宁省海城、营口一带的7.3 级地震, 但在唐山地震预报时, 这一规律就失灵了。在地震预报的基础上对建筑物的震害预测, 本质上是通过脆弱曲线由输入的地震力计算建筑物破坏程度。各种各样的脆弱曲线, 主要来自于统计经验。

(2)地理信息叠加。研究者根据自己的背景知识选用某种统计方法对现有的资料进行处理, 得出自然灾害危险性区划图和社会经济易损性分布图, 然后根据其对风险的理解, 叠加评价单元上的属性值, 生成所谓的风险区划图。记危险性为 H, 易损性为 V, 风险为 R, 常用的叠加模型有"乘积法":

$$R = HV \tag{3.15}$$

和"加权求和法", 即

$$R = w_1 H + w_2 V \tag{3.16}$$

式中，w_1 和 w_2 分别为危险性和易损性的权重。许多文献声称"根据专家经验"赋予权重值，但没有人能说清楚这种主观给出的权重有多大意义。上述的叠加模型有许许多多的变种，如将 H 和 V 分别替换为发生概率 P 和损失 L；将式(3.16)扩展为更多评估因子的组合等。而且，人们还常常通过某种叠加来生成上述叠加模型中的属性值，这就使叠加模型更为复杂，相关结果的物理意义和可信度更加扑朔迷离。

（3）专家评估。常用的有模糊综合评判法和层次分析法。前者的基本思路是，根据经验选用一些隶属函数来表征评价指标作为因素集上的模糊集，从而建立因素集与评价集之间的模糊关系矩阵，并以权重向量为输入，用某种合成算法作用于此矩阵，给出一个模糊向量为输出结果。后者是一个主观选择权重的数学包装，通过层层分解使主观意念更易表达，并能组合成目标层的权重向量，进而结合综合评判法或加权求和法等进行风险评估。对于工程性不强的宏观风险问题，专家评估有成本低、易于进行等优点，但评估结果通常只能作为某种参考。

（4）概率模型。这类模型将自然灾害视为随机事件，引入描述随机现象的概率论，用统计方法处理现有的资料和背景知识，推断出自然灾害发生的概率分布。概率地震危险性估计方法[79][80]（probabilistic seismic hazard analysis，PSHA）是目前较为成功的概率模型之一。首先，PSHA 模型用来自于古登堡-里克特式(3.14)的式(3.17)计算地震统计区地震的震级 m 分布

$$f_M(m) = \begin{cases} \dfrac{\beta \exp[-\beta(m - m_0)]}{1 - \exp[-\beta(m_u - m_0)]}, & m_0 \leqslant m \leqslant m_u \\ 0, & \text{其他} \end{cases} \tag{3.17}$$

式中，m_0 为工程上所考虑的最小震级（可取 $m_0 = 4$）；m_u 为地震统计区震级的最大上限；$\beta = b\ln10$。然后，根据场地与震源间的关系，计算地震动参数 Y 超越 y 的概率。对于线源地震断层，设场地到断层的距离为 r_0，可由式(3.18)计算此概率。

$$P(Y > y) = \int_{m_1}^{m_2} \frac{x}{l} f_M(m)\,\mathrm{d}m + \int_{m_2}^{m_u} f_M(m)\,\mathrm{d}m \tag{3.18}$$

式中，m_1 和 m_2 分别为在 r_0 半径内能产生的最小和最大地震；l 为与 r_0 有关的断层长度系数；$x = \sqrt{g^2(y, m) - r_0^2} + \dfrac{1}{2} e^{(cm+d)}$；$g$ 为衰减规律；c、d 为表征破裂长度与震级关系的系数。最典型的灾害预测概率方法，是美国联邦紧急事务管理局使用的 ATC-13 方法[81]。经美国应用技术委员会（Applied Technology Council，ATC）审查通过的该方法，将建筑物分为 78 种，分别建立了破坏概率矩阵，可根据修正的麦卡里烈度，进行破坏程度的概率预测。

在自然灾害领域，人们比较相信现代科技提供的分析手段，即使屡屡出现分析结果与事实不相符的情况，大多数研究者的兴趣仍是进一步细化分析模型，创建或引入新的理论，并收集更多的基础数据资料。近年来，人们将减灾的希望更多地放在添置观测灾害用的昂贵设备和处理数据用的复杂信息系统上。这方面的工作虽然也能收到一定的成效，但投入产出比不高。中国近 30 年来大量自然灾害事件的相关事例说明，除了我们的应急速度和救援能力有明显提高外，其他能力的提高均与投入很不相符。地震预报成功率几乎没有提高就是一个

代表性例证。为此，我们必须正视现代科技提供给我们认识未来世界的分析手段远远满足不了需要。未来的自然灾害情景对我们而言仍然有太多的不确定性。通过风险分析对自然灾害加以认识，才能使我们获得更好的减灾效果。

8. 信息技术领域中的风险问题

信息是对于客观事物存在方式和运动状态的反映。眼、耳、鼻、舌、皮肤是人类天然的信息器官。人脑是自然界最高级、最复杂、最精致的信息处理系统。凡是能扩展人的信息功能的技术，都可以称之为信息技术(information technology，IT)。具体来讲，IT 是指与信息的生产、处理、存储、通信、交换、传播或利用相关的各种技术。

IT 有"传统"和"现代"之分。例如，电报、模拟电话、传真机、模拟电视等属于传统 IT 范畴；计算机系统、遥感技术、数字电视等则属于现代 IT 范畴。国际互联网络也是一种计算机系统。现代 IT 的两大特征：一是以数字技术为基础；二是使用了微处理芯片。

传统 IT 风险是一个 IT 物理系统被损伤的未来情景。其风险源，主要是相关元器件老化失效或受到外力打击而被破坏。

现代 IT 不仅有传统 IT 的风险问题，而且更多的是信息安全问题。

所谓信息安全，是指计算机系统的硬件、软件及其系统中的数据受到保护，不受偶然的或者恶意的原因而遭到破坏、更改、泄露，系统连续可靠正常地运行，信息服务不意外中断。

信息安全风险，也称 IT 风险，是指计算机系统出现不符合安全要求的未来情景。病毒感染、骇客攻击、人为错误、疏于管理等是主要的风险源。中国人寿保险股份公司首席信息官刘安林曾于 2007 年初总结出 6 种 IT 风险：①治理不到位管理风险；②资源不到位运维风险；③人员不到位道德风险；④教育不到位素质风险；⑤认识不到位决策风险；⑥环境不到位技术风险。

在 IT 领域中，描述风险情景主要涉及五个方面：起源、方式、途径、受体和后果。它们的相互关系可表述为：风险的一个或多个起源，采用一种或多种方式，通过一种或多种途径，侵害一个或多个受体，造成不良后果[82]。风险评估是信息安全的投资的依据，是信息安全措施的选择依据，是信息安全保障体系建设的依据。信息安全等级保护工作是国家对信息系统信息安全等级的强制性规定，信息安全风险评估工作是设定安全等级、评价等级、等级调整的重要方法和手段[83]。

IT 风险评估的重点已从操作系统、网络环境发展到整个管理体系。模型也从借鉴其他领域的模型发展到开发出适用于风险评估的模型。风险评估方法的定性分析和定量分析不断被学者和安全分析人员完善与扩充。最主要的是，风险评估的过程逐渐转向自动化和标准化。在信息安全、安全技术的相关标准中，风险评估均作为关键步骤进行阐述，如 ISO13335、FIPS-30、BS7799-2 等。

国内主要采用定性与定量相结合的方法对 IT 风险进行评估，层次结构模型、树形结构模型、概率论与数理统计及模糊数学方法应用较多，而且，通常是由专家对相关的不确定性做出评估。

目前最为成功的 IT 风险评估工具仍然是计算机系统漏洞扫描工具。通过漏洞扫描发现系统存在的漏洞、不合理配置等问题；根据漏洞扫描结果提供的线索，利用渗透性测试分析系统存在的风险。

CRAMM[①] 等工具则从管理的层面上，考虑包括信息安全技术在内的一系列与信息安全有关的问题，如安全规定、人员管理、通信保障、业务连续性及法律法规等各方面的因素，对信息安全有一个整体宏观的评价。

我国国家标准化管理委员会 2007 年 11 月 1 日审查批准正式发布实施的 GB/T20984—2007《信息安全风险评估规范》中，对信息安全风险（information security risk）的定义是：人为或自然的威胁利用信息系统及其管理体系中存在的脆弱性导致安全事件的发生及其对组织造成的影响。该定义是风险情景的一个简化，没有强调风险的未来属性，这对处于起步阶段的我国信息安全风险管理，是适宜的。

从这一简化定义可知，风险综合了多个要素，风险是否存在，风险的高低，需要从多个方面共同考虑，综合多个因素得出的结果，才是准确的风险情况。

根据该规范，风险评估围绕着资产、威胁、脆弱性和安全措施这些基本要素展开，在对基本要素的评估过程中，需要充分考虑业务战略、资产价值、安全需求、安全事件、残余风险等与这些基本要素相关的各类属性。

而且该规范认为，风险要素及属性之间存在着以下关系：

(1)业务战略的实现对资产具有依赖性，依赖程度越高，要求其风险越小；

(2)资产是有价值的，组织的业务战略对资产的依赖程度越高，资产价值就越大；

(3)风险是由威胁引发的，资产面临的威胁越多则风险越大，并可能演变成为安全事件；

(4)资产的脆弱性可能暴露资产的价值，资产具有的脆弱性越多则风险越大；

(5)脆弱性是未被满足的安全需求，威胁利用脆弱性危害资产；

(6)风险的存在及对风险的认识导出安全需求；

(7)安全需求可通过安全措施得以满足，需要结合资产价值考虑实施成本；

(8)安全措施可抵御威胁，降低风险；

(9)残余风险有些是安全措施不当或无效，需要加强才可控制的风险；而有些则是在综合考虑了安全成本与效益后不去控制的风险；

(10)残余风险应受到密切监视，它可能会在将来诱发新的安全事件。

该推荐性规范建议，根据系统的特点，以及资产 A、脆弱性 T、威胁 V，选择具体的评估方法。例如，式(3.19)是计算风险值 R 的一种具体方法。

$$R = F(A,T,V) = F(P(T,V),L(Ia,Va)) \qquad (3.19)$$

式中，F 为安全风险计算函数；P 为威胁利用资产的脆弱性导致安全事件的可能性；L 为安全事件发生后造成的损失；Ia 为安全事件所作用的资产价值；Va 为脆弱性严重程度。使用规范中附录 A 提供的矩阵法和相乘法都可以实现式(3.19)的计算。

---

①http://www.cramm.com/. 访问时间：2009 年 4 月 28 日

9. 主要风险分析方法的共同点

通过对上述八个领域中风险问题分析方法的考察，我们可以归纳出 5 种主要的风险分析方法：

（1）发生概率计算法。以随机的不利事件为研究对象，通过对其随机性进行分析，计算事件发生的概率，以此推断风险的大小。大多数情况下，是对已发生事件的大量数据进行统计处理，估计相关事件发生的概率。环境危害、生产安全、自然灾害、保险业和信息技术等五个领域中主要采用这种风险分析方法。

（2）暴露评价法。以承受不利事件影响的人或物为研究对象，通过对其被影响的程度和承受力进行分析，推断风险的大小。涉及有毒有害物质的风险分析问题，多采用这一方法。例如：环境危害中危险化学品泄漏量的计算；食品安全中农作物使用杀虫剂对人体健康影响的分析。信息技术领域中可能被攻击的信息系统的资产价值分析，也使用暴露评价法。

（3）危险辨识法。以潜在危险源为研究对象，通过排查和分析，推断风险的大小。在生产安全、自然灾害和信息技术领域，以及金融系统的操作风险问题中，大量使用这种方法。

（4）期望值计算法。计算获益的数学期望值或损失的数学期望值，以其描述风险的大小。在项目投资、金融系统和保险业的风险分析中多使用这一方法。

（5）经验合成法。根据经验或某种特别的需要，选择一些与风险有关的参数进行组合，形成某种指标，并命名为"风险度"。环境危害中计算风险的式(3.2)和信息技术领域中计算风险的式(3.19)都属于这种方法。而综合性酸雨模型 RAINS、模糊综合评判法和层次分析法等，本质上也属于经验合成法。

这些风险分析方法各有优缺点，并且，通常是在风险分析的不同环节采用相应的方法。但是，这些分析方法有下述三个共同点。

1）明确具体风险内涵，框定风险问题涉及的系统

无论使用何种风险分析方法，首先须明确所要分析的具体风险的内涵，也就是要给出具体风险的定义。泛泛地说对风险进行分析，则无法分析。只有具体到能描述风险情景的某一个或几个具体侧面，并确定内涵，才能进行风险分析。例如，将农作物洪水风险定义为损失率的期望值，就是给出了所要分析的风险的内涵"损失率的期望值"。显然，"期望值"并非"风险"的全貌，甚至于某些风险与"期望值"无关，但对于"农作物洪水风险"而言，"损失率的期望值"无疑是描述风险情景一个重要侧面，至于是否还有其他侧面是描述"农作物洪水风险"的最佳选择，则另当别论。

当风险内涵确定以后，无论使用何种风险分析方法，其主要任务就是对具体对象面临的风险作出判断。为此，必须框定风险问题涉及的系统。通常，一个风险系统由下述五个部分构成：不利事件源头、源头影响场、不利事件作用对象、不利事件测度空间和时间空间。

不利事件源头是指"使风险情景出现"的触发因素，简称为风险源（risk source）。例如，有毒有害化学物是环境风险的一种风险源；肠炎沙门氏菌是蛋制品安全风险中的一种风险源；瓦斯是煤矿安全生产风险的一种风险源；经济政策的不确定性是项目投资风险中的一

种风险源；贷款者信用不良是金融风险的一种风险源；自然灾害是财产标的风险的一种风险源；活动断层是地震风险的风险源；恶意攻击是信息技术风险的一种风险源。在进行唯象意义下的风险评估时可以不考虑风险源，但在进行推理式风险分析时必须考虑风险源。所谓"唯象意义"是指"只从现象上来讲"。以相对论的钟慢尺短效应为例：假设某实验物理学家并不知道相对论，但是当他做了足够精度的实验后，就可以根据这些实验现象总结出钟慢尺短的数量公式，这就叫唯象地描述了钟慢尺短的效应，虽然他并不知道相对论。同样，在风险分析领域，如果有大量的不利事件历史资料，人们也可以统计出不利事件发生的规律，虽然他们并不知道为什么会存在这样的规律。

源头影响场是指风险源的影响范围。例如，泄漏的有毒有害化学物的影响范围；含肠炎沙门氏菌的蛋制品销售区；瓦斯爆炸影响区域；经济政策变动涉及的投资项目；不良贷款影响在金融衍生产品中的传递；自然灾害影响到的财产保险标的的空间分布；一次破坏性地震的烈度分布；被攻击的信息系统出现的连锁反应涉及的系统。源头影响场研究是风险暴露（risk expoture）研究的重要组成部分，其主要目的是分析风险源会给我们关注的对象带来多大的影响或冲击。风险源的作用在影响场中的某些点上被放大，而某些点上被削弱。例如，地震波扫过不稳的山体引起巨石崩塌时，地震的破坏作用被放大；随着震中距离的增加，地震的破坏作用被削弱。

不利事件作用对象是指承担风险后果的客体，在自然灾害系统中也被称为承灾体。例如，被有毒有害化学物影响的人员是环境风险的一种作用对象；银行是金融风险的一种作用对象；建筑物是地震风险中的一种作用对象。

不利事件测度空间是指对风险源、影响场和作用对象进行量化描述的数学空间。例如，对风险源随机性进行描述的概率空间，描述地震影响场的水平加速度峰值，IT 资产的脆弱性指标等，都是不利事件测度空间中的具体测度。

时间空间是描述风险情景的时间信息。没有时间概念的风险分析，其情景的描述没有意义。例如，当我们说某金融系统的风险时，应该指明时段或时间点，而且通常是指从分析时开始的近期。更长远的分析结果往往不大可靠；相反，地震风险涉及的时段应该较长一些，否则就成了临震预报，其结果可信度不高。在大多数情况下，人们不自觉地忽略时间空间，是因为行内有一些俗成的约定。例如，当我们用过去 5 年中某城市所发生的机动车事故损失记录来分析机动车标的的风险时，是不自觉地将风险情景锁定在了未来的 5 年中。由于道路、车辆性能等的变化，5 年后该城市中机动车的事故风险通常会有较明显的变化。

2）涉及风险源、影响和后果

在使用上述 5 种主要的风险分析方法时，被框定的系统，某些部分在分析时被忽略。例如，时间空间常常按俗成的约定而被忽略。但是，这些方法均涉及风险源、影响和后果。

风险源可分为具体风险源和隐含风险源这两种情形。在进行风险分析时，其风险源实体可以被刻划的称为具体风险源。例如，有毒有害化学物、经济政策、贷款者信用、地震活动断层、计算机病毒等，在许多情况下都可以进行实体刻划，是具体风险源。而不能进行实体刻划的，则称为隐含风险源。后一类风险源通常在计算不利事件发生概率时被涉及。例如，交通事故发生概率的计算法，不能进行风险源的实体刻划，但其隐含的风险源是路况差、车况差、驾驶员精力不集中等。由于每一次交通事故的情况都不一样，不可能通过对这些风险源的实体刻划来合成事故发生概率。经验合成法也常涉及隐含风险源。例如，信息技术领域中计算风险用到的经验式(3.19)，其威胁 V 隐含有许多难以进行实体刻划的风险源。

我们将不利事件对作用对象的作用称为影响(impact)。例如，有毒有害化学物对环境的污染是对环境的影响；高房价经济政策使大量资金涌入房地产，使实体经济的投资减少；地震波是地震对建筑物的影响。我们在进行风险分析时，涉及的影响，均是指可能造成人员伤亡或财产损失的负面影响。在自然灾害领域中，这种影响，也称为承灾体的输入。

我们将不利事件作用对象在风险事件中的反应称为后果(consequence)。例如，被污染的环境使生活在区内的居民癌症发病率升高、高房价经济政策使许多实体经济破产、地震波使建筑物遭到破坏等都是后果。在自然灾害领域中，这种后果，也称为承灾体的输出。

3）进行不确定意义下的量化分析

发生概率计算法、期望值计算法和经验合成法本身就是不确定意义下的量化分析。前两者主要是进行随机不确定意义下的量化分析。经验合成法则是人们对风险的认识还没有达到确切无疑的程度，须借助专家经验进行分析，不仅涉及随机不确定性，还涉及模糊不确定性。

在暴露评价法中，对影响程度和承受力的分析，须进行不确定意义下的量化分析。例如，人们并不能确知一个生产有毒有害物质的化工厂将发生什么样的事故，该化工厂对周围环境的影响程度具有不确定性。又例如，地震波从震源到建筑物所在场地受到许多因素的影响，并不能根据地震大小确切地计算出场地地震动，地震对建筑物的影响具有不确定性。再如，人体素质时常发生变化，承受有毒食品的能力随之变化，所以人体承受有毒食品的能力具有不确定性。

在危险辨识法中，被研究的潜在危险源大多具有随机性。当我们用有限的监测信息对潜在危险源进行辨识时，只能是一种近似的辨识，危险源对我们而言具有模糊不确定性。

事实上，一旦我们可以采用某种方法对内涵明确的具体风险进行确定意义下的量化分析时，被分析的风险就变为了伪风险，相应的分析方法也就不再称为风险分析方法。例如，假定某地区年降雨量从未超过 80mm，在该地区以自然方式种植的玉米必然颗粒无收。"颗粒无收"这一情景就是伪风险。分析出这一情景的方法，是计算玉米生长最低需水量的方法，并不是风险分析方法。

10. 自然灾害风险分析的基本原理

风险问题种类繁多，风险分析千头万绪，风险分析的理论和方法举不胜举。风险分析中带有普遍性的、最基本的、可以作为一切理论和方法之基础的规律，称为风险分析的基本原理。从基本原理出发，可以推演出各种具体的理论和方法，从而解决各种实际问题。

为了理解什么是基本原理，我们不妨类比一下 CPU(中央处理器)。现今的 CPU 有几百种型号，几十种结构。但 CPU 的工作原理其实很简单：①它的内部元件主要包括：控制单元、逻辑单元和存储单元三大部分。②指令由控制单元分配到逻辑运算单元，经过加工处理后，再送到存储单元里等待应用程序的使用。

由于风险分析上升为现代科学的一个部分，从 1970 年开始，至今仅 40 余年，加之大量社会科学家的参与，要形成得到广泛认可的科学意义上的风险分析基本原理尚待时日。

世界卫生组织建议的风险分析原理(图 3.1)目前在政府部门较为流行。图 3.2 是一种较为流行的企业软件风险分析原理图。

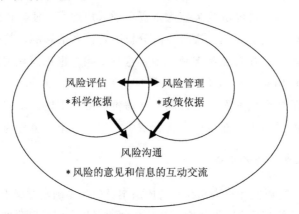

图 3.1　世界卫生组织的风险分析示意图

资料来源：http://www.who.int/foodsafety/micro/riskanalysis/en/index.html

显然，要硬性地从图 3.1 和图 3.2 中提取出共同点，几乎不可能，因为它们不在一个层面上。这有点类似于计算机和 CPU 不在一个层面上，我们也不能提取出它们的共同点。事实上，图 3.1 的风险分析原理针对的是管治(governance)意义上的概念化风险分析，而图 3.2 针对的则是流程意义上的技术化风险分析。目前的风险分析学说，并不区分概念化与技术化，难以形成风险分析的基本原理。

作者认为，风险分析的精髓是如何从风险源的分析开始，推演出风险情景，本质上是基于现有科技手段对客观系统的量化分析。虽然我们可以通过对风险系统的一些概念化研究，为风险管治提供参考，但这种研究并非风险分析本质性的内容。

我们前面归纳出的 5 种主要的风险分析方法，均是基于现有科技手段，从某个方面对客观的风险系统进行量化分析的方法。这些方法的共同点为我们找到风险分析的基本原理创造了条件。

经过研究，本书作者总结出风险分析的基本原理：明确风险内涵和涉及的系统，正视风险源、影响场和作用对象的复杂性和不确定性，从最基本的元素着手分析，对其进行组合，进行不确定性意义下的量化分析。

这里的"风险内涵"是指具体风险的定义，并以描述风险情景某一个或几个具体侧面的相关量化指标来体现。"涉及的系统"是指最少能描述风险源、影响和后果的系统。"风险源、影响场和作用对象"分别指使风险情景出现的触发因素、风险源的影响范围和承担风险后果的客体。"复杂性"是指难以被理解、描述、预测和控制。"不确定性"是指规律性不强或对客观事物认识存在较大误差。前者归因于存在随机性，后者归因于信息不完备而具模糊性。"组合"是指组合风险源、影响场和作用对象的分析结果，推算出描述风险情景的量化指标的具体数值。

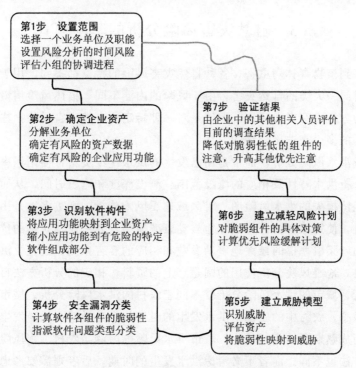

第1步　设置范围
选择一个业务单位及职能
设置风险分析的时间风险
评估小组的协调进程

第2步　确定企业资产
分解业务单位
确定有风险的资产数据
确定有风险的企业应用功能

第3步　识别软件构件
将应用功能映射到企业资产
缩小应用功能到有危险的特定
软件组成部分

第4步　安全漏洞分类
计算软件各组件的脆弱性
指派软件问题类型分类

第7步　验证结果
由企业中的其他相关人员评价
目前的调查结果
降低对脆弱性低的组件的
注意，升高其他优先注意

第6步　建立减轻风险计划
对脆弱组件的具体对策
计算优先风险缓解计划

第5步　建立威胁模型
识别威胁
评估资产
将脆弱性映射到威胁

图 3.2　用于企业软件风险分析的示意图

资料来源：http://www.theiia.org/intAuditor/itaudit/archives/2007/september/ the-enterprise-software-risk-analysis-your-defense-against-data-security-threats/

　　将上述基本原理用于自然灾害风险分析，我们给出自然灾害风险分析的基本原理：正视自然灾害系统本身所固有的复杂性和不确定性，从最基本的元素着手分析，对其进行组合，进行不确定性意义下的量化分析。由于各种自然灾害风险的内涵均有一些俗成约定并有相关的系统框架，而且基本元素通常已明确为风险源、影响场和承灾体，所以在针对自然灾害的风险分析基本原理中简化了一般性风险分析基本原理中的前部分，保留了后部分。

　　正如前文所述，形成科学意义上的风险分析基本原理尚待时日，作者此处给出的基本原理，只是针对"风险系统量化分析"而言。

　　作者认为，目前人们对风险问题的研究，还处于"实证风险学"阶段。虽然对各种"风险案例"的分析已经形成较完整的体系，但尚未形成从各类风险现象的普遍规律出发，运用数学理论和方法，系统深入地阐述有关概念、现象及其应用的"理论风险学"。相关的研究，才刚刚开始。风险分析基本原理的研究，就属于理论风险学研究的内容。而成熟的风险学，还必须有"实验风险学"和"应用风险学"来支撑，目前它们还是空白。

　　一旦"风险学"渐趋成熟，为推动该学科的发展，就会有更深入的研究，产生"分析风险学"、"几何风险学"、"管理风险学"和"经营风险学"等许许多多的学问，帮助人们更好地认识风险、规避风险，为建设美好的家园提供重要帮助。

3.3　自然灾害风险分析的基本模式

从洪涝灾害到植物森林病虫害，各种自然灾害风险的特点都不同，用于风险分析的方法也不同。就是对同一大类的自然灾害，由于风险的内涵不同，描述风险情境的侧面不同，风险分析时采用的方法也有很大区别。即使是对一种特定的自然灾害风险，往往也要根据人们掌握的数据资料的多少来选用合适的方法。

例如，流域洪水风险分析，通常是用已发生的洪水淹没资料，使用概率统计方法和必要的模拟手段，分析洪水特性及相应的淹没范围、淹没深度和淹没时间，从而给出以洪水频率为指标并考虑经济损失的洪水风险图。对区域地震风险分析，则更多地是用区域内活动断层的历史地震资料，使用概率统计方法和地震动衰减模型，并考虑构筑物的抗震能力，从而给出一定年限内超越某概率值的最大地震动参数和相应的震害预测。这里，洪水风险分析使用的是面上的资料，地震风险分析使用的则是点上的资料，相应的分析方法自然不同。同样是对洪水风险分析，城市的洪水风险分析就不同于农村的洪水风险分析。城市中的房屋对洪水发生的时期不敏感，农村中的庄稼对洪水发生的时期却十分敏感。洪涝发生在水稻开花期减产最为严重，而成熟期影响相对较小。城市洪水风险的内涵与农村洪水风险的内涵不同，相应的风险分析方法也不同。前者不必考虑洪水发生的时期，后者则需要考虑。对于以地震危险性为风险情境的侧面，以地震动峰值加速度为量化指标，并在特定年限和指定超越概率值的条件下，不同区域的地震风险分析，采用的方法也可能不同。地震频发且地震地质资料丰富的区域，可以直接使用 PSHA 方法[80]；而地震不多或地震地质资料很少的区域，则需要加入更多的专家经验。

经过多年研究，作者发现，尽管自然风险分析的方法十分丰富，但满足自然灾害风险分析基本原理的方法都遵循一个基本模式，而不满足这一原理的方法，严格来说，并不是自然风险分析的完整方法。例如，对危险性、暴露性、脆弱性和防灾减灾能力等进行加权综合评价的方法[84]，就不满足基本原理，因为其进行的，并不是不确定性意义下的量化分析。尤其是，使用该方法时，常常不得不借助层次分析法[85]来获得权重值，而该方法，实际是主观判断法的一种数学包装。

在数学上，我们用向量 X, Y, Z, $\cdots$ 表达因素，用诸如式(3.20)和式(3.21)这样的方程或方程组来描述一个系统或一个系统集合。其中，$f, f_1, \cdots, f_n$ 均为函数。

$$f(X, Y, Z, \cdots) = 0 \qquad\qquad (3.20)$$

$$\begin{cases} f_1(X_1, Y_1, Z_1, \cdots) = 0 \\ \cdots \\ f_n(X_n, Y_n, Z_n, \cdots) = 0 \end{cases} \qquad\qquad (3.21)$$

事实上，自然灾害风险分析就是找出一系列的函数，例如，描述风险源随机性的概率密度函数和描述承灾体脆弱性的剂量-反应曲线等，并合成它们来显示风险。因此，我们可以使用函数族和合成规则族符号来建立这一基本模式。剂量-反应曲线(dose-response curve)原本是用于描述毒物对机体损害作用的曲线。1983 年，美国国家科学院国家研究委员会在报告"联邦政府的风险评估"中[86]，正式将其用于一般性风险评估中。

令 R 是风险，　是描述风险源的函数族（function family），　是描述"剂量-反应关系"的函数族，"。"是合成规则族。

这里，R 是指其情景可以由某一指标体系进行描述的风险。例如，内涵为损失期望值的风险，描述它的指标体系由"损失"和"概率"两个指标组成。

函数是一种关系。大多数情况下，这种关系使一个集合里的每一个元素对应到另一个集合里的唯一元素。例如，概率密度函数是一种关系，它使事件集合中的每一个元素对应到概率域里的唯一元素。只不过由于随机变量背后的事件没有显现在此函数中，这种对应关系常常被视为随机变量到［0，1］的映射罢了。

严格数学意义上的函数族，是指均满足某一数学性质的多个函数的集合。例如，在复平面上除极点外无其他类型奇点的单值解析函数称为亚纯函数，所有亚纯函数组成的集合称为亚纯函数族。为了表述自然灾害风险分析的基本模式而使用的函数族，并非严格数学意义上的函数族，而是指为了描述风险 R，我们分析风险源时所使用的全部函数的集合。例如，当 R 涉及多个风险源时，分别刻划这些风险源随机性质的概率分布函数的全体，就是一个函数族。当一个大的承灾体由许多小承灾体组成时，这些小承灾体的剂量-反应曲线的全体是一个函数族。

"合成规则"（combination rule）是证据理论[87,88]中的一个概念。在用该理论进行不确定性推理时，有时须对两个或多个基本信任分配函数进行正交和运算，以合并成一个信任分配函数（它表示了证据建立时信任程度的初始分配），此合并规则被称为 D-S 合成规则。1965年，模糊集创始人扎德教授将"合成规则"概念推广到了将两个模糊集合并为一个模糊集的运算，并在随后的研究中，用合成规则进行了模糊近似推理。我们在表述自然灾害风险分析的基本模式时用到的"合成规则"，是指任何能将风险源与承灾体进行合并分析的方法。特别地，当风险源子系统和承灾体子系用函数族来表达时，常常涉及多个合成规则，它们的全体就称为合成规则族。

经过研究，本书作者总结出的自然灾害风险分析的基本模式由式(3.22)表达

$$R= \quad 。 \tag{3.22}$$

该模型右边的三个部分分别描述风险源、合成规则和剂量-反应关系。任何现有的自然灾害风险分析模型都只是它的一个特例。对于给定的承灾体，该模型的输入，是与风险源有关的参数；输出是能描述风险情景的量化指标的具体数值。

最简单的　、　分别是描述一个风险源的概率密度函数和描述一个承灾体脆弱性的剂量-反应曲线。最简单的"。"，是计算概率密度函数和剂量-反应曲线围成的面积。这时，风险评估如图 3.3 所示。

当 R 退化为所谓的风险度时，　可以是概率值，　是损失，而。可以是乘法运算。显然，简单的函数和数值都是函数族的特例，而乘法、加法等都是合成规则族的特例。然而，当我们用模糊系统的方法描述风险源、影响场和承灾体时，函数族将变为一系列模糊集，合成规则族将是模糊合成算子族。本书的后续部分会给出用模糊系统的方法进行风险分析的例子。

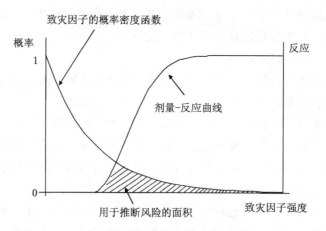

图 3.3 自然灾害风险分析基本模式在简单情况下的示意图

3.4 自然灾害风险分析的四个环节

一个自然灾害系统由风险源、承灾体、社会经济体系组成。完整的自然灾害风险分析，是一项系统性工作，包括从风险源到灾害损失的全过程。

风险源是指"使风险情景出现"的触发因素，如地震、洪水。在自然灾害研究领域，也将风险源称为"致灾因子"。

承灾体是自然灾害作用的对象，是承担风险后果的客体，如地震灾害中的建筑物、洪水灾害中的庄稼地。

社会经济体系是承受自然灾害损失的个人、家庭和社会。

自然灾害风险的存在需要有三个条件：

(1)必须存在灾源，可以向周围释放巨大的致灾力量。例如，突然破裂的地震断层，从崩塌堤坝滚滚而下的洪流，威力强大的台风等，都是灾源。

(2)必须有暴露于灾源影响范围之内的人员和财物。例如，地震波及范围之内有城市或村庄；人们将房屋建于可能溃决的大坝下方，泛洪区种植庄稼；台风经过之处有船只、城市、村庄等。

(3)必须存在伤亡和损失的可能性。

由于灾害水平取决于致灾因子强度、承灾体暴露的程度、伤亡和损失的相对数值，因此，一个全面的风险分析必须能够综合表述这三个部分，并考虑相应的不确定性。

为了从量化的层次上对这三个部分进行风险分析，必须首先确定有关的测度空间。它们是：致灾因子测度空间、场地致灾力测度空间、承灾体破坏测度空间、伤亡和损失测度空间。每个测度空间称为一个环节。因此，系统分析涉及四个环节。

在自然灾害系统分析中，测度空间也称为论域。如果没有不同测度空间的混淆，取论域英文单词 Universe 的首写字母 U 代表论域，论域中元素变量用字母 u 代表。在需要有所区别时，用 M（magnitude，量级）记致灾因子论域，W（wave，波）记场地致灾力论域，D（damage，破坏）记承灾体破坏论域，L（loss，损失）记伤亡和损失论域，相应的元素变量分

别记为 m，w，d，l。从致灾因子到损失是一个因果链，由图 3.4 所示。尤其值得注意的是，L 是一个多维空间，元素 l 有多个分量。通常一个分量是死亡人数，一个分量是受伤人数，一个分量是损失金额。不过，在自然灾害风险研究中，人们常常只分析损失分量。

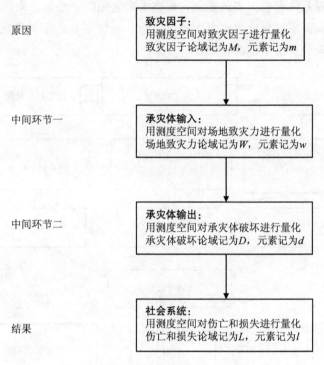

原因	**致灾因子：** 用测度空间对致灾因子进行量化 致灾因子论域记为M，元素记为m
中间环节一	**承灾体输入：** 用测度空间对场地致灾力进行量化 场地致灾力论域记为W，元素记为w
中间环节二	**承灾体输出：** 用测度空间对承灾体破坏进行量化 承灾体破坏论域记为D，元素记为d
结果	**社会系统：** 用测度空间对伤亡和损失进行量化 伤亡和损失论域记为L，元素记为l

图 3.4　自然灾害风险分析的四个环节和相应的论域

在原因环节中，主要工作是估计致灾因子 m 发生的可能性 $P(m)$。全球地震危险性图[89]使用测量随机不确定性的概率测度表达可能性，主要工作是用 Cornell 早在 1968 就总结出来的所谓 PSHA 方法[79]估计地震参数 m 发生的概率分布 $\mathrm{Prob}(m)$。如果概率分布不易估计，则可代之估计可能性-概率分布 $\mathrm{Poss}(m,p)$，相应的风险称为模糊风险[90]。

中间环节一的主要工作，是识别灾害打击力 m 从灾源到场地的衰减关系 $w=f_1(m,s)$，以便根据暴露的承灾体的环境参数 s（包括距离在内），计算出该承灾体将面对的场地致灾力 w。

中间环节二的主要工作，是识别致灾力 w 与承灾体破坏程度 d 之间的"剂量-反应"关系 $d=f_2(w,\theta)$，以便根据承灾体参数 θ（通常是一个向量），计算出该承灾体的破坏程度 d。

在结果环节中，主要工作是识别破坏程度 d 和损失程度 l 之间的关系 $l=f_3(d,\varphi)$，以便根据社会性参数 φ（包括人口密度、承灾体价值等在内），计算出该承灾体将面对的损失 l。

自然灾害风险分析的最后一部分工作，就是研究出某种模型，由致灾因子 m 发生的可能性 $P(m)$ 和承灾体系统中的三个关系 $w=f_1(m,s)$、$d=f_2(w,\theta)$ 和 $l=f_3(d,\varphi)$，计算出承灾体 O 的损失 l 发生的可能性 $P_O(l)$。对于由 n 个承灾体 O_1，O_2，$\cdots$，O_n 组成的区域 C 的自然灾害风险分析，需进行一些合成运算，得出区域 C 的损失 l_c 发生的可能性 $P_c(l_c)$。

显然，自然灾害风险分析，主要涉及两类模式识别：致灾因子概率分布识别和承灾体系统的输入-输入关系识别。由于概率分布和输入-输入关系在数学上均可用函数表达，所以，自然灾害风险分析涉及的两类模式识别，均是函数关系的识别。

　　自然灾害风险分析的基本任务是总结灾害频发地区历史上不同风险水平发生的频率，绘制回归风险图；针对系统可能出现的变化，研究未来之风险，绘制未来风险图。根本任务是研究灾害可能发生地区不同强度灾害发生的可能性，绘制可靠的多属性风险区划图。图 3.5 是进行自然灾害风险分析的基本流程图。

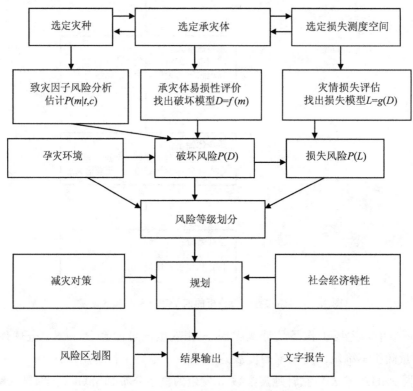

图 3.5　自然灾害风险分析流程图

　　在图 3.5 中，$P(m \mid t,c)$ 是在给定时间 t 和空间 c 条件下，量值为 m 的致灾因子出现的可能性。通常用概率来测度此可能性。例如，2006～2009 年，地点为四川省汶川县，m 为里氏 8 级地震。如果能在事前推算出一定会有这样大的地震发生，则 $P(m \mid t,c)=1$。图 3.5 中的破坏模型 $D=f(m)$ 是一个简写形式，它是图 3.4 中的中间环节一和中间环节二两部分工作的合成，f 是 $f_1(m,s)$ 和 $f_2(w,\theta)$ 的复合函数。图 3.5 中的损失模型 $L=g(D)$ 是在图 3.4 中的破坏程度 d 和损失程度 l 之间的关系 $l=f_3(d,\varphi)$ 的简写形式，省略了社会性参数 φ。

　　在这一分析流程中，我们只考虑了致灾因子的不确定性，将破坏模型和损失模型都简化为确定性模型。许多情况，这两个模型也会涉及不确定性。例如，遭遇到一次地震袭击的同一地点完全相同的两座烟囱，有时破坏情况就很不一样。

　　m 发生的不确定性，自然使承灾体的破坏具有不确定性，从而根据 $P(m \mid t,c)$ 和 $D=f(m)$，可以推算出破坏程度为 D 之可能性 $P(D)$。例如，假定某建筑物遭遇一次 7 级地震袭击时将会严重破坏，即，$D = f(m) = f(7) =$ 严重破坏。又假定该建筑物在未来 10 年内遭遇一次 7 级地震袭击的可能性是 0.001，则该建筑物在未来 10 年内震害为严重破坏的可能性是 0.001。显然，由于还有发生其他级别地震的可能性，该建筑物也有发生其他破坏程度的可能性。所以，破坏程度之可能性 $P(D)$ 通常是一个可能性分布。同理，根据 $P(D)$ 和 $L = g(D)$，可以推算出损失可能性分布 $P(L)$。$P(D)$ 和 $P(L)$ 分别称为破坏风险和损失风险。

由于风险问题的复杂性，人们试图通过组合使用多种方法、多种资源和多种监测手段[66]来提高风险分析的可靠性。这就是传统意义上的"综合风险分析"。例如，对于技术风险，其综合分析涉及相关设备、外部安全形势、规章制度、规划、训练、应急管理，还要考虑风险沟通，并从环境、人类健康和社会经济的角度综合评估物理和化学指标。又例如，对于洪水风险，其综合分析涉及气象、水文、社会经济、遥感技术、地理信息系统、保险数据库、民政灾情数据库等，而且综合使用多元统计、模糊逻辑、人工神经元、遗传算法等林林总总的数据分析方法。

这种强调信息和方法综合的分析，其实是对风险的"综合分析"。

考察当前关于风险分析的"综合"概念，我们注意到，人们更感兴趣的是建设超大规模数据库及分析方法的综合，而非风险本身。这有点类似于一些天文学家热衷于购买或建造非常昂贵的，用于观察宇宙的天文仪器，而不是研究宇宙本身。

上述综合风险分析的概念有利于不同学科间的融合，有助于捕捉风险问题的不同方面。但是，笔者认为，我们更应该关注"综合风险"的分析。例如，一座城市可能面对洪水、地震、地质等多种自然灾害。系统性地分析这些自然灾害对该城市的影响，所进行的，就是"综合风险"分析。

广义而言，任何由一个以上的因素决定的风险都是综合风险。例如，地震风险是一种综合风险，因为它由地震和人类社会决定。从这个意义上讲，任何系统性的自然灾害风险分析都是综合风险分析，因为必然涉及风险源和承灾体两部分。

严格来讲，决定风险的因素必须是不确定的。否则，这一因素可以作常态考虑，忽略不计。没有不确定，就没有风险。对于一个图 3.5 所示的 SHWW-系统，在大多数情况下，只有"风"是不确定的。因此，只有一个因素确定风险。换言之，SHWW-系统的风险，并不是一种综合风险。对于这样的风险，并不需要进行综合分析。

某些风险系统内部的部分子系统可能非常复杂，但对风险的影响不大，不必作为综合风险因素考虑。例如，SHWW 系统中"钩子"的内部结构可能非常复杂，但没有什么不确定的，可以忽略。而城市面对的多种自然灾害，其风险源子系统非常复杂，应作为综合风险因素考虑。

对于自然灾害而言，无论是对风险的"综合分析"，还是"综合风险"的分析，其分析的基础，还是图 3.4 所示的四个环节。

例如，对洪水风险综合使用气象、水文、社会经济、遥感、保险损失、民政灾情等数据和多元统计、模糊逻辑、人工神经元、遗传算法等方法进行综合分析时，它们只有结合各环节的物理模型才能发挥作用。而物理模型只有针对相对独立的环节才有意义。当水文和遥感数据通过使用多元统计和人工神经元方法来学习淹没深度与水稻受害程度的关系时，进行的是中间环节二的工作，必须使用水稻生长期的物理模型，因为不同生长期其淹没深度和持续时间对水稻的影响是不同的。

又例如，对一座城市面对的多种自然灾害之综合风险的分析，既可以对每一种自然灾害分别依图 3.4 所示的四个环节进行分析后，将第四个环节的输出进行综合，给出结果，也可以将所有致灾因子组成的风险源系统视为一个超级致灾因子，并对承灾体和社会系统等进行相应处理，然后遵循四环节的原则进行分析。

显然，风险分析的核心不是追求新概念，不是数据的多少，而是实实在在的物理模型。如果对风险系统的物理机制有了深入研究，当有较多的观测数据时，风险分析的水平自然会有所提高，反之则不然。以地震灾害为例，如果我们不花功夫进行地球物理、地震地质和结构动力学的研究，没有很好的物理模型，即使是收集了更多的数据，综合使用了更多的方法，都无法提高地震风险分析的水平。

第 4 章　自然灾害风险管理

4.1　引　言

风险管理既是科学问题，也是法律问题，还是生活方式问题。

从科学意义上讲，风险管理的核心问题，是优化决策问题，而且是不确定条件下的多目标优化决策问题。由于自然灾害系统不是人工控制的简单小系统，而是难以控制的复杂巨系统，因此，科学的自然灾害风险管理，主要包括风险分析和规避措施。前者是认识形形色色的风险，后者是采取一定的措施来规避风险。与传统多目标优化决策不同的是，对风险系统的认识，占据了风险管理的大部分工作，而切实可行的管理措施，大多是通过启发式学习来构造，并不是在传统优化决策问题中现成的解空间中寻优。

通常，风险分析更多地被视为管理范畴外的问题。管理措施的研究，才是自然灾害风险管理的本质所在。

从法律意义上讲，自然灾害风险管理的核心问题，是要履行法律赋予的职责，做好备灾、应急、恢复和重建工作。

从生活方式上讲，风险管理的核心问题，是尊重人的生命和健康，追求高质量的生存环境和精致化的生存状态，为这一代和下一代民众着想。

西方发达国家系统性地关注风险管理，也不过 30 多年的历史。

目前，风险管理方面最权威的学术组织，是 1981 年在美国成立的风险分析学会（Society for Risk Analysis，SRA）。该学会现已发展为一个国际性组织，所以常常被称"国际风险分析学会"。该学会的中国分部（SRA-China）直到 2009 年 10 月 19 日才在北京成立。SRA 定义的风险分析，包括风险认知、风险评估、风险管理和风险交流。也就是说，风险管理和风险分析，并没有严格意义上的谁是谁的一部分的问题。如果不涉及风险管理，那么风险分析就成无源之水，难以发展；如果不涉及风险分析，那么风险管理就没有依据，胡乱管理。

在瑞士政府的提议下，在部分发达国家的政府官员、科学家及相关领域的专业人士的参与下，2004 年在日内瓦成立了一个私人基金会，称为"国际风险管理理事会"（International Risk Governance Council，IRGC），致力于为政府、商业界、研究机构和其他组织在风险治理方面的合作提供支持、提升公众在相关决策过程中的信心。IRGC 于 2005 年 9 月在北京召开过一次年会，发布的白皮书正式给出了 IRGC 对风险的分类和管理策略。严格来讲，IRGC 既不是一个学术组织，也不是一个研究机构，而是一个咨询平台，为政府和商业界与风险领域的专家沟通提供方便。

由于其较高的生活水准，欧盟对与国计民生相关的风险问题十分重视，在第七框架计划中，有一个当时在国际上最大的风险研究项目"iNTeg-Risk"（2008 年 12 月至 2013 年

5月)。该项目的全称是"与新技术相关的新兴风险的早期识别、监测和综合管理"。这是一个大型综合项目,旨在改善与欧洲工业界中"新技术"(如纳米、氢技术、二氧化碳地下储存技术)有关的新兴风险管理。项目针对新兴风险,构建新的风险管理范式。它是一系列原则的集合体,并由通用语言、约定工具和方法、关键性能指标等支持。所有这些都于2010年全部集成到一个单一的框架中。研究目标是缩短欧盟领先技术的上市时间,并能促进将安全、环保和社会责任作为欧盟技术的商标。该项目还将改进新兴风险的早期识别和监测,减少新兴风险造成的事故(估计欧盟27国每年因此损失750亿欧元),并缩短新兴风险重大安全事故的反应时间。该项目由欧洲综合风险管理虚拟研究院(EU-VRi)主持。研究院的5个创始成员在世界上都很有影响,尤其是法国的国家工业环境暨风险研究院和德国的Steinbeis集团。作者有幸出任了"iNTeg-Risk"项目的国际咨询委员会委员。

其实,联合国的"赈灾救助行动准则和赈灾救助标准"也是一种风险管理措施,为的是避免人道灾难的发生。根据准则,联合国在赈灾救助的宣传广告中,须确保把受灾群体视为具有尊严的人,而非不可救药的物体。而根据标准,被救助者每人每天应有2100 kcal能量,适合的蛋白质、脂肪类、维生素类和微量元素,还要满足特殊群体对营养的需求。

如果说1976年7月28日唐山里氏7.8级地震之所以在23s内就使一个106万人口的重工业城市夷为废墟,主要原因是国家当时对唐山市建筑物没有抗震设防要求,那么,事隔32年的2008年5月12日汶川里氏8.0地震中,许多中小学校舍和教学楼倒塌,造成大量学生伤亡的原因,则在于政府对地震高烈度区公共建筑的抗震设防监管不力,风险管理工作不到位。与之形成鲜明对比的是,由于建筑物合理的抗震设计及施工中监督有力,2010年2月智利8.8级大地震,死亡仅507人;同年9月新西兰7.1级地震却是零死亡。智利和新西兰对地震风险的管理之成效,足以让我国的相关管理部门汗颜。

北京时间2011年3月11日13时46分,日本本州岛东北宫城县以东太平洋海域发生9级地震。地震震中位于北纬38.1°,东经142.6°,震源深度约20km。震中离日本本土130多公里。地震频发的日本是世界第一的抗震强国,9级地震中多数高层建筑物坚挺不倒,但地震引发的海啸造成巨大损失,强震引发的福岛核电站反应堆大爆炸,放射性物质大量泄漏,核危机笼罩全球。事实上,2011宫城地震并非有记录以来历史上最大的地震。1960年5月22日19时11分发生于南美洲的智利9.5级地震才是最大记录地震。福岛核电站的设计不能确保巨大地震时安全,说明灾害风险管理有重大缺陷。

面对日本巨震后的核电安全问题,我国的有关部门声称,中国反应堆厂房可抗万年一遇地震。这是错误的风险管理理念。问题出在专家们是用核电站所在区域的少量历史强震记录估计强震发生的概率分布,据此推算设计地震万年一遇。小样本的统计结果并不可信。对反应堆厂房而言,能抗8.5级左右的地震才是实实在在的。

如何面对自然灾害,如何减轻自然灾害给人类造成的损失,如何为可能来临的巨大自然灾害提前做好准备,是人类与自然灾害搏斗中的永恒主题。这一主题发展到今天,就是自然灾害风险管理。

如果说许多风险问题尚待人们进一步去认识,相比之下,人们对自然灾害风险的认识要多一些,风险管理的经验也要成熟一些。本书将努力总结相关的研究成果和实践经验,为政府和个人进行自然灾害风险管理工作提供一些帮助。

本书谈及自然灾害风险管理时，如果不加以特别说明，是指科学意义上的风险管理措施。

4.2　灾害管理和决策

4.2.1　什么是管理？

说到 MBA，很多人都知道这是 "master of business administration"（工商管理硕士）的英文缩写。但对于什么是"管理"，就有不同的解释了。直到目前为止，"管理"还没有一个统一的定义。特别是 21 世纪以来，各种不同的管理学派，由于理论观点的不同，对管理概念的解释更是众说纷纭。事实上，"管理"这一概念本身具有多义性，它不仅有广义和狭义的区分，而且还因时代、社会制度和专业的不同，产生不同的解释和理解。随着生产方式社会化程度的提高和人类认识领域的拓展，人们对管理现象的认识和理解的差别还会更为明显。一个非常有趣的现象是，在《辞海》中查不到"管理"一词的解释。因此，当我们天天在讲"灾害管理"和"风险管理"时，并不一定清楚在讲什么。仅就英文而言，最少有三个单词与中文的"管理"有关，它们是 management，administration 和 governance。而从中文译为英文，用得最多的是 management。

商务印书馆 1989 年版的《现代汉语词典》列出了"管理"的解释：①负责某项工作使顺利进行，如管理财务；②保管和料理，如管理图书、宿舍、公司等；③照管并约束（人或动物），如管理罪犯、牲口等。

这样的解释，与管理专业书籍中的定义有很大的差异。例如，路易斯等[91]将"管理"定义为"切实有效支配和协调资源，并努力达到组织目标的过程。"强调的是"调配"和"组织"，而不是"负责"、"保管"和"约束"。早期的管理学者福莱特[92]则认为，"管理"是通过其他人来完成工作的艺术。与上述列出的条目的内容相差更远。

这种差异，在很大程度上反应了中西方思维方式的差异。

中国学术界所接触的管理类专业书籍，基本上是从西方国家引进的，早年还被称为"西方管理学"，后来去掉了"西方"两字。

与此不同的是，《现代汉语词典》的解释基本上代表了绝大多数中国人对"管理"一词的理解。可以说，这是没有接受过专业管理训练的中国人都是这样来理解"管理"的。事实上，即使接受过专业的管理教育的人，只要他接受的是中国大陆的基础教育，恐怕在潜意识中也是这样来理解"管理"的。因此，作者认为，《现代汉语词典》对"管理"一词的三个解释基本上代表了当代中国人对"管理"的理解，只要找到三种解释中共同的内涵基本上就可以把握当代中国式管理的本质了。据此，我们用下述定义来界定本书所指"管理"。

定义 4.1　管理是在一定的环境和条件下，为了达到预期目的，通过计划、组织、控制、激励和领导等环节来协调人力、物力和财力等资源的人类活动。

显然，任何管理活动都不是孤立的活动，它必须要在一定的环境和条件下进行。法律、法规的现状，是重要的环境。可被协调的人力、物力和财力等资源，是重要的条件。

一个没有预期目的人类活动，不是管理活动。例如，管理财务，是为了经济活动能顺利进行。管理罪犯，是不让他们再危害社会。管理自然灾害风险，则是为了有效地防灾减灾。

掌握管理权力，承担管理责任，决定管理方向和进程的有关组织和人员称为管理主体，前者又称为管理机构，后者称为管理者。

管理者和领导并不是同一概念。领导是管理的一个职能，一般称为领导职能，但管理的其他职能则不属于领导。例如，仓库保管员从事物质管理工作，但不是领导工作。管理是指管理行为，而领导工作既包括管理行为，也包括业务行为。例如，作为企业的领导者会见重要人物，参与谈判，出席一些公共活动。

管理者实施管理活动的对象称为管理对象，主要是指人、财、物、信息、技术、时间、社会信用等一切资源，其中最重要的是对人的管理。作为管理对象的人，也被称为被管理者。

在企业中，管理者与被管理者总是相对而言的，班组长对员工是管理者，但对中层经理则是被管理者，而中层经理对总裁董事长则是被管理者。聪明的管理者能使被管理者的人和事对称，使人尽其才，物尽其用。

由管理者、管理对象等若干个相互联系，相互作用的要素和子系统，按照管理整体目标结合而成的有机整体，称为管理系统。例如，县级民政部门的灾害管理系统由救灾民政官员、乡镇民政员、民政信息系统、民政救灾物质等组成。

4.2.2　什么是决策?

决策，是指管理主体为了实现某种目标而对未来一定时期内有关活动的原则、方法、技术、途径等拟定备选方案，并从各种备选方案中作出选择的活动。

备选方案是指供选择用的行动措施(原则、方法、技术、途径等)的汇集。拟定方案是决策过程中的核心环节。

管理决策，绝非是一件偶然地、孤立地为了解决某个问题而进行的活动，也不只是限于从几个可供选择的方案中选定一个最优方案的简单行动，更不能误认为只有选定最佳方案才是管理决策。

管理决策是一个复杂的全过程，并且贯穿于管理决策活动的各个阶段、每个环节，哪怕只是细微环节。

管理决策之前，管理主体须明确管理目标，明确思考方向，明确如何着手决策。

原则上，管理决策可通过下述四步来实现。

第一步　目标拟定

根据管理主体需要解决的问题，提出管理目标。

防灾减灾部门依据国家的法律、法规，并根据可用资源、基本组织架构等，确定工作方针、减灾目标、长远减灾规划等，从而提出监测、预警、应急的目标等。例如，灾后24小时内救灾物资到达灾民手中，就是民政部门应急管理的一个具体目标。

目标的确定，须从实际情况出发，因需要和条件的不同而异。

第二步　资料分析

根据管理目标，通过各种途径和渠道，收集管理系统内部的和外部的数据资料和相关信息，并进行必要的整理和分析。

显然，收集到的资料和信息越多、越准确，通过分析对自然状态的认识和未来情景的预测也就越接近客观实际，所作出的管理决策也就越合理。所以，在管理决策过程中，资料和信息收集是十分重要的。但需要特别注意的是，由于时间紧迫和成本等问题，资料和信息收集难以做到又多又准，应适可而止。

当然，资料和信息的收集，一方面要有目的、有针对性地进行收集、整理、分析；另一方面，也要依靠平时的积累和存储。

第三步　寻求备选

寻求备选也称为制定备选方案，就是以所要解决的问题为目标，对收集到的情报和信息资料认真整理、分析和科学计算，并以此为依据制定出几个实现目标的方案，提交管理决策者选定。

制定备选方案，也是一项比较复杂，要求较高的重要工作，有时还需采用试验的方法，有的要采用数学的方法，进行可靠性和可行性分析，提出每个方案的利与弊，然后才能提供备选。

例如，自然灾害风险评价模型的选用，就是一个典型的寻求备选问题。面对大千世界，风险评价模型举不胜举。所要解决的问题不同，所能使用的数据资料不同，可供选择的风险模型种类也不同。如果是为保险公司计算标的费率所用，概率类模型应为备选。

第四步　最优选项

这里所说的选定最优方案，是在若干个备选方案中，选定一个最佳方案。这是管理决策的最后阶段，也是关键的一环。管理决策的成功与否，直接关系着管理涉及的企业或社会系统的发展，关系到职工或民众的切身利益，甚至往往决定着企业或社会的命运。

由于管理系统的复杂性，人们越来越难以选出最优方案，更多的时候是选出满意方案。人们在这方面做了很多有益的探索。其中，遗传算法就能为寻找满意方案提供帮助。

在通常情况下，管理决策步骤是按照以上四个阶段的顺序进行的，但有时也可能会使整个管理决策过程的阶段发生逆转或互相穿插、包容。

例如，在拟定规避水灾风险的备选方案时，发现水灾风险的情报、信息资料不充分，需要搜集、补充新的水文资料和气象数据；有时也可能在最后审定备选方案时，发生新的分支问题，提出了新的设想，于是，需要相应地进一步收集情报和信息资料，需要再拟定备选方案，从而需要重新审定最后方案。但是，作为管理决策的总过程来说，按以上四个阶段进行较妥。

需强调的是：并非第四阶段才是管理决策，才存在管理决策问题。事实上，四个阶段自始至终都是一个复杂的管理决策过程。管理决策贯穿于每个阶段。即使在情报、信息资料收集阶段，也存在管理决策问题。如面对大量的情报、信息资料，需要进行大量的数据整理、分析、取舍等，这里面就有管理决策问题。

更进一步地，管理决策又分定性和定量两大类。

定性管理决策主要依靠管理决策者的经验、智慧、直感和判断，无法排除主观影响；定量管理决策主要依靠管理决策者能够使用的数据、资料和相关的科技手段，具有明显的客观性、科学性。实现定量管理决策，基本条件是信息和数据须一致而可靠，进而解决信息和数据的系统性和可用性。

定性管理决策主要在战略层面发挥作用。定量管理决策不仅也能在战备层面发挥作用，而且在技术层面有独特的优势。精细化管理决策，只能是定量管理决策。

定量管理决策，是数字化时代管理决策的主流。

要实现定量管理决策，须先解决信息和数据的一致性和可靠性问题，才能进行加工、决定取舍，经过分析、归纳，使之具备系统性、可用性。如果数据、信息来源不一，统计口径不一，必将导致不同的管理决策后果，使管理决策者难以做出正确的判断，甚至做出错误的管理决策。因此，当信息和数据据具有不可用性时，必须对基础管理工作（如原始记录、统计纪律等）和信息、情报联系网络加以整顿和改善。并非是有数据就可以进行定量管理决策。

4.2.3　灾害管理的基本内容

严格来讲，灾害管理，应该称为"防灾减灾工作的管理"，并不是去管理"灾害"，让"灾害"不去伤害人，或少伤害人。人们做不到。

地下的能量积累到一定程度时，强烈地震就会发生，地震灾害就可能发生，人们管不了地震。大暴雨连下三天，洪水就会发生，庄稼地就可能被淹，人们管天的成本太高，通常也管不住；台风来了，人们跑还来不及，更不要说去管理它了。

面对自然灾害，所谓的管理，其实是指对人类活动的管理。通过管理，实现对灾害的监测、预警和设防；通过管理，实现对受灾地区的救助、恢复和重建。

为了规范本书的表述，我们给出防灾减灾的定义如下。

定义 4.2　防灾减灾是预防灾害发生和减轻灾害影响的人类活动。

勿庸置疑，人类任何防灾减灾的活动均有成本。降低成本，收益最大，成为防灾减灾工作永恒的命题。

在我国现行的管理体制中，灾害发生前的防灾减灾工作，多由工程和科技部门负责，灾害发生后的防灾减灾，则由民政和应急部门负责。所以，人们误认为灾害管理，就是出现灾害以后的管理，只有民政和应急等部门才是灾害管理的主体。这是狭义的灾害管理，它不能解决防灾减灾的根本问题。这种狭义的灾害管理，本质上是一种避免人道灾难的灾害管理。

本书所述的灾害管理，是指对防灾减灾人类活动的管理。

例如，通过认识传统建筑和现当代建筑中防灾减灾概念设计的运用，人们提出了两种防灾减灾概念设计的方法："适灾"概念设计和"控灾"概念设计[93]。采取何种概念对建筑物进行设防，就是灾害管理的研究内容。因为对建筑物设防的概念设计是一种防灾减灾人类活动，对这种活动加以管理，就是灾害管理。

灾害管理的基本内容包括六大部分。

1. 对灾害的监测

监：从旁察看；测：确定被观察事物的有关数值。对灾害的监测：是指察看与灾害有关的一切有关事物，并刻画出相关现象。简言之，就是对灾害系统的监视、测定。

人类对灾害的监测古而有之。

公元 400 多年前春秋时期有名谋士计然在《内经》中就有"太阴三岁处金则穰，三岁处水则毁，三岁处木则康，三岁处火则旱"的表述，意为：最初三年，太阴的位置在西的方向，各地都得到丰收。当在北的方向时，就有三年歉收。当它在东的方向时，有三年富足，当它在南的方向时，则有三年旱灾。

早在 1800 年前的中国东汉时期，我国古代科学家张衡就已经发明了监测地震的候风地动仪，其原理是利用物体的惯性作用来测知地壳本身的震动。世界上地震频繁，但国外真正能用仪器来观测地震，那是 19 世纪以后的事。候风地动仪乃是世界上的地震仪之祖。虽然它的功能尚只限于测知震中的大概方位，但它却超越了世界科技的发展 1800 年之久！

近代物候学的创导人竺可桢，从青年时代起，就养成了每日观察气温、风力、云量等和可见物候现象（如花开、鸟鸣等），并将它们统统记在日记上。这些记录，一日二日，一月两月，看不到它们的学术价值，但长年积累，经过纵向、横向比较，就可以得出两地差异和一个地方气候变化的结论。久而久之，就可以得到一些规律性的认识。用肉眼观察物候，也会涉及一些灾害现象，也是一种对灾害的监测。正因为如此，1926 年竺可桢撰文《论祈雨禁屠与旱灾》，公开批评政府不重视科学，提倡迷信，不利于国计民生，有害于民族振兴。

今天，人们对自然灾害的监测，更多地是仰赖于各种专用仪器和设备，以及相关技术来完成。其中，卫星和遥感技术在监测大面积灾情方面能发挥重要作用；GPS 定位仪和 GIS 技术为监测地形变提供了重要手段；而大量的气象专用仪器和设备，极大地提高了人类对气象灾害的监测能力。图 4.1 是一个气象灾害监测系统示意图。

尽管如此，对灾害的监测仍然离不开较原始的方法。例如，对地质灾害险情的宏观监测，仍然是肉眼和量具测量地表裂缝变化来推测滑坡发生的可能性。只有对灾害险情明显的部位，才采用 GPS 定位监视、钻孔倾斜仪器监控和地下水位监测孔监测。

2. 对灾害的预警

在危险出现前发出的警报称为预警。"警"字的基本解释是：注意可能发生的危险。预警是针对大量可能发生但不一定发生的危险而言。对一定发生的危险进行预警，就是预报。

做好灾害的预警工作，发布、提供充分的灾害预情信息，提醒、指导公众避灾防灾，是灾害管理工作的重中之重。这一环节的工作如果能做到位，就可以避免大量人员伤亡和财产损失。

由于预警发出的时间不同，灾害预警可分为长期预警、中期预警和短临预警三大类。

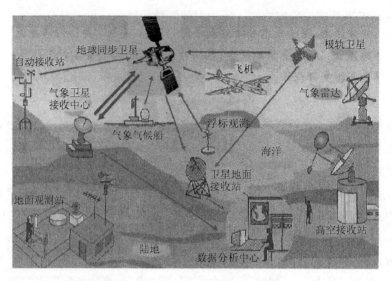

图 4.1　气象灾害监测系统示意图

　　各种自然灾害风险图，提供的是长期预警信息；对未来一二年内可能发生的危险进行的预警，是中期预警。由于灾种和预警性质不同，短临预警的时间差异较大。长的达几个月，短的只有几十秒。

　　在地震研究领域，文献[94]建议使用下述 6 个预警概念。

　　(1)警情：就是事物发展过程中出现的异常情况。一般是依据目前的科学研究水平，认为将可能发生有影响地震的情况。警情就是震情。广义上说警情还包括，出现地震谣传、发生显著地震、有强震预报意见等情况。警情指标是地震预警系统研究对象的描述指标。

　　(2)警源：是指警情产生的根源，也就是地震孕育发生的结果。用来描述和刻划警源的统计指标就称作警源指标。警源指标可以分为两类：一类是来自地震自身因素的警源即自生警源指标；另一类是由地震外部输入的警源即外生警源指标，既有区域内部输入的警源，又有区域外部输入的警源。

　　(3)警素：判断出现警情所依据的要素。例如，地震活动、形变、电磁、流体等学科中能够作为预测意见依据的研究内容。

　　(4)警兆：是指警素发生异常变化导致警情爆发之前出现的先兆。这里可以认为是震兆、前兆等。用来描述和刻划警兆的统计指标就称作警兆指标。一般情况下，不同的警素对应着不同的警兆，相同的警素在特定的时空条件下也可能表现出不同的警兆。警兆指标又称先导指标或先行指标，是预警指标的主体，是唯一能够直接提供预警信号的一类预警指标。

　　(5)警限：判定警素发生异常变化的指标。这里可以认为是震兆、前兆异常判定指标、发生地震概率等。

　　(6)警度：是依据警限给出的可能遭遇地震的严重程度。

　　对自然灾害管理而言，纠缠这样那样的预警分类或推陈出新预警概念均没有多大意义，重要的是预警的成功率。

　　目前，利用地震波传播比电磁波慢或地震 P 波比 S 波和面波的到达时间早的特点，人们已经实现了异地震前预警[95]。

在美国，政府没有将"宝"押在地震预报与预警工作之上，而是根据兰德公司的测算，将更多的精力投入到抗震减灾工作中[96]。

自然灾害财产保险和人身保险，主要是根据中长期预警提供的风险信息来展业。保险是一种商业行为，并不是一种有组织的灾害管理行为。政府的灾害管理和保险公司的风险管理可以相得益彰，但不能互相替代。

3. 对灾害的设防

为了在自然灾害面前少些恐惧和无助，多些从容和镇定，灾害管理的基本内容之一是设防。所谓"设防"，就是针对特定的攻击，经由筹划、布置和安排来进行戒备和防范，以期不受伤害或少受伤害。

为捍卫国家主权、领土完整，防备外来侵略和颠覆，所进行的军事及与军事有关的政治、外交、经济、文化等方面的建设，是针对外国入侵者的设防，简称"国防"。

与国防不同，灾害的设防更多与土木工程有关。

为抗御地震破坏而对建设工程进行的抗震设计和施工，是针对地震的设防，简称"抗震设防"。主要措施有：①场地要选择好，尽可能避开活动断裂带；②修筑坚实的基础；③房屋结构简单对称，平立面布局合理；④建材质量好，有足够的强度，联结牢固，整体性好；⑤保证施工质量，屋顶要尽可能轻；⑥采用隔震和消能减震设计。技术上，目前我国执行的是国标 GB 50011—2001《建筑抗震设计规范》；设防标准，目前我国执行的是国标 GB 50223—2008《建筑工程抗震设防分类标准》。对重点设防类，要求应按高于本地区抗震设防烈度一度的要求加强其抗震措施。设防烈度是根据建筑物所在地区的基本烈度及其自身的重要性来确定的。基本烈度由 2001 年颁布了第四版《中国地震参数区划图》确定。

我国的抗震设防原则是"小震不坏，中震可修，大震不倒"。其中"中震"即是指本地区设防烈度的地震。我国将地震烈度分为 12 度，而抗震设计规范最高设防只到 9 度，因为一方面超过 9 度的地区实际已经成为地震危险区，不适宜人类居住；另一方面，9 度以上的抗震设防在设计上已非常困难。

为控制、防御洪水以减免洪灾损失所修建的工程，是针对洪水的设防，简称"洪水设防"，防洪工程主要有堤、河道整治工程、分洪工程和水库等。按功能和兴建目的可分为挡、泄（排）和蓄（滞）几类。目前我国执行的是国标 GB50201—94《防洪标准》，根据城市等级，按洪水重现期来设防。村镇防洪标准最低，为 20 年一遇。通常用频率法来计算某重现期的设计洪水水位。

兴修水利工程，是对旱灾的设防；海关设立检验检疫部门的功能之一，是对外来入侵生物的设防。

事实上，对任何灾害都可以设防，但须投入大量资源，科学有效的设防十分复杂。当人们的财力紧张时，局部设防比较可行；条件允许时，全局设防比较理想。

由于工程措施难保万无一失，对灾害设防的另一大任务就是备灾，为受灾地区的救助提前做必要的准备。例如，防灾减灾宣传、储备救灾物资、培训救灾人员、建立高风险区数据库、编制应急预案、设置避难疏散场所等，都是备灾工作。

在信息技术领域中，有一个术语"灾备"，是指灾难备份，包含两层含义：灾难前的备份与灾难后的恢复。IT 的灾备，其实也是一种灾害设防，但其涉及的"灾害"，就不仅仅是自然灾害。

在灾害设防中，土木工程的设防和为救助准备的备灾，其目的和时效性都不一样。前者的主要目的是阻止灾害发生，在无法阻止的情况之下减少灾害的影响效应[96]，时效性长达几十年。而后者的主要目的是提高对灾害的响应能力，属于中短期行为。

4. 对受灾地区的救助

对受害人或弱势群体提供的救援和帮助称为救助。救助是一项涉及范围十分广泛的工作。仅只国家的民政系统而言，救助工作就有最低生活保障、医疗救助、临时救助、灾民救助、教育救助、住房救助、司法援助、社会互助和生活困难补助等 9 大项。

由于灾害性质不同，对受灾地区的救助，性质也大不一样。

对地震、洪水、台风、泥石流等突发性灾害，主要是抢险救灾，也称应急救援，包括救人、医疗、安置和提供必要的服务。救人，是应急救援的重中之重。生命无价，当全力以赴。灾害发生后，许多人瞬间生死未卜。"救人！救人！"成为抢险救灾第一指令。只要有一丝希望，就必须付出百倍努力。

对旱灾、农作物和森林的病、虫、杂草等缓发性灾害，主要是提供技术、资金、物质和人力方面的帮助。通常，这种灾害影响面积比较大，持续时间比较长，虽然发展比较缓慢，但若不及时救助，往往造成十分巨大的经济损失。

针对水旱灾害，台风、冰雹、雪、沙尘暴等气象灾害，火山、地震灾害，山体崩塌、滑坡、泥石流等地质灾害，风暴潮、海啸等海洋灾害，森林草原火灾和重大生物灾害等自然灾害及其他突发公共事件，2006 年 1 月国家公布了自然灾害救助应急预案。其目的是最大程度地减少人民群众的生命和财产损失，维护灾区社会稳定。

自 2010 年 9 月 1 日，我国开始施行《自然灾害救助条例》（国务院令第 577 号）。条例规定，自然灾害救助工作实行各级人民政府行政领导负责制。救助工作主要包括 7 个部分：

(1)立即向社会发布政府应对措施和公众防范措施；

(2)紧急转移安置受灾人员；

(3)紧急调拨、运输自然灾害救助应急资金和物资，及时向受灾人员提供食品、饮用水、衣被、取暖、临时住所、医疗防疫等应急救助，保障受灾人员基本生活；

(4)抚慰受灾人员，处理遇难人员善后事宜；

(5)组织受灾人员开展自救互救；

(6)分析评估灾情趋势和灾区需求，采取相应的自然灾害救助措施；

(7)组织自然灾害救助捐赠活动。

5. 对受灾地区的恢复

"恢复"的原意是"使变成原来的样子"。对受灾地区而言，灾后不可能，也没有必要再使之变成原来的样子。对受灾地区的恢复，其实是一个过渡期的安排，是指使受灾地区人民的生产生活正常化。换言之，恢复是使灾区生产生活逐渐正常化。主要有下述四项工作：

（1）废墟清理和废物管理。要尽快掩埋尸体，处理医疗废物和危险废物。要全面清理建筑废物及生活用品废物。对工业危险废物要妥善管理。在开展此项工作的同时，应该进行灾害损失评估的复核工作。对于大地震和大洪水等人员伤亡严重的灾害，废墟清理常常须动用推、挖、装等大型工程机械。

（2）恢复或临时搭建必要的生活设施。要抢修饮水工程，建设应急水源，加强水源监测消毒，搞好水质净化处理，保证生产生活用水供应；要恢复电网供电能力，重点保障抗灾救灾应急系统、医疗救治、灾民集中安置点和重要基础设施的供电需要；要搭建临时住所安置灾民，搭建临时性商业网点提供生活用品。

（3）恢复正常生产和生活。疏通道路、恢复通信。工厂复工、学校复课、农民开始耕种。

（4）预防重大传染病疫情。及时做好居民安置点、学校、托幼机构、建筑工地等人群聚集场所的环境消毒和水源监测，加强传染病疫情监测及处置。

在恢复期，采取心理干预措施之前要慎重，禁止揭灾民心灵伤疤。2008 年汶川地震后，在灾区的个别村镇，曾出现过顺口溜"防火、防盗、防心理干预"，这不得不引起人们的注意。

6. 对受灾地区的重建

重建主要包含下述 6 项工作：

（1）修复重建城乡居民损毁住房。对于可以修复的住房，要尽快查验鉴定，抓紧维修加固；对于需要重建的住房，要科学选址、集约用地、合理确定设防标准，尽快组织实施。让受灾城乡居民早日住上安全、经济、适用、省地的住房。

（2）修复重建公共服务设施。整合资源，优化布局，推进标准化建设，提高抗震设防标准和建筑质量。优先安排学校、医院等公共服务设施的修复重建，严格执行强制性建设标准规范，将其建成最安全、最牢固、群众最放心的建筑。

（3）修复重建基础设施。基础设施主要是指交通设施、通信设施、能源设施、水利设施和市政公用设施。

（4）调整产业结构和重新布局生产力。根据资源环境承载能力、产业政策和就业需要，合理安排受灾企业的原地重建、异地迁建和关停并转。引导各类企业重新布局生产力，淘汰落后产能，促进经济发展更具活力。

（5）重建对保障灾区群众基本生活和恢复生产具有重要作用的市场服务设施，恢复市场服务体系基本功能。

（6）建立健全防灾减灾体系，加强生态保护和环境治理，促进人口、资源、环境协调发展。

上述六大部分中的监测、预警和设防，又被一些学者统称为"备灾"，救助又被称为"应急"。恢复和重建常常被认为是一体的工作。

本书作者认为，灾害管理工作的要义，不是探讨各环节的工作如何命名，也不是研究各环节之间的关系，更不是在各种概念上打圈圈，而是要做好上述六大部分中的相关工作。

4.2.4　灾害管理中的决策问题

灾害管理，人命关天。相关工作，千头万绪，且耗资巨大。本书作者认为，灾害管理应该尽可能实现"严密监测、及时预警、充分准备、快速救助、有效恢复、科学重建"的要求。如何在有限的人力、物力和财力的条件下，在灾区各方面环境的制约下，在规定的时间内，尽可能实现上述要求，这就是灾害管理中的决策问题。

1. 严密监测

为了实现对灾害严密监测的目标，主要的决策问题是如何建设和管理监测系统。基本的原则是：对灾害频发地区和重要基础设施，要重点监测、重点管理。何为频发，何为重要，怎样进行系统建设和管理等，均须进行大量的资料分析，提出各种可行的备选方案，选出满意方案，力争使有限的投资，发挥最大的效用。对灾害监测系统的管理决策，核心的科学问题是解决供需矛盾，尤其要杜绝无效供给。只有设施与管理能有效满足灾害监测之需求，才可能达到监测之目标。如果决策失误，必然导致大量的设施与管理资源浪费，而许多应该被监测到的信息却不能被捕捉到。

2. 及时预警

为了实现对灾害及时预警的目标，主要的决策问题是适度预警。基本的原则是：既发布、提供充分的灾害预警信息，又保留灾害发生的不确性信息，实事求是地对待灾害预报的不精确性问题。军事上的导弹预警是一个纯科学问题，可以完全靠相关设施自动控制。灾害预警则不一样，涉及复杂的社会系统，不是一个纯科学问题，离不开政府的管理决策。例如，2009 年 5 月 1 日起施行的《中华人民共和国防震减灾法》第二十八条规定："国务院地震工作主管部门和省、自治区、直辖市人民政府负责管理地震工作的部门或者机构，应当组织召开震情会商会，必要时邀请有关部门、专家和其他有关人员参加，对地震预测意见和可能与地震有关的异常现象进行综合分析研究，形成震情会商意见，报本级人民政府；经震情会商形成地震预报意见的，在报本级人民政府前，应当进行评审，作出评审结果，并提出对策建议"。第二十九条规定："国家对地震预报意见实行统一发布制度"。尽管如此，科学的决策成分，仍然十分重要。对灾害预警的管理决策，核心的科学问题是平衡风险，尤其要杜绝将所有风险都让民众承担。只有正确表达预警信息和灾害后果的不确定性，正确计算出备选预警方案的期望结果，并以全社会期望损失最小为依据，才可能及时预警。如果决策失误，或导致不必要的恐慌，或失去保贵的预警时间，对应的都是可以避免的巨大损失。

对大多数灾种而言，自然灾害风险图所提供的长期预警信息，往往比短临预警更重要，因为这些信息告诉我们，在地震高风险区，必须建造结实的住房；在洪水高风险区，不能进行大规模开发建设。过分依赖短临预警，常常是保住性命但保不住财产。生活在高风险区的民众，适当购买相关保险，是自我预警的正确决策。

3. 充分准备

为了实现对灾害充分准备的目标，主要的决策问题是权衡短期利益和长期利益。如果过分重视短期利益，就无暇顾及工程设防，对设防工程的监理也常常形同虚设；如果过分重视长期利益，消耗大量的人力、物力和财力在过高标准的设防上，就会严重影响经济正常发展，极端情况下会使人民陷入贫困，无法面对灾害。基本的原则是，正视灾害风险的不确定性，从期望损失的角度判断工程设防的投入产出，并考虑资金回报和生命无价等因素，权衡短期利益和长期利益，尽可能使投入有最大回报。

无论是工程设防，还是储备救灾物资，以及编制应急预案，其中都有十分复杂的科学决策问题，但是，他们中的大多数，都可以转化为技术层面上的决策问题进行处理。例如，宽敞舒适的住房并不利于抗震，小而坚固的住房则能抗震。在地震高风险区建造何种住房，是一个技术层面的决策问题。

4. 快速救助

为了实现对灾民快速救助的目标，主要的决策问题是救助力量的投放。基本的原则是：以最快的速度，将救助力量投放到最需要的地方。为此，应该努力建设行动型应急预案机制，取代目前的组织架构应急预案机制，使得根据预案可以快速展开救助。行动型应急预案的要点，是灾情的掌握和救助力量投放。对不同的地区，不同的灾害，不同的情形，了解和掌握灾情的方式会很不一样，投放救助力量的行动也会有较大区别，如何选取，都是决策问题。特别地，根据灾情变化而调度救助力量，是一个动态决策问题。

从某种意义上来讲，我国《自然灾害救助条例》中的条例，是一种政治决策结果。例如，第三条规定"自然灾害救助工作实行各级人民政府行政领导负责制"，就是灾害属地管理原则的体现。而本书讨论的，主要是科学理论和方法问题。例如，城市震害单元化应急管理与救助仿真[98]，讨论的就是震后医疗救助资源投放的决策问题。

5. 有效恢复

为了实现对灾区有效恢复的目标，主要的决策问题是废物处理和生活设施的恢复。基本的原则是：废物处理不要留下隐患；生活设施的恢复要先易后难、先急后缓、突出重点、全面推进。关于废物处理的问题，首先须对医疗废物和危险废物的危害性有充分的认识；然后根据法律、法规、环境、条件等提出各种可行的处理方案；最后，在认真评价的基础上，从既不留隐患、投资又较少的角度出发，做出科学决策。关于生活设施的恢复的问题，首先须对破坏情况有较全面调研；然后对修复或临时搭建做出决策；最后，在必要的论证基础上，对恢复工程的安排做出科学决策。

6. 科学重建

为了实现对灾区科学重建的目标，主要的决策问题是指导思想和重建规划。基本的原则是：指导思想要明确、可行，重建规划要充分考虑相关条件并适度超前。关于指导思想的问题，此处指的是技术性指导思想，而不是政治性指导思想。首先要解决的是重建目标问题。"以人为本、尊重自然"应该作为主要的考量，并根据区域特点、经济发展水平等，经过充分论证，提出重建的指导思想。关于重建规划，应该分宏观、社区、个体等层次。应该充分考虑当地的自然灾害史和各种潜在的致灾因子，并大量使用区域规划优化算法，使重建投入充分发挥作用。

4.3　灾害风险管理

4.3.1　灾害风险管理的定义

当人们以美国联邦紧急事务管理局(FEMA)所提的"准备—抵御—应对—恢复"(prepare for—protect against—respond to—recover from)循环四阶段为框架进行灾害管理时，面对复杂而不确定的自然灾害之管理问题，遇到许多难以决策的情境。例如，从事地震监测的人员，是否应该发布把握性并不大的震地预报？抗洪第一线的政府官员，在面临洪水威胁而民众不愿主动撤离的情境下，如何决定是否应立即下达强制撤离令？在台风频发地区，政府究竟应该优先保险补贴还是承担灾后的所有救助。

日本采用的"备灾-应急-恢复重建"模式和中国采用的"监测-预警-设防-救助-恢复-重建"模式，也遇到同样的问题。

针对未来不利事件情景的风险管理，恰好可作为解决这些问题提供帮助。灾害风险管理与灾害管理的最大区别是：前者注重对不确定灾害事件的管理；后者注重明确的灾害事件的管理。灾害风险管理是灾害管理一种升华。

为了规范本书的表述，我们给出灾害风险管理的定义如下。

定义 4.3　充分考虑各种不确定性而进行的灾害管理称为灾害风险管理。

例如，在某地区设立救灾物资储备库，属于灾害管理。针对某地区地震风险水平和人口分布确定储备何种物质，储备多大的量，属于灾害风险管理。又例如，向某受灾地区的恢复重建投多少资金，属于灾害管理。震后恢复重建的选址，须避开活动断层，但人们并非对其了如指掌，具体建筑的恢复重建属于灾害风险管理。

4.3.2　综合灾害风险管理

由于灾害风险管理比灾害管理涉及更多的因素和更多的方法，参与风险管理的团队要协调开展工作，而不是各自为战[65]。足够而及时的信息是促进协调最基本的要求。值得注意的是，没有这种协调的过程，有时从经济、技术、环境和健康的观点看来可行的风险管理计划，极有可能在现实中不可行。

传统上，把有某种协调的风险管理称之为"综合风险管理"。

综合风险管理架构内运行的是一系列有机组成的物理结构。它们的功能是完成一系列目标明确的任务。纵向上看，简单的子结构必须是复杂的母结构的必要组成部分，各子结构必须能独立开展最基本的工作；横向上看，各种结构之间要能有机组合，形成功能强大的结构，完成复杂的综合风险管理任务。

每一个基本的结构都是一个实际的物理系统，大到政府部门、研究机构、天地一体的监测网络、江河流域等；小到参与工作的个人、工作场地、个人用计算机、一座危险物仓库、抢险器材等。基本结构组成的复杂结构可能千变万化。组成什么样的结构，形成什么样的功能，应依据综合风险管理不同层次的任务而定。严格来讲，这属于组织管理学研究的范畴，并且与国家的政治制度有关。

日本学者冈田宪夫等提出的 5 层塔结构[99](图 4.2)和章鱼结构[100](图 4.3)，均是针对综

图 4.2 五层塔结构视一个城市(区域或社区)为一个生命复杂系统

资料来源：Okada et al.，2004

图 4.3 综合自然风险管理的章鱼结构

资料来源：Okada et al.，2002

合自然风险管理提出的结构。5层塔结构中，一座城市被视为一个生命系统，且由多个生命层构成。其中，"社会制度、文化与风俗"表面上没有明显的物理特性，但其实是许多物理系统所组成结构的体现。在章鱼结构中，较稳定的灾害文化是营养液。这种文化是指人类历经许多灾害后仍然生生不息、社会结构仍然相当稳定的文化和习俗。通过多条感觉灵敏的触腕深入营养液，章鱼型结构得以很好地发挥作用。图4.3中，左连的触腕是一条宽阔的大道，使得大量基础设施的风险管理能吸取营养液；中间的触腕是建设监督和审核系统，使得社会制度能在灾害鲁棒性文化中吸取养份；右边的触腕代表赈灾和救灾的关爱行为，使得生命系统能够存活。

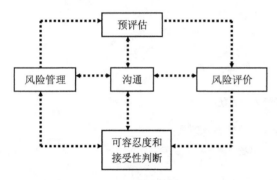

图4.4　国际风险管理理事会推荐使用的
风险管理模型

综合风险管理的合理架构为达到风险管理的目标提供了必要的环境和保障，综合风险管理的合理结构则进一步为实施风险管理提供了具体的操作对象。对结构中的物理系统进行操作的方式，称为综合风险管理模型。所有模型可分为三大类：管理模型、系统模型和量化分析模型。

最常见的管理模型是阶段划分模型。国际风险管理理事会推荐使用四阶段模型（图4.4）。加拿大政府采用九阶段模型（图4.5）。在综合自然灾害风险管理领域中，冈田宪夫教授等建议用图4.6所示的四阶段循环模型[99]。该模型是人类自古以来进行自然灾害风险管理的自然过程的描述。

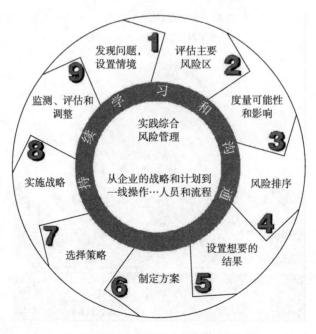

图4.5　加拿大政府采用的综合风险管理模型

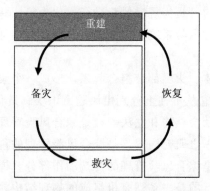

图 4.6 "备灾-救灾-恢复-重建"循环模型

事实上，综合风险管理是一种构架（framework），其功能是：①为提升风险管理中的合作效率提供保障；②致力于组成对风险保持警觉的工作团队和营造一个环境，以利于风险科学和技术的创新，并负责分担风险，同时还要确保相关行动的合法性，以保护公众利益、维护公共信任、确保恪尽职守；③针对不同部门和要求，指定一系列能实施或适应的风险管理业务。

显然，风险评价重在表达风险，主要工作是计算；风险管理重在减少损失，主要工作是管理；综合风险管理重在提高有效减少损失的可能性，主要工作是建立和维护良好的风险管理环境。我们可以用图 4.7 来比喻三者之间的关系。

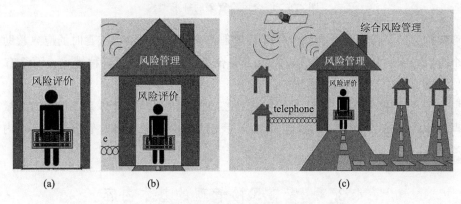

图 4.7 从风险评价到综合风险管理的比喻

（a）风险评价是对有关数据和图表进行计算和分析，依赖的是人和计算工具；（b）风险管理需要人和计算工具以外的一些条件支持，方可实现有限的管理目标；（c）综合风险管理需要更多的人和计算工具，不同领域的风险评价人员、风险管理人员要有很好的沟通渠道和良好的工作环境

综合风险管理的基本环境，是民众和政府有较高的风险意识。歌舞升平的文化、各自为政的社会结构、水平低下的法制体系等，均不利于开展综合风险管理的工作。风险意识是综合风险管理的根。

综合风险管理的基本技术，是风险系统的监测、分析和防灾减灾中的量化分析技术。凭经验认识风险系统、对风险水平只进行定性分析、防灾减灾技术和装备过于原始等等，均无法正确认识高度复杂而又极为不确定的风险系统，也无法有效地实施防灾减灾工作。量化分析是综合风险管理的体。

综合风险管理的根本目的，是为规避风险进行优化决策，并采取相应的行动。没有法理依据就没有优化目标，没有对风险系统认识的事实根据就有不可能达到优化目标。优化决策是综合风险管理的头脑部分。

将综合风险管理的根、体、头脑部分组合起来，形成一个架构，我们称其为综合风险管理的梯形架构[101]（图 4.8），它从下往上分别由风险意识块、量化分析块和优化决策块构成。风险意识块涉及文化观念、社会结构和立法等，是综合风险管理的社会基础；量化分析块涉及风险分析的所有科学和技术之研究内容，是综合风险管理的科学支撑；优化决策块涉及风险管理的决策体系和目标，是综合风险管理的终端动作部分。梯形架构是一个社会架构，属社会组织学范畴，支撑其运行的是一系列有机组成的物理结构，量化分析块内的工作质量由相关数学模型的品质来决定。

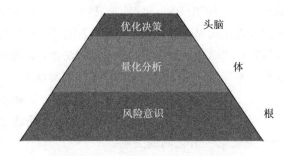

图 4.8　综合风险管理的梯形架构

梯形架构突破了传统上认为综合风险管理是将灾前降低风险、灾害时的应急救助和灾后恢复三个阶段融于一体的管理模式，揭示了综合风险管理不限于某种模式，而是有三个层次：架构层次、结构层次和模型层次。

依据管理目标和相关条件，人们可以构建必要的综合风险管理体系，然而，大量的灾害风险管理工作，还是在各环节中进行。因此，我们应该讨论灾害风险管理的的基本内容和相应的决策问题。

4.3.3　灾害风险管理的基本内容

灾害风险管理的基本内容主要有 6 个方面。

1. 灾害监测中的风险管理内容

传统的灾害监测管理，重在监测系统的管理和监测信息的实时分析。灾害监测中的风险管理，则是提供灾害风险信息，并及时更新。大量的风险信息，由风险区划图提供。它们主要由监测区内历史灾害事件和灾害系统自然和社会属性决定。实时监测信息，主要用于更新风险。换言之，灾害监测中风险管理的主要内容，是研制并更新各种风险区划图。例如，地震危险性区划图、地震小区划图、不同频率洪水淹没范围图等，都是特殊的风险区划图。

除此之外，关注灾害监测系统的可靠性和局限性，适当处理相关的风险问题也是管理中不可或缺的内容。一方面，现代灾害监测，严重依赖各种专门仪器和设备，尤其是卫星和计算机系统。一旦它们失效或误导，将会严重影响灾害管理工作。另一方面，任何监测系统都有一定的局限性，不能达到全覆盖。由于地域受限、时效受限和精度受限等原因，人们并不能随心所欲地用监测系统捕捉所需要的任何信息。一旦得不到重要的灾害信息，灾害管理可能陷入盲动。因此，人们对灾害的监测，要有前瞻性，充分考虑各种不确定性，做好监测失效后的补救准备。

2. 灾害预警中的风险管理内容

由于自然灾害发生的不确定性，根据监测信息进行的预警，可能出现重大失误。例如，预报的地震可能不发生，发生的地震常常没有预报。在不能有效进行地震预报的今天，如何进行地震预报和管理，是灾害预警中的风险管理工作。

灾害预警中的风险管理，涉及三大主体：监测信息、预警技术和社会反应。

通过监测系统获得的信息是灾害预警的基础。只有进行认真的鉴别，切实捕捉异常，清楚事物发展的脉络，才能提高灾害预警的成功率。任何将人为干扰和自然随机干扰视为事物发展信息而进行的预警，都面临失败的风险。

通过灾害机理研究和经验总结形成的预警技术是灾害预警的工具。既要有效利用预警技术，又不能过分盲信或否定预警技术。任何绝对意义上的预警都面临着失败的风险。预警技术总是有一定的局限性，但也有一定的作用。地震预报的技术非常不成熟，预报十分困难，但也有成功预报的案例。

预警发布后社会的反应是灾害预警的产物。大灾来临前的必要准备，能有效减小灾害损失；错误预警引起的社会恐慌，会导致一系列社会和经济的问题。社会对预警的反应十分复杂，不确定因素更多。权衡预警的得失，是风险决策前的基本工作。

正视监测信息的不完备性，降低预警技术缺陷带来的负面影响，预先评估社会对预警的反应，是灾害预警中风险管理的重要内容。

3. 灾害设防中的风险管理内容

无论是工程性设防还是非工程性设防，都须有投入。如何使设防适应风险水平和经济条件，是灾害设防中风险管理的主要内容。灾害设防涉及大量的技术问题，他们既与不确定的自然因素有关，又与不确定的社会因素有关。如何在设防中考虑不确定性，使设防达到目的，是风险管理的重要内容。

工程性设防中涉及的风险水平，主要由风险区划图等提供。目前最大的问题是，人们根本无法在可控的误差范围内准确估计出自然灾害风险，人类尚无一张可靠的自然灾害风险图。正因为如此，只有政府进行国土利用规划和某些保险公司厘定费率时才参考使用这种风险区划图。工商界很少将这种风险区划图视为投资决策的信息源。根据不可靠的风险信息设防，常用的管理策略是分别对待。对于核电站等高敏感性的设施，须提高设防标准；对于乡村民居，人们倾向于适中的设防标准。

风险区划图服务于设防的另一个问题是，它不提供自然灾害风险随时间变化的信息，永久性工程的设防常常难于担负重任。如何用动态风险的观点进行设防，是风险管理研究的一个重要方向。

传统的灾害设防，重在对确定灾害的防御。相应的管理工作，主要是设防工程的质量监管。针对灾害风险的设防，须考虑灾害的不确定性，确定适当的防御目标。相应的管理工作，不仅涉及优化问题，而且应该有必要的前瞻性。

4. 灾害救助中的风险管理内容

当一个系统被外力突然扰乱时，没有任何个人或组织能够实时掌握系统的状态。为了提高灾害救助的成效，应该引入风险管理，即采用不确定条件下的多目标优化决策技术对救助工作提供支持。本环节中的风险管理内容，可概括为"灾前有基础，救前先评估，救后善总结"。

任何成功的风险管理，均须有必要的基础数据支持。大多数自然灾害发生后，灾害救助最急需的信息是灾区人员分布和建筑物质量等的数据。灾前有风险意识地进行调查，能为风险管理打下良好基础。

救助必然涉及救助对象、救助资源和救助环境等三大因素。在争分夺秒的救助准备中，三大因素均有不同程度的不确定性。为了使救助资源发挥最大的作用，应在行动前展开必要的评估，做出合理的救助方案，尤其要考虑出现意外时的应对办法。

救助工作的过程，也是摸清灾害情况的过程，事后要善于总结，提高后续救助工作的效率。

传统灾害救助中的管理，主要是针对需求对象的资源调配。是一个按既定目标的资源分配过程。灾害救助中的风险管理，追求的是不确定环境中提高救助资源利用率。灾前风险意识下的工作基础和救助过程中的不断总结，均有利于大大提高风险管理水平。

5. 灾区恢复中的风险管理内容

在灾区的恢复过程中，应该一边进行风险评估，一边开始恢复工作，而不是恢复结束后再评估；否则，恢复过程中会留下大量隐患。

在废墟清理和废物管理过程中，要充分考虑将来的环境变化，规避掩埋废物和尸体不当所带来的风险；要充分认识医疗废物和危险废物的危害，避免重建后的社区暴露于被污染的环境中。

恢复和临时搭建必要的生活设施时，要分析过渡期的不确定性和临时设施的可靠性，既确保临时所需，又不造成过多浪费，更不应给今后的重建工作或重建后的生活带来不利影响。

预防重大传染病疫情的工作，是一项典型的风险管理工作，应及时排查病人，评估暴露人群，采取环境消毒、水源监测、隔离病人等必要措施降低风险水平。

6. 灾区重建中的风险管理内容

灾区重建，首要任务是更新重建区的风险水平，并尽可能考虑多灾种的综合风险，以便据此合理地规划重建。重建中的设防与灾前设防有三点明显不同：

(1)大量的建筑和设施或许经过维修加固就能满足使用要求。但是，由于检测技术、评估时间等的限制，维修加固对象并不满足相关条件的风险很难排除，应该有合理的风险管理手段使风险降到最低；

（2）大灾后灾区民众对设防标准的要求普遍较高，如何既满足民众的要求，又不一味地提高设防标准，是重要的风险管理课题；

（3）重建的资金有可能发生变化，重建的时间通常有一定的要求，如何在有限的时间内解决重建中的不确定因素，并评估可能的负面影响，是重建过程中重要的风险管理任务。

从政府层次来讲，灾害风险管理较为关注相关工作与体制、机制的协调，某些时候还要尽可能体现政府的关怀，以提振士气，使防灾减灾工作又快又好。政府层次的灾害风险管理，救灾时常常不计成本，设防时又力不从心。

另外，政府层次的灾害风险管理，较为重视体系建设。例如，法国的体系由三方面构成：一是风险预防方面，由生态与可持续发展部负责制定风险预防规划；二是公众安全方面，由国家紧急事务办公室负责灾后救援工作；三是灾害损失补偿方面，财政部与商业部起主要作用，只对投保的财产进行补偿。我国的体系由相关法规、《国家突发公共事件总体应急预案》和各级地方政府及部门制定的各种应急预案构成，形成"纵向到底、横向到边"的预案体系。

本书讨论的是科学意义上灾害风险管理，更多地是从风险角度考虑如何进行灾害管理，并不涉及体制、机制、体系等问题。其目的是使有限的资源在灾害管理中发挥更大的作用。

4.3.4　灾害风险管理中的决策问题

灾害风险管理，任重而道远。本书作者认为，灾害风险管理应该尽可能实现"正确分析、科学预警、按需设防、高效救助、稳健恢复、绿色重建"的要求。如何在信息不完备的条件下，在各种利益交织的环境中，尽可能实现上述要求，这就是灾害风险管理中的决策问题。

1. 正确分析

只有对灾害风险进行正确分析，才可能合理解决灾害风险管理中的决策问题。基本的原则是：实事求是地描述自然灾害系统，原原本本地使用相关数据，恰如其分地采用相关模型。对没有认识清楚的机理，不必用过多的人为假设来掩饰；对监测得到的数据，杜绝各种主观意图导致的修改；采用的风险分析模型，要与所分析的系统和获得的数据相匹配。灾害风险分析的核心科学问题，是尽可能地了解不完备信息背后的世界。正确的风险分析，将使我们提前把握未来不利事件情景，为风险管理提供科学依据。如果风险分析失误，一方面，必然在某些方面造成管理资源的大量浪费；而另一些方面得不到必需的管理资源，导致无法实现管理目标。

2. 科学预警

为了实现对灾害的科学预警，主要的决策问题是确定信息披露程度。基本的原则是：内外有别，分别对待。

对于重大的近期灾害风险，相关部门应该宁可信其有，不可信其无，因为人们的风险分析水平尚不高，多加小心无大错。对于普通民众，如果没有较为确切可靠的判断，不宜轻易发布预警，否则劳民伤财，自讨没趣。此时的风险决策，主要是比较预警后的期望损失和不预警的期望损失，两者取其轻。当灾害风险不能以概率要素表达，无法计算数学期望时，只能代之以适当的经验推理。

对于中长期预警，根据内外有别的原则，重要部门应该使用软风险区划图，工业和民用部门使用专业风险区划图，普通民众使用基本风险区划图。基于模糊概率的软风险区划图，提供了保守风险信息和冒险风险信息[102]；专业风险区划图提供了各种诸如"地震动加速度"之类的专业参数[103]；基本风险区划图是指粗线条划分风险等级的图[104]。中长期预警的风险决策，主要是确定风险区划图是否达到发布的水准。归根结底是判断风险区划图的可靠度。如果可靠度足够高，依其进行的管理将有利于防灾减灾；如果可靠度太低，必然误导管理，难以达到防灾减灾的目的。

3. 按需设防

按需设防，是指根据风险水平和防灾减灾需要设防，主要的风险决策问题是充分考虑风险评估的不准确性，根据风险控制的目标，确定设防参数。不准确性指标的量化和风险控制目标的确定，极大地影响决策结果。采用适当的决策模型，才能达到优化决策，为合理设防提供依据。

不准确性，并不等同于不确定性。我们可以用概率分布来描述风险中的随机不确定性，用模糊集来描述风险中的模糊不确定性。而风险评估的不准确性，是指评估结果的可信度。如果数据可靠且丰富，又采用了合理的评估模型，则评估结果的可信度高，否则就不高。由可信度的高低，可以大体判断评估误差，为调整评估结果提供重要依据。

风险控制目标的确定，由承灾体的重要性和设防所需的可用资源确定。由于重要性和可用资源均涉及一些模糊因素，所以控制目标不一定是单一数据或向量，可能是一个模糊集。

决策模型须与风险评估的不准确性和控制目标的形式相适应。根据反精确原理[105]容易推知，如果风险评估的可信度不高，或控制目标由模糊集表达，决策模型应该相对粗糙，否则可以精细一些。

按需设防的风险决策，可采用定量与定性结合的方式进行，即用定量方法给出决策可选范围，再根据设防经验选定决策值。

4. 高效救助

救助风险管理，旨在降低救助失败风险，提高救助效率。其主要的决策问题是在不完备信息和时间紧迫的条件下快速判断各种救助方案的失败风险，从而选出较好的救助方案。至于救助过程中救援人员的安全，应该属于操作安全问题，也可纳入救助风险管理之中，但并不是主体。救助风险管理的基本原则是：快速收集各种信息资料，及时调用行动型应急预案，锁定一系列救助目标，以风险决策的方式选定救助目标和行动方案。

事实上，灾害救助是技术性很强的工作，面对许许多多的不确定因素。只有充分认识到灾害信息不完备性可能给救助工作带来的不利影响，尽可能用好宝贵的信息和先进的技术，才可能在复杂而困难的环境下多救人。

5. 稳健恢复

灾区恢复中的风险管理，旨在维护社会秩序，规避不当安置和清理的风险，实现平稳过渡。主要的决策问题是确定灾民安置的模式、废墟清理的方案和生活设施恢复的程序。基本的原则是：充分考虑灾民心理承受力的不确定性和灾区环境因素，以风险决策的方式选定安置模式；充分考虑待清理物的风险源特性和可能的负面影响，采用环境风险评估等方法进行评估，并依此决策出清理方案；充分考虑临时性生活设施的不稳定性和连带后果，采用非常规的恢复程序和管理方法。

6. 绿色重建

"绿色"不仅是自然生态，而是以人为本、天人合一，将风险控制在最低水平。绿色重建是指灾区重建后能象绿色植物一样生机勃勃，能够自我发展。为此，重建的风险管理，既要最大限度地避免重建后灾难再次发生，又要使灾区重建后有相当的生产力。主要的决策问题是更新设防标准和设防技术，规划中协调生活和生产。基本的原则是：用刚刚发生的灾害数据更新设防标准；用性价比最好的技术进行设防；以系统动力学方法寻找生活和生产的平衡点。

绿色重建的真正难点在于如何因地制宜，使重建后的社区服水土，能够长绿不枯。由于重建中涉及许多不确定因素，而且重建通常不可逆，所以提高重建中的风险决策水平非常重要。

4.4　自然灾害应急预案

对突发事件的紧急应对工作称为应急。例如，破坏性地震发生后，紧急派出救援队和医疗队所开展的工作就称为应急。自然灾害应急，主要针对地震、洪水、台风、风暴潮、冰雹等突发性自然灾害。要几年或更长时间才能形成的土地沙漠化、水土流失、环境恶化等缓发性自然灾害，通常没有应急的需求。

面对突发事件提前拟定的应对方案称为应急预案。

性质不同的突发事件，应急预案会有很大的差异。例如，对于地震灾害，对受灾人员的救助是应急预案的核心，而面对即将来临的台风，人员疏散则是主要的工作。

对于同一地域的同一种自然灾害，个人、企业、政府的应急预案也不一样。例如，地震高风险区的民众，其内心的预案是发生地震时如何逃生；企业的预案多是配合政府救灾；政府的预案则包括应急管理、指挥、救援计划等。

将应急预案定义为"是对危机事件防控体系及其运作机制的描述文件"，并认为应急预案经批准生效后具备法规制度效力[106]，只能是针对某个时期的政府应急预案而言。在这个时期，人们热衷于建设"灾害应急指挥系统、灾害情报体系、救灾抢险体系、急救医疗体系、应急避难体系、交通管理体系"等大项目[107]，至于应急预案中的科学问题和实质内容，反到没有多少人关心。于是，不同地区的灾害应急预案可以简单克隆，应急预案变为了

"责任预案"，应急预案变为了"用 A4 纸打印出来的文档"。尽管用所谓的"一案三制[①]"和"横向到边、纵向到底"包装得很好，但却是既不中看，也不中用。

目前，在我国引用率较高的一种表述是[108]：预案即预先制定的行动方案，是指根据国家、地方法律、法规和各项规章制度，综合本部门、本单位的历史经验、实践积累，以及当时当地特殊的地域、政治、民族、民俗等实际情况，针对各种突发事件类型而事先制订的一套能切实迅速、有效、有序解决问题的行动计划或方案。编制应急预案的主要作用和功效是"防患于未然"，以确定性应对不确定性，化不确定性的突发事件为确定性的常规事件，转应急管理为常规管理。按照不同的责任主体，中国的应急预案体系设计为国家总体应急预案、专项应急预案、部门应急预案、地方应急预案、企事业单位应急预案及大型集会活动应急预案等六个层次。

事实上，我国目前实施的应急预案，本质上是一种组织架构型预案，它主要规定了不同应急响应级别下有关机构和人员的职责。预案适用物理空间内的风险级别分布并不清楚，针对性不强；并不提供针对物理空间和事件特点进行响应的行动流程，技术性很低。由于制定应急预案前没有相应的风险分析工作，预案启动后又无具体行动的技术指导，可以说是一种无头无尾的应急预案。

相比之下，英国政府将风险管理作为应急管理的核心[109]，强调用科学的方法发现风险、测量风险、登记风险、预控风险，把应急管理建立在科学的方法基础上，其相应预案的质量就高出许多。

显然，提高我国应急管理水平的途径之一，是将应急管理提升到风险管理的层次，使我国的应急管理向常态化和技术化方向转变。

北京市政府 2010 年 4 月发布的"北京市人民政府关于加强公共安全风险管理工作的意见"（京政发［2010］10 号）标志北京市公共安全风险管理工作的常态化，标志着我国政府开始依据风险评估结果编制应急预案。

对于灾害应急，西方政府更注重相关器械的研制。例如，搜救机器人的参与可以有效地提高救援的效率和减少施救人员的伤亡，它们不但能够帮助工作人员搜索和发现目标，而且能够代替工作人员执行搜救任务，救护机器人能在灾难现场中将幸存者转移到安全的地点。图 4.9 所示的救援机器人应用于 2008 年 11 月东京消防厅的一次反恐演习中，正在对一个模拟受害人执行救护演练，东京都政府的这次演习包括了东京警视厅等 11 个不同组织[110]。

我国政府对应急技术的发展也十分关心，继 2010 年在北京组织第一届北京国际减灾应急技术设备博览会后，2011 年又组织了第二届博览会。该博览会以防灾减灾应急为主题、以高科技为特色的综合性博览会，旨在为我国减灾和应急管理行业提供一个开放的交流平台。有日本、韩国、美国、德国、法国等国外先进企业参展，为国内外厂商提供广泛的交流合作机会。国内 10 多个省、市灾害多发地区物资储备库、点到会参展，还有各级政府应急办、地方政府主管部门、国家减灾中心相关的部门及各地区应急救援基地单位等到会参观、

---

① "一案"是指制订修订应急预案；"三制"是指建立健全应急的体制、机制和法制。

图 4.9　东京消防厅救护机器人

资料来源：尚红等，国际应急管理学会第 17 届年会（2010，北京）

洽谈采购订货。近年来，我国政府每年拨款数百亿资金用于减灾救援设备、产品的政府采购，可见政府对未来中国减灾应急事业的高度重视。

第二部分 基本方法和模型

第5章 概率统计方法

自然灾害风险分析的基本数学手段是概率统计方法。凡是基于概率统计方法推断出来的风险结论，均称为"概率风险"（probability risk）。"概率风险"是一个工程概念，它强调"显示"。对风险而言，"存在"不同于"显示"。风险世界中的真实，类似于物理学中的"质量"；能够显示出来的风险，类似于物理学中的"重量"。风险，无论是自然现象还是社会现象，本无所谓确定的、随机的、还是概率的，只有加进了人的认识，从认识论的角度来看待风险现象，风险才具有某种认识上的属性。风险，是一种未来情景，人们从某个侧面或某些侧面，甚或以全息的方式对其进行描述，当人们使用"概率"来描述"风险情景"时，"情景"才具有了概率的意义。

概率统计是概率论和数理统计的合称。

概率论是研究随机现象数量规律的数学分支。随机现象是相对于决定性现象而言的。在一定条件下必然发生某一结果的现象称为决定性现象。随机现象则是指在基本条件不变的情况下，一系列试验或观察得到不同结果的现象。例如，掷一硬币，可能出现正面或反面。随机现象的实现和对它的观察称为随机试验。随机试验的每一可能结果称为一个基本事件，一个或一组基本事件统称随机事件，或简称事件。事件的概率则是衡量该事件发生可能性的量度。虽然在一次随机试验中某个事件的发生是带有偶然性的，但那些可在相同条件下大量重复的随机试验却往往呈现出明显的数量规律。例如，连续多次掷一均匀的硬币，出现正面的频率随着投掷次数的增加逐渐趋向于1/2。概率测度论的定义和一套严密的公理体系，使概率论成为严谨的数学理论。

数理统计是以概率论为理论基础，对来自随机试验的数据进行分析，从而对所考虑的问题做出推断或预测，为采取某种决策和行动提供依据或建议。例如，将某天灯泡厂生产的灯泡抽出几个进行寿命试验，试验后得到这几个灯泡的寿命作为资料，从中推测该天生产的整批灯泡的使用寿命、合格率等。数理统计和概率论均重视各种概率分布的研究，但概率论关注分布的性质，而数理统计关注用试验数据估计分布。概率论重在理论，数理统计重在应用。

由于概率风险分析仍是今天的主流，本章所介绍的概率统计方法在风险分析中的应用可以说是"俯首即拾"，因此本书既不列举，更不评述各种概率分布和统计方法在风险分析中的应用。

5.1 风险的概率观点

首先，我们用保险业中赔付例子来解释这一观点。

客观上，未来的不利情景就是保险公司面对的风险。这种情景，通常是针对某一时段而言。例如，财产保险大多以年为保险周期。某一时刻或时段内的情景，称为一个定格。由于随机不确定性，保险标的未来的不利情景并非唯一，许多情景都有可能出现，只是出现的可能性不同。这些带有可能性值的情景，就像一幕一幕的景象，称为幕景。由于保险业主要针对损失风险来展业，所以保险公司面对的保险标的纯风险可以视为损失的定格幕景。风险的概率观点，其实就是以某一时刻或时段内损失为景，以概率分布为幕来描述风险。这种定格幕景就是损失的概率分布。

粗略地说，如果被研究的各个随机事件可以各用一个实数来表示，这些数就是随机事件的函数，记作 X，称 X 是一个随机变量。因此，我们说概率规律支配着一个给定的随机变量。这个规律通过变量分布函数 $F_X(x)$ 的手段来描述。变量分布函数定义为

$$F_X(x) = P\left[X \leqslant x\right] \tag{5.1}$$

式中，右边可解释为"随机变量 X 取实数值小于或等于 x 的概率"。

设 x 是赔付造成的损失量（以钱币单位计）。例如，由于交通事故或火灾造成的人身伤害理赔，赔款额就可以用 x 来计。我们通常排除了 $x=0$ 的情况。

图 5.1 给出了一个经验分布函数，指的是某城市在一段时间内，由交通事故造成人身伤害给保险公司带来损失不超过 20 万法郎（FRF）（1 FRF=1.2475 人民币）的累积概率分布情况。

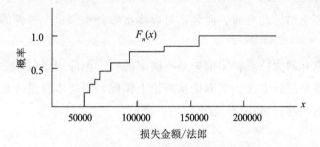

图 5.1　用经验分布估计交通事故造成人身伤害损失的概率

图 5.1 的经验分布是通过下述的方式求出来的。首先，我们收集该城市在此段时间内由于交通事故造成人身伤害给保险公司带来损失的数据。假定第 i 次事故的损失是 x_i，共有 n 次事故。由损失记录组成的集合 $X = \{x_1, x_2, \cdots, x_n\}$ 称为样本，其内的元素 x_i 称为观测值（observation）。接下来，我们按从小到大的顺序将这些观测值排列起来。对新排列的观测值，为书写方便，我们仍记为 x_i。即我们可得到观测值 $x_1 \leqslant x_2 \leqslant \cdots \leqslant x_n$。最后，我们使用如下公式来求出经验分布 $F_n(x)$：

$$F_n(x) = \begin{cases} 0, x < x_1 \\ \dfrac{k}{n}, x_k \leqslant x < x_{k+1} \\ 1, x \geqslant x_n \end{cases} \tag{5.2}$$

格里文科已经证明[111]，当 $n \to \infty$ 时，$F_n(x) \to F_X(x)$。通过对经验分布进行光滑处理，可以发展出所谓的理论分布函数。相应于图 5.1 的一种理论分布如图 5.2 所示。如何衍生出此光滑函数，是统计学家讨论的重要问题之一。

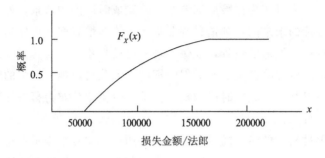

图 5.2　交通事故造成人身伤害损失的概率分布

按概率的观点，用图 5.2 中的 $P[X \leqslant x]$〔即 $F_X(x)$〕来解释某保险公司的风险，可以叙述为：

(1)如果投保者发生一次交通事故，则保险公司最少要损失 5 万法郎；

(2)如果投保者发生一次交通事故，则保险公司的损失不会超过 20 万法郎；

(3)如果投保者发生一次交通事故，则保险公司的损失少于 x 的概率是 $P[X \leqslant x]$。例如，损失少于 15 万的概率是 0.85。粗略地说就是，10 次事故有 8 次损失少于 15 万法郎。

当然，全面地看待保险风险，还应了解交通事故在一定时间内发生次数的概率分布。同样也可以用经验分布来估计此分布。而且，可以将次数分布和单个事件的损失分布整合成一个分布来表现风险。

风险的概率观点有两大特点：①损失是不确定的；②风险强弱（损失大小）由多次试验来判断。判断的方法就是统计方法。概率论从理论上保障，当样本容量 n 足够大时，统计结果是可靠的。经验分布是统计方法之一。

5.2　概率和统计中的基本概念

1. 样本空间、基本事件和随机事件

首先我们要明确随机实验的含义。随机实验(random experiment)是指物理或数学的过程：实验可以在相同的情形下重复进行；实验的所有可能结果是明确可知的，并且不止一个；每次试验(trial)总是恰好出现这些可能结果中的一个，但在一次试验之前不能肯定这次试验会出现哪一个结果。

随机实验的每一个可能的结果，称为基本事件(elementary event)。因为随机实验的所有结果是明确的，从而所有的基本事件也是明确的，它们的全体称作样本空间(sample space)。

随机事件(random event)是由某些特征的基本事件所组成，从集合论的观点看，一个随机事件不过是样本空间的一个子集而已。有关术语可用一个简单的例子来说明。

例 5.1　一个均匀骰子的六个面分别标有号码 1，2，3，4，5，6。掷骰子并观察正上方的那一面。由于每次试验的结果都是六个面中的一个朝上（假定骰子不会停落在棱或顶点

上），所以六个基本事件分别为六个面，即六个基本事件是 1，2，3，4，5，6。样本空间是由这六个基本事件组成的集合，即样本空间是 {1，2，3，4，5，6}。随机事件可以由六个基本事件组成，如

A_1：结果为偶数；

A_2：结果大于 4；

A_3：结果等于 2（此时的随机事件是一个基本事件）。

2. 概率

由于本书并不专门针对系统性的概率理论撰写，所以我们绕开概率理论的推导，而是直接给出公式化的描述。

随机事件 A_i 的概率用 p_i 或 $P(A_i)$ 表示。概率 p_i 具有下述性质：

(1) $0 \leqslant p_i \leqslant 1$；

(2) 若 A_i 是必然事件，则 $p_i = 1$；若 A_i 是不可能事件，则 $p_i = 0$；

(3) 若随机事件 A_i 与 A_j 不相容，则

$$P(A_i \bigcap A_j) = 0, \quad P(A_i \bigcup A_j) = p_i + p_j$$

(4) 若随机事件 A_i，$i=1，2，\cdots，n$，互不相容且可穷举（n 个随机事件 A_i 中必有一个发生），则

$$P(A_1 \bigcup A_2 \bigcup \cdots \bigcup A_n) = \sum_{i=1}^{n} p_i$$

3. 联合概率、边缘概率和条件概率

考虑一个由两部分组成的试验，每一部分都会引起特定的事件发生。不妨令第一部分试验引发事件 A_i，相应的概率为 f_i；第二部分试验引发事件 B_j，相应的概率为 g_j。

随机事件 A_i 与 B_j 的组合称为联合事件，用有序数组 $C_{ij} = (A_i, B_j)$ 表示。联合概率 p_{ij} 为第一部分试验中事件 A_i 发生且第二部分试验中事件 B_j 发生的概率。因此，联合概率 p_{ij} 相当于联合事件 C_{ij} 发生的概率（即事件 A_i 和 B_j 都发生的概率）。须特别注意的是，由于 A_i 和 B_j 常常不在同一个样本空间中，两个事件的并 $A_i \bigcup B_j$ 可能没有意义，因而联合概率并非 $P(A_i \bigcup B_j)$。

任一联合概率都能分解成一边缘概率和一条件概率的乘积

$$p_{ij} = p(i)p(j \mid i) \tag{5.3}$$

式中，p_{ij} 为联合概率；$p(i)$ 为边缘概率（不考虑事件 B_j 发生与否，事件 A_i 发生的概率），$p(j \mid i)$ 为条件概率（事件 A_i 发生的条件下，事件 B_j 发生的概率）。

注意到事件 A_i 发生的边缘概率就是事件 A_i 发生的概率，$p(i) = f_i$。设有 J 个互不相容事件 B_j，$j=1，2，\cdots，J$，则显然有

$$p(i) = \sum_{k=1}^{J} p_{ik} \tag{5.4}$$

用式(5.4)，我们可将联合概率式(5.3)改写成另一种表达式：

$$p_{ij} = p_{ij} \sum_{k=1}^{J} p_{ik} / \sum_{k=1}^{J} p_{ik} = p_{ij} p(i) / \sum_{k=1}^{J} p_{ik} = p(i) p_{ij} / \sum_{k=1}^{J} p_{ik} \tag{5.5}$$

将式(5.5)的左边依式(5.3)进行替换，并约去两边的 $p(i)$，则可导出条件概率的表达式：

$$p(j \mid i) = p_{ij} / \sum_{k=1}^{J} p_{ik} \tag{5.6}$$

4. 随机变量

下面给出随机变量的定义。随机变量(random variable)是对应于随机事件 A 的实值变量 X。随机变量取什么值，在每次试验之前是不能确定的，它随着试验结果的不同而取不同的值，由于试验中出现哪一个结果是随机的，因而随机变量的取值也就带有随机性。随机变量取值于实数轴。

例 5.2　投掷一枚均匀的硬币，可能出现正面，也可能出现反面。用一个随机变量 η 表示该随机试验的可能结果，约定：

若试验结果出现正面，令 $\eta=1$；

若试验结果出现反面，令 $\eta=0$。

"随机变量"是一个称呼。可用不同的字母把不同的随机变量区分开来，常用的字母是 X，Y，ξ，η。然而，对一个随机变量 X 的研究是通过它的具体数值 x 进行的。因此，在国内外的文献中，在写法上大多不区分一个随机变量和它的具体数值[112]。x 既可以代表一个随机变量，也可以代表随机变量的一个值，即一个随机数。

从现在起，如果没有特别的需要，我们总是把一个随机变量写为 x。

在许多概率论和统计学的文献中，"随机变量"也简写为"r. v."。为便于本书阅读，我们不采用这种简写。

5. 数学期望和方差

既然我们已经给一个随机事件的结果指定了一个数值，那么就可以定义随机变量在所有可能事件中取值的"平均"值。这个平均值称作随机变量 x 的数学期望(expected value)：

$$\text{数学期望(或均值)} \equiv E(x) = \bar{x} = \sum_i p_i x_i \tag{5.7}$$

随机变量的单值实值函数仍是一个随机变量。即若 x 为一随机变量，那么实值函数 $g(x)$ 也是一个随机变量，其数学期望是

$$E[g(x)] = \bar{g} = \sum_i p_i g(x_i) \tag{5.8}$$

随机变量线性组合的数学期望等于它们数学期望的线性组合

$$E[ag(x) + bh(x)] = aE[g(x)] + bE[h(x)] \tag{5.9}$$

数学期望是随机变量的"一阶矩"。它只是给出随机变量的平均值，而没有给出随机变

量的平方，立方或平方根。因此我们想知道随机变量的高阶矩有没有重要意义。事实上，随机变量平方的平均值确实可以引出一个重要的数字特征，即方差。

下面我们给出随机变量 x 的高阶矩

$$E(x^n) = \overline{x^n} \tag{5.10}$$

同样给出"中心"矩的定义。中心矩描述一个随机变量围绕其均值的变化程度，即"校正均值"

$$n \text{ 阶中心矩} = \overline{(x - \bar{x})^n} \tag{5.11}$$

一阶中心矩为零。二阶中心矩为方差（variance）

$$\text{方差} \equiv \text{Var}(x) \equiv \sigma^2(x) = \overline{(x - \bar{x})^2} = \sum p_i (x_i - \bar{x})^2 \tag{5.12}$$

它显然有如下重要性质

$$\sigma^2 = \overline{x^2} - \bar{x}^2$$

我们将方差的平方根称作标准差（standard deviation）

$$\text{标准差} = \sigma(x) = [\text{Var}(x)]^{1/2}$$

6. 连续型随机变量

到目前为止，我们只讨论了离散型随机变量，在那里随机变量只取有限个或可列个值，即对于某个事件 A_i 指定一个特定的数值 x_i。在许多随机现象中出现的一些变量，如"测量某地的气温"或者"地面水平震动峰值加速度"等，它们的取值是不可列的，那么对于这种更一般的随机变量，如何来描述它的统计规律呢？上述关于离散型随机变量的定义可以被扩充到连续型随机变量的情形。

首先，有一组连续的数值，诸如 $0 \sim 2\pi$ 的弧度，由于可以选择的弧度数目为无穷，这样要选中指定的弧度根本不可能，所以选中指定弧度的概率为零。例如，选中弧度为 $\theta = 1.34$ 的概率为零。事实上，在弧度是 $1.33 \sim 1.35$ 或者 $1.335 \sim 1.345$ 都有无穷多个弧度，因此选中一个特定弧度的概率必然为零。然而，在一个指定的区间范围内如 $1.33 \sim 1.35$ 的弧度 θ，我们可以讨论随机变量的概率。为此，我们给出概率密度函数的定义。

7. 概率密度函数

概率密度函数（probability density function）$p(x)$ 之所以重要是因为 $p(x)\mathrm{d}x$ 是随机变量 x' 落入区间 $(x, x+\mathrm{d}x)$ 的概率，记作

$$\text{Prob}(x \leqslant x' \leqslant x + \mathrm{d}x) \equiv P(x \leqslant x' \leqslant x + \mathrm{d}x) = p(x)\mathrm{d}x \tag{5.13}$$

式中，$\mathrm{d}x$ 为一个很短的长度。因为 $p(x)\mathrm{d}x$ 无单位（即它是一个概率），所以 $p(x)$ 的单位是随机变量单位的倒数。例如，$p(x)$ 的单位为 $1/\mathrm{cm}$ 或 $1/\mathrm{s}$，取决于 x 的单位。概率密度函数简记作 PDF。

我们也可决定随机变量在有界区间 $[a, b]$ 上的概率

$$\text{Prob}(a \leqslant x \leqslant b) = P(a \leqslant x \leqslant b) = \int_a^b p(x)\mathrm{d}x \tag{5.14}$$

这一结果有很简单的几何意义：x 的取值落在 $[a,b]$ 中的概率，恰好等于在区间 $[a,b]$ 上由曲线 $y=p(x)$ 形成的曲边梯形的面积。

同离散型概率分布一样，概率密度函数也有一些限制条件。因为 $p(x)$ 是概率密度，所以它对于所有随机变量 x 的取值都为非负。而且，随机变量必须在实数轴的某个地方取值，换言之，随机变量在实数轴上出现的概率必是 1。因此，要成为一个概率密度函数必须且只须满足下列两个条件

$$p(x) \geqslant 0, \quad -\infty < x < \infty$$

$$\int_{-\infty}^{+\infty} p(x)\mathrm{d}x = 1$$

8. 分布函数

分布函数（cumulative distribution function）$F(x)$ 给出随机变量 X 小于等于 x 的概率

$$F(x) = \mathrm{Prob}(X \leqslant x) = \int_{-\infty}^{x} p(t)\mathrm{d}t \tag{5.15}$$

注意到 $p(x) \geqslant 0$ 且 $\int_{-\infty}^{+\infty} p(x)\mathrm{d}x = 1$，$F(x)$ 应具有如下性质：

(1) $F(x)$ 单调递增；

(2) $F(-\infty) = 0$；

(3) $F(+\infty) = 1$。

由于 $F(x)$ 是 $p(x)$ 的不定积分，若 $p(x)$ 在 x 处连续，则 $p(x)=F'(x)$。

任意给定一个很小的区间 $\mathrm{d}x$，如果随机变量 U 在 $[a,b]$ 上任何一处的 $\mathrm{d}x$ 内出现的概率都有相同值，称 U 在 $[a,b]$ 上一致。生成一般类型的随机数时，我们将用到与这种分布有关的下述定理。

定理 5.1　令 X 的分布函数为 F。设 F 连续且严格递增。如果 U 在 $(0,1)$ 区间上一致，则 $F^{-1}(U)$ 的分布也为 F。

证明　因为 U 在 $(0,1)$ 上一致，所以 $P[U \leqslant x] = x$，$0 \leqslant x \leqslant 1$。因此

$$P[F^{-1}(U) \leqslant t] = P[U \leqslant F(t)] = F(t)$$

[证毕]

9. 统计

"统计"（statistics）这个词有两层含义[113]。通常意义下，统计涉及数字的事实；第二个意义涉及研究的领域或学科。在这本书中，统计定义为收集、组织、分析和解释数据并作出决策的方法。

在统计学中，我们把研究对象的全体所构成的集合称为总体（population），把组成总体的每一元素称为个体（object）。从总体中抽取出一些个体称作一个样本（sample）。样本中的每一个体又叫作样本点（sample point）。一个样本中个体的数目称作样本容量（sample size）。（有的书上也把总体称为母体，样本点称为样本。）

若总体的每一个体都有机会被选入样本，这样取得的样本称作随机样本（random sample）。若总体的每一个体有同等机会被选入样本，这样取得的样本称作简单随机样本（simple random sample）。

变量（variable）代表研究中不同个体所取的不同数值。具体个体的变量值称作观测值（observation）。数据集（data set）是一批观测值。这些观测值可以与一个变量有关，也可以与多个变量上有关。

令 $\mathbf{R}$ 代表实数域，$\mathbf{R}^r$ 代表 r 维实空间。

定义 5.1 若一个随机样本的观测值属于 $\mathbf{R}^r, r \geqslant 1$，则该随机样本称作 r 维随机样本。

对一个 r 维随机样本 $X = \langle x_1, x_2, \cdots, x_n \rangle$，我们说，$\forall x \in X$ 有 $x \in \mathbf{R}^r$。这意味着，一个个体和它的观测值应视为是等同的。

由于随机样本 X 中的元素 x 随机地取值，所以统计学中的"样本"和概率论中的"随机变量"可以采用同一个记号 X，并不会产生混淆。在概率论中，X 是"随机变量"的名，x 是"随机变量"的值，因此将 X 和 x 都称为"随机变量"也不会产生混淆。但在统计学中，X 严格的指"样本"，而 x 指"样本点"。

统计学研究的一个重要方面是估计一些给定样本的总体的概率分布。连续分布的估计方法有两类：参数估计和非参数估计。前者包括点估计法和区间估计法。直方图和核函数估计法属于非参数估计。这些估计方法在本章的稍后部分介绍，它们在风险评估中被大量用到。

5.3 风险评价中常用的离散型分布

1. 二项分布

令随机事件 A 在每次试验中发生的概率为 p。如果在相同的条件下重复进行了 n 次独立的试验，则 A 总共发生 k 次的概率可由下式算出

$$p_k = \binom{n}{k} p^k (1-p)^{n-k}, \quad k = 0, 1, \cdots n; \quad n \in N, \quad 0 < p < 1 \quad (5.16)$$

满足式（5.16）的离散型分布称为二项分布。其中 $\binom{n}{k}$ 是从 n 个不同元素中，每次取出 k 个不同的元素，其组合种数，称为"组合"，有时也记为 C_n^k。计算式为

$$\binom{n}{k} = \frac{n!}{(n-k)!k!}$$

$n! = 1 \times 2 \times 3 \times \cdots \times n$，称为"$n$ 阶乘"。有趣的是，二项分布正好是代数中二项式 $(a+b)^n$ 展开通项

$$\binom{n}{k} a^k b^{n-k}$$

当 $a = p, b = 1-p$ 的结果。二项分布的均值和方差为

$$\mu = np, \quad \sigma^2 = np(1-p)$$

取 $n=11$，$p=0.4$，我们可以得到相应分布由图 5.3 的长条图示之。

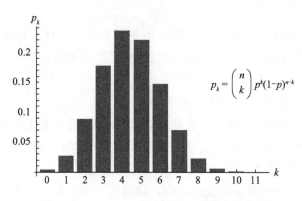

图 5.3　$n=11$，$p=0.4$ 时的二项分布长条图

2. 泊松分布

如果每次试验中事件 A 的概率很小（$p \ll 1$），在大量试验的总结果中，事件的数目有一个有限的期望值 $\lambda = \lim_{n \to \infty} np$，则 A 总共发生 k 次的概率可由下式算出

$$p_k = e^{-\lambda} \frac{\lambda^k}{k!}, \quad k=0,1,2,\cdots,n, \quad 0 < \lambda < \infty \tag{5.17}$$

满足式(5.17)的离散型分布称为泊松分布。它是在 $n \to \infty$ 时二项分布的极限。泊松分布的均值和方差为

$$\mu = \lambda, \quad \sigma^2 = \lambda$$

如果 k 是某个随机事件的次数，并且满足下面的条件，k 就近似地服从泊松分布：

(1) k 在一个有限的期望值 λ 左右摆动；

(2) k 可以看作是大量独立试验的总结果；

(3) 对于每一次试验，事件有相同概率〔在条件(1)和(2)的限制下，这个概率必然很小〕。

在自然灾害系统中，如果灾害事件数服从泊松分布，则两个灾害事件之间的时间间隔就服从指数分布。对于某种随机发生的自然灾害现象，如果单位时间间隔内平均事件数为 λ，

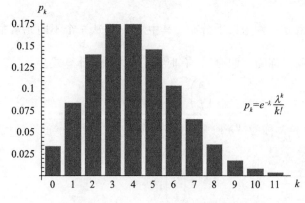

图 5.4　$\lambda = 5$ 时的泊松分布长条图

而且事件的概率与时间无关，即在任意固定长度 Δt 的时间区间内，事件有相同的概率，与区间的位置无关，则单位时间内的事件数目 k 满足泊松分布条件(1)和(2)，k 服从泊松分布。$\lambda = 5$ 时的泊松分布如图 5.4 所示。

5.4 风险评价中常用的连续型分布

1. 均匀分布

若随机变量 X 的概率密度函数为式(5.18)，则称 X 服从 $[a, b]$ 上的均匀分布。该分布的 PDF 是一个常数。从这点来看，它是所有统计分布中最简单的。均匀分布又称作矩形分布，简记作 $U(a, b)$

$$p(x) = \begin{cases} \dfrac{1}{b-a}, & a \leqslant x \leqslant b \\ 0, & \text{其他} \end{cases} \tag{5.18}$$

均匀分布的均值和方差如下

$$\mu = \frac{a+b}{2}, \quad \sigma^2 = (b-a)^2/12$$

均匀分布的 PDF 如图 5.5 所示。由于对连续随机量来讲，选中指定区间上一个点的概率为零，所以，均匀分布的区间是开还是闭，对分布性质都没有影响，通常选用闭区间。

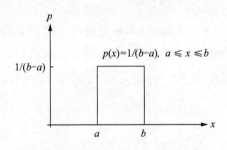

图 5.5 均匀分布 $U(a,b)$

2. 正态分布

若随机变量 X 的概率密度函数为式(5.19)，则称 X 服从以 μ 和 σ 为参数的正态分布。该分布又称作高斯分布，是概率统计中最重要的一个分布，其两个参数正好分别是分布的均值和标准差。正态分布简记作 $N(\mu,\sigma^2)$，PDF 如图 5.6 所示。

$$p(x) = \frac{1}{\sigma\sqrt{2\pi}}\exp\left[-\frac{(x-\mu)^2}{2\sigma^2}\right], \quad -\infty < x < \infty, \quad \mu,\sigma \text{ 均为常数且 } \sigma > 0 \tag{5.19}$$

$\mu = 0, \sigma = 1$ 时的正态分布称为标准正态分布。若随机变量 ξ 服从标准正态分布则随机变量 $\eta = \sigma\xi + \mu$ 是一个正态分布变量，它的均值为 μ，方差为 σ^2。因此，只需对标准正态分布进行讨论而不失一般性。

对一服从正态分布 $N(\mu,\sigma^2)$ 的随机变量 ξ 有

$$P(\mu - \sigma \leqslant x \leqslant \mu + \sigma) = 0.6826$$

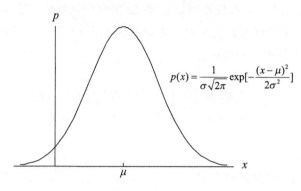

图 5.6　正态分布

$$P(\mu - 2\sigma \leqslant x \leqslant \mu + 2\sigma) = 0.9544$$

这说明，68%的样本点取值落在均值 μ 的一个 σ 范围内，95%的样本点取值落在均值 μ 的两个 σ 范围内。

3. 对数正态分布

若随机变量 X 的概率密度函数为式(5.20)，则称 X 服从以 μ 和 σ 为参数的对数正态分布(图 5.7)。显然，此时随机变量 $\log x$ 服从以 μ 和 σ 为参数的正态分布。

$$p(x) = \frac{1}{x\sigma \sqrt{2\pi}} \exp\left[-\frac{(\log x - \mu)^2}{2\sigma^2}\right], 0 < x < \infty \qquad (5.20)$$

此处 "log" 是自然对数(即以 $e = 2.718\cdots$ 为底的对数，严格来讲，应该记为 "ln"，但由于历史的原因，人们习惯于记为 "log"，全书同)。易知对数正态分布的均值和方差为

$$E(x) = \exp\left(\mu + \frac{\sigma^2}{2}\right), \mathrm{Var}(x) = [\exp(\sigma^2) - 1]\exp(2\mu + \sigma^2)$$

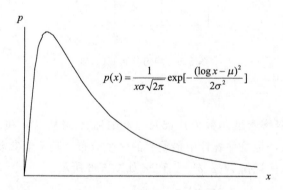

图 5.7　对数正态分布

该分布的概率密度函数还有别的表达式。例如，式(5.21)就是其中的一种。并称 σ 为形状参数，θ 为位置参数，m 为比例参数。

$$p(x) = \frac{e^{-[\ln((x-\theta)/m)]^2/(2\sigma^2)}}{(x-\theta)\sigma \sqrt{2\pi}}, \ x \geqslant \theta; \ m, \sigma > 0 \qquad (5.21)$$

它和式(5.20)的表达方式不同,但本质相同。式(5.21)和式(5.20)中的有关参数形式不一样,它的均值和方差也与式(5.20)的表达式不一样。由于式(5.20)最简单,使用率也最高。本书选用式(5.20)作为对数正态分布的概率密度函数。

4. 指数分布

若随机变量 X 的概率密度函数为式(5.22),则称 X 服从参数为λ的指数分布(图5.8)。

$$p(x) = \lambda e^{-\lambda x}, x \geqslant 0, \lambda > 0 \tag{5.22}$$

易知,指数分布的均值和方差为

$$\mu = \frac{1}{\lambda}, \sigma^2 = \left(\frac{1}{\lambda}\right)^2$$

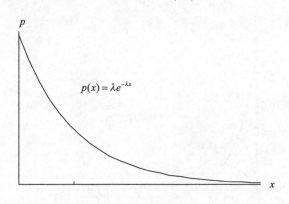

图 5.8　指数分布

在排队论中,指数分布的随机值表示两个排队者进入队列的时间间隔;而泊松分布的随机值表示的是单位时间内进入排队者的数量。换言之,如果事件发生的时间间隔服从指数分布,那么单位时间内事件发生的次数就服从泊松分布。

5. 皮尔逊Ⅲ型分布

在我国的水文界广泛用皮尔逊Ⅲ分布来模拟水文数据系列[114]。所谓皮尔逊Ⅲ型,数学上称为伽玛分布。

皮尔逊分布族包括了一系列不同形状的频率分布,在观测数据的曲线拟合方面有着广泛的应用。皮尔逊分布族的概率密度函数 $f(x)$ 满足式(5.23)的微分方程。

$$f'(x) = (x - d)\frac{f(x)}{ax^2 + bx + c} \tag{5.23}$$

皮尔逊的意图是模拟歪斜的、不对称的各种分布。特别地,当式(5.23)中的 $c = -1$,且 $a = b = d$ 时,解此微分方程所得的分布就是标准正态分布。

若随机变量 X 的概率密度函数为式(5.24),则称 X 服从以 α 和 β 为参数的皮尔逊Ⅲ型分布,记为 $\Gamma(\alpha, \beta)$。

$$p(x) = \frac{x^{\alpha-1}e^{-x/\beta}}{\Gamma(\alpha)\beta^\alpha}, \ x \geqslant 0 \tag{5.24}$$

$$\Gamma(u) = \int_0^\infty x^{u-1} e^x \, \mathrm{d}x \tag{5.25}$$

式(5.25)的伽玛函数Γ具有下述性质：

$$\Gamma(\alpha+1) = \alpha\Gamma(\alpha), \alpha > 0,$$
$$\Gamma(1) = 1,$$
$$\Gamma(n) = (n-1)!, n \text{ 为正整数}$$

伽玛分布 $\Gamma(\alpha,\beta)$ 的均值和方差为

$$\mu = \alpha\beta, \sigma^2 = \alpha\beta^2$$

伽玛分布 $\Gamma(\alpha,\beta)$ 有一个峰，但左右不对称。分布中的参数 α 称为形状参数，β 称为尺度参数。参数 α 影响 PDF 图形之陡峭程度，而 β 影响散布程度。图 5.9 给出了三个不同参数对 (α, β) 对应的图形曲线。

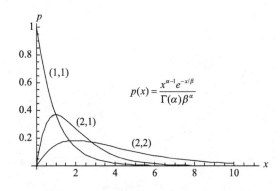

图 5.9　伽玛分布 $\Gamma(\alpha,\beta)$（参数 α 影响陡峭程度；β 影响散布程度）

5.5　风险评价中常用的统计方法

1. 极大似然估计方法

设随机变量 X 的概率密度函数 $p(\cdot; \theta)$ 的类型是已知的，但参数 θ 是一个未知的 r 维常向量 $\theta = (\theta_1, \theta_2, \cdots, \theta_r)'$。$\Theta$ 表示参数空间(parameter space)，它是所有 θ 可能取值的集合。因此 $\theta \in \Theta \subseteq \mathbf{R}^r, r \geqslant 1$。

如果知道 θ 的值，那么在理论上我们就可以算出所有我们感兴趣的概率值。然而，在实践中，θ 通常不知道。因此估计 θ 值的问题被提出来；更一般来讲，我们感兴趣于估计 θ 的一些函数值，如 $g(\theta)$，这里 g 通常是（可测的）实值函数。下面我们将给出 $g(\theta)$ 的估计量和估计值的定义。令 $X_1, X_2, \cdots, X_n$ 是独立同分布随机变量，总体密度函数为 $p(\cdot; \theta)$。

定义 5.2　设 $\{X_1, X_2, \cdots, X_n\}$ 是一个随机样本，若 $T(X_1, X_2, \cdots, X_n)$ 为 n 元连续函数，且 T 中不包含任何未知参数，则称 $T(X_1, X_2, \cdots, X_n)$ 为一个统计量。

定义 5.3　任何一个用来估计未知量 $g(\theta)$ 的统计量 $T(X_1, X_2, \cdots, X_n)$ 称作 $g(\theta)$ 的一个估计量。用观测值 $x_1, x_2, \cdots, x_n$ 计算估计量 $T(x_1, x_2, \cdots, x_n)$ 称作 $g(\theta)$ 的一个估计值。

例如，样本均值是一个统计量，样本均值是总体期望值的一个估计量，用具体的观测值计算出来的样本均值是一个估计值。

总而言之，统计量强调量值具有统计意义，估计量强调有具体的估计对象，估计值强调是一次具体的实现。为了简单起见，统计量和统计值这两个术语常常通用。

若 $\{x_1, x_2, \cdots, x_n\}$ 是具有参数 θ 的概率分布 $p(x;\theta)$ 的随机样本，则 $\{x_1, x_2, \cdots, x_n\}$ 的联合密度函数 $p(x_1;\theta)p(x_2;\theta)\cdots p(x_n;\theta)$ 称作样本 $\{x_1, x_2, \cdots, x_n\}$ 的似然函数(likelihood function)，记作 $L(x_1, x_2, \cdots, x_n \mid \theta)$，即

$$L(x_1, x_2, \cdots, x_n \mid \theta) = p(x_1;\theta)p(x_2;\theta)\cdots p(x_n;\theta) \tag{5.26}$$

似然函数就是在参数取特定值 θ 的条件下，取得一组实验观测值 $x_1, x_2, \cdots, x_n$ 的条件概率密度函数，即

$$L(x_1, x_2, \cdots, x_n \mid \theta) = p(x_1, x_2, \cdots, x_n \mid \theta) \tag{5.27}$$

当记 $X = (x_1, x_2, \cdots, x_n)$ 时，似然函数记为 $L(X \mid \theta)$。

定义 5.4 估计值 $\theta = \hat{\theta}(x_1, x_2, \cdots, x_n)$ 称作参数 θ 的极大似然估计值，如果满足

$$L(x_1, x_2, \cdots, x_n \mid \hat{\theta}) = \max[L(x_1, x_2, \cdots, x_n \mid \theta); \theta \in \Theta] \tag{5.28}$$

其相应的统计量 $\hat{\theta}(x_1, x_2, \cdots, x_n)$ 称作参数 θ 的极大似然估计量。

由于函数 $y = \log x$，$x > 0$ 是 x 的单调增函数，因此求 $L(x_1, x_2, \cdots, x_n \mid \theta)$ 当 $\Theta \subseteq R$ 时的最大值转换为求 $\log L(x_1, x_2, \cdots, x_n \mid \theta)$ 的最大值。从下面的例子可以看出这样做可以大大减少运算量。

例 5.3 令 $x_1, x_2, \cdots, x_n$ 是取自以 λ 为未知参数的指数分布总体的独立同分布随机变量，设 PDF 为

$$p(x;\lambda) = \lambda e^{-\lambda x}$$

则

$$L(x_1, x_2, \cdots, x_n \mid \lambda) = \lambda e^{-\lambda x_1} \cdot \lambda e^{-\lambda x_2} \cdots \lambda e^{-\lambda x_n} = \lambda^n e^{-\lambda(x_1 + x_2 + \cdots + x_n)}$$

得

$$\log L(x_1, x_2, \cdots, x_n \mid \lambda) = n \log \lambda - \lambda(x_1 + x_2 + \cdots + x_n)$$

为求似然函数的最大值，解似然方程：

$$\frac{\partial}{\partial \lambda} \log L(x_1, x_2, \cdots, x_n \mid \lambda) = 0$$

即

$$\frac{n}{\lambda} - (x_1 + x_2 + \cdots + x_n) = 0$$

得到

$$\lambda = \frac{n}{x_1 + x_2 + \cdots + x_n} = \frac{1}{\bar{x}}$$

它就是用极大似然估计方法依给定样本 $X = \{x_1, x_2, \cdots, x_n\}$ 对指数分布总体参数 λ 的估计值。这个值正好是样本均值的倒数。

例 5.4 令 $x_1, x_2, \cdots, x_n$ 是取自正态分布 $N(\mu, \sigma^2)$ 总体的独立同分布随机变量，参数 $\theta = (\mu, \sigma^2)$。于是

$$L(x_1, x_2, \cdots, x_n \mid \theta) = \left(\frac{1}{\sqrt{2\pi\sigma^2}}\right)^n \exp\left[-\frac{1}{2\sigma^2}\sum_{i=1}^n (x_i - \mu)^2\right]$$

两边取对数。得

$$\log L(x_1, x_2, \cdots, x_n \mid \theta) = -n\log\sqrt{2\pi} - n\log\sqrt{\sigma^2} - \frac{1}{2\sigma^2}\sum_{i=1}^n (x_i - \mu)^2$$

分别对 μ 和 σ^2 求偏微分，并令结果表达式等于 0，则有

$$\frac{\partial}{\partial\mu}\log L(x_1, x_2, \cdots, x_n \mid \theta) = \frac{n}{\sigma^2}(\bar{x} - \mu) = 0$$

$$\frac{\partial}{\partial\sigma^2}\log L(x_1, x_2, \cdots, x_n \mid \theta) = -\frac{n}{2\sigma^2} + \frac{n}{2\sigma^4}\sum_{i=1}^n (x_i - \mu)^2 = 0$$

解方程组可得

$$\tilde{\mu} = \bar{x}, \quad \tilde{\sigma}^2 = \frac{1}{n}\sum_{i=1}^n (x_i - \bar{x})^2$$

可以证明，$\tilde{\mu}$ 和 $\tilde{\sigma}^2$ 确实是似然函数的最大值。因此，

$$\hat{\mu} = \bar{x}, \quad \hat{\sigma}^2 = \frac{1}{n}\sum_{i=1}^n (x_i - \bar{x})^2$$

分别是 μ 和 σ^2 的极大似然估计。

2. 区间估计

设 x_1，x_2，$\cdots$，x_n 服从正态分布，$\bar{x}$ 是样本均值，s^2 是样本方差，即

$$\bar{x} = \frac{1}{n}\sum_{i=1}^n x_i, \quad s^2 = \frac{1}{n-1}\sum_{i=1}^n (x_i - \bar{x})^2$$

（样本方差的计算式中，当 n 较大时，常用 $\frac{1}{n}$ 替代 $\frac{1}{n-1}$ ）则，期望值 μ 的区间估计是

$$\mu \in \left[\bar{x} - t_{\alpha,\nu}\frac{s}{\sqrt{n}}, \bar{x} + t_{\alpha,\nu}\frac{s}{\sqrt{n}}\right] \tag{5.29}$$

$\zeta = 1 - 2\alpha$ 是置信水平（即 μ 落入所估计区间内的概率值），自由度 $\nu = n-1$，n 是样本容量。依 ζ 和 n，从附录 A 的 t 分布表可以查出 $t_{\alpha,\nu}$ 的值。方差 σ^2 的区间估计是

$$\sigma^2 \in \left[\frac{n-1}{\chi_{1-\alpha}^2}s^2, \frac{n-1}{\chi_\alpha^2}s^2\right] \tag{5.30}$$

置信水平 $\zeta = 1 - 2\alpha$。χ_α^2 值可以从附录 B 的 χ^2 分布表中查出，自由度是 $\nu = n-1$。有时，为了强调 $\chi_{1-\alpha}^2$ 和 χ_α^2 自由度，也把它们分别记为 $\chi_{1-\alpha}^2(n-1)$ 和 $\chi_\alpha^2(n-1)$。此时，式(5.30)将被书写为

$$\sigma^2 \in \left[\frac{n-1}{\chi_{1-\alpha}^2(n-1)}s^2, \frac{n-1}{\chi_\alpha^2(n-1)}s^2\right]$$

这里，分母上的 $(n-1)$ 并不是一个因子项，而是函数 $\chi_{1-\alpha}^2$ 和 χ_α^2 的变量，不能同分子上的 $n-1$ 相约而把分子上的 $n-1$ 消去。

关于区间估计，有 3 点需要特别注意的地方：

(1)只有正态分布的区间估计才有可操作性。此时可通过查 t 分布表和 χ^2 分布表进行计算。对于其他的分布，并不能进行实际的计算。

（2）在一些文献中，置信水平是 $1-\alpha$，而不是本书中的 $1-2\alpha$。这时，式（5.29）中的 $t_{\alpha,\nu}$ 要改为 $t_{\alpha/2,\nu}$；式（5.30）中的 $\chi^2_{1-\alpha}$ 和 χ^2_α 要分别改为 $\chi^2_{1-\alpha/2}$ 和 $\chi^2_{\alpha/2}$。这样不仅表达式较复杂，而且式子和相应分布表中的 α 其意义也不一样，查表时容易出错。

（3）由于置信水平和 α 关系的不同，不同作者给出的 t 分布表可能不同。例如，人民教育出版社 1979 年出版的《数学手册》其 t 分布表就与国内外通用的 t 分布表不一样，它的 t_α 正好是本书中的 $t_{\alpha/2}$。在该手册中，自由度 9 的 $t_{0.1}=1.833$，正好是本书中 $t_{0.05}$ 对应的值。

例 5.5　假定样本
$$X=\{3.7,\ 5.3,\ 4.7,\ 3.3,\ 5.3,\ 5.1,\ 5.1,\ 4.9,\ 4.2,\ 5.7\}$$
的总体是一个正态分布，试按 0.9 的置信水平估计期望值 μ 的区间和方差 σ^2 的区间。

先计算样本均值 $\bar{x}$ 和样本方差 s^2：
$$\bar{x}=\frac{1}{10}\sum_{i=1}^{10}x_i=4.73,\ s^2=\frac{1}{10-1}\sum_{i=1}^{10}(x_i-\bar{x})^2=0.587$$
由于置信水平 $\zeta=0.9$，由 $\zeta=1-2\alpha$ 得
$$\alpha=\frac{1-\zeta}{2}=\frac{1-0.9}{2}=0.05$$
查附录 A，在 $\nu=9$ 的行中取 $\alpha=0.05$ 所在列的数值，得
$$t_{\alpha,\nu}=t_{0.05,9}=1.833$$
依式（5.29），期望值 μ 的区间估计是
$$\mu\in\left[4.73-1.833\frac{0.766}{\sqrt{10}},4.73+1.833\frac{0.766}{\sqrt{10}}\right]=[4.29,5.17]$$

在附录 B 中查 $\nu=9$ 行得
$$\chi^2_\alpha=\chi^2_{0.05}=3.33\ ,\ \chi^2_{1-\alpha}=\chi^2_{0.95}=16.9$$
依式（5.30），方差 σ^2 的区间估计是
$$\sigma^2\in\left[\frac{10-1}{16.9}0.587,\frac{10-1}{3.33}0.587\right]=[0.31,1.59]$$

3. 经验贝叶斯估计

在自然灾害的概率风险估计中，用样本估计出的概率分布 $p(x;\theta)$ 由于样本的随机性而使参数 θ 本身也是一个随机变量。例如，正态分布的样本均值和样本方差都是随机变量。参数 θ 是一个随机变量，从而可有相应的概率密度函数，假设其为 $p(\theta)$，称为关于随机变量 X 的先验分布。

现有一些观测值 x_1，x_2，$\cdots$，x_n，在出现这一组特定观测值的条件下，参数 θ 的条件概率密度函数 $p(\theta\mid x_1,\ x_2,\ \cdots,\ x_n)$，叫做参数 θ 的后验分布，可用经验贝叶斯式（5.31），由先验分布 $p(\theta)$ 和样本 $\{x_1,\ x_2,\ \cdots,\ x_n\}$ 的似然函数 $L(x_1,\ x_2,\ \cdots,\ x_n\mid\theta)$ 来估计。

$$p(\theta\mid x_1,x_2,\cdots,x_n)=\frac{L(x_1,x_2,\cdots,x_n\mid\theta)p(\theta)}{\int_{-\infty}^{\infty}L(x_1,x_2,\cdots,x_n\mid\theta)p(\theta)\mathrm{d}\theta} \tag{5.31}$$

使用经验贝叶斯公式的条件是 $p(\theta)$ 已知。在没有任何经验时，通常假定 $p(\theta)$ 为均匀分布。例如，假定观测值 x 服从正态分布 $N(\theta,1)$。即期望值 θ 是随机变量，方差是 1。又假

定随机变量 θ 的验前分布是均值为 0，方差为 1 的正态分布。即对以前的观测值做过研究，获知 θ 是均值为 0，方差为 1 的正态分布。于是，现有观测值的分布为

$$p(x;\theta) = \frac{1}{\sqrt{2\pi}}\exp[-\frac{1}{2}(x-\theta)^2]$$

参数 θ 的验前分布为

$$p(\theta) = \frac{1}{\sqrt{2\pi}}\exp[-\frac{1}{2}\theta^2]$$

样本 $\{x_1, x_2, \cdots, x_n\}$ 的似然函数：

$$L(x_1,x_2,\cdots,x_n \mid \theta) = \prod_{i=1}^{n}\frac{1}{\sqrt{2\pi}}\exp[-\frac{1}{2}(x_i-\theta)^2] = (2\pi)^{-\frac{n}{2}}\exp[-\frac{1}{2}\sum_{i=1}^{n}(x_i-\theta)^2]$$

乘上 $p(\theta)$ 后可计算得

$$L(x_1,x_2,\cdots,x_n \mid \theta)p(\theta) = (2\pi)^{-\frac{n+1}{2}}\exp\left\{-\frac{1}{2}\left[\sum_{i=1}^{n}x_i^2 + (n+1)\theta^2 - 2\left(\sum_{i=1}^{n}x_i\right)\theta\right]\right\}$$

$$\int_{-\infty}^{+\infty}L(x_1,x_2,\cdots,x_n \mid \theta)p(\theta)\mathrm{d}\theta = (n+1)^{-\frac{1}{2}}(2\pi)^{-\frac{n}{2}}\exp\left\{-\frac{1}{2}\left[\sum_{i=1}^{n}x_i^2 - \frac{1}{n+1}\left(\sum_{i=1}^{n}x_i\right)^2\right]\right\}$$

依贝叶斯公式，可计算得 θ 的概率密度函数为

$$p(\theta \mid x_1,x_2,\cdots,x_n) = \sqrt{\frac{n+1}{2\pi}}\exp\left\{-\frac{1}{2}(n+1)\left[\theta - \frac{1}{n+1}\sum_{i=1}^{n}x_i\right]^2\right\}$$

它是先验分布和现有观测结果的一个综合体。

4. 直方图估计法

直方图（histogram）是用区间对数据分组的一个图，这里，每一个区间上的有关数值是用矩形块高低来表示。直方图是数据分析中较为常用的统计图表，由于矩形块多呈柱状，因而直方图也被称为柱状图。

频率直方图（frequency histogram）是若干矩形排列的图，每一个矩形的面积与落入相应区间内观测值个数成比例。我们从频率直方图中读出每一个区间中确切的观测值个数。

相对频率直方图（relative frequency histogram）是若干矩形排列的图，每一个矩形的面积与相应区间内观测值个数的百分率成比例。

根据概率密度函数的定义，相对频率直方图除以区间长度就变成概率密度函数的估计。

例 5.6　附录 C 包括震中烈度 $I_0 = \text{Ⅷ}$ 的 24 个地震记录。表 5.1 给出它们的里氏震级，我们根据附录 C 将数据进行了重新排列。例如，x_3 在附录中是第七个记录，但是它在表 5.1 中排第三，震中烈度为 $I_0 = \text{Ⅷ}$，它的里氏震级为 6.0。

表 5.1　震中烈度为 $I_0 = \text{Ⅷ}$ 的地震震级记录

i	1	2	3	4	5	6	7	8	9	10	11	12
x_i	6.4	6.4	6.0	6.0	7.0	6.25	5.75	5.8	6.5	5.8	6.0	6.5
i	13	14	15	16	17	18	19	20	21	22	23	24
x_i	6.3	6.0	6.0	6.0	6.8	6.4	6.5	6.6	6.5	6.0	5.5	6.0

给定初值 $x_0 = 5.4$，宽 $h = 0.4$，对于正整数 $m = 5$，我们可以做出基于如下区间上的直方图：

$I_1 = [5.4, 5.8)$，$I_2 = [5.8, 6.2)$，$I_3 = [6.2, 6.6)$，$I_4 = [6.6, 7.0)$，

$I_5 = [7.0, 7.4]$

现在计算落入每一个区间的观测值的数目。例如，落入区间 $I_1 = [5.4, 5.8)$ 的观测值为 $x_{23} = 5.5$ 和 $x_7 = 5.75$。因此，落入该区间的观测值的数目为 2。对每一个区间都采用同样的方法。各区间观测值的数目记在表 5.2 中的频率栏。

表 5.2　地震震级记录的频率分布

区间	中点	频率
$[5.4, 5.8)$	5.6	2
$[5.8, 6.2)$	6.0	10
$[6.2, 6.6)$	6.4	9
$[6.6, 7.0)$	6.8	2
$[7.0, 7.4]$	7.2	1

由频率分布表我们可以构造这样一个频率直方图，如图 5.10 所示。该图由五个宽为 0.4 的纵向矩形组成，每一个矩形的底为所属的区间，矩形的高等于区间的频率，即落入每个区间的观测值的数目。将每个区间中的观测值数目除以总观测值数目 24，得到相对频率直方图，如图 5.11 所示。注意到纵坐标的最大值仅为 0.417。

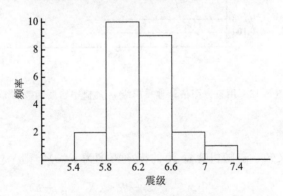

图 5.10　震级观测样本的频率直方图

用 u_1，u_2，$\cdots$，u_m 表示直方图中各个区间的中点。它们是区间的标准点。用区间长度除相对频率，其结果记为：$\hat{p}(u_i)$，$i = 1, 2, \cdots, m$。绘出点 $(u_i, \hat{p}(u_i))$，$i = 1, 2, \cdots, m$，并将它们连接起来，我们得到总体概率密度函数 $p(x)$ 的一个估计。为简单起见，$(u_i, \hat{p}(u_i))$，$i = 1, 2, \cdots, m$ 和由它们产生的曲线经常被视为同一。

定义 5.5　令 $X = \{x_1, x_2, \cdots, x_n\}$ 为取自具有概率密度函数 $p(x)$ 的总体的样本。给定初值 x_0，区间长度 h，正整数或负整数 m。$[x_0 + mh, x_0 + (m+1)h)$ 称为直方图区间。

$$\hat{p}(u_i) = \frac{1}{nh}（\text{与 } x \text{ 在同一个区间内的 } x_i \text{ 的数目}） \tag{5.32}$$

称为 $p(x)$ 的直方图估计(histogram estimate)，简称为 $p(x)$ 的 HE。

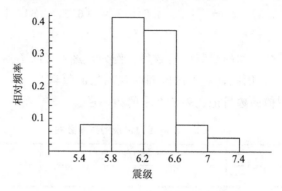

图 5.11　震级观测样本的相对频率直方图

用表 5.1 提供的数据，我们能得到产生地震震中烈度是 $I_0 = \text{Ⅷ}$ 的地震震级其概率密度函数 $p(m)$ 的一个直方图估计。这一估计如图 5.12 所示。

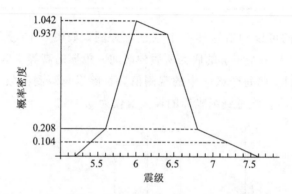

图 5.12　用直方图估计地震震级 m 的概率密度函数 $p(m)$

5. 核函数方法

由概率密度的定义知，若随机变量 X 的概率密度为 $p(x)$，则

$$p(x) = \lim_{h \to 0} \frac{1}{2h} P(x-h < X < x+h)$$

任给定 h 的值，我们当然可以通过估计样本点落入区间 $(x-h, x+h)$ 的机率来估计 $P(x-h < X < x+h)$。因此，对于一个给定的小数值 h，一个概率密度的估计量 $\hat{p}$ 如下定义

$$\hat{p}(x) = \frac{1}{2hn} [x_1, x_2, \cdots, x_n \text{落入区间} (x-h, x+h) \text{的数目}] \tag{5.33}$$

称作 p 的朴素估计量[115]。

为了更清楚的描述这个统计量 $\hat{p}$，引进一个权函数 w

$$w(x) = \begin{cases} \dfrac{1}{2}, & |x| < 1 \\ 0, & \text{其他} \end{cases} \tag{5.34}$$

显然可以得到朴素估计量的如下表达

$$\hat{p}(x) = \frac{1}{nh} \sum_{i=1}^{n} w(\frac{x - x_i}{h}) \tag{5.35}$$

式(5.34)和式(5.35)形成一种构造法：放一个宽为 $2h$，高为 $(2nh)^{-1}$ 的"盒子"在观察值 x_i 处，累加这些"盒子"，生成概率密度函数的估计函数。

利用朴素估计量，可以构造这样一个直方图，事先不把分割区间定下来，而让区间随着要估计之点 x 跑，使 x 始终处在区间之中心位置。分割区间的宽度由参数 h 决定，从而 h 决定了估计曲线的光滑程度。

与朴素估计量的定义类似，核函数为 K 的核估计量[116](kernel estimator)定义如下：

$$\hat{p}(x) = \frac{1}{nh} \sum_{i=1}^{n} K(\frac{x - x_i}{h}) \tag{5.36}$$

式中，h 为"窗宽"，也称作光滑函数或带宽。朴素估计中的权函数 w 由满足条件

$$\int_{-\infty}^{\infty} K(x) \mathrm{d}x = 1$$

的核函数 K 代替。通常考虑的核函数 K 有对称性，或是朴素估计量定义中用到的权函数 w。

从直观上看，核估计在每个观测点 x_i 有一凸起，估计量是这些"凸起"之和。核函数 K 决定了每一个"凸起"的形状，而 h 则决定了"凸起"的宽度。

理论上可以证明[115]~[117]，能使核估计 $\hat{p}(x)$ 与总体密度 $p(x)$ 的均方差(mean square error)

$$MSE(\hat{p}(x)) = E[\hat{p}(x) - p(x)]^2$$

达最小的核函数 K 应满足条件

$$\int_{-\infty}^{\infty} x^2 K(x) \mathrm{d}x = 1$$

研究表明，只有一个函数满足此条件，可称其为最优核函数，它就是 Epanechnikov 核

$$K_{\mathrm{opt}}(x) = \begin{cases} \dfrac{3}{4\sqrt{5}}(1 - \dfrac{x^2}{5}), & |x| \leqslant \sqrt{5} \\ 0, & \text{其他} \end{cases} \tag{5.37}$$

并且，当总体密度 $p(x)$ 已知时，理论上可推导出，Epanechnikov 核函数的最优窗宽是

$$h_{\mathrm{opt}} = 0.7687 \left\{ \int_{-\infty}^{\infty} p''(x) \mathrm{d}x \right\}^{-1/5} n^{-1/5} \tag{5.38}$$

然而，对于 h 的选择仍然是概率密度估计中的一个重要问题。事实上，当总体密度 $p(x)$ 不知道的情况下，h_{opt} 的值是无效的，因为这时式(5.38)根本就用不上。

一个简单又自然的方法是利用标准正态分布给表达式(5.38)中的 $\int_{-\infty}^{\infty} p''(x) \mathrm{d}x$ 赋值。若使用 Gaussian 核函数，

$$K_{\mathrm{Gauss}}(x) = \frac{1}{\sqrt{2\pi}} \exp[-\frac{1}{2} x^2] \tag{5.39}$$

则相应的窗宽为

$$h_{\mathrm{opt}} = 1.06\sigma n^{-1/5} \tag{5.40}$$

虽然用核方法估计概率密度时，最好情况下均方误差的值小至 $n^{-4/5} \sim n^{-8/9}$ 的程度，但是，对是否支持使用核估计，存在正反两方面的争论。最主要的问题是，对于小样本问题，因为没有足够的信息，选择比较好的核函数和窗宽是十分困难的工作。而如果样本足够大，

或者有了关于总体概率分布类型的确切信息，核估计方法并没有什么优势。虽然近邻估计法[115]和自适应核估计方法已被用来改进核估计，它们用可变的窗宽取代选定的 h，但是仍然破坏了概率密度的性质。事实上，$\forall n < \infty$ 必有 $\int_{-\infty}^{\infty} \hat{p}(x) \mathrm{d}x > 1$。

例 5.7 对表 5.1 中的数据用 Gaussian 核函数，得到

$$
\begin{aligned}
h_{\mathrm{opt}} &= 1.06 \sigma n^{-1/5} \\
&= 1.06 \sqrt{\frac{1}{n} \sum_{i=1}^{n} (x_i - \bar{x})^2\, n^{-1/5}} \\
&= 1.06 \sqrt{\frac{1}{n} \sum_{i=1}^{24} (x_i - 6.208)^2\, 24^{-1/5}} \\
&= 0.198
\end{aligned}
$$

则，核估计为

$$
\hat{p}(x) = \frac{1}{24 \times 0.198} \sum_{i=1}^{24} \frac{1}{\sqrt{2\pi}} \exp\left[-\frac{1}{2}\left(\frac{x - x_i}{0.198}\right)^2\right] = 0.084 \sum_{i=1}^{24} \exp[-12.75(x - x_i)^2]
$$

如图 5.13 所示。

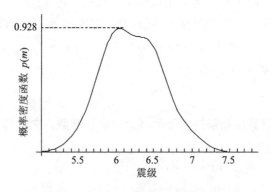

图 5.13　用核方法估计地震震级 m 的概率密度函数 $p(m)$

5.6　蒙特卡罗法和随机数发生器

蒙特卡罗法(Monte Carlo Method)是一种统计试验方法，通过研究一些随机变量(通常由电子计算机生成)的概率分布，从而给出一个数学问题的近似估计值。

蒙特卡罗法亦称作随机模拟方法。这里随机模拟方法被更一般理解为，任何一种能够利用随机数实现模拟的方法。

蒙特卡罗法的应用可追溯到上几个世纪，但直到近几十年，它才成为一种成熟的数值计算方法。"Monte Carlo"这个名称来源于第二次世界大战期间的曼哈顿计划。据说，计划中的统计模拟同机率游戏相似，而位于阿尔卑斯山脉入海处的悬崖之上的袖珍小国摩纳哥(Monaco)曾经是赌博中心有类似的消遣，蒙特卡罗也由此得名。目前，蒙特卡罗的使用日益广泛，向各个学科的渗透也越来越深入。

用蒙特卡罗法求 π 值是最容易理解的蒙特卡罗法的应用。首先，在平面上画一个圆和它

的外接正方形，圆内部用阴影表示，如图 5.14（a）所示。为了简便我们不考虑整个图形，而只是关注 1/4 的圆和正方形，如图 5.14（b）所示。

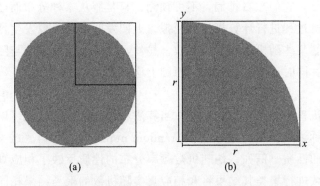

图 5.14　圆和它的外接正方形(a)及 1/4 的圆和正方形(b)

可以设想你是一个投镖初学者，那么镖将会随机落入这 1/4 图形。很显然，对于所有落入正方形内的镖来说，落入阴影部分的镖数应该与这个阴影区域的面积成比例，换句话说，

$$\frac{\text{落入阴影区域的镖数}}{\text{落入正方形区域的镖数}} = \frac{\text{阴影部分的面积}}{\text{正方形的面积}}$$

由几何知识易知

$$\frac{\text{落入阴影区域的镖数}}{\text{落入正方形区域的镖数}} = \frac{\frac{1}{4}\pi r^2}{r^2} = \frac{\pi}{4}$$

即

$$\pi = 4 \frac{\text{落入阴影区域的镖数}}{\text{落入正方形区域的镖数}}$$

假设投镖均落入正方形，那么"投中"（落入阴影区域）与"投"的比率就等于 1/4 的 π 值。如果亲自做这个试验，你会发现要获得一个比较满意的 π 值需要大量的投镖次数，远大于 1000 次。为方便起见，可以用计算机生成随机数。通过统计随机数落入阴影区域的个数和落入正方形区域的个数，计算出 π 值。

今天，对蒙特卡罗法的表述更具一般性。任何基于随机数的使用和概率统计手段来解决问题的方法都可以称作蒙特卡罗法。在本书中，我们将用蒙特卡罗法来判断一个概率统计量的优劣。

传统的数值计算方法先会给出一些严格的数学假设，在对每种情形讨论后，还要解决限制条件下一整套的代数方程式。相比之下，由蒙特卡罗法得到的模拟结果虽然比较粗略，但是由这些结果得出的结论是正确的。同时，由严格假设得出的理论结果可能精确但是其相应的结论用于实际操作时可能会出错。

从现在起，我们假定一个系统的行为是可以用一些概率密度函数来描述。一旦知道了这些概率密度函数，蒙特卡罗仿真就能够通过用这些概率密度函数进行抽样来实现。

1. 随机数和伪随机数

随机数（random number）是在过程中产生的一个数字，该数字的出现不可预测，且不影响后续出现的数字。自然界中随机数的例子很多。例如，一条鲢鱼产卵的数量，一匹斑马一顿饭吃掉草的棵数等。虽然自然界中几乎不存在纯随机数。例如，上述两种随机数受制于生物生存的规律。但是，它们左右徘徊，不可预测，只是服从某种分布而已。

为了对一个随机过程进行计算机仿真模拟，人们发明了随机数发生器。也就是说，可以用一组随机数来代替某些随机过程中的变数。显然，这里随机数必须与随机过程中的变数具有相同的统计性质。同时，随机数的来源原则上应该是无止境的，并且数与数之间也应当是相互独立的。

由于这种计算机程序的随机数发生器，当算法和初值确定后，就可以百分百地知道将要产生的数列，所以称为是伪随机数(pseudo random number)发生器。这一系列数有许多与一系列纯随机数相同的性质。例如，伪随机数频率分布的性质反映了相应真实随机数频率分布的性质；对伪随机数进行聚类其结果将和相应真实随机数的聚类结果相同；如果伪随机数缺乏易辨模式，则相应的真实随机数也一样。因此，用伪随机数进行统计实验有很高的使用价值。当我们用纯随机数作为初值，并进行大量的实验，结果会相当可靠。

更确切地讲，伪随机数和伪随机数列是特指由计算机生成的"随机"数。已经有许多各式各样巧妙算法被发现，这些算法生成的数列可以通过所有必须的统计试验。这些试验能将随机数和有包含某种模式或内在次序的数区别开来，从而判定所给的数确实是随机数。

虽然一个确定的计算机程序不会生成真实的随机数，但在大多数情况下使用伪随机数就足够了。一个好的伪随机数列常常被用到统计抽样或模拟实验中。为了产生这种可供使用的伪随机数，要求生成器有一定的复杂性，使得它内在的模式和自然界中的模式不会发生共振。在本书中，我们将用伪随机数进行模拟实验，以显示相关风险分析模型的优越性。这里，伪随机数简称为随机数。

2. 均匀分布随机数

在模拟领域[118]，最常用的随机数发生器是线性同余发生器，由莱默尔首先提出[119]。在这个算法中，随机数序列中的数由如下的递推关系产生

$$X_i = (aX_{i-1} + c) \bmod m \tag{5.41}$$

式中，参数 a，c 和 m 的值决定了这个随机发生器的统计特征。符号"mod"称为"模"，是一个重要的算术算子。通过模运算得到两个数字相除的余数。例如，10 mod 3 的结果为 1，因为 10 除以 3 的余数是 1。更多例子如下：

1 mod 3＝1，2 mod 3＝2，3 mod 3＝0，4 mod 3＝1，5 mod 3＝2，6 mod 3＝0。
对于式(5.41)，当 $c=0$ 时，该算法称为乘同余法。当 $c=0$，$m=2^{31}-1=2147483647$ 时，为一广泛使用的乘同余法。程序 5.1 给出生成均匀分布随机数 X(I)，I=1，2，…，N，的方法。初始值 X_0 称为种子数(seed number)，即令 X_0＝SEED。

程序 5.1 服从均匀分布 U（0，1）的随机数发生器

```
PROGRAMMAIN
INTEGER N，SEED
REAL X(10)
```

```
        READ( * ，* )N，SEED
        IX＝SEED
        DO 10 I＝1，N
        K1＝IX/60466
        IX＝35515 * (IX－K1 * 60466)－K1 * 33657
        IF(IX.LT.0)IX＝IX＋2147483647
        K1＝IX/102657
        IX＝20919 * (IX－K1 * 102657)－K1 * 1864
        IF(IX.LT.0)IX＝IX＋2147483647
        RANUN＝FLOAT(IX)/2.147483647e9
        X(I)＝RANUN
10      CONTINUE
        WRITE( * ，20)(X(I)，I＝1，N)
20      FORMAT(1X，F12.4)
        STOP
        END
```

在程序中，我们使用了

$$X_{i+1} = 742938285 * X_i \text{ MOD } 2147483647$$

和

$$U_{i+1} = X_{i+1}/M, M = 2147483647$$

它们被用在 GPSS/H 模拟语言中[120][121]。为了避免在做整数运算时出现溢值，由数论知识我们可以得到一个相等的算法。

$$742938285 = 35515 * 20919,$$
$$2147483647 = 35515 * 60466 + 33657,$$
$$2147483647 = 20919 * 102657 + 1864,$$

且

$$a * b * X \quad \text{MOD} \quad c = a * (b * X \quad \text{MOD} \quad c) \text{MOD } c,$$
$$(X+Y) \text{ MOD } c = ((X \quad \text{MOD} \quad c) + (Y \quad \text{MOD} \quad c)) \quad \text{MOD } c$$

这样一来，我们就得到了上述 Fortran 程序给出的算法。均匀分布在生成其他分布时经常用到。为此，我们将程序 5.1 改写成一个子函数程序 5.2。

程序 5.2 生成服从均匀分布 U (0，1)随机数的子函数程序

```
        FUNCTION RANUN(IX)
        K1＝IX/60466
        IX＝35515 * (IX－K1 * 60466)－K1 * 33657
        IF(IX.LT.0)IX＝IX＋2147483647
        K1＝IX/102657
        IX＝20919 * (IX－K1 * 102657)－K1 * 1864
```

```
          IF(IX. LT. 0)IX＝IX＋2147483647
          RANUN＝FLOAT(IX)/2.147483647e9
          RETURN
          END
```

3. 正态分布随机数

研究发现[122]，通过下面方式可以生成两个独立的标准正态变量 X 和 Y

$$X = \cos(2\pi U_{i+1}) \sqrt{-2\log(U_i)}, Y = \sin(2\pi U_{i+1}) \sqrt{-2\log(U_i)}$$

式中，U_{i+1} 和 U_i 都服从（0，1）上的均匀分布。这种方法表面上看来类似于反演。然而，并不存在确切的方法可以用单个均匀随机变量反演生成单个正态随机变量。我们大胆尝试同时生成两个均匀分布随机数，惊奇地发现结果是可行的。这种方法不是一对一而是二对二的。程序 5.3 用来生成正态分布随机数 X(I)，I＝1，2，…，N，其中，初值为 SEED，RANUN (SEED)是均匀分布子函数。

程序 5.3　服从正态分布 N(MU，SIGMA²)的随机数发生器

```
          PROGRAMMAIN
          INTEGER N, SEED
          REAL MU, SIGMA, X(1000), U1, U2, Y
          READ( * , * )MU, SIGMA, N, SEED
          DO 10 I＝1，N
          U1＝RANUN(SEED)
          U2＝RANUN(SEED)
          Y＝SQRT(－2. * ALOG(U2)) * COS(6.283 * U1)
          X(I)＝MU＋SIGMA * Y
10        CONTINUE
          WRITE( * , 20)(X(I), I＝1, N)
20        FORMAT(1X, F12.4)
          STOP
          END
```

正态分布在生成对数正态分布时将要用到。为此，我们将这个程序改写成一个子程序 5.4。

程序 5.4　生成服从正态分布 N(MU，SIGMA²)随机数的子程序

```
          SUBROUTINE NORMAL(MU, SIGMA, SEED, Y)
          INTEGER SEED
          REAL MU, SIGMA, U1, U2, X, Y
          U1＝RANUN(SEED)
          U2＝RANUN(SEED)
          X＝SQRT(－2. * ALOG(U2)) * COS(6.283 * U1)
```

```
            Y=MU+SIGMA * X
            RETURN
            END
```

4. 指数分布随机数

参数为 λ 的指数分布的分布函数为

$$y = F(x) = 1 - e^{-\lambda x}, x \geqslant 0 \tag{5.42}$$

其反函数为

$$x = F^{-1}(y) = -\frac{1}{\lambda} \log(1 - y)$$

令 U 服从 （0，1) 上的均匀分布且：

$$X = -\frac{1}{\lambda} \log(1 - U)$$

由定理 5.1 知，X 服从参数为 λ 的指数分布。因为 $1-U$ 满足同样的分布，所以我们建议用如下简易形式

$$X = -\frac{1}{\lambda} \log(U) \tag{5.43}$$

程序 5.5 用来生成指数分布随机数 X(I)，I=1，2，…，N，其中，参数为 LAMBDA，初值为 SEED，RANUN(SEED)是均匀分布子函数。

程序 5.5　服从参数为 LAMBDA 的指数分布的随机数发生器

```
            PROGRAMMAIN
            INTEGER N，SEED
            REAL LAMBDA，X(1000)，U
            READ( * ， * )LAMBDA，N，SEED
            DO 10 I=1，N
            U=RANUN(SEED)
            X(I)=−1. 0/LAMBDA * ALOG(U)
10          CONTINUE
            WRITE( * ，20)(X(I)，I=1，N)
20          FORMAT(1X，F12. 4)
            STOP
            END
```

5. 对数正态分布随机数

若 $\log x$ 是正态分布随机变量，均值为 μ，方差为 σ^2，则 x 是对数正态随机变量，均值为 $\exp[\mu + \sigma^2/2]$，方差为 $[\exp(\sigma^2) - 1]\exp[2\mu + \sigma^2]$。由此可知：若 Y 是正态随机变量，均值为 μ，方差为 σ^2，则 $X = e^Y$（即，$X = \exp Y$）是对数正态随机变量，均值为 $\exp[\mu + \sigma^2/2]$，方差为 $[\exp(\sigma^2) - 1]\exp[2\mu + \sigma^2]$。

因此，程序5.6可用来生成对数正态随机数 X(I)，I=1，2，…，N，其中，参数为 MU 和 SIGMA，初值为 SEED，而 NORMAL(MU，SIGMA，SEED，Y)是正态分布随机数的子程序。

程序5.6　服从参数为 MU 和 SIGMA 的对数正态分布的随机数发生器

```
      PROGRAMMAIN
      INTEGER N，SEED
      REAL MU，SIGMA，X(1000)，Y
      READ(＊，＊)MU，SIGMA，N，SEED
      DO 10 I=1，N
      CALL NORMAL(MU，SIGMA，SEED，Y)
      X(I)=EXP(Y)
10    CONTINUE
      WRITE(＊，20)(X(I)，I=1，N)
20    FORMAT(1X，F12.4)
      STOP
      END
```

5.7　结论和讨论

目前较为成熟的风险分析数学方法，是概率统计方法。但是，它只能用于分析四类风险中的一种——概率风险。也就是说，当人们使用这种方法时，实际上是假定了可以收集到大量的统计数据，可以找到合适的概率模型，从而可以对未来不利事件的情景进行统计预测。在概率统计方法不能解决实际问题时，人们常常转而由专家评分来进行风险估计。严格地讲，专家评分只是收集原始资料的一种特殊形式，只有进行严格的数学分析和大量的实验验证后，才能给出科学结论。传统的概率统计方法，无论是参数估计法还是非参数估计法，都有其无法克服的弊端。

参数估计假设产生数据的总体分布的形式是已知的，所不能确定的是数量有限的一些参数值。参数估计工作所要做的就是对假设的总体分布形式进行检验，并对有关参数进行估计。但是，在实践中，在没有足够证据时，去假设一个总体有某种分布形式，并进行参数估计或检验是不负责的，结果是不可靠的，甚至是灾难性的。

非参数估计就是对总体分布形式不了解时进行推断的统计方法，有相当好的稳健性，计算简便，处理问题广泛，并且在多数分布未知情况下比参数方法更有效。但是，小区域内的自然灾害风险评价大多是在小样本的情况下进行，此时传统的非参数方法就不再适用，因为由小样本很难用传统的方法找到可靠而又具有可解释性的核函数 K 和窗宽 h。

那么，有没有方法可以改进小样本时概率分布的估计，有效进行自然灾害风险评价呢？

答案是肯定的。本书中将要介绍的信息扩散技术，将有效拓展概率统计方法，优化处理小样本，显著提高风险系统的识别精度。

第6章 模糊数学方法

自然灾害系统中的不确定性，从属性上来分，有随机不确定性和模糊不确定性两种。前者主要指致灾因子发生与否是随机不确定的，后者不仅指我们对致灾因子的活动规律尚没有认识清楚，而且指我们对自然灾害系统中各种关系的认识并不很清楚。

例如，因为我们掌握的信息资料不充足，描述地震的理论也很不成熟，我们对地震致灾因子的活动规律尚没有认识清楚。我们不可能精确估计出某地在未来 50 年内将发生 7 级地震的概率。再如，由于地表过程和灾害的形成都十分复杂，我们对地表过程变化与灾害风险的关系很不清楚。我们不可能精确找到全球气候变化和土地利用变化对某流域洪水风险的确切影响。但是，这种不清楚，模糊不确定性，并不是漫无边际，而是有一定的范围。

美国控制论专家扎德 1965 年提出的模糊集理论[57]，为人们研究模糊现象提供了重要工具。经过近 50 年的发展，尤其是在模糊控制方面的成功应用和软计算体系的建立，模糊集理论成为继概率统计后用于风险分析最有效的工具。

由于模糊集理论早期由国内的数学家引进，人们习惯于将其称为模糊数学，为了阅读方便，本书将基于模糊集理论的方法，称为模糊数学方法。

6.1 风险的模糊观点

在扎德模糊概率之上的风险研究，并不能改进人们对风险的认识。二阶不确定性的描述，有望发挥模糊数学的作用，为人们认识风险提供重要的帮助。本节不加解释地直接使用模糊数学中的一些概念，相关的描述则在下一节中给出。

1. 扎德的模糊概率

直接引用扎德提出的模糊概率，即模糊事件的概率，似乎就能处理风险分析中的模糊不确定性，事实并非如此。

设 Ω 是一个非空集合，其元素记为 ω。设 $\mathscr{A}$ 是样本空间 Ω 的幂集的一个非空子集，其元素记为 A，称为事件，且 $\mathscr{A}$ 是一个 σ-代数，即

(1) $\Omega \in \mathscr{A}$；

(2) 若 $A \in \mathscr{A}$，则 $\bar{A} \in \mathscr{A}$；

(3) 若 $A_n \in \mathscr{A}, n = 1, 2, \cdots$，则 $\bigcup_{n=1}^{\infty} A_n \in \mathscr{A}$

设 P 是一个从集合 $\mathscr{A}$ 到实数域 $\mathbf{R}$ 的函数，每个事件都被此函数赋予一个 0~1 的概率值，且 $P(\Omega) = 1$，则称 $(\Omega, \mathscr{A}, P)$ 为一个概率空间。

如果 $\tilde{A}$ 是 Ω 上的一个模糊集，则称 $\tilde{A}$ 是一模糊事件。设 $\tilde{A}$ 由隶属函数 $\mu_A(\omega)$ 定义，则

称式(6.1)计算的数值为模糊概率[123]。

$$P(\widetilde{A}) = \int_{\Omega} \mu_A(\omega) \mathrm{d}P = E(\mu_A(\omega)) \qquad (6.1)$$

我们用一个简单的例子来说明这种模糊概率。设某地区震中烈度 I_0 为Ⅷ的地震震级 m 的概率密度函数为(见图 6.1 中实线)

$$p(m) = \frac{1}{0.45\sqrt{2\pi}} \exp\left[-\frac{(6-m)^2}{2 \times 0.45^2}\right]$$

假定产生震中烈度为Ⅷ的"大地震"被定义为(见图 6.1 中虚线)

$$\mu_{\text{大地震}}(m) = \frac{1}{1 + [0.9(m-6)]^{-5}}$$

则当该地区发生一次震中烈度为Ⅷ的地震时,模糊事件"大地震"出现的概率是

$$P(\text{大地震}) = \int_6^8 \frac{1}{1+[0.9(m-6)]^{-5}} \times \frac{1}{0.45\sqrt{2\pi}} \exp\left[-\frac{(6-m)^2}{2 \times 0.45^2}\right] \mathrm{d}m = 0.019856$$

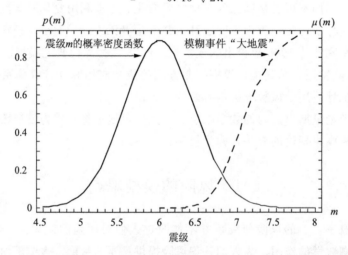

图 6.1　某地区震中烈度 $I_0 =$ Ⅷ的震级 m 概率分布(实线)和"大地震"隶属函数(虚线)

　　显然,计算模糊事件发生的概率,其先决条件是已知基本事件 m 的概率分布 $p(m)$,而这正是自然灾害风险分析的根本问题之一。这种将"细"(即 $p(m)$)变"粗"(即 $P(\widetilde{A})$)的模糊概率,没有明显的应用价值。例如,假定灾害管理部门知道某地发生 8 级地震其死亡人数 x 的概率分布是 $p(x)$,对于计算模糊事件"大批人员死亡"的概率并没有实质意义。不仅定义"大批"这一模糊概念的隶属函数没有一定之规,计算结果也不会有什么发现。

　　当然,如果一个复杂的风险系统可分解为几个简单的风险子系统,而子系统中的基本概率分布容易获取,并且复杂系统中的模糊事件可以很容易地由子系统中的模糊事件合成,那么,模糊事件的概率或许能发挥重要作用。然而,这种情况十分罕见。

2. 二阶不确定性

　　人们对一枚硬币的正面和背面不会有任何疑问,这是确定性的。抛掷一枚硬币,落地后可能出现正面向上,也可能出现背面向上,事先无法确定,这是一阶不确定性。如果人们连

硬币的均匀性都产生了怀疑，这就是二阶不确定性。通常，一阶不确定性是指数据的可变性，并反映在方差上；二阶的不确定性是指有关参数值的不确定性，并反映在标准误差上。

震害现场考察者不会怀疑其判断灾区某楼房是基本完好还是完全毁坏的能力，这是确定性的。但是，地震中该楼房将会受到何程度的破坏，震前并不知道，这是一阶不确定性。人们不可能用有限的资料精确计算出地震危险区某楼房在给定时段内的破坏概率，这是二阶不确定性。

研究二阶不确定性最早涉及的是二阶概率，是在处理专家经验时碰到，二维的 Dirichlet 分布被用来对其进行描述[124]。大量的二阶不确定性问题涉及不精确概率，并出现了所谓的"不精确的层次不确定性模型[125]"，而用可能性－概率分布[126]表达的模糊概率则使得人们可以用矩阵工具来直观地表达不精确概率的二阶不确定性。

设 A 是与某种不利事件有关的一种未来情景。当 A 是一个随机事件时，A 是概率风险；当人们对 A 的发生的认识尚不清晰时，A 是模糊风险。例如，设 A 是地震区某建筑物未来的破坏情景，如果破坏程度只由地震大小决定，由于地震发生的随机性，则 A 是一个随机事件，它是概率风险，风险的大小可由期望破坏来度量；如果破坏程度还受到建筑物老化程度的影响，并且只能用模糊关系近似描述，则人们对 A 的发生的认识尚不清晰，从而是模糊风险。模糊风险的大小可用模糊期望(即区间期望值)来表达。

客观存在的风险，人们并不一定能认识清楚。人们的风险管理措施，总是依据人们的认识而定。正确面对模糊风险，是提高风险管理水平的需要。

理论上讲，风险的概率观点，就是将一个不利事件 A 视为 $\mathscr{A}$ 中的一个元素，其发生的可能性用概率测度 P 来度量。当 Ω 中的元素 ω 可以用随机变量 x 来表达时，概率测度函数 $P(A)$ 的表达式为概率分布函数 $F(x)$。概率风险分析的核心，就是寻找 $F(x)$ 或其相应的概率密度函数 $p(x)$。

风险的模糊观点则认为，不利事件 A 发生的不确定性是二阶不确定性即，随机不确定性加模糊不确定性。

将概率空间中的 $\mathscr{A}$ 拓展为具有 Borel 可测隶属函数的模糊集族 $\mathscr{F}_B(R^n)$，并将 P 拓展为可以测度模糊事件 $\tilde{A}$，人们可以构造模糊事件概率空间[127]$(R^n, \mathscr{F}_B(R^n), P)$。但是，它不是描述 A 的二阶不确定性，而只是 $\tilde{A}$ 的一阶不确定性。模糊事件概率空间，并不能改进人们对风险的认识。

为了形式化地表述风险的模糊观点，我们须引入模糊值[128]概念，并提出衍生模糊值概念。

定义 6.1　设 A 是论域 $X=[0,1]$ 上的模糊集，隶属函数为 $\mu_A(x)$。当且仅当它的 α-截集 A_α，$0 \leqslant \alpha \leqslant 1$，都是闭区间时，称 A 为一个模糊值。

定义 6.2　设 x 是论域 $X=[0,1]$ 中的一个点，γ 是一个算子使 x 产生一个模糊值 A，且 x 是 A 的核的中点，称 A 是由 x 依 γ 衍生的模糊值。

算子就是集合上的映射。γ 的原象集是 X，象集是所有模糊值组成的集合。模糊集的 1-截集称为其核。

回顾本子节前部我们提到的用二维 Dirichlet 分布研究二阶概率，易知，随机不确定性加模糊不确定性的二阶不确定性，也应该用一个二维分布来描述。为此，我们提出模糊概率空间的概念。

　　定义 6.3　设 Ω 是一个样本空间，令 $\mathscr{A}$ 是 Ω 上的一个 σ 代数，P 是（Ω，$\mathscr{A}$）上的一个概率测度，Π 是由 P 衍生的模糊值的全体，称（Ω，$\mathscr{A}$，Π）为一个模糊概率空间。

　　显然，模糊概率空间不同于模糊事件概率空间（R^n，$\mathscr{F}_B(R^n)$，P）。当 $\Omega = \mathbf{R}$ 时，P 是一条曲线，而 Π 是一个曲面，它表现了随机变量 x 出现的概率是一个模糊数。以概率密度函数为指数分布为例，P 和 Π 可分别由图 6.2(a) 和 6.2(b) 示之。

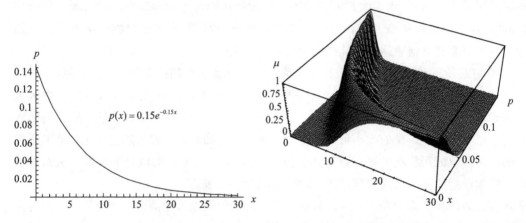

　　（a）可用于表达某种概率风险的指数分布　　　（b）可用于表达某种模糊风险的由指数分布衍生的模糊概率分布

图 6.2　概率风险的观点(a)和二阶不确定性意义下模糊风险观点(b)比较

　　我们可以用一个更简单的例子来说明什么是确定性的灾难，什么是概率风险和什么是二阶不确定性意义下模糊风险。

　　假定一个盛有病毒的密封玻璃器皿不慎落入一顽皮孩子的手中，一旦器皿被摔碎，病毒将会造成灾难。又假定该孩子正在一个两米高的圆台上玩耍，试图将器皿扔下圆台。如果器皿落在水泥地上，器皿必碎无疑；如果落在草地上，器皿完好无损。显然，如果圆台的四周均为水泥地，灾难必定发生，这是确定性的灾难。如果圆台的四周既有水泥地，又有草地上，以概率风险的观点，就是根据他们的比例来计算灾难发生的概率。然而，真实情况是，如果有时间精确计算出水泥地和草地的比例，就有时间阻止顽皮孩子扔出器皿，人们只可能目视判断大约是水泥地多还是草地多，只能计算出模糊概率。也就是说，风险是二阶不确定的：顽皮孩子向什么方向扔出器皿是随机不确定的，我们对水泥地和草地比例的认识是模糊的。

6.2　模糊数学中的基本概念

1. 集合论及其运算

　　我们知道，在人脑中形成一个概念，必须要搞清它的内涵和外延。所谓"外延"亦即是说明哪些事物符合此概念，实际上这就是一个"集合"，因此人脑中概念的形成，总要涉及某一个"集合"。由于集合的概念是数学中之最最基本的概念之一,故无法寻找更基本的概念来对集合确定一个更确切的定义,正象几何学中无法定义点、直线一样。因此,我们只能对它进行一些说明。

我们说一些不同的确定的对象的全体称为集合。而这些对象称为集合的元素。由此可见,集合是由元素组成的。元素与集合一样,也是无法定义的,它可以理解为存在于世上的客观物体。当然,这些事物可以是具体的也可以是抽象的,如人、书、桌子、花、太阳、地球、原子、自然数、实数、字母、点、三角形等。

客观事物,浩如烟海,千头万绪。但我们在考虑一个具体问题时,总是把议题局限在某一个范围内,这就是所谓的论域,在英文文献中常简称 universe,这就是人们常用大写字母 U 表示论域的原因。论域中每个对象就是元素,通常以小写字母 u 等来表示。给定一个论域 U,U 中某一部分元素的全体,叫做 U 中的一个子集合,常用 A,B,C,… 表示。

在经典的集合论中,要想确定 U 中的一个子集合 A,只要对 U 中的任一元素在 $x \in A$,或 $x \notin A$ 之间作一选择即可。若元素个数为有限,一个集合 A 可以用枚举法来表示,亦即

$$A = \{x_1, x_2, \cdots, x_n\}$$

若元素个数为无限时,上述枚举法是行不通的,这时通常用描述法表示

$$A = \{x \mid P(x)\}$$

上式当然也适用于元素为有限的情况,其中 $P(x)$ 是 x 所满足的条件。经典集合论的几个基本运算和符号概括如下。

(1)包含 $\supseteq$

设 A,B 是论域 U 的两个集合,如果对任意 $x \in U$,若 $x \in A$,则可推得 $x \in B$,便称 B 包含 A,记作 $B \supseteq A$,此时,A 叫 B 的子集。如果 $B \supseteq A$,又能找到元素 $x \in B$,但 $x \notin A$,则称 A 是 B 的真子集,记作 $B \supset A$。

若 $B \supseteq A$ 与 $A \supseteq B$ 同时成立,则 A,B 两个集合相等,记作 $A = B$。不含有任何元素的集合叫做空集,用符号 $\varnothing$ 来表示。根据定义,对任何集合 A,显然有

$$U \supseteq A \supseteq \varnothing$$

包含关系的另一种写法是 $\subseteq$,$A \subseteq B$ 称为 A 包含于 B。相应于 $\subseteq$ 的真子集关系符号是 $\subset$。

(2)集合 A 的余集 A^c

设 A 是论域 U 的集合,A 的余集 A^c 定义为

$$A^c = \{x \mid x \in U \text{ 但 } x \notin A\}$$

(3)集合 A 和 B 的并集 $A \cup B$

设 A,B 是论域 U 的两个集合,A,B 的并集 $A \cup B$ 定义为

$$A \cup B = \{x \mid x \in A \text{ 或 } x \in B\}$$

(4)集合 A 和 B 的交集 $A \cap B$

设 A,B 是论域 U 的两个集合,A,B 的交集 $A \cap B$ 定义为

$$A \cap B = \{x \mid x \in A \text{ 且 } x \in B\}$$

2. 模糊子集的概念

在经典集合论中，一个元素 x 和一个集合 A 的关系只能有 $x \in A$ 和 $x \notin A$ 两种情况。然而，在现实生活中大量存在着外延不分明的概念，用经典集合论"非此即彼"的思想尚不能刻划所有元素和集合的关系。例如，医学中的"发高烧"，体温 38.5℃ 算不算发高烧？界限是模糊的。也就是说一个元素 $x = 38.5$ 和一个集合 $A =$ "发高烧"，不能简单地用 $x \in A$ 来表示。我们称外延不分明的概念为模糊概念。扎德建议用模糊集[57] 来刻划模糊概念，其基本思想是把经典集合中的绝对隶属关系灵活化。

在经典集合论中，我们可以通过一个称之为特征函数的表达式来刻划元素与集合之间的关系，或者说，集合可以通过特征函数来刻划，每个集合 A 都有一个特征函数 $\chi_A(x)$。如果 $x \in A$，我们说 $\chi_A(x) = 1$，如果 $x \notin A$，我们说 $\chi_A(x) = 0$，即

$$\chi_A(x) = \begin{cases} 1, & \text{当 } x \in A \\ 0, & \text{当 } x \notin A \end{cases}$$

将绝对隶属关系灵活化，用特征函数的语言来讲就是：元素对"集合"的隶属度不再局限于取 0 或 1，而是可以取 $[0, 1]$ 区间中的任一数值。具体表述为：设给定论域 U 和一个资格函数把 U 中的每个元素 x 和区间 $[0, 1]$ 中的一个数 $\mu_A(x)$ 结合起来。$\mu_A(x)$ 表示 x 在 A 中的资格等级。此处的 A 我们就说是 U 的一个模糊子集。此处的 $\mu_A(x)$ 相当于上面的 $\chi_A(x)$，不过其取值不再是 0 和 1，而扩展到 $[0, 1]$ 中的任一数值。一般我们也称模糊子集为模糊集。而一般集是模糊集的特例。

用数学语言来讲我们可以给出如下定义。

定义 6.4 设给定论域 U，U 到闭区间 $[0, 1]$ 的任一映射 μ_A

$$\mu_A : U \rightarrow [0, 1]$$
$$x \mapsto \mu_A(x)$$

(6.2)

可确定 U 的一个模糊子集 A。

模糊子集通常简称为模糊集，早先多书为 $\underset{\sim}{A}$，有时受排版系统的限制也记为 $\tilde{A}$，在不易引起混乱的时候，多简写为 A。

如果 U 是模糊集 A 的论域，则称 A 是 U 上的一个模糊集，或简称 A 是 U 的模糊集。数值 $\mu_A(x)$ 称为 x 属于 A 的隶属度。函数 $\mu_A(x)$ 称为 A 的隶属函数。

例 6.1 某人事部门要对五个待安排职员的工作能力打分，亦即 x_1，x_2，x_3，x_4，x_5，设论域：

$$U = \{ x_1, x_2, x_3, x_4, x_5 \}$$

现分别对每个职员的工作能力按百分制给出，再都除以 100，这实际上就是给定一个从 U 到 $[0, 1]$ 闭区间的映射，如

x_1 85 分   即 $\mu_A(x_1) = 0.85$

x_2 75 分   即 $\mu_A(x_2) = 0.75$

x_3 98 分   即 $\mu_A(x_3) = 0.98$

x_4　80 分　即 $\mu_A(x_4) = 0.80$

x_5　60 分　即 $\mu_A(x_5) = 0.60$

这样就确定了一个模糊子集 A，它表示出这些职员对"工作能力强"这个概念的符合程度。如果论域 U 是有限集，可以用向量表示模糊子集，对于上例可写成：

$$A = (0.85, 0.75, 0.98, 0.80, 0.60)$$

也可以采用扎德记号：

$$A = 0.85/x_1 + 0.75/x_2 + 0.98/x_3 + 0.80/x_4 + 0.60/x_5$$

或

$$A = \frac{0.85}{x_1} + \frac{0.75}{x_2} + \frac{0.98}{x_3} + \frac{0.80}{x_4} + \frac{0.60}{x_5}$$

扎德记号不是分式求和，只是一种记法而已。其"分母"是论域 U 的元素，"分子"是相应元素的隶属度。当隶属度为 0 时，那一项可以不写入。

如果 U 是无限集，可以采用"积分"记法：

$$A = \int_U \mu_A(x)/x$$

$\int_U$ 仅表示 x 取尽 U 上的点，没有真正的积分意义。对于 U 是有限集时，为了方便，有时也采用这种记法。

在应用模糊集理论时，经常需要把一个模糊集转化为若干经典集合进行处理，这种经典集合称为截集或水平集。

定义 6.5　设 U 上的模糊集 A 的隶属函数是 $\mu_A(x)$，$x \in U$。$\alpha \in [0, 1]$，称

$$A_\alpha = \{x \mid x \in U, \mu_A(x) \geqslant \alpha\} \tag{6.3}$$

为 A 的 α-截集或 A 的 α-水平集。称

$$A_{\underset{\cdot}{\alpha}} = \{x \mid x \in U, \mu_A(x) > \alpha\} \tag{6.4}$$

为 A 的 α-强截集或 A 的 α-强水平集。

A 的 0-强截集称为 A 的支集，记为 $\mathrm{supp}A$，即

$$\mathrm{supp}A = \{x \mid x \in U, \mu_A(x) > 0\} \tag{6.5}$$

A 的 1-截集称为 A 的核，记为 $\ker(A)$，即

$$\ker(A) = \{x \mid x \in U, \mu_A(x) = 1\} \tag{6.6}$$

有一种特殊的模糊集常被用到，这就是模糊单点集。

定义 6.6　U 上的一个模糊集叫做一个模糊单点集，如果它的隶属函数在 U 中除一个点外，所有点都取零值。

易知，一个模糊单点集的支集有且只有一个元素。U 上的所有模糊集的全体构成的集合称为 U 上的模糊幂集，记为 $\mathscr{F}(U)$。

3. 模糊子集的运算

两个模糊子集间的运算，实际上就是逐点对隶属度进行相应的运算。

（1）包含⊇：

设 A，B 是论域 U 的两个模糊子集，如果对任意 $x \in U$ 均有 $\mu_A(x) \leqslant \mu_B(x)$，便称 B 包含 A，记作 $B \supseteq A$。

如果 $\mu_A(x) = \mu_B(x)$，则称 A，B 两个模糊子集相等，记作 $A = B$。

所有隶属度均为 0 的模糊子集叫做空集，也用 $\varnothing$ 表示。

（2）模糊子集 A 的余集 A^c：

设 A 为论域 U 上的模糊子集，隶属函数为 $\mu_A(x)$，则 A 的余集 A^c 的隶属函数是

$$\mu_{A^c}(x) = 1 - \mu_A(x) \tag{6.7}$$

（3）模糊子集 A 和 B 的并集 $A \bigcup B$：

设 A，B 均是论域 U 的两个集合，A，B 的并集是一个新的模糊子集 C。对于任意 $x \in U$，它属于 C 的资格函数取 $\mu_A(x)$ 和 $\mu_B(x)$ 中较大的一个，即

$$C = A \bigcup B \Leftrightarrow \forall x \in U, \mu_C(x) = \max(\mu_A(x), \mu_B(x)) \tag{6.8}$$

（4）A 和 B 的交集 $A \bigcap B$ 定义如下：

$$D = A \bigcap B \Leftrightarrow \forall x \in U, \mu_D(x) = \min(\mu_A(x), \mu_B(x)) \tag{6.9}$$

亦即是逐点对隶属度作取小运算。

4. 模糊关系

世界上存在着各种各样的关系。人与人之间有"同志"关系，"上下级"关系，"父子"关系；两个数之间有"大于"关系，"等于"关系及"小于"关系等。变量之间的函数关系，是一种更为普遍的关系。为了描述关系，我们需要引入直积的定义。

定义 6.7　由两个集合 U，V 各自的元素 x，y 构成序偶 (x, y)，所有这样的 (x, y) 构成的集，称为 U 与 V 的直积，记作 $U \times V$。即

$$U \times V = \{(x, y) \mid x \in U, y \in V\} \tag{6.10}$$

直积也称直积空间或卡氏积，只是叫法不同而已。利用上述定义可以说明什么叫关系。

设 A，B 分别是 U，V 上的两个模糊集，其直积 $A \times B$ 由式（6.11）定义。

$$\mu_{A \times B}(u, v) = \mu_A(u) \wedge \mu_B(v) \tag{6.11}$$

定义 6.8　对于集合 U，V，其直积 $U \times V$ 上的任一子集 R 均可称为 U 与 V 之间的二元关系。

同理，我们可定义：设 U_1，U_2，…，U_n 均为集合，其直积 $U_1 \times U_2 \times \cdots \times U_n$ 上的任一子集 R_n 可称为集合 U_1，U_2，…，U_n 之间的一个 n 元关系。二元关系和 n 元关系都可简称为关系。

例 6.2　集合 $\{0, 1, 2, 3, 4\}$ 上的所谓"小于"关系（以 $<$ 表示）就是

$$< = \{(0, 1), (0, 2), (0, 3), (0, 4), (1, 2), (1, 3),$$
$$(1, 4), (2, 3), (2, 4), (3, 4)\}$$

而 $(2, 2)$，$(3, 1)$ 都不是"小于"关系这个集合中的元素。

如果 R 是一个模糊子集，则它所刻划的就是 U 与 V 之间的模糊关系。

例 6.3　医学上常用

$$体重（公斤）＝身高（厘米）－100$$

描写标准体重，这实际上给出了身高（U）与体重（V）的普通关系。若

$$U＝\{140，150，160，170，180\}，\quad V＝\{40，50，60，70，80\}$$

则它们的关系见表 6.1。

表 6.1　身高与体重的普通关系

	40kg	50kg	60kg	70kg	80kg
140cm	1	0	0	0	0
150cm	0	1	0	0	0
160cm	0	0	1	0	0
170cm	0	0	0	1	0
180cm	0	0	0	0	1

人有胖瘦不同，对于非标准的情况（对应于取 0 的格子），应该描述其接近标准的程度。表 6.2 给出模糊关系。显然它更深刻、更完整地给出了身高与体重的对应关系。

表 6.2　身高与体重的模糊关系

	40kg	50kg	60kg	70kg	80kg
140cm	1	0.8	0.2	0.1	0
150cm	0.8	1	0.8	0.2	0.1
160cm	0.2	0.8	1	0.8	0.2
170cm	0.1	0.2	0.8	1	0.8
180cm	0	0.1	0.2	0.8	1

普通关系只能描述元素之间关系的有无。现实世界存在着大量更为复杂的关系，它们元素间的联系不是简单的有和无，而是不同程度的存在。

5. 模糊关系的分类

当 $U，V$ 为有限集时，关系 R 可以用一个矩阵来表示

$$R＝\{r_{ij}\}_{n \times m}$$

这里 U 有 n 个元素，V 有 m 个元素，$r_{ij} \in [0，1]$，$i＝1，2，\cdots，n$；$j＝1，2，\cdots，m$。当 R 是一个模糊关系时，称 R 为模糊关系矩阵。此时 R 的元素值也可以用 $r_{ij}＝\mu_R(u_i，v_j)$ 来表示。其中 $\mu_R(u_i，v_j)$ 是在论域 $U \times V$ 上的隶属函数。

从应用的角度，我们将模糊关系矩阵分为相似矩阵、评判矩阵和因果矩阵三类。

1）相似矩阵

设 R 是一个以 $U \times U$ 为论域的模糊关系矩阵。如果 $\mu_R(u_i，u_i)＝1$，$i＝1，2，\cdots，n$，称 R 满足自反性；若 $\mu_R(u_i，u_j)＝\mu_R(u_j，u_i)$，$i，j＝1，2，\cdots，n$，则称 R 满足对称性。若

R 既满足自反性又满足对称性，则称 R 是一个相似矩阵。

当 U 为无限集时，自反性表示为：$\mu_R(u,u) = 1, \forall u \in U$；对称性表示为 $\mu_R(u,v) = \mu_R(v,u), \forall u,v \in U$，相应的 R 为一相似关系。

易知，相似关系只能对一个 U 到 U 的自身集值映射而言，是否为相似关系只与表征映射程度的数值有关（当 U 为有限集时，也就是只与矩阵各元素的数值有关）。相似矩阵一般被用来对同一论域上的一系列事物进行分类，也就是通常所说的模糊聚类分析。

2）评判矩阵

设论域 U 的每一元素均是一个因素，论域 V 的每个元素均是一个等级，R 是定义在 $U \times V$ 上的一个模糊关系，称 R 为评判矩阵。

评判矩阵是因素集到等级集的一个集值映射。一个模糊关系矩阵是否为评判矩阵，与元素的数值无关，只与映射两边的集合性质有关。

评判矩阵通常用于模糊综合评判分析。评判矩阵有时也称为变换矩阵。

3）因果矩阵

设论域 U 为某一物理过程的自变量论域，V 为因变量论域。设 R 是 $U \times V$ 上的一个模糊关系。设 A 是 U 上的任一模糊集，令 $B = A \circ R$，其中"$\circ$"是某一合适的算子。如果 B 与 A 的关系符合所研究的物理过程的规律，则称 R 是描述该物理过程的因果型模糊关系。若 U, V 均为有限离散论域，则称 R 为因果矩阵。例如，表 6.2 给出的就是身高与体重的因果矩阵。

一般的物理过程人们往往用函数关系来描述。此种方法事实上只适用于确定型关系，或只能描述统计意义下的标准形态，而因果型模糊关系则具有更普遍的意义。因果模糊关系的生成和应用构成了模糊近似推理的主要内容。模糊控制问题通常也转化为因果模糊关系问题来加以解决。

6.3　可能性理论

正如我们在 2.2 节中所指出，从哲学意义上讲，"可能性"是相对于"现实性"的一个概念，反映的是存在于现实事物中的、预示着事物发展前途的种种趋势。可能性着眼于事物发展的未来，是潜在的、尚未实现的东西。

在工程实践中，"可能性"更多地是与不确定性和约束相关。人们用概率论、Dempster-Shafer 理论和模糊集理论等对"可能性"展开了大量的研究。以概率论的观点，可能性就是随机事件出现的机率，可能性的大小可以用概率值来度量；以 Dempster-Shafer 理论的观点，可能性是不确定性证据成立的强度，亦即证据的可靠性；模糊集理论则认为，可能性是一个模糊集在论域中取值的弹性约束，亦即论域中元素属于该模糊集的隶属度。事实上，直到 1978 年扎德将模糊集理论用于研究可能性后[129]，可能性理论才逐渐形成[130]。

1. 模糊约束

设 X 是在 U 中取值的一个变量，所取值记为 u。设 F 是 U 上的一个模糊子集，它的隶

属函数为 $\mu_F(u)$。那么，当 F 对赋予 X 的值起弹性限制的作用时，F 就成为对变量 X 的一个模糊约束。记为

$$X = u : \mu_F(u)$$

式中，$\mu_F(u)$ 解释为当 u 赋予 X 时，模糊限制 F 被满足的程度。等价地，$1 - \mu_F(u)$ 解释为，为了将 u 可以任意地赋予 X，模糊限制必须被扩展的程度。模糊子集 F 本身并不是一个模糊约束，只有当它所起的作用是对论域上的变量进行限制时，才产生与 F 相应的模糊约束。

为了区分这一点，我们设 $R(X)$ 为对 X 的一个模糊约束，为了表明 F 对 X 的约束作用，我们记

$$R(X) = F \tag{6.12}$$

这种形式的方程称为关系赋值方程，它表明 X 的约束 R 被指定为一个模糊子集 F。

为了进一步阐明模糊约束的概念，我们考虑命题

$$P = X \text{ 是 } F \tag{6.13}$$

式中，X 为一个物体的名称、一个变量或一个命题，如"玛丽"、"损失"和"读书使人充实"等；F 为论域 U 上的一个模糊子集的名称，如"年轻"、"很小"、"基本正确"等等。由式(6.13)表述的命题，如

$$P_1 = \text{玛丽是年轻的}$$
$$P_2 = \text{损失很小}$$
$$P_3 = \text{读书使人充实基本正确}$$

等。扎德将式(6.13)中的命题转化为式(6.14)，以表明 F 的约束作用[129]

$$R(A(X)) = F \tag{6.14}$$

式中，$A(X)$ 为 X 的内在属性，它在 U 中取值。式 (6.14) 表示命题 "X 是 F" 具有将 "F 指派为 $A(X)$ 的模糊约束" 的作用。扎德同时给出了一个简单的例子来说明什么是模糊约束。

例 6.4　设 $P = $ 约翰是年轻的，其中"年轻"为 $U = [0, 100]$ 上的一个模糊集，隶属函数为

$$\mu_{\text{年轻}}(u) = 1 - S(u; 20, 30, 40)$$

式中，u 为数值年龄，S 函数是

$$S(u; \alpha, \beta, \gamma) = \begin{cases} 0, & u \leqslant \alpha \\ 2\left(\dfrac{u-\alpha}{\gamma-\alpha}\right)^2, & \alpha \leqslant u \leqslant \beta \\ 1 - 2\left(\dfrac{u-\gamma}{\gamma-\alpha}\right)^2, & \beta \leqslant u \leqslant \gamma \\ 1, & u \geqslant \gamma \end{cases} \tag{6.15}$$

在这个例子中，$A(X)$ 为"年纪(约翰)"，命题于是可转化为下面的形式

$$\text{约翰是年轻的} \rightarrow R(\text{年纪}(\text{约翰})) = \text{年轻}$$

2. 可能性分布

考虑一具体的年龄，如 $u = 28$，它对模糊子集"年轻"的隶属度依例 6.4 大约为 0.7。首先，0.7 可解释为 25 岁与概念"年轻"的相容程度。然后，我们将 0.7 的涵义由 28 岁与

概念"年轻"的相容程度，转化为在给定命题"约翰是年轻的"的限制条件下，"约翰是 28 岁"的可能性程度（0.7）。更一般地，我们给出可能性分布的如下定义。

定义 6.9 设 F 是论域 U 上的模糊子集，它具有隶属函数 $\mu_F(u)$。设 X 为在 U 上取值的变量，而 F 起着与 X 相关联的模糊约束 $R(X)$ 的作用，则命题"X 是 F"可以转换为

$$R(X) = F \tag{6.16}$$

称 $R(X)$ 为 X 的一个可能性分布（possibility distribution），并记为 Π_X，即

$$\Pi_X = R(X) \tag{6.17}$$

可能性分布函数记为 $\pi_X(u)$，并在数值上等于 F 的隶属函数，即

$$\pi_X(u) = \mu_F(u), u \in U \tag{6.18}$$

对于从 F 到 Π_X，我们说模糊约束诱导出了一个可能性分布。事实上，物理约束也可以诱导出可能性分布。作为一个简单例子，不妨考察投入某金属箱中网球的个数。这个问题中，X 是所讨论的网球个数，$\pi_X(u)$ 则是将 u 个球塞进箱中方便程度的一个量度（依据某个特定的技术标准）。对于有弹性的物理约束，总可以用一个模糊约束来表述，所以我们主要关注模糊约束。

例 6.5 设 U 为正整数的论域，F 为其上的"小整数"模糊子集，它由下式定义

$$小整数 = 1/1 + 1/2 + 0.8/3 + 0.6/4 + 0.4/5 + 0.2/6 \tag{6.19}$$

那么命题"X 是小整数"就使得 X 与下面的可能性分布相联系，

$$\Pi_X = 1/1 + 1/2 + 0.8/3 + 0.6/4 + 0.4/5 + 0.2/6 \tag{6.20}$$

其中任一项，如 0.8/3，表明"X 是 3"确定了命题"X 是小整数"的可能度为 0.8。

3. 可能性测度

设 A 是 U 的普通子集，Π_X 是与变量 X 相联系的可能性分布，X 是在 U 中取值的变量，

$$\pi(A) = \sup_{u \in A} \pi_X(u) \tag{6.21}$$

称为 A 的可能性测度。式中，$\pi_X(u)$ 为 Π_X 的可能性分布函数。$\pi(A)$ 这个值可以解释为 X 的取值属于 A 的可能性，并用下式表示

$$\text{Poss}(X \in A) = \pi(A) = \sup_{u \in A} \pi_X(u) \tag{6.22}$$

当 A 是模糊子集时，X 取值属于 A 是无意义的。为此，必须将上式扩展，从而我们可以得到可能性测度更一般的定义。

定义 6.10 设 A 是 U 上的模糊子集，Π_X 是与变量 X 相关的可能性分布，而 X 在 U 中取值，

$$\text{Poss}(X \text{ 是 } A) = \pi(A) = \sup_{u \in U} \{\mu_A(u) \wedge \pi_X(u)\} \tag{6.23}$$

称为 A 的可能性测度（possibility measure）。式中，$\mu_A(u)$ 为 A 的隶属函数；$\pi_X(u)$ 为 Π_X 的可能性分布函数。

例 6.6 考虑命题"X 是小整数"诱导的例 6.5 中可能性分布式（6.20）。若 $A = \{3, 4, 5\}$，则由式（6.22）得 A 的可能性测度为

$$\pi(A) = 0.8 \vee 0.6 \vee 0.4 = 0.8$$

若 A 为模糊子集，如设 A 为"非小整数"，且其隶属函数为

$$非小整数 = 0.2/3 + 0.4/4 + 0.6/5 + 0.8/6 + 1/7$$

则由式(6.23)得"非小整数"集 A 的可能性测度为

$$\text{Poss}(X \text{ 是非小整数}) = \pi(A) = \bigvee \{0.2 \wedge 0.8, 0.4 \wedge 0.6, 0.6 \wedge 0.4, 0.8 \wedge 0.2\} = 0.4$$

4. 可能性与概率的关系

正如人们必须区分模糊性和随机性才能正确应用模糊集理论和概率论一样，人们也必须区分可能性和概率，才能正确应用可能性理论。而且，研究可能性与概率的关系，还有利于我们洞察模糊与概率的本质区别。

在数理逻辑上，人们将模糊与概率的区别归结为处理一个集合 A 与它的余集 A^c 的方式不同。概率被认为遵守排中律，模糊被认为不再遵守排中律，即

$$概率: A \bigcap A^c = \phi, P(A \bigcap A^c) = P(\phi) = 0$$

$$模糊: A \bigcap A^c \neq \phi$$

模糊集创始人扎德更愿意举例来说明能用模糊描述的不一定能用概率描述。例如，加利福尼亚州的失业率是 12.6%。罗伯特住在加州，罗伯特是失业的概率是什么？再如，x 是远远大于 5。x 介于 50 和 100 的概率是多少？扎德认为，严谨和精密是值得称赞的目标，但在复杂的现实世界环境中，如果我们坚持严谨和精密，我们可能拿不出一个现实的解决方案。等价地，严格和精确的解决方案，一般是不太现实的。他很推崇股神巴菲特的理念：近似正确好于精确错误。

更一般地讲，我们认为，模糊性是指事件发生的程度，而不是一个事件是否发生；而随机性是描述事件发生的不确定性，即一个事件发生与否。

应该说，虽然一些表达物理现象的模糊集之隶属函数可以用基于概率论的统计方式获得，但模糊与概率根本就是两个互不相关的概念；正如我们说大地震造成堰塞湖，继而溃坝产生洪水，但地震和洪水是两个互不相关的概念。

可能性与概率是不同的概念，但却有弱相关性。沙漠旅行的例子可以说明其区别[131]，汉斯早餐吃鸡蛋的例子则可以说明它们的弱相关性[129]。

例 6.7　假设一位旅行者在沙漠中已经很长时间没有喝到水，突然他沙漠中在见到了 A、B 两瓶液体，须选其一饮用。A 瓶标注为"饮用后死亡概率 0.09"，B 瓶标注为"可饮用的可能性是 0.91"。问，选 A 安全还是选 B 安全？A 瓶标注的意思是，实验表明，A 瓶来自的液体瓶总体中，9% 的瓶子里盛满夺命的有毒液体(如盐酸)，91% 的瓶里装可饮用液体。一种自然的推测是，A 瓶里的液体要么是纯净水，要么是有毒液体，后者的概率是 0.09。而 B 瓶的标注，一种自然的推测是，瓶装液体可能是不洁之水(如沼泽水)，喝后可能会闹肚子，91% 的可能性是水很干净。显然，旅行者选用 B 瓶较为安全。可见，概率与实验有关，否则计算不出相关的数据；而可能性不一定与实验有关，往往可以凭经验判断。

例 6.8　考虑"汉斯早餐吃 X 个鸡蛋"，显然 X 在 $U = \{1, 2, \cdots, n, \cdots\}$ 中取值。我们赋予 X 一个可能性分布，把 $\pi_X(u)$ 作为汉斯能吃 u 个鸡蛋的相容度。再赋一个概率分布，把 $P_X(u)$ 作为汉斯早餐吃 u 个鸡蛋的概率。两个分布由表 6.3 列出。我们看到，尽管汉斯早餐可以吃 3 个鸡蛋的可能性为 1，但他这样做的概率却为 0.1。所以，可能性大并不意味着概率大，概率小也不意味着可能性小。然而，当事件不可能发生时，它必不发生。

表 6.3　X 的可能性分布和概率分布

u	1	2	3	4	5	6	7	8
$\pi_X(u)$	1	1	1	1	0.8	0.6	0.4	0.2
$P_X(u)$	0.2	0.7	0.1	0	0	0	0	0

对于表 6.3，我们可以这样来理解[134]：假定汉斯有两个仆人，一个是刚刚辞职的仆人，它和汉斯生活了较长时间，可以统计出汉斯早餐吃 u 个鸡蛋的概率 $p(u)$。另一个是汉斯刚雇来的新仆人，他虽然有过给别人做早餐的经验，但只能根据汉斯的身材和工作性质等给出汉斯早餐吃 u 个鸡蛋的可能性 $\pi(u)$。由新仆人给出的可能性判断，我们可以意识到汉斯早餐可以吃"少量"的鸡蛋，而统计出来的 $p(u)$ 却要比这种说法明确得多，但这必须在手头上占有更多的资料，这有时往往是办不到的。

一般来说，可能性与概率有如下的关系：如果一个事件的发生概率大，那么它发生的可能性也大，等价地，它的逆否命题（一个事件的发生概率很小，那么它发生的可能性也很小）也成立。这就是概率/可能性相容原理[129]。具体地，扎德给出了下面的公式。

若 X 可以取值 u_1，u_2，$\cdots$，u_n，并且分别有可能度 $\Pi = (\pi_1, \pi_2, \cdots, \pi_n)$ 和概率 $P = (p_1, p_2, \cdots, p_n)$。那么概率分布 P 与可能性分布 Π 的相容度可用下式表示

$$\gamma = \pi_1 p_1 + \pi_2 p_2 +, \cdots, + \pi_n p_n \tag{6.24}$$

需要注意的是此原理并不是一种严谨的法则，而是由直觉体验到的近似表达。可能性分布与概率分布通过相容性原理松散地联系着。

从应用的角度看，可能性同我们对可实行性的程度或技能的熟练程度的感觉有关，而概率与似然性、信念、频率或比例有关[132]。在所研究的不确定性问题无法得到统计特征或无法进行统计分析时，可以考虑采用可能性理论。当研究的对象为信息的意义或语言变量等带有主观特征时，可以考虑采用可能性理论。本书第 13 章中用内集–外集模型根据小样本计算可能性，则大大推广了可能性的应用范围。

6.4　常用模糊系统分析方法

模糊数学方法在风险分析中的应用，已经有几十年的历史。但是，二阶不确定性意义下模糊风险的研究，只是近年来的事。本节介绍的模糊系统分析方法，是较为传统的方法。

1. 隶属函数的确定

目前，确定隶属函数的方法尚有许多争议，远没有达到象确定概率分布那样有较强的共识性。以概率论为基础的统计学，目前已经相当成熟，提供了一整套利用随机抽样逐步逼近所研究之随机事件的方法。然而，确定隶属函数目前还停留在靠经验，从实践效果中进行反馈，不断校正自己的认识以达到预定的目标这样一种阶段。虽然这吸取了人脑的优点，但缺少理论化的判别原则，带有较大的盲目性。国内外学者虽然在这方面进行了大量的工作，提出了诸如示范法、统计法、滤波函数法、二元对比排序法、多维量表法、人工神经元网络学习法、遗传算法、选择法等五花八门的方法，但事实上，确定隶属函数的问题并没有从根本

上得到解决。这也是模糊集理论和技术发展的瓶颈之一。

下面是三条常用的途径，能比较实用地确定隶属函数。

途径一　根据主观认识或个人经验，给出隶属度的具体数值。

这时的论域元素多半是离散的。例如，"几个"一词，在一定的场合下有人凭经验可以表示为

$$几个 = 0.5/3 + 0.8/4 + 1/5 + 1/6 + 0.8/7 + 0.5/8$$

这里，我们取论域 $U = \{1, 2, \cdots, 10\}$。式中右端各项的"分母"部分表示论域 U 的组成元素，"分子"部分表示该元素符合"几个"这一概念的程度。按定义，隶属度都在闭区间 $[0, 1]$ 内取值。

上式是凭经验认识写出来的，因为一般说"几个"，总是意味着 5 个或 6 个。所以它们的隶属度是 1。取多或少都会远离"几个"一词的含义，因而隶属度要下降。当然，这都是在 $U = \{1, 2, \cdots, 10\}$ 的前提下定出来的，否则，隶属度的取法也要变。

对于这个凭经验写出来的隶属度我们应当承认两条事实：一方面，从挑剔的角度来看，当我们承认 5 个或 6 个是"几个"的隶属度为 1 时，为什么 4 个的隶属度是 0.8，3 个的隶属度是 0.5 等，可以说，这是一笔仅凭经验而来的糊涂帐，这样的隶属度递减规律带有很强的主观人为性；另一方面，从可行性的角度来看，尽管上式所取的数值不一定可信，但这是一次可喜的逼近，它总比只有 0，1 两种隶属程度来描写"几个"这一概念要更接近于真实程度。

途径二　根据问题的性质，选用某些典型函数作为隶属函数。

选用典型函数作为隶属函数的基本条件是，论域为实数集的一个子集。例如，地震科学中的震中烈度 I_0 可以看作是震级 m 在论域 M 上的模糊子集 $\mu_{I_0}(m)$，此时的震级论域是实数集的一个子集。因为影响震中烈度和震级关系的因素太多、太复杂，所以，可以假定描述震中烈度概念的模糊子集之隶属函数呈正态分布[133]，即

$$\mu_{I_0}(m) = \exp\left[-\frac{(m - \overline{m})^2}{\sigma^2}\right]$$

式中，$\overline{m}, \sigma$ 为能产生某个震中烈度 I_0 的震级数据的平均值和标准离差。正态型模糊集的隶属函数与正态概率分布的密度函数相差乘积因子 $1/(\sigma\sqrt{2\pi})$。这样，隶属函数在 $m = \overline{m}$ 处取值为 1，是一种归一化隶属函数。

本书作者将第一种和第二种隶属函数及其所代表的语言概念划分为形容词（如远、近、接近等，用 S 表示），定量词（如多、少等，用 Q 表示）和判断词（如真、假、可能等，用 T 表示）三大类型，并已分门别类在文献 [134] 中给出。

途径三　以调查统计结果得出的经验曲线作为隶属函数。

20 多年前，我国地震系统的有关研究人员分别以房屋震害的宏观现象（如基本完好、轻微破坏、中等破坏、严重破坏、毁坏）和震害指数作为论域元素，给出了各种强震烈度的隶属函数曲线[134]。这些，对于模糊信息的加工处理，都有一定的实用价值。应该注意的是，在强震烈度的隶属函数中，论域元素本身也是模糊的，它们都可以表示为震害指数的模糊子集。

值得一提的是，有时也可用人为评分进行统计的办法来给出某些模糊概念的隶属度表示曲线。1981 年，张南纶在武汉建材学院、武汉大学和西安工业学院对"青年人"等模糊概念进行了抽样调查，用统计的方法给出了相关概念的隶属函数[135]。

应该说明，第一种方法和第二种方法都带有很强的主观性。第三种方法中统计人为评分的办法局限性很大，实际是一种众多人主观性的平衡，不到万不得已不宜采用，这已被现代专家系统走向实际时所碰到的问题所验证。一般而言，通过对大自然提供给我们的原始信息进行分析和统计所得的隶属函数比较客观一些，而且也比较容易被一般学者所接受。

2. 择近原则

通过模糊分析得出的结论，常常是一个多值结论，有时为了决策的需要，须将其单值化，主要有下列三种择近原则。

(1) 最大隶属度原则 I：给定论域 U 上的一个模糊子集 A。设 U 中有 n 个待求取对象 u_1，u_2，$\cdots$，u_n，要问在 A 的模糊限制下优先取谁？

答：若

$$\mu_A(u_i) = \max_{1 \leqslant j \leqslant n} \mu_A(u_j)$$

则优先取 u_i。

(2) 最大隶属度原则 II：给定论域 U 上 n 个模糊子集 A_1，A_2，$\cdots$，A_n（n 个模型），$u_0 \in U$ 是一被识别对象，要问 u_0 优先归于谁？

答：若

$$\mu_{A_i}(u_0) = \max_{1 \leqslant j \leqslant n} \mu_{A_j}(u_0)$$

则将 u_0 优先归于 A_i。

(3) 择近原则：在 U 上给定 n 个模糊子集 A_1，A_2，$\cdots$，A_n（n 个模型）。被识别对象也是 U 上的一个模糊子集 B，要问 B 应划归哪一个模型？

答：若

$$\rho(B, A_i) = \max_{1 \leqslant j \leqslant n} \rho(B, A_j)$$

则将 B 划归模型 A_i。此处 ρ 是某一种贴近度[136]。

3. 近似推理的合成规则

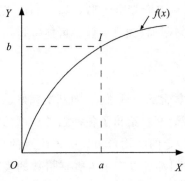

图 6.3　从 $x = a$ 和 $y = f(x)$ 推知 $y = b$

推理的合成规则不过是下面熟知的过程的一种一般化而已。如考图 6.3 所示，假定我们有一条曲线 $y = f(x)$ 并且给出 $x = a$。那么，从 $y = f(x)$ 和 $x = a$，我们能推断 $y = b = f(a)$。

让我们把上面的过程一般化，一般化到 a 是一个区间，而 $f(x)$ 是图 6.4 所示的区间值函数。在这种情况下，为找出与区间 a 相对应的区间 $y = b$，我们首先构成一个底为 a 的柱状集 $\bar{a}$，即 $\bar{a} = a \times Y$，并找出 $\bar{a}$ 和区间值曲线的交 I。然后我们把交投影到 OY 轴上，得到所要

求的 y，即是区间 b。

　　我们把一般化的过程向前推进一步，假定 A 是 OX 轴上的一个模糊子集，而 F 是从 OX 轴到 OY 轴的一个模糊关系。我们仍然可以形成一个底为 A 的柱状模糊集合 $\bar{A}$，使 $\bar{A}$ 与模糊关系 F 相交(图 6.5)，我们得到与图 6.3 中交点 I 类似的模糊集合 $\bar{A} \bigcap F$。然后把这个集合投影在到 OY 轴上，我们得到 OY 轴上的模糊子集 B。这样，从 $y=F(x)$ 和 $x=A(OX$ 轴上的模糊集合)，我们推断出 y 来，就是 OY 轴上的模糊子集 B。

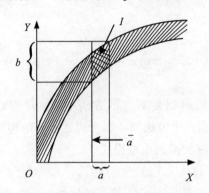 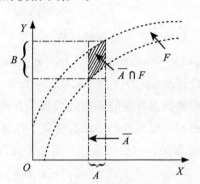

图 6.4　在区间值变量情况下的　　　　　图 6.5　在模糊变量情况下的
　　　推理合成规则示意图　　　　　　　　　推理合成规则示意图

　　更具体地讲，令 $\mu_A, \mu_{\bar{A}}, \mu_F$ 和 μ_B 分别为 $A, \bar{A}, F$ 和 B 的隶属函数。那么，根据 $\bar{A}$ 的定义

$$\bar{A} = A \times Y = A \times [0, \infty)$$

由于 $[0, \infty)$ 是一个经典集合，而且包含论域中所有的元素，即

$$\mu_{[0, \infty)}(y) = 1, y \in [0, \infty)$$

　　于是，根据模糊集直积的定义，见式(6.11)，可知

$$\mu_{\bar{A}}(x, y) = \mu_A(x)$$

　　因而

$$\mu_{\bar{A} \bigcap F}(x, y) = \mu_{\bar{A}}(x, y) \wedge \mu_F(x, y) = \mu_A(x) \wedge \mu_F(x, y)$$

而其投影必然是取重叠后的最大值，所以把 $\bar{A} \bigcap F$ 投影于 OY 轴上，可以写为

$$\mu_B(y) = \bigvee_x (\mu_A(x) \wedge \mu_F(x, y))$$

它是 $\bar{A} \bigcap F$ 在 OY 上投影的隶属函数的表达式。

　　把这一表达式和上面的过程压缩成一块，B 可以表达为

$$B = A \circ F$$

这里 $\circ$ 记合成运算。这一运算当 A 和 F 都是有限离散点上的模糊子集时简化为"取大-取小"矩阵积运算。即

$$A \circ F = \int_{X \times Y} \bigvee_x (\mu_A(x) \wedge \mu_F(x, y))$$

　　例 6.9　假设 A 和 F 的定义为

$$A = 0.2/1 + 1/2 + 0.3/3$$

而

$F=0.8/(1, 1)+0.9/(1, 2)+0.2/(1, 3)+0.6/(2, 1)+1/(2.2)+0.4/(2, 3)$
　　$+0.5/(3, 1)+0.8/(3, 2)+1/(3, 3)$

把 A 和 F 表达为矩阵并作矩阵积，我们得到

$$
\begin{array}{ccc}
\boldsymbol{A} & \boldsymbol{F} & \boldsymbol{B}
\end{array}
$$

$$
(0.2 \quad 1 \quad 0.3) \circ \begin{pmatrix} 0.8 & 0.9 & 0.2 \\ 0.6 & 1 & 0.4 \\ 0.5 & 0.8 & 1 \end{pmatrix} = (0.6 \quad 1 \quad 0.4)
$$

例如，$\boldsymbol{B}$ 的第一个元素的计算如下：

$$\mu_B(1) = \max\{0.2 \wedge 0.8, 1 \wedge 0.6, 0.3 \wedge 0.5\} = \max\{0.2 0.6, 0.3\} = 0.6$$

同理可以计算出 $\mu_B(2) = 1$，$\mu_B(3) = 0.4$。

现代模糊信息处理的研究结果表明，由于生成模糊关系 F 的方法不同，尽管近似推理的合成规则的一般原理仍然没有变化，但其相交和投影的法则，即合成运算。的构成却与生成 F 的方式有关。一般认为，利用扎德建议的模糊关系的生成模式

$$\mu_F = 1 \wedge (1 - \mu_A(\text{x}) + \mu_B(\text{x})) \tag{6.25}$$

生成的模糊关系 F 进行推理时，上述建议的合成运算 max-min 具备较好的识别效果。

然而，式(6.25)是从二值逻辑推理句"若-则"的表达式演变而来，只满足简单条件命题的要求。如果是众多简单条件命题叠合在一起，要寻找具有平均意义的模糊关系，问题就不是那么简单。此时如果也希望用式(6.25)来进行叠合，常常又会引起条件命题的份量有轻有重，即信息不守恒的问题。

正因为如此，人们才提出了很多生成模糊关系的法则，相应地也提出了许多合成运算规则。

事实上，生成模糊关系是比生成简单的模糊集更复杂的问题，必须根据所需模糊关系的用途(如聚类分析，综合评判，近似推理)来进行深入的研究。

4. 综合评判

所谓综合评判，说得通俗一点，就是权衡各种因素项目，给出一个总概括式的优劣评价或取舍来。综合评判原本是多目标决策问题的一个数学模型，后被拓展到模糊集领域。由于这一模型简单而实用，所以本书专门列出一子来进行介绍。

我们先来介绍模糊变换的概念。一个有限基础论域上的模糊集 A 可以用模糊向量来表示

$$A = (a_1, a_2, \cdots, a_n)$$

式中，基础论域 $U = \{x_1, x_2, \cdots, x_n\}$；$a_i$ 为相应的隶属度 $\mu_A(x_i)$；$i = 1, 2, \cdots, n$。

我们将模糊向量看成是只有一行的模糊矩阵，从而可以定义模糊变换。因此，有时我们将 $(a_1, a_2, \cdots, a_n)$ 写为 $(a_1 a_2 \cdots a_n)$，即去掉向量中的逗号。

回忆在线性代数中的所谓线性变换，将使我们更容易地引入模糊变换概念。在线性代数中，给出矩阵 $\boldsymbol{A} = (a_{ij})_{n \times m}$ 和列向量 $\boldsymbol{X}$，则可得

$$\boldsymbol{Y} = \boldsymbol{AX}$$

式中，Y 为一个列向量；并且 Y 中的元素按

$$y_i = \sum_{k=1}^{m} a_{ik} x_k, \quad i = 1, 2, \cdots, n$$

计算。也就是，y_i 根据通常的矩阵运算而得，即

$$\begin{pmatrix} y_1 \\ y_2 \\ \vdots \\ y_n \end{pmatrix} = \begin{pmatrix} a_{11} & a_{12} & \cdots & a_{1m} \\ a_{21} & a_{22} & \cdots & a_{2m} \\ \cdots & & & \\ a_{n1} & a_{n2} & \cdots & a_{nm} \end{pmatrix} \begin{pmatrix} x_1 \\ x_2 \\ \vdots \\ x_m \end{pmatrix}$$

在模糊情形，设给定一个模糊矩阵

$$\boldsymbol{R} = (r_{ij})_{n \times m}, \quad 0 \leqslant r_{ij} \leqslant 1$$

和一个模糊向量

$$\boldsymbol{X} = \{x_1, x_2, \cdots, x_n\}, \quad 0 \leqslant x_i \leqslant 1, i = 1, 2, \cdots, n$$

如果把线性变换中的乘法换为取小运算 "$\wedge$"，加法换为取大运算 "$\vee$"，并把 X 写在 R 之前，即

$$\boldsymbol{X} \circ R = Y \tag{6.26}$$

其结果 Y 实际上是模糊向量 $\boldsymbol{X}$ 和模糊关系 $\boldsymbol{R}$ 的合成，这个合成法则与模糊近似推理的合成运算相同。式(6.26)称之为模糊变换。综合评判模型是建立在模糊变换概念之上的。

设给定两个有限论域

$$U = \{u_1, u_2, \cdots, u_n\}, \quad V = \{v_1, v_2, \cdots, v_m\}$$

式中，U 为综合评判的因素所组成的集合；V 为评语所组成的集合。

此时，模糊变换式(6.26)中的 X 是 U 上模糊子集，而评判的结果 Y 是 V 上的模糊子集。

模糊综合评判的实例很多，如评定污染环境中的水质，评价某类产品，特别是烟、酒、茶等的评判都是模糊的。例如，震害考察中评定地震烈度等，也都可以用综合评判。如果考虑的问题很单一，则评判是比较好办的，如果涉及多因素问题时，作出综合评判就比较困难了，为此我们结合一个简单的例子来加以说明。

例 6.10　设对某商店出售的一种服装进行评判，为简单起见，我们只考虑三个主要因素即 "花色式样"、"耐穿程度" 及 "价格"，并由此来组成论域

$$U = \{花色式样(u_1)，耐穿程度(u_2)，价格(u_3)\}$$

单就因素 u_1，即花色式样来考虑可以找较多的顾客对此因素表态，并要求评语的论域限为

$$V = \{很欢迎(v_1)，比较欢迎(v_2)，不太欢迎(v_3)，不欢迎(v_4)\}$$

设有 20% 的顾客表示 "很欢迎"、70% 的顾客表示 "比较欢迎"、10% 的顾客 "不太欢迎"、没有人表示 "不欢迎"，则对该服装的评价即为

$$(0.2，0.7，0.1，0)$$

又假设对耐穿程度的评价为

$$(0，0.4，0.5，0.1)$$

对价格的评价为

$$(0.2，0.3，0.4，0.1)$$

于是，就可写出矩阵

$$\boldsymbol{R} = \begin{pmatrix} 0.2 & 0.7 & 0.1 & 0.0 \\ 0.0 & 0.4 & 0.5 & 0.1 \\ 0.2 & 0.3 & 0.4 & 0.1 \end{pmatrix}$$

不同的顾客，由于职业、性别、年龄、爱好、经济状况等不同，对服装的三个因素所给予的权数也是不同的，设某类顾客对

花色式样赋以权数为 0.2

耐穿程度赋以权数为 0.5

价格赋以权数为 0.3

这些权数已满足归一化的要求：$0.2+0.5+0.3=1$。这三个权数组成 U 上的一个模糊向量：

$$\boldsymbol{A} = (0.2，0.5，0.3)$$

则由此可得此类顾客对这类服装的综合判评为

$$\boldsymbol{B} = \boldsymbol{A} \circ \boldsymbol{R}$$

$$= (0.20.50.3) \circ \begin{pmatrix} 0.2 & 0.7 & 0.1 & 0.0 \\ 0.0 & 0.4 & 0.5 & 0.1 \\ 0.2 & 0.3 & 0.4 & 0.1 \end{pmatrix}$$

$$= (0.20.40.50.1)$$

这是按照

$$b_i = \bigvee_{k=1}^{3} (a_k \wedge r_{ki}), i = 1,2,3,4$$

公式求得的，如

$$b_1 = (0.2 \wedge 0.2) \vee (0.5 \wedge 0) \vee (0.3 \wedge 0.2) = 0.2 \vee 0 \vee 0.2 = 0.2$$

$(0.2，0.4，0.5，0.1)$是综合评判结果，因为

$$0.2+0.4+0.5+0.1=1.2$$

不是归一的，为了归一化起见，可用 1.2 除以各项得

$$(0.17，0.34，0.40，0.09)$$

这是归一化后的综合评判结果。

在进行综合评判时，因素 u_1，u_2，$\cdots$，u_n 要选取得适当，参加评判的人数不能太少，且要有代表性和实践经验。权重 A 的选取目前在实用中采取专家指定的情况比较多，必要时可采用统计中的主因素分析方法来进行，不过工作量比较大。由于综合评判中的"取大-取小"运算本身就比较粗糙，所以权重的选取只需基本合理就能达到要求。

事实上，综合评判中的运算"$\circ$"也可以选用其他模式，从而得到不同的综合评判数学模型，它们具有不同的含义。正确理解其含义才能正确运用该数学模型。有研究表明，在现有的一些数学模型中，只有在 $A \circ R$ 代表普通矩阵乘积时，A 才具有"权向量"的含义。在其它数学模型中将 A 作为权向量处理，就会导致不合理的计算结果，甚至使方法失效。例如在地震烈度的综合评判中，就以取普通矩阵乘法为宜。

在研究复杂问题时，需要考虑的因素很多，而且这些因素往往还分别属于不同的层次。人脑在遇到这种情况时，常常是先把所有因素按某些属性分成几类，在每一类的范围内进行第一级的综合评判，然后再根据各类评判的结果进行第二级的综合评判。对更复杂的问题还可以分成更多的层次进行多级综合评判。其目的就是在较小范围内便于比较少数因素的相对重要性，有利于合理地确定各级评判中的权向量。

多级综合评判是从树的末梢向根部逐次进行简单综合评判从而完成复杂的评判工作，并且在地震烈度的评定能发挥一定的作用[137]。

上面介绍的是综合评判的正问题，即已知单因素评判矩阵 $\boldsymbol{R}$，已知权重 $\boldsymbol{A}$，问综合评判 $\boldsymbol{B}=$？

答：$\boldsymbol{B}=\boldsymbol{A}\circ\boldsymbol{R}$。

与此相应的还有所谓综合评判的逆问题，即已知单因素评判矩阵 $\boldsymbol{R}$，已知综合评判 B，仅问权重 $\boldsymbol{A}=$？

答：可求解模糊关系方程：$\boldsymbol{X}\circ\boldsymbol{R}=\boldsymbol{B}$。

由于模糊关系方程常是无穷多解，还可采取另一答案。

答：给定权重的备择集 $\{A_1,\cdots,A_s\}$，若

$$\rho(A_i\circ\boldsymbol{R},\boldsymbol{B})=\max_{1\leqslant j\leqslant s}\rho(A_j\circ\boldsymbol{R},\boldsymbol{B})$$

则认为 A_i 是所求的权重。式中，ρ 为某一种合适的贴近度。

综合评判的逆过程有潜在的重要意义。它或许能用数学方法对以往不太精确的经验进行某种总结，有助于提高自然灾害风险分析的能力。目前的模型还太粗糙，需要不断地改进。

5. 传递闭包聚类法

用模糊等价矩阵聚类，是传递闭包聚类法的基本思想。其第一步是给出识别对象之间的一个亲疏关系，这也就是所谓的标定。如果我们假定识别对象是论域 X 中的元素，则这种标定就是根据实际情况，按一个准则或某一种方法，给论域 X 中的元素两两之间都赋以区间 $[0,1]$ 内的一个数，数学上称之为相似系数。

我们用 r_{ij} 表示元素 X_i 与 X_j 的相似系数，其中

$$X_i=\{x_{i1},\cdots,x_{ik},\cdots,x_{im}\},\quad X_j=\{x_{j1},\cdots,x_{jk},\cdots,x_{jm}\}$$

X_i 和 X_j 的各分量是与识别有关的诸特征。当 $r_{ij}=0$ 时表示 X_i 与 X_j 截然不同，毫无相似之处；当 $r_{ij}=1$ 时，表示它们完全相似或等同。当 $i=j$ 时，r_{ij} 就是自己与自己相似的程度，恒取为 1。关于 r_{ij} 的确定，可以采用数量积法、相关系数法、马氏距离法、主观评定法等，依具体问题而定。

经过标定工作，对于容量为 n 的集合 X，可以得到 $n\times n$ 个表示元素两两之间相似程度的数，它们满足：

(1) 自反性：$r_{ii}=1$，$\forall i$；

(2) 对称性：$r_{ij}=r_{ji}$，$\forall i,j,r_{ij}\in[0,1]$。

可以把这 $n\times n$ 个数表示成矩阵的形式

$$\boldsymbol{R}=(r_{ij})_{n\times n}=\begin{pmatrix} r_{11} & r_{12} & \cdots & r_{1n} \\ r_{21} & r_{22} & \cdots & r_{2n} \\ \cdots & \cdots & \cdots & \cdots \\ r_{n1} & r_{n2} & \cdots & r_{m} \end{pmatrix}$$

这样的矩阵称为相似矩阵(或相容矩阵)。若 $\boldsymbol{R}$ 的元素还满足

(3) 传递性：$r_{ij} \wedge r_{jk} \leqslant r_{ik}$, i, j, $k=1$, $\cdots$, n, (即 $R \circ R \subseteq R$)

则称 $\boldsymbol{R}$ 为模糊等价矩阵。

一般我们所得到的相似矩阵并不满足传递性，因此，首先要将这种矩阵进行改造，使之变成等价矩阵，然后进行聚类。改造的方法是将 $\boldsymbol{R}$ 自乘得 $\boldsymbol{R} \circ \boldsymbol{R}=\boldsymbol{R}^2$，再自乘 $\boldsymbol{R}^2 \circ \boldsymbol{R}^2=\boldsymbol{R}^4$，然后再得到 $\boldsymbol{R}^8$，$\boldsymbol{R}^{16}$，$\cdots$，如此继续下去，至某一步出现

$$\boldsymbol{R}^{2k}=\boldsymbol{R}^k$$

至此，$\boldsymbol{R}^k$ 便是一个模糊等价关系。这个方法由所谓"传递闭包"理论而来，必然有这样的 k 存在。上述称为模糊方阵 $\boldsymbol{R}$ 的模糊自乘积，它也是一个 n 阶模糊方阵，其元素

$$r_{ij}^{(2)} = \bigvee_{t=1}^{n} (r_{it} \wedge r_{tj})$$

有了等价关系 $\boldsymbol{R}^k$ 以后，聚类的工作就是根据聚类需细分还是粗分的要求，在 $[0, 1]$ 中选取一个数 γ，凡 $r_{ij} \geqslant \gamma$ 的元素变为 1，否则变为 0，从而可以达到分类的目的。

例 6.11　设 $X=\{A, B, C, D, E\}$ 是五个地区环境单元的集合，每个地区的环境由四个特征指标来控制，这四个指标是空气、水分、土壤、作物。环境单元的数据如下：

$$A=(5, 5, 3, 2), B=(2, 3, 4, 5), C=(5, 5, 2, 3)$$
$$D=(1, 5, 3, 1), E=(2, 4, 5, 1)$$

可按下述步骤来对这五个地区进行分类。

1) 标定

按绝对值减数法进行标定，取

$$r_{ij} = 1 - c \sum_{k=1}^{m} | x_{ik} - x_{jk} |$$

取 $c=0.1$，得相似矩阵

$$\boldsymbol{R} = \begin{pmatrix} 1 & 0.1 & 0.8 & 0.5 & 0.3 \\ & 1 & 0.1 & 0.2 & 0.4 \\ & & 1 & 0.3 & 0.1 \\ & & & 1 & 0.6 \\ & & & & 1 \end{pmatrix}$$

因 $\boldsymbol{R}$ 是对称的，我们可用一个三角阵表示它。

2) 求传递闭包

用平方法求 $\boldsymbol{R}$ 的传递闭包，经计算得

$$\boldsymbol{R} \rightarrow \boldsymbol{R}^2 \rightarrow \boldsymbol{R}^4 = \boldsymbol{R}^8 = \boldsymbol{R}^*$$

故得

$$\boldsymbol{R}^* = \begin{pmatrix} 1 & 0.4 & 0.8 & 0.5 & 0.5 \\ & 1 & 0.4 & 0.4 & 0.4 \\ & & 1 & 0.5 & 0.5 \\ & & & 1 & 0.6 \\ & & & & 1 \end{pmatrix}$$

3）动态聚类

令 λ 从 1 到 0 变化，写出 $\boldsymbol{R}^*$ 的截集 $\boldsymbol{R}_\lambda^*$，并按其进行分类。i 与 j 归入一类的充分必要条件是 $r_{ij}^*(\lambda) = 1$。根据截集的定义知，当且仅当 $r_{ij}^* \geqslant \lambda$ 即可。我们有

$$\boldsymbol{R}_1^* = \begin{pmatrix} 1 & 0 & 0 & 0 & 0 \\ & 1 & 0 & 0 & 0 \\ & & 1 & 0 & 0 \\ & & & 1 & 0 \\ & & & & 1 \end{pmatrix}$$

$\boldsymbol{R}_1^*$ 将 X 分为五类，即 $\{A\}$，$\{B\}$，$\{C\}$，$\{D\}$，$\{E\}$。

$$\boldsymbol{R}_{0.8}^* = \begin{pmatrix} 1 & 0 & 1 & 0 & 0 \\ & 1 & 0 & 0 & 0 \\ & & 1 & 0 & 0 \\ & & & 1 & 0 \\ & & & & 1 \end{pmatrix}$$

$\boldsymbol{R}_{0.8}^*$ 将 X 分为四类，即 $\{A, C\}$，$\{B\}$，$\{D\}$，$\{E\}$。

$$\boldsymbol{R}_{0.6}^* = \begin{pmatrix} 1 & 0 & 1 & 0 & 0 \\ & 1 & 0 & 0 & 0 \\ & & 1 & 0 & 0 \\ & & & 1 & 1 \\ & & & & 1 \end{pmatrix}$$

$\boldsymbol{R}_{0.6}^*$ 将 X 分为三类，即 $\{A, C\}$，$\{B\}$，$\{D, E\}$。

$$\boldsymbol{R}_{0.5}^* = \begin{pmatrix} 1 & 0 & 1 & 1 & 1 \\ & 1 & 0 & 0 & 0 \\ & & 1 & 1 & 1 \\ & & & 1 & 1 \\ & & & & 1 \end{pmatrix}$$

$\boldsymbol{R}_{0.5}^*$ 将 X 分为两类，即 $\{A, C, D, E\}$，$\{B\}$。

$$\boldsymbol{R}_{0.4}^{*} = \begin{pmatrix} 1 & 1 & 1 & 1 & 1 \\ & 1 & 1 & 1 & 1 \\ & & 1 & 1 & 1 \\ & & & 1 & 1 \\ & & & & 1 \end{pmatrix}$$

$\boldsymbol{R}_{0.4}^{*}$ 将 X 分为一类，即 X 本身。

4）画动态聚类图（见图 6.6）

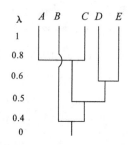

图 6.6　模糊聚类的动态聚类图

　　从动态聚类图可以看出 X 的元素随着 λ 水平的变化逐步归并的情形。λ 越小，截集 $\boldsymbol{R}_{\lambda}^{*}$ 就越大，不相干的元素被归在一起的可能性就越大。传递闭包法不仅存在明显的传递偏差，而且采用 λ-截集进行分类，λ 值的选取完全是人为的，选择不同的 λ 就产生不同的分类结果，因而在使用中争议很大。基于传统 K-means 建立的模糊 K-means 算法，可以有效地消除这些不足。

6. 模糊 K-means 算法

　　人类具有识别事物的能力，从而可以进行风险分析。这种判断一个待识别的事物是什么或者不是什么的能力，学术上称其为"模式识别"。正是由于这种能力，尽管世界上没有完全相同的两片树叶，我们仍然可以识别出任意两片树叶是否来自于同一种树木；正是由于这种能力，尽管风险系统提供给我们的信息总是不完备，我们仍然可以大体上识别出风险的高低。所谓模式，其实就是用于识别的某类事物的特征信息。例如，相比较而言，猫的个头一般较小，狗的通常大一些。"小"是猫类的一种特征信息，而"大"则是狗类的一种特征信息，它们有助于我们区分猫和狗。当然，"个头"的特征信息不足以完全区分猫和狗，对其它特征信息的研究也很重要。

　　由于模式是抽象的事物特征，因此，它需要在认知的过程中，从大量属于同一种类的事物中提取出来。只有先对事物进行分类，才能提取特征，换言之，模式识别的本质是对事件的分类。认识过程是建立类别标签和类别模式特征之间关联的过程。识别，就是将新的事物根据特征划归到已知的类别中去。

　　对事物进行分类，又分判别分类和聚类分类两种，它们有明显的区别。前者简称分类，后者则称聚类分析。

　　分类的前提是已知若干个样品的类别及每个样品的特征,在此基础上才能对待测样品进行分类判别。这是一种有监督学习的方法。支持向量机[138]是较成功的有监督学习分类器。它的基本思想是:在样本空间或特征空间中,构造出最优超平面使超平面与不同类样本集之间的距离最大,从而达到最大的泛化能力。

　　聚类分析前提是已知若干对象和它们的特征,但是不知道每个对象属于哪一类,而且事先并不知道究竟分成多少类,在此基础上用某种相似性度量的方法,把特征相似的归为一类。K-means[139]是一种最基本的聚类算法。它的基本思想是:对于给定的 n 个对象,首先随机选取 k 个对象作为初始聚类中心,即把 n 个对象分成 k 个类;然后将剩余对象根据其与各个初始聚类中心的距离分配到最近的类,再重新计算每个类的聚类中心;这个过程反复迭代更新,直到目标函数最小化,达到较优的聚类效果,即实现簇内对象具有较高的相似度,而不同簇之间的对象相似度较低。

　　给定 n 个样本点 X_1, X_2, $\cdots$, X_n,用 K-means 算法将其分为 k 类,就是要找含有 k 个点 Q_1, Q_2, $\cdots$, Q_k 的集合 Q,使得加权距离平方和最小,即求解数学优化问题 F:

$$\mathrm{Min}F(\boldsymbol{W},\boldsymbol{Q}) = \sum_{j=1}^{k}\sum_{i=1}^{n} w_{ij}d^2(X_i,Q_j) \tag{6.27a}$$

$$s.t. \quad \sum_{j=1}^{k} w_{ij} = 1, 1 \leqslant i \leqslant n \tag{6.27b}$$

$$w_{ij} \in \{0,1\}, 1 \leqslant i \leqslant n, 1 \leqslant j \leqslant k$$

式中, $\boldsymbol{W}$ 为一个 $n \times k$ 权矩阵; $d(.,.)$ 为两个对象之间的距离; $w_{ij}=1$ 为样本 X_i 属于第 j 个簇。

　　K-means 算法的聚类分析给出的是一种硬划分,它把样本集中每个数据严格地划分到某个类中,具有非此即彼的性质。这种分类的类别界限是分明的。然而,事物之间的界限,有些是确切的,有些则是模糊的。例如,人群中的面貌相像程度之间的界限是模糊的,天气阴、晴之间的界限也是模糊的。模糊 K-means 算法此时就能发挥作用。

　　同其他大多数数学方法的模糊化一样,模糊 K-means 算法就是将算法涉及的 $\{0,1\}$ 集合扩展到 $[0,1]$ 集合。这里,就是允许 w_{ij} 在区间 $[0,1]$ 上取值。第一个模糊 K-means 算法由 Ruspini 提出[140],Bezdek 对模糊 K-means 聚类进行了更详细的研究,并提出了模糊叠代自组织(ISODATA)聚类法[141]。为便于读者进行模糊 K-means 聚类分析,本书给出具体算法如下。

　　设被分类对象(样本)集合为 $X = \{x_1, x_2, \cdots, x_n\}$,其中每一个对象 x_i 均有 m 个属性值,因而其属性值矩阵为

$$\boldsymbol{A}_X = \begin{pmatrix} x_{11} & x_{12} & \cdots & x_{1m} \\ x_{21} & x_{22} & \cdots & x_{2m} \\ \cdots & \cdots & \cdots & \cdots \\ x_{n1} & x_{n2} & \cdots & x_{nm} \end{pmatrix} \tag{6.28}$$

将对象集合 X 分为 k 类($2 \leqslant k \leqslant n$),设 k 个聚类中心向量为

$$
\boldsymbol{V} = \begin{pmatrix} \boldsymbol{V}_1 \\ \boldsymbol{V}_2 \\ \vdots \\ \boldsymbol{V}_k \end{pmatrix} = \begin{pmatrix} v_{11} & v_{12} & \cdots & v_{1m} \\ v_{21} & v_{22} & \cdots & v_{2m} \\ \cdots & \cdots & \cdots & \cdots \\ v_{k1} & v_{k2} & \cdots & v_{km} \end{pmatrix} \tag{6.29}
$$

例如，已知某 10 个老水库曾发生过水库地震，而 6 个新水库没有发生过水库地震，我们可以根据水库的参数值(属性值)对这 16 个水库进行分类，从而根据同一类中老水库曾发生过的地震震级判定新水库的地震风险。此时，k 的选择就是 10 个老水库曾发生地震震级的区间个数。

为了得到最优的分类，需使如下目标函数 F 取得极小值

$$
F(\boldsymbol{R}, \boldsymbol{V}) = \sum_{i=1}^{n} \sum_{j=1}^{k} (r_{ij})^q \parallel x_i - V_j \parallel^2 \tag{6.30}
$$

式中，$r_{ij} \in [0, 1]$ 为第 i 个对象在第 j 类里的隶属度；$\boldsymbol{R} = (r_{ij})_{n \times k}$ 为模糊分类矩阵，且满足

$$
\sum_{j=1}^{k} r_{ij} = 1, \forall i; \quad 0 < \sum_{i=1}^{n} (r_{ij})^q < n, \forall j \tag{6.31}
$$

$\parallel x_i - V_j \parallel$ 表示对象 x_i 与聚类中心 V_j 的距离。在应用中最常用的距离一般有以下四种。

最大值距离　　　　　　$\parallel x_i - V_j \parallel = \max_{1 \leqslant t \leqslant m} \mid x_{it} - v_{jt} \mid$ $\qquad$ (6.32)

欧式距离　　　　　　　$\parallel x_i - V_j \parallel = \sqrt{\sum_{t=1}^{m} (x_{it} - v_{jt})^2}$ $\qquad$ (6.33)

绝对值距离　　　　　　$\parallel x_i - V_j \parallel = \sum_{t=1}^{m} \mid x_{it} - v_{jt} \mid$ $\qquad$ (6.34)

闵可夫斯基距离　　　$\parallel x_i - V_j \parallel = \left(\sum_{t=1}^{m} \mid x_{it} - v_{jt} \mid^p \right)^{1/p}$ $\qquad$ (6.35)

已经证明，当 $q \geqslant 1$，$x_i \neq V_j$ 时上述目标存在极小值。其迭代求解步骤为以下几步。

(1)第 0 步　初始化。选定 k ($2 \leqslant k \leqslant n$)，$q$($q \geqslant 1$)，任取一初始模糊分类矩阵 $\boldsymbol{R}^{(0)}$，逐步迭代，迭代变量为 s，此时 $s = 0$；

(2)第 s 步　对于 $\boldsymbol{R}^{(s)}$，依式(6.36)计算其聚类中心向量 $\boldsymbol{V}^{(s)} = (\boldsymbol{V}_1^{(s)}, \boldsymbol{V}_2^{(s)}, \cdots, \boldsymbol{V}_k^{(s)})^{\mathrm{T}}$。

$$
V_j^{(s)} = \frac{\sum_{i=1}^{n} (r_{ij}^{(s)})^q x_i}{\sum_{i=1}^{n} (r_{ij}^{(s)})^q} \tag{6.36}
$$

式中，$x_i = (x_{i1}, x_{i2}, \cdots, x_{im})$，即

$$
v_{jt}^{(s)} = \frac{\sum_{i=1}^{n} (r_{ij}^{(s)})^q x_{it}}{\sum_{i=1}^{n} (r_{ij}^{(s)})^q}, \quad t = 1, 2, \cdots, m \tag{6.37}
$$

(3)修正模糊分类矩阵 $\boldsymbol{R}^{(s)}$

$$
r_{ij}^{(s)} = \frac{1}{\sum_{l=1}^{k} \left(\frac{\parallel x_i - \boldsymbol{V}_j^{(s)} \parallel}{\parallel x_i - \boldsymbol{V}_l^{(s)} \parallel} \right)^{\frac{2}{q-1}}}
$$

注意，式中分母部分求和式中的分子部分对于给定的 i，j 总是不变，而分母部分随着 l 的变化在变。也就是说，这是一个分子不变而分母在变的求和式。

（4）比较 $\boldsymbol{R}^{(s)}$ 与 $\boldsymbol{R}^{(s+1)}$，若对取定的误差极限 $\varepsilon > 0$，有 $\max\limits_{\substack{1 \leqslant i \leqslant n \\ 1 \leqslant j \leqslant k}} \{|r_{ij}^{(s+1)} - r_{ij}^{(s)}|\} \leqslant \varepsilon$，$\boldsymbol{R}^{(s+1)}$ 和 $\boldsymbol{V}^{(s)}$ 即为所求，迭代停止；否则，$s = s+1$，回到步骤（2）重复进行。

上述所得为预选定分类数 k 时的最优解，为局部最优解，是在完全没有任何人为干预的情况下求得。依模糊分类矩阵 $\boldsymbol{R}$ 的定义知，j 列中数值近于或等于 1 的行对应的样本属于同一类。例如，对 $X = \{x_1, x_2, \cdots, x_7\}$ 和 $k = 4$，假定最后求得的模糊分类矩阵为

$$\boldsymbol{R} = \begin{pmatrix} 0.00 & 0.00 & 0.92 & 0.01 \\ 0.00 & 0.00 & 1.00 & 0.00 \\ 0.00 & 0.93 & 0.10 & 0.00 \\ 0.98 & 0.25 & 0.00 & 0.00 \\ 0.93 & 0.20 & 0.00 & 0.00 \\ 0.95 & 0.08 & 0.00 & 0.00 \\ 0.00 & 0.00 & 0.00 & 1.00 \end{pmatrix}$$

则依此得分类：$\{x_1, x_2\}$，$\{x_3\}$，$\{x_4, x_5, x_6\}$，$\{x_7\}$。

由于存在局部最优解问题，当 k 较大时，距离公式和相关系数的选取都可能影响分类结果，甚至出现中间计算数据溢出的问题。这说明，模糊 K-means 算法只能进行较粗糙的分类。

6.5　结论和讨论

许多学者已用模糊集方法研究复杂的风险问题，表明模糊集理论是将本质的不精确并入风险分析的理想方法。然而，他们对风险空间进行的模糊划分并未触及风险的本质。

自然灾害模糊风险分析的主要任务是：①估计致灾因子与其发生概率之间的模糊关系；②灾害打击力与承灾体破坏程度之间的模糊关系；③承灾体破坏程度与损失程度之间的模糊关系。可以概括为估计因果型关系。

模糊集的基本思想是把经典集合中的绝对隶属关系灵活化。在直积上定义的模糊集称为模糊关系。当直积为有限集时，模糊关系可以用一个矩阵来表示。根据物理性质，模糊关系矩阵可分为相似矩阵、评判矩阵、因果矩阵三类。

自然灾害风险并非完全可以由概率进行描述，概率表征是不完备的。可能性分布能很好地表达模糊弹性约束，能为了我们表述风险估不准提供重要帮助。

传统上，主观法、选用典型函数法、经验曲线法是确定隶属函数的主要方法。人工神经元网络学习法、遗传算法等的引入只不过是对上述方法给出的隶属函数进行调整或优化而已。确定隶属函数的问题并没有从根本上得到解决。尽管如此，现有的方法已能帮助我们解决许多实际问题。

模糊集表述方法进行推断时常用的近似推理之合成规则不过是我们熟知的用一条曲线 $y = f(x)$，由给出 $x = a$ 推断 $y = b = f(a)$ 过程的一种一般化而已。在近似推理中，用的是从 OX 轴到 OY 轴的一个模糊关系 F，由给出的 OX 轴上一个模糊子集 A 推断 OY 轴上的模糊

子集 B。寻找模糊关系 F、合适的推理规则 "。" 是模糊风险分析工作在数学处理方面的核心任务。本书第三部分介绍的信息扩散技术主要用于寻找模糊关系 F。

为了使读者对模糊系统分析方法的全貌有所认识，本章对模糊综合评判方法、模糊聚类方法也进行了介绍。然而，两者都与因果型模糊关系无关，在自然灾害风险分析中最多能起辅助作用。

自然灾害风险评价的大量工作是进行信息处理，以便对风险系统的特征进行识别。因此，从技术层面上来说，自然灾害风险评价的质量极大地依赖于所采用的信息处理技术。

信息是客观事物存在方式和运动状态的反映。这种反映通常是通过一定的物质或能量的形式表现出来，并能直接或间接地为人们的感官所感受。如果人们所感受的信息不能够清楚地反映客观事物的存在方式或运动状态，这种信息就叫模糊信息。

传统的模糊信息处理方法所关注的是如何把工程实际中的模糊概念依靠专家经验进行量化，以便构造某种数学模型。由于专家们的背景不同，因而，对同一批资料进行处理，往往得出的结果差异颇大。这显然不满足工程实际的需要，也不符合"科学实验的结果应具有可重复性"的基本原理。

由于自然灾害风险评价结论很难检验，如果再有不同的专家给出不同的结论，人们就更加无所适从。因此，依靠专家经验用传统的模糊信息处理方法进行自然灾害风险评价势必举步维艰。本书将针对风险分析中处理不完备信息的需要，引入信息扩散技术，建立一套较为完整的自然灾害风险评价理论与方法。

信息扩散的基本思想是把一个传统的数据样本点变成一个模糊集合。由于信息扩散的目的是挖掘出尽可能多的有用信息，以此提高系统识别的精度。这种技术，也被称为模糊信息优化处理技术。最简单的方法是信息分配方法，最简单的扩散函数是正态扩散函数。使用信息扩散技术不需任何的专家经验，推断出来的模糊风险结论也不会因人而异。

信息扩散技术处理的对象是不完备信息，主要是小样本提供的模糊信息（仅仅依靠它们，我们不可能清楚地认识有关的统计规律），主要的依据是作为一个断言的信息扩散原理。已经证明，这一原理至少对于概率密度函数（它是事件和概率的一种关系）的估计是成立的。

第 7 章　运筹学方法

自然灾害风险管理的核心科学问题是优化决策问题。实现优化决策的主要手段是运筹学方法。运筹学是通过建立数学模型，协助决策者得出最优决策的一门学科。运筹学（operations research）原意是操作研究、作业研究、运用研究、作战研究，译作运筹学，是借用了《史记》"运筹于帷幄之中，决胜于千里之外"一语中"运筹"二字，既显示其军事的起源，又表明它在我国已早有萌芽。

运筹学以整体最优为目标，从系统的观点出发，力图以整个系统最佳的方式来解决该系统各部门之间的利害冲突，对所研究的问题求出最优解，寻求最佳的行动方案，所以它也可看成是一门优化技术，提供的是解决各类问题的优化方法。

为解决形形色色的优化问题，人们发展了大量的分析工具，运筹学体系急剧扩张，致使人们对什么是运筹学已是众说纷纭。例如，人们使用概率统计进行优化判断，概率统计是不是运筹学的一个分支？又如，遗传算法是优化的一种工具，遗传算法是不是运筹学的一个分支？显然，这些学科有自己的内核，作为运筹学的分支看待并不合适。

本书从自然灾害风险管理的应用角度出发，着重介绍常用的优化模型和支撑管理系统仿真的排队论模型。

构建具有快速反应能力的政府应急供应链管理体系，是提升政府灾害风险管理水平的重要途径之一。然而，供应链的概念化模型较多，通用的形式化模型较少，尤其是随机库存系统模型，更是不完善。有兴趣的读者，可以参考文献[142]进行相关研究。

7.1　风险管理的运筹学观点

风险管理的核心，是风险和收益的平衡。这不仅是对风险投资而言，而且是对一般意义的风险管理而言。如何取舍？如何利益最大化？是自然灾害风险管理必须解决的问题。生命无价，但地震区的民用建筑不可能都按核电站的建设标准建设。少数民族和偏远地区的稳定极为重要，不能只算经济账。如何在不确定条件下提高救助效率，如何兼顾重点和非重点地区等，都为运筹学提供了广阔的应用和发展空间。

1. 运筹学从兴盛走向衰落的历史

运筹学起源于 20 世纪 30 年代末。英国空军在 1939 年的一次空防大演习中，发现由沿海的几个雷达站送来的信息，常常相互矛盾，须加以筛选协调，才能作出正确的决策。当时负责英国海军雷达系统的罗（Rowe）建议进行这方面的研究[143]，并起名为"operational research"。以后美国军方也开展了类似的研究，并改称"operations research"。

1940 年 9 月英国成立了由曼彻斯特大学物理学家布莱克特（Blackett）领导的第一个运筹

学小组，专门就改进空防系统进行研究[144]。二战中著名的案例是对抗德国对英吉利海峡的封锁工作。经多方的实地调查后，专家们建议把投掷反潜艇的水雷，改为飞机投掷深水炸弹，起爆深度 100ft（1ft＝0.3048m）左右改为 25ft 左右，这样攻击效果最佳。还建议把运送物资船队的护航艇，由小规模多批次改为大规模小批次。英国政府采纳了建议，打破了德国对伦敦的封锁。第二次世界大战结束后，运筹学被引入民用部门。美国兰德公司还开始了战略性问题的研究，如未来武器系统和未来战争的战略研究等。1951 年摩尔斯和金博尔合作出版《运筹学方法》[145]，这是运筹学最早的一本著作。

运筹学的发展经历了五个阶段，有过辉煌[146]也有过衰落[147]。面对高度复杂的风险系统管理问题，作为一个拥有极高应用价值的综合性学科，运筹学仍能发挥重要的作用，关键是我们能对运筹学的基本原理有更加深刻的认识，才有可能获得突破。

第一阶段　20 世纪 30 代后期和 40 年代，这一阶段运筹学作为一种十分实用性的跨学科的方法而问世，它用来解决当时具有高度紧迫性的重大实际问题，还用来组织社会技术系统，主要是在军事领域内。

第二阶段　20 世纪 50 年代里，运筹学获得坚实的数学基础，这是一个科技革新十分活跃的时期。线性规划、动态规划、图论、网络分析等都是在这十年内创造和发展的。此外，博弈论、排队论、仿真和蒙特卡罗方法在这时期内得到迅速的发展。除去数学上的创新之外，这一阶段的第二个特征是运筹学在私人企业中获得许多新的应用领域，而第三个特征则可以说是运筹学的工作队伍被组织起来了，国际运筹学会联合会（International Federation of Operational Research Societies，IFORS）就是在这时期内建立的。许多最重要的运筹学期刊也是在这时期内创办的。

第三阶段　20 世纪 60 年代，运筹学上升成为一学术性学科。遍布世界各地的许多大学设立了运筹学专业，出版了许多教科书和专著，运筹学期刊在数量上和规模上快速发展，建立了许多新的运筹学会，大多数运筹学会的会员数目持续增长。在运筹学的应用方面，公众事务的管理成为第三个领域。在这时期内运筹学在科学和技术上获得发展的标志是其方法得到一系列的改进和完善，使得运筹学工作者在进入 70 年代时，拥有一套相当完善的工具。

第四阶段　20 世纪 70 年代是运筹学的巩固时期，由于配备了一整套有力的工具，许多问题在实际上得到了成功的解决，而且许多工具得到了更进一步的改进。许多运筹工作得到了公众的承认，如 1969～1982 年诺贝尔经济奖获得者中有八名曾在运筹或邻近领域中工作并对运筹学作出过贡献。他们许多重要的工作是在 60～70 年代完成。

第五阶段　20 世纪 70 年代后期到 21 世纪初，运筹学逐渐衰落。从 70 年代起，运筹学对企业经营管理的影响已大不如前。到 80～90 年代，全社会各行业、部门内的运筹小组关闭数目不断增多，呈逐年上升之势，艰难生存下来的、为数不多的小组也基本集中在政府、公共部门、制造业及运输业；大量的运筹专业人员或转行、或被裁减。大学中的运筹科系数目锐减，即使勉强支撑下来的也纷纷并入商学院或管理学院，几乎没有直接叫运筹学的了。一些运筹学会停止发展，对运筹学的内容、目的和将来等出现了较多的批判性讨论，推动了大规模复杂优化问题的研究，产生了很多启发式方法，如遗传算法、模拟退火等。

作者认为，运筹学衰落的根本原因有两点：一是传统运筹学的基本思想根植于战争条件下国家强大的组织力量，其理论和方法的成功应用严重依赖于大量精细数据的获得，面对不确定性大大增加、企业和政府严格控制成本的现实世界，运筹学的先天不足暴露无遗；二是从 20 世纪 70 年代后期起，市场经济自我调节成为主流，国际上盛行反计划、反国家干预思潮，这与运筹学强调从宏观上对经济资源做出合理计划、分配、使用，以达到全局最优的思想背道而驰，运筹学的应用空间急剧缩小。

2. 风险平衡和灾害风险管理目标

风险管理中的优化有两个方面的解释：从数学的角度看，是一个目标函数最优解问题；从操作层面看，则是一个风险平衡的问题。

目标函数是风险管理者要求达到的管理目标的数学表达式，即目标变量与相关的因素的函数关系。实现目标所受各种资源内部、外部条件的相互制约与限制，称为约束条件。最优解就是求目标函数的最大值（或最小值）。

最简单的优化问题是线性规划问题。我们以二元线性规划问题为例加以说明。

例 7.1　某民政部门调用甲、乙两类汽车赶运 A、B 两类救灾物质，甲类汽车每天能运抵 A 类物质 5 万件和 B 类物质 10 万件，乙类汽车每天能运抵 A 类物质 6 万件和 B 类物质 20 万件。已知甲类汽车每天的运费用为 2 万元，乙类每天的费用为 4 万元。现该部门至少要运抵 A 类物质 50 万件，B 类物质 140 万件，问：如何安排运输力量费用最低？

设调用甲、乙两类汽车分别为 x 和 y 天，以"万件"和"万元"为单位，依题意可知费用 c 为：$c=2x+4y$，它就是目标函数。约束条件是 $5x+6y \geqslant 50$，$10x+20y \geqslant 140$。此线性规划问题可书为

$$\begin{aligned}
\text{Min} \quad & c=2x+4y \\
\text{s. t.} \quad & 5x+6y \geqslant 50 \\
& 10x+20y \geqslant 140
\end{aligned} \qquad (7.1)$$

用 Mathematica 的内部命令 ConstrainedMin 解得 $c=28$，$x=4$，$y=5$。

显然，对复杂的风险管理问题要构建一个适当的目标函数非常困难，更不用说考虑系统的不确定性和相关问题的求解了。相比而言，考虑风险平衡，则比目标函数最优解问题更贴近实际一些。

在投资理论中，风险平衡也称为"收益风险均衡"，指用风险控制获得稳定的回报。投资，是一个泛泛的概念，既指一般项目的金钱投资，也可指某种资源的投入，还可以指某种政策的实施。风险均衡理论提供了一套描述收益和风险的方法，帮助人们对投资进行风险管理。最简单的收益风险均衡是零风险约束线下的均衡。

例 7.2　设某公司对项目 O 的投资为 x，收益为 y。假定它们之间的关系为 $y=f(x)$，称为收益曲线。根据一般的经济规律，任何投资达到一定力度后，收益增长率都会下降，即，边际收益递减。通常，人们是用替代函数对收益曲线进行拟合，并且投资问题须考虑多项因素，但不失一般性，对良性投资而言，当固化其它因素而只考虑单一投资 x 时，我们可简单地假定收益曲线为 $y=Ax^\alpha$，$0<\alpha<1$。令 $A=6$，$\alpha=0.4$，所得收益曲线如图 7.1

所示。

　　如本书 3.2.4 所述，一方面，在项目投资的过程中，由于自然条件、技术、管理、经济和政策等方面的不确定性因素共同作用，预定的投资目标不一定能实现，这就是投资风险。显然，一旦出现遇外，投资越大则损失也越大。也就是说，风险与投资额成正比。另一方面，投资的收益对风险有减缓作用。一般而言，以期望损失值测量的风险 E 是 x 和 y 的函数并受许多个因素 a_1，a_2，…的影响，即 $E=f(x, y, a_1, a_2, …)$。为了举例方便，我们假定风险 E 可表示为 $E=5x-0.6y$，如图 7.2 所示。

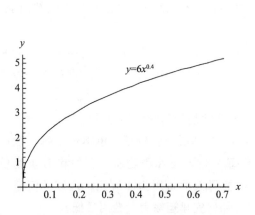

图 7.1　投资 x 于项目 O 的收益曲线图

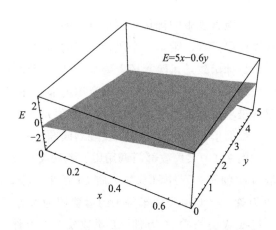

图 7.2　随着投资 x 和收益 y 而变化的期望风险 E

　　令 $E=0$ 为，我们可得零风险约束曲线，即 E_0：$5x-0.6y=0$，它代表了投资的安全边际。再令 $E=1$，可得期望损失值为 1 的风险约束曲线 E_1：$5x-0.6y-1=0$。它们均示于图 7.3 中。将收益曲线图和风险约束曲线绘在同一张图上，我们得到风险控制图（图 7.4），E_0 与收益曲线交于 $(0.58, 4.82)$ 点。

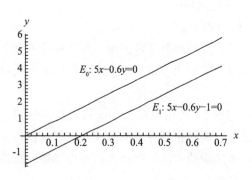

图 7.3　投资 x 于项目 O 的风险曲线图

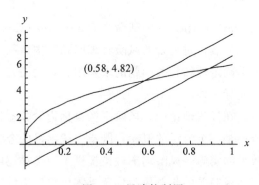

图 7.4　风险控制图

　　由图 7.4 可知，当投资超过 $x=0.58$ 时，随着投资收益的增加，风险也在增加。E_0 与收益曲线的交点称为风险平均衡点。此时，人们采用零风险约束下的投资策略，就是控制投资不要超过 0.58。

　　灾害的风险管理，远比投资中的风险均衡管理复杂。在这个问题上，从来就没有免费的午餐，减少任何特定风险的努力都会带来新的风险[148]。这方面的例子很多，如要求证明核电站是绝对安全的，不可避免地阻止了核电站取代火力发电厂，而火力发电厂是引起全球变暖和酸雨问题的重要因素之一；又如，碳交易降低减排成本的同时，也降低了相关环保技术创新的激励机制[149]，减排效果可能会更糟；再如，2008 年汶川地震后大量的泡沫夹芯板彩钢活动房为安排灾民发挥了重大作用，但灾区重建时拆除的 60 多万套活动板房如何处理成了一个重大问题。正如阿斯匹林既可以治头疼但也会引致肠胃问题一样，人们常常只能两害取其轻。尽管如此，对风险的管理原则仍然争论不休，尤其一涉及实际利益，各方的立场和做法往往是大相径庭甚至是截然对立的。从著名的牛肉荷尔蒙案到转基因作物的国际贸易谈判，莫不如此。

一些学者认为，依靠相对成熟的风险评估方法，可以解决灾害风险平衡问题。基本思想是将公众的安全与健康问题简化为数字的计算问题，从而进行成本—效益分析。但是，如果将各种价值，如生命、痛苦或生物多样性都简化为以金钱来标识的数值，即使这种分析在理论上有一些用处，但对相关争议的过分简化，使其易遭到误导甚至是滥用[150]。换言之，风险评估必然面对着如何将生命价值和经济价值相互通约的难题[151]。

求目标函数的最大值和投资中的风险平衡问题，都是生产系统中的问题，管理目标是管理者的利益最大化，传统的运筹学提供了很多理论和方法可用于解决相关问题。灾害的风险管理问题，则是社会系统中的问题，管理者的利益最大化极可能造成严重的社会问题。灾害风险管理的目标应该是：防御和减轻灾害，保护人民生命财产安全，促进社会可持续发展。灾害风险管理中的某些问题，可以直接转化为生产系统中的风险平衡问题，传统的运筹学方法可以发挥重要作用，如选择救灾物质贮备库库址的问题，就较容易转化为生产系统中的风险平衡问题。但是，如果要让运筹学在实现灾害风险管理目标方面发挥更大的作用，涉及运筹学基本思想的转变。

传统运筹学的基本思想可以概括为"统筹资源安排，实现整体最优"。例 7.1 和例 7.2 用数学方法实现了这一思想。然而，很难在灾害风险管理中落实这一基本思想。不仅无法统筹资源，更无法实现最优。例如，一次破坏性大震后，各种救灾物质和力量一并齐上，任何部门都无法在第一时间对他们进行"统筹"，也没有必要统筹。尤其是灾区自救，连资源的统计都很困难，更不要说"统筹"。什么是救灾的整体最优？实在很难定义。而"抓紧时间尽最大努力救人"，很难在传统运筹学中找到其"整体最优"的描述工具。一个无法数学化描述的最优目标，传统运筹学如何发挥作用？

虽然对相关资源无法统筹安排，但对其进行事前估计，则十分有利于风险管理；虽然灾害风险管理中无法实现整体最优，但优化风险管理的某些举措，则十分有利于提高风险管理水平。因此，在灾害风险管理中的运筹学基本思想应该转变为"盘点资源分布，力争局部优化"。

根据灾害风险管理的定义"充分考虑各种不确定性而进行的灾害管理称为灾害风险管理"（见定义 4.3），我们既要考虑灾害发生的不确定性，又要考虑能用于灾害的人力、物力和财力等资源的不确定性。当我们无法确切获得相关参数用于传统的运筹模型时，我们只能大体盘点资源分布，知道如果灾害发生，大概有些什么资源可以发挥作用。例如，在社区减灾力量较强的地方，自救能力就比较强；在偏远地区，当地的资源一般都很少。盘点资源，须根据灾害发生的可能来进行，风险分析是基本的工作。虽然灾害风险管理就连整体最优的目标都无法刻划，不可能实现整体最优，但是，力争局部优化仍然可行。例如，台风来临时不同种类渔船回港避风方式，就可以力争局部优化。

3. 灾害风险管理的运筹学基本原理

原理是指必须遵循或通常是要遵循的定律或规则。例如，测不准原理[152]表述了量子世界中存在的一个定律：同时测定一个原子的位置和动量是不可能的。

所谓基本原理，是指带有普遍性的、最基本的、可以作为一切理论和方法之基础的规律。例如，从本书第 3 章中提出的风险分析基本原理出发，可以推演出各种具体的风险分析理论和方法，从而解决风险分析中的实际问题。

根据灾害风险管理中运筹学的基本思想，我们提出灾害风险管理的运筹学基本原理：正视风险系统的不确定性，盘点可能的资源分布，洞悉可控资源的可调配过程，提出资源配置局部优化的方案，通过会商进行决策。

风险系统的不确定性是指灾害发生的不确定性。必须进行风险分析，才能有效管理风险。

只有对相关资源进行盘点，大体知道资源的属性和分布，才可能进行有实质意义的灾害风险管理。对同一地区而言，不同时间发生灾害，可用资源并不一样。冬天地震，灾民需保暖服装；雨季地震，灾民需避雨帐篷。灾害强度不一样，可用资源也不一样。大震会破坏许多备灾资源，救灾资源告罄。其实，要盘点可能的资源，并不仅仅是对灾后救助而言，设防、预警、灾后重建等，更是灾害风险管理的重要内容，涉及更多的资源。

灾害风险管理的目的是减灾，并且是关口前移的减灾。减灾必须采取相应的行动，行动就会消耗大量资源，对可控资源进行合理调配，才能发挥应有的作用。由于灾害风险系统的不确定性，可控资源的合理调配方案只能是期望值意义上的调配方案。只有洞悉调配过程，方可在期望值意义上进行优化处理。例如，地震救灾中医疗资源的调配必须与灾情相符，但由于地震的突发性和区域性等客观原因及信息不灵、指挥层次较多、军地的医疗救援力量缺乏统一的指挥调度、没有统一的整合及合理的分配等因素[153]，致使一些灾区的医疗力量聚集、救治力量过剩，而另一些受灾点医疗力量奇缺、许多医务人员数量调配不当、先进的医疗装备闲置、必备的医用耗材缺乏等医疗资源分配不合理等现象的出现，直接影响着医疗救援的效果。只有全面了解地震发生的震级、烈度等基本常识，掌握灾区的基本地理信息，对灾区的救援化整为零，分区救治[154]等医疗资源的调配过程有充分的研究，方可在期望值意义上对医疗资源的配置进行局部优化处理。

大凡涉及资源的配置，就有一个是否合理的问题。优化配置，是运筹学的追求。然而，机械论的优化配置，在复杂多变的灾害风险管理中，很难派上用场。因此，必须针对各种可能的情况，提出多个资源配置局部优化方案，使决策者有合理的选择余地，通过会商方式进行决策。

根据灾害风险管理运筹学基本原理，我们提出图 7.5 所示的工作流程图。传统的运筹学方法，主要在"研究资源配置局部优化的方案"这一个环节发挥作用，而且须考虑系统的不确定性，尤其是环境、资源和时间的可变性。在"仿真或推演资源调配过程"环节中，也可用到运筹学的一些基本方法，如排队论，但相关参数的确定，更具挑战性。会商决策，比仅靠计算结果的决策，更为科学、可行。

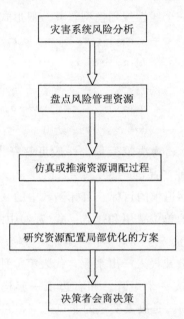

图 7.5 基于灾害风险管理运筹学基本原理的工作流程图

7.2 优化技术

虽然运筹学的内涵决不仅仅是解决复杂问题的优化技术，它实际是一种对系统进行科学的定量分析，从而发现问题、解决问题的哲学方法论，并体现为各种科学决策方法的组合，但是，解决复杂问题的优化，无疑是运筹学的核心要点之一。

常用优化软件有 Cplex、Lingo 等。线性规划和非线性规划是较简单的优化问题，变量不多时可以用计算机编程语言 Matlab 提供的命令求解。

1. 线性规划

线性规划，是运筹学中应用最广泛的方法之一。据估计，在世界 500 家最大的企业中，有 85％的企业使用过线性规划解决经营管理中遇到的复杂问题[155]。线性规划的使用已为使用者节约了数以亿万计的资金。线性规划实质上是解决稀缺资源在有竞争的使用方向中如何进行最优分配的问题。这类最优分配问题大部分是从经营管理中引出的，如产品的最优组合、生产排序、最优投资方案、人力资源分配等。在这类问题中，一个共性的问题是一些稀缺或有限的资源必须被分配到一些指定的生产活动中去，而这些资源的使用会伴随着费用或效益的发生。线性规划可用于合理分配这些资源，并使付出的费用最小或获得的收益最大。

线性规划是求一个线性函数在满足一组线性等式或不等式方程条件下的极值问题的统

称。线性规划问题一般由三部分组成：

（1）由决策变量构成的反映决策者目标的线性目标函数；

（2）一组由决策变量的线性等式或不等式构成的约束方程；

（3）限制决策变量取值范围的非负约束。

一个线性规划问题，称为一个线性规划模型，其一般形式为式

$$
\begin{aligned}
\max \quad & z = c_1 x_1 + c_2 x_2 + \cdots + c_n x_n \\
\text{s.t.} \quad & a_{11} x_1 + a_{12} x_2 + \cdots + a_{1n} x_n \leqslant b_1 \\
& a_{21} x_1 + a_{22} x_2 + \cdots + a_{2n} x_n \leqslant b_2 \\
& a_{m1} x_1 + a_{m2} x_2 + \cdots + a_{mn} x_n \leqslant b_m \\
& x_1, x_2, \cdots, x_n \geqslant 0
\end{aligned} \tag{7.2}
$$

式(7.2)中的 x_1，x_2，$\cdots$，x_n 为决策变量，一般可解释为反映 n 种生产经营活动的规模。例如，一个工厂生产的 n 种产品的产量。$z = c_1 x_1 + c_2 x_2 + \cdots + c_n x_n$ 被称为目标函数，记为 $z = f(x)$，反映生产活动追求的目标。目标函数中的 c_j 称为目标函数系数，也称价值系数，代表伴随决策变量发生的单位费用和效益。式(7.2)中的每一个约束是一种资源约束，模型共有 m 种受限资源，列向量 $b = (b_1, b_2, \cdots, b_m)^\mathrm{T}$ 称为约束条件的右边项，它代表 m 种资源的可用量。a_{ij} 为技术系数或投入产出系数，代表第 j 种经营活动需要第 i 种资源的单位投入或产出量，这些系数构成一个矩阵。和右边项一起构成线性规划模型的约束条件。$x_j \geqslant 0$ 限制决策变量的取值范围，是决策变量的非负约束，它表达了生产经营活动的规模不能为负值这样一个事实。

目标函数和约束方程是线性函数隐含了如下四种假定：

（1）比例性假定：决策变量变化引起的目标函数的改变量和决策变量的改变量成比例，同样，每个决策变量的变化引起约束方程左端值的改变量和该变量的改变量成比例。比例性假定意味着每种经营活动对目标函数的贡献是一个常数，对资源的消耗也是一个常数。

（2）可加性假定：每个决策变量对目标函数和约束方程的影响是独立于其他变量的，目标函数值是每个决策变量对目标函数贡献的总和。

（3）连续性假定：线性规划问题中的决策变量应取连续值。

（4）确定性假定：线性规划中的所有参数都是确定的参数。线性规划问题是确定性问题，不包含随机因素。

这些假定条件是很强的，在灾害风险管理中，很少有完全满足这些条件的例子。当满足的程度较小时，应考虑使用其他方法，如非线性规划、整数规划或不确定性分析方法。

求解线性规划问题的主要方法有图解法、单纯形法。简单的线性规划问题可用图解法求解。图解法具有简单、直观、便于初学者了解线性规划基本原理和几何意义等优点。现用图解法求解例 7.1。由于该例的式(7.1)只有两个变量，我们可以在平面直角坐标系中描述该问题(图 7.6)。

式(7.1)的每个不等式约束代表一个半平面(等式约束代表一直线)。例如，第一个约束在图形上表示以直线 $5x + 6y = 50$ 为界的右上方的半平面。该半平面内所有的点都满足第一个约束条件。两个非负条件分别表示以两个坐标轴为界的正半平面的交集，也即直角坐标

系的第一象限。两个约束条件和两个非负条件构成图 7.6 中第一象限斜线以外的区域。该区域内的任一点及边界上的点都能同时满足式(7.1)的所有约束条件,因此都是式(7.1)的可行解。线性规划所有可行解构成的集合称为线性规划的可行域。

哪一个解最优解是呢? 这取决于目标函数的图形。目标函数 $c=2x+4y$ 在平面坐标系中的图形是一族以 c 为参数的平行线。任选一个接近零的 c,便可得到一条接近原点的直线,该线上所有的可行点都有相同的目标函数值,因此也被称为等值线。让目标函数线沿其法线方向(垂直向右方向)平行移动,目标函数值将逐渐增加(图 7.6),当移到两条约束曲线的交点 A(图 7.7),就进入了可行域。如果再进一步移动,目标函数值将增加,所以 A 是使目标函数值最小的点,即为最优解,亦即 $x=4$,$y=5$,目标函数值 $c=2x+4y=2\times4+4\times5=28$。特别注意的是,式(7.1)和式(7.2)的极值方向和约束方向正好相反,读者可以很容易推知式(7.2)的图解法操作过程。

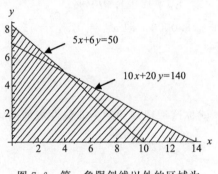 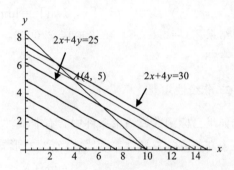

图 7.6　第一象限斜线以外的区域为
线性规划的可行域

图 7.7　目标函数以等值线(粗线)方式
移动,到约束曲线交点 A 进入可行域

单纯形能求解一般的线性规划问题。其理论根据是:线性规划问题的可行域是 n 维向量空间 R^n 中的多面凸集,其最优值如果存在必在该凸集的某顶点处达到。顶点所对应的可行解称为基本可行解。单纯形法的基本思想是:先找出一个基本可行解,对它进行判别,看是否是最优解;若不是,则按照一定法则转换到另一改进的基本可行解,再判别;若仍不是,则再转换,按此重复进行。因基本可行解的个数有限,故经有限次转换必能得出问题的最优解。如果问题无最优解也可用此法判别。单纯形法的一般解题步骤可归纳为五步。

步骤 1　把线性规划问题的约束方程组表达成典范型方程组,找出基本可行解作为初始基本可行解。

步骤 2　若基本可行解不存在,即约束条件有矛盾,则问题无解。

步骤 3　若基本可行解存在,从初始基本可行解作为起点,根据最优性条件和可行性条件,引入非基变量取代某一基变量,找出目标函数值更优的另一基本可行解。

步骤 4　按步骤 3 进行迭代,直到对应检验数满足最优性条件(这时目标函数值不能再改善),即得到问题的最优解。

步骤 5　若迭代过程中发现问题的目标函数值无界,则终止迭代。

如果用 Matlab 工具,求解线性规划问题极为简便。

例 7.3　求解线性规划

$$\min \quad z = -5x_1 - 4x_2 - 6x_3$$
$$\text{s. t.} \quad x_1 - x_2 + x_3 \leqslant 20$$
$$3x_1 + 2x_2 + 4x_3 \leqslant 42$$
$$3x_1 + 2x_2 \leqslant 30$$
$$x_1, x_2, x_3 \geqslant 0$$

解：命令程序如下

$$f = [-5; -4; -6];$$
$$a = [1, -1, 1; 3, 2, 4; 3, 2, 0];$$
$$b = [20; 42; 30];$$
$$lb = \text{zeros}(3, 1);$$
$$[x, \text{fval}] = \text{linprog}(f, a, b, [], [], lb) \%$$

求得结果：$x = 0.0000, 15.0000, 3.0000$, fval $= -78.0000$, 即 $x_1 = 0, x_2 = 15, x_3 = 3$, $z = -78$。

2. 非线性规划

如果目标函数或约束条件中含有非线性函数，就称这种规划问题为非线性规划问题。非线性规划的数学模型常表示成式(7.3)的形式

$$\begin{cases} \min f(X) \\ h_i(X) = 0, \quad i = 1, 2, \cdots, m \\ g_j(X) \geqslant 0, \quad j = 1, 2, \cdots, l \end{cases} \tag{7.3}$$

式中，自变量 $X = (x_1, x_2, \cdots, x_n)^{\mathrm{T}}$ 为 n 维欧氏空间 R^n 中的向量（点）；$f(X)$ 为目标函数；$h_i(X) = 0$ 和 $g_j(X) \geqslant 0$ 为约束条件。

由于 $\max f(X) = -\min[-f(X)]$，当需使目标函数极大化时，只需使其负值极小化即可。因而仅考虑目标函数极小化，这无损于一般性。

若某约束条件是"$\leqslant$"不等式时，仅需用"-1"乘该约束的两端，即可将这个约束变为"$\geqslant$"的形式。

由于等式约束 $h_i(X) = 0$ 等价于同时满足两个不等式约束：$h_i(X) \geqslant 0$ 和 $-h_i(X) \geqslant 0$，因而，也可将非线性规划的数学模型写成以下形式

$$\begin{cases} \min f(X) \\ g_j(X) \geqslant 0, \quad j = 1, 2, \cdots, l \end{cases} \tag{7.4}$$

图示法可以给人以非线性规划问题的直观概念。

例 7.4　考虑只有两个自变量时的非线性规划问题

$$\begin{cases} \min f(x, y) = (x-2)^2 + (y-2)^2 \\ x + y = 6 \end{cases} \tag{7.5}$$

令 $f(x, y) = c$，可以得一条圆形等值线。若令 c 等于 2 和 4，就得到相应的两条圆形等值线（图 7.8）。由于等值线 $f(x, y) = 2$ 和约束条件直线 AB，即 $x + y = 6$，相切于 D，所以

其解为：$x=y=3$，其目标函数值 $f(x, y)=2$。

如果我们将约束条件更改为 $x+y \leqslant 6$，则最优解将是 $x=y=2$（注：此处的最优解是取最小值），即图 7.8 中的 E 点〔这时 $f(x, y)=0$〕。由于最优点位于可行域的内部，故对这个问题的最优解来说，约束条件 $x+y \leqslant 6$ 事实上是不起作用的。在求这个问题的最优解时，可不考虑约束条件，就相当于没有这个约束一样。

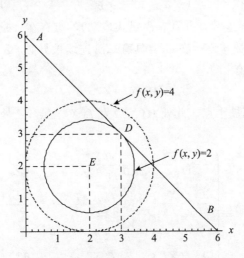

图 7.8　非线性优化的一个简单例子

由于非线性函数的复杂性，解此类问题要比解线性规划问题困难得多。而且，也不像线性规划有单纯形法等通用方法，非线性规划目前还没有适于各种问题的一般算法，各个方法都有自己特定的适用范围[156]。本节简单介绍无约束极值问题和约束极值问题的主要解法。

1）无约束问题

无约束问题，就是在高等数学中的函数极值问题。由于非线性规划的目标函数可行域不再是线性规划中的凸集，因而求出的最优解不一定是在整个可行域上的全局最优解。

设 $f(X)$ 为定义在 n 维欧氏空间 R^n 的某一区域 U 上的 n 元实函数，其中 $X=(x_1, x_2, \cdots, x_n)^{\mathrm{T}}$。对于 $X^* \in U$，如果存在某个 $\varepsilon > 0$，使所有与 X^* 的距离小于 ε 的 X（即 $X \in U$ 且 $\|X - X^*\| < \varepsilon$）均满足不等式 $f(X) \geqslant f(X^*)$，则称 X^* 为 $f(X)$ 在 U 上的局部极小点（或相对极小点），$f(X^*)$ 为局部极小值。若对于所有 $X \neq X^*$ 且与 X^* 的距离小于 ε 的 X，$f(X) > f(X^*)$，则称 X^* 为 $f(X)$ 在 U 上的严格局格极小点，$f(X^*)$ 为严格局部极小值。

若点 $X^* \in U$，而对于所有 $X \in U$ 都有 $f(X) \geqslant f(X^*)$，则称 X^* 为 $f(X)$ 在 U 上的全局极小点，$f(X^*)$ 为全局极小值。若对于所有 $X \in U$ 且 $X \neq X^*$，都有 $f(X) > f(X^*)$，则称 X^* 为 $f(X)$ 在 U 上的严格全局极小点，$f(X^*)$ 为严格全局极小值。

全局极小与局部极小的区别在于，全局极小其不等式在整个 U 上成立，而局部极小对应的不等式只在 X^* 的 ε-邻域中成立。

如将上述不等式反向，即可得到相应的极大点和极大值的定义。

设 U 是 n 维欧氏空间 R^n 上的某一开集，$f(X)$ 在 U 上有一阶连续偏导数，且在点 $X^* \in U$ 取得局部极值，则必有

$$\nabla f(X^*) = 0 \tag{7.6}$$

式中，$\nabla f(X^*)$ 为函数 $f(X)$ 在点 X^* 处的梯度，即

$$\nabla f(X) = \left(\frac{\partial f(X)}{\partial x_1}, \frac{\partial f(X)}{\partial x_2}, \cdots, \frac{\partial f(X)}{\partial x_n} \right)^{\mathrm{T}} \tag{7.7}$$

函数 $f(X)$ 的一阶偏导连续，并且有满足式(7.6)的点存在，是 $f(X)$ 极值点存在的必要条件。充分条件则是，函数 $f(X)$ 在 U 上具有二阶连续偏导数，$X^* \in U$，若 $\nabla f(X^*) = 0$，且对任何非零向量 $\mathbf{Z} \in R^n$ 有

$$\mathbf{Z}^{\mathrm{T}} \mathbf{H}(X^*) \mathbf{Z} > 0 \tag{7.8}$$

则 X^* 为 $f(X)$ 的严格局部极小点。此处 $\mathbf{H}(X^*)$ 为 $f(X)$ 在点 X^* 处的海森矩阵(Hessian Matrix)

$$\mathbf{H}(X^*) = \begin{pmatrix} \dfrac{\partial^2 f(X^*)}{\partial^2 x_1} & \dfrac{\partial^2 f(X^*)}{\partial x_1 \partial x_2} & \cdots & \dfrac{\partial^2 f(X^*)}{\partial x_1 \partial x_n} \\ \dfrac{\partial^2 f(X^*)}{\partial x_2 \partial x_1} & \dfrac{\partial^2 f(X^*)}{\partial^2 x_2} & \cdots & \dfrac{\partial^2 f(X^*)}{\partial x_2 \partial x_n} \\ \vdots & \vdots & \ddots & \vdots \\ \dfrac{\partial^2 f(X^*)}{\partial x_n \partial x_1} & \dfrac{\partial^2 f(X^*)}{\partial x_n \partial x_2} & \cdots & \dfrac{\partial^2 f(X^*)}{\partial^2 x_n} \end{pmatrix} \tag{7.9}$$

解决无约束问题的最简单的方法之一是牛顿法。设 $f(X)$ 是二次可微的，局部的牛顿法如下[157]面四步。

第一步　给出 $X_0 \in R^n$，令 $k=0$；

第二步　计算 $\nabla f(X_k)$，如果 $\nabla f(X_k) = 0$，则终止；否则，转第三步；

第三步　计算 $\nabla^2 f(X_k)$，令 $d_k = -\dfrac{\nabla f(X_k)}{\nabla^2 f(X_k)}$；

第四步　令 $x_{k+1}, = x_k + d_k$，$k=k+1$，转向第二步。

使用 Matlab 工具，可以快速求解某些无约束的非线性规划。

例 7.5　求 $y = 2x_1^3 + 4x_1 x_2^3 - 10 x_1 x_2 + x_2^2$ 的最小值。$X_0 = [0, 0]^{\mathrm{T}}$

解：命令程序如下

　　　　fun＝inline('2 * x(1)^3＋4 * x(1) * x(2)^3－10 * x(1) * x(2)＋x(2)^2');

　　　　[x, fval] ＝fminsearch(fun, [0；1])%

求得结果：x=1.0016, 0.8334, fval=－3.3241, 即 $x_1 = 1.0016, x_2 = 0.8344, y = -3.3241$。

2) 有约束问题

灾害风险管理中遇到的大多数非线性优化，其变量的取值常受到一定的约束，这种约束由约束条件来体现，上述的式(7.4)是有约束问题的一般表达形式。求解约束优化问题，就是求解约束极值问题，这比求解无约束极值问题困难得多。

对有约束的极小化问题来说，除了要使目标函数在每次迭代有所下降之外，还要时刻注意解的可行性问题，这就给寻优工作带来了很大困难。主要的求解思路是：将约束问题化为无约

束问题；将非线性规划问题化为线性规划问题，以及能将复杂问题变换为较简单的问题。

　　解约束优化问题的一个最有效的方法是二次规划方法。若某非线性规划的目标函数为自变量 X 的二次函数，约束条件又全是线性的，就称这种规划为二次规划。二次规划是非线性规划中比较简单的一类，它较容易求解。由于很多方面的问题都可以抽象成二次规划的模型，而且它和线性规划又有直接联系，因而此处对其作一简要介绍。

　　二次规划的数学模型可表述如下

$$
\begin{cases}
\min f(X) = \sum_{j=1}^{n} s_j x_j + \dfrac{1}{2} \sum_{j=1}^{n} \sum_{k=1}^{n} c_{jk} x_j x_k & (7.10\text{a}) \\[2mm]
c_{jk} = c_{kj}, \qquad k = 1,2,\cdots,n \\[2mm]
\sum_{i=1}^{n} a_{ij} x_j + b_i \geqslant 0, i = 1,2,\cdots,m & (7.10\text{b}) \\[2mm]
x_j \geqslant 0, \qquad j = 1,2,\cdots,n & (7.10\text{c})
\end{cases}
$$

式(7.10a)右端的第二项为二次型。如果该二次型正定(或半正定)，则目标函数为严格凸函数(或凸函数)；此外，二次规划的可行域为凸集，因而，上述规划属于凸规划(在极大化问题中，如果上述二次型为负定或半负定，则也属于凸规划)。凸规划的局部极值即为其全局极值。对于这种问题，库恩-塔克条件是极值点存在的必要条件和充分条件[155]。所谓非线性规划式(7.4)的极小点 X^* 满足库恩-塔克条件，就是说，在 X^* 点的各起作用约束的梯度线性无关，且存在向量 $\boldsymbol{\Gamma}^* = (\gamma_1^*, \gamma_2^*, \cdots, \gamma_l^*)^T$，使下述条件成立：

$$
\begin{cases}
\nabla f(X^*) - \sum_{j=1}^{l} \gamma_j^* \ \nabla g_j(X^*) = 0 \\[2mm]
\gamma_j^* g_j(X^*) = 0, j = 1,2,\cdots,l \\[2mm]
\gamma_j^* \geqslant 0, \qquad j = 1,2,\cdots,l
\end{cases} \tag{7.11}
$$

将库恩-塔克条件式(7.11)中的第一个条件应用于二次规划式(7.10)中，并用 y 代替库恩-塔克条件中的 γ，可得

$$
-\sum_{k=1}^{n} c_{jk} x_k + \sum_{i=1}^{m} a_{ij} y_{n+i} + y_j = c_j, j = 1,2,\cdots,n \tag{7.12}
$$

在式(7.10b)中引入松弛变量 x_{n+i}，式(7.10b)即变为(假定 $b_i \geqslant 0$)

$$
\sum_{j=1}^{n} a_{ij} x_j - x_{n+i} + b_i = 0, i = 1,2,\cdots,m \tag{7.13}
$$

再将库恩-塔克条件中的第二个条件应用于上述二次规划，并考虑到式(7.13)，可得

$$
x_j y_j = 0, j = 1,2,\cdots,n+m \tag{7.14}
$$

此外还有

$$
x_j \geqslant 0, y_j \geqslant 0, j = 1,2,\cdots,n+m \tag{7.15}
$$

联立求解式(7.12)和式(7.13)式，如果得到的解也满足式(7.14)和式(7.15)，则这样的解就是原二次规划问题的解。但是，在式(7.12)中，c_j 可能为正，也可能为负。为了便于求解，先引入人工变量 $z_j(z_j \geqslant 0$，其前面的符号可取正或负，以便得出可行解)，这样式(7.12)就变成了：

$$\sum_{i=1}^{m} a_{ij} y_{n+i} + y_j - \sum_{k=1}^{n} c_{jk} x_k + \text{sgn}(c_j) z_j = c_j, j = 1, 2, \cdots, n$$

式中，$\text{sgn}(c_j)$ 为符号函数，当 $c_j \geqslant 0$ 时，$\text{sgn}(c_j) = 1$；当 $c_j < 0$ 时，$\text{sgn}(c_j) = -1$。这样一来，可立刻得到初始基本可行解如下：

$$\begin{cases} z_j = \text{sgn}(c_j) c_j, & j = 1, 2, \cdots, n \\ x_{n+i} = b_i, & i = 1, 2, \cdots, m \\ x_j = 0, & j = 1, 2, \cdots, n \\ y_j = 0, & j = 1, 2, \cdots, n \end{cases}$$

但是，只有当 $z_j = 0$ 时才能得到原来问题的解，故必须对上述问题进行修正，从而得到如下线性规划问题

$$\begin{cases} \min \phi(Z) = \sum_{j=1}^{n} z_j \\ \sum_{i=1}^{m} a_{ij} y_{n+i} + y_j - \sum_{k=1}^{n} c_{jk} x_k + \text{sgn}(c_j) z_j = c_j, j = 1, 2, \cdots, n \\ \sum_{j=1}^{n} a_{ij} x_j - x_{n+i} + b_i = 0, i = 1, 2, \cdots, m \\ x_j \geqslant 0, j = 1, 2, \cdots, n+m \\ y_j \geqslant 0, j = 1, 2, \cdots, n+m \\ z_j \geqslant 0, j = 1, 2, \cdots, n \end{cases} \qquad (7.16)$$

该线性规划还应满足式(7.14)。这相当于说，不能使 x_j 和 y_j（对每一个 j）同时为基变量。解线性规划式(7.16)，若得到最优解：

$$(x_1^*, x_2^*, \cdots, x_{n+m}^*, y_1^*, y_2^*, \cdots, y_{n+m}^*, z_1 = 0, z_2 = 0, \cdots, z_n = 0)$$

则 $(x_1^*, x_2^*, \cdots, x_n^*)$ 就是原二次规划问题的最优解。

例 7.6　求下面问题在初始点 (0, 1)处附近的最优解

$$\begin{cases} \min \quad z = x_1^2 + x_2^2 - x_1 x_2 - 2x_1 - 5x_2 \\ -(x_1 - 1)^2 + x_2 \geqslant 0 \\ 2x_1 - 3x_2 + 6 \geqslant 0 \end{cases}$$

解：先在 Matlab 编辑器中建立非线性约束函数文件

function $[c, \text{ceq}] = \text{mycon}(x)$

$c = (x(1) - 1)^{\wedge} 2 - x(2)$；%不等式非线性约束

$\text{ceq} = [\,]$；%等式非线性约束为空

并点击工具档中的程序代码检测器（Check code with M-Lint）。生成函数 mycon. m。然后，在命令窗口键入如下命令

$f = \text{inline}('x(1)^{\wedge}2 + x(2)^{\wedge}2 - x(1) * x(2) - 2 * x(1) - 5 * x(2);')$；

$x0 = [0; 1]$；%可行域里的点

$a = [-2, 3]$; $b = 6$; $\text{aeq} = [\,]$; $\text{beq} = [\,]$; $\text{lb} = [\,]$; $\text{ub} = [\,]$；%线性约束

$[x, \text{fval}] = \text{fmincon}(f, x0, a, b, \text{aeq}, \text{beq}, \text{lb}, \text{ub}, @\text{mycon})$

求得 $x_1 = 3, x_2 = 4, y = -13$。

7.3　排　队　论

管理系统复杂多样。然而，无论是餐饮管理、应急救助，还是航班调度、柔性制造系统，以至电话系统管理、邮局柜台配置、和谐领导班子的建设等，都可以看作是一个随机服务系统，可以抽象为排队系统（又称为随机服务系统），用排队论进行研究。

排队论就是通过对服务对象到来及服务时间的统计研究，得出这些数量指标（等待时间、排队长度、忙期长短等）的统计规律，然后根据这些规律来改进服务系统的结构或重新组织被服务对象，使得服务系统既能满足服务对象的需要，又能使机构的费用最经济或某些指标最优。排队论是运筹学的一个重要分支。

在日常生活中，人们会遇到各种各样的排队问题。例如，排队买火车票、进餐馆就餐、到图书馆借书、去医院看病等。在这些问题中，售票员与买票人、餐馆的服务员与顾客、图书馆的出纳员与借阅者、医生与病人等，均分别构成一个排队系统，或服务系统。排队问题的表现形式往往是拥挤现象，随着生产与服务的日益社会化，由排队引起的拥挤现象越来越普遍。

排队除了是有形的队列外，还可以是无形的队列。例如，几个旅客同时打电话到火车站售票处订购车票，如果有一个人正在通话，则其他人只得在各自的电话机前等待，他们分散在不同地方，却形成了一个无形的队列在等待通话。

排队的不一定是人，也可以是物。例如，生产线上的原材料、半成品等待加工；因故障而停止运转的机器在等待修理；码头上的船只等待装货或卸货；要降落的飞机因跑道不空而在空中盘旋等。当然，进行服务的也不一定是人，可以是跑道、自动售货机、公共汽车等。

在排队论中，我们将要求服务的对象统称为"顾客"，而将提供服务的服务者称为"服务员"或"服务机构"。因此，顾客与服务机构（服务员）的含义完全是广义的，可根据具体问题而不同。实际的排队系统可以千差万别，但都可以一般地描述如下。

顾客为了得到某种服务而到达系统，若不能立即获得服务而又允许排队等待，则加入等待队伍，待获得服务后离开系统。三个服务人员的排队系统如图 7.9 所示，是由顾客动态实体流和三个服务台功能块组成的系统。由图 7.9 可知顾客随机到达，排队等候服务。服务员花一定的时间服务顾客，顾客依次接受服务。

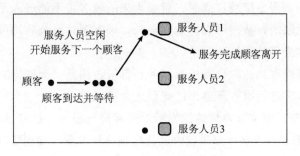

图 7.9　三个服务人员的排队系统

1. 排队系统的描述

任何一个排队系统都由三个基本部分组成：到达过程、排队及排队规则和服务过程。

1）到达过程

到达过程是说明顾客按怎样的规律到达系统。完全刻划一个输入过程须考虑三个方面。

第一，顾客总体数：可能是有限的，也可能是无限的。一个地区将会发生的地震次数可认为是无限的，灾区等待救援的伤员显然是有限的。

第二，到达方式：是单个到达还是成批到达。安置灾民问题中，若把同时易地安置的一批人看成顾客，则为成批到达的例子。

第三，顾客（单个或成批）相继到达的时间间隔的分布：这是刻划输入过程的最重要的内容。令 $T_0=0$，T_n 表示第 n 个顾客到达的时刻，则有 $T_0 \leqslant T_1 \leqslant \cdots \leqslant T_n \leqslant \cdots$，记 $X_n = T_n - T_{n-1}$，$n=1, 2, \cdots$，则 X_n 是第 n 个顾客与第 $n-1$ 个顾客到达的时间间隔。通常假定 $\{X_n\}$ 是独立同分布的随机变量，并记其概率分布函数为 $A(t)$，概率密度函数为 $a(t)$。人们经常用到的分布是：

(1)定长分布(D)。顾客相继到达时间间隔为确定的，如产品通过传送带进入包装箱就是定长分布的例子。

(2)最简流(或称 Poisson 流)(M)。顾客相继到达时间间隔 $\{X_n\}$ 为独立的、同负指数分布，其密度函数为

$$a(t) = \begin{cases} \lambda e^{-\lambda t}, & t \geqslant 0 \\ 0, & t < 0 \end{cases} \tag{7.17}$$

式中，$\lambda > 0$ 为平均间隔时间。

此分布 $t \geqslant 0$ 的部分就是式(5.22)中的指数分布。在排队论中，人们习惯于称其为"负指数分布"。

2）排队及排队规则

排队分为有限排队和无限排队两类。有限排队是指排队系统中的顾客数是有限的，即系统的空间是有限的，当系统被占满时，后面再来的顾客将不能进入系统；无限排队是指系统中顾客数可以是无限的，队列可以排到无限长，顾客到达系统后均可进入系统排队或接受服务，这类系统又称为等待制排队系统。

排队规则，当顾客到达时，若所有服务台都被占用且又允许排队，则该顾客将进入队列等待。服务台对顾客进行服务所遵循的规则通常有三种：

(1)先来先服务。即按顾客到达的先后对顾客进行服务，这是最普遍的情形。

(2)后来先服务。在许多库存系统中就会出现这种情形，如钢板存入仓库后，需要时总是从最上面的取出；又如在情报系统中，后来到达的信息往往更加重要，首先加以分析和利用。

(3)具有优先权的服务。服务台根据顾客的优先权不同进行服务，优先权高的先接受服务，如病危的患者应优先治疗、重要的信息应优先处理、出价高的顾客应优先考虑等。

3）服务过程

排队系统的服务过程主要包括：服务员的数量及其连接形式（串联或并联）；顾客是单个还是成批接受服务；服务时间的分布。在这些因素中，服务时间的分布最为重要。记某服务台的服务时间为 V，其分布函数为 $B(t)$，密度函数为 $b(t)$，则常见的分布有三种。

（1）定长分布（D）：每个顾客接受服务的时间是一个确定的常数。

（2）负指数分布（M）：每个顾客接受服务的时间相互独立，具有相同的负指数分布，即

$$b(t) = \begin{cases} \mu e^{-\mu t}, & t \geqslant 0 \\ 0, & t < 0 \end{cases} \tag{7.18}$$

式中，$\mu > 0$，为平均服务时间。式（7.18）和式（7.17）是同一种分布，为了方便，内中用了不同数学符号。

（3）k 阶爱尔朗分布（Ek）：每个顾客接受服务的时间服从 k 阶爱尔朗分布，其密度函数为

$$b(t) = \frac{k\mu \, (\mu k t)^{k-1}}{(k-1)!} e^{-\mu k t}, t > 0 \tag{7.19}$$

爱尔朗分布比负指数分布具有更多的适应性。当 $k=1$ 时，爱尔朗分布即为负指数分布；当 k 增加时，爱尔朗分布逐渐变为对称的。事实上，当 $k \geqslant 30$ 以后，爱尔朗分布近似于正态分布。当 $k \to \infty$ 时，由方差为 $\frac{1}{k\mu^2}$ 可知，方差将趋于零，即为完全非随机的。所以，k 阶爱尔朗分布可看成完全随机（$k=1$）与完全非随机之间的分布，能更广泛地适应于现实世界。

2. 排队系统的模型

为了方便对众多模型的描述，Kendall 提出了一种"Kendall"记号，其一般形式为[158]

$$X / Y / Z / W$$

式中，X 为顾客相继到达时间间隔的分布；Y 为服务时间的分布；Z 为服务台的个数；W 为系统的容量，即可容纳的最多顾客数。

例如，$M/M/1/\infty$ 表示了一个顾客的到达时间间隔服从相同的负指数分布、服务时间为负指数分布、单个服务台、系统容量为无限（等待制）的排队模型。$M/M/s/K$ 则表示了一个顾客相继到时间间隔服从相同的负指数分布、服务时间为负指数分布、s 个服务台、系统容量为 K 的排队模型。这里，$s \leqslant K \leqslant \infty$。当 $K=s$ 时，为一损失制排队模型；当 $s < K < \infty$ 时，为一混合制排队模型；当 $K = \infty$ 时，为等待制排队模型。

1）排队系统中的主要数量指标

研究排队系统，目的在于通过了解系统运行的状况，对系统进行调整和控制，使系统处于最优运行状态。因此，首先需要弄清系统的运行状况，描述一个排队系统运行状况的主要数量指标有两种。

（1）系统状态：亦称为队长，指排队系统中的顾客数（排队等待的顾客数与正在接受服

务的顾客数之和）。

（2）排队长：系统中正在排队等待服务的顾客数。

记

$N(t)$：时刻 $t(t \geqslant 0)$ 的系统状态；

$p_n(t)$：时刻 t 系统处于状态 n 的概率；

s：排队系统中并行的服务台数；

λ_n：当系统处于状态 n 时，新来顾客的平均到达率（单位时间内来到系统的平均顾客数）；

μ_n：当系统处于状态 n 时，整个系统的平均服务率（单位时间内可以服务完的顾客数）；

当 λ_n 为常数时，记为 λ；当每个服务台的平均服务率为常数时，记每个服务台的服务率为 μ，则当 $n \geqslant s$ 时，有 $\mu_n = s\mu$。因此，顾客相继到达的平均时间间隔为 $1/\lambda$，平均服务时间为 $1/\mu$。令 $\rho = \lambda/(s\mu)$，则 ρ 为系统的服务强度。

$p_n(t)$ 为系统在时刻 t 的瞬时分布，一般不易求得。同时，由于许多排队系统当运行一段时间后，其状态和分布都呈现出与初始状态或分布无关的性质，称具有这种性质的状态或分布为平稳状态或平稳分布，排队论通常是研究系统在平稳状态的下的性质。排队系统处于平稳状态时一些基本指标有

p_n：系统中恰有 n 个顾客的概率；

L：系统中顾客数的平均值，又称为平均队长；

L_q：系统中正在排队的顾客数的平均值，又称为平均排队长；

T：顾客在系统中的逗留时间；

$W = E(T)$：顾客在系统中的平均逗留时间；

T_q：顾客在系统中的排队等待时间；

$W_q = E(T_q)$：顾客在系统中的平均排队时间。

2）排队论所研究的基本问题

排队论研究的首要问题是系统中几个主要数量指标的概率规律，即研究系统的整体性质；然后进一步研究系统的优化问题；和这两个问题相关，还包括排队系统的统计推断问题，即：

（1）通过研究主要数量指标在瞬时或平稳状态下的概率分布及其数字特征，了解系统运行的基本特征。

（2）统计推断问题。建立适当的排队模型是排队论研究的第一步，建立模型过程中经常会碰到如下问题：系统是否达到平稳状态的检验、顾客相继到达时间间隔相互独立性的检验、服务时间的分布及有关参数的确定等。

（3）系统优化问题。系统优化问题又称为系统控制问题或系统运营问题，其基本目的是使系统处于最优的或最合理的状态。系统优化问题包括最优设计问题和最优运营问题。系统优化问题的内容很多，有最少费用问题、服务率的控制问题、服务台的开关策略、顾客（或服务）根据优先权的最优排序等方面问题。

3. 生灭过程简介

一类非常重要且广泛存在的排队系统是生灭过程排队系统。生灭过程是一类特殊的随机

过程。在排队论中，"生"表示顾客的到达，"灭"表示顾客的离去，于是，不同时刻 t 系统的状态 $N(t)$（时刻 t 系统中的顾客数）就构成了一个随机过程。当 $N(t)$ 的概率分布具有以下性质时，称 $\{N(t), t \geqslant 0\}$ 为一个生灭过程。

（1）假设 $N(t)=n$，则从时刻 t 起到下一个顾客到达时刻止的时间服从参数为 λ_n 的负指数分布，$n=0, 1, 2, \cdots$。

（2）假设 $N(t)=n$，则从时刻 t 起到下一个顾客离去时刻止的时间服从参数为 μ_n 的负指数分布，$n=0, 1, 2, \cdots$。

（3）同一时刻时只有一个顾客到达或离去。

一般说来，得到 $N(t)$ 的分布 $p_n(t) = P\{N(t)=n\}$，$n=0, 1, 2, \cdots$ 是比较困难的，因此通常是求当系统运行一段时间达到平稳状态后的状态分布，记为 p_n，$n=0, 1, 2, \cdots$。

为求平稳分布，考虑系统可能处的任一状态 n，$n=0, 1, 2, \cdots$。

假设在相当一段时间内分别记下系统进入状态 n 和离开状态 n 的次数，则这两个数要么相等，要么相差为 1。但就这两种事件的平均发生率来说，可以认为是相等的，即当系统运行相当时间而达到平稳状态后，对任一状态 n 来说，单位时间内进入该状态的平均次数和单位时间内离开该状态的平均次数应该相等，这就是系统在统计平衡下的"流入=流出"原理。根据这一原理，可得到任一状态下的平衡方程如下

$$
\begin{array}{ll}
0 & \mu_1 p_1 = \lambda_0 p_0 \\
1 & \lambda_0 p_0 + \mu_2 p_2 = (\lambda_1 + \mu_1) p_1 \\
2 & \lambda_1 p_1 + \mu_3 p_3 = (\lambda_2 + \mu_2) p_2 \\
\cdots & \cdots\cdots\cdots\cdots \\
n-1 & \lambda_{n-2} p_{n-2} + \mu_n p_n = (\lambda_{n-1} + \mu_{n-1}) p_{n-1} \\
n & \lambda_{n-1} p_{n-1} + \mu_{n+1} p_{n+1} = (\lambda_n + \mu_n) p_n
\end{array}
\tag{7.20}
$$

由上述平衡方程，可求得

$$
\begin{array}{ll}
0 & p_1 = \dfrac{\lambda_0}{\mu_1} p_0 \\[2mm]
1 & p_2 = \dfrac{\lambda_1}{\mu_2} p_1 + \dfrac{1}{\mu_2}(\mu_1 p_1 - \lambda_0 p_0) = \dfrac{\lambda_1}{\mu_2} p_1 = \dfrac{\lambda_1 \lambda_0}{\mu_2 \mu_1} p_0 \\[2mm]
2 & p_3 = \dfrac{\lambda_2}{\mu_3} p_2 + \dfrac{1}{\mu_3}(\mu_2 p_2 - \lambda_1 p_1) = \dfrac{\lambda_2}{\mu_3} p_2 = \dfrac{\lambda_2 \lambda_1 \lambda_0}{\mu_3 \mu_2 \mu_1} p_0 \\[2mm]
\cdots & \cdots\cdots\cdots\cdots
\end{array}
\tag{7.21}
$$

记

$$
C_n = \frac{\lambda_{n-1} \lambda_{n-2} \cdots \lambda_0}{\mu_n \mu_{n-1} \cdots \mu_1}, n=1, 2, \cdots
\tag{7.22}
$$

则平稳状态的分布为

$$
p_n = C_n p_0, n=1, 2, \cdots
\tag{7.23}
$$

由概率分布的要求

$$
\sum_{n=0}^{\infty} p_n = 1
$$

而

$$\sum_{n=0}^{\infty} p_n = p_0 + \sum_{n=1}^{\infty} p_n$$

所以

$$p_0 + \sum_{n=1}^{\infty} p_n = 1 \tag{7.24}$$

将式(7.23)代入式(7.24)，得

$$(1 + \sum_{n=1}^{\infty} C_n) p_0 = 1$$

于是

$$p_0 = \frac{1}{1 + \sum_{n=1}^{\infty} C_n} \tag{7.25}$$

注意，式(7.25)只有当级数 $\sum_{n=1}^{\infty} C_n$ 收敛时才有意义，即当 $\sum_{n=1}^{\infty} C_n < \infty$ 时，才能由该公式得到平稳状态的概率分布。

4. 排队问题的求解

对排队问题的求解，就是研究和计算系统的主要数量指标，简称系统运行指标，一般来说它们都是随机变量，并且和系统运行的时间 t 有关。人们已经对 $M/M/s$ 等待制排队模型，$M/M/s$ 混合制排队模型和有限源排队模型提出了较为完善的求解方法。我们以最简单的单服务台等待制模型 $M/M/1/\infty$ 为例来展示求解过程。

$M/M/1/\infty$ 是指：顾客的相继到达时间服从参数为 λ 的负指数分布；服务台个数为1；服务时间 V 服从参数为 μ 的负指数分布；系统的空间为无限，允许永远排队。这是一类最简单的排队系统，主要工作是求队长的分布。

记 $p_n = P\{N=n\}$，$n=0,1,2,\cdots$ 为系统达到平稳状态后队长 N 的概率分布，则由式(7.22)、式(7.23)和式(7.25)，并注意到 $\lambda_n = \lambda$，$n=0,1,2,\cdots$ 和 $\mu_n = \mu$，$n=0,1,2,\cdots$，记

$$\rho = \frac{\lambda}{\mu}$$

并设 $\rho < 1$(否则队列将排至无限远)，则

$$C_n = \left(\frac{\lambda}{\mu}\right)^n, \quad n=1,2,\cdots$$

从而

$$p_n = \rho^n p_0, n=1,2,\cdots$$

其中

$$p_0 = \frac{1}{1 + \sum_{n=1}^{\infty} \rho^n} = \left(\sum_{n=0}^{\infty} \rho^n\right)^{-1} = \left(\frac{1}{1-\rho}\right)^{-1} = 1 - \rho \tag{7.26}$$

因此

$$p_n = (1-\rho)\rho^n, \quad n = 1, 2, \cdots \tag{7.27}$$

式(7.26)和式(7.27)给出了在平衡条件下系统中顾客数为 n 的概率。由式(7.26)不难看出，ρ 是系统中至少有一个顾客的概率，也就是服务台处于忙的状态的概率，因而也称 ρ 为服务强度，它反映了系统繁忙的程度。此外，式(7.27)只有在 $\rho = \dfrac{\lambda}{\mu} < 1$ 的条件下才能得到，即要求顾客的平均到达率小于系统的平均服务率，才能使系统达到统计平衡。

5. 管理系统计算机仿真

求解简单的排队系统已经十分繁琐，几乎无法手工求解实际管理中涉及的排队系统。1961 年，IBM 的 Gordon，根据排队系统中有实体在流动的原理，设计出了第一个通用仿真系统 GPSS[159]。在仿真一个管理系统时，动态实体流过系统中的功能块，直至穿过整个系统。动态实体的随机性，则由伪随机数发生器模拟。根据仿真实验结果的比较，人们能验证管理参数的选择是否合理。

目前的计算机仿真技术，可粗略地分为三大类：①基于微分方程数值解的仿真；②管理系统仿真；③以虚拟场景再现为主的仿真。分别用于仿真物理系统、各种管理系统和展现各种预设的场景。例如，导弹飞行仿真实验，使用的是微分方程数值解仿真技术；飞机制造厂数控车间月加工任务安排仿真实验，用的是管理系统仿真技术；运动场馆设计模型场景仿真，用的是虚拟场景计算机仿真技术。第一类仿真技术的核心是构造能进行数值计算的微分方程和相关的求解算法；第二类仿真技术的核心是构造能反映管理系统实情的排队系统和高效求解技术；第三类仿真技术的核心是计算机演示技术。

从 20 世纪 70 年代的 GPSS、SLAM，80 年代的 SIMAN、Taylor，到 20 世纪 90 年代的 ARENA 等仿真软件，均可仿真排队系统。ARENA 等仿真软件已经成功应用于震后应急救助中医疗资源效率的研究[160]。今天，功能强大的 ARENA 等仿真软件，其内核仍然是 GPSS 的原理，只不过使用了现代计算机提供的很多方便，如可视化和模块化。由于灾害风险管理太复杂，加之仿真软件的动画演示不连惯，目前该领域中尚无可用直接使用的商业化仿真软件系统。

管理系统计算机仿真也被称为管理系统模拟[161]，是对离散型系统进行，即随着时间的推移，系统状态只在某些具体的时间点呈离散性变化，在时间点之间则没有变化，而时间可以是连续性的或离散性的，这取决于系统状态的离散性变化可以在任何时间点发生或仅能在某些特殊时间点发生。图 7.10 表示了离散系统的状态与时间的关系。我们以一个手工模拟的例子来说明模拟的基本原理。

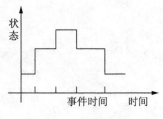

图 7.10　离散型系统

1）单闸口渔船回港避风系统

单闸口渔船回港系统(图 7.11)由渔船和闸口组成。渔船接台风警报后回港避风到达闸口前，管理部门须检查渔船的相关证件以便登记在案，渔船方可入闸。然后闸口排水、降低内河水位、渔船入闸关水、水位升高、渔船进港避风。表 7.1 是渔船的到达时间和检查时间。

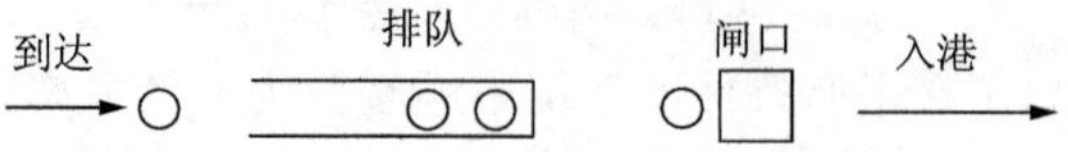

图 7.11　单闸口渔船回港系统

表 7.1　渔船的到达时间和检查时间

渔船编号	到达时间/min	检查时间/min
1	3.2	3.8
2	10.9	3.5
3	13.2	4.2
4	14.8	3.1
5	17.7	2.4
6	19.8	4.3
7	21.5	2.7
8	26.3	2.1
9	32.1	2.5
10	36.6	3.4

2）系统的手工模拟

通过手工计算，我们得知各船在闸口排队时间和在系统内停留时间等情况，如表 7.2 所示。离散时间点上发生的事件可由表 7.3 给出。

表 7.2　闸口的人工模拟情况

渔船编号	到达时间	开始检查时间	离开时间	排队时间	系统内停留时间
1	3.2	3.2	7.0	0	3.8
2	10.9	10.9	14.4	0	3.5
3	13.2	14.4	18.6	1.2	5.4
4	14.8	18.6	21.7	3.8	6.9
5	17.7	21.7	24.1	1.0	6.4
6	19.8	24.1	28.4	1.3	8.6
7	21.5	28.4	31.1	6.9	9.6
8	26.3	31.1	33.2	4.8	6.9
9	32.1	33.2	35.7	1.1	3.6
10	36.6	36.6	40.0	0	3.4

表 7.3　系统模拟的事件描述

事件时间	渔船编号	事件类型	排队渔船数/只	系统内渔船数/只	检查员状态	检查员空闲时间
0.0	—	开始	0	0	空闲	—
3.2	1	到达	0	1	繁忙	3.2
7.0	1	离开	0	0	空闲	—
10.9	2	到达	0	1	繁忙	3.9
13.2	3	到达	1	2	繁忙	—
14.4	2	离开	0	1	繁忙	—
14.8	4	到达	1	2	繁忙	—
17.7	5	到达	2	3	繁忙	—
18.6	3	离开	1	2	繁忙	—
19.8	6	到达	2	3	繁忙	—
21.5	7	到达	3	4	繁忙	—
21.7	4	离开	2	3	繁忙	—
24.1	5	离开	2	3	繁忙	—
26.3	8	到达	2	3	繁忙	—
28.4	6	离开	1	2	繁忙	—
31.1	7	离开	0	1	繁忙	—
32.1	9	到达	1	2	繁忙	—
33.5	8	离开	0	1	繁忙	—
35.7	9	离开	0	0	空闲	—
36.6	10	到达	0	1	繁忙	0.9
40.0	10	离开	0	0	空闲	—

图 7.12 表示了系统状态随时间的变化。由该图我们可以看出，在模拟开始后的 40min 内，系统内的平均渔船数为 1.4525，检查员的空闲时间占 20%。

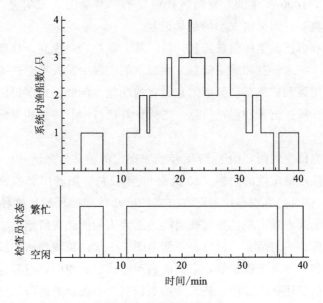

图 7.12　系统状态的变化

第三部分　信息扩散技术的应用

第8章　信息扩散技术

知识样本的有效学习，是风险分析的关键环节之一。在许多情况下，可供学习的知识样本很少，我们称之为信息不完备。在此条件下，基于传统概率统计的学习方法得出的结果可信度不高，相关风险分析结论的可靠性得不到保证。信息扩散技术，能有效利用不完备信息中的模糊信息，既可提高概率分布估计的精度，又可较合理地构建参数间的关系，明显提高风险分析的可靠性。

信息扩散技术主要由信息分配方法和信息扩散理论支持。本质上，信息扩散技术是一种模糊统计技术，但由于其解决了从普通样本转变为模糊样本的问题，从而超越了传统模糊集技术依赖专家选定隶属函数的随意性，确保了分析结果的客观性。

8.1　信息不完备和小样本问题

1. 信息的定义

今天，"信息"一词已广泛应用于社会科学、自然科学、工程技术和国家决策等诸多领域之中。然而，究竟怎样理解信息的含义呢？是情报？知识？还是我们感觉到的外部世界？信息的定义众说纷纭，人们对信息的理解经过了几多变迁。世人谈及信息，远非自今日起。据《新词源》考证，1000多年前，我国唐代就曾有"梦断美人沉信息，日空长路倚楼台"的诗句，这是"信息"一词见诸文字的最早记载。

事实上，人类有自己天生的信息器官，眼、耳、鼻、舌和皮肤，分别接收图形信息、声音信息、气味信息、味道信息和感觉信息。在长期的实践中，人类创造了许多方法，发明了许多技术来延长、增强和扩展自己天生信息器官的功能。例如，司南提供方向信息；算盘记录和处理数字信息；纸张记录和保存信息。现代计算机技术、传感和遥感技术，更是将人类带入了信息时代。

人类系统地研究信息问题，始于1948年仙农提出的狭义信息论[162]。当时，信息被定义为是可以减少或消除不确定性的内容。20世纪90年代初，随着广义信息论的发展，形成了更一般的定义[163]：信息是客观事物的存在方式和运动状态的反映。这种反映通常是通过一定的物质或能量的形式表现出来，直接或间接地能为人们的感观所感觉。例如，温度计的指示、飞机的飞行速度、一句话、一封信、一张地图、一次地震波实测曲线、火车时刻表、来自遥远星体的光线和其他电磁辐射等，它们的表现形式各不相同，但都包含着某种信息。有时干脆说它们就是信息还更为方便。甚至于仙农信息论中涉及的通信系统中的噪声，本身也可以被认为是一种信息，这没有什么不可以，事实上，它是一种干扰信息。

信息的定义如此之广，因此，在我们进行具体的信息分析时，不得不对其有所限制。在本章涉及的内容中，我们所指的信息，是指那些能够积累成经验，具有某种知识意义的东西，并且，主要感兴趣的不是去研究信息的度量，而是去剖析信息的结构，研究这些知识性信息都告诉了我们一些什么事，以此来了解客观世界的某些规律。

人类认识世界，只有通过对现实世界中采集到的信息进行分析才能实现。人脑是处理信息效率最高的系统；配有相关软件的计算机，则是处理信息从来不会疲倦的系统。现代科技的发展，一般可以使信息以数据的形式表现出来。由于这些数据的出现常常有一定的随机性，借用统计学的术语，称其为数据样本。从信息的高度来看待采集到的数据样本，有助于较好地把握客观规律。这种有意义的数据样本，也称为知识样本或知识信息。

2. 信息不完备

根据信息的定义，完整的信息就应该能完整地反映客观事物的存在方式和运动状态。例如，一次地震波实测曲线提供的信息如果完整，它就应该能完整地反映客观发生的地震波过程；一封信提供的信息如果完整，它就应该能完整地反映写信人的所思所想；一批来自灾害风险系统的信息如果完整，它就应该能完整地反映灾害风险系统。

在许多情况下，由于采集数据的成本过高，或时间限制，或缺少技术，人们难以获得完整的信息。例如，全国性人口普查的成本很高，只能抽样进行，这些信息对于全面认识社会系统并不完整；一次地震后的快速灾情评估，由于时间限制，只能采集少量数据信息，这些信息对于灾情并不完整；由于缺少到地球深处获取信息的技术，人们只能在地表采集数据，这些信息对于认识地下的断层并不完整。

设 X 是一个样本，由样本点 x_1，x_2，$\cdots$，x_n 构成，即，$X = \{x_1, x_2, \cdots, x_n\}$。当 X 是一个知识样本时，我们说它提供了认识某个客观事物的信息。例如，设 X 是某个班级所有同学的出生日期，它就提供了认识同学们年龄的信息。又例如，设 X 记录了某地区曾发生过的所有地震的震中位置和震级，它就提供了认识该地区地震活动性的信息。

设 R 是所要认识的某个客观事物的全貌，最简单的情形，它由一个函数来刻画。例如，某个人的外形，原理上来说可以由一个三维函数来刻画。又例如，某个活动断层的演进，原理上来说可以由一个随时间变化的三维状态函数来刻画。更多的时候，R 是一个因果关系。

用信息 X 对 R 进行认识，就是要给出描述 R 的函数。当我们用三维激光扫描仪对人体扫描获得 X 时，可同时获得非解析的人体三维函数。然而，任何一个样本 X，均无法给出活动断层的状态函数。当 X 提供的信息无法使人们认识 R 的全貌时，我们称 X 是认识 R 的不完备信息，简称信息不完备。

显然，任何来自无限集总体的有限样本，用其来认识总体的概率分布都是不完备信息。特别地，当样本点过少时，我们就遇到到了小样本问题（small-sample problem）。

从某种意义上讲，科学探索的主要任务是用由观察、实验、学习和推论得来的不完备信息和部分知识来认识世界。也就是说，这些所谓的不完备是不可避免的。特别地，风险与信息不完备是共生体。换言之，如果人们能获得使未来的一切尽在掌握中的信息，风险也就不存在了。事实上，由于大量不确定因素的存在，人们根本不可能获得洞悉一切的信息。信息完备是相对的，而信息不完备则是绝对的。

3. 小样本问题

众所周知，统计方法常常被用于处理工程问题中的观测样本。例如，用线性回归法，我们就可以得到震中烈度 I 和震级 M 之间的关系，即线性关系

$$I=aM+b$$

式中，a 和 b 为常数，它们可以用一个地震区域（也称为地震带）的地震观测记录计算出来。如果这个线性关系可以准确地表达地震带内 I 和 M 的内在关系，那么它在地震工程中将会有很大用处。一个统计结果是否有效，一般来说取决于两个条件：①依假设而给出的形式化统计公式是否正确？②供统计使用的样本是否足够大？如果假设公式正确，而且样本足够大，那么相应的统计结果就是有效的；否则将是无效的。

虽然有很多工具可以验证一个假设是否正确，但是在我们研究一个复杂的非线性系统的时候，要找到一个合理的假设公式是很困难的。例如，许多研究都表明[164]，要找到一个假设公式来表示关于烈度 I 的震害面积 S 和震级 M 之间的关系是不可能的。总的来说，如果所给的样本较大（样本点超过 30 个），而且假设正确，那么人们就可以得到一个较好的统计结果。样本越大，统计结果越精确。但是，在许多情况下，很难找到正确的假设和足够大的样本。例如，在地震工程中，除了地震构造结构的非线性问题导致寻找假设公式的困难外，我们还知道破坏性地震是发生概率很小的低频事件，因此，一个不大的地震区域内的中强地震的观察样本容量一般都很小，除非我们收集了所有的地震记录（有大量的小震级观测值）或者扩展了地域的局限。众所周知，小震级地震在一个地震区域内发生的频率很高，这使得我们能得到的样本的主要部分都是由小震级地震组成的。当我们用这样的一个所谓大样本来支持统计模型的时候，我们不可能发现任何由破坏性地震控制的规则。很明显，从一个大区域收集到的地震记录所组成的样本将不能体现地震构造结构对局部地区地震的影响。这种统计结果的工程价值并不大。

假设 X 是这样一个样本，它将被用来支持一个数学模型以发现某种因素间的关系。如果 X 很小，那么依据它用传统概率统计方法找到的关系将是无效的，这就称为小样本问题。在参数统计理论中，当一个样本很小时，估计参数和总体参数之间的误差就会很大。这也称为小样本问题。区间估计法被用来缓解小样本问题可能带来的麻烦，它其实是对一个统计量的可信度进行标注。但是，在很多情况下，工程师们感兴趣的是一个更精确的估计量，而不是对这个估计量精确与否给予标注。如果数据是由重复进行同种类型的随机实验得来的，那么就可以使用以往的历史经验，对现有样本的估计加以改进。这就是贝叶斯方法的基本思想。然而，在许多情况下，根本没有小样本以外的历史经验，贝叶斯方法失效。信息扩散技术或许是处理小样本问题的更好方法。为引入此技术，我们先介绍信息矩阵概念。

8.2　信　息　矩　阵

科学研究的核心内容之一，是发现事物间存在的关系。用数学语言来讲，这种关系就是函数。因此，发展识别输入-输出关系的科学方法有特别重要的意义。根据自然灾害风险分

析的基本模式(图 3.3)，风险分析的主要工作，是识别事件和发生概率之间的关系(概率密度函数)，以及剂量-反应曲线。

今天，至少有三种被广泛使用的输入-输出关系的识别工具，它们分别是数学物理方程、回归和人工神经元网络。由于它们均不能很好的处理小样本问题，我们进而提出了信息矩阵的工具。

1. 输入-输出关系的主要识别途径

1) 数学物理方程

早在 18 世纪，人们就发现许多物理和力学现象都可以用微分方程的边界值问题来描述。方程中状态函数之参数是输入，状态值是输出。随后，数学物理方程发展成了描述物理系统中输入-输出变量之间关系的普遍途径。例如，振动方程描述了细线、薄膜、声音和电磁波的微小振动。为了完整地描述振动过程，必须知道初始扰动和初始速度。这些初始条件也称为边界条件，相应的物理问题称为边界值问题。

当假定其解从内部到边界都很有规律，称经典边界值问题。但是，在人们感兴趣的许多物理问题中，可能不得不放弃这种苛刻的要求，解可能是一个广义函数。广义函数在内部满足方程，而在边界可能并不全部满足方程。这就是广义边界值问题，相应的解称为广义解。

暂且不论解的规律性如何，使用微分方程时一定要满足如下的条件：

(1)一定存在一个解；

(2)解一定是唯一的；

(3)解一定是连续地依赖于这个问题的数据。

很明显，数学物理方程可用偏微分方程中的函数(也就是关系式)描述物理现象，前提是必须先知道相关的物理学基本法则。即使这样，条件(3)因受下面事实的影响而不易满足。通常，物理问题的数据只是由实验粗略地得到，因此，必须确定问题的解不会受这些数据测量误差的太大影响。在诸多途径中，数学物理方程在结构上最完美，但使用条件最苛刻。

2) 回归

虽然"回归"这一术语有着广泛的统计学意义，但是，它更多地是指用统计方法对两个或更多变量之间关系性质进行描述。首先来看一个基本的问题：有两个可能相互依赖的任意变量，那么我们应该怎样着手研究它们的联合行为呢？

一种途径是考虑 x 一定时，关于 x 的函数 Y 的条件概率密度，也就是做出 $f_{Y|x}(y)$ 关于 x 的曲线图。虽然这样的曲线图可以表示 X 和 Y 之间的关系，但是它们的应用和解释很困难。一个更好的解释是用 $f_{Y|x}$ 的一个数字特征 $E(Y|x)$ 和 $E(Y|x)$ 关于 x 的曲线图来代替 $f_{Y|x}$。

用更一般的术语来讲就是，寻找 $E(Y|x)$ 和 x 之间的关系回归问题[且函数 $h(x)=E(Y|x)$ 称为 Y 在 x 上的回归曲线]。从实验上来说，当记录下一批 (x_i, y_i) 的数据，并把这些点描在一个散点图上，如果需要说明这两个变量之间的函数关系，回归问题就出现了。试图寻找的关系式，就是关于 x 的 $E(Y|x)$。

可以认为，回归就是用给定样本 $\{(x_i,\ y_i)\,|\,i=1,\ 2,\ \cdots,\ n\}$ 估计对于 x 的条件期望 $E(Y\,|\,x)$。特别地，当产生观测值的总体是正态时，联合密度函数为

$$f(x,y)=\frac{1}{2\pi\sigma_x\sigma_y\ \sqrt{1-\rho^2}}e^{-\frac{1}{2(1-\rho^2)}\left[\left(\frac{x-\mu_x}{\sigma_x}\right)^2-2\rho\left(\frac{x-\mu_x}{\sigma_x}\right)\left(\frac{y-\mu_y}{\sigma_y}\right)+\left(\frac{y-\mu_y}{\sigma_y}\right)^2\right]}$$

则 Y 在 x 上的回归曲线是

$$y=\bar{y}+\hat{\rho}\frac{\hat{\sigma}_y}{\hat{\sigma}_x}(x-\bar{x}) \tag{8.1}$$

其中

$$\bar{x}=\frac{1}{n}\sum_{i=1}^{n}x_i,\quad \bar{y}=\frac{1}{n}\sum_{i=1}^{n}y_i,\quad \hat{\sigma}_x^2=\frac{1}{n}\sum_{i=1}^{n}(x_i-\bar{x})^2,\quad \hat{\sigma}_y^2=\frac{1}{n}\sum_{i=1}^{n}(y_i-\bar{y})^2,$$

$$\hat{\rho}=\frac{1}{n\hat{\sigma}_x\hat{\sigma}_y}\sum_{i=1}^{n}[(x_i-\bar{x})(y_i-\bar{y})].$$

换句话说，给定样本 $\{(x_i,\ y_i)\,|\,i=1,\ 2,\ \cdots,\ n\}$，在正态假设的条件下，用回归方法，我们可以得到输入变量 x 和输出变量 y 之间的一个估计关系，这是一个线性函数。

原则上讲，对于任何总体，我们都能计算出表示两个或两个以上变量之间关系的条件概率密度。令 x 和 y 分别为输入变量(也称"自变量")和输出变量(也"因变量")。其中，x 可能是一个矢量。我们可以用最小二乘法估计给定样本母体随机变量分量之间的关系。

当假定 x 和 y 是一个线性关系 $y=a+bx$，可用最小二乘法推导出计算其系数的公式

$$b=\Big[n\sum_{i=1}^{n}x_iy_i-\Big(\sum_{i=1}^{n}x_i\Big)\Big(\sum_{i=1}^{n}y_i\Big)\Big]\Big/\Big[n\Big(\sum_{i=1}^{n}x_i^2\Big)-\Big(\sum_{i=1}^{n}x_i\Big)^2\Big] \tag{8.2}$$

$$a=\frac{1}{n}\Big(\sum_{i=1}^{n}y_i-b\sum_{i=1}^{n}x_i\Big). \tag{8.3}$$

可以验证这个结果与式(8.1)完全一样。也就是说，只有观测值总体的分布是正态分布时，线性假设的回归估计才正确。这就是盲目使用线性假设常常得出错误估计的原因所在。

很明显，如果观测值总体类型已知，并且给定样本的容量足够大，那么基于一个给定样本的回归结果就能描述输入-输出变量之间的关系。如果一个样本很小，并且总体类型未知，那么要得到一个合理的回归结果就很困难。在诸多途径中，基于传统概率统计的回归模型最常用，但小样本的统计结果常常与实际相差甚远。

3) 人工神经元网络

人工神经元网络(ANN)在过去的近 30 年里得到了广泛的关注。众所周知，ANN 作为一个工具可以解决许多实际问题，如模式识别、函数逼近、系统识别、时间序列预测等。一个神经元网络可以理解为一个映射 $f:\mathbf{R}^p\ \rightarrow\ \mathbf{R}^q$（此处 $\mathbf{R}$ 代表实数域，$\mathbf{R}^q$ 代表 p 维实空间），并且定义为 $y=f(x)=\varphi(Wx)$，此处 $x\in\mathbf{R}^p$ 是输入矢量，$y\in\mathbf{R}^q$ 是输出矢量。W 是一个 $p\times q$ 权值矩阵，且 φ 是一个非线性函数，常称为激励函数。典型的激励函数是 S 形函数：

$$\varphi(x)=\frac{1}{1+e^{-\alpha x}},\quad \alpha>0$$

映射 f 可以分解为多个映射；结果是一个多层网络，

$$R^p \rightarrow R^m \rightarrow \cdots \rightarrow R^n \rightarrow R^q$$

计算 W 的运算法则是训练算法。最常用的神经网络之一是多层回传神经网络（BP 网络），它的训练算法就是很有名的最速梯度下降法。用来训练网络的观测值通常称为数据或模式。变量间的关系通常是通过用收集到的数据或模式训练神经网络找到的。这种方法也称为自适应模式识别。在大多数情况下，从统计学的观点来看，应用神经网络可以解决条件估计问题。有名的回传误差算法被用于训练反馈式人工神经网络，其梯度寻优是用均方差来控制。反馈式神经网络可视为是用最小期望平方误差作为条件期望函数的一致性估计。

大量的研究人员已经讨论过关于神经网络任意逼近的性质，已证明任何连续函数都可以近似为有一个内部隐藏层的神经网络，并证明了多层神经网络用任意 S 形函数均可以任意精度逼近任一个连续函数，条件是要有足够的隐藏节点可以用。然而，因为网络都是在计算机上实现的，所以任意精度实际上不存在。

很明显，一个训练过的神经网络描述的逼近函数可以看作是我们想知道的关系的估计。但是，当一个训练过的神经网络作为一个从输入到输出的映射时，它是一个黑盒子。这意味着人们不可能知道一个神经网络如何工作，很难把人们的先验经验融合到神经网络中去。

此外，回传式算法有一个很大的问题就是经常只能达到局部最小，而不能达到全局最小。而且，即使能达到全局最小，达到此目标的速度也非常慢。

2. 信息矩阵的概念

输入-输出关系或函数关系的识别，其原理都可以用图 8.1 所示的曲线识别来表达。X 轴代表输入或自变量，Y 轴代表输出或因变量，所谓识别，就是找出曲线 $y = f(x)$。从数学物理方程到回归再到人工神经元网络，功能概莫能外，只不过出发点不同，表达形式不同，精细程度及效果不同罢了。数学物理方程的出发点是所研究物理系统的机理，表达形式是微分方程，识别结果相当精细，但不一定有效；回归的出发点是有大量呈现规律性的统计数据，表达形式是回归曲线，识别结果比较粗糙，但常常有效；人工神经元网络的出发点是有供学习使用的模式，表达形式是训练后的网络，识别结果比较精细，但时而有效，时而无效。

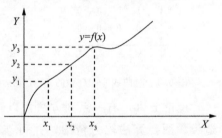

图 8.1 因果关系识别的本质
是找出曲线 $y = f(x)$

目前，人们比较热衷于去识别连续曲线（或曲面），并尽可能找到解析表达式，甚至于追求高阶可微。这样，人们需要对所研究的关系加上许多人为假定，结果可能远离实际。为了解决连续问题中的这类难点，人们一直在探讨非连续的数学工具。最有代表性的是有限差分法和有限元法。

有限差分法是一种微分方程和积分微分方程数值解的方法。其基本思想是把连续的定解区域用有限个离散点构成的网格来代替，这些离散点称作网格的节点；把连续定解区域上的连续变量的函数用在网格上定义的离散变量函数来近似；把原方程和定解条件中的微商用差商来近似，积分用积分和来近似，于是原微分方程和定解条件就近似地代之以代数方程组，即有限差分方程组，解此方程组就可以得到原问题在离散点上的近似解。

有限元法是对连续物理系统进行分析的一种数值计算方法。其基本思想是用有限个单元将连续体离散化，通过对有限个单元作分片插值而求解。通常的做法是先将连续体离散成有限个单元：杆系结构的单元是每一个杆件；连续体的单元是各种形状（如三角形、四边形、六面体等）的单元体。每个单元的场函数是只包含有限个待定节点参量的简单场函数，这些单元场函数的集合就能近似代表整个连续体的场函数。根据能量方程或加权残量方程可建立有限个待定参量的代数方程组，求解此离散方程组就得到有限元法的数值解。

显然，图 8.1 中函数 $y = f(x)$ 可以在离散点上近似表达。以自变量 X 为行，因变量 Y 为列。有关系的点记为 1，没有关系的点记为 0。我们可以得到图 8.2 对曲线的 0～1 表达。将图中的变量和数值进行转置处理，可变成为式(8.4)所示的 0～1 矩阵，我们称其为以离散形式表达函数关系的 0～1 信息矩阵。事实上，该矩阵近似表达了 $y = f(x)$ 包含的信息。离散化 $y = f(x)$ 并不难，难的是识别 $y = f(x)$。当我们无法识别出这一连续函数时，可否转而识别一个离散化的信息矩阵，这就是我们要讨论的问题。类似思想已经在模糊图[165]中出现，其基本思想是用模糊补丁形成覆盖，去逼近真值函数。图 8.3 是对逼近 $y = f(x)$ 的一个简单的模糊图。

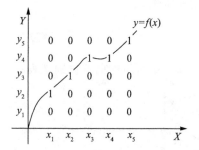

图 8.2　对曲线 $y = f(x)$ 的 0～1 表达图

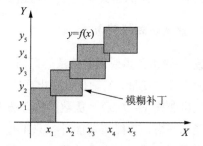

图 8.3　用模糊图对曲线 $y = f(x)$ 进行逼近

理论上讲，有一系列方法可以帮助人们修正模糊图，而本质上讲模糊推理也是在构造模糊图，算法较为精细，并可涉及较为复杂的问题，但是，模糊图方法从来没有成功地逼近过一个非线性真实关系。这不仅因为专家给出的初级模糊逼近与真实关系相差太远时训练数据毫无用处，而且规则数随着输入和输出变量的增加呈指数爆炸。本节提出的信息矩阵，也是对 $y = f(x)$ 的一种离散逼近，但形式更自由，物理背景更明确，也更容易进行计算。

$$\begin{array}{c} \begin{array}{ccccc} y_2 & y_3 & y_4 & y_5 \end{array} \\ \begin{array}{c} x_1 \\ x_2 \\ x_3 \\ x_4 \\ x_5 \end{array} \begin{pmatrix} 0 & 1 & 0 & 0 & 0 \\ 0 & 0 & 1 & 0 & 0 \\ 0 & 0 & 0 & 1 & 0 \\ 0 & 0 & 0 & 1 & 0 \\ 0 & 0 & 0 & 0 & 1 \end{pmatrix} \end{array} \qquad (8.4)$$

设 X 是一给定样本，含有 n 个样本点，每个样本点有两个分量，分别是输入 x 和输出 y。该样本记为

$$X = \{(x_1,x_1),(x_2,x_2),\cdots,(x_n,x_n)\} \tag{8.5}$$

其输入和输出论域分别是 U 和 V，且 $U \in R^p$（p 维实数空间），$V \in R^q$。设 $u_j, j = 1, 2, \cdots, m$ 和 $v_k, k = 1, 2, \cdots, t$ 分别是 U 和 V 中的离散点。为方便起见，仍分别用 U 和 V 记它们的离散点的集合，即

$$U = \{u_1,u_2,\cdots,u_m\}, \qquad V = \{v_1,v_2,\cdots,v_t\} \tag{8.6}$$

定义 8.1 从卡氏积 $X \times U \times V$ 到区间 $[0, 1]$ 的一个映射

$$\begin{aligned}
\mu: \quad & X \times U \times V \to [01] \\
& ((x,y),u,v) \mapsto \mu_{uv}(x,y), \quad (x,y) \in X, u \in U, v \in V
\end{aligned} \tag{8.7}$$

称为一个降落公式，如果 μ 是一个单值映射。

令

$$Q_{uv} = \sum_{i=1}^{n} \mu_{uv}(x_i,y_i) \tag{8.8}$$

我们说，X 赋给了输入-输出空间 $U \times V$ 上的点 (u, v) 量值为 Q_{uv} 的信息增量(information gain)。简记 $Q_{u_j v_k}$ 为 Q_{jk}。

定义 8.2 给定样本 $X = \{(x_1,x_1),(x_2,x_2),\cdots,(x_n,x_n)\}$，输入和输出论域分别是 U 和 V。设 $u_j, j = 1, 2, \cdots, m$ 和 $v_k, k = 1, 2, \cdots, t$ 分别是 U 和 V 中的离散点。如果 X 按式(8.7)和式(8.8)赋给了输入-输出空间上的点 (u_j, v_k) 量值为 Q_{jk} 的信息增量，则矩阵

$$Q = \begin{array}{c} \\ u_1 \\ u_2 \\ \vdots \\ u_m \end{array} \begin{array}{cccc} v_1 & v_2 & \cdots & v_t \\ \left(\begin{array}{cccc} Q_{11} & Q_{12} & \cdots & Q_{1t} \\ Q_{21} & Q_{22} & \cdots & Q_{2t} \\ \vdots & \vdots & & \vdots \\ Q_{m1} & Q_{m2} & \cdots & Q_{mt} \end{array}\right) \end{array} \tag{8.9}$$

称为 X 在 $U \times V$ 上的信息矩阵(information matrix)。

我们说，信息矩阵 Q 在卡氏积 $U \times V$ 上展示(illustrate)了给定样本 X 的信息结构，它背后隐藏有样本 X 中变量间的因果关系。由于式(8.7)的表达不同，同样的 X 会生成性质差异较大的信息矩阵。其中，简单信息矩阵、分明区间上的信息矩阵和模糊区间上的信息矩阵是三种最主要的类型。

3. 简单信息矩阵

当 U，$V \subseteq \mathbf{R}$(实数集)时，如果按等步长取式(8.6)中的离散点，并由式(8.10)生成信息矩阵，称为简单信息矩阵(simple information matrix)。

$$\mu_{uv}(x_i, y_i) = \begin{cases} 1, & x_i = u y_i = v \\ 0, & 其他 \end{cases} \tag{8.10}$$

例 8.1 设 $X = \{(x_1,x_1),(x_2,x_2),\cdots,(x_5,x_5)\} = \{(0,0),(0.5,0.375),(1,2),(1.5,5.625),(2,12)\}$，令 $U = \{u_1,u_2,\cdots,u_5\} = \{0,0.5,1,1.5,2\}$，$V = \{v_1,v_2,\cdots,v_7\} = \{0,2,4,6,8,10,12\}$，可计算得

$$Q = \begin{array}{c} \\ u_1 \\ u_2 \\ u_3 \\ u_4 \\ u_5 \end{array} \begin{array}{cccccccc} v_1 & v_2 & v_3 & v_4 & v_5 & v_6 & v_7 \\ \begin{pmatrix} 1 & 0 & 0 & 0 & 0 & 0 & 0 \\ 0 & 0 & 0 & 0 & 0 & 0 & 0 \\ 0 & 1 & 0 & 0 & 0 & 0 & 0 \\ 0 & 0 & 0 & 0 & 0 & 0 & 0 \\ 0 & 0 & 0 & 0 & 0 & 0 & 1 \end{pmatrix} \end{array} \tag{8.11}$$

令 $q_{uv}(x_i, y_i) = \mu_{uv}(x_i, y_i)$，称为卡氏积的点 (u, v) 从观察值 (x_i, y_i) 得来的降落信息 (fallen information)。称式(8.10)为简单降落公式(simple falling formula)，作用如图 8.4 所示：满足 $y = f(x)$ 产生的样本 $X = \{(x_1, x_1), (x_2, x_2), \cdots, (x_n, x_n)\}$，依式(8.10)降落在卡氏积 $U \times V$ 上，生成简单信息矩阵 Q。然而，式(8.11)显示，X 中的两个样本点 $(0.5, 0.375), (1.5, 5.625)$ 并未落在其上，说明简单信息矩阵容易丢失信息。

定义 8.3　一个信息矩阵是完备的，当且仅当 $\forall (x_i, y_i) \in X, \exists (u_j, v_k) \in U \times V$ 使得 $x_i = u_j, y_i = v_k$。

显然，一个完备信息矩阵的所有信息增量的总数等于给定样本的容量。

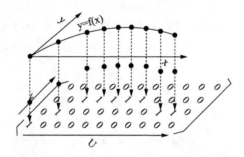

图 8.4　满足 $y = f(x)$ 产生的样本 $X = \{(x_1, x_1), (x_2, x_2), \cdots, (x_n, x_n)\}$
降落在卡氏积 $U \times V$ 上，形成简单信息矩阵，信息容易丢失

4. 分明区间上的信息矩阵

产生完备信息矩阵的方式之一是构造一个新的卡氏积，其两个集合均由有分明界限的多个区间组成。

设 $U = \{u\}$ 和 $V = \{v\}$ 分别为输入和输出论域。不失一般性，我们假定 $U, V \subseteq \mathbf{R}$。在这种情况下，设定一个起点 $u_0(\in U)$，给定一个步长 h_x，对一个适当的 t，我们可以构造 t 个区间 $U_j = [u_0 + (j-1)h_x, u_0 + jh_x), j = 1, 2, \cdots, t$。$u_0$ 和 t 的选取要使样本的输入值落在 $[u_0, u_0 + th_x]$ 之内；同理，对于 V，我们可以得到 $V_k = [v_0 + (k-1)h_y, v_0 + kh_y), k = 1, 2, \cdots, l$。由这些区间，我们可以构造新的卡氏积

$$U \times V = \{(U_j, V_k) \mid j = 1, 2, \cdots, t; k = 1, 2, \cdots, l\} \tag{8.12}$$

当 $U, V \subseteq \mathbf{R}$ 时，我们知道 (U_j, V_k) 是 $\mathbf{R}^2$ 中的一个方框。一般来说，我们把 (U_j, V_k) 看作卡氏积 $U \times V$ 中的一个点。

类似于简单降落式(8.10)，我们构造了一个所谓的特征降落公式。给定观察值 (x_i, y_i)

$\in X$ 和卡氏积上的点 $(U_j, V_k) \in U \times V$，我们可以用式(8.13)算出 (x_i, y_i) 在点 (U_j, V_k) 的降落信息。

$$\chi_{U_j V_k}(x_i, y_i) = \begin{cases} 1, & x_i \in U_j \text{ 且 } y_i \in V_k \\ 0, & \text{其他} \end{cases} \qquad (8.13)$$

$\chi_{U_j V_k}(x_i, y_i)$ 可简写成 $\chi_{jk}(x_i, y_i)$。我们称式(8.13)为特征降落公式(characteristic falling formula)。

令

$$E_{jk} = \sum_{i=1}^{n} \chi_{jk}(x_i, y_i) \qquad (8.14)$$

我们说 X 给卡氏积上的点 (U_j, V_k) 一个高度为 E_{jk} 的凸起(bump)。由它们构成的信息矩阵

$$\boldsymbol{E} = \begin{array}{c} \\ U_1 \\ U_2 \\ \vdots \\ U_t \end{array} \begin{array}{cccc} V_1 & V_2 & \cdots & V_l \\ \begin{pmatrix} E_{11} & E_{12} & \cdots & E_{1l} \\ E_{21} & E_{22} & \cdots & E_{2l} \\ \vdots & \vdots & \vdots & \vdots \\ E_{t1} & E_{t2} & \cdots & E_{tl} \end{pmatrix} \end{array} \qquad (8.15)$$

就称为 X 在 $U \times V$ 上的分明区间信息矩阵(crisp-interval information matrix)。例如，一个频率直方图就是一个分明区间的单列信息矩阵。很明显，$\boldsymbol{E}$ 总是完备的，因为 $\forall (x_i, y_i) \in X, \exists (U_j, V_k) \in U \times V$ 使得 $\chi_{jk}(x_i, y_i) = 1$。

例 8.2　现有一组中强地震资料，见附录 C，是 1900～1975 年在中国大陆观察到的 134 个地震纪录组成，震级为 4.25～8.5，震中烈度为Ⅵ～Ⅻ。对于震级，我们取区间

$U = \{U_1, U_2, \cdots, U_{11}\}$

$= \{[4.2, 4.6), [4.6, 5.0), [5.0, 5.4), [5.4, 5.8), [5.8, 6.2),$

$\quad [6.2, 6.6), [6.6, 7.0), [7.0, 7.4), [7.4, 7.8), [7.8, 8.2), [8.2, 8.6)\}$

对于震中烈度，取 $V = \{V_1, V_2, \cdots, V_7\}$

$= \{\{Ⅵ^-, Ⅵ, Ⅵ^+\}, \{Ⅶ^-, Ⅶ, Ⅶ^+\}, \{Ⅷ^-, Ⅷ, Ⅷ^+\}, \{Ⅸ^-, Ⅸ,$

$\quad Ⅸ^+\}, \{Ⅹ^-, Ⅹ, Ⅹ^+\}, \{Ⅺ^-, Ⅺ, Ⅺ^+\}, \{Ⅻ^-, Ⅻ, Ⅻ^+\}\}$

在附录 C 中，在震中烈度为Ⅵ～Ⅶ，有两个观察值很特殊：第 62 条和第 82 条记录。它们的震中烈度同时属于区间 V_1 和 V_2。方便起见，我们使Ⅵ～Ⅶ属于子集 V_2，即人为规定Ⅵ—Ⅶ $\in \{Ⅶ^-, Ⅶ, Ⅶ^+\}$。

当我们把震级视为输入，震中烈度视为输出，从附录 C 中的第一条纪录，得到一个观察值 $(x_1, y_1) = (5.75, Ⅶ)$。因 $(5.75, Ⅶ)$ 是方框 $U_4 \times V_2$ 上的一个点，其中 $U_4 = [5.4, 5.8)$，$V_2 = \{Ⅶ^-, Ⅶ, Ⅶ^+\}$，从而降落信息 $\chi_{42}(x_1, y_1) = 1$。对其他的 $j, k, \chi_{jk}(x_1, y_1) = 0$。用同样的方法，我们可以计算出所有的降落信息 $\chi_{jk}(x_i, y_i), i = 1, 2, \cdots, 134; j = 1, 2, \cdots, 11; k = 1, 2, \cdots, 7$。于是，用凸起式(8.14)，我们得到一个信息矩阵：

$$
\boldsymbol{E}_{[\cdot,\cdot)} =
\begin{array}{r}
U_1([4.2,4.6)) \\
U_2(4.6,5.0)) \\
U_3([5.0,5.4)) \\
U_4([5.4,5.8)) \\
U_5([5.8,6.2)) \\
U_6([6.2,6.6)) \\
U_7([6.6,7.0)) \\
U_8([7.0,7.4)) \\
U_9([7.4,7.8)) \\
U_{10}([7.8,8.2)) \\
U_{11}([8.2,8.6))
\end{array}
\begin{array}{ccccccc}
V_1 & V_2 & V_3 & V_4 & V_5 & V_6 & V_7 \\
\begin{pmatrix}1 & 0 & 0 & 0 & 0 & 0 & 0 \\
5 & 2 & 0 & 0 & 0 & 0 & 0 \\
16 & 7 & 0 & 0 & 0 & 0 & 0 \\
6 & 25 & 2 & 0 & 0 & 0 & 0 \\
0 & 11 & 10 & 0 & 0 & 0 & 0 \\
0 & 5 & 10 & 6 & 0 & 0 & 0 \\
0 & 0 & 2 & 8 & 0 & 0 & 0 \\
0 & 0 & 2 & 5 & 3 & 0 & 0 \\
0 & 0 & 0 & 2 & 1 & 0 & 0 \\
0 & 0 & 0 & 0 & 2 & 2 & 0 \\
0 & 0 & 0 & 0 & 0 & 0 & 1\end{pmatrix}
\end{array}
$$

式中，$_{[\cdot,\cdot)}$ 为我们选择左闭右开的区间来构造信息矩阵。很明显，用 $\boldsymbol{E}$ 来表示震级 M 和震中烈度 I_0 之间的关系有明显的缺陷。它不能显示出所有的 V_k 沿 U_1，U_2，$\cdots$，U_{11} 的变化梯度，也不能显示 U_j 沿 V_1，V_2，$\cdots$，V_7 的变化梯度。矩阵中的某些相邻元素是相同的。例如，元素 E_{53} 和 E_{63} 就是相同的，它们都是 10。最糟的是，如果我们选择左开右闭的区间，信息矩阵就会发生很大的变化。新的信息矩阵是：

$$
\boldsymbol{E}_{(\cdot,\cdot]} =
\begin{array}{r}
U'_1((4.2,4.6]) \\
U'_2((4.6,5.0]) \\
U'_3((5.0,5.4]) \\
U'_4((5.4,5.8]) \\
U'_5((5.8,6.2]) \\
U'_6((6.2,6.6]) \\
U'_7((6.6,7.0]) \\
U'_8((7.0,7.4]) \\
U'_9((7.4,7.8]) \\
U'_{10}((7.8,8.2]) \\
U'_{11}((8.2,8.6])
\end{array}
\begin{array}{ccccccc}
V_1 & V_2 & V_3 & V_4 & V_5 & V_6 & V_7 \\
\begin{pmatrix}2 & 0 & 0 & 0 & 0 & 0 & 0 \\
15 & 4 & 0 & 0 & 0 & 0 & 0 \\
5 & 5 & 0 & 0 & 0 & 0 & 0 \\
6 & 25 & 2 & 0 & 0 & 0 & 0 \\
0 & 15 & 11 & 0 & 0 & 0 & 0 \\
0 & 1 & 10 & 6 & 0 & 0 & 0 \\
0 & 0 & 3 & 10 & 0 & 0 & 0 \\
0 & 0 & 0 & 3 & 3 & 0 & 0 \\
0 & 0 & 0 & 2 & 1 & 0 & 0 \\
0 & 0 & 0 & 0 & 2 & 2 & 0 \\
0 & 0 & 0 & 0 & 0 & 0 & 1\end{pmatrix}
\end{array}
$$

式中，第一列的最大元素是在第二行而不像 $\boldsymbol{E}_{(\cdot,\cdot]}$ 一样是在第三行。

区间只是做了一个很小的改变，而信息矩阵的改变却很大。其原因是：在上面的模型中，认为所有落到同一区间的地震纪录的地位是相同的，忽略了它们之间的差别。实际上，这些记录在区间中的地位由于位置不同可能是不相同的。例如，在附录 C 中，第 8 条和第 14 条纪录是

| 8 | 云南 | 1934 年 1 月 12 日 | 23.7° | 102.7° | 6.0 | Ⅷ |
| 14 | 云南 | 1950 年 9 月 13 日 | 23.5° | 103.1° | 5.8 | Ⅷ |

我们得到两个观察值，$(x_8，y_8)=(6.0，Ⅷ)$和$(x_{14}，y_{14})=(5.8，Ⅷ)$。它们的震中烈度相同，并且震级都属于区间$U_5=[5.8，6.2)$，但是，震级在该区间中的位置却不相同。前者位于区间的中部，而后者位于区间的边缘。忽视它们位置上的区别，意味着我们丢掉了一些信息。如果我们在矩阵中用模糊区间而不是分明区间，就能把这种信息保留下来。

5. 模糊区间上的信息矩阵

严格来讲，模糊区间的概念是从模糊量导出[166]，最简单的模糊区间是对称的三角模糊数。

定义 8.4 设 u 是一个任意实数，称隶属函数为

$$\mu_I(u)=\begin{cases}1-\mid x_0-u\mid/\Delta，&\mid x_0-u\mid\leqslant\Delta\\0，&\mid x_0-u\mid>\Delta\end{cases}$$

的对称三角模糊数 $I_{(x_0,\Delta)}$ 为以 x_0 为中心数，以Δ为模糊度的模糊区间(fuzzy interval)。

一个对称的三角模糊数 $I_{(x_0,\Delta)}$ 可近似看作"x_0周围"的模糊概念，它是一个边界模糊的区间，我们可以在其上构造一个高质量的信息矩阵。

设 u_j 为式(8.12)中区间 U_j 的中心点。用 u_j 作为一个模糊区间的中心数，h_x(U_j的宽度)作为模糊度，就可以得到一个输入论域内的模糊区间

$$\mu_{A_j}(u)=\begin{cases}1-\mid u_j-u\mid/h_x，&\mid u_j-u\mid\leqslant h_x\\0，&\mid u_j-u\mid>h_x\end{cases}\tag{8.16}$$

对于 V_k，我们同样可以在输出论域内得到一个模糊区间，如下

$$\mu_{B_k}(v)=\begin{cases}1-\mid v_k-v\mid/h_y，&\mid v_k-v\mid\leqslant h_y\\0，&\mid v_k-v\mid>h_y\end{cases}\tag{8.17}$$

符号 $A(u_j，h_x)$ 和 $B(v_k，h_y)$ 表示隶属函数分别为 $\mu_{A_j}(u)$ 和 $\mu_{B_k}(v)$ 的模糊区间 A_j 和 B_k。令

$$\mathscr{U}=\{A_j\mid j=1,2,\cdots,t\}，\quad\mathscr{V}=\{B_k\mid k=1,2,\cdots,l\}$$

则，我们把所谓的软卡氏空间(soft cartesian space)定义为

$$\mathscr{U}\times\mathscr{V}=\{(A_j,B_k)\mid j=1,2,\cdots,t;k=1,2,\cdots,l\}\tag{8.18}$$

类似降落式(8.10)和特征降落式(8.13)，我们构造一个所谓的分配公式。假定观察值 $(x_i,y_i)\in X$，对于软卡氏空间的点 $(A_j,B_k)\in\mathscr{U}\times\mathscr{V}$，我们可以用式(8.19)计算出 (x_i,y_i) 降落到 (A_j,B_k) 的信息：

$$\mu_{A_jB_k}(x_i,y_i)=\begin{cases}(1-\dfrac{\mid u_j-x_i\mid}{h_x})(1-\dfrac{\mid v_k-y_i\mid}{h_y})，\text{如果}\mid u_j-x_i\mid\leqslant h_x\text{ 且}\mid v_k-y_i\mid\leqslant h_y\\0，\qquad\qquad\qquad\qquad\qquad\text{其他}\end{cases}$$

$$\tag{8.19}$$

$\mu_{A_jB_k}(x_i,y_i)$ 简记为 $\mu_{jk}(x_i,y_i)$。式(8.19)称为分配公式(distributing formula)。设

$$Q_{jk}=\sum_{i=1}^n\mu_{jk}(x_i,y_i)\tag{8.20}$$

则我们说 X 将量值为 Q_{jk} 的信息分配到软卡氏空间的点 (A_j,B_k) 上。

定义 8.5 给定样本 $X=\{(x_i,x_i)\mid i=1,2,\cdots,n\}$，输入和输出论域分别是 U 和 V。令

$A_j, j = 1, 2, \cdots, t$ 和 $B_k, k = 1, 2, \cdots, l$ 分别是 U 和 V 中的模糊区间。如果 X 可以按式(8.19)和式(8.20)计算出软卡氏空间上点 (A_j, B_k) 的信息增量 Q_{jk}，那么矩阵

$$Q = \begin{array}{c} \\ A_1 \\ A_2 \\ \vdots \\ A_t \end{array} \begin{array}{cccc} B_1 & B_2 & \cdots & B_l \\ \left(\begin{array}{cccc} Q_{11} & Q_{12} & \cdots & Q_{1l} \\ Q_{21} & Q_{22} & \cdots & Q_{2l} \\ \vdots & \vdots & \vdots & \vdots \\ Q_{t1} & Q_{t2} & \cdots & Q_{tl} \end{array} \right) \end{array} \tag{8.21}$$

称为 X 在 $U \times V$ 上的模糊区间信息矩阵(fuzzy-interval information matrix)。

很明显，$\mathbf{Q}$ 总是完备的，因为 $\forall (x_i, y_i) \in X$，$\exists (A_j, B_k) \in \mathcal{U} \times \mathcal{V}$ 使得 $| u_j - x_i | \leqslant h_x$，$| v_k - y_i | \leqslant h_y$。

例 8.3 我们研究附录 C 提供的样本。对震级，我们取模糊区间为

$$\mathcal{U} = \{A_1, A_2, \ldots, A_{11}\}$$

式中，A_j，$j = 1, 2, \ldots, 11$，由式(8.16)进行定义，它们的中心数构成离散论域：

$$U = \{u_1, u_2, \cdots, u_{11}\} = \{4.4, 4.8, 5.2, 5.6, 6.0, 6.4, 6.8, 7.2, 7.6, 8.0, 8.4\}$$

这些模糊区间的模糊度是 $h_x = 0.4$。即 $A_j = I_{(u_j, 0.4)}$，$j = 1, 2, \ldots, 11$。对于震中烈度，首先，我们按照工程师的经验定义一个从震中烈度到实数集 $\mathbf{R}$ 的数学映射 f：

$$\begin{array}{rl} f: & I_0 \rightarrow \mathbf{R} \\ & \text{Ⅵ} \mapsto 6 \\ & \text{Ⅶ} \mapsto 7 \\ & \text{Ⅷ} \mapsto 8 \\ & \text{Ⅸ} \mapsto 9 \\ & \text{Ⅹ} \mapsto 10 \\ & \text{Ⅺ} \mapsto 11 \\ & \text{Ⅻ} \mapsto 12 \end{array} \tag{8.22}$$

然后，将 f 的范围扩展为包括 Ⅵ⁻，Ⅵ⁺，$\cdots$，Ⅻ⁻，Ⅻ⁺ 和 $I'_0 \sim I''_0$ 的定义如下：

$$\begin{cases} f(I_0^-) = f(I_0) - 0.2 \\ f(I_0^+) = f(I_0) + 0.2 \\ f(I'_0 \sim I''_0) = \dfrac{f(I'_0) + f(I''_0)}{2} \end{cases} \tag{8.23}$$

取 6，7，$\cdots$，12 为中心数，$h_y = 1$ 为模糊度，则 $B_k = I_{(k+1, 1)}$，$k = 1, 2, \cdots, 7$。

例如，附录 C 的第 21 条纪录，按照映射关系，我们可以得到观察值 $(x_{21}, y_{21}) = (6.0, f(\text{Ⅶ}^-)) = (6.0, 6.8)$。它以非零隶属度属于二维模糊区域 $A_5 \times B_1$ 和 $A_5 \times B_2$，其中 $A_5 = I_{(6.0, 0.4)}$，$B_1 = I_{(6, 1)}$，$B_2 = I_{(7, 1)}$。二维模糊区域 $A_j \times B_k$ 就是软卡氏积上的点 (A_j, B_k)。把 (x_{21}, y_{21}) 分配到二维模糊区域上，则有

$$\begin{aligned} \mu_{51}(x_{21}, y_{21}) &= \left(1 - \frac{| u_5 - x_{21} |}{h_x}\right)\left(1 - \frac{| v_1 - y_{21} |}{h_y}\right) \\ &= \left(1 - \frac{| 6.0 - 6.0 |}{0.4}\right)\left(1 - \frac{| 6 - 6.8 |}{1}\right) \\ &= 0.2 \end{aligned}$$

$$\mu_{52}(x_{21}, y_{21}) = \left(1 - \frac{|u_5 - x_{21}|}{h_x}\right)\left(1 - \frac{|v_2 - y_{21}|}{h_y}\right)$$
$$= \left(1 - \frac{|6.0 - 6.0|}{0.4}\right)\left(1 - \frac{|7 - 6.8|}{1}\right)$$
$$= 0.8$$

对其他的 $j, k, \mu_{jk}(x_{21}, y_{21}) = 0$。把 X 的所有观察值分配到所有的二维模糊区域（软卡氏积的点）上，并且把每个二维模糊区域上的值加起来，就可以得到式(8.24)表示的信息矩阵。此处我们克服了例 8.2 中的信息矩阵所遇到的问题，即在同一分明区间中的观察值，它们间位置不同的信息可以显示出来。这种不同被看作是额外的信息。

$$Q = \begin{array}{c} \\ A_1 \\ A_2 \\ A_3 \\ A_4 \\ A_5 \\ A_6 \\ A_7 \\ A_8 \\ A_9 \\ A_{10} \\ A_{11} \end{array} \begin{pmatrix} B_1 & B_2 & B_3 & B_4 & B_5 & B_6 & B_7 \\ 1.22 & 0.12 & 0 & 0 & 0 & 0 & 0 \\ 9.40 & 3.28 & 0.15 & 0 & 0 & 0 & 0 \\ 11.28 & 10.72 & 0.75 & 0 & 0 & 0 & 0 \\ 5.13 & 19.88 & 3.12 & 0 & 0 & 0 & 0 \\ 0.40 & 11.25 & 10.85 & 0.50 & 0 & 0 & 0 \\ 0 & 2.95 & 8.58 & 4.72 & 0 & 0 & 0 \\ 0 & 0 & 3.45 & 9.47 & 0.20 & 0 & 0 \\ 0 & 0 & 0.90 & 4.10 & 2.87 & 0 & 0 \\ 0 & 0 & 0 & 0 & 2 & 1.88 & 0 \; 0 \\ 0 & 0 & 0 & 0 & 1.25 & 2 & 0 \\ 0 & 0 & 0 & 0 & 0 & 0 & 0.75 \end{pmatrix} \quad (8.24)$$

6. 信息矩阵的动力学

当我们用一个矩阵框架来展示一个给定样本的信息结构时，这个框架所起的作用是使用某些方式来收集观察值的信息。信息矩阵的机理可以用某种力学的方式来加以说明，称之为信息矩阵的动力学。在这里，一个观察值可以看作一个"小球"。这个球的信息就是球下落时对位于框架上的传感器的撞击。

简单信息矩阵模型是一个特殊的框架，它由一些安有传感器的节点 (u, v) 组成，其中 $(u, v) \in U \times V$ [U 和 V 见式(8.6)]。因为这些球（观察值）很小，当它们落到框架上时，有一些可能会漏掉。因此，在许多情况下，这个模型并不能收集到给定样本的所有信息。简单信息矩阵模型的力学过程如图 8.5 所示。

分明区间信息矩阵模型可以看作一组倒锥盒子阵，每个锥口长 h_x，宽 h_y，锥口由 $U_j \times V_k$ 中的四个节点 (u, v) 组成。这些倒锥盒一个挨一个地放置，中间不留空隙，它们充满了框架围起来的整个空间。然后，在每个盒子的底部中央都安上一个传感器。那么，这个盒子矩阵一定能够接到所有的小球（观察值），而且每个小球都能碰到底部的一个传感器。但是，这些传感器区分不出来小球落下的第一个位置。因此，该模型不能完全显示所有的梯度。也就是说，有些信息这个模型没有捕捉到。分明区间信息矩阵模型的力学过程如图 8.6 所示。

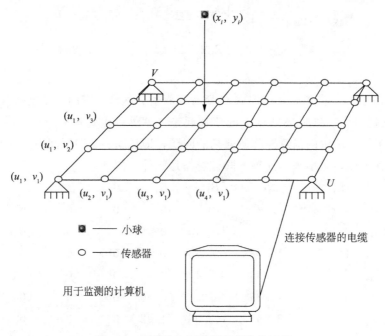

图 8.5　简单信息矩阵模型的力学过程

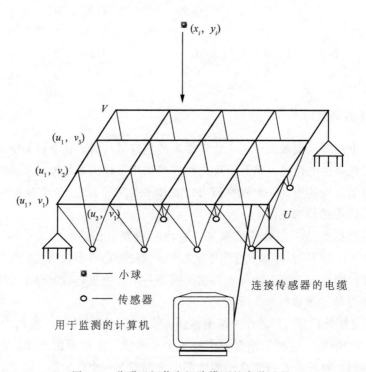

图 8.6　分明区间信息矩阵模型的力学过程

最后一个模型，也就是模糊区间矩阵，更完善一些。首先，在 $U \times V$ 的每个节点 (u, v)，我们都放一个传感器。然后，四个传感器一组，假设我们在它们上面放上长为 h_x，宽为 h_y 的薄木板。在所有的组上，我们共放上 $(t-1) \times (l-1)$ 块木板。这些木板是独立的。

　　现在，当一个球(观察值)落下时，它一定会撞击其中的一块木板。如果第一个位置不是一个支撑节点，那么木板下的四个传感器就都能探测到它。但是，这些传感器所接收到的信息就没有小球(观察值)直接落在传感器上时强。也就是说，小球(观察值)的撞击力分配到了四个支撑节点上，同时，小球(观察值)所携带的信息也分到了四个传感器上。特别是当小球(观察值)直接落到一个传感器上时，其他三个传感器接收到的信息为零。用这种方法，不但所有的球(观察值)都能接收到，而且我们可以用四个传感器识别出小球落下的第一个位置。图 8.7 是模糊区间信息矩阵模型力学过程的示意图。

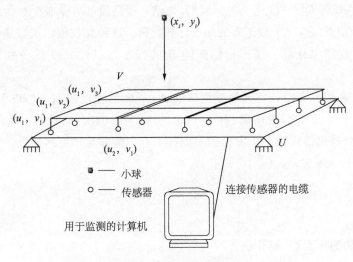

图 8.7　模糊区间信息矩阵模型的力学过程

　　很明显，Q_{jk} 在一个信息矩阵中的值指出了输入空间 A_j 和输出空间 B_k 之间的因果连接强度。例如，从式(8.24)中的 Q 值可知，如果发生了 A_3 中的震级为 $M=5.2$ 左右的地震，那么 B_2 中的震中烈度 $I_0=$ Ⅶ 比 B_3 中的震中烈度 $I_0=$ Ⅷ 发生的可能性要大一些。因为 $Q_{32}=10.72 > Q_{33}=0.75$。

8.3　信息分配

　　首先，我们回忆一下分明区间和模糊区间信息矩阵的区别。我们已了解到，信息矩阵的目的是展示给定样本 $X=\{(x_i, y_i) \mid i=1, 2, \cdots, n\}$ 的信息结构。其构造方法是用输入空间上的离散点集 $U=\{u_1, u_2, \cdots, u_t\}$，和输出空间上的离散点集 $V=\{v_1, v_2, \cdots, v_l\}$，形成卡氏积 $U \times V$ 来接纳给定样本所有点的降落信息。通常，我们令 $h_x \equiv u_{j+1}-u_j$，$j=1,2,\cdots,$ $t-1$，且，$h_y \equiv v_{k+1}-v_k, k=1,2,\cdots,l-1$。当样本点 (x_i, y_i) 赋给卡氏积 $U \times V$ 的点 (u_j, v_k) 之信息增量数值依 (x_i, y_i) 与区间 $U_j=[u_j, u_{j+1})$，和 $V_k=[v_k, v_{k+1})$ 的关系由式(8.13)计算，相应的信息矩阵称为分明区间信息矩阵，记为 $\boldsymbol{E}=\{E_{jk}\}_{(t-1) \times (l-1)}$。这里，元素 E_{jk} 的值是由落入方框 $U_j \times V_k$ 的样本点个数相加而得。因为一个样本点只能落入一个方框，该模型忽略了落到同一方框的样本点其落点位置可能不同这一重要信息，这也就导致分明信息矩阵不能描述所有信息。

注意一个有趣的现象，当 $X \in \mathbf{R}$（实数集）且 $U = V$ 时，一个方框将退化为一个区间，而分明区间信息矩阵将退化成频率直方图。此时，式(8.13)将退化为

$$\chi_{U_j}(x_i) = \begin{cases} 1, x_i \in U_j \\ 0, 其他 \end{cases} \tag{8.25}$$

而式(8.14)则退化成

$$E_j = \sum_{i=1}^{n} \chi_j(x_i) \tag{8.26}$$

模糊区间信息矩阵 $Q = \{Q_{jk}\}_{t \times l}$ 的元素 Q_{jk} 之值，则是通过对样本点 $(x_1, x_1), (x_2, x_2), \cdots,$ (x_n, x_n) 中距卡氏积点 (u_j, v_k) 较近点的加权计数而得。这种加权值，正好是样本点分量 x_i 属于模糊区间 A_j 的程度和分量 y_i 属于模糊区间 B_k 的程度之积。A_j 和 B_k 分别由式(8.16)和式(8.17)定义。

(x_i, y_i) 越靠近点 (u_j, v_k)，其所属模糊区域 $A_j \times B_k$ 的程度越高，加权程度就是隶属度。样本点 (x_i, y_i) 对于点 (u_j, v_k) 的所属程度 $\mu_{jk}(x_i, y_i)$，由式(8.19)计算。模糊区间信息矩阵的优点在于能够分辨出落入同一个方框的不同样本点，能够显示更多信息。在模糊区间信息矩阵模型中，对于一维 X，式(8.19)退化成

$$\mu_{A_j}(x_i) = \begin{cases} (1 - \dfrac{|u_j - x_i|}{h_x}), |u_j - x_i| \leqslant h_x \\ 0, \qquad\qquad 其他 \end{cases} \tag{8.27}$$

模糊区间信息矩阵的元素 Q_{jk} 退化成

$$Q_j = \sum_{i=1}^{n} \mu_j(x_i) \tag{8.28}$$

容易验证，如果 x_i 不等于任何 u_j，则式(8.27)会将 x_i 分成两个部分。如果 $u_j \leqslant x_i \leqslant u_{j+1}$，就是分成了属于 u_j 和属于 u_{j+1} 的两个部分。我们说，模糊区间 A_j 和 A_{j+1} 分享了 x_i。在现实世界中，如果给定样本 X 有意义，它必定包含了一些我们感兴趣的知识。此时，我们说任何一个样本点 x_i 都携带了知识样本的一些信息。因此，x_i 所携带的信息将会被划分到两个模糊区间，所以式(8.27)也被称作信息分配公式(information distribution formula)。

利用这个公式，我们可以将任何一个数对 (x_i, u_j) 映射到 $[0, 1]$ 上。如果 $x_i = u_j$，则定义映射值为 1；如果 $|x_i - u_j| > h_x$，则映射值为 0。且 x_i 和 u_j 之间距离越小，映射值越大。就 x_i 来说，映射值的总和是 1。一般化这个模型，就可以得到信息分配的定义。

1. 信息分配定义

令 $X = \{x_1, x_2, \cdots, x_n\}$ 是一个实验的观测样本，x_i 是第 i 次试验的观测值(observation)，也称为样本点(sample point)。令 $U = \{u_1, u_2, \cdots, u_m\}$ 是用于监测实验的一些标准点组成的集合，称为 X 的一个离散论域(discrete universe)。为了数学处理方便，假设 X 是一个随机样本，且总体的每个元素被观测到的机会是相同的，并假设 $x_i (i = 1, 2, \cdots, n)$ 是独立同分布随机变量。

定义 8.6 令 $X = \{x_1, x_2, \cdots, x_n\}$ 是一个给定样本，$U = \{u_1, u_2, \cdots, u_m\}$ 是它的一个离散论域，μ 是从 $X \times U$ 到 $[0, 1]$ 的一个映射，即

$$\mu: \quad X \times U \to [0,1]$$
$$(x,u) \mapsto \mu(x,u), \forall (x,u) \in X \times U$$

如果 $\mu(x, u)$ 满足以下条件：

(1) $\forall x \in X$，若 $\exists u \in U$，使 $x = u$，则 $\mu(x, u) = 1$，即 μ 是自反的；

(2) 对于 $x \in X$，$\forall u', u'' \in U$，若 $\|u' - x\| \leqslant \|u'' - x\|$，则 $\mu(x, u') \geqslant \mu(x, u'')$，即当 $\|u - x\|$ 增加时，μ 递减；

(3) $\sum\limits_{j=1}^{m} \mu(x_i, u_j) = 1$，$i = 1, 2, \cdots, n$，即信息守恒。

则称 $\mu(x, u)$ 为 X 在 U 上的信息分配（information distribution）。

例 8.4　某调查员想知道一个班级中学生的年龄分布，然而，当他到达学校的时候，仅仅见到了三个学生：麦克、玛丽和斯密司，年龄分别是 16、20 和 23。此时，实验样本 $X = \{16, 20, 23\}$。

由于 X 的容量很小，该调查员只能了解"大约 15 岁"、"大约 20 岁"、"大约 25 岁"的百分比。这三个模糊概念分别由下面的三角模糊数定义：

(1) $A_1 = $ 大约 15 岁，$\mu_{A_1} = I_{(15,5)}$；

(2) $A_2 = $ 大约 20 岁，$\mu_{A_2} = I_{(20,5)}$；

(3) $A_3 = $ 大约 25 岁，$\mu_{A_3} = I_{(25,5)}$。

将这 3 个模糊集的中点均定为调查员感兴趣的监测点。于是，他得到一个年龄的离散论域 $U = \{15, 20, 25\}$，步长 $h_x = 5$。用式(8.27)，可以得一个 $X \times U$ 到 $[0, 1]$ 的映射，如表 8.1 所示，它显示了 X 在 U 上的年龄信息结构。自然地，调查员推知，在这个班级里，有 27% 的学生是大约 15 岁，53% 大约是 20 岁，还有 20% 大约是 25 岁。

表 8.1　年龄样本在年龄模糊集中心点上的信息分配 $\mu(x_i, \mu_j)$

项目	$u_1 = 15$	$u_2 = 20$	$u_3 = 25$
$x_1 = 16$	0.8	0.2	0
$x_2 = 20$	0	1	0
$x_3 = 25$	0	0.4	0.6
Σ	0.8	1.6	0.6
比例/%	27	53	20

定义 8.6 里的 u_j，$j = 1, 2, \cdots, m$ 称作控制点（controlling point）；μ 称作 X 在 U 上的分配函数（distribution function）。我们说，样本点 x_i 分配给控制点 u_j 量值为 $q_{ij} = \mu(x_i, u_j)$ 的信息。q_{ij} 称作"样本点 x_i 给控制点 u_j 的分配信息"（distributed information）。U 也称作控制点空间（space of controlling points）。信息分配能在选定的控制点空间上展示一个样本的信息结构。

令

$$Q_j = \sum_{i=1}^{n} q_{ij}, \quad j = 1, 2, \cdots, m \tag{8.29}$$

我们说，样本 X 提供总量为 Q_j 的信息给控制点 u_j。Q_j 也称作控制点 u_j 获得的信息总量（to-
tal distributed information）。$Q=(Q_1，Q_2，\cdots，Q_m)$ 称作 X 在 U 上的原始信息分布（prima-
ry information distribution）。最简单的信息分配函数是一维线性信息分配。注意，为书写方
便对 $\mu(x_i，u_j)$ 的值有一个专门的表达符号 q_{ij}。

2. 一维线性信息分配

定义 8.7　令 $X=\{x_1，x_2，\cdots，x_n\}$ 是一个一维随机样本，即 $X \in \mathbf{R}$。$U=\{u_1，$
$u_2，\cdots，u_m\}$ 是步长为 $u_j-u_{j-1}\equiv\Delta(j=2,3,\cdots,m)$ 的选定控制点空间。对于任何 $x\in X$ 和
$u\in U$，式(8.30)称作一维线性信息分配（1-dimension linear information distribution）。

$$\mu(x，u) = \begin{cases} (1-\dfrac{|x-u|}{\Delta})，& |x-u| \leqslant \Delta \\ 0，& 其他 \end{cases} \tag{8.30}$$

μ 简称作线性分配（linear distribution）。

由于 X 和 U 均为有限有序离散集合，所以，一维线性信息分配公式常常也写为

$$q_{ij} = \begin{cases} (1-\dfrac{|x_i-u_j|}{\Delta})，& |x_i-u_j| \leqslant \Delta \\ 0，& 其他 \end{cases} \tag{8.31}$$

显然，线性分配 μ 是自反、递减、守恒的。事实上，利用 μ，我们已将一个观测值 x_i 转
变成 U 上的一个模糊集，隶属函数是 $\mu_{x_i}(u)$，该模糊集可记为 $\tilde{x}_i$。如果 $u_j \leqslant x_i \leqslant u_{j+1}$，
该模糊集如式(8.32)所示。

$$\tilde{x}_i = \frac{0}{u_1} + \frac{0}{u_2} + \cdots + \frac{q_{ij}}{u_j} + \frac{q_{ij+1}}{u_{j+1}} + \cdots + \frac{0}{u_m} \tag{8.32}$$

这里 $q_{ij} = \mu(x_i，u_j)$，$q_{ij+1} = \mu(x_i，u_{j+1})$。

信息分配扮演了将一个分明观测值 x_i 映射到一个模糊集 $\tilde{x}_i$ 的角色，类似于 Pérez-Neira
等将单点集进行模糊化[167]。

利用模糊单点集的概念，我们知道 x_i 是 $\mathbf{R}$ 的一个特殊模糊集。如果 ∃$u \in U$，使得
$x_i=u$，那么，我们能够用信息分配方法将 x_i 转换成 U 上普通模糊集。因为 U 是一个离散论
域，这个普通模糊集也是一个离散型模糊集。使用线性分配，我们可以得到一个新的 X 的
总体概率估计的直方图。为了做到这一点，首先，我们要回顾 5.5.4 节中介绍的传统频率直
方图。

我们知道，如果将图 5.10 的区间合并成一个大的区间 $[5.4，7.4)$，则频率直方图所得
的结果将只有一矩形，这不能体现任何梯度。换句话说，如果直方图的区间划分过大，则不
会从给定样本中得到任何信息。事实上，区间划分越大，我们的得到的概率分布估计就越粗
糙。那么反过来，区间划分过小，又会发生什么呢？在图 5.10 中，划分了五个区间。现在，
我们将它划分成六个区间，即

$$I_1 = [5.40，5.73)，I_2 = [5.73，6.07)，I_3 = [6.07，6.40)，$$
$$I_4 = [6.40，6.73)，I_5 = [6.73，7.07]，I_6 = [7.07，7.40]。$$

　　相应地，我们得到了如图 8.8 所示的直方图。这个直方图有两个分别在 I_2 和 I_4 处的波峰，以及一个在 I_3 处的波谷。这个划分较小的直方图同样也不能显示任何统计规律。

　　图 5.10 和图 8.8 都是表 5.1 所给数据的频率直方图，并且直方图的起点均为 5.4，终点均为 7.4，所不同的是，图 8.8 的区间长度只稍稍小一点点，然而，直方图却产生了强烈的波动。经分析我们发现，出现这种现象的原因是：在传统直方图模型中，落入同一个区间的样本点，被看成是一样的，它们可能的差别被忽视。这种可能的差别是，落入同一个区间的样本点占据的位置可能不同。例如，$x_1 = 6.4$ 和 $x_9 = 6.5$ 同属于（落入）图 8.8 的区间 $I_4 = [6.40, 6.73)$，但它们在该区间中的位置并不一样。前者落在区间的边缘，而后者却在区间中点附近。稍一有点随机扰动，x_1 就可能漂到相邻的区间去，而 x_9 却仍然会在原来的区间。忽视位置的不同，意味着我们丢失了一些信息。如果样本容量很大，根据中心极限定理，我们忽略的信息是无关紧要的。然而，对于一个小样本来说，我们必须注意每一个样本点。样本点可能位于边缘，也可能位于中点附近，试验中一个小的扰动，就可能使得处于区间边缘的样本点从一个区间移到另一个区间，这种显示位置的信息称作过渡信息（transition information）。由于小样本提供的是模糊性，我们也称它为模糊过渡信息（fuzzy transition information）。

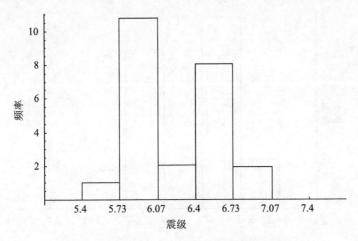

图 8.8　使用较小区间时的传统频率直方图

　　这样，如果我们将观测值当作单点集看待，采用将其变成普通模糊集的做法，我们就很容易将这些模糊过渡信息拣起来。这样做的实质就是用模糊边界取代传统直方图的分明边界，即用软边界替代硬边界，相应的直方图就称作软频率直方图。

　　定义 8.8　假设我们构造了一个传统频率直方图，划分为 m 个宽 h 的区间 I_1，I_2，$\cdots$，I_m。设 u_j 是 I_j 的中点。选定步长 $\Delta = h$ 的控制点空间 $U = \{u_1, u_2, \cdots, u_m\}$，令

$$\widetilde{H}(x) = \text{所有提供给 } x \text{ 所在区间控制点的信息总量} \tag{8.33}$$

依此 $\widetilde{H}(x)$ 在传统频率直方图区间上绘制的直方图称作 X 的软频率直方图（soft frequency histogram）。

　　如果我们已得到 X 在 U 上的原始信息分布 Q，则软频率直方图是

$$\forall x \in I_j, \quad \widetilde{H}(x) = Q_j \tag{8.34}$$

例 8.5 将图 8.8 转变成软直方图。X 已由表 5.1 给出，$n=24$，$m=6$，$\Delta=h$ $(7.4-5.4)/6=0.333$，相应的控制点是 $U=\{u_1,\ u_2,\ \cdots,\ u_6\}=\{5.57,\ 5.90,\ 6.24,\ 6.57,\ 6.90,\ 7.24\}$。

利用式(8.31)的线性分配公式，我们得到全部的分配信息 q_{ij}，依此计算出 X 在 U 上的原始信息分布是 $Q=(Q_1,\ Q_2,\ \cdots,\ Q_6)=(1.848,\ 7.515,\ 6.364,\ 6.030,\ 1.485,\ 0.273)$。根据式(8.34)，我们得到一个软频率直方图如图 8.9 所示。

显然，图 8.9 比图 8.8 更规则，并显示了某种统计规律。将软频率直方图进行改造，可得到总体概率分布的一种估计。

定义 8.9 令 $X=\{x_1,\ x_2,\ \cdots,\ x_n\}$ 是从概率密度函数为 $p(x)$ 的总体中得到的一个样本。给出区间长度均为 Δ 的 m 个区间 I_1，I_2，$\cdots$，I_m，使 X 能落入这些区间覆盖的范围内。取区间 I_j 中心点 u_j 为控制点。如果信息分配量是由线性分配计算，则

$$\widetilde{p}(x)=\frac{1}{n\Delta}（\text{所有提供给 } x \text{ 所在区间控制点的信息总量}） \tag{8.35}$$

称作 $p(x)$ 的软直方图估计(soft histogram estimate)，简称 $p(x)$ 的 SHE。

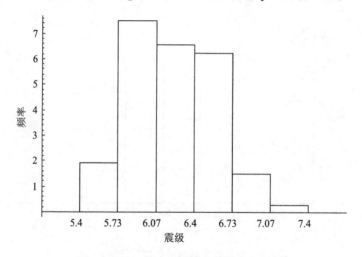

图 8.9 震级样本观测值的软频率直方图

定义中 "x" 所在区间指传统直方图的区间，是边界分明的区间。区间长度和控制点之间的距离均为 Δ。

通过计算机仿真实验可以证明，在小样本的情况下，软直方图估计 $\widetilde{p}(x)$ 比传统直方图估计 $\hat{p}(x)$ [见式(5.32)]更靠近总体的概率密度函数。我们之所以选择和传统直方图估计相比较，是因为小样本并没有提供任何关于总体密度函数类型的信息，只有直方图估计才具有可解释性。而在自然灾害风险评价的工程实践中，总体密度函数类型的假定需要更多的信息支持，一般很难得到这些信息。在不知道总体密度函数类型的情况下，采用直方图估计较为稳妥。

仿真实验设计是假定一个实验小组里有三个研究人员：

(1)一个计算机科学家。他首要的任务是从计算机中产生由 n 个随机数 x_i，$i=1$，2，$\cdots$，

n 组成样本 X。他知道随机样本 X 所在总体的概率密度函数是 $p(x)$。他用计算机程序给出随机数,以计算机中储存的值为准。

(2)一个统计学家。他不知道计算机科学家所给样本的总体是何种类型。他擅长于用直方图估计概率密度函数。通过对样本 X 的研究,他得到一个直方图 $\hat{p}(x)$,并用它去估计 $p(x)$。

(3)一个模糊工程师。他也不知道计算机科学家所给样本的总体是何种类型。他对从一个小样本中挖掘模糊信息非常感兴趣,并且善于使用信息分配的方法来构造软直方图。通过对样本 X 的研究,他得到一个软直方图 $\tilde{p}(x)$,并用它去估计 $p(x)$。

接下来,实验小组中计算机科学家的任务是,用他所掌握的 $p(x)$ 去比较 $\hat{p}(x)$ 和 $\tilde{p}(x)$,考查它们的误差,以判断直方图法和软直方图法哪个方法更好一些。

通常人们使用式(8.36)的库尔贝克-雷布尔散度[168]来比较两个概率密度函数的误差。

$$\hat{\varepsilon} = \int p(x) \lg \frac{\hat{p}(x)}{p(x)} \mathrm{d}x \tag{8.36a}$$

$$\tilde{\varepsilon} = \int p(x) \lg \frac{\tilde{p}(x)}{p(x)} \mathrm{d}x \tag{8.36b}$$

由于我们研究的 X 是小样本,在 $p(x)$ 的定义域内常常存在 x_t 使得 $\hat{p}(x_t) = 0$ 或 $\tilde{p}(x_t) = 0$,这会导致库尔贝克-雷布尔散度中的对数没有定义。因此,库尔贝克-雷布尔散度不能直接用于评判方法的优劣。在这种情况下,我们使用由式(8.37)定义的非对数散度作为误差,来进行比较。

$$\hat{\rho} = \int p(x) \mid \hat{p}(x) - p(x) \mid \mathrm{d}x \tag{8.37a}$$

$$\tilde{\rho} = \int p(x) \mid \tilde{p}(x) - p(x) \mid \mathrm{d}x \tag{8.37b}$$

对于 $x \in I_j$,我们知道 $\hat{p}(x)$ 和 $\tilde{p}(x)$ 是常量。因此,误差能够简化为式(8.38)。

$$\hat{\rho} = \frac{1}{m} \sum_{j=1}^{m} p(u_j) \mid \hat{p}(u_j) - p(u_j) \mid \tag{8.38a}$$

$$\tilde{\rho} = \frac{1}{m} \sum_{j=1}^{m} p(u_j) \mid \tilde{p}(u_j) - p(u_j) \mid \tag{8.38b}$$

由于式(8.38a)和(8.38b)中的 $\hat{\rho}$ 和 $\tilde{\rho}$ 分别是 HE 和 SHE 与真实分布 $p(x)$ 间的误差,如果 $\tilde{\rho} < \hat{\rho}$,那么,实验小组中的计算机科学家将得出结论:与 $\hat{p}(x)$ 相比,$\tilde{p}(x)$ 更接近真实分布 $p(x)$;反之亦然。为了减少仿真实验的随机性,我们必须随机地给出大量的种子数,分别用这些种子数进行仿真实验,综合所有实验,计算出平均误差,用其评价 HE 和 SHE。

概率分布的种类很多,相应的密度函数曲线有很多种。然而,这些曲线的特性均介于两条特殊曲线之间。这两条特殊的曲线是:正态分布曲线和指数分布曲线。正态分布曲线是一条完全对称的曲线;指数分布曲线是一条完全单调递减的曲线。换句话说,若 $\tilde{\rho} < \hat{\rho}$ 对这两种分布都成立,则计算机科学家就可以断定信息分配方法比直方图方法更好,所以选择这两种曲线做仿真实验就足够了。为了进一步支持仿真实验的结论,对数正态分布作为过渡曲线也被选作随机实验的研究对象。

通过对正态分布、指数分布和对数正态分布这三种分布的仿真实验[179]，综合结果是信息分配方法的工作效率比直方图方法高了 23%。举例来说，如果一个统计学家利用 HE 需要 30 个样本点来估计 $p(x)$，则一个模糊工程师使用 SHE 只需要 23 个样本点（因为 $30 - 30 \times 23\% \approx 23$）就可以达到同样的精度。

3. r-维信息分配

令 $X = \{x_1, x_2, \cdots, x_n\}$ 是一个 r-维随机样本。$\forall x_i \in X$，可知它是一个 r-维向量，即

$$x_i = (x_{1i}, x_{2i}, , \cdots, \cdots, x_{ri}).$$

记 $K = \{1, 2, \cdots, r\}$，且令

$$X_k = \{x_{ki} \mid i = 1, 2, \cdots, n\}, \quad k \in K \tag{8.39}$$

$\forall k \in K$，假设所选定 X_k 的控制点空间是

$$U_k = \{u_{kj} \mid j = 1, 2, \cdots, m_k\}, \quad k \in K \tag{8.40}$$

则，

$$U = U_1 \times U_2 \times \cdots \times U_r = \prod_{k \in K} U_k$$

就是 X 的控制点空间。U 有 $m = m_1 m_2 \cdots m_r$ 个元素。

令 $\mu_{(k)}$ 是 X_k 在 U_k 上的一个信息分配函数，它可以写成

$$\mu_{(k)}(x_i, u_j) = \mu_{(k)}(x_{ki}, u_{kj})$$

定义 8.10 $\forall x_i \in X$，$\forall u_j \in U$，

$$\mu(x_i, u_j) = \prod_{k \in K} \mu_{(k)}(x_{ki}, u_{kj}) \tag{8.41}$$

称作 X 在 U 上的 r-维信息分配（r-dimension information distribution）。

定义 8.11 令 $X = \{x_1, x_2, \cdots, x_n\}$ 是一个 r-维随机样本，且步长 $u_{kj} - u_{kj-1} \equiv \Delta_k$，$(j = 2, 3, \cdots, m_k, k \in K)$ 的 $U = \{u_1, u_2, \cdots, u_m\}$ 是选定的控制点空间。对任何 $\forall x_i \in X$ 和 $\forall u_j \in U$，式(8.42)称作 r-维线性信息分配（r-dimension linear information distribution）。

$$\mu(x_i, u_j) = \begin{cases} \prod_{k=1}^{r} \left(1 - \dfrac{\mid x_{ki} - u_{kj} \mid}{\Delta_k}\right), (\mid x_{1i} - u_{1j} \mid \leqslant \Delta_1) \text{ 且 } \cdots \text{ 且 } (\mid x_{ri} - u_{rj} \mid \leqslant \Delta_r) \\ 0, \qquad\qquad\qquad\qquad\qquad 其他 \end{cases}$$

$$\tag{8.42}$$

式中，Δ_k 为在第 k 个轴上的步长；μ 为 r-维线性函数。显然，r-维线性函数 μ 是自反、递减和信息守恒的。

例 8.6 表 8.2 的数据来自一家制造预制构件房屋的公司所印刷的小册子[169]。

表 8.2　与预制构件房屋相关的数据

观测值	第一层的面积/m²	售价/10⁴ 日元
x_1	38.09	606
x_2	62.10	710
x_3	63.76	808
x_4	74.52	826
x_5	75.38	865
x_6	52.99	852
x_7	62.93	917
x_8	72.04	1031
x_9	76.12	1092
x_{10}	90.26	1203
x_{11}	85.70	1394
x_{12}	95.27	1420
x_{13}	105.98	1601
x_{14}	79.25	1632
x_{15}	120.50	1699

从该表可得

$$X_1 = \{x_{1i} \mid i=1, 2, \cdots, 15\}$$
$$= \{38.09, 62.10, 63.76, 74.52, 75.38, 52.99, 62.93, 72.04, 76.12,$$
$$90.26, 85.70, 95.27, 105.98, 79.25, 120.50\}$$
$$X_2 = \{x_{2i} \mid i=1, 2, \cdots, 15\}$$
$$= \{606, 710, 808, 826, 865, 852, 917, 1031, 1092, 1203, 1394, 1420, 1601,$$
$$1632, 1699\}。$$

令

$$a_k = \max_{1 \leqslant i \leqslant n}\{x_{ki}\}, \quad b_k = \min_{1 \leqslant i \leqslant n}\{x_{ki}\}$$

从 X_1 和 X_2 可得

$$a_1 = 120.50, \ b_1 = 38.09, \ a_2 = 1699, \ b_2 = 606$$

令 $\Delta_1 = (a_1 - b_1)/2 = 41.21$，$\Delta_2 = (a_2 - b_2)/2 = 546.5$，且选取：

$$U_1 = \{u_{1j} \mid j=1, 2, 3\} = \{38.09, 79.29, 120.50\},$$
$$U_2 = \{u_{2k} \mid k=1, 2, 3\} = \{606, 1152.5, 1699\}$$

分别作为 X_1 和 X_2 的控制点空间。则

$$U = U_1 \times U_2 = \{v_{jk} \mid v_{jk} = (u_{1j}, u_{2k}), \quad j = 1,2,3; k = 1,2,3\}$$

就是所选择的 X 的控制点空间。

　　利用 2-维线性函数，可得所有的分配信息 q_{ijk}，见表 8.3。表 8.3 中的的 q_{ijk} 只写出了两位小数，而在计算机中储存了 9 位有效数，所以用手工校验表中的最后一行数值时略有差异。为帮助读者理解 q_{ijk}，我们举例说明。例如，对于 $x_3 = (x_{13}, x_{23}) = (63.76, 808)$，因为 $u_{11} = 38.09 < x_{13} < 79.29 = u_{12}$，$u_{21} = 606 < x_{23} < 1152.5 = u_{22}$，于是，我们有

$$q_{311} = \mu(x_3, v_{11}) = \left(1 - \frac{\mid x_{13} - u_{11}\mid}{\Delta_1}\right)\left(1 - \frac{\mid x_{23} - u_{21}\mid}{\Delta_2}\right) =$$

$$\left(1 - \frac{\mid 63.76 - 38.09\mid)}{41.21}\right)\left(1 - \frac{\mid 808 - 606\mid)}{546.5}\right) = 0.24$$

$$q_{312} = \mu(x_3, v_{12}) = \left(1 - \frac{\mid x_{13} - u_{11}\mid}{\Delta_1}\right)\left(1 - \frac{\mid x_{23} - u_{22}\mid}{\Delta_2}\right) =$$

$$\left(1 - \frac{\mid 63.76 - 38.09\mid)}{41.21}\right)\left(1 - \frac{\mid 808 - 1152.5\mid)}{546.5}\right) = 0.14$$

表 8.3　x_i 分配给控制点 v_{jk} 的信息量 q_{ijk}

x_i	v_{11}	v_{12}	v_{13}	v_{21}	v_{22}	v_{23}	v_{31}	v_{32}	v_{33}
x_1	1	0	0	0	0	0	0	0	0
x_2	0.34	0.08	0	0.47	0.11	0	0	0	0
x_3	0.24	0.14	0	0.39	0.23	0	0	0	0
x_4	0.07	0.05	0	0.53	0.36	0	0	0	0
x_5	0.05	0.05	0	0.48	0.43	0	0	0	0
x_6	0.35	0.29	0	0.20	0.16	0	0	0	0
x_7	0.17	0.23	0	0.26	0.34	0	0	0	0
x_8	0.04	0.14	0	0.18	0.64	0	0	0	0
x_9	0.01	0.07	0	0.10	0.82	0	0	0	0
x_{10}	0	0	0	0	0.67	0.07	0	0.24	0.02
x_{11}	0	0	0	0	0.47	0.37	0	0.09	0.07
x_{12}	0	0	0	0	0.31	0.30	0	0.20	0.19
x_{13}	0	0	0	0	0.06	0.29	0	0.12	0.53
x_{14}	0	0	0	0	0.12	0.88	0	0	0
x_{15}	0	0	0	0	0	0	0	0	1
$\sum\limits_{i=1}^{15} q_{ijk}$	2.26	2.61	0	1.03	4.73	0.64	0	1.91	1.81

因而，X 在 U 上原始信息分布是

$$Q = (Q_{11}, Q_{12}, Q_{13}, Q_{21}, Q_{22}, Q_{23}, Q_{31}, Q_{32}, Q_{33}) = (2.26, 2.61, 0, 1.03, 4.73, 0.64, 0, 1.91, 1.81)$$

它也可表达成信息矩阵

$$Q = \begin{matrix} & \begin{matrix} u_{21} & u_{22} & u_{23} \end{matrix} \\ \begin{matrix} u_{11} \\ u_{12} \\ u_{13} \end{matrix} & \begin{pmatrix} 2.26 & 2.61 & 0 \\ 1.03 & 4.73 & 0.64 \\ 0 & 1.91 & 1.81 \end{pmatrix} \end{matrix}$$

是一个模糊区间上的信息矩阵，反映了参数"第一层的面积"和参数"售价"的原始关系，经加工处理后就可以供相关数学模型使用。

4. 结论和讨论

自然灾害风险评价的核心任务是估计未来灾害事件发生的可能性。使用历史灾害事件作为随机样本估计灾害事件发生的概率分布是评价的重要途径。由于自然灾害系统十分复杂，

人们很难假设出概率分布合适的类型，因此非参数估计方法显示了其重要性。直方图方法是最简单的概率分布非参数估计方法。由于自然灾害信息的不完备，样本容量常常很小，传统直方图估计会很粗糙。主要是该模型忽略了落入同一直方图区间不同样本点之间的区别。信息分配方法可以将这种信息利用起来，达到提高估计精度的目的。

通过概率分布估计的三个典型仿真实验，我们可以确定，一维线性信息分配相比传统直方图估计而言，可以提高工作效率约 10%～40%，平均 23%。自然灾害风险评价的难点不仅仅在于用有限的信息给出较可靠的总体概率分布估计。如果是这样，信息分配方法在自然灾害风险评价中应用的价值并不大。重要的是，信息分配方法提供了一种认识给定样本信息结构的新途径，帮助我们以尊重现实世界的态度更好地认识自然灾害风险。

在自然灾害风险评价的工作，自然灾害历史事件有时是以灾害指数的面目出现。灾害指数是受灾百分比。这种记录去除了不同地区社会属性的影响，可以较好地比较不同地区受灾程度的自然属性。灾害指数的定义域是单位区间 [0, 1]。通常来讲，对一个地区而言，小灾多，大灾少。指数分布可能是最贴近这种现象的已知概率分布类型。然而，假设指数分布后估计出来的概率密度函数在 [0, 1] 上的积分必小于 1。这就意味着，灾害指数大于 1 的事件也可能出现，只是概率较小。而现实世界中这是根本不可能的。所以，这种估计遇到的不再是精度问题，而是估计结果是否有物理意义的问题。如果采用信息分配方法，只要使选用的控制点空间相应的区间不覆盖 [0, 1] 以外的任何点，就不会出现估计结果没有物理意义的问题。

信息分配方法不仅能发展成信息扩散技术（见下一节），而且能构造出内集－外集模型（见第 13 章），这种发展潜力足以说明信息分配方法在自然灾害风险评价理论方面的重要性。

信息分配方法并不仅仅是为了改进概率分布直方图估计而提出。因为从 r-维信息分配的讨论可以看出，我们很容易用信息分配方法构造一个信息矩阵来展示给定样本的信息结构。实际上，从信息分配得来的矩阵是一个完备的（描述了所有的样本点）且充分的（能显示样本点位置的不同）模糊区间信息矩阵。这个矩阵也称作原始信息分布，记为 Q。根据 Q 的特点，选择基于因素空间理论[170]、模糊蕴含理论[171]、落影理论[172]之一，可以将 Q 转化为模糊关系矩阵。然后，使用模糊推理算子，由输入 A，根据此模糊关系，推导出模糊集 B。在本部分后面章节的应用中有较详细介绍。

在自然灾害风险评价中，对风险区内财产进行抗灾性能分析时，需要研究可能的灾害打击力和破坏程度之间的关系。这时，信息分配方法可用于构造因果型模糊关系。将同一个方法应用于分析中的多个环节，将大大降低自然灾害风险评价软件的编制难度，提高软件系统的可靠度。

控制点的选取是信息分配方法的"瓶颈"问题。换句话说，我们不知道构造一个控制点空间需要多少控制点，仅仅是靠工程师的经验来选取控制点。在下节中，我们将详细地讨论这个问题，并给出解决这个问题的建议。

信息分配的实质是将给定样本的分明样本点转换成模糊集，以填补信息不完备对于模式识别存在的明显空隙。用信息分配方法进行概率分布的估计时，我们不需要任何关于总体密度函数类型的假设，具有传统非参数估计方法的优点。

　　信息分配方法是作者 1982～1985 年在国家地震局工程力学研究所攻读硕士学位时在导师刘贞荣教授的指导下提出，用于地震震害面积的估计。由于摒弃了传统上假设震害面积与震级间服从线性关系而进行线性回归的做法，用信息分配方法研究出来的结果首次证明了并非任何地震区内震害面积与震级的关系都是线性的[173]。

　　由于信息分配方法简单、易操作，物理背景清楚，提高系统识别精度的优势明显，因此，该方法目前已在国内得到广泛应用[174]。

8.4　信 息 扩 散

　　信息分配函数将一个知识样本点携带的信息分成两部分，并赋给与知识样本点相邻的两个观测控制点。通过这种方式，信息分配方法可以有效地利用小样本中的模糊过渡信息，部分填补小样本中不完备信息存在的空隙，提高用小样本进行自然灾害风险评价的可靠性。这种方法既可用于提高估计风险事件概率密度函数的精度，也可用于构造灾害打击力与破坏程度之间的模糊关系。人们自然要问，是否可以将一个知识样本点携带的信息分成更多部分，把它们赋给更多的观测控制点？如果这样做，是否能更多地填补小样本中不完备信息存在的空隙，更有效地提高自然灾害风险评价的可靠性？答案是肯定的。这就是信息扩散方法。

　　由于信息分配和信息扩散的目的都是挖掘出尽可能多的有用信息，提高系统识别的精度，而它们处理的都是小样本提供的模糊信息，所以，信息分配方法和信息扩散方法都称为模糊信息优化处理技术(technology of fuzzy information optimization processing)。可以证明，信息分配方法是信息扩散方法的特例。所以，它们又被统称为信息扩散技术(information diffusion technique)。

　　信息扩散是一般化信息分配的必然产物。因此，为了完整地介绍信息扩散方法，我们从分析信息分配法中存在的问题开始。

1. 信息分配法中存在的问题

　　如何选取合适的控制点空间 $U=\{u_1, u_2, \cdots, u_m\}$ 和分配函数 μ，一直是信息分配法在工程实际中得到进一步应用的障碍。

　　在选取控制点空间时，我们通常根据经验选取控制点的步长 Δ。主要经验是，选取适当的 Δ 来布置控制点，使得原始信息分布 Q 既不会波动太明显，也不会太平缓。为了填满波谷，可选取较大的 Δ。但是，如果 Δ 太大，Q 就会变得很平缓，那么我们必须把它变小。这个调整过程必须反复做很多次。原则上讲，应该选取使 Q 没有出现波动的最小的步长 Δ 来构造控制点空间 U。

　　Otness 和 Encysin 证明[175]，如果给定样本 $X=\{x_1, x_2, \cdots, x_n\}$ 来自于一个正态分布的总体，可用式(8.43)计算直方图的渐近优化区间数 m。

$$m = 1.87 (n-1)^{2/5} \qquad (8.43)$$

　　似乎我们也可以用这个公式来选取控制点空间 U 的容量 m。但是，式 (8.43) 的证明是在 n 很大和正态假设的基础上得出的。这意味着我们不能将这个公式用于构造 U。

选取合适的分配函数 μ 是一件更困难的工作。虽然我们已经用计算机仿真实验证明一维线性信息分配可以给出一个较好的概率分布估计，但我们几乎不可能对线性分配函数的数学性质进行深入讨论，因为线性函数过于简单，不仅可调整的余地很小，而且对它的研究也难提供选取合适分配函数的指导意见。

在保险精算中，人们曾提出一个改进的信息分配法[176][177]，可以用它选取一个不依赖于条件 $\sum_{j=1}^{m}\mu(x_i,u_j)=1,i=1,2,\cdots,n$ 的非线性分配函数：

$$\mu(x_i,u_j)=\begin{cases}(1-\dfrac{\mid x_i-u_j\mid^{\lambda}}{\Delta^{\lambda}}),\ \mid x_i-u_j\mid\leqslant\Delta\\0\qquad\qquad\qquad\qquad\text{其他}\end{cases}$$

并用 Matlab 提供的线性搜寻算法去优化 λ 和 Δ。改进的信息分配法被用于确定像高血压、冠心病和糖尿病这些所谓"富贵病"的"疾病模糊集"。这种模糊集旨在表达人体有关参数与某种特定富贵病的隶属程度，从而为保险公司根据投保人员有关参数厘定费率提供依据。

对于保险公司来讲，它们总有某一个地区大量的统计数据，寻找小样本下的精算方法只需用小样本估计的结果和大量统计数据估计的结果进行比较，从而判断小样本精算方法是否可靠。如果可靠，对其他地区就不必花巨资收集大量数据，只需花少许资金收集少量的数据就可以进行保险精算。例如，用上海大量的统计数据验证了小样本进行高血压保险精算可靠后，在北京只需收集少量的数据用同样的方法就可以进行高血压保险精算。

改进的信息分配法适于与健康有关的保险精算，但不适于自然灾害风险评价。主要原因是，对于任何一个有限的地区，无论投入多少资金，收集大量的历史自然灾害统计数据都是很困难的事，这样，构造一个供比较用的目标函数就很困难，这就使优化算法搜寻 λ 和 Δ 的技术没有了用武之地。许多人可能认为，人们已经累积了灾害频发地区大量的数据，上述的困难不会出现。其实不然，大量的数据和可用于风险评价的统计数据不是一回事。

例如，某县遭遇一次洪水灾害后，调查人员可以记录下各家各户受灾的情况。一般的县少说也有数万户之多，加上企事业单位、机关、团体，调查人员能收集到的数据不可谓不多。但是，这些数据并不能直接用于估计该县洪水风险程度，而是要把它们综合成刻画该县这次洪水灾害大小的一个数，即对这个县这次灾害而言，调查人员收集的所有数据其实只能为该县洪水风险评价的样本再增加一个统计数据。又例如，1976 年 7 月 28 日里氏 7.8 级的唐山大地震，整座城市几乎被摧毁，242000 人死亡（国家统计局、民政部，1995）。调查人员从唐山大地震收集了数量惊人的数据和资料，包括震坏建筑物的大量照片。但是，唐山大地震只是一次地震（余震是这次地震的副产品），如果用样本来估计唐山地区的地震风险，当震级被选定为随机变量时，这次地震只为样本提供了了一个数据，即 7.8 级。由于许多类型建筑物的样本不多（如当时的高层建筑物很少），地震打击力强度单一（许多类型建筑物只在同一地震烈度区出现），所以，进行归类和综合处理后，能用来构造分类建筑物地震打击力与破坏程度之间关系的统计数据并不多。

类似的问题在许多领域（如地质学、天文学、考古学和经济学）中也大量出现，我们根本不可能得到某些特殊现象的很大的样本。因此，我们须解决信息分配法中选取控制点空间和分配函数的问题。下面介绍的信息扩散法，彻底解决了控制点空间的问题。

2. 信息扩散

令 $X=\{x_1,\ x_2,\ \cdots,\ x_n\}$ 是一个随机样本。令 U 代表随机变量 X 所有可能值的集，称为 X 的论域，即 U 是随机变量的定义域。X 和 U 分别简称样本(sample)和论域(universe)。

例如，收集 1900～1975 年在中国大陆发生的所有中强地震有关于震级和震中烈度的记录得附录 C，给定样本是

$$X=\{x_1,\ x_2,\ \cdots,\ x_{134}\}=\{(M_i,\ I_i)\mid i=1,\ 2,\ \cdots,\ 134\}=\{(5\frac{3}{4},Ⅶ),(5\frac{3}{4},Ⅶ),$$

$$(6.4,Ⅷ),\cdots,(7.3,Ⅸ)\}$$

论域是

$$U=[4.2,\ 8.6]\times\{Ⅵ,\ Ⅶ,\ \cdots,\ Ⅻ\}$$

定义 8.12 令 X 是一个样本，V 是论域 U 的一个子集。从 $X\times V$ 到 $[0,1]$ 的一个映射

$$\mu:\quad X\times V\rightarrow[0,1]$$

$$(x,v)\mapsto\mu(x,v),\forall(x,v)\in X\times V$$

称为 X 在 V 上的一个信息扩散(information diffusion)，如果它是递减的，即 $\forall x\in X$，$\forall v',v''\in V$，如果 $\|v'-x\|\leqslant\|v''-x\|$，则 $\mu(x,v')\geqslant\mu(x-v'')$。

μ 称为一个扩散函数(diffusion function)，V 称为一个监控空间(monitoring space)。μ 简称扩散。

例 8.7 一个小镇中学某班里有 30 个学生。一天，老师让学生各通知一位比学生年长的家庭成员参加一个会议。在这种情况下，30 个学生的集合是一个样本，用 X 表示，学生年长的家庭成员组成的集合是一个监控空间，用 V 表示。进一步地，我们可以定义一个学生和他年长的家庭成员间的一个亲疏距离。假定学生和他父亲间的距离最小，和母亲的距离大一些，和哥哥、姐姐的距离较大，和爷爷、奶奶、叔叔、婶婶的的距离更大等。那么，父亲从学生那里知道会议的时间、地点和主题的信息较多，家庭其他成员得到的信息少一些。这种关系，可以用 X 在 V 上的一个信息扩散进行形式化。显然，学生是每个家庭开会前收集信息的主要代言人，而且，由于一些家庭与家庭之间有血缘关系，家庭的边界模糊不清。

推论 8.1 一个分配函数是一个扩散函数。

定义 8.13 $\mu(x,v)$ 是充分的，当且仅当 $V=U$，用 $\mu(x,u)$ 表示。

推论 8.2 一个分配函数是不充分的。

依推论 8.1 知，信息分配是信息扩散的特例。在形式化表达方面，它们的主要区别是：在信息分配模型中，U 是 X 的一个离散论域，称为控制点空间；在信息扩散模型中，U 是一个随机变量的定义域，它的某个子集可能被拿来担当监控空间。当监控空间是随机变量定义域本身时，信息扩散是充分的。信息分配模型中的控制点空间是随机变量定义域的一个真子集，因此，一个分配函数是不充分的。

定义 8.14 $\mu(x,u)$ 是守恒的，当且仅当 $\forall x\in X$，其在论域 U 上的积分值是 1，即

$$\int_U\mu(x,u)\mathrm{d}u=1,\quad\forall x\in X$$

如果随机变量的定义域 U 是离散的，假设 $U=\{u_1,\ u_2,\ \cdots,\ u_m\}$，则守恒条件是

$$\sum_{j=1}^{m} \mu(x, u_j) = 1, \quad \forall\, x \in X$$

例如，一维线性信息分配函数式(8.30)是一个守恒扩散函数。

定义 8.15　令 X 是一个给定样本，$I_j = [u_0 + (j-1)h,\ u_0 + jh)$，$j = 1, 2, \cdots, m$，是其论域 U 上的 m 个区间，一个区间扩散(interval diffusion)定义为

$$\mu_{\text{ID}}(x, u) = \begin{cases} \dfrac{1}{h}, & \text{如果 } x \text{ 在 } u \text{ 所在的区间} \\ 0, & \text{其他} \end{cases} \tag{8.44}$$

式中，u 所在的区间是区间 I_j；$j = 1, 2, \cdots, m$ 之一。

例 8.8　$X = \{1, 3, 6, 2, 7\}$，$u_0 = 0$，$h = 2$。X 在 U 上的一个区间扩散由表 8.4 定义。

表 8.4　以 $u_0 = 0$，$h = 2$ 对 $X = \{1, 3, 6, 2, 7\}$ 进行的区间扩散

$\mu(x, u)$	$u \in I_1 = [0, 2)$	$u \in I_2 = [2, 4)$	$u \in I_3 = [4, 6)$	$u \in I_4 = [6, 8)$
$x_1 = 1$	1/2	0	0	0
$x_2 = 3$	0	1/2	0	0
$x_3 = 6$	0	0	0	1/2
$x_4 = 2$	0	1/2	0	0
$x_5 = 7$	0	0	0	1/2
$\sum$	1/2	1	0	1

容易验证，区间扩散是守恒的。我们可以用一个充分的区间扩散 $\mu(x, u)$ 得到 PDF 的一个直方图估计，即

$$\hat{p}(x) = \frac{1}{n} \sum_{i=1}^{n} \mu_{\text{ID}}(x_i, x), \quad x \in \mathbf{R}$$

式中，n 为给定样本的容量。注意：区间宽度 h 在该式中没有出现，这是因为区间扩散函数 $\mu(x, u)$ 中已包含这一平均化因子。

定义 8.16　令 X 是一个给定样本，U 是其论域。下列扩散

$$\mu_{\text{TD}}(x, u) = \begin{cases} 1, & u = x \\ 0, & \text{其他} \end{cases}$$

称为平凡扩散(trivial diffusion)。

例如，令 x 是由抛硬币得到的一个观测值。如果出现"正面朝上"，令 $x = 1$；否则，$x = 0$。x 在论域 $U = \{0, 1\}$ 上的特征函数

$$\chi_u(x) = \begin{cases} 1, & u = x \\ 0, & \text{其他} \end{cases}$$

是一个平凡扩散。

容易验证，平凡扩散是充分的，即，论域本身就是监控空间。但是，当 X 的论域连续时，平凡扩散是不守恒的，因为单点非零的函数只有狄拉克δ函数(在某点的值无限大，在其它点的值均为零)在$(-\infty, +\infty)$上的积分值为 1，而平凡扩散函数的非零值是 1，所以其在任何区间上的积分值都不会为 1。在平凡扩散中，我们用单点集表示观测值。因为单点集只

是一分明观测值的另一种形式，我们说平凡扩散不影响一个观测值。也就是说，平凡扩散可以看作是一个非扩散操作。

定义 8.17 令 X 是一个给定样本，U 是其论域，$\mu(x, u)$ 是 X 在 U 上的一个信息扩散。对于一个 x，由 $\mu(x, u)$ 在 U 上定义了一个模糊集。对于所有的 x，由 $\mu(x, u)$ 产生的模糊集的集合

$$\mathscr{D}(X) = \{\mu(x,u) \mid x \in X, u \in U\} \qquad (8.45)$$

称为 X 在 U 上由 $\mu(x, u)$ 产生的模糊集样本（sample of fuzzy sets）。$\mathscr{D}(X)$ 简称模糊样本（fuzzy sample，FS）。

显然，模糊样本 $\mathscr{D}(X)$ 是模糊幂集 $\mathscr{F}(U)$ 的一个真子集，这里，U 是 X 的论域。对于一个 x，由 $\mu(x, u)$ 在 U 上定义的模糊集也可以记为 $\mu_x(u)$。于是，当 $X = \{x_1, x_2, \cdots, x_n\}$ 时，$\mathscr{D}(X) = \{\mu_{x_1}(u), \mu_{x_2}(u), \cdots, \mu_{x_n}(u)\}$。当 $\mathscr{D}(X)$ 的每个元素都是 U 的一个经典子集时，这些元素只是所谓的随机集[172]。

3. 扩散估计和非扩散估计

用一个扩散函数，我们可以把一个给定样本 X 变成一个 FS $\mathscr{D}(X)$。用某个算子（模型）处理 FS $\mathscr{D}(X)$ 得到的估计，一个扩散估计。

定义 8.18 令 X 是一个可以用算子（模型）γ 估计关系 R 的给定样本。如果估计是用 FS $\mathscr{D}(X)$ 得到，则此估计称为 R 的扩散估计（diffusion estimate），表示为

$$\tilde{R}(\gamma, \mathscr{D}(X)) = \{\gamma(\mu(x_i, u) \mid x_i \in X, u \in U\} \qquad (8.46)$$

式中，$\mu(x_i, u)$ 为 X 在 U 上的扩散函数。

例 8.9 令 $X = \{x_1, x_2, x_3\} = \{16, 20, 23\}$，$U = \{u_1, u_2, u_3\} = \{15, 20, 25\}$，$\mu(x_i, u)$ 是 X 在 U 上以一维线性分配方式进行的扩散，生成三个模糊子集（表 8.1）

$$A_1 = 0.8/u_1 + 0.2/u_2 + 0/u_3, \quad A_2 = 0/u_1 + 1/u_2 + 0/u_3, \quad A_3 = 0/u_1 + 0.4/u_2 + 0.6/u_3$$

从而

$$\mathscr{D}(X) = \{A_1, A_2, A_3\}$$

定义算子 γ 为

$$\gamma(\mu(x_i, u_j)) = \frac{1}{\sum\limits_{i,j} \mu(x_i, u_j)} \sum\limits_{i=1}^{n} \mu(x_i, u_j) \qquad (8.47)$$

于是，扩散估计为

$$\tilde{R}(\gamma, \mathscr{D}(X)) = \{\tilde{f}(u_1), \tilde{f}(u_2), \tilde{f}(u_3)\} = \left\{\frac{0.8}{3}, \frac{1.6}{3}, \frac{0.6}{3}\right\} = \{0.27, 0.53, 0.2\}$$

它是对事件 u_j 的发生概率分布的一个扩散估计，同时也是事件和发生概率之间关系的一个估计。

定义 8.19 X 在 U 上的相伴特征函数（associated characteristic function）定义为

$$\chi_{X,U}(x_i, u) = \begin{cases} 1, u = x_i \\ 0, 其他 \end{cases} \qquad (8.48)$$

式中，$x_i \in X$；$u \in U$。在不引起混淆的情况下，$\chi_{X,U}(x_i, u)$ 简记为 $\chi(x_i, u)$。

易知，一个相伴特征函数就是一个平凡扩散函数。

假设 U 被分为 m 个子集 A_j，$j=1,2,\cdots,m$，使得

$$U = \bigcup_{j=1}^{m} A_j, \quad A_i \bigcap A_j = \phi(i \neq j)$$

取 A_j 的一个元素 u_j 代表第 j 个子集 A_j，可得一个离散论域 $U_m = \{u_1, u_2, \cdots, u_m\}$。实际上，$U_m$ 是 U 的一个硬 m-划分。

定义 8.20　X 在 U_m 上的相伴特征函数定义为

$$\chi_m(x_i, u_j) = \begin{cases} 1, & x_i \in A_j \\ 0, & x_i \notin A_i \end{cases} \tag{8.49}$$

定义 8.21　令 X 是一个可以用算子(模型)γ 估计关系 R 的给定样本。直接使用 X 进行的估计，称为 R 的非扩散估计(non-diffusion estimate)，表示为

$$\hat{R}(\gamma, X) = \{\gamma(\chi(x_i, u) \mid x_i \in X, u \in U\}$$

例 8.10　对例 8.9 中的样本和论域，在其相伴特征函数上使用频率算子 γ_F

$$\gamma_F[\chi_m(x_i, u_j)] = \frac{1}{n} \sum_{i=1}^{n} \chi_m(x_i, u_j)$$

可得非扩散估计为

$$\hat{R}(\gamma, X) = \{\hat{f}(u_1), \hat{f}(u_2), \hat{f}(u_3)\} = \{\frac{1}{3}, \frac{1}{3}, \frac{1}{3}\} = \{0.\dot{3}3, 0.\dot{3}3, 0.\dot{3}3\}$$

参见例 8.4 知，这是用样本 X 对事件出现在 [12.5, 17.5)、[17.5, 22.5)和 [22.5, 27.5)中的概率进行估计，这个估计与直方图完全相同。也就是说，我们可以用频率算子和相伴特征函数来构造一个事件和其发生可能性之间的一个关系。

4. 信息扩散原理

在我们研究信息矩阵时得知，模糊区间信息矩阵的构造比较智能化一些。模糊化区间的优点是能显示出观测值的位置差别，从而为模式识别提供较多的信息，以提高识别精度。模糊区间意味着一个观测值属于不止一个区间(模糊区间)。在信息分配中，我们说一个观测值携带的信息被分配到了两个区间。一个信息分配扮演了将单点集模糊化的角色，它将一个分明观测值 x_i 映射到隶属函数为 $\mu_{x_i}(u)$ 的一个模糊集 $\tilde{x}_i$。最简单的分配函数是一维线性信息分配。计算机仿真实验显示，估计概率分布时，分配法的工作效率比直方图法高。也就是说，充分使用给定样本观测值携带的信息确有好处。

区间估计是第一个用来研究小样本问题的工具。经验贝叶斯方法提供了一种方法，使人们能够用以往的经验来综合当前的统计结果。观测值的集值化扮演了信息扩散的角色，用它可以构造一个覆盖函数。核函数可以用来集值化观测值。所有方法的一个共同特点是，相应的估计均可用扩散估计来表述。

实际上，模糊区间信息矩阵是一个关于信息结构的扩散估计。区间估计是概率分布函数中有关参数的一个集值化估计，它是一个特殊的扩散估计。在更泛一点的意义上讲，如果我们为了平滑统计结果而把先验分布看作是集值化当前观测值的工具，则一个经验贝叶斯估计也是一个扩散估计。可以认为，在某些情况下，扩散估计的确比非扩散估计好。否则，很难

解释为什么有如此多的人对研究上述方法充满热情。至少，在小样本问题中，非扩散估计被认为是粗糙的，需要某种扩散估计来改进它。因此，作为一个断言，有下面的原理[178]。

信息扩散原理（principle of information diffusion）：$X = \{x_1, x_2, \cdots, x_n\}$ 是用来估计论域 U 上关系 R 的一个给定样本。假设 γ 是一个合理的算子，$\chi(x_i, u)$ 是相伴特征函数，所得非扩散估计是

$$\hat{R}(\gamma, X) = \{\gamma(\chi(x_i, u) \mid x_i \in X, u \in U\}$$

当且仅当 X 不完备时，一定存在一个合理的扩散函数 $\mu(x_i, u)$ 和一个相应算子 γ'，用 $\mu(x_i, u)$ 取代 $\chi(x_i, u)$，γ' 调整 γ，所得扩散估计

$$\widetilde{R}(\gamma', D(X)) = \{\gamma'(\mu(x_i, u) \mid x_i \in X, u \in U\}$$

使得

$$\| R - \widetilde{R} \| < \| R - \hat{R} \| \tag{8.50}$$

式中，$\| . \|$ 为估计关系和真实关系间的误差。

此信息扩散原理也可用语言描述为"当我们用一个不完备数据估计一个关系时，一定存在合理的扩散方式可以将观测值变为模糊集，以填充由不完备性造成的部分缺陷从而改进非扩散估计。"

信息扩散原理保证，在给定样本不完备时，存在可以改进非扩散估计的合理扩散函数。换言之，当 X 不完备时，一定存在某种途径能够拣起 X 的模糊信息，以便更精确地估计作为函数逼近的一个关系 R。但是，这个原理没有提供怎样去找到这种扩散函数的任何途径。图 8.10 给出了信息扩散的一个解释。由图 8.10 可知 X 是一个给定样本。如果 X 不完备，一定存在一个扩散函数 $\mu(x_i, u)$ 可以把 X 变为一个模糊样本 $D(X)$。扩散估计 $\widetilde{R}$ 比非扩散估计 $\hat{R}$ 离真实关系 R 近。

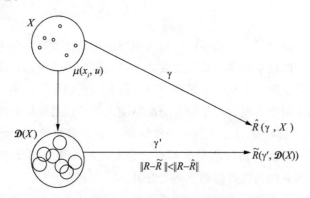

图 8.10　信息扩散原理的图示解释

推论 8.3　令 Q 是 X 的一个简单信息矩阵。如果 X 不完备，则一定存在 X 的一个模糊区间信息矩阵 Q，使得 Q 可以比 Q 更好地展示 X 的信息结构。

推论 8.4　令 X 是从 PDF 为 $p(x)$ 的总体中抽取的一个给定样本，$\hat{p}(x)$ 是用 X 对 $p(x)$ 的一个非扩散估计。如果 X 不完备，则一定存在一个基于 X 的扩散估计 $\widetilde{p}(x)$，它比 $\hat{p}(x)$ 更精确。

用信息扩散估计概率分布，其表达式由下述定义给出。

定义 8.22　令 x_i ($i=1, 2, \cdots, n$) 是从 PDF 为 $p(x)$, $x \in \mathbf{R}$, 的总体中抽取的独立同分布样本。假设 $\mu(y)$ 是一个 $(-\infty, +\infty)$ 上的 Borel 可测函数。$\Delta_n > 0$ 是一个常数，称

$$\tilde{p}_n(x) = \frac{1}{n\Delta_n} \sum_{i=1}^{n} \mu\left(\frac{x - x_i}{\Delta_n}\right) \tag{8.51}$$

为关于 $p(x)$ 的扩散估计 (diffusion estimate)，常数 Δ_n 称为扩散系数 (diffusion coefficient)。

$\tilde{p}(x)$ 比 $\hat{p}(x)$ 更精确，是指：

(1) $\tilde{p}(x)$ 满足渐近无偏性，即

$$\lim_{n \to \infty} E\tilde{p}_n(x) = p(x) \tag{8.52}$$

(2) $\tilde{p}(x)$ 满足均方相合性，即

$$\lim_{n \to \infty} E\left[\tilde{p}_n(x) - p(x)\right]^2 = 0 \tag{8.53}$$

(3) $\tilde{p}_n(x) \to p(x)(n \to \infty)$ 比 $\hat{p}_n(x) \to p(x)(n \to \infty)$ 的收敛速度快。

当总体分布 $p(x)$ 的类型未知时，$\hat{p}(x)$ 只能是直方图估计。研究表明[178]，直方图估计的收敛速度是 $n^{-2/3}$ 趋于 0 的速度，而扩散估计的收敛速度是 $n^{-4/5}$ 趋于 0 的速度。由于 $2/3 < 4/5$，所以 $n^{-2/3} > n^{4/5}$，亦即是说，扩散估计的误差比直方图估计的误差更快地趋于零。这种区别的根本原因在于：扩散估计利用了不完备样本中的模糊过渡信息，而直方图估计与此无关。

事实上，式 (8.51) 中的扩散估计刚好是一个 Parzen 核估计[116]。但是，一方面，扩散估计可以不限于这种形式；另一方面，整个核理论只关注估计有什么性质，而且主流是讨论 $n \to \infty$ 的情形，几乎没有人讨论过为什么核估计在某些情况下比较好，某些情况下不好。在经典概率论的框架内讨论这一问题，非常困难。因此，信息扩散原理提供了用模糊信息处理的观点深入研究核估计理论的途径。

可以认为，核估计理论是在模糊集理论发现之前人们不自觉地主动利用模糊信息的一种尝试。更有趣的是，核估计理论和模糊集理论均是在 20 世纪 60 年代提出，前者是 1962 年，后者是 1965 年。或许当时两个理论的创始人 Parzen 和扎德有一些类似的思路，只不过由于他们的研究背景不同，研究出了不同的理论体系之雏形，后经许多学者的研究分别成为较成熟的理论体系时，创始人原始思路的一些交汇之处就被淹没了。

自然灾害风险分析既涉及随机不确定性，又涉及模糊不确定性；既有许多数学问题，又必须面对工程实际。正是在小样本条件下进行自然灾害风险分析的需要，才使信息扩散原理得以发现，才能找到信息扩散原理成立的原因是给定样本 X 不完备。在这一研究中，如果仅仅用核估计理论研究自然灾害风险，就不会涉及小样本的模糊性，也不会独立于核估计之外，提出一种依托模糊集理论的函数估计新方法，更不会发展到用信息扩散解释核估计的程度；如果仅仅用传统的模糊集理论研究自然灾害风险，就会陷入用语言或类似方法表述模糊信息的泥潭，也不会独立于模糊集理论之外，提出一种只依靠给定样本而不需要任何专家经验的信息矩阵框架，更不会提出信息分配和信息扩散概念，并进而提出信息扩散原理，使模糊集理论和核估计理论有机地结合起来。

8.5　正态信息扩散

许多模型通过模仿某种生物或自然的方式实现对信息的处理。例如，模糊控制模仿人脑

描述规则；神经网络模仿人脑进行学习；遗传算法模仿生物进化规律进行决策优化。根据这一思路，我们模仿分子扩散，给出信息扩散方程，得到一个简单实用的扩散函数，即正态扩散函数，并给出了计算其扩散系数的公式。

1. 分子扩散方程

分子扩散(molecule diffusion)是指分子从一地到另一地的缓慢移动。扩散是一个基本的物理化学过程。分子、离子等从高浓度处自由流向低浓度处的扩散称为被动扩散。分子扩散可以定性地描述为分子随机地从一个区域向另外一个低浓度区域发生的净位移。1855 年德国生物学家菲克通过实验证实，对于简单分子扩散（即不借助外力），扩散量 J_{net} 与浓度梯度 $\Delta C/\Delta x$ 成正比（称为菲克第一定律）：

$$J_{net} = D \frac{\Delta C}{\Delta x} \tag{8.54}$$

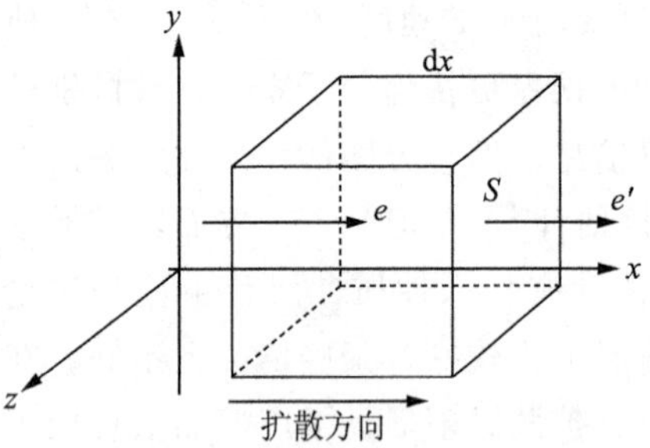

图 8.11　通过一体积元的分子扩散

对于一维(x-方向)中的扩散，图 8.11 给出了分子扩散通过一小体积元的示意图。图 8.11 中，dx 是体积元的长度，S 是体积元的横截面积，e 是分子流进入体积元的密度，e' 是分子流离开体积元的密度。

令 Ψ 是分子浓度函数，e 是分子扩散流密度，$\partial \Psi/\partial x$ 是浓度梯度。根据菲克第一定律，密度 e 与浓度梯度 $\partial \psi/\partial x$ 成正比

$$e = -D \frac{\partial \Psi}{\partial x} \tag{8.55}$$

式中，D 为一个比例常数，称为扩散常数，或扩散系数，它与式(8.54)中的一样。式中的负号是因为扩散沿浓度减小的方向进行而具有的。

扩散过程还必须满足分子守恒原理，也就是说，浓度随时间的变化必须伴随空间通量的相应变化，以使分子数不变。考虑图 8.11 所示长为 dx，截面为 S 的体积元，其体积是

$$dV = 截面 \times 长度 = S dx$$

在某一时刻，这体积元内的分子数是 $\Psi dV = \Psi S dx$。进入左侧底面的粒子数叫做入射通量，等于 eS，通过右侧底面粒子数叫做出射通量，等于 $e'S$。分子守恒原理要求分子在 dV 内的累积速率，等于分子的入射通量和出射通量之差，即

$$累积速率 = 入射通量 - 出射通量$$

因而得到

$$累积速率 = eS - e'S = -(e'-e)S = -(de)S = -\frac{\partial e}{\partial x} S dx \tag{8.56}$$

但是，累积速率等于单位时间内单位体积里分子数的增加 $\partial \psi/\partial t$ 乘以体积 $S dx$，即

$$累积速率 = \frac{\partial \psi}{\partial t} S dx \tag{8.57}$$

联立式(8.56)和式(8.57)，我们得到

$$-\frac{\partial e}{\partial x} S dx = \frac{\partial \psi}{\partial t} S dx$$

因此

$$\frac{\partial \psi}{\partial t} = -\frac{\partial e}{\partial x} \tag{8.58}$$

将式(8.55)代入式(8.58)，我们得到

$$\frac{\partial \psi}{\partial t} = D \frac{\partial^2 \psi}{\partial x^2} \tag{8.59}$$

式(8.59)称为扩散方程(diffusion equation)或菲克第二定律。

2. 信息扩散方程

根据定义 8.12，信息扩散函数 $\mu(x,v)$ 是递减的。这意味着信息沿着浓度减小的方向移动。分子的自然扩散和信息扩散都具有填补空白的功能，并且都沿着浓度减小的方向进行。因此，当信息扩散不借助任何中介，扩散过程是简单扩散时，可以假设信息扩散遵循菲克第一定律。

根据定义 8.14，当且仅当 $\forall x \in X$，$\int_U \mu(x,u)\mathrm{d}u = 1$ 时，$\mu(x,u)$ 具有守恒的意义。这意味着有些扩散是守恒的，即在扩散过程中没有信息总量的增减现象。换句话说，本章论及的信息扩散是在封闭系统中进行的，系统内信息量的总值是1。所以信息扩散遵循信息守恒原理。

从分子守恒原理，我们可以推断分子扩散遵循菲克第二定律。在固体物理学与化学中我们假设原子扩散遵循菲克第二定律，同样地，我们假设具有守恒意义的信息扩散也遵循菲克第二定律。因此，我们就可以运用扩散方程去研究一种特殊的信息扩散，这种信息扩散是一个简单的没有信息量总值增减的扩散过程。

令 $\mu(y,t)$ 是信息扩散函数，其中 y 是观测值 x_i 与监控点 u 之间的距离，t 是扩散停止时间。这个函数与定义 8.12 的函数不同。虽然两者都是信息扩散函数并且都用希腊字母 μ 表示，但两者的变量不同。定义 8.12 中 μ 的两个变量均在观测值的定义域上取值，而 $\mu(y,t)$ 有时间变量 t。事实上，$y = \|x_i - u\|$，因此，$\mu(y,t)$ 也可以写成 $\mu(x_i,u,t)$。我们用 $\mu(y,t)$ 大大简化了下面的表达。扩散函数与分子浓度函数有极为相似之处，即 $\mu(y,t)$ 越大，监控点 u 获得的信息就越多。

因为我们论及的信息扩散遵循菲克第二定律，可以得到

$$\frac{\partial \mu(y,t)}{\partial t} = D \frac{\partial^2 \mu(y,t)}{\partial y^2} \tag{8.60}$$

显然，$\mu(0,0)=1$ 是式(8.60)的边界条件。也就是说，在扩散前，信息集中在信息注入点即观测值 x_i 点处。这个条件可以表述为

$$\mu\big|_{t=0} = \mu(y,0) = \delta(y)$$

这里

$$\delta(y) = \begin{cases} 1, & y = 0 \\ 0, & \text{其他} \end{cases}$$

记 $\breve{\mu}(\lambda,t)$ 为对 $\mu(y,t)$ 施以傅里叶变换得到的函数，即 $\breve{\mu}(\lambda,t) = F[\mu(y,t)]$。根据傅里叶变换理论，我们知道

$$F\left[\frac{\partial\mu(y,t)}{\partial t}\right]=\frac{d\breve{\mu}(\lambda,t)}{dt}$$

$$F\left[\frac{\partial^2\mu(y,t)}{\partial y^2}\right]=-\lambda^2\breve{\mu}(\lambda,t)$$

$$F[\delta(y)]=1$$

分别对式(8.60)和初始条件的两边都进行傅里叶变换，可得

$$\begin{cases}\dfrac{d\breve{\mu}(\lambda,t)}{dt}+D\lambda^2\breve{\mu}(\lambda,t)=0\\[2mm]\breve{\mu}(\lambda,0)=1\end{cases}\tag{8.61}$$

用分离变量法易得

$$\breve{\mu}(\lambda,t)=e^{-D\lambda^2t}$$

于是

$$\begin{aligned}\mu(y,t)&=F^{-1}[\breve{\mu}(\lambda,t)]\\&=\frac{1}{2\pi}\int_{-\infty}^{\infty}\breve{\mu}(\lambda,t)e^{-i\lambda y}d\lambda\\&=\frac{1}{2\pi}\int_{-\infty}^{\infty}e^{-D\lambda^2t}(\cos\lambda y-i\sin\lambda y)d\lambda\\&=\frac{1}{2\pi}\int_{-\infty}^{\infty}e^{-D\lambda^2t}\cos\lambda y\,d\lambda\\&=\frac{1}{2\sqrt{\pi Dt}}e^{-\frac{y^2}{4Dt}}\end{aligned}$$

记 $\sigma(t)=\sqrt{2Dt}$，则

$$\mu(y,t)=\frac{1}{\sigma(t)\sqrt{2\pi}}\exp\left(-\frac{y^2}{2\sigma^2(t)}\right)\tag{8.62}$$

由于信息扩散过程是一个抽象的时间过程，可以假定信息扩散是在不太长的 t_0 时刻完成，并记 $\sigma=\sigma(t_0)$，则在离信息注入点(样本观测值获得点)距离为 y 的地方，得到的量值为的扩散信息。由于函数 $\mu(y)$ 与概率论中正态分布的密度函数形式完全一样，故称此函数为正态扩散函数(normal diffusion function)，并简称 $\mu(y)$ 为正态扩散(normal diffusion)。

$$\mu(y)=\frac{1}{\sigma\sqrt{2\pi}}\exp\left(-\frac{y^2}{2\sigma^2}\right)\tag{8.63}$$

如果用正态扩散去估计一个概率密度函数，当把 $\mu\left(\dfrac{x-x_i}{\Delta_n}\right)$ 看作 $\mu(y)$，那么由式(8.51)得到相应的扩散估计

$$\begin{aligned}\widetilde{p}_n(x)&=\frac{1}{n\Delta_n}\sum_{i=1}^{n}\mu\left(\frac{x-x_i}{\Delta_n}\right)\\&=\frac{1}{n\Delta_n}\sum_{i=1}^{n}\mu(y)\qquad\qquad\left(\diamondsuit\ y=\frac{x-x_i}{\Delta_n}\right)\\&=\frac{1}{n\Delta_n}\sum_{i=1}^{n}\left(\frac{1}{\sigma\sqrt{2\pi}}\exp\left(-\frac{y^2}{2\sigma^2}\right)\right)\end{aligned}$$

$$= \frac{1}{n\Delta_n \sigma \sqrt{2\pi}} \sum_{i=1}^{n} \exp\left(-\frac{y^2}{2\sigma^2}\right)$$

$$= \frac{1}{n\Delta_n \sigma \sqrt{2\pi}} \sum_{i=1}^{n} \exp\left(-\frac{(x-x_i)^2}{\Delta_n^2(2\sigma^2)}\right) \qquad (以 \frac{x-x_i}{\Delta_n} 代替 y)$$

$$= \frac{1}{n\sigma\Delta_n \sqrt{2\pi}} \sum_{i=1}^{n} \exp\left(-\frac{(x-x_i)^2}{2(\sigma\Delta_n)^2}\right)$$

令 $h = \sigma\Delta_n$，$x_i \in X$，$x \in \mathbf{R}$

$$\tilde{p}_n(x) = \frac{1}{nh\sqrt{2\pi}} \sum_{i=1}^{n} \exp\left(-\frac{(x-x_i)^2}{2h^2}\right) \tag{8.64}$$

是关于样本总体 $p(x)$ 的正态扩散估计（normal diffusion estimate）。

显然，正态扩散估计正好与高斯核估计相同。这意味着，高斯核估计与某种没有生-灭现象的简单扩散有关。进一步我们还知道，任何一种扩散函数都不能够表达所有的扩散现象。

3. 正态扩散的择近原则

我们知道，$\forall x_i \in X$，若 X 不完备，则观测值 x_i 可以是其周围空间点的"代表"，它对其周围空间点有影响。如果 X 完备，"代表"点对"周围"各点提供的信息没有各点本身获得的信息确切，"代表"只能代表自己。我们称此种现象为择近现象。对于监控点 u，我们首先介绍来自 X 的第一邻近信息注入点概念。

定义 8.23 对于 u，若 $x' \in X$ 并且满足

$$|u - x'| = \min\{|u - x_i| \| x_i \in X\} \tag{8.65}$$

则称 x' 为 u 的第一邻近信息注入点（first nearest information injecting point）。

定义 8.24 对于 u，设 x' 是它的第一邻近信息注入点。若 $x'' \in X \setminus \{x'\}$ 并且满足

$$|u - x''| = \min\{|u - x_i| \| x_i \in X \setminus \{x'\}\} \tag{8.66}$$

则称 x'' 称为 u 的第二邻近信息注入点（second nearest information injecting point）。

定义 8.25 对于 u，设 x'，x'' 分别为它的第一和第二邻近信息注入点。若 $x''' \in X \setminus \{x', x'\}$ 并且满足

$$|u - x''| = \min\{|u - x_i| \| x_i \in X \setminus \{x', x''\}\} \tag{8.67}$$

则称 x''' 称为 u 的第三邻近信息注入点（third nearest information injecting point）。

令 $x \in \mathbf{R}$ 是一个监控点，假设它的第一、第二和第三邻近信息注入点分别是 x'，x''，x'''。若 h 使式（8.68）成立，则称 h 满足一点择近原则（one-point criterion）。

$$\exp\left[-\frac{(x-x')^2}{2h^2}\right] \geqslant \sum_{x_i \neq x'} \exp\left[-\frac{(x-x_i)^2}{2h^2}\right] \tag{8.68}$$

若 h 使式（8.69）成立，则称 h 满足两点择近原则（two-point criterion）。

$$\exp\left[-\frac{(x-x')^2}{2h^2}\right] + \exp\left[-\frac{(x-x'')^2}{2h^2}\right] \geqslant \sum_{x_i \neq x', x''} \exp\left[-\frac{(x-x_i)^2}{2h^2}\right] \tag{8.69}$$

自然地，若 h 使式（8.70）成立，则称 h 满足三点择近原则（three-point criterion）。

$$\sum_{x_k \in \{x', x'', x'''\}} \exp\left[-\frac{(x-x_k)^2}{2h^2}\right] \geqslant \sum_{x_i \neq x', x'', x'''} \exp\left[-\frac{(x-x_i)^2}{2h^2}\right] \tag{8.70}$$

显然，如果 h 满足一点择近原则，它必然也满足两点择近原则和三点择近原则；如果 h 满足两点择近原则，必然也满足三点择近原则。反之则不然。因此，我们约定，"h 满足两点择近原则"指它只满足两点择近原则，并不满足一点择近原则。依此类推于"h 满足三点择近原则"。

可以证明，如果总体为正态分布，那么用高斯核估计能达到较高的估计精度。问题在于，核估计推出的结论都是对 $n \to \infty$ 而言，所以，高斯核估计中的最优窗宽 $\Delta_{\mathrm{opt}}(n) = 1.06\sigma\, n^{-1/5}$ 不一定是最优正态扩散系数。不过，我们可以通过研究标准正态概率分布以评估上述择近原则的功能，同时说明核估计的最优窗宽的确不是小样本时的最优正态扩散系数。通过用 0.618 法获取扩散系数 h 的研究，表明两点择近原则可以作为控制扩散系数 h 的合理原则[179]。

4. 扩散系数的计算

我们将用两点择近原则和平均距离假设来建立一个计算式(8.64)中扩散系数 h 的公式。首先，我们按照升序，即从小到大的原则，对 X 中的样本点进行排序，仍然用 x_1，x_2，$\cdots$，x_n 表示。

令 $d_i = x_{i+1} - x_i$，并定义平均距离如下

$$d = \frac{1}{n-1}\sum_{i=1}^{n-1} d_i = \frac{x_n - x_1}{n-1} \tag{8.71}$$

一般来说，我们总可以取第一个监控点 u_1 正好位于 x_1 处，即，令 $u_1 = x_1$。显然，它的第一邻近信息注入点正是 x_1。由于 X 已经排序，因此它的第二个邻近信息注入点必然是 x_2。对于这个监控点，若 h 满足两点择近原则，则有

$$\exp\left[-\frac{(u_1 - x_1)^2}{2h^2}\right] + \exp\left[-\frac{(u_1 - x_2)^2}{2h^2}\right] \geqslant \sum_{i=3}^{n} \exp\left[-\frac{(u_1 - x_i)^2}{2h^2}\right] \tag{8.72}$$

用式(8.71)中的平均距离代替式(8.72)中的两点间的距离，可得

$$1 + \exp\left[-\frac{d^2}{2h^2}\right] \geqslant \sum_{j=1}^{n-2} \exp\left[-\frac{(j+1)^2 d^2}{2h^2}\right] \tag{8.73}$$

令

$$z = \exp\left[-\frac{d^2}{2h^2}\right] \tag{8.74}$$

则

$$1 + z \geqslant z^4 + z^9 + z^{16} + \cdots + z^{(n-1)^2} \tag{8.75}$$

要获取 h，我们只需解出下列方程

$$z^4 + z^9 + z^{16} + \cdots + z^{(n-1)^2} - z - 1 = 0 \tag{8.76}$$

例如，当 $n = 5$，则有

$$z^4 + z^9 + z^{16} - z - 1 = 0$$

因为 $\exp\left[-\dfrac{d^2}{2h^2}\right]$ 必须是正实数，得到式(8.76)的有效根就足够了。假定它的有效根是 z，由式(8.74)可得

$$-\frac{d^2}{2h^2} = \lg z$$

即

$$h = \frac{1}{\sqrt{2(-\lg z)}} d \tag{8.77}$$

记

$$c = \frac{1}{\sqrt{2(-\lg z)}} \tag{8.78}$$

称 c 为调整系数(adjustment coefficient)。

　　令

$$f(z) = z^4 + z^9 + z^{16} + \cdots + z^{(n-1)^2} - z - 1 \tag{8.79}$$

我们可以用牛顿迭代法

$$z_{k+1} = z_k - \frac{f(z_k)}{f'(z_k)}, \quad k = 0, 1, \cdots \tag{8.80}$$

找到式(8.76)的有效根。

　　表 8.5 给出了 $n = 5$，6，7，8，9，10，11 的有效根 z 和相应的调整系数 c。对任意的 $n \geqslant 11$，有效根是 0.9330，调整系数是 2.6851。

表 8.5　$z^4 + z^9 + z^{16} + \cdots + z^{(n-1)^2} - z - 1 = 0$ 的有效根

样本容量 n	5	6	7	8	9	10	$\geqslant 11$
有效根 z	0.9540	0.9401	0.9354	0.9338	0.9332	0.9331	0.9330
调整系数 c	3.2585	2.8451	2.7363	2.7019	2.6893	2.6872	2.6851

　　我们最终得到

$$h = \begin{cases} 0.8146(b-a), & n = 5 \\ 0.5690(b-a), & n = 6 \\ 0.4560(b-a), & n = 7 \\ 0.3860(b-a), & n = 8 \\ 0.3362(b-a), & n = 9 \\ 0.2986(b-a), & n = 10 \\ 2.6851(b-a)/(n-1), & n \geqslant 11 \end{cases} \tag{8.81}$$

这里

$$b = \max_{1 \leqslant i \leqslant n}\{x_i\}, \quad a = \min_{1 \leqslant i \leqslant n}\{x_i\}$$

　　例如，当 $n = 12$ 时，我们有 $h = 2.6851(b-a)/(12-1) = 0.2441(b-a)$。

　　由式(8.81)计算得出的 h 称为基于平均距离假设的简单系数(simple coefficient)。应用简单系数 h 进行的正态扩散估计称为简单正态扩散估计(simple normal diffusion estimate)，简称 SNDE。

　　例 8.11　令

$$p(x) = \frac{1}{\sqrt{2\pi}} \exp\left(-\frac{x^2}{2}\right), \quad -\infty < x < \infty$$

x 是符合标准正态分布 $N(0,1)$ 的随机变量。

用 MU＝0，SIGMA＝1，N＝10，SEED＝907690，执行 5.6.3 节中的程序 5-3，可以得到 10 个随机数

$X = \{x_1, x_2, \cdots, x_{10}\} = \{-0.02, 0.00, -0.93, 0.63, -0.70, 0.51, -0.81, 0.48, -0.05, -0.76\}$

其最大值是 0.63，最小值是－0.93，由式（8.81）得 $h = 0.2986(0.63 + 0.93) = 0.4658$。因此，根据式（8.64），扩散估计是

$$\tilde{p}(x) = \frac{1}{0.4658 \times 10\ \sqrt{2\pi}} \sum_{i=1}^{10} exp\left[-\frac{(x - x_i)^2}{2 \times 0.4658^2}\right]$$

如果用高斯核最优窗宽（见式（5.40））作为正态扩散系数，即

$$h_{\text{opt}}(n) = 1.06\sigma n^{-1/5}$$

对于本例中的 X，$\sigma = 0.5973$，$n = 10$，从而有 $h_{\text{opt}}(n) = 0.3995$，核估计是

$$\hat{p}(x) = \frac{1}{nh} \sum_{i=1}^{n} K\left(\frac{x - x_i}{h}\right) = \frac{1}{0.3995 \times 10\ \sqrt{2\pi}} \sum_{i=1}^{10} \exp\left[-\frac{(x - x_i)^2}{2 \times 0.3996^2}\right]$$

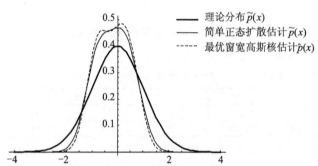

图 8.12　用简单正态扩散方法根据 10 个样本点对标准正态分布（理论分布）的估计及与最优窗宽高斯核估计的比较曲线图

我们将标准正态分布（理论分布）$p(x)$，简单正态扩散估计 $\tilde{p}(x)$ 和最优窗宽高斯核估计 $\hat{p}(x)$ 绘在图 8.12 中，可见 $\tilde{p}(x)$ 优于 $\hat{p}(x)$。该图只是一次抽样逼近的结果，还不能说明问题。我们用不同的种子数分别对 $\tilde{p}(x)$ 和 $\hat{p}(x)$ 的估计进行 90 次仿真实验，平均误差分别是：0.01092 和 0.01177。这个结果说明简单系数是可取的。

到目前为止，关于正态扩散的所有讨论都是对标准正态分布的样本进行的。一般情况下，我们不知道总体的分布形式，因此，有必要对其他总体的正态扩散估计效果如何进行讨论。正如在 8.3.2 节中我们已指出，虽然概率分布的种类很多，相应的密度函数曲线有很多种，但是，这些曲线的特性均介于两条特殊曲线之间，它们是正态分布曲线和指数分布曲线。因此，只要研究正态分布和指数分布这两种分布就可以了。作为一种过渡曲线，可以增加对数正态分布的讨论。有关结果如下[179]：

（1）粗略地说，对小样本而言，简单正态扩散估计的误差比软直方图估计的误差减少了 38%。

（2）对指数分布的计算机仿真实验说明，当样本容量 n 小于 24 时，SNDE 比 SHE 理想，其他情况下 SNDE 不如 SHE。这就提醒了我们，核估计理论中的高斯假设面临着严峻的风险。因为 SNDE 所用的正态扩散函数就是高斯核函数，较大样本时 SNDE 不如 SHE，说明高斯核函数用于总体为指数分布的概率密度函数估计时不太合适。SHE 与分布形式无关，虽然比较粗糙，但相对平稳。

（3）对数正态分布实验说明，当 n 较小时，SNDE 仍然比 SHE 理想。

第 9 章　震中烈度与震级关系的识别

9.1　引　　言

震中烈度估计曾经是地震学与地震工程学中的一个研究热点。为帮助那些不了解地震学与地震工程学的读者更好地理解，我们首先回顾 1.10 节介绍过的地震概念，并引入几个新概念。由 1.10 节我们知道，地震(earthquake)是由地球内部运动引起的，人们通过感觉或仪器可察觉到的地面振动。

地震学(seismology)是研究地震及有关现象的科学。地震学认为，地震是由于能量突然快速地释放所导致的地面震动，能量以波的形式从震源向各个方向传播。尽管随着距震源距离的增加能量快速消散，但世界各地的地震仪仍能够记录下这一地震事件。地震工程学(earthquake engineering)是土木工程学的一个分支，为工业和民用建筑的抗震设计与建造，研究建(构)筑物的地震荷载及有关参数。广义上讲，地震工程还研究减轻地震灾害的规划、抗震结构设计、建造和管理抗震结构、设施等。习惯上，依据地震荷载及有关参数对建(构)筑物的研究又称为工程地震学(engineering earthquake)。地震工程师们常常面临地震本身和建(构)筑物对地震反应的不确定，因此有时他们必须应用正确的工程判断找到解决具有挑战性问题的合理方法。

早期对建立地震大小和强度的尝试很大程度上依赖于主观描述。因为人们的描述多种多样，因而这种方法存在着明显的问题。1902 年，麦卡里(Giuseppe Mercalli)提出了一个主要由结构物破坏程度对地震强度进行描述的地震烈度表[180]。目前，中国使用修正的麦卡里烈度表(表 1.3)。

地震烈度 (intensity)是指某一地区地面和各类建筑物遭受一次地震影响的强弱程度。影响地震烈度的因素不仅有地震震级，还有其他因素，包括震源深度、震中距离、地表性质等。震中地区的烈度，称为震中烈度(epicentral intensity)，记为 I_0。

1935 年，加利福尼亚技术学院的理查德(Charles Richter)提出了"地震震级"(magnitude)的概念，记为 M，试图对南加利福尼亚的地震大小进行分类[181]。理查德定义的震级在中国也简称为里氏震级。地震震级是一个相对尺度[182]，其在理查德的定义中有明显的体现

$$M = \ln[A(\Delta)/A_0(\Delta)] = \ln A(\Delta) - \ln A_0(\Delta),$$

式中，Δ 为震中距；A_0 和 A 分别为某一地震仪记录的标准地震事件与待测地震事件的最大振幅。

标准地震，即在理查德公式中 $M = 0(= \ln 1)$ 的地震，指伍德-安德生(Wood-Anderson)式地震仪设置在离震中 100km 处、最大振幅为 0.001mm 的地震。此种地震仪自振周期 0.8 秒，接近临界阻尼，静态放大倍数 2800 倍。对应一次地震，表示地震大小的震级只有一个，

然而由于同一次地震对不同地点的影响是不同的，因此烈度随震中距离的远近和局部场地条件的不同而有所差异。

研究震中烈度 I_0 和震级 M 的关系十分重要，因为：

(1)许多历史地震是以烈度的形式记录的，我们用震中烈度与震级的关系就可以估计出相应的震级。

(2)地震预测常常给出的是未来地震的震级。为了提供抗震的设计参数，我们必须估计出给定震级的震中烈度或加速度。

原则上讲，使用大容量的样本才能建立震中烈度与震级的统计关系，是一个回归结果。人们常用经典统计工具给出一个连续回归函数。

本章中我们选用震中烈度估计的原因如下：震级与震中烈度的关系几乎是线性的。因此，如果由信息扩散技术给出的估计好于线性回归方法给出的估计，那么我们说这个新方法很有效。严格来说，烈度论域是由一些模糊概念组成的。但是，在地震工程中，研究者习惯于将地震烈度映射到实数集 **R** 上去，因此，我们就可以很容易地讨论各种扩散模型。

9.2　经典方法

线性回归是使用震级估计地震烈度的最简单的经典方法。假设地震烈度是以震级为论域的正态模糊集，并以模糊推理方法依据震级估计地震烈度，这是一种经典的模糊集方法。

1. 线性回归

为了估计震中烈度，我们可以给出线性回归方法的具体模型

$$I_0 = a + bM \qquad\qquad (9.1)$$

式中，a 和 b 为区域常数，用最小二乘法对给定样本进行计算得出。线性回归模型简称为 LR 模型。现在我们研究附录 C 给定的样本，我们有震级范围为 $4.25 \sim 8.5$ 和地震烈度范围为 Ⅵ～Ⅻ度的 134 个样本点。

首先，我们用式(8.22)和式(8.23)定义的 f 将标准与非标准烈度转换成数字，那么我们得到表 9.1 所示的数字样本。接下来，我们使用式(8.2)和式(8.3)来计算式(9.1)中的系数 a 和 b。为此，M 和 I_0 可以分别被看作 x 与 y。例如，$x_3 = M_3 = 6.4$ 和 $y_3 = I_{03} = 8$。因此，有

$$\sum_{i=1}^{134} x_i = 797.65, \qquad \sum_{i=1}^{134} y_i = 1010.8$$

$$\sum_{i=1}^{134} x_i^2 = 4838.95, \qquad \sum_{i=1}^{134} x_i y_i = 6142.16$$

于是

$$b = \frac{134 \times 6142.16 - 797.65 \times 1010.8}{134 \times 4838.95 - 797.65 \times 797.65} = 1.37877095$$

$$a = \frac{1}{134}(1010.8 - 1.38 \times 797.65) = -0.66400516$$

取两位小数，我们得线性回归结果：

$$I_0 = -0.66 + 1.38M \tag{9.2}$$

应用式 (9.2)，我们由表 9.1 中震级计算震中烈度，所得估计结果见附录 D 中 LR 列。左边子列（y 列）给出直接由式 (9.2) 计算得出的实数值，中间子列（I_0 列）是与实数值最近的罗马数字，右边子列（C 列）是用真（T）和假（F）给出的评语（C）。例如，发生在 1927 年 5 月 23 日的甘肃地震（编号 79），其震级是 $M = 8.0$。由式 (9.2) 得出的震中烈度的实数值是 $y = 10.38$。根据式 (8.22) 和式 (8.23) 定义的数学映射，我们知道最近的罗马数字是 X，而真实记录是 $I_0 = $ XI，估计为假。因此，评语是 F。在附录 D 的 LR 列中，有 86 个估计值为真，即线性回归的正确率是 64%（因为 86/134 = 0.64179 ≈ 64%）。均方误差 $\varepsilon_{LR} = 0.267$。

2. 基于正态假设的模糊推理

地震烈度是一个典型的模糊尺度。中国的研究人员已研究出几种模糊数学方法，用于地震烈度的评定。其中之一，是以正态模糊集贴近度为基础的模糊综合评判方法[183]。

表 9.1　由震级 M 和震中烈度 I_0 组成的观测点

编号	M	I_0	编号	M	I_0	编号	M	I_0	编号	M	I_0
1	5.75	7	25	6	8	49	5	6	73	6.8	9
2	5.75	7	26	5.5	7	50	5	6	74	6.3	9
3	6.4	8	27	6.2	7.8	51	5	6	75	5.8	7.2
4	6.4	8	28	6	6.8	52	4.75	5.8	76	5.8	7
5	6.5	9	29	5.4	7	53	5.4	6	77	7.90	10
6	6.5	9	30	5.2	6.2	54	6.3	8	78	8.50	12
7	6	8	31	6.1	7.2	55	7.50	10	79	8	11
8	6	8	32	5.1	7.2	56	6	8	80	6	8
9	6	7	33	6.5	6.2	57	6.8	9	81	7.30	10
10	7	8	34	6.2	7	58	6	8	82	5.4	6.5
11	7	9	35	5.4	7.2	59	5.5	7	83	5.3	6
12	6.25	8	36	5.4	7.2	60	7.25	10	84	5.7	7
13	5.75	8	37	5.2	7	61	5.75	7	85	5.4	7
14	5.8	8	38	5	6.2	62	5.5	6.5	86	5	6.2
15	6.3	9	39	6.4	9	63	6.8	9	87	4.8	7
16	6.5	8	40	5.2	6	64	6.3	7	88	7	8.2
17	5.8	7.2	41	7.80	10	65	7.5	9	89	5	6
18	5	6.8	42	5.3	6	66	6.8	9	90	4.8	6
19	5	6	43	5.5	6.2	67	5.5	7	91	5.5	7
20	5	6.22	44	5.5	7.2	68	5.8	8	92	6.8	8
21	6	6.8	45	5.5	7.2	69	6.2	7	93	7.5	9
22	4.8	6	46	6.5	8	70	6.8	9	94	8	11
23	5.5	6	47	5.5	7	71	5.5	7	95	7.25	9
24	5.8	8	48	5.5	7	72	5.5	7	96	7.25	9

编号	M	I_0	编号	M	I_0	编号	M	I_0	编号	M	I_0
97	7	9	107	5.6	7	117	5	6	127	6	8
98	6.8	9	108	4.8	6	118	5	6	128	5.2	7
99	6.4	8	109	6.2	7	119	5.75	7	129	6.3	7
100	6.5	8	110	5.6	7	120	5.5	7.2	130	5.5	6
101	6.6	8	111	6	7	121	4.25	5	131	5.7	7
102	6.5	8	112	6.75	9	122	5.2	7	132	5.4	6.2
103	5.5	7	113	5.5	7	123	6.8	9.2	133	4.6	6
104	5.8	7	114	4.75	7	124	5.6	6	134	7.3	9
105	6	8	115	5	7	125	7.20	10			
106	5.8	7	116	5	6	126	6.2	7			

于是，震级被看作是地震烈度的论域，正态模糊集的隶属函数被定义为

$$\mu_I(m) = \exp\left[-\left(\frac{m-a_1}{b_1}\right)^2\right] \quad I = \text{VI}, \text{VII}, \cdots, \text{XII} \tag{9.3}$$

式中，m 为震级；I 为地震烈度。

假设在给定样本中，共有 n_I 个震中烈度是 $I_0 = I$ 的样本点，这些样本点震级分量组成的集合记为：

$$X_{I_0 = I} = \{m_1, m_2, \cdots, m_{n_I}\}$$

则定义

$$a_I = \frac{1}{n_I} \sum_{i=1}^{n_I} m_i \tag{9.4}$$

$$b_I^2 = \frac{1}{n_I} \sum_{i=1}^{n_I} (m_i - a_I)^2 \tag{9.5}$$

为了尽可能多的使用附录 C 中的记录，我们把 I^- 和 I^+ 看作 I。我们不使用同时包含两个烈度的记录，如编号 82 的记录其烈度值为 VI～VII，它将不被考虑。那么，由附录 C，我们可得 a_I、b_I^2，见表 9.2。由于 XI 和 XII 的数据太少，所以取 $b_{\text{XII}}^2 = b_{\text{XI}}^2 = b_{\text{X}}^2$。

表 9.2　描述地震烈度的正态模糊集之有关参数

震中烈度	n_I	a_I	b_I^2
VI	28	5.08	0.0885
VII	48	5.61	0.1314
VIII	26	6.24	0.1379
IX	21	6.84	0.1244
X	6	7.49	0.0737
XI	2	8.0	0.0737
XII	1	8.5	0.0737
总计	132		

将 a_I，b_I^2 代入式(9.3)，可得式(9.6)所示的模糊关系。

$$R = \begin{matrix} & \text{VI} & \text{VII} & \text{VIII} & \text{IX} & \text{X} & \text{XI} & \text{XII} \\ m_1(=4.0) & 0 & 0 & 0 & 0 & 0 & 0 & 0 \\ m_2(=4.5) & 0.02 & 0 & 0 & 0 & 0 & 0 & 0 \\ m_3(=5.0) & 0.93 & 0.06 & 0 & 0 & 0 & 0 & 0 \\ m_4(=5.5) & 0.14 & 0.91 & 0.02 & 0 & 0 & 0 & 0 \\ m_5(=6.0) & 0 & 0.31 & 0.66 & 0 & 0 & 0 & 0 \\ m_6(=6.5) & 0 & 0 & 0.61 & 0.39 & 0 & 0 & 0 \\ m_7(=7.0) & 0 & 0 & 0.02 & 0.81 & 0.04 & 0 & 0 \\ m_8(=7.5) & 0 & 0 & 0 & 0.03 & 1 & 0.03 & 0 \\ m_9(=8.0) & 0 & 0 & 0 & 0 & 0.03 & 1 & 0.03 \\ m_{10}(=8.5) & 0 & 0 & 0 & 0 & 0 & 0.03 & 1 \end{matrix} \tag{9.6}$$

然后，用模糊推理公式

$$\tilde{I} = \tilde{M} \circ R \tag{9.7}$$

根据预报震级 $\tilde{M}$ 推算模糊震中烈度 $\tilde{I}$。算子 "。" 用 max-min 模糊合成规则，即

$$\mu_I(k) = \max_{1 \leqslant i \leqslant 10} \{\min\{\mu_M(m_i), \mu_R(m_i, k)\}\}, k = \text{VI}, \text{VII}, \cdots, \text{XII} \tag{9.8}$$

由于很难精确地预报地震震级，王阜提出了 $\tilde{M}$ 的 4 种震级预报形式，见表 9.3[133]。

由表 9.1 中的震级计算震中烈度（这里很多震级记录并不与 $m_i, i = 1, 2, \cdots, 10$ 中的某个记录相等），首先，我们用信息分配方法将表中的震级 M 转换成模糊集 $\tilde{M}$，步骤如下。

(1)分配。令

$$\mu_A(m_i) = \begin{cases} 1 - \dfrac{|M - m_i|}{\Delta}, & |M - m_i| \leqslant \Delta \\ 0, & \text{其他} \end{cases} \tag{9.9}$$

这里，$\Delta = m_2 - m_1 = 4.5 - 4.0 = 0.5$。

表 9.3　语言震级预报

震级预报	模糊集表达式（$i = 1, 2, \cdots, 10$）
将发生 m_i 级地震	$\tilde{M} = \dfrac{1}{m_i}$
将发生 m_i 级左右地震	$\tilde{M} = \dfrac{0.2}{m_{i-3}} + \dfrac{0.4}{m_{i-2}} + \dfrac{0.6}{m_{i-1}} + \dfrac{1}{m_i} + \dfrac{0.6}{m_{i+1}} + \dfrac{0.4}{m_{i+2}} + \dfrac{0.2}{m_{i+3}}$
可能发生 m_i 级地震	$\tilde{M} = \dfrac{0.04}{m_{i-3}} + \dfrac{0.16}{m_{i-2}} + \dfrac{0.36}{m_{i-1}} + \dfrac{1}{m_i} + \dfrac{0.36}{m_{i+1}} + \dfrac{0.16}{m_{i+2}} + \dfrac{0.04}{m_{i+3}}$
将发生 m_i 至 m_{i+s} 级地震	$\tilde{M} = \dfrac{0.4}{m_{i-1}} + \dfrac{1}{m_i} + \dfrac{1}{m_{i+1}} + \cdots + \dfrac{1}{m_{i+s-1}} + \dfrac{1}{m_{i+s}} + \dfrac{0.4}{m_{i+s+1}}$

（2）归一化。令

$$s = \max_{1 \leqslant i \leqslant 10} \{\mu_A(m_i)\}$$

则

$$\mu_M(m_i) = \frac{\mu_A(m_i)}{s}, \quad i = 1, 2, \cdots, 10$$

例如，对于 $M = 5.75$（编号 1），其取值在 $m_4 (= 5.5)$ 和 $m_5 (= 6.0)$ 之间，有

$$\mu_A(m_4) = 1 - \frac{|5.75 - 5.5|}{0.5} = 0.5 , \mu_A(m_5) = 1 - \frac{|5.75 - 6.0|}{0.5} = 0.5$$

则 $s = 0.5$，$\mu_A(m_4)/s = \mu_A(m_5)/s = 1$。从而

$$\widetilde{M} = \frac{0}{4.0} + \frac{0}{4.5} + \frac{0}{5.0} + \frac{1}{5.5} + \frac{1}{6.0} + \frac{0}{6.5} + \cdots + \frac{0}{8.5}$$

其次，我们用式(9.8)和 R 计算 $\tilde{I}$。对于上面的 $\widetilde{M}$，则有

$$\tilde{I} = \frac{0.14}{Ⅵ} + \frac{0.91}{Ⅶ} + \frac{0.66}{Ⅷ} + \frac{0}{Ⅸ} + \frac{0}{Ⅹ} + \frac{0}{Ⅺ} + \frac{0}{Ⅻ}$$

用式(8.22)和式(8.23)定义的映射对烈度进行数字化，$\tilde{I}$ 也可以表达为

$$\tilde{I} = \frac{0.14}{6} + \frac{0.91}{7} + \frac{0.66}{8} + \frac{0}{9} + \frac{0}{10} + \frac{0}{11} + \frac{0}{12}$$

然后，计算模糊集的重心

$$\tilde{y} = \left(\sum_{k=6}^{12} \mu_I(k)k \right) / \left(\sum_{k=6}^{12} \mu_I(k) \right) \tag{9.10}$$

对于 $\tilde{I}$，有

$$\tilde{y} = \frac{0.14 \times 6 + 0.91 \times 7 + 0.66 \times 8}{0.14 + 0.91 + 0.66} = \frac{12.49}{1.71} = 7.30$$

最后，用最近的罗马数字作为符号估计，我们可得到所需的估计烈度。由 $\tilde{y} = 7.30$，我们可得 $\tilde{I}_0 = Ⅶ$，这与真实记录相同，所以评语是 T。

这一模型称为基于正态假设的模糊推理（fuzzy inference based on normal assumption FINA）。附录 D 中的 FINA 列给出了由这一模型计算得出的估计烈度。

在附录 D 中，FINA 列有 87 个估计值为真，即 FINA 模型回归的正确率大约是 65%。均方误差 $\varepsilon_{FINA} = 0.280$。尽管由 LR 和 FINA 模型得到的有些估计值不同（如对附录 D 编号 30 的地震，LR 估计值是 Ⅶ，FINA 的则是 Ⅵ），但此两模型的正确率几乎是相同的。然而，FINA 模型表明，某些估计的模糊集有不只一个支撑点，这正好反映了给定样本的离散性。在某种意义上，FINA 模型优越于 LR 模型。

当输入-输出关系是一个近似线性函数时，LR 模型就可以发挥作用。FINA 模型需要更多的工程实践经验。例如，"地震烈度是震级论域上正态模糊集"这一判断纯粹来自于实践经验，数据分析的求证只不过是为了自圆其说。大多数模糊数学模型都需要实践经验的支持，极大地妨碍了其在自然灾害风险评价中的应用。许多风险问题，人们并没有多少实践经验。下两节中，我们分别采用线性信息分配和正态扩散对附录 C 中的样本进行自学习，给出震中烈度与震级的统计回归关系。

9.3　用信息分配法对震中烈度与震级关系进行识别

对于附录 C 中的给定样本，首先我们选取

$$U = \{u_1, u_2, \cdots, u_{10}\} = \{4.0, 4.5, \cdots, 8.5\} , V = \{v_1, v_2, \cdots, v_7\} = \{Ⅵ, Ⅶ, \cdots, Ⅻ\}$$

构成监控空间 $U \times V$。

于是，对于 (x_i, y_i)，用线性分配公式

$$q_{ijk} = \begin{cases} 1 - \dfrac{|x_i - u_j|}{\Delta}, & |x_i - u_j| \leqslant \Delta \text{ 且 } \| y_i - v_k \| \leqslant 0.5 \\ 0, & \text{其他} \end{cases} \tag{9.11}$$

（$\Delta = u_2 - u_1 = 0.5$）我们可以将 (x_i, y_i) 在 $U \times V$ 上进行信息分配。

例如，对于编号 1 的记录，$(x_1, y_1) = (5.75, \text{Ⅶ})$，$u_4 \leqslant x_1 \leqslant u_5$，$\| y_1 - v_2 \| = \| 7 - \text{Ⅶ} \| = \| 7 - 7 \| = 0$，则有

$$q_{142} = 1 - \frac{|5.75 - 5.5|}{0.5} = 0.5 \, , \, q_{152} = 1 - \frac{|5.75 - 6.0|}{0.5} = 0.5$$

分配所有的记录并用式(8.20)，可得原始信息矩阵

$$\boldsymbol{Q} = \begin{array}{c} \\ u_1(=4.0) \\ u_2(=4.5) \\ u_3(=5.0) \\ u_4(=5.5) \\ u_5(=6.0) \\ u_6(=6.5) \\ u_7(=7.0) \\ u_8(=7.5) \\ u_9(=8.0) \\ u_{10}(=8.5) \end{array} \begin{array}{c} \begin{array}{ccccccc} \text{Ⅵ} & \text{Ⅶ} & \text{Ⅷ} & \text{Ⅸ} & \text{Ⅹ} & \text{Ⅺ} & \text{Ⅻ} \end{array} \\ \left(\begin{array}{ccccccc} 0.5 & 0.0 & 0.0 & 0.0 & 0.0 & 0.0 & 0.0 \\ 2.5 & 0.9 & 0.0 & 0.0 & 0.0 & 0.0 & 0.0 \\ 11.6 & 4.7 & 0.0 & 0.0 & 0.0 & 0.0 & 0.0 \\ 5.2 & 18.8 & 2.3 & 0.0 & 0.0 & 0.0 & 0.0 \\ 0.2 & 9.8 & 11.2 & 1.0 & 0.0 & 0.0 & 0.0 \\ 0.0 & 1.8 & 8.7 & 6.9 & 0.0 & 0.0 & 0.0 \\ 0.0 & 0.0 & 1.8 & 7.5 & 1.5 & 0.0 & 0.0 \\ 0.0 & 0.0 & 0.0 & 3.6 & 3.1 & 0.0 & 0.0 \\ 0.0 & 0.0 & 0.0 & 0.0 & 1.4 & 2.0 & 0.0 \\ 0.0 & 0.0 & 0.0 & 0.0 & 0.0 & 0.0 & 1.0 \end{array} \right) \end{array} \tag{9.12}$$

然后用

$$\begin{cases} \boldsymbol{R}_f = \{ r_{jk} \}_{m \times t} \\ r_{jk} = Q_{jk}/s_k \\ s_k = \max_{1 \leqslant j \leqslant m} Q_{jk} \end{cases} \tag{9.13}$$

我们可以得到模糊关系矩阵 $\boldsymbol{R}_f$。

$$\boldsymbol{R}_f = \begin{array}{c} \\ u_1(=4.0) \\ u_2(=4.5) \\ u_3(=5.0) \\ u_4(=5.5) \\ u_5(=6.0) \\ u_6(=6.5) \\ u_7(=7.0) \\ u_8(=7.5) \\ u_9(=8.0) \\ u_{10}(=8.5) \end{array} \begin{array}{c} \begin{array}{ccccccc} \text{Ⅵ} & \text{Ⅶ} & \text{Ⅷ} & \text{Ⅸ} & \text{Ⅹ} & \text{Ⅺ} & \text{Ⅻ} \end{array} \\ \left(\begin{array}{ccccccc} 0.04 & 0 & 0 & 0 & 0 & 0 & 0 \\ 0.22 & 0.05 & 0 & 0 & 0 & 0 & 0 \\ 1.00 & 0.25 & 0 & 0 & 0 & 0 & 0 \\ 0.45 & 1.00 & 0.21 & 0 & 0 & 0 & 0 \\ 0.02 & 0.52 & 1.00 & 0.13 & 0 & 0 & 0 \\ 0 & 0.10 & 0.78 & 0.92 & 0 & 0 & 0 \\ 0 & 0 & 0.16 & 1.00 & 0.48 & 0 & 0 \\ 0 & 0 & 0 & 0.48 & 1.00 & 0 & 0 \\ 0 & 0 & 0 & 0 & 0.45 & 1.00 & 0 \\ 0 & 0 & 0 & 0 & 0 & 0 & 1.00 \end{array} \right) \end{array} \tag{9.14}$$

　　我们用式(9.8)所示的 max-min 合成规则由震级估计震中烈度。例如，对 $M = 5.75$（编号 1），将其在 U 上进行分配，并归一化所得的模糊集，得

$$\widetilde{M} = \frac{0}{u_1} + \frac{0}{u_2} + \frac{0}{u_3} + \frac{1}{u_4} + \frac{1}{u_5} + \frac{0}{u_6} + \cdots + \frac{0}{u_{10}}$$

于是，用式(9.8)和 R_f 计算 $\widetilde{I}$。则模糊估计是

$$\widetilde{I} = \frac{0.45}{\text{VI}} + \frac{1}{\text{VII}} + \frac{1}{\text{VIII}} + \frac{0.13}{\text{IX}} + \frac{0}{\text{X}} + \frac{0}{\text{XI}} + \frac{0}{\text{XII}}$$

用式(8.22)和式(8.23)中的映射对烈度进行数字化，$\widetilde{I}$ 也可以表示为

$$\widetilde{I} = \frac{0.45}{6} + \frac{1}{7} + \frac{1}{8} + \frac{0.13}{9} + \frac{0}{10} + \frac{0}{11} + \frac{0}{12}$$

然后，用式(9.10)计算上述模糊集的重心，对于 $\widetilde{I}$，有

$$\widetilde{y} = \frac{0.45 \times 6 + 1 \times 7 + 1 \times 8 + 0.13 \times 9}{0.45 + 1 + 1 + 0.13} = \frac{18.87}{2.58} = 7.31$$

最后，用最近的罗马数字作为符号估计，我们得到所需烈度的估计值。由 $\widetilde{y} = 7.31$，得 $\widetilde{I}_0 = \text{VII}$，其与真实记录相同，所以评语是 T。

　　这个模型称为线性分配自学习(linear distribution self-study)，简称为 LDSS 模型。附录 D 中 LDSS 列给出了由这种自学习离散回归模型得出的烈度估计值。其中有 88 个估计值为真，即 LDSS 模型的正确率是 66%。均方误差 $\varepsilon_{\text{LDSS}} = 0.265$。

　　$\varepsilon_{\text{LDSS}} \leqslant \varepsilon_{\text{FINA}}, \varepsilon_{\text{LR}}$，并且我们成功地避免了任何假设。可以认为，对于震中烈度识别来说，LDSS 模型优越于经典模型。但是，对于 LDSS，选取监控空间 $U \times V$ 时，我们需要一些工程经验，并且必须进行反复的调整。T 的数量与均方误差 ε 可以用来监督学习。由于 LR 得到的结果基本正确，从而表明将地震烈度映射到 $\mathbf{R}$ 上的点是合理的。因此，我们可以用二维正态扩散建立 Q，完成不需要任何工程经验的自学习回归。

9.4　用正态扩散法对震中烈度与震级关系进行识别

　　从理论上讲，正态扩散时的监控点应尽可能多，但通常根据观测点的精度进行选取，因为太多的监控点除增加计算的工作量外，对提高识别精度帮助不大。对于表 9.1，将 M 看作 x，将 I_0 看作 y，有

$$\min_{x_i \neq x_j}\{|x_i - x_j\| i,j = 1,2,\cdots,134\} = 0.05, \qquad \min_{y_i \neq y_j}\{|y_i - y_j\| i,j = 1,2,\cdots,134\} = 0.5$$

从而，只需令

$$U = \{u_1, u_2, \cdots, u_{86}\} = \{4.25, 4.30, \cdots, 8.5\}, V = \{v_1, v_2, \cdots, v_{32}\} = \{5.8, 6, \cdots, 12\}$$

去构造监控空间 $U \times V$，步长 $\Delta_u = 0.05$，$\Delta_v = 0.2$。由于

$$b_x = \max_{1 \leqslant j \leqslant 134}\{x_i\} = 8.5, \qquad a_x = \min_{1 \leqslant j \leqslant 134}\{x_i\} = 4.25$$

$$b_y = \max_{1 \leqslant j \leqslant 134}\{y_j\} = 12, \qquad a_y = \min_{1 \leqslant j \leqslant 134}\{y_j\} = 5.8$$

用式(8.81)，可得简单系数：

$$h_x = 2.6851(b_x - a_x)/(n-1) = 2.6851(8.5 - 4.25)/133 = 0.0858$$

$$h_y = 2.6851(b_y - a_y)/(n-1) = 2.6851(12 - 5.8)/133 = 0.1251$$

用二维正态扩散：

$$\mu((x_i, y_i), (u_j, v_k)) = \frac{1}{h_x \sqrt{2\pi}} \exp\left[-\frac{(u_j - x_i)^2}{2h_x^2}\right] \times \frac{1}{h_y \sqrt{2\pi}} \exp\left[-\frac{(v_j - y_i)^2}{2h_y^2}\right]$$

计算观测点 (x_i, y_i) 在 (u_j, v_k) 上的扩散信息，用 q_{ijk} 表示。令

$$\boldsymbol{Q}^{(i)} = \{q_{ijk}\}_{86 \times 32}$$

这是单个元素的样本 $X^{(1)} = \{(x_i, y_i)\}$ 在 $U \times V$ 上的信息矩阵。例如，对于表 9.1 中编号 1 的记录 $(x_1, y_1) = (5.75, 7)$，相应的矩阵由式(9.15)给出，用 $\boldsymbol{Q}^{(1)}$ 表示。

	v_1	$\cdots$	v_5	v_6	v_7	v_8	v_9	$\cdots$	v_{32}
	(5.8)	$\cdots$	(6.6)	(6.8)	(7)	(7.2)	(7.4)	$\cdots$	(12)
$u_1(4.25)$	0.00	$\cdots$	0.00	0.00	0.00	0.00	0.00	$\cdots$	0.00
$\cdots$	$\cdots$	$\cdots$	$\cdots$	$\cdots$	$\cdots$	$\cdots$	$\cdots$	$\cdots$	$\cdots$
$u_{24}(5.40)$	0.00	$\cdots$	0.00	0.00	0.00	0.00	0.00	$\cdots$	0.00
$u_{25}(5.45)$	0.00	$\cdots$	0.00	0.01	0.03	0.01	0.00	$\cdots$	0.00
$u_{26}(5.50)$	0.00	$\cdots$	0.00	0.06	0.21	0.06	0.00	$\cdots$	0.00
$u_{27}(5.55)$	0.00	$\cdots$	0.01	0.27	0.98	0.27	0.01	$\cdots$	0.00
$u_{28}(5.60)$	0.00	$\cdots$	0.02	0.90	3.22	0.90	0.02	$\cdots$	0.00
$u_{29}(5.65)$	0.00	$\cdots$	0.05	2.10	7.51	2.10	0.05	$\cdots$	0.00
$u_{30}(5.70)$	0.00	$\cdots$	0.08	3.49	12.51	3.49	0.08	$\cdots$	0.00
$u_{31}(5.75)$	0.00	$\cdots$	0.09	4.13	14.82	4.13	0.09	$\cdots$	0.00
$u_{32}(5.80)$	0.00	$\cdots$	0.08	3.49	12.50	3.49	0.08	$\cdots$	0.00
$u_{33}(5.85)$	0.00	$\cdots$	0.05	2.10	7.51	2.10	0.05	$\cdots$	0.00
$u_{34}(5.90)$	0.00	$\cdots$	0.02	0.90	3.21	0.90	0.02	$\cdots$	0.00
$u_{35}(5.95)$	0.00	$\cdots$	0.01	0.27	0.98	0.27	0.01	$\cdots$	0.00
$u_{36}(6.00)$	0.00	$\cdots$	0.00	0.06	0.21	0.06	0.00	$\cdots$	0.00
$u_{37}(6.05)$	0.00	$\cdots$	0.00	0.01	0.03	0.01	0.00	$\cdots$	0.00
$u_{38}(6.10)$	0.00	$\cdots$	0.00	0.00	0.00	0.00	0.00	$\cdots$	0.00
$\cdots$	$\cdots$	$\cdots$	$\cdots$	$\cdots$	$\cdots$	$\cdots$	$\cdots$	$\cdots$	$\cdots$
$u_{86}(8.50)$	0.00	$\cdots$	0.00	0.00	0.00	0.00	0.00	$\cdots$	0.00

其中 $\boldsymbol{Q}^{(1)} = $ 上述矩阵 (9.15)

显然，$\boldsymbol{Q} = \sum\limits_{i=1}^{134} \boldsymbol{Q}^{(i)}$ 是给定样本在 $U \times V$ 上的原始信息矩阵。运用式(9.13)，可得一个模糊关系矩阵，用 $\boldsymbol{R}_f$ 表示，由式(9.16)所示。

$$\boldsymbol{R}_f = \begin{array}{c}
 \\
 \\
u_1(4.25) \\
u_2(4.30) \\
u_3(4.35) \\
u_4(4.40) \\
u_5(4.45) \\
u_6(4.50) \\
u_7(4.55) \\
u_8(4.60) \\
u_9(4.65) \\
u_{10}(4.70) \\
u_{11}(4.75) \\
u_{12}(4.80) \\
u_{13}(4.85) \\
u_{14}(4.90) \\
u_{15}(4.95) \\
u_{16}(5.00) \\
u_{17}(5.05) \\
u_{18}(5.10) \\
\cdots \\
u_{85}(8.45) \\
u_{86}(8.50)
\end{array}
\begin{array}{c}
v_1 \\ (5.8) \\
\end{array}$$

	v_1	v_2	v_3	v_4	v_5	v_6	$\cdots$	v_{31}	v_{32}
	(5.8)	(6)	(6.2)	(6.4)	(6.6)	(6.8)	$\cdots$	(11.8)	(12)
$u_1(4.25)$	0.12	0.11	0.05	0.00	0.00	0.00	$\cdots$	0.00	0.00
$u_2(4.30)$	0.10	0.09	0.04	0.00	0.00	0.00	$\cdots$	0.00	0.00
$u_3(4.35)$	0.06	0.06	0.03	0.00	0.00	0.00	$\cdots$	0.00	0.00
$u_4(4.40)$	0.03	0.03	0.01	0.00	0.00	0.00	$\cdots$	0.00	0.00
$u_5(4.45)$	0.03	0.03	0.01	0.00	0.00	0.00	$\cdots$	0.00	0.00
$u_6(4.50)$	0.07	0.06	0.03	0.00	0.00	0.00	$\cdots$	0.00	0.00
$u_7(4.55)$	0.13	0.10	0.05	0.00	0.00	0.01	$\cdots$	0.00	0.00
$u_8(4.60)$	0.24	0.14	0.06	0.00	0.00	0.02	$\cdots$	0.00	0.00
$u_9(4.65)$	0.40	0.18	0.08	0.01	0.00	0.06	$\cdots$	0.00	0.00
$u_{10}(4.70)$	0.60	0.25	0.11	0.01	0.01	0.12	$\cdots$	0.00	0.00
$u_{11}(4.75)$	0.77	0.34	0.16	0.02	0.01	0.16	$\cdots$	0.00	0.00
$u_{12}(4.80)$	0.79	0.42	0.22	0.04	0.01	0.16	$\cdots$	0.00	0.00
$u_{13}(4.85)$	0.73	0.50	0.34	0.12	0.01	0.13	$\cdots$	0.00	0.00
$u_{14}(4.90)$	0.76	0.66	0.57	0.27	0.01	0.11	$\cdots$	0.00	0.00
$u_{15}(4.95)$	0.92	0.89	0.85	0.44	0.02	0.10	$\cdots$	0.00	0.00
$u_{16}(5.00)$	1.00	1.00	1.00	0.54	0.02	0.11	$\cdots$	0.00	0.00
$u_{17}(5.05)$	0.85	0.86	0.91	0.50	0.02	0.13	$\cdots$	0.00	0.00
$u_{18}(5.10)$	0.57	0.59	0.71	0.43	0.02	0.18	$\cdots$	0.00	0.00
$\cdots$	$\cdots$	$\cdots$	$\cdots$	$\cdots$	$\cdots$	$\cdots$	$\cdots$	$\cdots$	$\cdots$
$u_{85}(8.45)$	0.00	0.00	0.00	0.00	0.00	0.00	$\cdots$	0.84	0.84
$u_{86}(8.50)$	0.00	0.00	0.00	0.00	0.00	0.00	$\cdots$	1.00	1.00

$$(9.16)$$

表 9.1 中的任意一个震级记录必定与 U 内的一个控制点相等。因此,将震级作为输入时,没有再用信息分配方法将 M 转换成模糊集 $\widetilde{M}$ 的必要。换句话说,令表 9.1 中震级分量的集合是 $X_M = \{M_1, M_2, \cdots, M_{134}\}$,则 $\forall M_i \in X_M$,必 $\exists u_j \in U$,使 $u_j = M_i$。因此,$\widetilde{M} = \dfrac{1}{u_j}$。用式(9.8)我们可以直接计算 $\widetilde{I}$。例如,$M = 4.8$(编号 22),可以表达为 $\widetilde{M} = \dfrac{1}{u_{12}} = \dfrac{1}{4.80}$。用式(9.8)得

$$\widetilde{I} = \frac{0.79}{5.8} + \frac{0.42}{6.0} + \frac{0.22}{6.2} + \frac{0.04}{6.4} + \frac{0.01}{6.6} + \frac{0.16}{6.8} + \frac{0.16}{7.0} + \frac{0.09}{7.2} + \frac{0.03}{7.4} + \frac{0.00}{7.6} + \cdots + \frac{0}{12}$$

上述模型称为正态扩散自学习(normal diffusion self-study),简称 NDSS。附录 D 中 NDSS 列给出了用这一方法得到的烈度估计值,有 90 个估计值为真,正确率是 67%,均方误差 $\varepsilon_{\text{LDSS}} = 0.226$。$\varepsilon_{\text{NDSS}} \leqslant \varepsilon_{\text{LDSS}}, \varepsilon_{\text{FINA}}, \varepsilon_{\text{LR}}$,并且我们成功避免了使用任何工程经验。对于用震级估计震中烈度而言,用最小均方差判断,结论是:NDSS 模型比前述三个模型都好。图 9.1 给出了这四种模型的估计,图中的小圆圈是样本点。

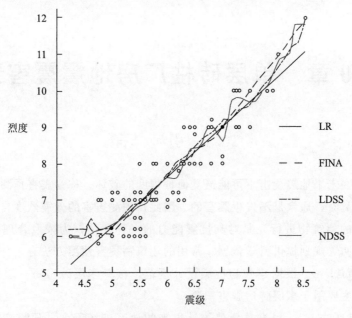

图 9.1　线性回归与模糊推理模型估计

LR 为线性回归；FINA 为基于正态假设的模糊推理；LDSS 为线性分配自学习；NDSS 为正态扩散自学习。

9.5　结论和讨论

震中烈度的估计结果表明，线性分配自学习（LDSS）和正态扩散自学习（NDSS）都较传统的线性回归（LR）优越。由于可以尽可能多地选取 NDSS 的监控点，并且其均方误差最小，所以说 NDSS 模型是目前最好的自学习离散回归模型。

严格来说，震中烈度与震级的关系是一个非线性函数。由图 9.1 我们知道，函数较低的一部分（$M \in [4.5, 6.5]$，称"低端"）不同于函数较高的一部分（$M \geqslant 6.5$，称"高端"）。但是，由于不大于 6.5 的观测点占了整个样本的 79%，LR 模型得到的线性函数必定与低端的一部分更加一致。换句话说，LR 不能够表达高端部分的关系。

本章的所有的三个模糊数学模型都可以使高端的关系不受低端的影响。尽管 NDSS 给出的均方误差最小，但其曲线围绕 M＝6.5～7.5 波动，进一步的改进可用混合式模糊神经元网络模型进行平滑处理[184]。

第 10 章　单层砖柱厂房地震震害预测

10.1　引　言

估计建筑物在未来地震袭击下可能遭受何种程度的破坏，称为震害预测。当建筑物遭遇地震烈度达不到Ⅵ时，通常是不发生震害的。因此，预测震害的地震烈度自Ⅵ度开始。震害预测只对已建成的建筑物进行，是对其抗震能力的一种评估，为采取合理防震措施，制订大、中城市抗震防灾规划提供科学依据。常用的建筑物震害预测方法有 3 种：

(1)强度分析法[185]。根据建筑物抗震设计规范，核算多层砖房每一层每一片砖墙的抗震强度。该方法主要用于多层砖房震害预测。

(2)落影贝叶斯法[186]。根据从集值统计得来的地区破坏程度，预测该区中各类建筑物可能遭受不同破坏等级的具体数量。该方法操作起来相当困难。

(3)震害矩阵法[187]。通过分析震害资料并进行试验研究得出以延伸率 μ 和地震烈度为输入，以破坏等级比例为输出的关系。对于给定的一个延伸率 μ，烈度与破坏的关系可以用一个矩阵给出。该方法简便实用，物理概念明确，已大量用于多层砖房、钢筋混凝土单层厂房及钢筋混凝土框架结构。

常用的三种方法都需要以大量震害资料为基础。方法(1)和(3)都没有考虑到建筑物震害描述实际上具有很强的模糊性；方法(2)考虑到了这一点，但没有建筑物动力学方面的分析，且方法复杂，不易推广。显然，一种较为合理的震害预测方法应该是：①在较少震害资料条件下仍有相当高的精度；② 对震害的模糊性有适当考虑；③对建筑物作动力学分析。

结构动力反应与震害关系的模糊识别法克服了上述三种方法存在的问题，其在单层砖柱厂房地震震害预测中的应用比较成功。

10.2　结构动力反应与震害关系的模糊识别

要建立结构地震反应与震害之间的模糊关系 R，首先要确定地震反应的指标和震害研究的范围。从工程意义出发，对不同结构物，可以选择最不利的部位的位移值作为地震反应的指标。有时，为了使历史震害资料中的地震反应指标与震害之间显示出较为密切的关系，对理论计算的地震反应可根据结构特点作必要的数学处理。

历史资料中房屋破坏的描述一般是语言形式，如基本完好、轻微破坏、中等破坏、严重破坏、毁坏。这些描述可转化成震害指数论域上模糊子集。将房屋震害程度用区间 $[0,1]$ 中一个适当的数字来表示，这个数字称为震害指数(damage index)。"完好"的房屋震害指数为 0，"全毁"的房屋震害指数为 1。式(10.1)给出了用模糊子集定义的房屋破坏等级。

$$\begin{cases} A_1 = 基本完好 = 1/0 + 0.7/0.1 + 0.2/0.2 \\ A_2 = 轻微破坏 = 0.2/0 + 0.7/0.1 + 1/0.2 + 0.7/0.3 + 0.2/0.4 \\ A_3 = 中等破坏 = 0.2/0.2 + 0.7/0.3 + 1/0.4 + 0.7/0.5 + 0.2/0.6 \\ A_4 = 严重破坏 = 0.2/0.4 + 0.7/0.5 + 1/0.6 + 0.7/0.7 + 0.2/0.8 \\ A_5 = 损坏 = 0.2/0.6 + 0.7/0.7 + 1/0.8 + 0.7/0.9 + 0.2/1 \end{cases} \quad (10.1)$$

式中，分式 μ/u 中 μ 为隶属度；u 为震害指数。

不失一般性，设地震反应范围为 $[a,b]$，根据分析精度的要求，取地震反应离散论域

$$U = \{u_1, u_2, \cdots, u_m\}, \ u_j \in [a,b] \quad (10.2)$$

取震害指数论域为

$$V = \{v_1, v_2, \cdots, v_{11}\} = \{0, 0.1, 0.2, \cdots, 1\} \quad (10.3)$$

为了寻求从 U 到 V 的模糊关系矩阵 $\boldsymbol{R}$ 的数值，首先采用二维信息分配公式，用历史震害资料构造原始信息分布矩阵 $\boldsymbol{Q}$，然后通过归一化处理得到所需的 $\boldsymbol{R}$。

设有 n 个历史地震资料，每个资料有两个分量 x 和 A，x 为结构地震反应指标，A 为震害。记第 i 个震害资料为 $D_i = (x_i, A_i)$。视 D_i 为一个信息，x_i，A_i 为信息分量。

若 $u_j \leqslant x_i \leqslant u_{j+1}$，则将 x_i 分配给 u_j 及 u_{j+1} 的信息量各为

$$\begin{cases} q_i(u_j) = 1 - \dfrac{x_i - u_j}{u_{j+1} - u_j} \\[2mm] q_i(u_{j+1}) = 1 - \dfrac{u_{j+1} - x_i}{u_{j+1} - u_j} \end{cases} \quad (10.4)$$

若 $A_i = A_k$，A_k 是式(10.1)中的某一个模糊子集，则对 A_i 进行信息量总和为 1 的归一化处理，可得 A_i 在震害指数论域上的信息分配。例如，假设

$$A_i = A_1 = 1/0 + 0.7/0.1 + 0.2/0.2$$

归一化处理后得 A_i 分配给 v_1，v_2，v_3 的信息量为

$$\begin{cases} q_i(v_1) = \dfrac{1}{1 + 0.7 + 0.2} = 0.53 \\[2mm] q_i(v_2) = \dfrac{0.7}{1 + 0.7 + 0.2} = 0.37 \\[2mm] q_i(v_3) = \dfrac{0.2}{1 + 0.7 + 0.2} = 0.11 \end{cases} \quad (10.5)$$

n 个 $D_i = (x_i, A_i)$ 分配给控制点 (u_j, v_k) 的信息量是

$$q_{jk} = \sum_{i=1}^{n} q_i(u_j) q_i(v_k) \quad (10.6)$$

矩阵 $\boldsymbol{Q} = \{q_{jk}\}_{m \times 11}$ 是所需要的原始信息分布矩阵，它较好地包含了历史地震资料提供的知识。

分别对 $\boldsymbol{Q}$ 进行行、列方向的归一化处理并进行取小运算，即可得 R。具体的过程为令

$$\begin{cases} R_1 = \{r_{jk}^1\} \\ r_{jk}^1 = q_{jk}/\max\{q_{j1}, q_{j2}, \cdots, q_{j11}\} \end{cases} \quad (10.7)$$

$$\begin{cases} R_2 = \{r_{jk}^2\} \\ r_{jk}^2 = q_{jk}/\max\{q_{1k}, q_{2k}, \cdots, q_{mk}\} \end{cases} \quad (10.8)$$

则

$$R = R_1 \wedge R_2 \tag{10.9}$$

即

$$r_{ij} = \min\{r_{ij}^1, r_{ij}^2\}$$

为所需之模糊关系矩阵。运用模糊推理原理

$$A = \tilde{x} \circ R \tag{10.10}$$

根据地震反应 x 可推算出震害 A。式中算符"$\circ$"为组合算符。A 的隶属函数定义为

$$\mu_A(v_k) = \max_{1 \leqslant j \leqslant m} \{\min\{\mu_x(u_j), \mu_R(u_j, v_k)\}\}, \quad k = 1, 2, \cdots, 11 \tag{10.11}$$

将 A 和式(10.1)描述的标准震害做贴近类比,即可确定属于何种等级的破坏。式(10.10)中的地震反应 $\tilde{x}$ 是一个模糊子集,可以根据结构的地震反应指标 x,通过式(10.12)进行信息分配而得。通过这样的模糊运算,便把结构的地震动力反应与震害指数上的模糊集互相联系起来了,R 称作预测模糊关系。

$$\mu_x(u_j) = \begin{cases} 1 - |x - u_j| / (u_{j+1} - u_j), & |x - u_j| \leqslant u_{j+1} - u_j \\ 0, & \text{其他} \end{cases} \tag{10.12}$$

10.3 模糊关系矩阵 R 的扩展

为了使 R 较好地体现结构动力反应与震害间的关系,所用的 n 个历史地震资料应来自于地震烈度相同的区域和同类建筑结构的房屋。换言之,R 体现的是同类建筑物遭遇同样地震烈度时由于结构动力反应不同而产生不同破坏程度这一事实。如果不考虑地震烈度变动,而笼统地求结构动力反应与震害间的关系,由于地震烈度梯度太大,对动力反应的影响大大超过同类建筑物参数变化的影响,难以建立较好的输入-输出关系。于是,上述方法得到的 R 只在同样烈度区内有效。下面讨论如何用模糊贴近类比法把预测的地震烈度范围进行扩展的问题。

模糊贴近类比法的基本思想是:假定某一特定建筑物在某一特定地震烈度下的破坏程度已知,且平均特性建筑物在各种地震烈度下的破坏程度已知,通过特定建筑物在特定地震烈度下破坏程度与平均特性建筑物在此地震烈度下破坏程度的贴近度,用平均特性建筑物在其地震烈度下的破坏程度推导出特定建筑物在其地震烈度下的破坏程度。实施模糊贴近类比法的基本条件是:破坏程度可以用一个正态模糊集来表达。模糊贴近类比法成功的条件是:在不同烈度下,特定建筑物破坏程度与平均特性建筑物破坏程度的贴近度基本相等。

建筑物破坏程度"基本完好"、"轻微破坏"、"中等破坏"、"严重破坏"、"毁坏"是模糊概念,式(10.1)和正态模糊集均可近似表达这一概念。已证明[188],单层砖柱厂房与平均特性建筑物[189],从烈度 Ⅵ ~ Ⅹ,破坏程度的贴近度基本相等。因此,对于单层砖柱厂房而言,可以将某一烈度下得到的结构动力反应与震害间的关系 R 扩展到其他有关的烈度。

模糊贴近类比法的形式化表达如下。设某一特定建筑物在地震烈度 I 下的破坏程度已知,是 $A(I)$,并可用正态模糊集表达。不失一般性,假设隶属函数是

$$\mu_{A(I)}(x) = \exp\left[-\left(\frac{a_I - x}{\sigma_I}\right)^2\right] \tag{10.13}$$

式中，a_I，σ_I 为特定建筑物的结构性能和烈度 I 的大小决定；x 为震害指数，论域是 $[0，1]$。

设平均特性建筑物从烈度 Ⅵ～Ⅹ 下的破坏程度已知，分别是 $B(Ⅵ)$，$B(Ⅶ)$，$B(Ⅷ)$，$B(Ⅸ)$，$B(Ⅹ)$，它们也可用正态模糊集表达。不失一般性，假设它们的隶属函数是

$$
\begin{cases}
\mu_{B(Ⅵ)}(x) = \exp\left[-\left(\dfrac{b_Ⅵ - x}{s_Ⅵ}\right)^2\right] \\[2mm]
\mu_{B(Ⅶ)}(x) = \exp\left[-\left(\dfrac{b_Ⅶ - x}{s_Ⅶ}\right)^2\right] \\[2mm]
\mu_{B(Ⅷ)}(x) = \exp\left[-\left(\dfrac{b_Ⅷ - x}{s_Ⅷ}\right)^2\right] \\[2mm]
\mu_{B(Ⅸ)}(x) = \exp\left[-\left(\dfrac{b_Ⅸ - x}{s_Ⅸ}\right)^2\right] \\[2mm]
\mu_{B(Ⅹ)}(x) = \exp\left[-\left(\dfrac{b_Ⅹ - x}{s_Ⅹ}\right)^2\right]
\end{cases}
\tag{10.14}
$$

为了将某一烈度下得到的结构动力反应与震害间的关系 R 扩展到其他有关的烈度，我们首先研究用式(10.13)和式(10.14)求特定建筑物在其他地震烈度的破坏程度。不失一般性，假设式(10.13)中的 I 为 Ⅵ，我们求 I 为 Ⅶ，Ⅷ，Ⅸ，Ⅹ 下特定建筑物的破坏程度。换言之，已知 $A(Ⅵ)$，通过使用式(10.14)，求 $A(Ⅶ)$，$A(Ⅷ)$，$A(Ⅸ)$，$A(Ⅹ)$。

记模糊集 A 和 B 的贴近度为 $(A，B)$，其值定义为[136]

$$
(A,B) = \frac{1}{2}[A \cdot B + (1 - A \odot B)]
$$

式中，$A \cdot B$ 为内积；$A \odot B$ 为外积，分别定义为

$$
A \cdot B = \bigvee_{u \in U} [\mu_A(u) \wedge \mu_B(u)]
$$

$$
A \odot B = \bigwedge_{u \in U} [\mu_A(u) \vee \mu_B(u)]
$$

由于单层砖柱厂房与平均特性建筑物，从烈度 Ⅵ～Ⅹ，破坏程度的贴近度基本相等，我们有

$$
(A(Ⅵ),B(Ⅵ)) = (A(Ⅶ),B(Ⅶ)) = \cdots = (A(Ⅹ),B(Ⅹ))
\tag{10.15}
$$

由上述的格贴近度定义，我们有

$$
(A(I),B(I)) = \frac{1}{2}\left\{\exp\left[-\left(\frac{a_I - b_I}{\sigma_I + s_I}\right)^2\right] + 1\right\}, \quad I = Ⅵ, Ⅶ, \cdots, Ⅹ
\tag{10.16}
$$

于是，由式(10.15)可得

$$
\exp\left[-\left(\frac{a_Ⅵ - b_Ⅵ}{\sigma_Ⅵ + s_Ⅵ}\right)^2\right] = \exp\left[-\left(\frac{a_Ⅶ - b_Ⅶ}{\sigma_Ⅶ + s_Ⅶ}\right)^2\right] = \cdots = \exp\left[-\left(\frac{a_Ⅹ - b_Ⅹ}{\sigma_Ⅹ + s_Ⅹ}\right)^2\right]
$$

即：

$$
\left(\frac{a_Ⅵ - b_Ⅵ}{\sigma_Ⅵ + s_Ⅵ}\right)^2 = \left(\frac{a_Ⅶ - b_Ⅶ}{\sigma_Ⅶ + s_Ⅶ}\right)^2 = \cdots = \left(\frac{a_Ⅹ - b_Ⅹ}{\sigma_Ⅹ + s_Ⅹ}\right)^2
\tag{10.17}
$$

由此，当我们对方差作适当的假定，就可以计算出 $a_Ⅶ$，$\sigma_Ⅶ$，$\cdots$，$a_Ⅹ$，$\sigma_Ⅹ$，从而得到 $A(Ⅶ)$，$\cdots$，$A(Ⅹ)$。例如，对 Ⅶ 而言，假定 $a_Ⅵ < b_Ⅵ$。由于特定建筑物和平均特性建筑破坏的轻重比较在各烈度下基本不变(如果特定建筑物在 Ⅵ 时比平均特性建筑破坏为轻，在其他烈度下特定

建筑物的破坏也会比平均特性建筑的破坏轻），于是 $a_{VI} < b_{VI}$ 。由式(10.17)我们得

$$\frac{a_{VI} - b_{VI}}{\sigma_{VI} + s_{VI}} = \frac{a_{VII} - b_{VII}}{\sigma_{VII} + s_{VII}} \tag{10.18}$$

反之，如果 $a_{VI} > b_{VI}$ ，则 $a_{VII} > b_{VII}$ ，上式亦真。由式(10.1)可知，描述破坏程度的模糊集其隶属函数在峰值点附近的递减规律基本一致。这意味着，描述破坏程度的正态模糊集式(10.13)中的标准差参数 σ_I 应基本一致。于是，我们令

$$\sigma_{VII} = \sigma_{VI}$$

从而

$$\frac{a_{VI} - b_{VI}}{\sigma_{VI} + s_{VI}} = \frac{a_{VII} - b_{VII}}{\sigma_{VI} + s_{VII}}$$

即

$$a_{VII} = \frac{(\sigma_{VI} + s_{VII})(a_{VI} - b_{VI})}{\sigma_{VI} + s_{VI}} + b_{VII} \tag{10.19}$$

下面，我们考虑如何将某一烈度下得到的结构动力反应与震害间的关系 R 扩展到其他有关的烈度。不失一般性，我们假定 R 是用建筑物在烈度VI下的震害资料求得的，记为 R_{VI} ，并假定式(10.14)中各参数已知，我们求 $R_{VII}, \cdots, R_X$ 。

我们先来考查 R_{VI} 中各行的物理意义。第 j 行的物理意义是说，当某一建筑物遭遇烈度为VI的地震袭击时，如果其结构动力反应量数值为式(10.2)中的 u_j ，则该建筑物的破坏程度可以由 R_{VI} 中第 j 行给出的数据所对应的模糊集来表示。我们把VI下结构动力反应是 u_j 的建筑物视为特定建筑物，于是我们想知道，在烈度为VII, $\cdots$, X 的地震袭击下，该特定建筑物的破坏程度将如何的问题。

根据前面的模糊贴近类比法，如果用一个正态模糊集近似 R_{VI} 中第 j 行数据所对应的模糊集，我们就可以推导出在烈度为VII, $\cdots$, X 的地震袭击下，该特定建筑物的破坏程度。分别对 R_{VI} 中的每行都进行这样的贴近类比，我们就可以构成 $R_{VII}, \cdots, R_X$ 。

注意到将原始信息分布矩阵 Q 转化为模糊关系矩阵 R 时，对 Q 的归一化处理和取小运算将丢失一些信息，所以，我们直接用 Q 中第 j 行的数据来确定结构动力反应是 u_j 时破坏程度的正态模糊集。记第 j 行对应的破坏程度是正态模糊集：

$$\mu_{A_{u_j}}(x) = \exp\left[-\left(\frac{a_j - x}{\sigma_j}\right)^2\right] \tag{10.20}$$

为计算参数 a_j 和 σ_j ，我们先将 Q 中第 j 行的数据用式(10.21)和式(10.22)转化成关于震害指数的概率分布 $p_j(v_1)$ ， $p_j(v_2)$ ， $\cdots$ ， $p_j(v_{11})$ ，即

$$s_j = \sum_{k=1}^{11} q_{jk} \tag{10.21}$$

$$p_j(v_k) = q_{jk}/s_j, \ k = 1, 2, \cdots, 11 \tag{10.22}$$

然后，用式(10.23)和式(10.24)即可计算 a_j 和 σ_j^2 。

$$a_j = \sum_{k=1}^{11} v_k p_j(v_k) \tag{10.23}$$

$$\sigma_j^2 = \sum_{k=1}^{11} (a_j - v_k)^2 p_j(v_k) \tag{10.24}$$

将 Q 中各行按上述方式处理，可得 m 个正态模糊集：$A_{u_1}, A_{u_2}, \cdots, A_{u_m}$。它们在震害指数上的分布，构成一个新的信息矩阵，记为 $Q_{\text{Ⅶ}}$。用式(10.7)、式(10.8)和式(10.9)进行处理，即可得 $R_{\text{Ⅶ}}$，于是，我们将 $R_{\text{Ⅵ}}$ 扩展成 $R_{\text{Ⅶ}}$。同理可得 $R_{\text{Ⅷ}}, R_{\text{Ⅸ}}, R_{\text{Ⅹ}}$，这样便完成了对 R 的扩展。

10.4　用唐山地震Ⅷ度区内震害资料进行单层砖柱厂房震害预测

1. Ⅷ度区内震害预测

今以 1976 年 7 月 28 日唐山地震Ⅷ度区震害资料中屋盖等高的 18 个砖柱单层厂房的震害资料(表 10.1)说明结构地震反应与震害关系的模糊识别具体过程。

表 10.1　唐山地震Ⅷ度区砖排架单层厂房震例

编号	车间名称	实际震害	计算动力反应	识别结果
1	天津机械厂铸工清整车间	A_3	1.2841	A_3
2	天津机械厂二八车间机加工	A_1	0.926054	A_1
3	天津机械长锻工车间	A_1	0.536433	A_1
4	天津机械厂成品库	A_1	0.9461	A_1
5	天津发电设备厂线圈绕线组	A_1	0.57222	A_1
6	天津发电设备厂备件库	A_1	1.1049	A_2
7	天津发电设备厂木型库	A_1	0.243632	A_1
8	天津发电设备厂喷漆车间	A_2	1.27026	A_2
9	天津内燃机厂机加工车间	A_1	3.59285	A_4
10	天津东方红拖拉机厂锻工车间	A_1	0.74636	A_1
11	天津东方红拖拉机厂冲压车间	A_1	1.41304	A_3
12	天津东风锻造厂机加工车间	A_4	0.820951	A_1
13	塘沽汽车发动机厂机加工车间	A_5	1.59838	A_4
14	塘沽汽车发动机厂总装车间	A_4	1.59838	A_4
15	天津中扳厂机修车间	A_4	1.98074	A_4
16	天津第二电缆厂保全车间	A_3	1.45437	A_3
17	天津低压开关厂冲压车间	A_2	1.10519	A_2
18	天津市互感器厂灌油车间	A_3	0.914276	A_1

注：A_1 为基本完好；A_2 为轻微破坏；A_3 为中等破坏；A_4 为严重破坏；A_5 为毁坏。

这种结构主要由排架组成，地震反应主要是排架顶部的地震位移。排架如图 10.1 所示。相应于质量 m 的重量为 W，主要由屋面重量、柱墙重量(需要考虑集中系数)，以及屋架或其他材料的桁架或钢筋混凝土薄腹梁的重量三部分组成。

厂房柱顶最大地震反应可根据考虑了结构空间作用的动力计算理论进行估算。具体步骤有三步。

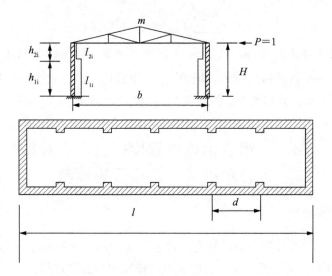

图 10.1 单层砖柱厂房示意图

(1)单位水平力作用在排架柱顶时的柱顶位移:

$$\delta = \frac{H^3}{\sum B_i EI_{1i}} \tag{10.25}$$

式中,$B_i = \dfrac{3}{1 + \mu_i d_i^3}$, $\mu_i = \dfrac{I_{1i}}{I_{2i}} - 1, d_i = \dfrac{h_{2i}}{H}$。

(2)圆频率 ω 及周期 T:

$$\omega^2 = \frac{1}{m\delta} \tag{10.26}$$

对于一般砖柱厂房,四周均有围护墙,因此边界条件为两端有山墙的情况。故考虑空间作用时的频率 f 如下式所示:

$$f = \frac{1}{2\pi} \sqrt{\omega^2 + \frac{1250}{m} b \frac{\pi^2}{l^2}} \tag{10.27}$$

$$T = \frac{1}{f} \tag{10.28}$$

式中,l 为厂房的纵向长度。

(3)柱顶地震位移 y。考虑两端有山墙的情况并只取与低频相应的第一振型,则厂房柱顶的地震位移为

$$y = C \frac{4}{\pi} \Delta \tag{10.29}$$

式中 $\Delta = \beta k g \dfrac{T}{4\pi^2}$;$C$ 为结构系数;β 为动力放大系数;k 为地震系数;g 为重力加速度。如采用工业与民用建筑抗震设计规范 TJ11-78,则 $\beta k = a$,a 为地震影响系数。

地震反应指标,即

$$x = (y/H)d, \tag{10.30}$$

式中,H 为厂房高度;d 为排架砖柱的间距。根据工程经验,在同一地震作用下,高度大的

砖排架地震位移亦大，但这不意味着受破坏的危险一定也大。y/H 是相对位移，其大小能较好地刻画砖排架受到的地震影响。另外，根据震害宏观调查经验，排架间隔的大小与砖排架的破坏程度有较大的关系，间隔大的往往震害较重，因此选用 $\dfrac{y}{H}d$ 作为识别砖排架震害的动力反应指标。

　　对收集到的 18 个震害资料分别用上面介绍的方法进行计算，得到的地震反应指标在表 10.1 第 4 列给出（注：第 1 列为厂房资料编号，第 3 列为实际震害）。由表 10.1 知，实际震害为 A_1 的平均 x 值是

$$x_{初} = \frac{0.93 + 0.54 + 0.95 + 0.57 + 1.10 + 0.24 + 3.59 + 0.75 + 1.41}{9} = 1.12$$

相应于 A_5 的平均 x 值是

$$x_{末} = \frac{1.60}{1} = 1.60$$

即震害资料地震反应指标集中在区间 $[1.12, 1.6]$ 内。根据多次计算的优化选择，可以分成三段，即

$$\Delta_x = \frac{x_{末} - x_{初}}{3} = \frac{1.6 - 1.12}{3} = 0.16$$

由于真实的 x 值与平均值有一定离差，所以选择离散论域 U 的第一个和最后一个离散点时，适当地把范围扩大。这里，我们先在左右扩大一个步长，试用的地震反应指标离散论域是

$$U_1 = \{0.96, 1.12, 1.28, 1.44, 1.60, 1.76\} \tag{10.31}$$

显然，离散论域并没有覆盖表 10.1 给出的所有地震反应指标。编号 2，3，4，5，7，10，12，18 的地震反应指标均小于 U_1 中最小的点 0.96；编号 9，15 的地震反应指标大于 U 中最大的点 1.76。由于低端漏掉的数据较多，低端再扩大一个步长，得最小控制点 0.80，新的地震反应指标离散论域是

$$U = \{0.80, 0.96, 1.12, 1.28, 1.44, 1.60, 1.76\} \tag{10.32}$$

这样一来，控制点已达 7 个之多。而由式 (8.43) 知，当样本容量为 18 时，渐近优化的区间数大约是 6，所以，尽管编号 3，5，7，9，10，15 的地震反应指标仍没有被覆盖，但控制点已不宜再扩充。我们选取式 (10.32) 给出的集合为地震反应指标离散论域。

　　在选取控制点构造离散论域时，最简单的做法是把给定样本中的最大和最小值选入，其他控制点在它们中间等间距选取。但在本实例中，地震反应指标的离散现象十分严重（如编号 9 的反应指标最大，达 3.59285，但破坏程度却是 A_1），如果用简单方法选取控制点，许多点根本分配不到任何信息，而某些点又分配到过多信息，无法展示给定样本信息的结构。从集中区间向外试探性增加控制点的方法，可使控制点基本都能分配到信息。尽管仍有三分之一的样本点没有被 U 中的控制点覆盖，但我们仍然可以使用全部样本点。具体做法如下面两方面：

　　(1) 被覆盖震害资料的信息分配。以编号 1 震害资料的信息分配为例，此时，$D = (x, A) = (1.2481, A_3)$。由于 $1.12 \leqslant x \leqslant 1.28$，即 $u_3 \leqslant x \leqslant u_4$，和

$$A = A_3 = 0.2/0.2 + 0.7/0.3 + 1/0.4 + 0.7/0.5 + 0.2/0.6$$

使用式 (10.4) 可得

$$\begin{cases} q_1(u_3) = 1 - \dfrac{1.2481 - 1.12}{1.28 - 1.12} = 0.20 \\[4mm] q_1(u_4) = 1 - \dfrac{1.28 - 1.2481}{1.28 - 1.12} = 0.80 \end{cases} \tag{10.33}$$

使用类似式(10.5)的做法,将 A_3 进行信息量总和为 1 的归一化处理,得

$$\begin{cases} q_1(v_3) = \dfrac{0.2}{0.2 + 0.7 + 1 + 0.7 + 0.2} = 0.07 \\[4mm] q_1(v_4) = \dfrac{0.7}{0.2 + 0.7 + 1 + 0.7 + 0.2} = 0.25 \\[4mm] q_1(v_5) = \dfrac{1}{0.2 + 0.7 + 1 + 0.7 + 0.2} = 0.36 \\[4mm] q_1(v_6) = \dfrac{0.7}{0.2 + 0.7 + 1 + 0.7 + 0.2} = 0.25 \\[4mm] q_1(v_7) = \dfrac{0.2}{0.2 + 0.7 + 1 + 0.7 + 0.2} = 0.07 \end{cases} \tag{10.34}$$

对其余被覆盖震害资料作同样的处理。

(2)没有被覆盖震害资料的信息分配。当输入 x 不被选用的离散论域 U 覆盖时,将其所有的信息都分配给最邻近控制点。以编号 7 震害资料的信息分配为例,此时,$D = (x, A) = (0.243632, A_1)$。

由于 x 比 U 中最小的点 $u_1 = 0.80$ 还小,它没有被覆盖,其最邻近控制点就是 u_1。此时可以将 $-\infty$ 视为一个控制点,有 $-\infty < x_7 < u_1$,使用式(10.4)可得

$$q_7(u_1) = 1$$

此时,

$$A = A_1 = 1/0 + 0.7/0.1 + 0.2/0.2$$

由式(10.5)知

$$\begin{cases} q_7(v_1) = \dfrac{1}{1 + 0.7 + 0.2} = 0.53 \\[4mm] q_7(v_2) = \dfrac{0.7}{1 + 0.7 + 0.2} = 0.37 \\[4mm] q_7(v_3) = \dfrac{0.2}{1 + 0.7 + 0.2} = 0.10 \end{cases} \tag{10.35}$$

对其余未被覆盖震害资料也作同样的处理。然后,利用式(10.6)可得 Q (表 10.2)。

表 10.2　唐山地震Ⅷ度区震害资料的原始信息分布矩阵 $Q_{\text{Ⅷ}}$

地震反应指标	震害指数										
	0.0	0.1	0.2	0.3	0.4	0.5	0.6	0.7	0.8	0.9	1.0
0.80	2.26	1.58	0.47	0.07	0.16	0.27	0.31	0.20	0.05	0.00	0.00
0.96	0.95	0.68	0.27	0.20	0.28	0.23	0.12	0.04	0.01	0.00	0.00
1.12	0.55	0.58	0.46	0.29	0.14	0.05	0.01	0.00	0.00	0.00	0.00
1.28	0.16	0.30	0.41	0.43	0.35	0.20	0.05	0.00	0.00	0.00	0.00
1.44	0.44	0.31	0.15	0.23	0.33	0.23	0.06	0.00	0.00	0.00	0.00
1.60	0.00	0.00	0.00	0.02	0.10	0.27	0.43	0.49	0.42	0.25	0.07
1.76	0.53	0.37	0.11	0.00	0.07	0.25	0.36	0.25	0.07	0.00	0.00

矩阵中每个元素我们只显示了两位小数，但计算机中储存的是 8 位小数。使用矩阵中的数据进行运算时，是用计算机中储存的数。例如，元素 q_{22} 显示 0.68，而其在计算机中储存的真实值是 0.68437326。用式(10.7)、式(10.8)和式(10.9)就可求得模糊关系矩阵 $\boldsymbol{R}$(表 10.3)。

表 10.3 Ⅷ度区内单层砖柱厂房地震反应与震害的模糊关系 $R_{\text{Ⅷ}}$

地震反应指标	震 害 指 数										
	0.0	0.1	0.2	0.3	0.4	0.5	0.6	0.7	0.8	0.9	1.0
0.80	1.00	0.70	0.21	0.03	0.07	0.12	0.14	0.08	0.02	0.00	0.00
0.96	0.42	0.43	0.29	0.21	0.29	0.24	0.13	0.05	0.01	0.00	0.00
1.12	0.24	0.36	0.79	0.51	0.24	0.08	0.02	0.00	0.00	0.00	0.00
1.28	0.06	0.19	0.87	1.00	0.81	0.46	0.13	0.00	0.00	0.00	0.00
1.44	0.19	0.19	0.32	0.52	0.74	0.53	0.16	0.01	0.00	0.00	0.00
1.60	0.00	0.00	0.01	0.04	0.21	0.55	0.87	1.00	0.86	0.50	0.14
1.76	0.23	0.23	0.20	0.00	0.14	0.48	0.68	0.48	0.14	0.00	0.00

接下来，我们分别将 18 个震害资料地震反应指标(计算动力反应)代入式(10.11)，用识别模型 $R_{\text{Ⅷ}}$ 推导出震害，并把它们和实际震害相比较，以便确定 $R_{\text{Ⅷ}}$ 的可靠性。

情形 1 输入 x(地震反应指标)被选用的离散论域 U(见式(10.32))覆盖。此时，用信息分配方式将其转化为能用控制点表达的输入 $\tilde{x}$，并通过近似推理预测输出 A。例如，对 $x=1.2481$ 的输入，根据式(10.33)可得

$$\tilde{x} = \frac{0.20}{u_3} + \frac{0.80}{u_4}$$

利用式(10.11)及表 10-3 可以求得

$$A = \frac{0.20}{0} + \frac{0.20}{0.1} + \frac{0.80}{0.2} + \frac{0.80}{0.3} + \frac{0.80}{0.4} + \frac{0.46}{0.5} + \frac{0.13}{0.6}$$

将其与式(10.1)相比较，显然 A 与 A_3 最接近(严格识别可用格贴近度算法找出与 A 贴近度最大的标准震害为预测的震害，可以证明亦为 A_3)。所以，当输入 $x=1.2481$ 时，预测之震害为 A_3。

情形 2 输入 x 不被选用的离散论域 U 覆盖。此时，用最邻近控制点表达输入 $\tilde{x}$，由近似推理预测输出 A。例如，对 $x=0.243632$ 的输入，最邻近控制点是 $u_1=0.80$，可得用控制点表达输入的输入，即

$$\tilde{x} = \frac{1}{u_1}$$

利用式(10.11)及表 10.3 可以求得

$$A = \frac{1.00}{0} + \frac{0.70}{0.1} + \frac{0.21}{0.2} + \frac{0.03}{0.3} + \frac{0.07}{0.4} + \frac{0.12}{0.5} + \frac{0.14}{0.6} + \frac{0.08}{0.7} + \frac{0.02}{0.8}$$

它与式(10.1)中的 A_1 最接近。容易验证，如果输入 x 小于最小的控制点 $u_1=0.80$，其输出将是 A_1；如果输入 x 大于最大的控制点 $u_6=1.60$，其输出将是 A_4。

表 10.1 第 5 列给出了所有预测的结果，绝大部分与真实震害一致或近似。由于所用的

震害资料离散性较大,个别有明显的差异。例如,编号 9 的资料,真实震害 A_1 是最小震害,而地震反应指标 3.59285 最大,比造成真实震害 A_5 的编号 13 的地震反应指标 1.59838 还大。因此,由编号 9 的输入预测出 A_4 是合理的,虽然它和编号 9 的真实震害 A_1 根本不同。由此可知,识别模型 $R_{Ⅷ}$ 的可靠性较高。如果将每个编号的预测值和真实值求一个贴近度,加起来除以资料个数,得到的平均贴近度高达 0.88。这说明预测所得的模糊子集和真实震害描述的模糊子集已相当靠近,也说明 $R_{Ⅷ}$ 相当可靠。

2. 与线性回归结果的比较

将表 10.1 中震害程度 A 简化为某个震害指数或将其映射到自然数都可以形成供线性回归模型使用的样本。根据式(10.1)对震害程度 A 的定义,可分别由式(10.36)和式(10.37)进行简化和映射,其结果分别列于表 10.4 中第 4、6 列中。

$$\begin{cases} A_1 \mapsto 0 \\ A_2 \mapsto 0.2 \\ A_3 \mapsto 0.4 \\ A_4 \mapsto 0.6 \\ A_5 \mapsto 0.8 \end{cases} \tag{10.36}$$

$$\begin{cases} A_1 \mapsto 1 \\ A_2 \mapsto 2 \\ A_3 \mapsto 3 \\ A_4 \mapsto 4 \\ A_5 \mapsto 5 \end{cases} \tag{10.37}$$

使用式(8.2)和式(8.3)计算线性回归系数 b 和 a,分别得线性回归函数 $f_1(x)$ 和 $f_2(x)$:

$$f_1(x) = 0.139640 + 0.076373x$$
$$f_2(x) = 1.698200 + 0.381865x$$

将 18 个震害资料地震反应指标分别代入 $f_1(x)$ 和 $f_2(x)$,可以预测出相应的震害指数和与震害程度数有关的实数。将预测值与式(10.1)相比较,取最近的震害程度等级,可得震害程度预测,分别列于表 10.4 中第 5、7 列中。它们的预测震害程度都是一样的。同真实震害(第 2 列)和用模糊关系识别(预测)出的震害(第 8 列)相比可知,回归模型可以说是毫无意义,因为除编号 9 的预测震害程度是 A_3 外,其余的全是 A_2,这与实际根本不符。图 10.2 给出了原始震害资料(黑点)和三种预测对应的曲线。由于编号 9 这个奇异点对两个由线性回归得来的曲线影响很大,并且震害程度为 A_1 的原始震害资料个数占 50%,所以这两个回归曲线失效。事实上,即使采用其他将震害程度映射成分明值的方法,并且考虑系统的非线性,如果仍采用总体控制方差的最小二乘法,回归曲线仍将失效。当然,从图 10.2 也可看出,模糊关系识别曲线虽然能使预测值与真实值比较接近,但曲线很不光滑,解决这一问题的途径是构造一个合适的混合式模糊神经元网络[189]。图 10.2 表明,对使用离散性很大的区区一点原始震害资料研究单层砖柱厂房的脆弱性来说,模糊关系识别法显示了很大的优越性。

表 10.4　唐山地震Ⅷ度区砖排架单层厂房震害预测结果比较

编号	实际震害	计算动力反应	实际震害简化为震害系数	线性回归	实际震害映射到自然数	线性回归	模糊关系识别结果
1	A_3	1.2841	0.4	A_2	3	A_2	A_3
2	A_1	0.926054	0	A_2	1	A_2	A_1
3	A_1	0.536433	0	A_2	1	A_2	A_1
4	A_1	0.9461	0	A_2	1	A_2	A_1
5	A_1	0.57222	0	A_2	1	A_2	A_1
6	A_1	1.1049	0	A_2	1	A_2	A_1
7	A_1	0.243632	0	A_2	1	A_2	A_1
8	A_2	1.27026	0.2	A_2	2	A_2	A_2
9	A_1	3.59285	0	A_3	1	A_3	A_4
10	A_1	0.74636	0	A_2	1	A_2	A_1
11	A_1	1.41304	0	A_2	1	A_2	A_1
12	A_4	0.820951	0.6	A_2	4	A_2	A_1
13	A_5	1.59838	0.8	A_2	5	A_2	A_4
14	A_4	1.59838	0.6	A_2	4	A_2	A_4
15	A_4	1.98074	0.6	A_2	4	A_2	A_4
16	A_3	1.45437	0.4	A_2	3	A_2	A_3
17	A_2	1.10519	0.2	A_2	2	A_2	A_2
18	A_3	0.914276	0.4	A_2	3	A_2	A_1

注：A_1 为基本完好；A_2 为轻微破坏；A_3 为中等破坏；A_4 为严重破坏；A_5 为毁坏。

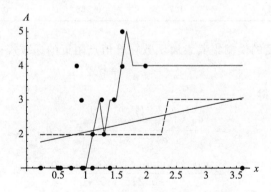

图 10.2　用唐山地震Ⅷ度区内震害资料进行
单层砖柱厂房震害预测

　　黑点为原始震害资料；实线为实际震害映射到自然数的线性回归曲线；虚线为实际震害简化为震害指数后线性回归并转化为震害等级的回归曲线；灰线为用模糊关系识别震害的曲线。

3. 模糊关系矩阵 $R_{Ⅷ}$ 的扩展

我们以 $R_{Ⅷ}$ 扩展成 $R_{Ⅵ}$ 为例，说明模糊关系矩阵 $R_{Ⅷ}$ 的扩展。

首先，算出 $Q_{Ⅷ}$ 中各行所对应分布的均值 $a_{Ⅷ}$ 和方差 $\sigma_{Ⅷ}^2$ 。以第 1 行为例，我们使用式 (10.21) 算得

$$s_1 = \sum_{k=1}^{11} q_{1k} = 2.26 + 1.58 + 0.47 + 0.07 + 0.16 + 0.27 + 0.31 + 0.20 + 0.05 + 0 + 0 = 5.39$$

式中，q_{1k} 只显示了两位小数，但计算机中储存的是 8 位小数。依显示数字计算得的 $s_1 = 5.37$ 而实际应该是 5.39193058，我们这里显示的 s_1 是计算机中储存的真实值取两位小数的数值。由 (10.22) 得第 1 行所对应震害指数的概率分布，即

$$\{p_1(v_k) | k=1,2,\cdots,11\} = \{q_1(v_k)/s_1 | k=1,2,\cdots,11\}$$
$$= \{2.26/5.39, 1.58/5.39, \cdots, 0.05/5.39, 0, 0\}$$
$$= \{0.42, 0.29, 0.08, 0.01, 0.03, 0.05, 0.05, 0.03, 0.01, 0.00, 0.00\}$$

上式中每个元素我们只显示了两位小数，但计算机中储存的是 9 位小数。例如，元素 $p_1(v_2)$ 显示 0.29，而其在计算机中储存的真实值是 $p_1(v_2) = 0.293784022$。用式 (10.23) 和式 (10.24) 即可计算得第 1 行的 $a_{Ⅷ_1}$ 和 $\sigma_{Ⅷ_1}^2$ 。

$$a_{Ⅷ_1} = \sum_{k=1}^{11} v_k p_1(v_k) = 0.16, \sigma_{Ⅷ_1}^2 = \sum_{k=1}^{11} (a_{Ⅷ_1} - v_k)^2 p_1(v_k) = 0.215^2$$

平均特性建筑物从烈度 Ⅵ 到 Ⅹ 下的破坏程度其正态模糊集 $B(Ⅵ)$，$B(Ⅶ)$，$B(Ⅷ)$，$B(Ⅸ)$，$B(Ⅹ)$ 隶属函数 (见式 (10.14)) 的参数由表 10.5 给出[188]。

表 10.5　平均特性建筑物破坏程度正态模糊集的均值和标准差

地震烈度 I	Ⅵ	Ⅶ	Ⅷ	Ⅸ	Ⅹ
均值 b_1	0.16	0.23	0.41	0.61	0.79
标准差 s_1	0.110	0.127	0.166	0.187	0.157

由于描述破坏程度的模糊集其隶属函数在峰值点附近的递减规律基本一致，因此我们令

$$\sigma_{Ⅵ_1} = \sigma_{Ⅷ_1} = 0.215$$

由式 (10.19) 我们得

$$a_{Ⅵ_1} = \frac{(\sigma_{Ⅷ_1} + s_{Ⅵ_1})(a_{Ⅷ_1} - b_{Ⅷ_1})}{\sigma_{Ⅷ_1} + s_{Ⅷ_1}} + b_{Ⅵ_1}$$

$$= \frac{(0.215 + 0.110)(0.16 - 0.41)}{0.215 + 0.166} + 0.16$$

$$= -0.056$$

式中 $a_{Ⅷ_1}$，$\sigma_{Ⅷ_1}$ 和 $b_{Ⅷ_1}$，$s_{Ⅷ_1}$，$b_{Ⅵ_1}$，$s_{Ⅵ_1}$ 均只显示了两位小数，但计算机中储存的是 8 位小数。依显示数字计算得的 $a_{Ⅵ_1} = -0.0532545$ 而实际应该是 -0.0556872934，所以我们显示实际计算所得的两位有效数。由 $a_{Ⅵ_1} = -0.056$ 和 $\sigma_{Ⅵ_1} = 0.215$，根据正态模糊集假设，我们将 $Q_{Ⅷ}$ 的第 1 行经扩展构成 $Q_{Ⅵ}$ 的第 1 行：

$$\{q_{1k} \mid k = 1, 2, \cdots, 11\} = \{0.93, 0.59, 0.24, 0.06, 0.01, 0.00, 0.00, 0.00, 0.00, 0.00, 0.00\}$$

例如

$$q_{12} = \exp\left[-\left(\frac{a_{\mathrm{VI}_1} - v_2}{\sigma_{\mathrm{VI}_1}}\right)^2\right] = \exp\left[-\left(\frac{-0.056 - 0.1}{0.215}\right)^2\right] = 0.59$$

同理，我们可求得 Q_{VIII} 中第 j 行所对应分布的均值 a_{VIII_j} 和方差 $\sigma_{\mathrm{VIII}_j}^2$，并由模糊贴近类比法求得在烈度 VI 时破坏程度正态模糊集的参数 a_{VI_j} 和 σ_{VI_j}。这些数据均在表 10.6 中给出。用表中的参数可得 Q_{VI}，见表 10.7。用式(10.7)、式(10.8)和式(10.9)就可求得模糊关系矩阵 R_{VI}，见表 10.8。

表 10.6 Q_{VIII} 和 Q_{VI} 中各行对应的均值和标准差

j 行	从 Q_{VIII} 计算所得		用模糊贴近类比法求得	
	a_{VIII_j}	σ_{VIII_j}	a_{VI_j}	σ_{VI_j}
1	0.16	0.215	-0.05	0.215
2	0.19	0.202	-0.02	0.202
3	0.16	0.137	-0.04	0.137
4	0.27	0.154	0.04	0.154
5	0.24	0.198	0.01	0.198
6	0.69	0.155	0.39	0.155
7	0.33	0.285	0.08	0.285

在表 10.7 和表 10.8 中，为简单起见，用 VIII 时反应指标为输入，其实也可以换成 VI 度荷载下反应，但本质一样，因为反应指标在这里只是结构性能的一种体现。分别将表 10.1 中 18 个震害资料地震反应指标代入式(10.11)，用识别模型 R_{VI} 可推导出如果这些建筑物在 VI 度的震害。同理，可推导出这些建筑物在 VII，IX，X 度的震害。由模糊贴近类比法推导的所有这些震害由表 10.9 所示。图 10.3 给出了用原始震害资料建立的 VIII 度区内预测曲线和用模糊贴近类比法推导的 VI，VII，IX，X 度区内的预测曲线。

表 10.7 用模糊贴近类比法求得在烈度 VI 时破坏程度信息分布矩阵 Q_{VI}

VIII 时 反应指标	震害指数										
	0.0	0.1	0.2	0.3	0.4	0.5	0.6	0.7	0.8	0.9	1.0
0.80	0.93	0.59	0.24	0.06	0.01	0.00	0.00	0.00	0.00	0.00	0.00
0.96	0.98	0.67	0.28	0.07	0.01	0.00	0.00	0.00	0.00	0.00	0.00
1.12	0.89	0.32	0.04	0.00	0.00	0.00	0.00	0.00	0.00	0.00	0.00
1.28	0.92	0.88	0.37	0.00	0.00	0.00	0.00	0.00	0.00	0.00	0.00
1.44	0.99	0.84	0.43	0.13	0.02	0.00	0.00	0.00	0.00	0.00	0.00
1.60	0.00	0.03	0.23	0.72	0.99	0.60	0.16	0.01	0.00	0.00	0.00
1.76	0.91	1.00	0.86	0.58	0.30	0.12	0.04	0.01	0.00	0.00	0.00

表 10.8　Ⅷ度区内单层砖柱厂房地震反应与震害的模糊关系 $R_{Ⅷ}$

Ⅷ时反应指标	震害指数										
	0.0	0.1	0.2	0.3	0.4	0.5	0.6	0.7	0.8	0.9	1.0
0.80	0.94	0.59	0.26	0.06	0.01	0.00	0.00	0.00	0.00	0.00	0.00
0.96	0.99	0.67	0.28	0.07	0.01	0.00	0.00	0.00	0.00	0.00	0.00
1.12	0.90	0.32	0.04	0.00	0.00	0.00	0.00	0.00	0.00	0.00	0.00
1.28	0.92	0.88	0.40	0.07	0.00	0.00	0.00	0.00	0.00	0.00	0.00
1.44	1.00	0.84	0.43	0.13	0.02	0.00	0.00	0.00	0.00	0.00	0.00
1.60	0.00	0.03	0.23	0.72	1.00	0.60	0.16	0.01	0.00	0.00	0.00
1.76	0.91	1.00	0.86	0.58	0.30	0.12	0.04	0.01	0.00	0.00	0.00

表 10.9　单层砖柱厂房在Ⅵ，Ⅷ，Ⅸ，Ⅹ度区内的震害预测

编号	Ⅵ	Ⅷ	Ⅸ	Ⅹ	编号	Ⅵ	Ⅷ	Ⅸ	Ⅹ
1	A_1	A_2	A_3	A_4	10	A_1	A_1	A_3	A_4
2	A_1	A_1	A_3	A_4	11	A_1	A_1	A_3	A_4
3	A_1	A_1	A_3	A_4	12	A_1	A_1	A_3	A_4
4	A_1	A_1	A_3	A_4	13	A_3	A_3	A_5	A_5
5	A_1	A_1	A_3	A_4	14	A_3	A_3	A_5	A_5
6	A_1	A_1	A_3	A_4	15	A_1	A_2	A_4	A_5
7	A_1	A_1	A_3	A_4	16	A_1	A_1	A_3	A_4
8	A_1	A_2	A_3	A_4	17	A_1	A_1	A_3	A_4
9	A_1	A_2	A_4	A_5	18	A_1	A_1	A_3	A_4

　　由于图 10.3 中的 5 条曲线都十分凌乱，我们必须对其加以改造才可以使用。造成这种现象的原因是唐山地震Ⅷ度区震害资料的原始信息分布矩阵 $Q_Ⅷ$（表 10.2）行与行之间的规律性不强，在表 10.6 中的表现就是 $a_{Ⅷ_j}$ 没有随行变量 j 递增。简单的改造方案是将奇异点影响最大的第 7 行划去，对由行变量和 $a_{Ⅷ_j}$ 组成的样本：

$$\{(j,a_{Ⅷ_j}) \mid j=1,2,\cdots,6\} = \{(1,0.16),(2,0.19),(3,0.16),(4,0.27),(5,0.24),(6,0.69)\}$$

(10.38)

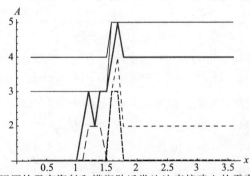

图 10.3　用原始震害资料和模糊贴近类比法直接建立的震害预测曲线

粗实线为Ⅹ度曲线；细实线为Ⅸ度曲线；灰线为Ⅷ度曲线；细虚线为Ⅶ度曲线；粗虚线为Ⅵ度曲线

进行线性回归，并计算出新的均值 $a'_{\text{Ⅷ}_j}$，即

$$a'_{\text{Ⅷ}_j} = -0.005999 + 0.083142j, \quad j = 1,2,\cdots,7 \tag{10.39}$$

对于标准差而言，仍用表 10.6 中的 $\sigma_{\text{Ⅷ}_j}$，于是，用模糊贴近类比法可求得改造后的 $a'_{\text{Ⅷ}_j}$。同理可推导出Ⅶ，Ⅸ，Ⅹ烈度的有关参数。经改造后得到的正态模糊集参数由表 10.10 所示。图 10.4 给出了经改造后得到的 5 条预测曲线，它们可以作为单层砖柱厂房脆弱性曲线使用。这里，输入是单层砖柱厂房在Ⅷ度地震荷载下的地震反应指标，输出是不同烈度下单层砖柱厂房的破坏等级 A。太原市震害预测的实践证明，这 5 条预测曲线相当有效。

表 10.10 改造后得到的正态模糊集参数

j	$a'_{\text{Ⅵ}_j}$	$\sigma_{\text{Ⅵ}_j}$	$a'_{\text{Ⅷ}_j}$	$\sigma_{\text{Ⅷ}_j}$	$a'_{\text{Ⅷ}_j}$	$\sigma_{\text{Ⅷ}_j}$	$a'_{\text{Ⅸ}_j}$	$\sigma_{\text{Ⅸ}_j}$	$a'_{\text{Ⅹ}_j}$	$\sigma_{\text{Ⅹ}_j}$
1	-0.13	0.215	-0.07	0.215	0.07	0.215	0.25	0.215	0.46	0.215
2	-0.05	0.202	-0.00	0.202	0.16	0.202	0.35	0.202	0.55	0.202
3	0.02	0.137	0.08	0.137	0.24	0.137	0.43	0.137	0.63	0.137
4	0.09	0.154	0.16	0.154	0.33	0.154	0.52	0.154	0.71	0.154
5	0.16	0.198	0.23	0.198	0.41	0.198	0.61	0.198	0.79	0.198
6	0.23	0.155	0.30	0.155	0.49	0.155	0.70	0.155	0.87	0.155
7	0.31	0.285	0.39	0.285	0.58	0.285	0.79	0.285	0.96	0.285

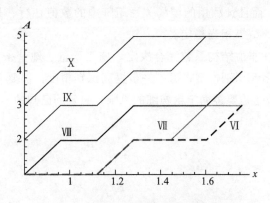

图 10.4 改造后得到的震害预测曲线

10.5 结论和讨论

建筑物震害预测属于自然灾害风险评价中脆弱性分析的范畴。不同种类的承灾体脆弱性区别很大，同一种类承灾体但有关参数不同的个体其脆弱性也明显不同。灾害风险评价的任务之一是按类建立脆弱性曲线(以某种破坏力对承灾体的作用为输入，以破坏等级为输出的曲线)。本章以唐山地震Ⅷ度区砖排架单层厂房震害资料为样本，建立了单层砖柱厂房在Ⅵ，Ⅶ，Ⅷ，Ⅸ，Ⅹ度区内的脆弱性曲线，其输入是Ⅷ度地震荷载下的地震反应指标，输出是破坏等级。相比线性回归的脆弱性曲线，模糊关系得出的脆弱性曲线更具说服力。实践证明，本章给出的单层砖柱厂房脆弱性曲线相当有效。从事脆弱性曲线的研究必须有一定的工程经

验，不是一个纯数学模型的问题。本章中地震反应指标的选取由富有建筑结构经验的徐祥文教授给出[190]，有关研究成果在太原市震害预测中的应用也由徐祥文负责。选择模型中的反应指标控制点必须花费较多的时间去进行优化，稍不小心就可能会降低系统模型的可靠性。本章给出的原始信息矩阵与对这一问题最初研究时略有不同，主要就是控制点的差异。如果引入 8.5 节中的正态信息扩散技术，控制点的选择问题也就不存在，有兴趣的读者可以一试。结构地震反应指标是否合理，模型的稳定性如何，这两项工作目前还只能根据经验来进行。

通常来讲，根据工程经验，可以大体知道影响震害的主要因素。由这些因素组成一个新的物理量，其有效性可通过比较不同的组合方式的预测可靠性分析来确定，选择真实情况和预测结果误差最小的组合方式。如果通过物理模型的分析，这种组合方式和工程中的经验相符，则可以由这种组合方式构成反应指标。对于砖排架单层厂房，主要影响震害的因素除了地震位移与排架高度的比例以外，还有排架间隔 d。最后选定组合方式 $\dfrac{y}{H}d$ 是经过模型可靠性分析进行反馈调整而得到的，较为合理。结果的稳定性也要用经验来判断。如果组合方式不恰当，反应指标的微小变化可能会引起预测结果的较大变化，出现强烈的波动，预测结果和真实情况关系就不太密切，表现在描述模型可靠性指标贴近度上就是数值较小。根据经验，贴近度小于 0.7 的模型稳定性都较差。相反，如果组合方式恰当，反应指标的微小变化都不会引起预测结果的较大波动，结果比较稳定，相应的贴近度指标就较大。本章提供的模型，其贴近度接近 0.9，而且预测用的模糊关系矩阵中的数值在行、列方向都没有明显的波动现象，所以预测出来的结果相当稳定。

建筑物的地震反应并非由结构系数完全决定，施工质量、地基条件、建筑物的老旧程度等都有影响。虽然建立多元识别模型，可进一步提高识别精度，但要全面评估，根本不可能，也没有必要。脆弱性曲线还是要遵循宁粗勿细的原则，只要同已知的事实基本吻合即可。

第 11 章　地震震害面积估计

地震是能对生命和财产等造成巨大破坏的自然灾害之一。地震震害面积是衡量地震影响范围大小的一个重要参数。它不仅能反映地震能量的大小，还能反映地震烈度的衰减变化。通常来讲，震级小的地震影响范围小，震级大的地震影响范围大。但是，震害面积与震级的关系并不是简单的线性关系。本章将用混合式模糊神经元网络模型，由地震震级推算震害面积。

11.1　混合式模糊神经元网络模型

从给定输入-输出模式学习输入-输出关系是人工神经元网络的一大功能。但是，学习过程中可能碰到各种问题，而且，有些问题在人工神经元网络自身结构内解决不了。于是，结合别的方法来学习复杂的输入-输出关系就成了一种必然的选择。所有这样的模型，均称为混合式神经元网络模型。自然灾害系统十分复杂，许多输入-输出模式很不协调，人工神经元网络的学习常常无法进行。本节给出一个混合式模糊神经元网络模型，可以彻底解决这一问题。

1. 用多层回传神经网络学习输入-输出关系

利用神经网络学习样本已在构造人工系统方面得到普遍应用。多层回传神经网络（back propagation neural network）是前馈神经网络的一种[191][192]，简称 BP 网络，是通常用于学习和推理的模型。BP 模型是一个多层感知机构，是由输入层、中间层（隐层）和输出层构成的前馈网络，只含有一个隐含层的 BP 模型，如图 11.1 所示。

BP 算法主要包括两个过程：一是由学习样本、网络权值 w 从输入层→隐含层→输出层逐次算出各层节点的输出；二是反过来由计算输出与实际输出偏差构出的误差函数 $E(w)$，用梯度下降法调节网络权值，即

$$w_{k+1} = w_k + \eta(-\frac{\partial E}{\partial w_k}) \qquad (11.1)$$

使误差 $E(w_{k+1})$ 减小。

设输入层节点数为 n，隐含层节点数为 r，输出层节点数为 m，隐含层与输入层之间的权值矩阵为 $\boldsymbol{W}=(w_{ji})$，隐含层节点阀值为 θ_j，输出层与隐含层之间的权值矩阵为 $\boldsymbol{V}=$

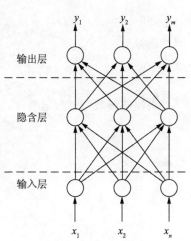

图 11.1　只含一个隐含层的 BP 模型拓扑图

（v_{kj}），输出层节点阀值为 θ'_k，并设有 N 个学习样本 (X_p, Y_p)，（$p=1, 2, 3, \cdots, N$）。其中 $X_p = (x_{p1}, x_{p2} \cdots, x_{pn})^{\mathrm{T}}$，为第 p 个学习样本的输入向量；$Y_p = (y_{p1}, y_{p2} \cdots y_{pm})^{\mathrm{T}}$，为其实际输出向量。其中 $i=1, 2, \cdots, n; j=1, 2, \cdots, r; k=1, 2, \cdots, m$。下文中如不指明则相同。

1) 计算各层节点输出

输入层节点，取其输出 o_{pi} 与输入 x_{pi} 相同，即 $o_{pi} = x_{pi}$。令隐含层节点输入 net_{pj} 为

$$\mathrm{net}_{pj} = \sum_{i=1}^{n} w_{ji} o_{pi} - \theta_j \tag{11.2}$$

若令 $w_{j0} = -\theta_j, o_{p0} = 1$，则有：$\mathrm{net}_{pj} = \sum_{i=1}^{n} w_{ji} o_{pi}$。令隐含层节点输出 o_{pj} 为

$$o_{pj} = f(\mathrm{net}_{pj}) = \frac{1}{1 + e^{-\mathrm{net}_{pj}}} \tag{11.3}$$

输出层节点输入 net_{pk} 为

$$\mathrm{net}_{pk} = \sum_{j=1}^{r} v_{kj} o_{pj} - \theta'_k \tag{11.4}$$

若令 $v_{k0} = -\theta'_k, o_{p0} = 1$，则有 $\mathrm{net}_{pk} = \sum_{j=0}^{r} v_{kj} o_{pj}$。令输出层节点输出 o_{pk} 为

$$o_{pk} = f(\mathrm{net}_{pk}) = \frac{1}{1 + e^{-\mathrm{net}_{pk}}} \tag{11.5}$$

2) 修正权值

设 E_p 为第 p 个学习样本产生的输出误差，定义为

$$E_p = \frac{1}{2} \sum_{k=1}^{m} (y_{pk} - o_{pk})^2 \tag{11.6}$$

则总误差为

$$E = \sum_{p=1}^{N} E_p$$

由误差函数调整权值有

$$\Delta_p v_{kj} = -\frac{\partial E_p}{\partial v_{kj}} = \delta_{pk} \cdot o_{pj} \tag{11.7}$$

其中

$$\delta_{pk} = (y_{pk} - o_{pk}) \cdot o_{pk} \cdot (1 - o_{pk})$$

$$\Delta_p w_{ji} = -\frac{\partial E_p}{\partial w_{ji}} = \delta_{pj} \cdot o_{pi}$$

而

$$\delta_{pj} = o_{pj} \cdot (1 - o_{pj}) \cdot \sum_{k=1}^{m} (\delta_{pk} \cdot v_{kj})$$

$$\Delta v_{kj} = \eta \sum_{p=1}^{N} \Delta_p v_{kj}$$

$$\Delta w_{ji} = \eta \sum_{p=1}^{N} \Delta_p w_{ji}$$

式中，η 为学习速率，一般在 $[0,1]$ 内取值。

权值修正为

$$\begin{cases} v_{kj} = v_{kj} + \Delta v_{kj} \\ w_{ji} = w_{ji} + \Delta w_{ji} \end{cases} \tag{11.8}$$

通过不断修正权值，使总误差 E 小于某个设定的很小的数，由权值连接的网络就是学习后生成的网络，可以形成输入-输出关系。

然而，要使网络学习成功，用于训练网络的 N 个学习样本 (X_p, Y_p) 必须是兼容的。BP 网络本身并不能处理矛盾样本，一旦两个样本点的输入同样但输出明显不同，就会遇到收敛的问题。

2. 用信息扩散技术光滑化学习样本

除非特别声明，我们都默认给定样本有 n 个真实观测值 x_i，$i=1$，2，$\cdots$，n，每一个观测值都由输入 x_i 和输出 y_i 两部分组成。一个观测值 x_i 称作一个模式（pattern）。给定的样本也记作

$$X = \{x_1, x_2, \cdots, x_n\} = \{(x_1, y_1), (x_2, y_2), \cdots, (x_n, y_n)\} \tag{11.9}$$

令 U 是输入的论域，V 是输出的论域。就像在 6.2.4 中谈到的，$U \times V$ 上的任何模糊集可以称作从 U 到 V 的模糊关系，形式化定义为

定义 11.1 令 U 是变量 x 的论域，V 是变量 y 的论域。从 $U \times V$ 到 $[0, 1]$ 的一个映射：

$$\mu_R : U \times V \to [0, 1]$$

$$(x, y) \mapsto \mu_R(x, y), \quad \forall (x, y) \in U \times V$$

称作 x 和 y 之间的一个模糊关系（fuzzy relation）.

如果 x 是自变量，y 是因变量，则称 R 是 x 和 y 之间的一个因果型模糊关系（fuzzy relationship）。

假设 $\mu(x_i, u)$ 是 x_i 在 U 上的信息扩散函数。取最大值将它归一化，记为 $\mu_{x_i}(u)$，于是，我们可以得到一个模糊分类函数，它指明 u 属于模糊集"x_i 周围"的程度。利用正态扩散函数

$$\mu(x_i, u) = \frac{1}{h_x \sqrt{2\pi}} \exp\left[-\frac{(u - x_i)^2}{2h_x^2}\right] \text{ 和 } \mu(y_i, v) = \frac{1}{h_y \sqrt{2\pi}} \exp\left[-\frac{(v - y_i)^2}{2h_y^2}\right]$$

并分别用

$$\frac{1}{h_x \sqrt{2\pi}} \text{ 和 } \frac{1}{h_y \sqrt{2\pi}}$$

除之而实现归一化，我们可以将式(11.9)中的任一输入-输出模式 $(x_i, y_i) \in X$ 转化为两个模糊集：

$$A_i : \mu_{x_i}(u) = \exp\left[-\frac{(u - x_i)^2}{2h_x^2}\right], \, u \in U \tag{11.10a}$$

$$B_i : \mu_{y_i}(v) = \exp\left[-\frac{(v - y_i)^2}{2h_y^2}\right], \, v \in V \tag{11.10b}$$

由于 x_i 和 y_i 的因果关系，显然，$(x_i，y_i)$ 支持式(11.11)中的模糊规则[166]成立。

$$A_i \rightarrow B_i \tag{11.11}$$

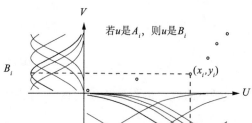

图 11.2　利用信息扩散技术从观测值 $(x_i，y_i)$ 产生的的模糊规则

所以，从 n 个模式，我们可得 n 个模糊关系。用信息扩散技术得到的 n 个模糊规则 $A_1 \rightarrow B_1$，$A_2 \rightarrow B_2$，$\cdots$，$A_n \rightarrow B_n$，如图 11.2 所示。

为了能保留较多的信息，我们用关联乘积编码[193]产生基于 $A_i \rightarrow B_i$ 的模糊关系 R_i，即

$$\mu_{R_i}(u,v) = \mu_{A_i}(u)\mu_{B_i}(v); \quad u \in U, v \in V \tag{11.12}$$

若分明输入值 x_0（假设）是已知的，我们可以用信息分配式(11.13)得到一个输入模糊集：

$$\mu_{x_0}(u_j) = \begin{cases} 1-| x_0 - u_j |/\Delta, & | x_0 - u_j | \leqslant \Delta \\ 0, & \text{其他} \end{cases} \tag{11.13}$$

式中，$\Delta = u_{j+1} - u_j$。我们采用式(11.14)由 x_0 和 R_i 推导得输出 $\tilde{y}_0$。

$$\mu_{y_0}(v) = \sum_u \mu_{x_0}(u)\mu_{R_i}(u,v), v \in V \tag{11.14}$$

利用所谓的"取大"原理，我们可以将 $\tilde{y}_0$ 非模糊化为一个分明值 $\hat{y}_i$ 并得到权值 w_i。假定

$$\mu_{y_0}(v') = \max_{v \in V}\{\mu_{y_0}(v)\} \tag{11.15}$$

则最大非模糊化值 $\hat{y}_i = v'$，权值是 $w_i = \mu_{y_0}(v')$。因而，组合所有由 $R_1, R_2, \cdots, R_n$ 得到的结果，相应的输出值是

$$\breve{y}_0 = \left(\sum_{i=1}^n w_i\hat{y}_i\right) \bigg/ \left(\sum_{i=1}^n w_i\right) \tag{11.16}$$

由式(11.10)～式(11.16)构成的模型称作信息扩散近似推理(information-diffusion approximate reasoning)模型，简称 IDAR 模型，其结构如图 11.3 所示。由 IDAR 模型，任何一个模式 $(x_i，y_i)$ 都可转化为一个新的模式 $(x_i，\breve{y}_i)$。由 X 经 IDAR 模型产生的新模式必然是光滑的，模式之间不会再有矛盾，能保证人工神经元网络顺利进行学习。

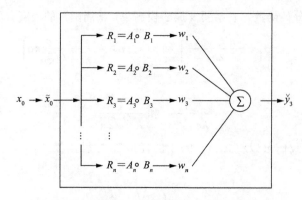

图 11.3　信息扩散近似推理模型的结构。
合成规则"。"是由式(11.14)定义

3. 混合式网络模型 HM

现实世界中许多系统都是非线性的。神经网络提供了另一种用数据进行非线性估计的方法。然而，当用于训练的模式相互矛盾时，权值和阈值的调整不知道如何适从矛盾的模式，无论怎样调整，系统的误差都会很大，神经网络不收敛。

自然灾害的数据常常是强烈矛盾的模式，如两次相同震级的地震从来不会产生相同震害。同一个地震区内，有时稍小一点震级的地震其震害可能比稍大一点震级的地震震害还大一些。所以，传统神经网络不能直接用于自然灾害风险评价。不过，尽管自然灾害系统局部有矛盾，但却有总的走向。例如，大震级的地震总体来讲必然产生大的震害。

由 IDAR 模型，我们可以把这种总的趋势通过生成的新模式表现出来，用 BP 神经网络学习这些新模式，就能总结出需要的输入-输出关系。这种 IDAR 和 BP 配合使用的模型，是一种混合式模糊神经元网络模型，简称混合模型（hybrid model），记为 HM，其结构如图 11.4 所示。

在混合模型里，首先经由信息扩散方法和近似推理，将样本点 (x_1, y_1)，(x_2, y_2)，$\cdots$，(x_n, y_n) 转化成新模式 $(x_1, \breve{y}_1)$，$(x_2, \breve{y}_2)$，$\cdots$，$\cdots (x_n, \breve{y}_n)$。然后，再用传统 BP 神经网络学习新模式，得到 x 与 y 之间的关系。因为信息扩散近似推理对于样本有光滑作用，所以新模式能顺利地训练 BP 神经网络。下面介绍的 HM 在地震震害面积估计中的应用，效果相当不错。

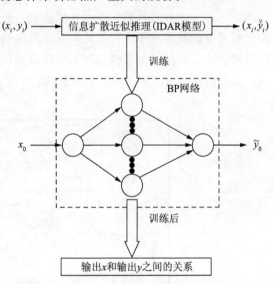

图 11.4　结合信息扩散近似推理和 BP 网络的混合式模糊神经元网络模型 HM

11.2　震级和震害面积数据

地面上各相同烈度点的连线称为等烈度线。由等烈度线组成的图称为等烈度线图，它描绘出地震影响的总轮廓。等烈度线图也称为地震烈度分布图或等震线图（isoseismal map）。例如，图 11.5 是 1970 年 1 月 5 日发生在云南省通海、峨山、建水三县交界山谷地带，7.7 级地震的等震线图。由于震中位于通海县境内（北纬 24.1°，东经 102.6°），这次地震被称为"通海地震"。

由闭合等烈度线所围成区域的面积称震害面积（isoseismal area）。显然，震害面积是指在一次地震中震害程度大于或等于某一地震烈度的区域的面积。例如，用量积仪沿图 11.5 中烈度为 Ⅶ 的等烈度线（从内往外数的第 4 条闭合曲线）走一圈，可量得面积 8 176km² 。震害面积记为 S 。可设置下标来指明震害面积是对何种烈度而言。例如，由通海地震等震线图

Ⅷ度线得到的震害面积是 $S_{I\geqslant\text{Ⅷ}}=8\,176\text{km}^2$。从表 1.3 的烈度表知，当烈度为Ⅴ时，门窗、屋顶、屋架颤动作响，灰土掉落，抹灰出现微细裂缝，并没有震害出现，所以，震害面积通常只对Ⅵ度和Ⅵ度以上烈度而言。严格来讲，地震震害面积估计，应该是根据地震震级 M，分别对 $S_{I\geqslant\text{Ⅵ}},S_{I\geqslant\text{Ⅷ}},\cdots,S_{I\geqslant\text{Ⅻ}}$ 进行估计。问题在于，对等震线图有一定规律的省一级区域来讲，能产生高烈度的巨大地震（8 级和 8 级以上）和大地震（8 级以下，7 级和 7 级以上）的资料并不多，有震害的主要地震资料是强震（7 级以下，6 级和 6 级以上）和中强震（6 级以下，4.5 级和 4.5 级以上）。大量的有感地震（4.5 级以下，3 级和 3 级以上）、弱震和微震（3级以下，1 级和 1 级以上）和超微震（小于 1 级）资料与震害无关。因此，震害面积估计，通常只对 $S_{I\geqslant\text{Ⅵ}},S_{I\geqslant\text{Ⅷ}},S_{I\geqslant\text{Ⅷ}},S_{I\geqslant\text{Ⅸ}}$ 进行，而且不考虑它们之间的耦合关系，各有一个估计公式。也就是说，一个方法只要对某个烈度有效，对其他烈度就可以使用同样的方法。本章里，我们只对Ⅷ度的震害面积进行估计，其他烈度的震害面积估计可用同样的方法进行。现有从中国云南省收集到的一批震级和震害面积数据记录，时间从 1913~1976 年，共 25 个，震级为 M，震害面积为 S，震中烈度 $I\geqslant\text{Ⅷ}$（表 11.1）。

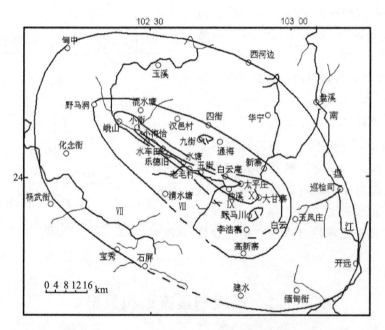

图 11.5　1970 年 1 月 5 日 7.7 级通海地震等震线图

资料来源：中华人民共和国国家统计局、中华人民共和国民政部，1995

除非另有说明，我们假设震害面积的估计是依据给定样本建立输入—输出关系进行的。输入是地震震级，输出是震害面积。我们假设给定样本包含 n 个样本点，$x_i,i=1,2,\cdots,n$。每个样本点有两个分量：震级没 m_i 和震害面积 S_i，我们所要推算的就是两者之间的关系 $R_{m\rightarrow S}$。样本点也称为模式。为了减少样本的离散性，我们通常考虑震害面积的对数 $g=\lg S$，则给定样本可写成

$$X=\{x_1,\ x_2,\ \cdots,\ x_n\}=\{(m_1,\ g_1),\ (m_2,\ g_2),\ \cdots,\ (m_n,\ g_n)\}$$

表 11.1　震级与震害面积

编号	日期(年.月.日)	M	$S_{I \geqslant Ⅷ}$	编号	日期(年.月.日)	M	$S_{I \geqslant Ⅷ}$
1	1913.12.21	6.5	2848	14	1965.07.03	6.1	733
2	1917.07.31	6.5	3506	15	1966.01.31	5.1	19
3	1925.03.16	7	4758	16	1966.02.05	6.5	1703
4	1930.05.15	5.75	779	17	1966.09.19	5.4	261
5	1941.05.16	7	2593	18	1966.09.28	6.4	404
6	1941.12.26	7	1656	19	1970.01.05	7.7	8176
7	1951.12.21	6.25	3385	20	1970.02.07	5.5	100
8	1952.06.19	6.25	1345	21	1971.04.28	6.7	212
9	1952.12.28	5.75	190	22	1973.03.22	5.5	18
10	1955.06.07	6	88	23	1973.08.06	6.8	200
11	1961.06.12	5.8	47	24	1974.05.11	7.1	837
12	1961.06.27	6	3582	25	1974.02.16	5.7	99
13	1962.0624	6.2	449				

注：M 为里氏震级；S 的单位为平方公里。

令 U 为"震级"论域，V 为"对数震害面积"论域。显然，$U, V \in \mathbf{R}$。从表 11.1，我们得震级为 m，对数震害面积为 $g = \lg S$ 的给定样本是

$$X = \{\boldsymbol{x}_1, \boldsymbol{x}_2, \cdots, \boldsymbol{x}_{25}\}$$

$$= \{(m_1, g_1), (m_2, g_2), \cdots, (m_{25}, g_{25})\}$$

$$= \{(6.5, 3.455), (6.5, 3.545), (7, 3.677), (5.75, 2.892), (7, 3.414), (7, 3.219), (6.25,$$

$$3.530), (6.25, 3.129), (5.75, 2.279), (6, 1.944), (5.8, 1.672), (6, 3.554), (6.2,$$

$$2.652), (6.1, 2.865), (5.1, 1.279), (6.5, 3.231), (5.4, 2.417), (6.4, 2.606), (7.7,$$

$$3.913), (5.5, 2.000), (6.7, 2.326), (5.5, 1.255), (6.8, 2.301), (7.1, 2.923), (5.7,$$

$$1.996)\} \tag{11.17}$$

11.3　用线性回归和 BP 网络方法进行对数震害面积估计

传统上，人们用线性回归方法依给定样本计算出 g 和 m 之间的关系。用式(8.2)和式(8.3)处理式(11.17)给定的样本，计算得线性回归式中的系数 b 和 a，我们得到线性回归公式

$$g = -2.61 + 0.85m \tag{11.18}$$

其线性相关系数 $r^2 = 0.503$，相关性不显著。也可以用神经元网络方法建立输入-输出关系。在输入和输出层各设置 1 个节点，在隐含层设置 15 个节点，构成一个 BP 神经元网络，以

$$f(x) = \frac{1}{1 + \exp(-x)} \tag{11.19}$$

为激励函数，通过样本的训练，产生输入－输出关系。由于激励函数的输出值总是落在区间 $[0，1]$ 中，我们不能直接用式(11.17)中的 X 训练 BP 网络。在这种情形下，我们先用

$$m' = \frac{m - a_m}{b_m - a_m} \tag{11.20}$$

和

$$g' = \frac{g - a_g}{b_g - a_g} \tag{11.21}$$

对样本 X 进行归一化。式中，$b_m = \max\limits_{1 \leqslant i \leqslant 25} \{m_i\}，a_m = \min\limits_{1 \leqslant i \leqslant 25} \{m_i\}，b_g = \max\limits_{1 \leqslant i \leqslant 25} \{g_i\}，a_g = \min\limits_{1 \leqslant i \leqslant 25} \{g_i\}$。

归一化后的样本是

$$
\begin{aligned}
X' &= \{\boldsymbol{x'}_1, \boldsymbol{x'}_2, \cdots, \boldsymbol{x'}_{25}\} \\
&= \{(m'_1, g'_1), (m'_2, g'_2), \cdots, (m'_{25}, g'_{25})\} \\
&= \{(0.538, 0.8276), (0.538, 0.8616), (0.731, 0.9115), (0.250, 0.6158), (0.731, \\
&\quad 0.8123), (0.731, 0.7390), (0.442, 0.8559), (0.442, 0.7050), (0.250, 0.3852), \\
&\quad (0.346, 0.2594), (0.269, 0.1569), (0.346, 0.8651), (0.423, 0.5257), (0.385, \\
&\quad 0.6058), (0.000, 0.0088), (0.538, 0.7436), (0.115, 0.4371), (0.500, 0.5085), \\
&\quad (1.000, 1.0000), (0.154, 0.2803), (0.615, 0.4031), (0.154, 0.0000), (0.654, \\
&\quad 0.3935), (0.769, 0.6275), (0.231, 0.2786)\}
\end{aligned} \tag{11.22}
$$

取惯性速率 $\eta = 0.9$，学习速率 $\alpha = 0.7$，用 X' 训练 BP 网络。进行 600000 次迭代学习后，归一化的系统误差是 0.015594，已经很小，其相应的网络建立了从 m' 到 g' 的映射。用式 (11.23)，我们可以将在论域$[0,1]$中的输出 g' 映射回到原始论域中去，得到对数震害面积 g。

$$g = a_g + g'(b_g - a_g) \tag{11.23}$$

图 11.6 给出了用线性回归和神经元网络方法得到的结果。由于给定的样本点比较零散，没有明显的线性走向，线性回归曲线显然不能表达对数震害面积与震级的关系。BP 网络得到的曲线摆动很大，无规律可言，更不能表达对数震害面积与震级的关系。

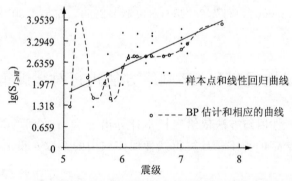

图 11.6　用线性回归和 BP 网络估计对数震害面积与震级的关系

11.4　信息扩散近似推理

观察式(11.17)给定的样本 X 知,它的容量很小,X 不完备。而且,有些样本点是矛盾的。例如,样本点 $\boldsymbol{x}_1 = (m_1, g_1) = (6.5, 3.455)$ 和样本点 $\boldsymbol{x}_{12} = (m_{12}, g_{12}) = (6, 3.554)$ 是矛盾的。$m_1 > m_{12}$,但 $g_1 < g_{12}$,这与"小震级产生小震害面积","大地震产生大地震面积"的总体走向不符。所以,X 中任何一个样本点都可以被看作是一条模糊信息,每一个样本点部分地代表了两个变量间的关系。也就是说,一个样本点可以用扩散方法产生一个简单的模糊关系。所有模糊关系的组合就会形成一个合理的输入-输出模糊关系。

令震级的离散论域为

$$U = \{u_1, u_2, \cdots, u_{30}\} = \{5.010, 5.106, \cdots, 7.790\} \tag{11.24}$$

此处步长 $\Delta_m = 0.096$;$u_1 = a_m - \Delta_m$;$u_{30} = b_m + \Delta_m$。

令对数震害面积的离散论域为

$$V = \{v_1, v_2, \cdots, v_{30}\} = \{1.164, 1.262, \cdots, 4.004\} \tag{11.25}$$

此处步长 $\Delta_g = 0.098$;$v_1 = a_g - \Delta_g$;$v_{30} = b_g + \Delta_g$。

然后,对式(11.17)中的 X,用式(8.81),可得正态扩散系数

$$h_m = 2.6851(b_m - a_m)/n - 1 = 2.6851(7.7 - 5.1)/24 = 0.2909$$

$$h_g = 2.6851(b_g - a_g)/n - 1 = 2.6851(3.913 - 1.255)/24 = 0.2974$$

用正态信息扩散式(11.10),样本点 (m_i, g_i) 可以被转换成两个模糊子集,即

$$\mu_{m_i}(u) = \exp\left[-\frac{(u - m_i)^2}{0.619}\right], \ u \in U \tag{11.26a}$$

$$\mu_{g_i}(v) = \exp\left[-\frac{(v - g_i)^2}{0.177}\right], \ v \in V \tag{11.26b}$$

令

$$r_{j,k} = \mu_{m_i}(u_j)\mu_{g_i}(v_k) \tag{11.27}$$

可以将样本点 $\boldsymbol{x}_i = (m_i, g_i)$ 转换成模糊关系矩阵

$$\boldsymbol{R}_i = \begin{matrix} & \begin{matrix} v_1 & v_2 & \cdots & v_{30} \end{matrix} \\ \begin{matrix} u_1 \\ u_2 \\ \vdots \\ u_3 \end{matrix} & \begin{pmatrix} r_{1,1} & r_{1,2} & \cdots & r_{1,30} \\ r_{2,1} & r_{2,2} & \cdots & r_{2,30} \\ \vdots & \vdots & \cdots & \vdots \\ r_{30,1} & r_{30,2} & \cdots & r_{30,30} \end{pmatrix} \end{matrix} \tag{11.28}$$

例如,令 $i = 6$,那么 $(m_6, g_6) = (7, 3.219)$,且模糊子集为

$$A_6 = \sum_{j=1}^{30} \mu_{m_6}(u_j)/u_j$$

$$= \sum_{j=1}^{30} \exp\left[-\frac{(u - m_i)^2}{0.169}\right]/u_j$$

$$= 0/5.010 + \cdots + 0.001/5.873 + 0.002/5.969 + 0.006/6.065 + 0.016/6.160 +$$

$0.038/6.256 + 0.084/6.352 + 0.165/6.448 + 0.292/6.544 + 0.464/6.640 +$

$0.661/6.735 + 0.845/6.831 + 0.969/6.927 + 0.997/7.023 + 0.920/7.119 +$

$0.762/7.215 + 0.566/7.310 + 0.377/7.406 + 0.225/7.502 + 0.121/7.598 +$

$0.058/7.694 + 0.025/7.790$

$$B_6 = \sum_{j=1}^{30} \mu_{g_6}(v_j)/v_j$$

$$= \sum_{j=1}^{30} \exp\left[-\frac{(v-g_i)^2}{0.169}\right]/v_j$$

$= 0/1.164 + \cdots + 0.001/2.143 + 0.004/2.241 + 0.013/2.339 + 0.031/2.437 +$

$0.071/2.535 + 0.143/2.633 + 0.260/2.731 + 0.422/2.829 + 0.617/2.927 + 0.808/$

$3.025 + 0.949/3.123 + 1.000/3.221 + 0.946/3.319 + 0.802/3.416 + 0.610/3.514$

$+0.417/3.612 + 0.255/3.710 + 0.140/3.808 + 0.069/3.906 + 0.031/4.004$

由式(11.27)可以得到模糊关系矩阵：

$$\boldsymbol{R}_6 = \begin{array}{c} \\ \\ u_1(5.010) \\ \cdots \\ u_{16}(6.448) \\ u_{17}(6.544) \\ u_{18}(6.640) \\ u_{19}(6.735) \\ u_{20}(6.831) \\ u_{21}(6.927) \\ u_{22}(7.023) \\ u_{23}(7.119) \\ u_{24}(7.215) \\ \cdots \\ u_{30}(7.790) \end{array} \begin{array}{cccccccccc} v_1 & \cdots & v_{20} & v_{21} & v_{22} & v_{23} & v_{24} & \cdots & v_{30} \\ 1.164 & \cdots & 3.025 & 3.123 & 3.221 & 3.319 & 3.416 & \cdots & 4.004 \\ \hline 0.000 & \cdots & 0.000 & 0.000 & 0.000 & 0.000 & 0.000 & \cdots & 0.000 \\ \cdots & \cdots & \cdots & \cdots & \cdots & \cdots & \cdots & & \cdots \\ 0.000 & \cdots & 0.133 & 0.157 & 0.165 & 0.156 & 0.132 & \cdots & 0.005 \\ 0.000 & \cdots & 0.236 & 0.277 & 0.292 & 0.276 & 0.234 & \cdots & 0.009 \\ 0.000 & \cdots & 0.375 & 0.440 & 0.464 & 0.439 & 0.372 & \cdots & 0.014 \\ 0.000 & \cdots & 0.534 & 0.627 & 0.661 & 0.625 & 0.530 & \cdots & 0.020 \\ 0.000 & \cdots & 0.683 & 0.802 & 0.845 & 0.799 & 0.678 & \cdots & 0.026 \\ 0.000 & \cdots & 0.783 & 0.919 & 0.969 & 0.916 & 0.777 & \cdots & 0.030 \\ 0.000 & \cdots & 0.805 & 0.946 & 0.997 & 0.943 & 0.800 & \cdots & 0.030 \\ 0.000 & \cdots & 0.743 & 0.873 & 0.920 & 0.870 & 0.738 & \cdots & 0.028 \\ 0.000 & \cdots & 0.615 & 0.723 & 0.762 & 0.720 & 0.611 & \cdots & 0.023 \\ \cdots & \cdots & \cdots & \cdots & \cdots & \cdots & \cdots & \cdots & \cdots \\ 0.015 & \cdots & 0.020 & 0.024 & 0.025 & 0.024 & 0.020 & \cdots & 0.001 \end{array} \tag{11.29}$$

当给定震级 m_0，假设 $m_0 = 6.5$，我们可以用式(11.13)中的信息分配公式将其转换成 U 上的一个模糊子集

$$\tilde{m}_0 = \sum_{j=1}^{30} \mu_{m_0}(u_j)/u_j = 0/5.010 + \cdots + 0.457/6.448 + 0.543/6.544 + \cdots + 0/7.790$$

用式(11.14)中所示的和－积合成运算，可得基于 R_6 的模糊推断

$$\tilde{g}_6 = \sum_{j=1}^{30} \mu_{g_6}(v_j)/v_j$$

$= 0/1.16 + \cdots + 0.144/2.927 + 0.189/3.025 + 0.222/3.123 + 0.234/3.221 + 0.221/$

3.319＋0.188/3.416＋0.143/3.514＋ … ＋0/4.00

用"取大"原理,见式(11.15),可得估计值 $\hat{g}_6 = 3.221$ 与权重 $w_6 = 0.234$。对于 $m_0 = 6.5$,分别用 $R_1, R_2, \cdots R_{25}$ 进行模糊推理,可得估计向量 G 和权重向量 W:

$$G = (g_1, g_2, \cdots, g_{25})^{\mathrm{T}}$$

$= (3.416, 3.514, 3.710, 2.927, 3.416, 3.221, 3.514, 3.123, 2.241, 3.416, 3.514, 3.710,$

$2.927, 3.416, 3.221, 3.514, 3.123, 2.241, 3.906, 2.045, 2.339, 1.262, 2.339,$

$2.927, 1.947)^{\mathrm{T}}$ （11.30）

$$W = (w_1, w_2, \cdots, w_{25})^{\mathrm{T}}$$

$= (0.979, 0.981, 0.233, 0.039, 0.234, 0.234, 0.688, 0.688, 0.038, 0.234, 0.059, 0.232,$

$0.587, 0.390, 0.000, 0.986, 0.001, 0.928, 0.000, 0.003, 0.783, 0.003, 0.583, 0.124,$

$0.025)^{\mathrm{T}}$ （11.31）

然后,用式(11.16)对 $R_1, R_2, \cdots, R_{25}$ 得到的结果进行组合,得输出值

$$\breve{g}_0 = \left(\sum_{i=1}^{25} w_i \hat{g}_i \right) \Big/ \left(\sum_{i=1}^{25} w_i \right) = 27.233/9.053 = 3.008 \tag{11.32}$$

这意味着,在中国的云南省,根据历史地震经验,如果某地发生里氏震级 $M = 6.5$ 的地震,则此地震造成的烈度为 $I \geqslant \text{Ⅶ}$ 的震害面积大约是 $S = 10^{3.008} = 1019 \text{ km}^2$。所以,在震中周围这一面积范围内的建筑物必须能够抵抗烈度为 $I \geqslant \text{Ⅶ}$ 的地震。或者说,在中国的云南省境内,如果预测到某潜在震源在设防期内将发生里氏震级 $M = 6.5$ 的地震,则在此潜在震源周围面积 1019km^2 范围内,建筑物必须能够抵抗烈度为 $I \geqslant \text{Ⅶ}$ 的地震。

让 m_0 取遍 X 中所有的输入值,用上面同样的模糊近似推理,我们可得一个新样本:

$$\breve{X} = \{\breve{x}_1, \breve{x}_2, \cdots, \breve{x}_{25}\}$$

$= \{(m_1, \breve{g}_1), (m_2, \breve{g}_2), \cdots, (m_{25}, \breve{g}_{25})\}$

$= \{(6.5, 3.008), (6.5, 3.008), (7, 3.103), (5.75, 2.329), (7, 3.103),$

$(7, 3.103), (6.25, 2.906), (6.25, 2.906), (5.75, 2.329), (6, 2.643),$

$(5.8, 2.387), (6, 2.643), (6.2, 2.863), (6.1, 2.762), (5.1, 1.757),$ （11.33）

$(6.5, 3.008), (5.4, 2.004), (6.4, 2.984), (7.7, 3.742), (5.5, 2.085),$

$(6.7, 3.027), (5.5, 2.085), (6.8, 3.042), (7.1, 3.145), (5.7, 2.272)\}$

11.5　用新样本训练 BP 网络

在输入和输出层各设置 1 个节点,在隐含层设置 15 个节点,构成一个传统的 BP 网络。同样取惯性速率 $\eta = 0.9$,学习速率 $\alpha = 0.7$,用式(11.33)的新样本 $\breve{X}$ 训练 BP 网络。

经过 34405 次迭代后,归一化的系统误差是 0.00001,表 11.2 和表 11.3 分别是该网络的权重与阈值。用这个训练好的 BP 神经元网络对震害面积进行估计,其结果如图 11.7 所示。

表 11.2　使用新样本训练后的 BP 网络权重

隐含层节点	输入层节点 1	输出层节点 1
1	−2.993257	−0.720176
2	−11.014281	−3.188434
3	−3.093669	2.189297
4	−0.882442	0.932863
5	12.790363	9.158985
6	−13.381745	−9.071100
7	−1.002514	1.058568
8	0.907408	0.386380
9	0.064322	−0.043502
10	−1.293816	1.388809
11	−0.469254	0.438369
12	−1.313313	1.218095
13	−1.121203	1.151400
14	0.911799	−0.498471
15	0.946231	−0.049769

表 11.3　隐含层与输出层的阈值

	节点	1	2	3	4	5
隐含层	阈值	−2.285321	3.622231	0.446015	−1.343085	−12.601 024
	节点	6	7	8	9	10
	阈值	−0.523689	−1.129807	−3.957527	−2.070541	−0.557413
	节点	11	12	13	14	15
	阈值	−1.792893	−0.816823	−0.916131	−2.659005	−3.500129
输出层	节点	1				
	阈值	−0.723701				

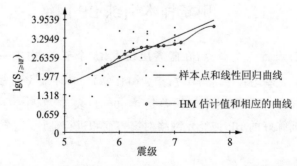

图 11.7　用 IDAR 方法和 BP 网络组成的混合式模型(HM)估计的对数震害面积与震级的关系

为了比较线性回归(LR)和混合式模型(HM)的估计精度,分别计算线性回归估计 $\hat{g}$ (由式(11.18)计算)和混合式模型估计 $\breve{g}$ 与真实值 g 之间的均方差如下:

$$\varepsilon_{LR} = \frac{1}{25} \sum_{i=1}^{25} (g_i - \hat{g}_i)^2 = 0.2734, \quad \varepsilon_{HM} = \frac{1}{25} \sum_{i=1}^{25} (g_i - \breve{g}_i)^2 = 0.2452$$

由于 $\varepsilon_{HM} < \varepsilon_{LR}$,混合式模型估计优越于线性回归估计。并且,由于混合式模型的估计更加稳定,所以混合式模型也优越于传统的 BP 神经元网络。

11.6　结论和讨论

具有相同震级的两次地震永远不可能导致相同的震害面积,且通常具有较大的差别,所以由震级与震害面积组成的地震数据是高度不兼容的模式,并且这些模式具有明显的非线性。因此,线性回归估计和传统的 BP 神经元网络都不能很好的根据震级来估计震害面积。本章使用由信息扩散近似推理与 BP 神经元网络方法组成的混合式模型,较好地解决了这一问题。

使用信息扩散方法的基本好处是可以将样本点转换成模糊集,部分弥补了由于数据的不完备性所造成的信息空白,并可以将矛盾模式转换成兼容模式,从而可以顺利且快速地训练 BP 神经元网络以获取所需的关系。由于信息扩散近似推理与 BP 神经元网络方法都存在某些不足,加之给定样本的容量较小,所以,尽管信息扩散方法解决了样本的不兼容性,但混合式模型进行的震害面积估计并非最优估计。解决的途径是寻找更加合理的扩散函数,并改进模糊近似推理,使信息扩散近似推理能产生出更稳定的模式。

第 12 章　种植业旱灾和洪灾风险评估

12.1　引　　言

中国是农业大国，同时又是自然灾害频发的国家，对于保险公司和政府的许多部门来说，掌握农业自然灾害风险水平是进行有关决策的重要依据。当我们研究的区域是省级或省级以上的基本单元时，使用通常的概率统计方法一般就可以得出满意的风险评估结果，因为此时研究者能够较容易地获得大量的历史灾情资料。随着经济的发展，人们已不再满足大区域的风险评估，因为它的平均结果掩盖了区域内的许多差别。人们希望将评估的基本单元缩小到县市一级的较小区域。此时，我们将碰到历史灾情资料严重不足的问题。

在我国境内县市一级区域，通常可以使用的旱灾和洪水历史灾情资料在 10 年左右。其实，许多地方旱灾和洪灾频发，记录很多。但是，由于人类活动对旱灾和洪灾的影响较大，与社会系统有关的不同时期的旱灾和洪水灾害记录其意义并不一样。只有年代相近的记录，才能作为进行旱灾和洪灾风险分析的历史灾情资料使用。显然，把清朝和现在的旱灾和洪灾记录放在一起使用，样本点会大大增加，但分析出来的结果却没有多大意义。

如果有关记录来自于某种仪器，与社会系统无关，并且所记录的自然系统在记录期内没有大的变化，则所有记录都可以作为样本点使用。地震震级记录和主要江河的水文记录大体属于这一类，它们与记录的年代关系不大。当我们进行农村种植业旱灾和洪灾风险评估时，使用的是与受灾强度有关的旱灾和洪水灾情记录，这种记录随人类活动的变化而有较大变化，即并非所有记录都可以作为样本点使用。

当我们研究与农村种植业有关的旱灾和洪水风险时，只有 10 个左右的观测样本点，远远达不到传统方法对样本点数目的要求。传统方法通常要求 30 个以上观测样本点，否则分析结果将极为不稳定，甚至与实际情况相差甚远。不稳定是指：在原有样本的基础上增减 1~2 个样本点，分析结果常常明显不同。相差甚远是指：由于样本不多，风险分析模型又有明显的缺陷，分析结果与当地实际的风险可能根本不是一回事。由信息扩散理论知，当样本点不多时，所有样本点提供给我们去认识风险的知识并不完善，是不完备的，具有模糊不确定性。此时不应该把一个样本点的信息看作确切的信息、确切的观测值，而是应该把它看作是样本点的代表，看作是一个集值，是一个模糊集观测样本点。基于这一认识，本书将信息扩散的模糊数学方法引入自然灾害风险分析领域，用于小区域的风险问题，力求得到较为稳定并符合实际的风险结果。

12.2　灾害样本点和风险评估模型

设在某小区域内过去 n 年历史灾情记录分别为 x_1，x_2，$\cdots$，x_n，称

$$X = \{x_1, x_2, \cdots, x_n\} \tag{12.1}$$

为观测样本，x_i，$i = 1, 2, \cdots, n$ 均称为灾害样本点。例如，某县在 1985～1988 年遇到了洪水灾害，水稻产量比正常年份有不同程度的减少。我们来看相应的灾害样本点是什么。根据正常年份的亩产量、种植面积和有关因素，估计出正常产量记为 G。用实际收成和 G 进行比较，计算出的损失量记为 l，称 l 所占 G 的百分比为灾害指数[194]，记为 x。即

$$x = \frac{l}{G} = \frac{\text{正常产常 } G - \text{实际收成}}{\text{正常收成 } G} \tag{12.2}$$

则每一年所对应的 x 就是一个灾害样本点。表 12.1 给出了该县的有关资料，其中，预估产量和损失的单位均为吨。此时，观测样本是

$$X = \{x_1, x_2, x_3, x_4\} = \{0.363, 0.387, 0.876, 0.907\}$$

如

$$x_2 = \frac{l_{1986}}{G_{1986}} = \frac{361500}{933190} = 0.387$$

表 12.1　某县水稻的预估产量、损失和灾害指数

年份	1985 年	1986 年	1987 年	1988 年
损失 l/t	380200	361500	4162700	5779500
预估产量/t	848070	933190	4752082	6370895
灾害指数 x	0.363	0.387	0.876	0.907

传统上，用灾害样本进行风险评估主要有两种方法：一种是假设概率分布用样本来估计分布参数的方法，也称作为参数估计法；另一种是直方图方法。基于核估计理论[116]的非参数方法近年来也有发展。对于参数估计方法来讲，当样本不多，且系统过于复杂时，要假设出合乎情理的概率分布函数并非易事。我们没有确切的理由认定与洪水有关的水稻灾害的概率分布是正态型的还是指数型的或其他形式的。参数估计的另一个问题是我们没有合理地将概率分布限制在灾害指数的有效论域 $[0, 1]$ 之内，常常出现 $P(x > 1) \neq 0$ 的情况[195]。对于直方图方法来讲，估计过于粗糙，且常常有强烈的不稳定性，样本较少时尤其如此。核估计理论最近有较大的发展，但核函数和相应系数的选取仍停留于理论研究阶段，难以投入使用，况且也会碰到 $P(x > 1) \neq 0$ 这种与现实不符的情况。

下面我们针对观测值是灾害指数的情况，介绍基于信息扩散的风险评估模型。

信息扩散方法是为了弥补信息不足而考虑优化利用样本模糊信息的一种对样本进行集值化的模糊数学处理方法。最原始的形式是信息分配方法（见 8.3 节），最简单的信息扩散函数是正态扩散函数（见 8.5 节）。信息扩散方法可以将一个分明值的样本点，变成一个模糊集。或者说，是把单值样本点，变成集值样本点。

设灾害指数论域为

$$U = \{u_1, u_2, \cdots, u_m\} \tag{12.3}$$

一个单值观测样本点 x 依式(12.4)可以将其所携带的信息扩散给 U 中的所有点。

$$f(u_j) = \frac{1}{h\sqrt{2\pi}} \exp\left[-\frac{(x - u_j)^2}{2h^2}\right] \tag{12.4}$$

式中，h 为扩散系数，可根据样本中最大值 b 和最小值 a 及样本点个数 n 来确定。

令

$$s = \max_{1 \leqslant j \leqslant m} \{f(u_j)\} \tag{12.5}$$

则

$$u_x(u_j) = \frac{f(u_j)}{s} \tag{12.6}$$

就将单值样本点 x 变成了一个以 $u_x(u_j)$ 为隶属函数的模糊子集 $\tilde{x}$ 。

在进行风险评估时，为了使每一个集值样本点的地位均相同，需对式(12.5)作适当的调整，所得的模糊子集也不再是式(12.6)中的最大隶属度为 1 的正规化模糊子集。设对第 i 个样本点 x_i 依式(12.4)进行扩散，得

$$f_i(u_j) = \frac{1}{h\sqrt{2\pi}} \exp\left[-\frac{(x_i - u_j)^2}{2h^2}\right] \tag{12.7}$$

令

$$C_i = \sum_{j=1}^{m} f_i(u_j) \tag{12.8}$$

相应模糊子集的隶属函数是

$$\mu_{x_i}(u_j) = \frac{f_i(u_j)}{C_i} \tag{12.9}$$

称 $\mu_{x_i}(u_j)$ 为样本点 x_i 的归一化信息分布。对其进行处理，便可得到一种效果较好的风险评估结果。令

$$q(u_j) = \sum_{i=1}^{n} \mu_{x_i}(u_j) \tag{12.10}$$

其物理意义是：由 $\{x_1, x_2, \cdots, x_n\}$ ，经信息扩散推断出，如果灾害观测值只能取 u_1 , u_2 , $\cdots$, u_m 中的一个，在将 x_i 均看作是样本点代表时(包括部分地代表在随机实验中没有出现的样本点)，观测值为 u_j 的样本点个数为 $q(u_j)$ 。显然 $q(u_j)$ 通常不是一个正整数，但一定是一个不小于零的数。再令

$$Q = \sum_{j=1}^{m} q(u_j) \tag{12.11}$$

Q 事实上就是各 u_j 点上样本点数的总和，从理论上来讲，必有 $Q=n$ ，但由于数值计算四舍五入的误差，Q 与 n 之间略有差别。易知

$$p(u_j) = \frac{q(u_j)}{Q} \tag{12.12}$$

就是样本点落在 u_j 处的频率值，可作为概率的估计值。超越 u_j 的概率值是

$$P(u_j) = \sum_{k=j}^{m} p(u_k) \tag{12.13}$$

$P(u_j)$ 就是我们所要求的超越概率风险估计值。

12.3　真实数据和风险图

湖南省位于长江中下游南岸，东、南、西三面环山，中北部地势低平，是呈马蹄形的丘陵盆地，处于我国二级阶梯向三级阶梯的过渡地带，气候为亚热带湿润季风气候，且正处于

东南季风与西南季风的交汇地带。全省湖、河网密布，发源于周边山地的河流多汇集于北部的洞庭湖，并与长江相连，形成河湖水位变化敏感的地带。湖南省既是水灾多发区，又会局部出现旱灾。湖南省还是我国的主要产粮区之一，民间曾有"两湖丰，天下丰"之说。因此，对湖南农业，尤其是水灾和旱灾的风险评估，具有重要的现实意义。利用民政部农村自然灾害情况统计表所提供的农业灾情资料，我们对湖南农业的水旱灾风险进行了实际研究。根据农业灾情数据库和摘自湖南省统计年鉴的经济背景数据库，对湖南省的各县市，我们均可获得 14 年的资料。我们以一个县的旱灾受灾为例，演示具体的计算方法。设 s_i $(i=1, 2, \cdots, 14)$ 分别为 1979 年，1980 年，$\cdots$，1985 年，1987 年，$\cdots$，1993 年的旱灾受灾面积，S_i 为相应年份的播种面积，则旱灾受灾指数为

$$x_i = \frac{s_i}{S_i} \quad (i=1, 2, \cdots, 14) \tag{12.14}$$

为了计算机计算的方便，并考虑计算精度的要求，我们取受灾指数论域为

$$U = \{u_1, u_2, \cdots, u_{51}\} = \{0, 0.02, 0.04, \cdots, 1\} \tag{12.15}$$

分别将 x_i 按式（12.7）、式（12.8）和式（12.9）进行处理，求得它们的归一化信息分布 $\mu_{x_i}(u_j)$。由于进行湖南省农村种植业旱灾和洪灾工作时，本书的扩散系数计算式（8.81）尚没有提出，所以扩散系数 h 是用文献［196］中的公式，即式（12.16）进行计算的。

$$h = \begin{cases} 1.6987(b-a)/(n-1), 1 < n \leqslant 5 \\ 1.4456(b-a)/(n-1), 6 \leqslant n \leqslant 7 \\ 1.4230(b-a)/(n-1), 8 \leqslant n \leqslant 9 \\ 1.4208(b-a)/(n-1), 10 \leqslant n \end{cases} \tag{12.16}$$

再利用式（12.10）、式（12.11）、式（12.12）和式（12.13），即可求出旱灾受灾风险 $P_{旱灾灾受}(u_j)$。

定义水灾受灾指数为

$$x = 水灾受灾面积/播种面积 \tag{12.17}$$

使用同样的方法可以求出水灾受灾风险 $P_{水灾灾受}(u_j)$。式（12.17）定义的受灾指数是针对受灾面积而言，而式（12.2）定义的灾害指数是直接针对损失而言。选用什么样的指数进行风险分析，主要看能收集到什么样的历史灾情数据资料，同时也考虑分析的目的。但是，凡是基于历史灾情数据资料的风险分析，其计算模型基本都是一样的。相比灾害指数的风险分析，受灾指数方面的分析因受灾程度不同，涉及的内容更为丰富。例如，分别对严重受灾指数和绝产受灾指数分析，就可以生成两套风险图，提供更多的风险信息。

应用地理信息系统，我们将计算所得的数据制成了风险图。它是以同等受灾程度为基础，以不同的超越概率值来表明地区差别的图件。以旱灾受灾指数为 35% 这个风险水平下的风险图为例，由表 12.2 知衡阳的风险值为 0.2025。粗略地说，可以解释为：在衡阳这个地区，几乎每五年就要遇到一次受灾面积超过 35% 的旱灾。表中 5% 的一列意为今后每一年中，旱灾受灾面积/播种面积≥5% 的概率；10% 意为今后每一年中，旱灾受灾面积/播种面积≥10% 的概率，以此类推。

表 12.2　湖南省旱灾受灾风险估计值

县名	5%	10%	15%	20%	25%	30%	35%	40%	50%
长沙	0.9032	0.7483	0.5450	0.4181	0.3015	0.2315	0.1356	0.0702	0.0008
望城	0.9021	0.6828	0.2873	0.1309	0.0025	0.0000	0.0000	0.0000	0.0000
浏阳	0.6888	0.2303	0.0903	0.0827	0.0667	0.0243	0.0003	0.0000	0.0000
宁乡	0.7639	0.3632	0.1519	0.0999	0.0803	0.0563	0.0063	0.0003	0.0000
株洲	0.9694	0.8947	0.8000	0.7373	0.6366	0.5518	0.4081	0.3271	0.2244
攸县	0.9309	0.6408	0.3168	0.1994	0.1175	0.0979	0.0862	0.0676	0.0058
茶陵	0.8509	0.4187	0.1394	0.0233	0.0000	0.0000	0.0000	0.0000	0.0000
衡阳	0.9727	0.8410	0.6267	0.5406	0.3689	0.2909	0.2025	0.1705	0.1223
...	...	...	...	...	...	...	...	...	...

图 12.1~图 12.4 分别为湖南省农村种植业水灾受指数 $x \geqslant 5\%$、$x \geqslant 15\%$、$x \geqslant 25\%$ 和 $x \geqslant 40\%$ 的风险图。可以看出，当风险水平只有 5% 时，益阳市、沅江、南县、株洲、湘潭等地区几乎为一年一遇，全省有 22 个县在 2 年一遇以下；风险水平增加到 15% 时，受灾概率有所降低，大部分地区在 2 年一遇至 10 年一遇之间；当风险水平为 40% 时，常德市受灾概率最高，在五年一遇至两年一遇之间，其次为岳阳等地，为十年一遇到两年一遇之间。

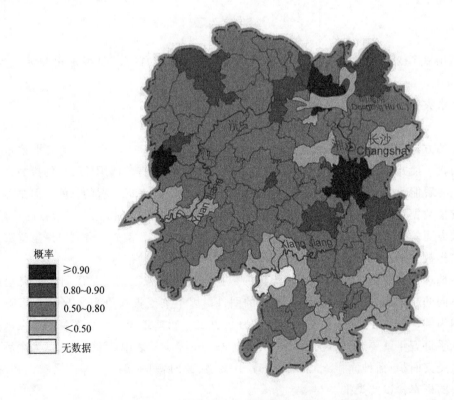

图 12.1　湖南省农村种植业水灾受指数 $x \geqslant 5\%$ 的风险图

资料来源：史培军，2003

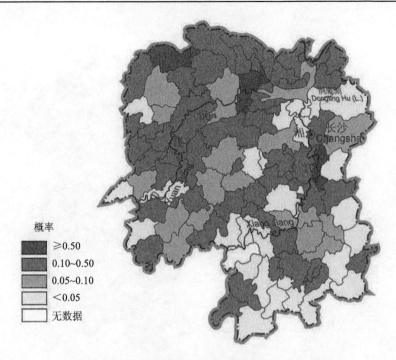

图 12.2　湖南省农村种植业水灾受指数 $x \geqslant 15\%$ 的风险图

资料来源：史培军，2003

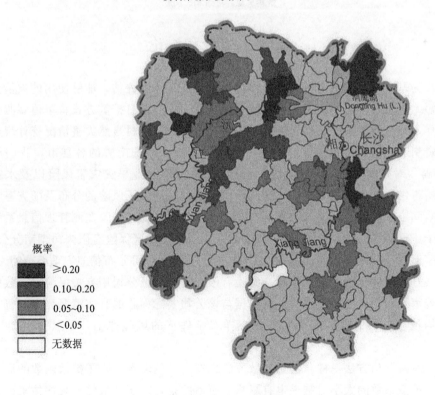

图 12.3　湖南省农村种植业水灾受指数 $x \geqslant 25\%$ 的风险图

资料来源：史培军，2003

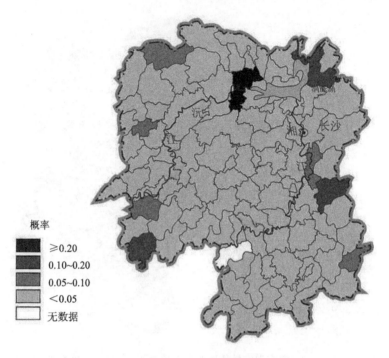

概率
≥0.20
0.10~0.20
0.05~0.10
<0.05
无数据

图 12.4　湖南省农村种植业水灾受指数 $x \geqslant 40\%$ 的风险图

资料来源：史培军，2003

12.4　结论和讨论

　　以县市为基本单元的湖南省农村种植业旱灾和洪灾风险评估，能够使用的灾情数据资料时间序列短、数量少，是典型的小样本问题。本章用正态信息扩散方式将单值观测样本点转化为集值样本点，使风险评估能够顺利进行。利用民政部农村自然灾害情况统计表所提供的农业灾情资料和湖南省统计年鉴中的经济背景数据库，对湖南省的各县市，我们均可获得14 年的资料。对其进行处理，我们得到了湖南省农村种植业旱灾灾害风险以及水灾受灾风险，并将所得结果数据制成专题图。这些专题图直观地展示了风险的分布及随灾害程度的增加风险的空间变化趋势。有关研究结果作为"湖南省自然灾害风险监测管理信息系统"的一部分，已于 1996 年作为国家八五攻关研究成果交付中保财产保险有限公司湖南分公司使用。由地理学家对这些风险图的审核表明，图件给出的风险空间分布信息与真实的情况十分吻合，并有很好的可解释性。由中保财产保险有限公司湖南分公司用有关保险赔付数据对风险图进行抽查审核表明，图件给出的风险数据与该公司实际面临的真实情况完全相符。理论和实际检验均说明，用信息扩散技术进行小样本条件下的风险评估，可以得出相当满意的结论。

　　同别的风险评估方法一样，信息扩散方法也有自身的弱点。除了扩散函数的形式影响评估结果外，扩散系数的大小对结果也有影响。所幸的是，对于风险的宏观评估来说，这些影响并不会导致风险空间分布的明显变化。所以，对于显示风险在地理上的差异而言，正态信息扩散方式和已有的扩散系数计算公式完全可以满足需要。

第 13 章　软风险区划图

13.1　引　　言

　　"区域分异"一直是地理学的重要研究内容之一。自然灾害风险区划是区域分异的一种具体量化体现。如何绘制高质量的自然灾害风险区划图一直是人们面对的一大难题。影响区划图质量的主要原因不是绘图技术，而是估计不准风险值。

　　为了改进风险值的估计，人们从观念到方法都经历了许多变化。以地震区划为例，人们至少经历了 3 个阶段：①极值化阶段[197]；②平均值阶段[198]；③超越概率阶段[199]。极值化阶段是用一个区域内地震烈度的最大值为参数绘图。平均值阶段是用一个区域内地震烈度的平均值为参数绘图。绘制超越概率区划图的基本流程是：先估计出限定时段内所研究区域内超越某一地震参数的概率分布，然后，人为选定一个概率水平值为阈值，以超越此概率水平的最大地震烈度为风险值进行绘图。我国政府 2001 年发布的第 4 代地震区划图[103]《中国地震动参数图》仍然是超越概率阶段的产物。目前国际上普遍采用地震危险性概率分析方法编制地震区划图[199]。全球地震危险性评估计划（GSHAP）的全球地震危险性图[89]，对于实际的地震危险值的评估，核心部分仍是采用 Cornell 早在 1968 年就总结出来的所谓 PSHA 方法[79]。尽管人们使用了所有能使用的历史地震资料，采用了最先进的数学物理模型，但是，仍然估不准地震风险值。因此，在我国的第四代地震区划图中，制作者不得不注明该图只适用于"一般建设工程"。如果风险值确实可靠，这一说明也就是多余的了。对于其他灾种，其研究进展一般不如地震风险的估计。例如，目前以淹没图为主的洪水风险图[200]，大部分没有进行不确定意义下的风险分析，其评估水平同早期的地震区划图差不多。

　　人们早已认识到，随着社会经济的发展，我们面临的自然灾害风险性和破坏性因素也在增长[201]。为提高自然灾害风险分析的水平，我国学者进行了不懈的努力。魏一鸣等从系统论的观点出发，阐述了以洪水危险性分析、承灾体易损性分析和洪水灾害灾情评估为核心内容的洪水灾害风险分析的系统理论[202]。任鲁川指出自然灾害风险分析可归结为风险辨识、风险估算、风险评价三个环节[203]。周成虎等提出了基于地理信息系统的洪灾风险区划指标模型[204]。刘德辅等用灰色理论、随机模拟等方法进行了灾害经济损失的风险分析[205]。刘希林研究了"风险度=危险度×易损度"的评价模式[206]。李硕等将模糊综合评价的数学模型应用于西藏那曲地区雪灾区域危险度的评判[207]。高俊峰等根据水文学和计算水力学的方法计算出苏南地区洪涝危险区[208]。王石立等研究了华北地区冬小麦各发育阶段及全生育期的干旱风险度[209]。李新运等给出了工程灾害风险评价的 6 项具体指标[210]。这些研究成果已经为我们深入研究自然灾害风险提供重要的帮助。

　　由于自然灾害系统十分复杂，以目前的科技水平和人们已掌握的数据信息，人们根本无法在可控的误差范围内准确估计出自然灾害风险。根据估不准的风险值用传统方法绘制出的风险区划图，既不能提供可靠的风险信息，又不能提供风险值可信度的信息，质量当然不高。因此，只有政府进行国土利用规划和某些保险公司厘定费率时才参考使用这种风险区划图，工商界很少将其视为投资决策的信息源。

提高自然灾害风险区划图质量的途径有两条：一是不断提高风险值的估计精度；二是接受风险值永远不可能精确估计的现实，用适当的方式体现风险值的模糊不确定性，并寻找合适的图形化方式用模糊风险值绘制风险区划图，为用户提供尽可能多的风险信息，便于决策时有调整余地。

使上述第二条途径畅通的可行方案是使用扎德提出的软计算思想[165]分析自然灾害模糊风险，并建立用模糊风险值绘制风险区划图的理论和方法。软计算的思想是为了建立与人脑思维相对应的计算机理论而提出的，是一些智能计算方法的有机结合[211]，其核心包括模糊逻辑、神经网络和遗传算法等智能方法[212]，特点是能优化处理不完备信息，容忍不精确计算，从而使问题更易于求解[213]。国内外已有部分学者将软计算的理论与方法引入到地学领域。Robinson 的研究表明，用软计算方法处理地理信息系统中的实际问题，推理结论更详细、更有价值[214]。已有学者用模糊集理论与方法研究地理边界问题，并提出了不确定性边界概念[215]。Wang 和 Hall 讨论了地理信息系统中地理边界的模糊表达方式[216]。软计算理论与方法在地学中的应用，大大提高了地理信息的处理、分析与表达能力，促进了地理信息量化分析工作的进展。

虽然早在 1984 年 Schmucker 就将模糊集理论用于风险分析[217]，但软计算在自然灾害风险分析方面的应用进展十分缓慢。这不仅是很难获得自然灾害风险专家的经验，而且就是有了专家经验也无法验证专家经验推导的风险是否可靠。

针对自然灾害风险值估不准这一问题，经过对模糊信息优化处理技术[163]在自然灾害风险分析中应用的多年来潜心研究，我们不仅建立了能够有效提高自然灾害风险评估精度的不完备信息条件下自然灾害风险评估理论和方法[218][194]，而且以显示概率估计的不精确性，提供更多的决策信息为目标，通过检验内集-外集模型[219]的可靠性[126]和考查该模型在减灾方案筛选中应用的效果[90]，形成了区域自然灾害模糊风险算法理论，建立了风险估不准条件下自然灾害风险区划的理论和方法，为人们绘制软风险区划图提供了一条可行的途径。

所谓软风险区划图，就是自然灾害模糊风险的图形化表达，是一种用软（不精确）计算方法得出的区划图。科学而实用的自然灾害软风险区划有力地推动了灾害学量化分析工作的发展，具有重大的理论意义和实用价值。

13.2　可能性-概率分布

1. 模糊概率

模糊与概率是两个既有联系又有区别的概念。模糊（fuzzy）是对事件分类的一种不确定性；概率（probability）是对事件发生与否之不确定性的一种度量。联系在于，它们均与不确定性有关；区别在于，模糊是一种自然界的不确定性现象，概率是对一种很特殊的不确定性进行的度量。如果一定要打比方来说的话，模糊有点相当于"一个人在寻思这次投资可能赚多少钱"，而概率有点类似于"测量赚 10 万元的可能性"。思想过程本身是一种自然界的不确定性现象，测量却是一种有明确研究对象的人类行为。把现象和测量工具混为一谈，显然不太合适。其实，模糊或概率均不能控制自然界的物理过程，这些术语和相应的分析手段只是人类认识世界的工具。

已经有许多理论和方法被用来讨论与概率有关的不精确、不确定、部分知识。它们归属于不精确概率的研究。不精确概率，通常是指不能用清晰数字进行测量的概率。在统计应用中，不精确概率一般来自于主观评估的先验概率。许多研究人员曾建议用模糊集理论去模拟不精确的主观概率，并称之为主观模糊概率。模糊集理论的创始人扎德曾给出了式(6.1)计算"模糊概率"。他这里所指的模糊概率，实际上是"模糊事件发生的概率"。为此，我们首先必须知道一个基本的概率分布 $p(x)$。不幸的是，对于自然灾害风险分析而言，问题的焦点就是要找到这个基本的概率分布。在绝大多数情况下，这个基本的概率分布就是存在，有关的资料也不足以使我们能把它找出来。虽然人们可以假设控制自然灾害的是一些频率稳定性规律，人们在自然灾害风险分析领域不必怀疑概率的客观意义，但是，客观物理原型中存在的规律是一回事，而人们是否已有能力对这些规律加以正确的认识和恰当的描述又是另一回事。

传统意义上的"模糊概率"，大多是指"主观模糊概率"或"模糊事件的概率"。对于自然灾害风险分析而言，相应的模糊概率并非源自主观，而是客观条件使我们不可能精确地估计出度量风险大小的概率值。因此，自然灾害模糊风险涉及的模糊概率，既不是"主观模糊概率"，也不是"模糊事件的概率"，它是不精确意义下的模糊概率。为避免混淆，我们采用"可能性-概率分布"来表达不精确概率。

2. 可能性-概率分布

关于可能性和可能性分布，详见 6.3 节。简言之，可能性是某种约束。当某变量的取值受一个模糊集约束时，该变量相应的可能性分布就是此模糊集的隶属函数。

定义 13.1　令 $M = \{m\}$ 为事件空间，$P = \{p\}$ 为概率论域，$\pi_m(p)$ 为 m 发生的概率是 p 的可能性。

$$\Pi_{M,P} = \{\pi_m(p) \mid m \in M, p \in P\} \tag{13.1}$$

称为 M 上的一个可能性-概率分布(possibility-probability distribution)，简称 PPD。

我们举例说明什么是概率风险，什么是 PPD。1995~2000 年大量投机的出现产生了网络经济泡沫，最终导致 NASDAQ 和所有网络公司崩溃，微软公司也深受影响。根据当时的媒体报道我们得知，在 2000 年 5 月，如果微软公司对停盘的呼吁没有得到积极响应，专家们就会继续相信股票会贬值。这种情形下，美国股票大王巴菲特先生在该年度的股票投资将会有所损失。损失是不利事件，损失金额记为 m。此时，假定我们能够计算出他在该年度的损失概率分布 $p(m)$，这就是概率风险，尽管在其基础上还可以有更多的推论，例如计算损失期望等，但概率风险的本质就是 $p(m)$。

此时，如果我们不能较有把握地计算 $p(m)$，或许会有一些粗略的判断，假定可表达为集成命题：“巴菲特损失 1％投资的概率很大；巴菲特损失 2％投资的概率大；…；巴菲特损失 10％概率很小”是一模糊风险估计。它可以由 PPD 表达。如果定义：

$$\text{概率小} = 1/0 + 0.8/0.1 + 0.2/0.2; \quad \text{概率大} = 0.2/0.8 + 0.8/0.9 + 1/1;$$

式中，a/b，a 为隶属度；b 为概率，用集中算子 $\mu_{\text{con}(A)}(p) = (\mu_A(p))^2$，可得

$$\text{概率很小} = 1/0 + 0.64/0.1 + 0.04/0.2; \quad \text{概率很大} = 0.04/0.8 + 0.64/0.9 + 1/1.$$

此种情况下，巴菲特先生股市风险的 PPD 由表 13.1 给出。

表 13.1　巴菲特先生股市风险的 PPD

$\pi_m(p)$ ＼ p ＼ m	p_0 0	p_1 0.1	p_2 0.2	…	p_8 0.8	p_9 0.9	p_{10} 1	自然语言估计
m_1（损失 1％）	0	0	0	…	0.04	0.64	1	概率很大
m_2（损失 2％）	0	0	0	…	0.2	0.8	1	概率大
⋮	⋮	⋮	⋮	⋮	⋮	⋮	⋮	⋮
m_{10}（损失 10％）	1	0.64	0.04	…	0	0	0	概率很小

传统上，在模糊概率研究方面的主要挑战是：① 收集和整理专家经验；②找到科学方法表达模糊变量的随机性；③处理主观评估得到的概率。这些研究越来越远离工程实际，因为工程师们更愿意相信计算结果而非主观评估结果。并且，只有很少的工程师能够理解以往研究模糊概率建立起来的所谓超概率空间，如文献[220]中的 $\Xi(\Omega, A, P; U, B, \check{C})$。因此，研究从有关数据计算模糊概率以替代主观评估给出模糊概率，很有意义。对于模糊事件 A，如果我们知道基本概率分布 $p(m)$，那么用式(6.1)可以很容易计算模糊概率。然而，风险分析的关键是找到 $p(m)$。如前所述，我们不可能得到 $p(m)$ 的精确估计。因此我们认为，模糊风险分析的首要的挑战是计算 PPD。

3. 可能性-概率分布的期望

由于模糊概率分布的表达方式不同于一般概率分布的表达方式，对它们的比较，只能用期望来进行。一个模糊概率分布的期望是一个模糊集。由于定义期望需用到式(6.3)中的模糊集截集，为便于表达式的统一，当讨论期望时，除非另有说明，我们总是用 $\underset{\sim}{p}(x)$ 记一个模糊概率分布。

定义 13.2　令 Ω 是事件空间，P 是概率论域，对 $x \in \Omega$，$\mu_x(p)$ 是事件 x 发生的模糊概率的隶属函数，称

$$\underset{\sim}{p}(x) = \{\mu_x(p) \mid x \in \Omega, p \in P\} \tag{13.2}$$

为一个模糊概率分布。$\forall \alpha \in [0,1]$，令

$$\underline{p}_\alpha(x) = \min\{p \mid p \in P, \mu_x(p) \geqslant \alpha\} \tag{13.3a}$$

$$\bar{p}_\alpha(x) = \max\{p \mid p \in P, \mu_x(p) \geqslant \alpha\} \tag{13.3b}$$

$\underline{p}_\alpha(x)$ 称为关于 x 的，在 α-截集中的最小概率(minimum probability)，$\bar{p}_\alpha(x)$ 相应地称为最

大概率(*maximum probability*)。

例 13.1　令 $\Omega = \{x_1, x_2, x_3\} = \{6.5, 7, 7.5\}$，$P = [0, 1]$。假定事件 x_1, x_2, x_3 发生的模糊概率的隶属函数分别为

$$\mu_{x_1}(p) = \exp\left[-\frac{(p-0.005)^2}{2 \times 0.2^2}\right], \mu_{x_2}(p) = \exp\left[-\frac{(p-0.003)^2}{2 \times 0.2^2}\right], \mu_{x_3}(p) = \exp\left[-\frac{(p-0.001)^2}{2 \times 0.2^2}\right]$$

$\forall \alpha \in [0,1]$，由

$$\exp\left[-\frac{(p-a)^2}{2b^2}\right] \geqslant \alpha$$

得

$$(p-a)^2 \leqslant -2b^2\ln\alpha$$

从而

$$\sqrt{-2b^2\ln\alpha} - a \leqslant p \leqslant \sqrt{-2b^2\ln\alpha} + a, a \geqslant 0$$

对 $\alpha = 0.9$ 和 $b = 0.2$，我们有 $-2b^2\ln\alpha = 0.00842884$，即 $\sqrt{-2b^2\ln\alpha} = 0.0918087$。于是

$$\{p \mid p \in P, \mu_{x_1}(p) \geqslant \alpha\} = [0.0868087, 0.0968087]$$

我们得到

$$\underline{p}_\alpha(x_1) = \min\{p \mid p \in P, \mu_{x_1}(p) \geqslant \alpha\} = 0.0868087$$

$$\overline{p}_\alpha(x_1) = \max\{p \mid p \in P, \mu_{x_1}(p) \geqslant \alpha\} = 0.0968087$$

定义 13.2 中的模糊概率分布表达式 $p(x)$ 本质上与式(13.1)中的 $\Pi_{M,P}$ 完全一样，但采用了模糊集理论中隶属函数 $\mu_x(p)$ 而非可能性分布 $\pi_m(p)$。虽然可能性分布函数与隶属函数的含义是不同的，但从数值上来看，它们又是完全一样的，这就为我们进行数据处理时将 $\pi_m(p)$ 和 $\mu_x(p)$ 混用提供了方便。

称有限闭区间

$$I_\alpha(x) = [\underline{p}_\alpha(x), \overline{p}_\alpha(x)]$$

是 $\underline{p}(x)$ 关于 x 的 α-截集。

值得注意的是，最小概率分布和最大概率分布并不满足传统概率分布中分布函数积分值为 1 的条件，这是模糊概率分布的一个特点。为了求 $\underline{p}(x)$ 的期望，我们需对其进行分布求和为 1 的规一化处理。

令

$$\underline{p}'_\alpha(x) = \underline{p}_\alpha(x) \Big/ \int_\Omega \underline{p}_\alpha(x)\mathrm{d}x \tag{13.4a}$$

$$\overline{p}'_\alpha(x) = \overline{p}_\alpha(x) \Big/ \int_\Omega \overline{p}_\alpha(x)\mathrm{d}x \tag{13.4b}$$

称 $\underline{p}'_\alpha(x)$ 和 $\overline{p}'_\alpha(x)$ 分别是 $\underline{p}_\alpha(x)$ 和 $\overline{p}_\alpha(x)$ 的归一化分布。

定义 13.3　令

$$\underline{E}_\alpha = \int_\Omega x\underline{p}'_\alpha(x)\mathrm{d}x, \overline{E}_\alpha = \int_\Omega x\overline{p}'_\alpha(x)\mathrm{d}x \tag{13.5}$$

称

$$E_\alpha = \begin{cases} [\underline{E}_\alpha, \bar{E}_\alpha], & \underline{E}_\alpha \leqslant \bar{E}_\alpha \\ [\bar{E}_\alpha, \underline{E}_\alpha], & \underline{E}_\alpha \geqslant \bar{E}_\alpha \end{cases} \tag{13.6}$$

是 $\underset{\sim}{p}(x)$ 的 α-截集的期望区间。

$$\underset{\sim}{E}_\alpha = \int_\Omega x \underset{\sim}{p}(x) \mathrm{d}x = \bigcup_{\alpha \in (0,1]} \alpha E_\alpha \tag{13.7}$$

称为 $\underset{\sim}{p}(x)$ 的模糊期望（fuzzy expectation）。

例 13.2 对例 13.1 给定的 $\underset{\sim}{p}(x)$ 和 $\alpha = 0.9$，由于最小概率和最大概率的分布为

$$\{\underline{p}_{0.9}(x_i) \mid i = 1, 2, 3\} = \{0.0868087, 0.0888087, 0.0908087\}$$

$$\{\bar{p}_{0.9}(x_i) \mid i = 1, 2, 3\} = \{0.0968087, 0.0948087, 0.0928087\}$$

由式（13.4）得归一化分布

$$\{\underline{p}'_{0.9}(x_i) \mid i = 1, 2, 3\} = \{0.333333, 0.34084, 0.284426\}$$

$$\{\bar{p}'_{0.9}(x_i) \mid i = 1, 2, 3\} = \{0.340365, 0.333333, 0.326302\}$$

于是我们得

$$\underline{E}_{0.9} = x_1 \underline{p}'_{0.9}(x_1) + x_2 \underline{p}'_{0.9}(x_2) + x_3 \underline{p}'_{0.9}(x_3) = 7.00751$$

$$\bar{E}_{0.9} = x_1 \bar{p}'_{0.9}(x_1) + x_2 \bar{p}'_{0.9}(x_2) + x_3 \bar{p}'_{0.9}(x_3) = 6.8263$$

0.9-截集的期望区间是 $E_{0.9} = [\bar{E}_{0.9}, \underline{E}_{0.9}] = [6.8263, 7.00751]$。此期望区间的直观解释是，根据例 13.1 给定的 $\underset{\sim}{p}(x)$，如果发生 $[6.5, 7.5]$ 内的事件，有 90% 的可能性是发生在期间 $[6.8263, 7.00751]$ 中，且发生事件的观测值是 6.8263 的概率大于观测值是 7.00751 的概率。

13.3 内集-外集模型

1. 样本和论域

令

$$X = \{x_1, x_2, \cdots, x_n\}, \quad x_i \in \mathbf{R}(\text{实数集}) \tag{13.8}$$

是给定的不利事件观测样本（sample of pbservations from adverse events）。例如，由某地一定时段内历史地震震级记录组成的集合是一个不利事件观测样本。

令 U 是样本 X 的论域。例如，假定某地不可能发生大于 8.5 级的地震，则其历史地震震级样本的论域为区间 $[0, 8.5]$；假定只研究大于 4.5，小于 8.5 级的中强地震，则震级样本的论域为 $(4.5, 8.5)$。

令 $u_1, u_2, \cdots, u_m$ 是 U 中给定步长为 Δ 的离散点。仍用 U 来记此离散论域，即

$$U = \{u_1, u_2, \cdots, u_m\} \tag{13.9}$$

令

$$I_j = [u_j - \Delta/2,\ u_j + \Delta/2),\quad j=1,2,\cdots,m, \tag{13.10}$$

称 I_j 为以 u_j 为中点的不利事件区间（interval of adverse event）。由这些区间组成一个区间论域，记为

$$I = \{I_j \mid j=1,2,\cdots,m\} \tag{13.11}$$

显然，$\forall I \in I$，式(13.8)中 X 观测值落入区间 I 的个数最少是 0 个，最多是 n 个。相应地，由 X 经传统直方图方法估计出的不利事件在区间 I 中发生的概率只能是 0，$1/n$，$2/n$，$\cdots$，$(n-1)/n$，1 这些数值中的一个。因此，我们取：

$$P = \{p_k \mid k=0,1,2,\cdots,n\} = \left\{ \frac{k}{n} \mid k=0,1,2,\cdots,n \right\} = \left\{ 0, \frac{1}{n}, \frac{2}{n}, \cdots, \frac{n}{n} \right\} \tag{13.12}$$

为概率论域。

2. 内集和外集

定义 13.4　$X_{\text{in}-j} = X \bigcap I_j$ 称为区间 I_j 的内集（interior set）。$X_{\text{in}-j}$ 中的元素叫做 I_j 的内点（interior point）。

显然

$$\forall i \neq j,\quad X_{\text{in}-i} \bigcap X_{\text{in}-j} = \phi$$

且

$$X = X_{\text{in}-1} \bigcup X_{\text{in}-2} \bigcup \cdots \bigcup X_{\text{in}-m}$$

内集是对一个选定的 I_j 定义的。事实上，I_j 的内集是由 X 中的所有属于 I_j 的点组成的集合。

例 13.3　令

$$X = \{x_1,\ x_2,\ \cdots,\ x_6\} = \{7.8,\ 7.5,\ 7.25,\ 7.9,\ 7.3,\ 7.2\} \tag{13.13}$$

和

$$I_1 = [7.0,\ 7.3),\ I_2 = [7.3,\ 7.6),\ I_3 = [7.6,\ 7.9),\ I_4 = [7.9,\ 8.2) \tag{13.14}$$

则区间 I_1 的内集是 $X_{\text{in}-1} = \{x_3, x_6\}$。

定义 13.5　设 $X_{\text{in}-j}$ 是区间 I_j 的内集，$X_{\text{out}-j} = X \setminus X_{\text{in}-j}$ 称为区间 I_j 的外集（outer set）。$X_{\text{out}-j}$ 中的元素叫做 I_j 的外点（outer point）。

也就是说，内集的余集称为外集。例如，对于式(13.13)中的 X，依定义知式(13.14)中区间 I_1 的外集是 $X_{\text{out}-1} = \{x_1, x_2, x_4, x_5\}$。

显然，区间 I 作为一个分类器把给定样本 X 分成两部分。I 的内集是 $X \bigcap I$，外集是 $X \bigcap (\boldsymbol{R} \setminus I)$。很容易延伸内集和外集的定义，从而适合于一个普适性的论域 Ω 和样本 $X \subseteq \Omega$。

令 S_j 是一个指标集，使得 $\forall s \in S_j$，则 $x_s \in X_{\text{in}-j}$，且 $\{x_s \mid s \in S_j\} = X_{\text{in}-j}$。令 T_j 是 $X_{\text{out}-j}$ 的一个指标集，即 $\{x_t \mid t \in T_j\} = X_{\text{out}-j}$。$S_j$ 称为内指标集（interior index set），T_j 称为外指标集（outer index set）。例如，对于式(13.13)中的 X 和式(13.14)中的 I_1，得 $S_1 = \{3, 6\}$ 和 $T_1 = \{1, 2, 4, 5\}$。

3. 游离或漂入的可能性

当给定样本 X 和论域 U 时，由 U 构造 I。$\forall I \in \boldsymbol{I}$，我们通过分析内点游离 I 的可能性和外点漂入 I 的可能性，计算不利事件在 I 中发生的概率是 p 的可能性。

对 X 和 U，用一维线性信息分配式(8.30)把样本点 x_i 携带的信息分配到控制点 u_j，使之获得 q_{ij} 的信息。$\forall x_i \in X$，如果 $x_i \in X_{\text{in}-j}$，我们说它将丢失信息，量值为 $1-q_{ij}$。丢失的信息跑到 I_j 以外的区间里去了。我们用 $q_{ij}^- = 1-q_{ij}$ 代表丢失信息量；如果 $x_i \in X_{\text{out}-j}$，我们说它将会给 I_j 补充信息，量值恰好为 q_{ij}。用 q_{ij}^+ 代表信息增加量。简言之，q_{ij} 的意思是：如果 $x_i \in X_{\text{in}-j}$，x_i 有 q_{ij}^- 可能性游离 I_j，而 $q_{ij}^- = 1-q_{ij}$；如果 $x_i \in X_{\text{out}-j}$，x_i 有 q_{ij}^+ 可能性漂入 I_j，而 $q_{ij}^+ = q_{ij}$。q_{ij}^- 叫做游离的可能性(leaving possibility)，q_{ij}^+ 叫做漂入的可能性(joining possibility)。

4. 原始的内集-外集模型

如果 $X_{\text{in}-j}$ 的容量是 n_j，不利事件 x 在 I_j 中发生的最大可能性概率是 n_j/n。因而，我们定义 $P\{x \in I_j\} = n_j/n$ 的可能性是

$$\pi_{I_j}(n_j/n) = 1 \tag{13.15}$$

然而，一方面，如果 $x_i \in X_{\text{in}-j}$，当随机实验有扰动时，x_i 可能离开区间 I_j，信息量 q_{ij}^- 可视为 x_i 离开 I_j 的可能性。当 $x_s，s \in S_j$ 中的一个样本点离开 I_j 后，$P\{x \in I_j\} = (n_j-1)/n$。而 I_j 中的任何内点都可能离开。因此，$P\{x \in I_j\} = (n_j-1)/n$ 的可能性为

$$\pi_{I_j}\left(\frac{n_j-1}{n}\right) = \bigvee_{s \in S_j} q_{sj}^- \tag{13.16}$$

若有两个点离开，可得 $P\{x \in I_j\} = (n_j-2)/n$。根据可能性的特性，$x_{s_1}$ 和 x_{s_2} 都离开 I_j 的可能性为 $q_{s_1j}^- \wedge q_{s_2j}^-$。考虑到 I_j 中的所有样本点对，可以得到不利事件的概率为 $(n_j-2)/n$ 的可能性为

$$\pi_{I_j}\left(\frac{n_j-2}{n}\right) = \bigvee_{s_1,s_2 \in S_j, s_1 \neq s_2} (q_{s_1j}^- \wedge q_{s_2j}^-) \tag{13.17}$$

另一方面，$X_{\text{out}-j}$ 中的样本点在随机实验有扰动时也可能进入 I_j。$\forall x_t \in X_{\text{out}-j}$，进入 I_j 的可能性为 q_{tj}^+。因此，$P\{x \in I_j\} = (n_j+1)/n$ 的可能性为

$$\pi_{I_j}\left(\frac{n_j+1}{n}\right) = \bigvee_{t \in T_j} q_{tj}^+ \tag{13.18}$$

若 $X_{\text{out}-j}$ 中有两个样本点进入 I_j，可得 $P\{x \in I_j\} = (n_j+2)/n$。其可能性为

$$\pi_{I_j}\left(\frac{n_j+2}{n}\right) = \bigvee_{t_1,t_2 \in T_j, t_1 \neq t_2} (q_{t_1j}^+ \wedge q_{t_2j}^+) \tag{13.19}$$

因此，当 $\{x_s \mid s \in S_j\}$ 的容量为 n_j 时(即，$|X_{\text{in}-j}| = n_j$)，可得式(13.20)计算 PPD，该式称为原始的内集-外集模型 (interior-outer-set model)。

$$\pi_{I_j}(p) = \begin{cases} \bigwedge_{s \in S_j} q_{sj}^-, & p = p_0 \\ \cdots & \cdots \\ \bigvee_{s_1, s_2, s_3 \in S_j, s_1 \neq s_2 \neq s_3} (q_{s_1 j}^- \bigwedge q_{s_2 j}^- \bigwedge q_{s_3 j}^-), & p = p_{n_j - 3} \\ \bigvee_{s_1, s_2 \in S_j, s_1 \neq s_2} (q_{s_1 j}^- \bigwedge q_{s_2 j}^-), & p = p_{n_j - 2} \\ \bigvee_{s \in S_j} q_{sj}^-, & p = p_{n_j - 1} \\ 1, & p = p_n \\ \bigvee_{t \in T_j} q_{tj}^+, & p = p_{n_j + 1} \\ \bigvee_{t_1, t_2 \in T_j, t_1 \neq t_2} (q_{t_1 j}^+ \bigwedge q_{t_2 j}^+), & p = p_{n_j + 2} \\ \bigvee_{t_1, t_2, t_3 \in T_j, t_1 \neq t_2 \neq t_3} (q_{t_1 j}^+ \bigwedge q_{t_2 j}^+ \bigwedge q_{t_3 j}^+), & p = p_{n_j + 3} \\ \cdots & \cdots \\ \bigwedge_{t \in T_j} q_{tj}^+, & p = p_n \end{cases} \tag{13.20}$$

$$j = 1, 2, \cdots, m; p_0 = 0, p_1 = 1/n, \cdots p_{n_j} = n_j/n, \cdots, p_n = 1$$

内集-外集模型是计算和表达二阶不确定性的一个典型模型。Karimi 和 Hullermeier 综合运用贝叶斯理论和概率密度向可能性转化的方法，将其发展为贝叶斯算法[221]，可以计算出一个连续的 PPD。陆遥完善了该算法，并成功应用于地震工程领域，为在风险计算不准的条件下设计地震保险产品提供了重要思路[222]。

原始的内集-外集模型物理意义明确，但计算结果在开区间（0.5，1）上没有取值，而贝叶斯算法得出的 PPD 可以在 0～1 取得可能性值；原始的内集-集模型不依赖于先验信息，如果我们对某一个问题之前没有过多了解也可以应用该模型进行 PPD 的计算，而贝叶斯算法依赖于先验信息，如果没有先验信息只能采用（0，1）的均匀分布。先验信息的获取并非易事。特别地，如果先验信息不准确，可能导致贝叶斯算法计算结果的错误。

5. 简便的内集-外集模型

由于原始的内集-外集模型涉及组合运算，尽管矩阵算法为编程提供了方便[223]，用计算机程序很容易运行此模型，但仍然不易推广。Moraga 与本书作者合作，提出了一个简便算法[224]，彻底解决了计算困难的问题。现将简便方法陈述如下，共分为五个步骤。

（1）采用一维线性分配式(8.30)将 X 中的各样本点 x_i 在论域 U 的和控制 u_j 上进行分配，得信息增量 q_{ij}。

（2）$\forall I_j \in I$，对其内集 X_{in-j}，求其游离量集合，记为 $Q_j^- = \{q_{ij}^-\}$；及外集 X_{out-j} 求其漂入量集合，记为 $Q_j^+ = \{q_{ij}^+\}$。

（3）对所有的游离信息，以每个 X_{in-j} 为一组，在本组中进行升序排列。假定 $|X_{in-j}| = n_j$，此升序排列可记为

$$\uparrow (Q_j^-) = [q_{1,j}^-, \cdots, q_{n_j, j}^-], q_{s,j}^- \leqslant q_{t,j}^- (\forall s < t)$$

称为升排序。即 $\uparrow(Q_j^-)$ 中的元素按由小到大的顺序排列。如果 $X_{\mathrm{in}-j}$ 中的某点其游离 I_j 的信息值刚好为零，在排序时也要一同参与排序。$q_{s,j}^-$ 并非 $1-q_{sj}$，而是集合 $\{q_{ij}^-\}$ 中按升序排在第 s 个位置的元素。

（4）对所有的漂入信息，以每个 $X_{\mathrm{out}-j}$ 为一组，在本组中进行降序排列。在 $|X_{\mathrm{in}-j}| = n_j$ 的假定下，必有 $|X_{\mathrm{out}-j}| = n - n_j$，按降序排列的漂入信息可记为

$$\downarrow(Q_j^+) = [q_{1,j}^+, q_{2,j}^+, \cdots, q_{n-n_j,j}^+], \quad q_{s,j}^+ \geqslant q_{t,j}^+ (\forall s < t)$$

称为降排序。即 $\downarrow(Q_j^+)$ 中的元素按由大到小的顺序排列。如果 $X_{\mathrm{out}-j}$ 中的点其漂入 I_j 的信息值为零，在排序时也要一同参与排序。$q_{s,j}^+$ 并非 q_{sj}，而是集合 $\{q_{ij}^+\}$ 中按降序排在第 s 个位置的元素。

（5）令 $p_k = k/n$，$k = 0,1,2,\cdots,n$，则式(13.20)可简化为

$$\pi_{I_j}(p) = \begin{cases} q_{1,j}^- (\uparrow(Q_j^-) \text{ 中的第一个元素}), & p = p_0 \\ q_{2,j}^- (\uparrow(Q_j^-) \text{ 中的第二个元素}), & p = p_1 \\ \cdots, & \cdots \\ q_{n_j,j}^- (\uparrow(Q_j^-) \text{ 中的最末一个元素}), & p = p_{n_j-1} \\ 1, & p = p_{n_j} \\ q_{1,j}^+ (\downarrow(Q_j^+) \text{ 中的第一个元素}), & p = p_{n_j+1} \\ q_{2,j}^+ (\downarrow(Q_j^+) \text{ 中的第二个元素}), & p = p_{n_j+2} \\ \cdots, & \cdots \\ q_{n-n_j,j}^+ (\downarrow(Q_j^+) \text{ 中的最末一个元素}), & p = p_n \end{cases} \tag{13.21}$$

例 13.4　某地曾发生过 6 次强烈地震，震级记录由上面的式(13.13)给出。由于样本稀少，我们选择用可能性-概率风险来表达该地的中强地震风险。考虑区间

$$I_1 = [7.0,7.3), I_2 = [7.3,7.6), I_3 = [7.6,7.9]$$

相应的离散论域为

$$U = \{u_j \mid j = 1,2,3\} = \{7.15, 7.45, 7.75\}$$

此处控制点步长为 $\Delta = 0.3$。

（1）由式(8.30)计算得信息增量 q_{ij}，列于表 13.2。

表 13.2　x_i 分配给 u_j 的信息量 q_{ij}

样本点	$u_1 = 7.15$	$u_2 = 7.45$	$u_3 = 7.75$
$x_1 = 7.8$	0.0	0.0	0.83
$x_2 = 7.5$	0.0	0.83	0.17
$x_3 = 7.25$	0.67	0.33	0.0
$x_4 = 7.9$	0.0	0.0	0.5
$x_5 = 7.3$	0.5	0.5	0.0
$x_6 = 7.2$	0.83	0.17	0.0

(2) 对于区间 I_j，求游离量集合 Q_j^- 和漂入量集合 Q_j^+，分别列于表 13.3 和表 13.4 中。

表 13.3 内集 $X_{\mathrm{in}-j}$ 中元素游离的可能性值 q_{ij}^- 构成游离量集合 Q_j^-

		$x_1 = 7.8$	$x_2 = 7.5$	$x_3 = 7.25$	$x_4 = 7.9$	$x_5 = 7.3$	$x_6 = 7.2$
$X_{\mathrm{in}-1}$:	$Q_1^- = \{$			0.33,			0.17}
$X_{\mathrm{in}-2}$:	$Q_2^- = \{$		0.17,			0.5	}
$X_{\mathrm{in}-3}$:	$Q_3^- = \{$	0.17,			0.5		}

表 13.4 外集 $X_{\mathrm{out}-j}$ 中元素漂入的可能性值 q_{ij}^+ 构成漂入量集合 Q_j^+

		$x_1 = 7.8$	$x_2 = 7.5$	$x_3 = 7.25$	$x_4 = 7.9$	$x_5 = 7.3$	$x_6 = 7.2$
$X_{\mathrm{out}-1}$:	$Q_1^+ = \{$	0,	0,		0.5,	0	}
$X_{\mathrm{out}-2}$:	$Q_2^+ = \{$	0,		0.33,	0,		0.17}
$X_{\mathrm{out}-3}$:	$Q_3^+ = \{$		0.17,	0,		0,	0}

(3) 将游离量集合 Q_j^- 按升序排列，形成升排序 $\uparrow(Q_j^-)$，列于表 13.5 中。

表 13.5 来自于游离量集合 Q_j^- 的升排序 $\uparrow(Q_j^-)$

$\uparrow(Q_1^-) = [$	0.17,	0.33]
$\uparrow(Q_2^-) = [$	0.17,	0.5]
$\uparrow(Q_3^-) = [$	0.17,	0.5]

(4) 将漂入量集合 Q_j^+ 按降序排列，形成降排序 $\downarrow(Q_j^+)$，列于表 13.6 中。

表 13.6 来自于漂入量集合 Q_j^+ 的降排序 $\downarrow(Q_j^+)$

$\downarrow(Q_1^+) = [$	0.5,	0,	0,	0]
$\downarrow(Q_2^+) = [$	0.33,	0.17,	0,	0]
$\downarrow(Q_3^+) = [$	0.17,	0,	0,	0]

(5) 令 $p_k = k/n$，$k = 0,1,2,\cdots,6$，由式(13.21)计算得一个 PPD，由表 13.7 示之。

表 13.7 由可能性-概率分布表达的地震模糊风险 $\pi_{I_j}(p_k)$

区间	p_0	p_1	p_2	p_3	p_4	p_5	p_6
I_1	0.17	0.33	1	0.5	0.0	0.0	0.0
I_2	0.17	0.5	1	0.33	0.17	0.0	0.0
I_3	0.17	0.5	1	0.17	0.0	0.0	0.0

13.4　云南省中北部地区地震软风险区划图

本节以作者参与研究的文献［225］之例来介绍用内集-外集模型制作软风险区划图。该方法也被用于研究京津冀地区的地震危险性，在地震烈度区划图的基础上，进一步得到了概率之可能性为 0.7 的地震烈度软风险区划图[226]。

1. 研究区概况

云南地区位于欧亚板块和印度板块碰撞带之东侧，印度板块和欧亚板块的碰撞，导致云南及其邻区深大断裂十分发育。特殊的地学区位和复杂的地质构造条件，使云南地区成为中国大陆地区地震频度高、强度大、震源浅、分布广的中国大陆内部地震活动最强烈的场所之一[227]。据统计[228]，20 世纪，面积不足全国面积 4％的云南省共发生 $M \geqslant 5.0$ 地震 289 次，占了全国的 14.7％；发生 $M \geqslant 6.0$ 地震 76 次，$M \geqslant 7.0$ 地震 13 次。以县、区作为统计地震的单元，全省所辖的 125 个县(市。区)，历史上有 72％发生过 $M \geqslant 5.0$ 地震。近 30 年来，云南就发生 6 级以上地震 22 次，7 级以上地震 8 次，造成近 2 万人死亡，5 万多人受伤，直接经济损失超过 200 亿元。根据最大地震震级、每万平方千米面积平均发生 $M \geqslant 5.0$ 和 $M \geqslant 7.0$ 地震次数三个指标进行综合评定，云南地区地震的严重程度都排在中国大陆地区的首位。大陆地震是造成地震灾害的主要事件，中国是世界上大陆地震的主要活动区域，由此可见，云南在世界地震危险区中占有重要位置。

本节以云南省昆明市、楚雄彝族自治州、大理白族自治州、丽江市 4 个市、自治州 41 个县市区作为研究区(图 13.1)进行地震灾害软风险区划图[229][230]的实证分析。考虑到对该地区有影响的震中位置在研究区周边的历史地震，我们在该研究区周边做了一个 20km 的缓冲区。滇西地震实验场是中国地震局的两大地震预报实验场之一，该实验场位于本研究区的大理、丽江地区，因此，该研究区有丰富的历史地震资料。根据"强震震中相对集中、有一条或多条活动断裂通过"这 2 条原则，将上述研究区划分成 5 个地震活动带(区)(图 13.2)。

2. 资料来源与数据处理

本节用于估计昆明-楚雄-大理-丽江地区地震灾害风险的基础资料主要是包括地震发生时间、空间(地表坐标、震中位置)和强度(震级)三个基本参数的地震独立事件目录。所用地震目录资料来源于《中国历史强震目录(公元前 23 世纪～公元 1911 年)》(国家地震局震害防御司，1995)、《中国近代地震目录(公元 1912～1990 年)》(中国地震局震害防御司，1999)和《中国地震年鉴》(1992～2001)(国家地震局，1992～2001)。

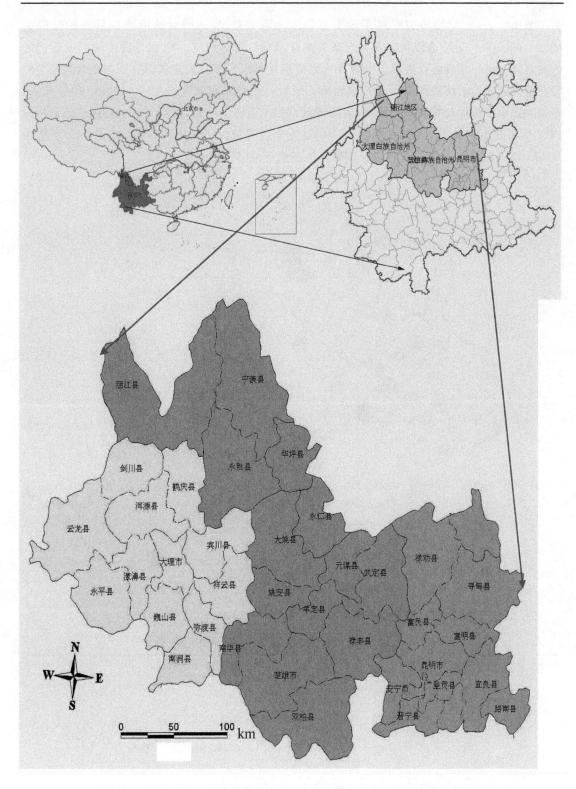

图 13.1 以昆明市、楚雄彝族自治州、大理白族自治州、丽江市作为研究区

　　云南省 20 世纪的地震资料不仅丰富而且比较完整[231]，因此选取地震目录的时段是 1901～2000 年。鉴于地震研究人员近来的统计习惯，常常以 5.0 级作为讨论强地震活动特征的震级下限。本处将以震级 5.0 级作为强震震级下限。考虑到对该研究区有影响的震中位置在研究区周边的历史地震，在选取地震记录时，我们对研究区做了一个 20km 的缓冲区。本文共选取了震中位置在该研究区（含缓冲区）的 51 条历史地震记录[228]，并将这些记录按图 13.2 所示的地震带（区）划分，得表 13.8。这五个地震带（区）的地震震级记录样本分别记为 X_1, X_2, X_3, X_4, X_5。我们需要知道该研究区各地震带（区）的强震风险。

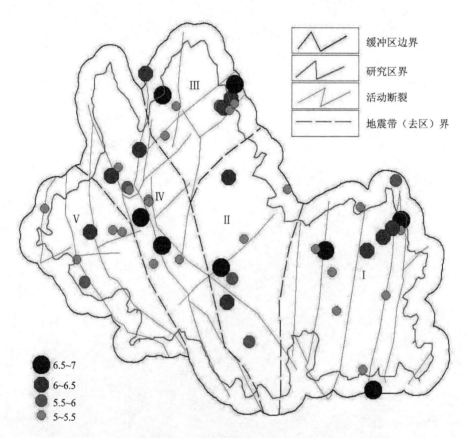

图 13.2　研究区 $M \geqslant 5.0$ 地震震中分布与地震活动带（区）划分

表 13.8　各地震带（区）历史强震震级记录样本

地震带/区	样本名称	样本数/个	地震震级记录（M）
I	X_1	14	5.7, 5.0, 6.5, 6.2, 5.0, 6.0, 6.1, 5.2, 5.2, 6.5, 5.2, 5.3, 6.5, 5.1
II	X_2	7	5.0, 6.0, 5.3, 6.5, 5.6, 6.2, 5.6
III	X_3	13	6.4, 7.0, 5.0, 5.3, 6.7, 6.4, 5.3, 5.1, 5.0, 5.2, 5.0, 6.2, 5.5
IV	X_4	11	6.2, 5.3, 6.2, 5.0, 5.5, 5.3, 5.0, 6.5, 7.0, 5.4, 5.3
V	X_5	6	5.3, 6.0, 5.2, 5.0, 5.3, 5.8

由于我们不知道该地区强震震级所服从概率分布的函数形式(如是正态分布还是指数分布),而且各地震带(区)强震记录样本的容量都很小,分别为 14、7、13、11、6,由小样本提供的是一类模糊信息。因此,依据所给样本进行的概率估计必然很不精确,用 PPD 来表达该地区的破坏性地震风险比较合适。

3. 地震模糊风险

由表 13.8 所给样本,应用上节的内集-外集模型计算各个地震带(区)的地震模糊风险,得到表 13.9 至表 13.13。这里,各地震区的强震记录样本所考虑的区间分别是

Ⅰ区：$I_1=[4.5,5.1),I_2=[5.1,5.7),I_3=[5.7,6.3),I_4=[6.3,6.9)$；步长 $\Delta=0.6$。

Ⅱ区：$I_1=[4.6,5.4),I_2=[5.4,6.2),I_3=[6.2,7.0)$；步长 $\Delta=0.8$。

Ⅲ区：$I_1=[4.6,5.5),I_2=[5.5,6.4),I_3=[6.4,7.3)$；步长 $\Delta=0.9$。

Ⅳ区：$I_1=[4.6,5.5),I_2=[5.5,6.4),I_3=[6.4,7.3)$；步长 $\Delta=0.9$。

Ⅴ区：$I_1=[4.7,5.3),I_2=[5.3,5.9),I_3=[5.9,6.5)$；步长 $\Delta=0.6$。

表 13.9　由内集-外集模型计算所得Ⅰ区中地震模糊风险 $\pi_{I_j}(p_k)$

区间	p_0	p_1	p_2	p_3	p_4	p_5	p_6	p_7	p_8	p_9	p_{10}	p_{11}	p_{12}	p_{13}	p_{14}
	0	0.07	0.14	0.21	0.29	0.36	0.43	0.50	0.57	0.64	0.71	0.79	0.86	0.93	1
I_1	0.33	0.33	1	0.5	0.33	0.33	0.33	0.17	0	0	0	0	0	0	0
I_2	0.17	0.33	0.33	0.33	0.5	1	0.5	0.33	0.33	0	0	0	0	0	0
I_3	0	0.17	0.33	0.5	1	0.17	0.17	0.17	0	0	0	0	0	0	0
I_4	0.17	0.17	0.17	1	0.33	0.17	0	0	0	0	0	0	0	0	0

表 13.10　由内集-外集模型计算所得Ⅱ区中地震模糊风险 $\pi_{I_j}(p_k)$

区间	p_0	p_1	p_2	p_3	p_4	p_5	p_6	p_7
	0	0.14	0.29	0.43	0.57	0.71	0.86	1
I_1	0	0.38	1	0.25	0.25	0.25	0	0
I_2	0	0	0.25	1	0.5	0.13	0.13	0
I_3	0	0.5	1	0.25	0	0	0	0

表 13.11　由内集-外集模型计算所得Ⅲ区中地震模糊风险 $\pi_{I_j}(p_k)$

区间	p_0	p_1	p_2	p_3	p_4	p_5	p_6	p_7	p_8	p_9	p_{10}	p_{11}	p_{12}	p_{13}
	0	0.07	0.14	0.21	0.29	0.36	0.43	0.50	0.57	0.64	0.71	0.79	0.86	0.93
I_1	0.05	0.28	0.28	0.28	0.28	0.28	0.28	1	0.5	0	0	0	0	0
I_2	0	0.5	1	0.5	0	0	0	0	0	0	0	0	0	0
I_3	0	0	0	0.5	1	0.28	0	0	0	0	0	0	0	0

表 13.12　由内集-外集模型计算所得 IV 区中地震模糊风险 $\pi_{I_j}(p_k)$

区间	p_0	p_1	p_2	p_3	p_4	p_5	p_6	p_7	p_8	p_9	p_{10}	p_{11}
	0.79	0	0.07	0.14	0.21	0.29	0.36	0.43	0.50	0.57	0.64	0.71
I_1	0.28	0.28	0.28	0.28	0.28	0.39	1.0	0.50	0.50	0.50	0	0
I_2	0.28	0.28	0.50	1.0	0.39	0.39	0.39	0.39	0.28	0.28	0.28	0.28
I_3	0	0.39	1.0	0.28	0	0	0	0	0	0	0	0

表 13.13　由内集-外集模型计算所得 V 区中地震模糊风险 $\pi_{I_j}(p_k)$

区间	p_0	p_1	p_2	p_3	p_4	p_5	p_6
	1	0	0.17	0.33	0.5	0.67	0.83
I_1	0	0.33	1	0.5	0	0	0
I_2	0	0	0.5	1	0.33	0.33	0.33
I_3	0.33	1	0.33	0	0	0	0

4. 模糊期望的计算

用式(13.3)~式(13.6)计算各地震带(区)模糊风险的期望时，首先是针对震级论域的给定区间 I 取截集 $A_\alpha(I) = \{p \mid p \in P, \mu_I(p) \geqslant \alpha\}$，然后再用式(13.3)求出此区间对应的最小概率和最大概率，进而形成在不同区间上的最小概率分布和最大概率分布，经式(13.4)规一化处理后则由式(13.5)计算出期望。我们取截集水平 $\alpha = 0.25$，以地震区 I 的地震灾害模糊风险(表13.9)为例进行计算演示。此时，区间中点构成的离散论域是 $U = \{4.8, 5.4, 6.0, 6.6\}$。

由表13.9知，如果在地震区 I 中发生一次震级在 4.5~6.9 级的中强震，由历史地震资料并不能确切地估计出其震级在区间 $I_1 = [4.5, 5.1)$ 中的概率值，即事件发生的概率值不是一个分明的数，而是一个模糊集，即

$$A(I_1) = \frac{0.33}{0} + \frac{0.33}{0.07} + \frac{1}{0.14} + \frac{0.5}{0.21} + \frac{0.33}{0.29} + \frac{0.33}{0.36} + \frac{0.33}{0.43} + \frac{0.17}{0.50}$$

在这个模糊集中，隶属度不小于 0.25 的概率值是前 7 项。由于我们是用离散分布来逼近连续分布，所以用第 1 项中的概率值(分母)作为截集的左端点，以第 7 项中的概率值作为截集的右端点，我们就得到 α-截集 $A_{0.25}(I_1) = [0, 0.43]$，同理可得

$$A_{0.25}(I_2) = [0.07, 0.57], A_{0.25}(I_3) = [0.14, 0.29], A_{0.25}(I_4) = [0.21, 0.29]$$

由式(13.3)得

$$\{\underline{p}_{0.25}(I_1), \underline{p}_{0.25}(I_2), \underline{p}_{0.25}(I_3), \underline{p}_{0.25}(I_4)\} = \{0, 0.7, 0.14, 0.21\}$$

$$\{\overline{p}_{0.25}(I_1), \overline{p}_{0.25}(I_2), \overline{p}_{0.25}(I_3), \overline{p}_{0.25}(I_4)\} = \{0.43, 0.57, 0.29, 0.29\}$$

由式(13.4)进行归一化，得

$$\{\underline{p}'_{0.25}(I_1), \underline{p}'_{0.25}(I_2), \underline{p}'_{0.25}(I_3), \underline{p}'_{0.25}(I_4)\} = \{0, 0.17, 0.33, 0.5\}$$

$$\{\overline{p}'_{0.25}(I_1), \overline{p}'_{0.25}(I_2), \overline{p}'_{0.25}(I_3), \overline{p}'_{0.25}(I_4)\} = \{0.27, 0.36, 0.18, 0.18\}$$

最后根据式(13.5)计算得模糊期望，即

$$\underline{E}_{0.25} = 0 \times 4.8 + 0.17 \times 5.4 + 0.33 \times 6.0 + 0.5 \times 6.6 = 6.2$$

$$\overline{E}_{0.25} = 0.27 \times 4.8 + 0.36 \times 5.4 + 0.18 \times 6.0 + 0.18 \times 6.6 = 5.5$$

于是，地震区 I 中地震模糊风险 $\pi_{I_j}(p_k)$ 的 0.25-截集的期望区间是 $[5.5, 6.2]$。粗略地讲，由历史地震资料我们并不能较好地估计震级的期望值，而只是一个区间 $[5.5, 6.2]$，并且我们知道，期望值在 5.5 附近的可能性大于在 6.2 附近的可能性因表 13.8 中 X_1 的样本均值为 5.68，较为靠近 5.5。

　　一般来说，大概率的灾害事件发生的强度比较小，而小概率灾害事件发生的强度比较大，所以，我们把小概率对应的模糊期望值 $\underline{E}_\alpha$ 称之为保守风险值(conservative risk)，把大概率对应的模糊期望值 $\overline{E}_\alpha$ 称之为冒险风险值(risky risk)。这样，在 α 水平下，可以给出两个风险值。如果 α 取遍 $[0, 1]$ 内的所有值时，便可以得到一系列的风险值。因此，模糊风险是一类多值或集值风险。换言之，如果按 6.2 级地震设防就比较保守，而按 5.5 级则比较冒险。

　　因此，地震区 I 的地震灾害模糊风险在 0.25-水平截集下的保守风险值和冒险风险值分别为 6.2 和 5.5。同样的方法，我们可以计算得到地震区 I 的地震灾害模糊风险在其他水平截集下的保守风险值和冒险风险值。表 13.14 列出了各地震带(区)地震灾害模糊风险在 0.25-水平截集、0.5-水平截集和 1-水平截集下的保守风险值和冒险风险值。

表 13.14　各地震带(区)地震灾害风险的模糊期望值

α-水平	地震带(区)	保守风险值	冒险风险值
	I	6.2	5.5
	II	5.9	5.7
0.25	III	6.3	5.8
	IV	6.9	5.7
	V	6.3	5.8
	I	5.8	5.6
	II	5.6	5.7
0.5	III	5.7	5.7
	IV	5.6	5.4
	V	5.5	5.5
		最大可能性风险值	
	I	5.7	
	II	5.8	
1	III	5.7	
	IV	5.5	
	V	5.5	

注：对 1-水平，期望区间退化为 1 个点，其对应的风险值称为"最大可能性风险值"。

5. 软风险区划图模型

由内集-外集模型计算出来的模糊风险是一类多值风险，反映了风险值估计不准这一事实。可能性-概率分布主要地在于探究、挖掘隐藏的信息内容，概率值估计不准便属于这种深层次可视化的信息内容。将这种多值风险转化成风险区划图，一目了然，便于使用。

风险图不仅要对数据"是什么"做可视化，还要对数据"怎么样"做可视化。后者是关于数据本身的信息，揭示数据的可信赖程度，从而指导后续数据应用中的正确决策。即风险图不仅要提供风险值信息，还要提供风险值可信度的信息。如何采用可视化技术将风险值估计不准这一信息揭示出来，让用户在决策分析时清楚何处数据有质量问题及其严重程度，是新一代风险区划图设计应关注的问题。

自然灾害模糊风险的多值性反映在风险图上，就是一个区划单元将赋予多个风险值，并且这些风险值具有"层"的结构。这种"层"是依据α水平取值来划分的，即风险值E_α和$\bar{E}_\alpha$反映了在α层次上的状况。由于自然灾害模糊风险的多值化，以至于在单独一幅地图上同时显示模糊风险的多个风险值时将会弱化风险信息的直观性。那么，对于每个区域的自然灾害模糊风险而言，都必须生成多幅地图，才能更直观地为用户提供更多的风险信息。

考虑到风险值的层次结构，在设计新一代风险区划图时，将同一α水平上的不同地区的保守风险值或冒险风险值汇集在同一图层上，这些层叠加起来就是完整的一套风险区划图。这种风险区划图是由一系列风险图组成。其中，把根据保守风险值绘制的风险区划图层称为保守风险图；把根据冒险风险值绘制的风险区划图层称为冒险图。因此，应用模糊风险值绘制的自然灾害风险区划图是一个包括不同α水平下的保守风险图和冒险风险图的图组。假设所考虑的可能性水平个数为n，则任意一个区划单元可以定义为n个可能性水平，由于每个风险水平又对应着保守风险图和冒险风险图，因此，一个图组包括需$2n$个地图层。由于这是一种用软(不精确)计算方法得出的风险值绘制的风险区划图，所以称之为软风险区划图。图 13.3 给出了自然灾害软风险区划图样例。

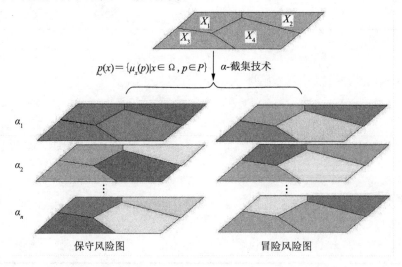

图 13.3　可能性-概率风险分析与软风险区划图模型

采用"层"结构形式显示不同可靠性水平下的灾害风险的空间差异,会使其直观醒目,产生富于表现力的效果,充分发挥人的视觉潜力,传递给用户的信息量则比传统方法要大很多。因此,当风险值被转绘到风险图上时,用户就可以更容易地从描述的数据中得到所需要的信息,便于用户的观察、理解和解释。

6. 软风险区划图的绘制

表 13.14 也反映了在模糊风险模型中,对于一个给定的风险区划单元,其某种灾害的风险水平不可能是唯一的,即风险水平应该是多层次的;对于一个风险水平来说,其风险值也不可能是唯一的。因此,在软风险区划图中,一个给定的风险区划单元将被赋予多个不同的风险值。例如,对于风险区划单元I,其被赋予 0.25 和 0.5 两个风险水平下的 6.2,5.5,5.8,5.6 四个风险值。软风险区划图的任务是把表 13.14 所示的信息在风险区划图中显示出来。

考虑到应用截集技术计算得到的模糊风险的多值化以及风险值的层次性,我们将采用上述的软风险区划模型将表 13.14 展示的风险信息转化,绘成软风险区划图(图 13.4)。此处的风险区划图绘制是在地理信息系统平台 MapInfo 上完成,并采用专题地图中的分级设色法进行地图显示,即将表 13.14 中的地震震级分成四个震级间隔:5.0～5.5;5.6～5.9;6.0～6.5;6.6～7.0,然后根据设置的级别用颜色渲染需要显示的数据。

软风险区划是包括保守风险图和冒险风险图两个基本风险图并且具有层次结构的一套地图。风险图的层次性是由 α 水平取值确定的。图 13.4 给出三个风险水平,即 $\alpha=0.25,\alpha=0.5$ 和 $\alpha=1$。其实,根据用户的需求,还可以选取其他水平。对应于 $0<\alpha<1$ 截集水平 α,图 13.4 赋予每一个风险区划单元两个风险值。这里,我们对每个 α 水平上的风险值在风险图上分别用保守风险图与冒险风险图来表达;对应于 $\alpha=1$,用最大可能性风险图来表达。这样,一个区划单元就对应着多个风险值。风险值的多值化表达了风险值估不准的信息,而截集水平则是描述风险信息可靠性的关键。

区划结果显示,昆明-楚雄-大理-丽江地区地震灾害风险程度的总体分布特点是:在 0.25 水平上,保守风险图显示大理、丽江西北部、楚雄东部和昆明地区的地震灾害风险程度较高,震级均在 6.0 级以上;丽江东南部、楚雄西部地区的地震灾害风险程度相对较低。而冒险风险图则显示昆明地区和楚雄东部部分地区的风险程度低于该研究区其他地区,震级水平为 5.0～5.5;保守风险图显示的各地区风险程度的区域差异较冒险风险图明显,并且,保守风险图的风险程度整体上高于冒险风险图。在 0.5 水平上,保守风险图与冒险风险图均显示该研究区地震灾害风险区域差异不明显,保险风险图显示只有大理西部部分地区的震级在 [5.0,5.5],其他地区的地震水平均在 (5.5,6.0),冒险风险图显示丽江西部、大理和楚雄西南部地区地震震级在 [5.0,5.5],其他地区的地震水平均在 (5.5,6.0)。从图 13.4 可以看出,最大可能性风险图上风险程度的总体分布形势是与 0.5 水平上的风险程度的总体分布形势是相同的。

对比 0.25 水平上的保守风险图和 0.5 水平上的冒险风险图,可以发现 0.25 水平上的保守风险图显示的风险程度总体上高于 0.5 水平的保守风险图;0.25 水平上的保守风险图上风险区域差异较 0.5 水平的保守风险图明显。对比 0.25 水平上的冒险风险图与 0.5 水平上

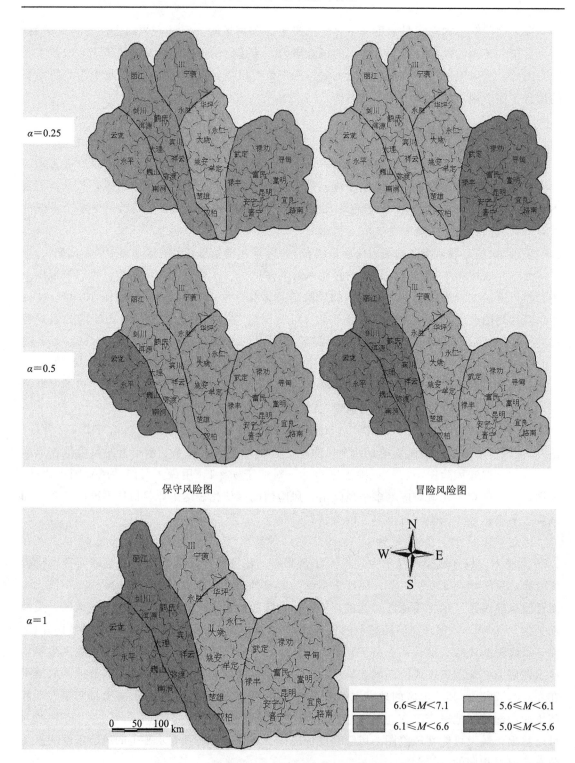

图 13.4　昆明-大理-丽江地区地震灾害软风险区划图

的冒险风险图表明，0.25 水平上的冒险风险图显示的风险程度是中西部高于东部，而 0.5 水平上的冒险风险图显示的风险程度是东中部高于西部；两图显示的风险程度差异不明显。

13.5　结论和讨论

由于信息不完备等原因，估计出来的自然灾害风险和真实的自然灾害风险必然有较大的差异。尤其，当给定的、用于风险分析的样本其容量很小，并且无法判断概率分布的类型时，根本无法比较精确地估计自然灾害的风险。因此，"风险值估不准"是现有概率风险区划图的致命弱点。人们为解决这一问题已经进行了大量的努力，但以目前的科技水平，人们根本无法在可控的误差范围内准确估计出自然灾害风险。变通的途径是用适当的方式体现风险值的模糊不确定性，并寻找合适的图形化方式绘制风险区划图，为用户提供尽可能多的风险信息，便于决策时有调整余地。

虽然人们早已将模糊集理论用于风险分析，但重点是用专家经验提高系统识别能力。人们也进行了大量的"模糊概率"研究，但主要不是针对概率估计不准，而是针对"模糊事件发生的概率"。只有"可能性-概率分布"概念提出后，才明确了与风险有关的"模糊概率"是指不准确的，可以用模糊集方式描述的概率。

内集-外集模型是国际上第一个可以直接由样本计算可能性-概率分布的模型，其在地震灾害软风险区划的中的应用表明，它可以表达风险值估计不准这一信息，能为决策者提供风险管理的调节余地，为提高风险决策的科学性和有效性提供帮助。

在软风险区划中，α 的取值与使用者的信任程度有关。信任程度越低，保守风险图与冒险风险图的差异越大。如果使用者认为评估结果的模糊性已经很小，对其信任度很高，不必考虑估不准的问题，取 α 为 1，保守风险图与冒险风险图就二合一了，这其实就是传统的风险区划图。换言之，传统的风险区划图，是一种盲从的区划图。

制作了保守风险图和冒险风险图后，选用何图则与不同行为者的风险偏好有关。例如，偏好投资小，受益值高(尽管风险概率大)的投资活动，如在地震区投资旅游项目的投资者来说，他们对冒险风险图就会感兴趣；对于投资金额较大的情况下的投资者来说，如修建核电站，他们宁可放弃"可能的"高受益，而选用保守风险图。这一区划结果具有明确的意义，不仅便于风险区划理论研究使用，而且将有助于科学家、官员、决策者和公众得到并利用更多的风险信息，有助于他们从事研究、制定计划和政策及减灾工程的设计。

对于由内集-外集模型计算出来的可能性-概率分布 Π，我们应当承认两条事实：一方面，从挑剔的角度来看，对我们无法证明当样本容量 $n \to \infty$ 时，$\Pi \to p(x)$ ($p(x)$ 为样本总体的概率分布)，或许要用诸如正态扩散这样的方式研究出新的计算模型后才能展开讨论，可以说，内集-外集模型是一个很粗糙的模型，特别地，其计算出来的可能性数值 π 均在 $(0.5, 1)$ 之外；另一方面，从可行性的角度来看，尽管 Π 的数值不一定可信，但这是一次可喜的逼近，它总比 π 值只能取 0 或 1 中的一个要更接近于真实程度。

传统的概率分布估计方法所得结果，其实等价于一个隶属程度在 $\{0, 1\}$ 中取值的一个可能性-概率分布 Π 例如，设 $\hat{p}(x)$ 为对总体分布 $p(x)$ 的一个传统估计(例如来自于直方图或参数方法)，其等价于可能性-概率分布：

$$\Pi : \mu_x(p) = \begin{cases} 1, & p = \hat{p}(x) \\ 0, & p \neq \hat{p}(x) \end{cases}$$

就目前的研究结果来看,尽管引入贝叶斯算法等工具后能改进 Π 的性质,但依其计算出来的模糊期望与内集-外集模型的结果并无大的差异。这说明,从应用的角度看,内集-外集模型给出的结果在总体分布上并无大的偏差,可以放心使用。

随着人们风险意识的提高,"风险值估不准"的问题会受到更多人的关注,相信不久的将来会有更好的模型问世,"估不准的信息"能得到更客观的反应,风险管理中的盲从会渐渐消失。

第四部分　风险管理探讨

❀❀❀❀❀❀❀❀❀❀❀❀❀❀❀❀❀❀❀❀❀❀❀❀❀❀❀❀❀❀❀❀❀❀❀❀

第14章　风险管理的地位

14.1　风险管理

风险管理的内容比灾害风险管理的内容要丰富得多。灾害管理是指对防灾减灾人类活动的管理。充分考虑各种不确定性而进行的灾害管理就称为灾害风险管理（参见定义4.3）。灾害风险管理的对象非常明确，就是灾害风险。由3.2节可知，环境危害、食品安全、安全生产、项目投资、金融系统和信息技术等领域中，都存在着大量的风险问题，相应的风险管理内容，十分丰富。

然而，到底什么是风险管理？正如人们对什么是"风险"争论不休一样，人们对什么是"风险管理"也并没形成高度共识。例如，国际风险分析学会将风险管理视为风险分析的一部分[1]；ISO 31000（风险管理国际标准）将风险管理定义为一个组织对风险的指挥和控制的一系列协调活动；在澳大利亚和新西兰联合开发的AS/NZS 4360标准中，将风险管理定义为风险识别、风险分析、风险处置和风险监控的系统性过程[2]。"风险管理"曾经是20世纪90年代西方商业界前往中国进行投资的行政人员必修科目，指的是在降低风险的收益与成本之间进行权衡并决定采取何种措施的过程。

事实上，由于风险无处不在，任何力图降低风险水平和规避风险的人类行为都可以称为风险管理，甚至于迷信色彩浓厚的占卜也可以视为是一种风险管理，即面对茫然无知的未来求得必要的安慰。建于公元前256年的四川都江堰水利工程，是中国古代对洪涝灾害进行风险管理最好的范例之一。高超的战争谋略堪称顶级的风险管理大作。

为了规范本书的表述，我们给出了风险管理的定义。

定义14.1　风险管理是依据风险评价的结果，结合法律、政治、经济、社会及其他有关因素对风险进行管理决策并采取相应控制措施的过程。

定义指明了被管理的对象是"风险"，管理的依据是"风险评价的结果"，主要制约因素是"法律"、"政治"、"经济"和"社会"，主要行为是"决策"和"控制"。显然，社会包括了人力资源和文化，而经济包括了财富和生产。风险管理是一个过程。

例如，针对新技术可能对人类的危害，采取相应的措施进行防护，这就是风险管理问题。这里，风险的内涵是"潜在的危害"；管理的依据是"对危害程度的评估"和"管理者

---

[1] The Society for Risk Analysis. http://www.sra.org/. 访问时间：2011年11月3日

[2] RCM as Risk Management. http://www.reliability.com.au/reliability-whitepapers/172-rcm-risk-management. 访问时间：2011年11月3日

可以使用的资源"；管理需要考虑"法律"、"政治"、"经济"和"社会"等制约因素；管理的主要行为是制定防护法规，生产、安装和使用防护设施。

从哲学层面上讲，稳定的获利代表着一种确定性，而现实世界又充满了不确定，如何从不确定中寻找到确定性呢？这就是风险管理的动力。一言以蔽之，我们无法完全影响世界让不确定性消失，我们只能控制自己的行为，在充满不确定性的环境中，以确定的规则、确定的执行和确定的行为习惯，追逐确定的利益。以平和的心态面对躁动不安的世界，是风险管理的最佳哲学心态。

从理论层面上讲，风险管理就是风险系统的管理。所谓系统，就是若干相互联系、相互作用、相互依赖的要素结合而成的，具有一定的结构和功能，并处在一定环境下的有机整体。承载风险的系统就称为风险系统。例如，一个开放型经济系统是一个风险系统，由于相关的战略资源、贸易、金融、产业和技术等要素中存在大量的不确定性，阻碍经济系统达到目标，这就是系统承载的风险。

一般的系统管理，主要是对较稳定的管理对象进行分析，从整体、联系和开放的观点出发，对其进行控制，使之与预期目标一致。而风险系统管理则不仅注重通常的管理策略，而且还注重对系统自身的不确定性和外部环境的不确定性进行分析，对系统进行控制，使之在数学预期值的意义上达到管理目标。例如，企业内部的财务管理是一个一般的系统管理问题，管理的目标是不要出现资金漏洞；而股票投资管理是一个风险系统管理问题，管理的目标是总体达到盈利。显然，当我们忽略系统的不确定性时，风险管理就退化为普通的系统管理。

从技术层面上讲，风险管理主要是回答下述 5 个问题：

(1)要进行什么样的风险评价？

(2)怎么才能减轻不利事件的影响？

(3)怎么才能减小不利事件发生的可能性？

(4)在风险管理选项中，涉及什么平衡点？

(5)最好的选项是什么？

风险问题千差万别，风险管理的内容丰富多采。社会和经济领域中的风险管理内容各有特点，而军事和政治领域中的风险管理，特点就更加突出。谁能说培养间谍具有某种特殊的技能不是风险管理的内容之一呢？

传统上，风险管理的学术研究更多地见诸于管理学界和经济学界，很多企业和政府的经济部门都有程度不同的风险管理规章制度。例如，《巴塞尔协议》就是银行业中一个强制性的风险管理制度。2010 年 9 月 12 日，包括中国在内的全球 27 个国家中央银行就银行体系资本要求达成最新改革方案，即《巴塞尔协议Ⅲ》，也称新巴塞尔资本协议，规定截至 2015 年 1 月，全球各商业银行的一级资本充足率下限将从 2010 年的 4% 上调至 6%。

对于"风险无处"不在，一个网络上的搞笑故事充分说明了这一点：

一个灵魂要求上帝派给他一个最好的"形象"。

上帝回答："你准备做人吧。"

"做人有风险吗？"灵魂问。

"有，勾心斗角，残杀，诽谤，夭折，瘟疫……"上帝答。

"另换一个吧!"

"那就做马吧!"

"做马有风险吗?"

"有,受鞭笞,被宰杀⋯⋯"

他又要求换一个。换成老虎,得知老虎也有风险。再换成植物,了解植物也是存在风险。

"啊,恕我斗胆,看来只有您上帝没风险了,我留下,在你身边吧!"

上帝哼了一声:"我也有风险,人世间难免有冤情,我也难免被人责问⋯⋯"说着,上帝顺手扯过一张鼠皮,包裹了这个魂灵,推下界来:"去吧,你做它正合适。"

正因为风险无处不在,风险管理就不再限于管理学界和经济学界。事实上,人类发展史就是一风险管理学史。当人类对不确定的未来一无所知时,为了求得必要的安慰,人类发明了迷信色彩浓厚的占卜;当中国的先哲们些许掌握一些不确定性事件的规律时,中国的占卜演生出了看风水的技能;西方科技发明了概率论,有效地帮助人们描述随机现象,产生了现代意义上的风险管理。今天,面对复杂而信息不完备的风险世界,模糊信息优化处理方法有望进一步帮助人类在不确定的世界中获得更大自由,使风险管理更加有效。

风险管理不是权宜之计,更不仅仅是公司和企业的营利技能,风险管理涉及人民的福祉、国家的兴衰、世界的和平等更加复杂的系统问题。正因为如此,进入 21 世纪以来,风险管理被提升到了国家管治和全球事务的层次。

14.2　风　险　管　治

面对日益复杂的风险,如何监管风险是人类社会面临的重大问题。以往的风险管理模式,已经不适应风险社会的要求。探索新的风险管理模式,是当代社会的一个重要趋势。目前,伴随着国际学界从强调"减轻灾害"到"灾害风险监管",从"危机管理"到"风险监管"观念的转变,"risk governance"一词开始流行。1989 年世界银行在概括当时非洲的情形时,首次使用了"危机监管"(crisis governance)一词。此后,"监管"便广泛地用于与国家的公共事务相关的管理活动和政治活动中。近年来,"governance"开始被引入风险管理领域。欧洲综合风险管理组织"诚信网络"较早提出"risk governance",并着重探讨了该词的含义。2003 年国际风险管理理事会(International Risk Governance Council,IRGC)将"risk governance"一词提到最为显著的位置,并较系统地探讨了"risk governance"一词的含义;2004 年 2 月,"联合国开发计划署"下属的"危机预防和恢复办公室"(Bureau of Crisis Prevention and Recovery)发布了一份名为"减少灾害风险:发展面临的挑战"(reducing disaster risk:a challenge for development)报告,其中使用了"risk governance"。这是联合国在自然灾害领域首次使用该词。"risk governance"的出现,主要是强调风险管理主体的多元性、社会因素和心理因素如风险认知、社会风险放大、预防原则等,发挥利益相关者和公众参与性、风险沟通等因素在风险治理中的作用。

当人们顺着德国社会学家乌尔里希·贝克(Ulrich Beck)提出的"风险社会"[35]思路探讨风

险管理时，更多地是关注后工业化社会中的风险管理问题，并有逐步用风险管治(risk governance)替代风险管理(risk management)的趋势。几乎与此同时，苏联切尔诺贝利核电站发生的影响世界的核泄漏事故则为贝克的风险社会理论提供了有力的佐证。随着疯牛病危机的爆发与全球性蔓延，尤其是疯牛病爆发和 9·11 恐怖袭击事件的发生，风险社会理论开始成为西方学者研究的焦点。贝克本人进而提出了"世界风险社会"[232](world risk society)，吉登斯提出了"失控的世界"和"人造风险"[233]，拉什提出了"风险文化"[234]。目前，"风险社会"一词在学术界非常流行，被认为是描述当代社会特征最为恰当的术语，极大地丰富了关于风险理论探究的范畴，并使风险研究上升到全社会的高度。风险管治的要点是将公众的风险观点引入到政策实施中来，理解和接纳公众的风险意识作为有效的风险管理策略的基础。在风险管治的框架中，风险意识与性别、种族、政治观点、从属关系、情感及信任程度等的关系得到了充分重视。

按照 IRGC 的定义[59]，风险管治是指广义的风险识别、风险评估、风险管理和风险沟通。风险管治包括行为人员、规则、公约、流程和机制的全体。收集、分析、评价和沟通相关风险信息的机制，以及如何和由谁来管理决策和实施的机制，在风险管治中发挥着重要作用。

在大多数的情况下，risk governance 也译为"风险管理"，因为 IRGC 提倡的 risk governance 与传统的 risk management 在理论、方法和内容上并没有本质区别。所不同的是，IRGC 更多在是从政府的视角来论及风险管理，从而采用了风险管治而非风险管理的术语。虽然为了强调"风险管治"不同于"风险管理"而在其涉及的成分中加入了"风险管理"这一项，但这只是对广义风险管理一种的包装。只有在我们强调 IRGC 的理念更多地适于政府行为时，才有必要使用"风险管治"这一术语。

IRGC 成立以后，遴选出首批关注的议题包括关键基础设施、基因工程、比较性评估的数据库和方法学、风险分类和适当的管理方法。其中，风险分类和适当的管理方法又被认为是"IRGC 的核心"。其他的议题涵盖了食品安全、生物多样性、气候变化、传染疾病等多个涉及风险的领域。

"风险管治"理念的提出，主要应对的是现代风险问题。与传统的风险相比，现代风险存在一些本质上的不同特点，表现在[235]以下五方面：

(1)风险的多样性和复杂性。气候变化对人类生存环境构成了严重的威胁，关键基础设施的稳定性正面临一系列挑战，新兴的转基因技术、核技术、纳米技术在带来利益的同时潜伏着安全隐患，复活的和新的病毒正日益威胁着人类的健康安全，自然灾害的频繁发生危害着人类的生命财产。

(2)风险的不可感知性。现代风险不再是人们通过感官可以直接感受到的直接风险，而是潜在的、无法感知的风险。它们常常表现为一些完全超乎人类感知能力的放射性、空气、水和食物中的毒素和污染物，以及相伴随的长期的对植物、动物和人的影响。例如，转基因食品对人类的影响在短期是无法感知的，尽管目前还没有转基因食品危害人类健康的实例，但转基因食品对人体的影响可能只有在较长时期后才能显现；又如，病毒只是纳米级的微粒活体，病毒感染也只是纳米级或分子级的感染，因此病毒的传播很难为人们所感知。

（3）风险的不确定性和不可预测性。现代风险的高度不确定性超出了任何专家或专家系统可以理解的整体性和平等性。传统风险影响的主要是某些特定个人和社会群体，而现代风险则是对人类整体的威胁。传统的风险因阶级地位和财富对个人有不同的影响，但是现代风险以平均化分布的方式影响着人类的每个个体。气候变暖严重威胁全人类的生存，气候的突变极有可能导致能源紧张，也有可能引发全世界的骚乱和饥荒。虽然科学技术越来越精细和复杂，但全球社会秩序却越来越脆弱，因此知识的发展对人类未来的影响难以确定。不确定性虽然一直存在，但是今天的不确定性却涉及我们每一个人的生活。

（4）风险的全球性。现代风险表现出全球化趋势：气候变化的蝴蝶效应、科学技术的迅速扩展、病毒的扩散、工业风险和破坏都是跨越国家民族边界的。今天，全球的相互依赖意味着主要灾害的降临并不会止步于国界。例如，日本宫城 9.0 级大地震使生产本田汽车曲轴和变速箱的零部件工厂关闭，国外的许多生产厂家受到严重影响。现在全球人口超过 70 亿人，并且人类居住更为密集、传播机制也更加通畅。流行性疾病、自然灾害、恐怖主义都会在全球范围内造成大面积的影响。

（5）风险的反身性。现代风险是现代化自身发展到一定程度时的产物，现代化和科学技术的发展越快、越成功，风险就越多、越明显。有识人士已经认识到，科学技术就如同一把双刃剑，在给人类带来巨大福祉的同时，也潜藏着对人类社会发展的种种威胁，从而成为现代社会风险的重要来源之一。

目前，国际上规模最大的、使用 IRGC 风险管治框架（图 14.1）的研究项目，莫过于 2008 年 12 月 1 日启动、为时 4 年半的欧盟第七框架计划 "iNTeg-Risk" 项目。该项目的全称是 "Early Recognition，Monitoring and Integrated Management of Emerging，New Technology Related Risks"，预算 1930 万欧元（约 1.84 亿人民币）。共有欧盟国家的 69 个机构参加，主要参加人员达 283 人。该项目中涉及的风险，并没有采用 IRGC 所推荐使用的 Kates 等提出的定义[236] "与人类价值有关的事件或活动的不确定后果"。例如，在评价环境风险时，所指风险是 "不利影响的严重性和概率的一种度量"。

"iNTeg-Risk" 项目的主持单位是欧洲综合风险管理虚拟研究院（European Virtual Institute for Integrated Risk Management，EU-VRi），由其每年组织一次 "iNTeg-Risk" 国际会议来检查和推动项目的工作。EU-VRi 相当于国内一个注册的学会组织，日常工作由其大股东 Steinbeis 的下属机构 "德国斯泰恩拜斯高级风险科技公司"（Steinbeis Advanced Risk Technologies GmbH，R-Tech）进行管理。Steinbeis 是一个以技术转移为核心业务的基金会，R-Tech 通过 EU-VRi 从事转移风险技术到应用领域的工作。

相比 2003 年 6 月在瑞士成立的 IRGC，EU-VRi 的工作更为具体，更具活力。IRGC 主要是政府顾问层面的工作，没有组织实施项目的机制。Steinbeis 和 IRGC 都是基金会，但 Steinbeis 已经有 100 多年的历史，并在柏林建有一所大学，在全球有 765 个机构。EU-VRi 的背后，其实是 Steinbeis 财团。

EU-VRi 是一个欧洲经济利益集团。它于 2007 年开始投入运作，提供现代综合风险管理所需的广泛领域内的专业服务、咨询、信息和教育。该欧洲组织特别关注新兴风险的问题。在法律上，EU-VRi 的成立时间的 2006 年 11 月 5 日。5 个创始成员是：①匈牙利的

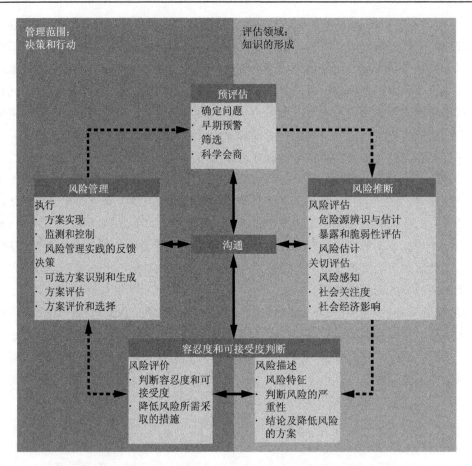

图 14.1　国际风险管理理事会(IRGC)建议的风险治理的框架

该框架一方面被设计成包含足够多的弹性以允许它的用户对风险管理结构的众多不同的方面做出公正的判断；

另一方面又要对不同的风险提供足够的清晰度、连贯性和明确的导向性

BZF(Bay Zoltan Foundation for Applied Research，Bay Zoltan 应用研究基金会)；②法国的 INERIS(Institut National de l'EnviRonnement industriel et des rISques，国家工业环境暨风险研究院)；③德国的 Steinbeis(斯泰恩拜斯)基金会；④比利时鲁汶大学的 Technologica 集团公司(Technologica Group-European Technical Joint Venture CVBA)；⑤德国的斯图加特大学。EU-VRi 的首席执行官 Jovanovic 代表 Steinbeis，主席 Renn 代表斯图加特大学，总经理 Salvi 代表 INERIS。

　　"iNTeg-Risk"项目旨在改善与欧洲工业界中"新技术"(如纳米、氢技术、二氧化碳地下储存技术)有关的新兴风险管理，主要针对新兴风险，构建新的风险管理范式。这种范式是一系列原则的集合体，并由通用语言、约定工具和方法、关键性能指标等支持。所有这些都已经全部集成到一个单一的框架中。研究目标是缩短欧盟市场上的领先技术的上市时间，并能促进将安全、环保和社会责任作为欧盟技术的商标，以提高市场竞争力。该项目有效地改进了新兴风险的早期识别和监测，减少新兴风险造成的事故(估计欧盟 27 国每年因此损失 750 亿欧元)，并缩短了新兴风险重大安全事故的反应时间。图 14.2 是 iNTeg-Risk 对新兴风险问题的一个调查结果，以此支撑该项目。

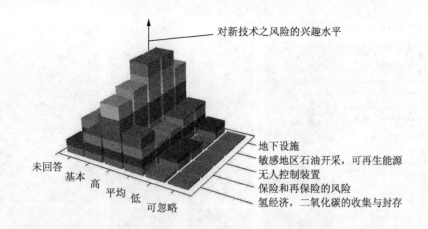

图 14.2　欧盟第七框架计划 iNTeg-Risk 项目对于新兴风险调查的初步结果

该项目依图 14.3 分解分为 5 个子项目：

(1)新兴风险典型应用（emerging risk representative (industrial) applications，ER-RAs）。识别具体的各种新兴风险并发展相关解决方案，并使它们进入统一的框架 ERRAs 之中。

(2)新兴风险管理框架（emerging risk management framework，ERMF）。建立一个综合科学技术框架，处理新兴风险的 iNTeg-Risk 范式、方法和工具。

(3)探讨新兴风险的欧洲工业系统和设施网络（european network of industrial systems and facilities for exploration of emerging risks，ENISFER）。探讨新兴风险的欧洲工业系统和设施网络，核查第 2 子项目的结果，验证整个方法。

(4)一站式服务（one-stop-shop）。整合欧盟的解决方案。

(5)项目管理和信息技术支持架构（project management & IT support structure）。管理 iNTeg-Risk 和研制它的信息技术系统及和项目后的基础设施。

截至 2011 年 5 月，iNTeg-Risk 的各子项目均按计划达到了目标，具体成果有 5 个。

(1)ERRAs 子项目组对"技术"，"材料"，"生产和生产网络"及"政策"等领域中的 17 个新兴风险问题展开了深入研究。①给出了新兴风险的真实例子，说明对新兴风险管理非常必要；②给出了上述所有风险问题的管理过程，同时，使用了许多创新方法；③为 ERMF 子项目提供了丰富的材料，超额完成了项目书指定的任务。

例如，对纳米材料工业加工中的风险评估问题，提出了关于风险的一个新定义：

$$风险＝(1－知识)×潜在危险$$

(2)ERMF 子项目研究出了"风险-机遇矩阵"（图 14.4）。

从图 14.4 中可看出，纵轴左边是机遇，右边是风险。当时间在 ε 时，风险是新兴风险，没有模型和数据对其进行研究，但机遇大大增加；当时间在 α 时，风险以熟知的面目出现，有模型和数据对其进行研究，不确定性已经降低，但增加的机遇不多。

该子项目提出了从 32 因素来考虑风险是否为"新兴风险"，并对新兴风险提出了如图 14.5 所示的管理范式。

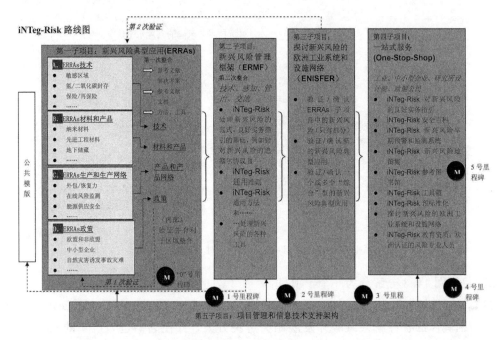

图 14.3　欧盟第七框架计划 iNTeg-Risk 项目分解

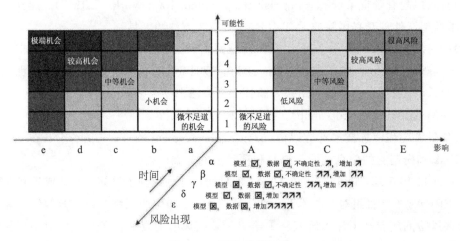

图 14.4　风险-机遇矩阵

(3)ENISFER 子项目由 11 个产业部门试用了由上述两个子项目建立的 iNTeg-Risk 公共平台，证实了七大功能的有效性。在 8 个研究机构，11 所大学和其他单位的参与下，形成了数据库等 4 项产品和 22 个研究报告。例如，由瑞士再保险公司（Swiss Re）用 iNTeg-Risk 提供的工具对"新"技术风险进行分析，结果表明是有效的。又例如，由塞尔维亚石油工业集团（NIS）用 iNTeg-Risk 提供的工具对塞尔维亚巴纳特州的首府潘切沃（Pančevo）南部工业区提出了一个位于大城市附近化工和炼油厂工业区的新兴风险管理框架。

(4)一站式服务子项目建成了"一站式服务"网站，由 8 个版块组成，并含有德中合作"SafeChina"培训项目中的相关资源。"一站式服务"提供了 300 多个新兴风险关键表现指

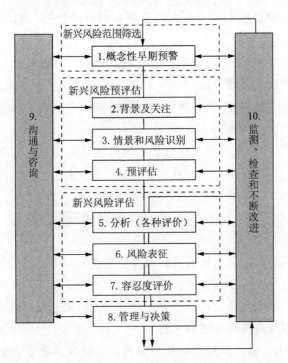

图 14.5　新兴风险管理范式

标(KPIs)和两万多本书籍。该网站甚至为 2011 年的阿拉伯动乱做好了"准备"。该网站同时也被用于日本福岛核电站危机分析。

"一站式服务"网站根据相关资料绘制未来动乱和灾难情景的风险表达工具与"风险是与某种不利事件有关的一种未来情景"之定义相当合拍。也就是说，对于新兴风险，并没有太多的数据资料可用以统计分析，勉强估计事件发生的概率，并无实际意义。对情景进行描述，成为人们的必然选择。

(5)项目管理和信息技术支持架构子项目成功地是协调各种资源，推进了项目的发展。

由 iNTeg-Risk 项目的进展和相关国际会议的情况可知，现代风险管治在西方发达国家已经进入科技创新的阶段。下面的八个热点值得关注：

(1)从风险感知到行动，是当前急需解决的问题。iNTeg-Risk 构建的新兴风险评估和管理平台，是欧盟未来提高新技术竞争力的重要支撑。

(2)从简单的风险分析和管理到重视风险平衡，是复杂系统必须考虑的问题。干预既可以减少风险，也在创造风险。例如，阿斯匹林可以治头疼，但也会引致肠胃问题。

(3)全球化工巨头巴斯夫(BASF)宣称其企业的核心价值是保护环境、安全和健康，所以积极参与 iNTeg-Risk 项目，寄希望于用风险管理技术提高其在全球的竞争力。

(4)对粉尘爆炸等生产安全问题，欧洲有强制管理规定，不能根除事故的岗位，必须培训工作人员知道其面对的风险。风险管理，正在取代传统的安全管理。

(5)已研制出 Stoffenmanager 处理纳米风险问题。它可以根据粒度、溶解度、纤维类、纳米材料或母体材料的分类来确定潜在危险。潜在的暴露根据纳米材料的生命周期调整。风险级别由所选择的控制措施来决定。Stoffenmanager 是一种"持续发展"的工具，反映了人们对纳米技术风险的认识仍然十分有限，需要更多的科学数据，例如暴露数据或剂量-反应关系，以填补知识空白。

（6）工程中的分包和外包是人们正在关注的新兴风险，有专家提出了需要更好地控制个人的外包公司及提供培训和监督手段。

（7）地震引发的日本福岛核电站大爆炸的核燃料泄漏事故极大地震惊了世界，人们更加关注由自然灾害引致的技术风险。

（8）人们结合研究和实践来展开风险分析和风险管理的标准制定工作。标准，被视为是经检验后的研究成果，而不是某个"标准化委员会"的文件。

14.3 综合风险管理

当社会结构比较简单时，自然灾害风险是人类的主要敌人。社会结构稍许复杂时，人们必须面对技术风险、战争、传染病。社会结构较为复杂时，人们分门别类地管理各种风险。在社会结构高度复杂、不确定性极高的今天，牵一发而影响全局，综合风险管理被提上了议事日程，它所管理的现代风险有下述四大特点。

（1）影响面大。过去，受到经济与科技的限制，区域间的物质、能量、信息交流的有限性使各种风险事件只在有限的范围内产生影响。在全球化的背景下，现代风险所造成的影响已经不再限制在传统国家的疆界之内，而是会迅速地波及到其他国家甚至全世界，导致所谓的"全球化风险"或"世界风险"。

（2）高度不确定。过去，由于风险源单一，影响对象比较简单，各种风险的不确定度比较低。而现代风险中的因果关系已经不再是简单的线性关系，风险事件已经由单因果的形式发展为多因果的形式，风险形成机制极其复杂，难以控制，不易预测。

（3）综合性突出。由于现代风险是复杂的非线性系统，其多因果的特征使现代风险表现出极强的跨门类、跨学科、跨领域的综合性。过去对风险事件的分门别类的防范措施已经不能适应现代风险管理的需求。只有从综合的角度研究和管理现代风险，才能更有效提高防范风险的能力。

（4）回旋余地小。现代风险不易预测，难以控制；现代社会的承载力、自然资源与生态环境的承载力都已经接近极限；现代人在风险事件面前表现出高度的脆弱性和低恢复能力。这些特点使人们在风险面前避无可避，只有面对。

综合风险管理是基于风险科学的政策与社会行为，也是当前世界各国政府普遍关注的共同问题。面对全社会日益增加的各种风险，我国正在建立转型期间的政府风险管理体系，增强政府风险管理能力。转型期间是一个加速发展的黄金时期，同时也是各类社会矛盾凸显的危险期。经济增长所付出的社会成本和代价不断上升，各类突发公共事件相互交织、影响复杂、蔓延迅速、危害严重，对社会稳定构成了极大的威胁。要做到社会的平稳转型与国家的和平崛起，就要对各种风险进行研究，提高综合风险管理能力，为国家经济和社会的发展保驾护航。

目前，我国政府正处于由管制行政向服务行政转型的重要时期，注重履行社会管理和公共服务职能，特别要加快建立健全各种突发事件应急机制，提高政府应对公共危机的能力。然而，目前的风险管理行政体系远远不能满足这一要求。一是在传统的风险管理中，缺乏风险应对计划，风险政策没有纳入各级政府的社会和经济发展的战略规划中。二是主要依靠行政手段实施风险管理，缺乏充分的权威性和科学性。三是缺乏必要的社会减灾宣传和教育，政府部门和民众缺乏应有的风险意识和必要的应对风险知识。四是政府各部门间缺乏有效的协调机制。横向的协调机制要求同级政府各部门之间有效配合，纵向的协调机制要求上下级政府之间应建立良好的领导监督体系。

综合风险管理研究有助于完善公共安全管理体制。目前，我国的公共安全管理的体制还不完善。一是公共安全意识仍然薄弱，未引起全党、全国和全民的高度重视。二是公共安全预警机制不健全。信息手段落后，制约着安全形势的预测和评估工作的开展。三是快速反应、快速决策、快速协调机制不灵活。这些问题不利于提高我国公共安全的决策和治理能力。综合风险管理研究将为公共安全管理提供一个可参照的机制，有利于各级政府有针对性地采取措施，加快我国的公共安全体系建设，构筑政府、军队、媒体和民间组织的综合性、全方位、立体化、多层次、常规化的应对机制。

纵观国际风险分析和风险管理领域，在时间和内容上大体可分为三个阶段。第一阶段始自从人类开始关注风险问题，截至 1970 年，可称为技术风险阶段。人们主要研究重大工程项目的可靠性和相关风险问题。自 1970 年美国庆祝第一个地球日并设立环境保护署、科学家们研究如何在不确定性的条件下进行合理的决策到 2001 年，是第二阶段，可称为风险科学和综合风险管理探索阶段。这期间，人们对风险的复杂性、多样性、交叉性和不确定性有了进一步的了解。除了深化技术风险的研究外，人们正视人口、资源与环境的矛盾而引发的风险问题，开始研究关注人类生存的重大社会风险问题。美国 9·11 恐怖袭击事件以来，国际风险分析和风险管理领域进入了第三阶段，可称为政府风险管理能力提升阶段。

总体上，我国的风险分析和风险管理水平仍处于第一阶段，某些领域进入第二阶段。"十一五"国家科技支撑计划项目"综合风险防范关键技术研究与示范"的研究，虽然总体而言是一个资料收集、模型整理、软件购置和开发应用的项目，与上述的 iNTeg-Risk 项目无法相比，但已经有效地推动了我国的相关研究进入第三阶段。由我国提出的在国际全球环境变化人文因素计划(IHDP)框架下的综合风险防范(IRG)核心科学计划，于 2011 年正式启动，这是世界上第一个由发展中国家提出的在 IHDP 框架下的科学计划，也是国际全球变化领域第一个由我国科学家自主提出申请设立的跨国家、跨区域的核心科学计划，在我国引领国际全球变化研究方面具有开创意义，并将有力扭转我国在全球变化研究领域长期以跟踪国外研究为主的局面，影响十分深远。通过 IHDP-IRG 计划，我国有望大大提高综合风险管理的水平。

综合风险管理可分解为环节综合和手段综合两大部分。所谓环节综合，就是对风险系统随时间变化的各个环节均进行管理；所谓手段综合，就是在各环节尽可能多地使用各种监测技术、各种信息资源、各种分析方法和多种管理手段。

一个典型的环节综合模式就是灾害管理周期模式[237]：防灾→减灾→备灾→灾害侵袭→响应→恢复→发展→防灾。这种模式又可减略为三个阶段模式[238]：灾害发生前的风险管理，即灾前降低风险阶段；灾害发生过程中的风险管理，即灾中应急风险管理；灾害发生后的风险管理，即灾后恢复阶段。

三阶段模式用于研究城市灾害综合风险管理时，对每一阶段又进行了细化：灾前包括预防和准备两个环节；灾中包括应急和救援两个环节；灾后包括恢复和重建两个环节。因此，风险管理的过程是灾前的预防和准备、灾中的应急和救援、灾后的恢复和重建三个阶段六个环节不断循环和完善的过程。

针对城市灾害综合风险管理中以条条为主的垂直管理和以块块为主的水平管理，综合风险管理的整体协调性，可以用图 14.6 的阶段矩阵模式来描述。图中，三个阶段六个环节用 Z 轴表示；每个阶段中的每一环节采取以条条为主的自上而下和自下而上的垂直管理，代表不同级别的管理能力，用 X 轴表示；每个阶段中的每一环节同时采取以块块为主的同一级别的几个或多个部门的协作管理，代表不同灾种的管理能力，用 Y 轴表示。其中级别 X 轴和灾害风险种类 Y 轴结合一起构成每一阶段的每一环节的矩阵管理，进而与阶段 Z 轴共同协作管理构成阶段矩阵模式。我们用 $(X_{i,t}, Y_{j,t}, Z_t)$ 表示某阶段 t 环节的矩阵，其中 i 表示第 i 级别，j 表示第 j 种灾害风险，t 表示某一环节。另外，图中的每一节点又有其特殊意义，例如，$(X_{6,4}, Y_{2,4}, Z_4)$ 表示在灾中救援阶段某社区灾害风险的评估值及其相应地救援能力。

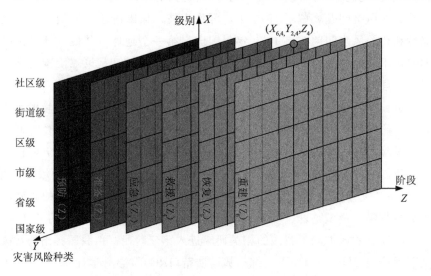

图 14.6 城市灾害综合风险管理的阶段矩阵模式

于是，城市灾害综合风险管理的过程是灾前预防矩阵管理 $(X_{i,1}, Y_{j,1}, Z_1)$、灾前准备矩阵管理 $(X_{i,2}, Y_{j,2}, Z_2)$、灾中应急矩阵管理 $(X_{i,3}, Y_{j,3}, Z_3)$、灾中救援矩阵管理 $(X_{i,4}, Y_{j,4}, Z_4)$、灾后恢复矩阵管理 $(X_{i,5}, Y_{j,5}, Z_5)$ 和灾后重建矩阵管理 $(X_{i,6}, Y_{j,6}, Z_6)$ 六个方面不断循环和完善的过程(图 14.7)。

考察当前关于风险评估和管理的"综合"概念，我们注意到，人们更感兴趣的是评估和管理方法的综合，而非风险本身。这有点类似于一些天文学家热衷于购买或建造非常昂贵的、用于观察宇宙的天文仪器，而不是研究宇宙本身。因此，在风险研究领域，对"综合"概念，我们需要提供全新的内容。这个新概念称为"综合风险"。任何由一个以上的因素决定的风险都称为综合风险。例如，地震风险是一种综合风险，因为它由地震和人类社会决

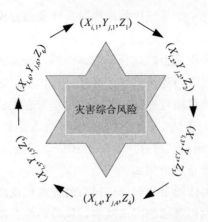

图 14.7　灾害综合风险的管理过程

定。一个城市的自然灾害更是一种综合风险，因为它由许多灾种和城市自身的属性决定。

严格来讲，决定风险的因素必须是不确定的。否则，这一因素可以作常态考虑，忽略不计。没有不确定，就没有风险。对于一个图 2.2 所示的 SHWW-系统，在大多数情况下，只有"风"是不确定的。因此，只有一个因素确定风险。换言之，SHWW-系统的风险，通常不是一种综合风险。对于这样的风险，并不需要进行综合评估，相应的"综合"风险管理，只能称为"综合的风险管理"（comprehensive risk management），并非是"综合风险的管理"（intergreated risk management）。

简单风险系统中某些对象的内部可能非常复杂，但对风险影响不大，不必作为综合风险因素考虑。例如，SHWW-系统中"钩子"的内部结构可能非常复杂，但没有什么不确定的，可以忽略。

综合风险的管理，需根据综合风险评估的结果来进行。理论上讲，风险评估是要定量或定性地估计出所涉及具体对象的风险大小。自然地，风险评估的通盘考虑方法优于局部的方式。特别地，当风险问题较为复杂或模糊不清时，人们更加强调要较全面地考虑相关问题。通盘考虑的风险评估，就是通常所说的综合风险评估[239]。例如，事故中释放的有害化学品导致的急性风险和周围环境中的有毒化学品引起的慢性风险的累积计算，就是一种综合风险评估[240]。另一个例子是风险评估中使用多个数据库（涉及危险设施、危险物品、事故等）和多个模型对各种事故情景进行仿真[66]。至少，我们看到两个性质完全不同的综合风险评估。前者是风险本身的综合，后者是信息源和方法的综合。

一个值得注意的问题是，技术之间的差异是风险沟通的一个新障碍。例如，洪水风险不仅可以使用历史灾害资料来评估，还可以用模拟洪水频率和对人类及环境的影响来评估。在一般情况下，这两种技术的结果不同。此时，综合风险评估的结果到底是什么意义？哪个结果较逼近真实风险？人们根本无法证明两种结果的"综合"更逼近真实风险。这些问题源于大家在谈论综合风险评估时主要关注方法的综合性而非风险本身。

为了解决综合风险评估的歧意问题，我们根据风险的情景定义 2.1，给出了综合风险的定义如下：

定义 14.2　综合风险是与不利事件有关的一种多侧面未来情景。

此处的"侧面"是指描述一个系统中的风险时所涉及的方面，包括致灾因子、环境、场地、暴露的对象、损失、功能、变量等。

显然，任何风险均是某种程度上的综合风险。例如，定义为起火概率的建筑物火灾风险是一个综合的风险，因为，至少与建筑物和火有关。再比如，定义为损失概率的建筑物地震风险是一个综合风险，因为该风险与地震、建筑物和损失有关。这里的火灾风险从两个侧面描述，地震风险是三个侧面。显然，多灾种的合成风险都是综合风险。依定义 14.2 可知，无论是综合的"风险评估"，还是"综合风险"的评估，都是综合风险评估，但前者重在综合性方法，而后者指明风险涉及多个侧面。

严格来讲，风险的综合度依赖于我们评估风险的详细程度和我们拥有什么样的信息。从宏观角度来看，风险评估时我们考虑的因素越多，风险的综合度也就越高。例如，只考虑财产损失的风险评估，综合度就小于同时考虑财产损失和人员伤亡的风险评估。从微观角度来看，风险评估时用到的度量空间越复杂，风险的综合度也就越高。例如，用烈度评估的地震风险其综合度就比用地面峰值加速度评估的大。虽然两者都用于测量地震对场地影响的大小，但烈度的测度比加速度的复杂。换言之，有两种综合度的度量，一种是宏观，另一种是微观。因素的个数决定了宏观综合度；测量风险的粒度的多少反映了微观综合度。

到目前为止，本书论及综合风险概念时涉及三个基本的概念：侧面、因素、粒度。对于风险评估而言，它们有专门的含意。

风险的侧面是指描述风险时不能再进一步细分的最细的方面。例如，一个面对地震、洪水的城市，其两灾种的综合风险中，地震和洪水是两个侧面，均不能再进一步细分。

风险的因素是指影响风险大小的标的属性、外力、环境等。例如，对银行贷款而言，项目属性、市场行情和贷款人的诚信等均是风险因素。

"风险粒"则是一个较新的概念，是指具有变量功能的一簇对象。风险粒的概念类似于模糊集创始人扎德提出的"信息粒"概念[241]。由于人类认知能力有限，往往会把大量复杂信息按其各自特征和性能将其划分为若干较为简单的块。而每个如此划分出来的块被看成一个粒。这里所说的块就是粒的概念，划分粒的过程称为信息粒化，是对现实的一种抽象，信息粒化是人类处理和存储信息的一种反映。例如，人的身体的粒为额头、脖子、胳膊、胸等等，而人头的粒则为额头、两颊、鼻子、眼睛、头发等。

一个综合风险系统的宏观综合度定义为影响风险的因素之个数。例如，面对地震和洪水的城市其风险的宏观综合度是 2。宏观综合度的大小取决于我们如何定义因素。例如，当我们定义地震风险的决定因素是地震大小和建筑物的脆弱性时，宏观综合度也是 2。

一个综合风险系统的微观综合度定义为风险粒总数。例如，对于用到地面峰值加速度的地震风险，地面峰值加速度贡献的风险粒是 1。微观综合度的大小取决于我们是如何定义的粒。例如，如果我们在定义粒时将地震烈度展开为 4 个变量：人的感觉、器皿反应、房屋破坏、地形变化，则地震烈度贡献的风险粒是 4。

令 $F = \{f_1, f_2, \cdots, f_n\}$ 是进行风险评估的一个因素集合，$X_{f_i} = \{x_{i1}, x_{i2}, \cdots, x_{im_i}\}$ 是因素 f_i 的变量集合，则

$$W = \bigcup_{1 \leqslant i \leqslant n} \{f_i\} \times X_{f_i} \tag{14.1}$$

称为表达风险的一个框架。

设 R 是一个风险，W 是一个框架。如果 W 可以表达 R，我们说 W 对 R 是完整的。设 D 是数据库集（包括知识库），ζ 是一个给定的置信系数。如果使用 D 在 W 上评估出的 R 其可靠性不低于 ζ，我们说，以 ζ 的置信，D 足够在框架 W 上评估风险 R。

从理论上讲，对任意一个风险，完整表达它的最小框架必须具备三个因素：时间、地点和不利事件。许多情况下，时间和地点是常量，综合风险评估退化为用一个概率分布描述随机不利事件。这时，"不利事件"这一因素被分解为更多因素来进行研究。

众所周之，任何一幅写实的风景画都只是真实风景的一个近似映照。类似地，我们认识的风险只是与某种不利事件有关的未来情景的一种近似。无论考虑多少因素进行"综合"，无论使用多大的数据库进行"综合"，仍然是近似。

如果能够充分理解所看到的真实风景，调色板有足够的彩色，那么，使用合理的工具和高超的绘画技能，就可以绘出一幅完美的风景画。类似地，是否能够准确地评估和有效地管理综合风险，取决于我们对风险的理解是否到位，取决于框架 W 是否合理，数据库 D 是否充分。其中，框架的功能在于解释所研究的是什么综合风险。

进入 21 世纪以来，由于巨灾频繁出现，人们对较早前研究的灾害链又重新加以重视。在近期的案例中，次生灾害远远大于直接灾害的例子，是 2011 年 3 月 11 日日本宫城县发生里氏 9.0 级大地震所引发的海啸并导致福岛核电站发生重大核事故。

由致灾因子和承灾体组成的一个系统称为一个灾害环。将两者联系起来的是孕灾环境。例如，2008 年 5 月 12 日汶川 8.0 级地震是一个致灾因子，受其影响的地区是一个承灾体。对于四川省绵竹市汉旺镇而言，孕灾环境是该镇各地点与震源之间的距离。由这次 8.0 级地震和汉旺镇组成的系统是一个地震灾害环。当然，孕灾环境可以考虑得更加详尽，但震中距是行内公认的最重要参数。

由一个致灾因子启动两个或两个以上的灾害环而产生的链状灾害现象称为灾害链。例如，2005 年 11 月 13 日地处吉林市的中国石油吉林石化公司双苯厂（101 厂）新苯胺装置发生的大爆炸是一个致灾因子，双苯厂所在地是一个承灾体，它们形成一个灾害环。爆炸产生的流入松花江的泄漏毒物变为了致灾因子，哈尔滨是一个承灾体。松花江水污染导致哈尔滨市停水这一灾害环是由吉林石化大爆炸启动。这两个环扣在一起就形成了一个灾害链。

从风险分析的角度看，一个灾害环的形式化描述就是承灾体损失的概率分布。我们分别用 M，O，D，L 表示致灾因子、承灾体、破坏、损失参数（或矢量），用 $P(L)$ 表示损失 L 的概率值，则一个灾害环的形式化描述是

$$\begin{cases} P(L) = S(D, M) \\ D = F(M, O) \end{cases} \tag{14.2}$$

式中，函数 F 的形式和参数由承灾体所处环境和承灾体类型决定；函数 S 的形式和参数由承灾体社会属性和致灾因子 M 的不确定性属性决定。

如果有灾害链存在，则破坏 D 将诱导出新的致灾因子，记为 $M_1 = \Phi(D)$。例如，地震引起山崩，山崩形成拦河大坝，大坝溃决造成洪水灾难。山崩是破坏 D，洪水是由地震诱导出的致灾因子 M_1。诱导关系 Φ，可能非常复杂，也可能十分简单。

设 O_1,D_1,L_1 是灾害链中下一个灾害环中的承灾体、破坏、损失参数(或矢量),则该灾害环的形式化描述是

$$\begin{cases} P_1(L_1) = S_1(D_1,M_1) \\ D_1 = F_1(M_1,O_1) \\ M_1 = \Phi(D) \end{cases} \tag{14.3}$$

显然,如果一个灾害链由 m 个灾害环组成,则这个灾害链的形式化描述是

$$\begin{cases} P(L) = S(D,M) \\ D = F(M,O) \end{cases}, \begin{cases} P_1(L_1) = S_1(D_1,M_1) \\ D_1 = F_1(M_1,O_1) \\ M_1 = \Phi(D) \end{cases}, \cdots, \begin{cases} P_{m-1}(L_{m-1}) = S_{m-1}(D_{m-1},M_{m-1}) \\ D_{m-1} = F_{m-1}(M_{m-1},O_{m-1}) \\ M_{m-1} = \Phi_{m-2}(D_{m-2}) \end{cases}$$

$$\tag{14.4}$$

当灾害链的发生过程有足够的时间允许人类对其加以影响时,与自然发展形态相比,可能会有另外的形态出现。这种灾害链,我们称其为多态灾害链[242]。由于多态灾害链中的不确定因素很多,系统更为复杂,需进行综合风险管理。

一个多态灾害链由三个或三个以上的灾害环形成。而且,破坏 D 诱导出何种类型的致灾因子,在一定程度上可以进行控制。设初始灾害环由式(14.2)表之,采取控制措施 c 后,D 诱导出的致灾因子是 $M_1^c = \Phi_c(D)$。如果存在 n 个控制,措施集表示为

$$C = \{c_1,c_2,\cdots,c_n\} \tag{14.5}$$

采取控制措施 c_i 后,由 D 诱导出的致灾因子记为 $M_1^{c_i} = \Phi_{c_i}(D)$。最简单的多态灾害链,是由初始灾害环和两个控制措施及相应灾害环所组成的系统。其形式化描述是

$$\begin{cases} P(L) = S(D,M) \\ D = F(M,O) \end{cases}, \begin{cases} \begin{cases} P_1^{c_1}(L_1^{c_1}) = S_1^{c_1}(D_1^{c_1},M_1^{c_1}) \\ D_1^{c_1} = F_1^{c_1}(M_1^{c_1},O_1^{c_1}) \\ M_1^{c_1} = \Phi_{c_1}(D) \end{cases} \\ \begin{cases} P_1^{c_2}(L_1^{c_2}) = S_1^{c_2}(D_1^{c_2},M_1^{c_2}) \\ D_1^{c_2} = F_1^{c_2}(M_1^{c_2},O_1^{c_2}) \\ M_1^{c_2} = \Phi_{c_2}(D) \end{cases} \end{cases} \tag{14.6}$$

更一般的多态灾害链用式(14.7)表达:

$$\begin{cases} P(L) = S(D,M) \\ D = F(M,O) \end{cases}, \begin{cases} \begin{cases} P_1^{c_1}(L_1^{c_1}) = S_1^{c_1}(D_1^{c_1},M_1^{c_1}) \\ D_1^{c_1} = F_1^{c_1}(M_1^{c_1},O_1^{c_1}) \\ M_1^{c_1} = \Phi_{c_1}(D) \\ \vdots \\ P_1^{c_n}(L_1^{c_n}) = S_1^{c_n}(D_1^{c_n},M_1^{c_n}) \\ D_1^{c_n} = F_1^{c_n}(M_1^{c_n},O_1^{c_n}) \\ M_1^{c_n} = \Phi_{c_n}(D) \end{cases} \end{cases}, \cdots, \begin{cases} \begin{cases} P_{m-1}^{c_1}(L_{m-1}^{c_1}) = S_{m-1}^{c_1}(D_{m-1}^{c_1},M_{m-1}^{c_1}) \\ D_{m-1}^{c_1} = F_{m-1}^{c_1}(M_{m-1}^{c_1},O_{m-1}^{c_1}) \\ M_{m-1}^{c_1} = \Phi_{c_1,m-2}(D_{m-2,c_1,m-2}) \\ \vdots \\ \vdots \\ \vdots \\ P_{m'-1}^{c_{n'}}(L_{m'-1}^{c_{n'}}) = S_{m'-1}^{c_{n'}}(D_{m'-1}^{c_{n'}},M_{m'-1}^{c_{n'}}) \\ D_{m'-1}^{c_{n'}} = F_{m'-1}^{c_{n'}}(M_{m'-1}^{c_{n'}},O_{m'-1}^{c_{n'}}) \\ M_{m'-1}^{c_{n'}} = \Phi_{c_{n'},m'-2}(D_{m'-2,c_{n'},m'-2}) \end{cases} \end{cases}$$

$$\tag{14.7}$$

式中，m 和 m' 一般不相等，n 和 n' 也不相等。换言之，多态灾害链的不同态灾害链的灾害环个数一般不相等。

14.4 第三块基石

无论是个人或企业的风险管理还是政府的风险管理，也无论是简单风险管理还是综合风险管理，更无论是精细的风险管理还是粗放型的风险管理，风险管理的本质都是一样的：对不利事件防范于未然，采取必要的管理措施，有效低生存成本。

防范于未然，就要正确认识未来不利事件情景，这就是风险分析的工作。

采取必要的管理措施，是指根据风险水平和风险承受者的可接受程度，在管理者所掌握资源和技术等的条件下合理地采取忽略风险、控制风险、规避风险和告知风险等措施。

有效降低生存成本是所有风险管理的本质目标。例如，在地震区内适当考虑建筑物的设防，可以大大降低震害损失和人员伤亡，有效降低地震区人民的生存成本。又例如，企业发展是为了企业更好地生存，如果风险管理能降低发展成本，本质上就是降低了生存成本；再如，战争中的一方因指挥得当打败对方，一方得以生存而不承受巨大伤亡，生存成本大大降低。

不能降低生存成本的任何风险管理都没有意义。例如，对于不可抗拒的风险如果不是采取规避措施而是采取控制措施，其回报一定小于投入，这样的风险管理就没意义；又例如，对可以忽略不计的风险采取不适当的管控措施必然造成浪费，这样的风险管理是人为提高了生存成本；再例如，平时不注重高烈度区的抗震设防，只注重应急救援力量的建设，大地震发生后不计成本地救灾、重建，这是非常失败的风险管理。

人类几千年的文明史是一部风险管理进步史。从洪水风险管理的进步可窥视一斑。

规避洪水风险是一条恒古的原理。古人"择高而居、逐水草而生"，即体现了这一模式。1915 年西、北江大水，珠江三角洲一片汪洋，洪水恰好淹到了广州老城墙的边上。说明古人选城址已从城址高程上考虑了规避风险的问题。但是，随着人口的增长，城市规模不断扩展，新增城区不得不向洪水风险区扩张。在超标准洪水发生不可避免的情况下，根据不同量级洪涝可能危害的范围、最大水深分布、洪水到达时间与淹没持续时间等信息，有计划地采取永久性或临时性的避灾措施，是最为经济有效的减灾措施。

永久性措施包括城市发展的合理布局与建筑物的避水措施，即将重要而怕淹的设施布置在低风险的区域或可能达到的洪水位以上；临时性措施指人与贵重资产的避难转移措施，或水深不大的地方的临时隔水措施。转移措施也包括横向与纵向两个方面，即转移到可能受淹的范围之外或可能达到的最高水位之上。

永久性避洪措施的有效性有赖于洪水预测信息，临时性避洪措施的有效性有赖于洪水预报信息。不当的避洪措施可能导致建设成本的过度加大，或者成为无效的措施，或者本身造成了不必要的损失。由于"风险"的英文"risk"有"冒险"之意，而"风险管理"的概念是随着西方工商管理技术的传播而发展，于是，学者、企业家和政府官员们在谈论"风险管理"时，更多的是放在技术层面上理解。国内外大都将"风险管理"理解为了一种管理技术，并且有相当一部分人认为不确定的决策就是风险管理。事实上，风险管理的作用远在技术层面之上。只要能理解战争谋略本质上是一种高级风险管理，我们就可以超越现有"风险"的视野，得出一个重大的发现：风险管理是除资源和科技以外的国家强盛的第三块基石。

毋庸置疑，天底下可执行的最大的管理就是国家的管理。国际事务的管理虽然级别更高，但常常缺乏相应的执行力。无论是对国际事务还是国内事务，战争常常是最终的管理手段。战争之失败，对于战争结束前的参战者来说，都是与不利事件有关的一种未来情景。过弱一方虽会料到失败，但失败到什么程度是不确定的，对其而言采取相应的措施仍有价值。战争之力量的投入和谋略的施展，均是为了获胜，避免或减缓未来出现不利事件的情景。战争失败是风险，投入战争力量和施展谋略就是风险管理。能使战争形势往有利于自己的方向发展，就是成功的风险管理。战争力量的投入，常常依据战争谋略而定，因此，战争谋略本质上是一种高级风险管理。为了提高风险管理水平，国家都有大量的战略家和谋士。

然而，多年来我们沉迷于"和平发展"的一厢情愿，歌舞升平的幻觉替代了炮火硝烟的担忧，与战争有关的风险管理很不到位，导致 2011 年出现了"湄公喋血我华工，蕞尔阿蛮也逞凶！东海钓鱼鱼溅泪，南疆折戟戟无宗。西崽诡计频频用，吾辈良谋屡屡空。四顾寰球遍豺虎，诸仙欲拜宋襄公？"的危局[①]。历史上看，一个国家的崛起与一个民族的复兴，都是几十年甚至上百年的持续的战略规划与落实，风险管理贯穿始终。与西方发达国家风险管理中有大量民间力量参与所不同的是，与战争有关的风险管理在我国被御用机构所垄断，成本奇高，而正确性、可行性、有效性都有很大的改善空间。

当我们在和平时期论及国家的强盛时，不得不赞叹资源和科技的重大作用。

自然资源、环境资源、人力资源，是国家生存的基础。澳大利亚、加拿大由于自然资源丰富而富有；巴勒斯坦由于土地资源的问题而战乱不休。资源，是国家强盛的第一块基石。

社会科学、自然科学、工程技术，是国家的核心竞争力。美国、德国、日本均由于科技高度发达而强盛。自然资源、环境资源、人力资源均不很差的印度，由于整体科技水平不高而不强盛。科技，是国家强盛的第二块基石。

通过风险管理实现和平、安全、社会和谐，是国家可持续发展的保障。显然，战乱中的国家只会消耗财富而不能积累财富，根本无法强盛；安全事故频发，必然消耗大量的资源和财富。动辄上百人死亡的煤矿爆炸事故，不仅仅是局部的人道灾难，而且是影响国家强盛的精神毒瘤。贫富差距过大和社会保障的缺失可能引发社会动荡，严重时可能导致经济倒退、社会崩溃。

成功的军事战略和外交能给国家带来和平。有效的防灾减灾手段能使人民感受安全。合适的协调举措舒缓社会压力能使社会和谐。风险管理，是国家强盛的第三块基石！

任何强盛的国家，其风险管理水平都是第一流。

通常，人们用人均 GDP（不是 GDP 总量）和社会发展水平来定义发达国家。按 1995 年的标准，人均 GDP 在 8000 美元以上（按名义汇率计算）加上一定程度的社会发展水平就可基

---

① 该诗由网名为王光亮的作者所作

本定义为发达国家。2005 年提高到 10 000 美元左右。于是下述 8 个国家 2005 年加入了发达国家行列：塞浦路斯、巴哈马、斯洛文尼亚、以色列、韩国、马耳他、匈牙利和捷克。阿联酋、科威特等产油国人均 GDP 很高，但社会发展程度低，文盲率在 30% 以上，不能列入发达国家之中。

按老百姓的说法，发达国家就是你买一斤苹果 2 元，吃一顿麦当劳 6 元，看一场电影 7 元，买一双耐克鞋 80 元，背一只 LV 包 900 元，买一辆高尔夫轿车 2 万元，但你的最低工资 2000 元。发达国家的普通工人用 5 年左右的工资可以买一套房，而不是 20～30 年不吃不喝才能买一套房。

发达国家中有重要国际影响力的国家是本书所指的强盛国家。按 2005 年人均 GDP（以美元计）和影响力，下述 9 国是当今的强盛国家[1]：①美国 42076；②德国 33099；③英国 36977；④法国 33126；⑤日本 36486；⑥意大利 29648；⑦加拿大 32073；⑧澳大利亚 29761；⑨荷兰 35393。

强盛国家在国家事务和国际事务的风险管理方面基本遵循下述三条原则：①不同国民争利；②向国外争利；③向科技要财富。

不同国民争利的重要表现是工商业的赋税不高，且房地产税等大多取之于民用之于民。不用税费同国民争利，国内矛盾自然得到舒缓，人民休息养生得以健康发展。国家不与民争利，大大降低了国家生存成本，达到了风险管理的本质目标。

上述 9 国均有帝国主义的烙印，对外扩张向国外争利是其积累财富的重要途径。当热兵器战争的扩张效果受限时，商贸战争、货币战争成为了他们的新手段。在掠夺对象国大量培植代理人，建立层层的利益输送体系，已经是向国外争利的最有效途径。向国外争利，能有效地将社会问题、资源问题、环境问题等拒之于国门之外，降低国家生存成本，有利于达到风险管理的目标。

科技是世界财富的源泉，更是强盛国家最为重视的资源，培养和抢夺人才，使他们长期处于世界的支配地位。国家对科技的重视，最主要的是表现在对真才实学者的尊重，让他们能发挥最大作用。源源不断的科技创新，使强盛国家能以较低的投入得到丰厚的收入，有效降低国家生存成本，推动风险管理达到更高目标。

俄罗斯（人均 GDP 5 300 美元）和中国（人均 GDP 1 703 美元）均是强而不盛的国家。他们对世界事务的影响力很强，但人均 GDP 与上述 9 国不在一个数量级上。

1991 年苏联解体后俄罗斯内部经济体系混乱，民族矛盾激烈，大大消耗了自身的元气。普京 2000 年初当选总统后，开始了重振俄罗斯大国雄风的旅程，人民富裕程度迅速提高，国家进入逐渐良性发展轨道。正因为其风险管理的高超能力，现任总理普京 2011 年 11 月宣布参加 2012 年的总统大选后，充满了信心。

中国 20 世纪 70 年代末开始实行的"对内改革、对外开放"政策极大地解放了生产力，工农业生产迅速发展，各项事业蒸蒸日上，人民生活水平迅速提高，相当一段时间国泰民

---

①GDP 数据来源：国际货币基金组织，世界经济前景数据库，2004 年 9 月

http://www.imf.org/external/pubs/ft/weo/2004/02/data/index.htm. 访问时间：2011 年 11 月 29 日

安。可以说，"改革开放"的头 20 年，中国在国家管理层次上有效地控制了不利事件情景的发生，基本实现了风险管理的目标。然而，随着 21 世纪的到来，以急速推高民用住房价格为标志的一系列与民争利政策渐渐失控，2010 年中国进入了多事之秋。由于我们对房地产的风险管理不到位，极大地压制了实体经济的发展空间，加之人民的不理解和资源、环境等问题日益突出，中国已经元气大伤。

显然，开源节流是国家风险管理最好的支持，竭泽而渔则最终会面对巨大风险。如果我们能充分发挥第三块基石的作用，将技术性风险管理的关注上升到战略性风险管理的层次，则国家有幸，人民有幸，强国之梦才有可能得以实现。

第 15 章　中国风险综合管理体系框架设计

本章从研究部分国家的风险管理体系开始，以有效进行综合风险管理为目的，在大量调研资料的基础上，提出了综合风险管理的梯形理论架构，并依此审视了中国风险综合管理体系现状，进而提出了中国风险综合管理体系的框架，并对我国今后综合风险管理领域的法制建设、行政体系建设、科技发展及提高社会风险意识等提出了发展建议。

本章是 2007 年 8 月完成的国家科技攻关计划课题《中国风险综合管理战略研究》之专题"中国风险综合管理体系的框架设计"的核心内容。随后的 2008 年中国汶川 8 级大地震、2011 年日本宫城海域 9 级特大地震，以及水淹首都的泰国大洪水，加之仍在不断发酵的欧美债务危机等等，更加充分地说明建立中国风险综合管理体系的重要性。

15.1　部分国家风险管理体系

1. 日本

日本是一个自然灾害频发的国家，在总结众多灾害的经验教训中，日本建立了一套较为完整的灾害(风险)预防、应急及灾后重建的对策体制和综合风险管理技术。

1) 法律制度体系

按照法律的内容和性质，可以将日本的灾害对策相关法律分成基本法、灾害预防和防灾规划法、灾害紧急应对相关法、灾后重建和复兴法、灾害管理组织法五个大类。

在灾害基本法方面，主要颁布了灾害对策基本法、大规模地震对策特别措施法、原子能灾害对策特别措施法、石油基地等灾害防治法、海洋污染及海上灾害防治的相关法律、建筑标准法等。

日本的灾害对策基本法是在已有的各种防灾减灾对策法律法规的基础上产生的灾害对策方面的根本大法，除了具有基本法的一般特征外，还具有很强的可操作性。另外，灾害对策基本法还具有以下四大特征：①防灾责任的明确化；②综合性防灾行政的推进；③规划性防灾行政的建立；④对于巨大灾害的财政援助。

2) 组织机构体系

中央政府建立了中央防灾会议体制，由中央防灾会议制订全国防灾基本规划，并指导和推动地方政府的防灾体制建立；地方政府依据灾害对策基本法的规定，成立地方政府防灾会议，由地方政府防灾会议根据防灾基本规划和中央防灾会议的要求，制定本地区的防灾规划，并推动防灾规划的实施。灾害发生时，由灾区地方政府设立灾害对策本部，统一指挥和调度防灾救灾工作。中央政府则根据灾害规模的大小，决定是否成立灾害对策本部或紧急灾害对策本部，由中央政府负责整个防灾救灾工作的统一指挥和调度。

3）规划体系

日本的防灾规划体系是通过由中央防灾会议制定的日本综合长期的防灾基本规划，积极推进防灾业务规划和防灾地区规划的制定和实施。各相关部门除了制定相应的防灾规划外，有责任积极推进相关地区防灾规划的制定和防灾业务规划中规划项目的实施，从而达到建立一个由国家、地方政府、相关行政机构和公共团体过程的完整的防灾规划体系。

4）支援系统

1995 年阪神大地震以后，日本防灾部门和各地方政府在总结经验教训后，认识到有必要开发有效的政府防灾救灾用的防灾支援系统，通过这样的系统，首先对管理的行政区内可能存在的灾害源进行分析，并对各种可能的灾害发生时产生多大的损失作出较为科学的推断和预测。根据对本地区可能的灾害进行预测的结果，政府组织专家对本地区制定防灾规划，并积极推动防灾规划的实施。当灾害发生后，政府立即启动防灾规划支撑体系，将灾害的要素等输入系统，并立即制定出灾害应急规划迅速组织各种有效的灾害应急规划，这样也就能做到将灾害控制在最小范围内。

日本最初的防御风险政策和我国 2007 年前的一样，是以各部门根据各自的防灾要求制订的适合本系统的防御风险对策和防灾规划为主的风险管理体系。尽管这在当时防灾减灾中起到了不小的作用，但是由于这些风险管理对策大多是独自制订的。其结果是，各部门相互之间缺乏协调和统一，大多各自为政，使得风险管理的信息不能迅速传递和汇集，同时又缺乏统一指挥，各种应急救援措施无法很好地实施，这直接影响到救灾抢险的顺利展开。

1959 年的伊势湾台风造成日本 5000 多人死亡或失踪，另外有 38 000 多人受伤，经济损失也十分惨重。原有的风险管理对策体系在这次风险事件中显得力不从心。伊势湾台风之后，日本开始对原有的灾害对策体制进行反思，并在此基础上制定了新的风险管理体制。

1961 年日本颁布了《灾害对策基本法》，在这之后日本的风险管理体制开始逐步完善，与之对应，其风险事件发生时的死亡人数总体上也呈下降趋势。图 15.1 是 1945～1999 年各年因自然灾害而死亡、失踪人数的分布。表 15.1 是日本 2007 年前主要台风灾害的统计数据。可以看出，除了 1995 年因阪神大地震使得该年度的灾害死亡人数急剧上升以外，从 1961 年灾害对策基本法实施以来，日本因灾害死亡的人数总体上呈下降趋势。而台风的灾情损失则在 1959 年以后明显减少。这说明日本的风险管理体制对于减少日本风险事件的人员和经济损失是有很大帮助的。

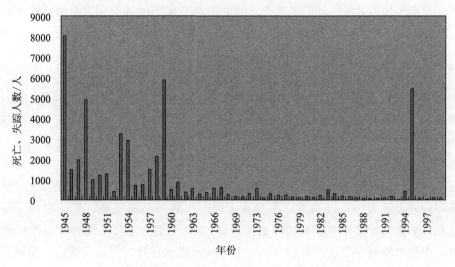

图 15.1 日本自然灾害死亡和失踪人数

表 15.1 日本 2007 年前主要台风灾害

台风名称	登陆时间	死亡、失踪/人	受伤/人	房屋倒塌、损坏/栋	房屋进水/栋	船舶受损/艘
客户台风	1934.9.21	3036	14994	92740	401157	27594
枕崎台风	1945.9.17	3756	2452	89839	273888	不详
伊势湾台风	1959.9.26	5098	38921	833965	363611	7576
1990 年 19 号	1990.9.19	40	131	16541	18183	413
1991 年 19 号	1991.9.27	63	1499	170447	22965	930
1993 年 13 号	1993.9.3	48	166	1892	10447	66
2002 年 6 号	2002.7.9	7	29	228	11157	0

2. 美国

"强总统，大协调"是美国危机事件处理机制的特征。它是以总统为核心，以国家安全委员会为中枢，国土安全部、中央情报局、国务院、国防部、白宫办公室、白宫情况室相互协作的综合体系。

美国的风险管理机制因时代不同，面临的任务不同，因而在体制、结构上也有所不同。进入 20 世纪 90 年代以来，美国的风险管理机制也随着形势的变化而出现调整，主要特点是增加部委协调机构，增加专业性风险管理机构。"9·11"事件后，美国又对整个风险管理机制进行了大幅度的调整。

1）立法

1803～1949 年，美国国会共通过 125 项对相关自然灾害作出紧急反应的减灾法律，不过这些都是单项法，缺乏一个完整的法律体系。1950 年是美国风险管理立法的一个里程碑。当年美国国会通过第一部统一的联邦减灾法案，融合了过去的单项法，使风险管理工作得到初步统一。1988年，美国国会通过了具有重要意义的罗伯特·斯塔福减灾和紧急援助法案，是至今最全面的减灾法律，对联邦政府在减灾、预防、灾后重建等危机管理工作制定了指导细则。

2）机构设置

机构设置有下面几部分：①国家安全委员会；②危机决策特别小组；③国土安全部；④中央情报局；⑤国务院；⑥国防部；⑦白宫办公室；⑧白宫情况室；⑨联邦调查局；⑩移民局；⑪美国社会保障局；⑫环境保护部；⑬食品药品管理局；⑭地质勘探局。

国土安全部所辖的联邦紧急事务管理局（FEMA）成立于1979年，将原有的与灾害管理有关的五个部门即国家消防管理局、联邦洪水保险管理局、民防管理局、联邦灾害救济管理局和联邦防备局合而为一，以期消除各灾害管理部门管理职能重叠，资源浪费，备灾、防灾、应急和灾后救济等各环节不甚协调的弊病。FEMA是美国灾害及紧急事务管理的最高行政机构，在洪水管理方面主要职能有：①推动国家洪水保险计划的实施；②编制和推行国家洪泛区综合管理计划；③负责执行联邦洪水灾害防御法规；④负责执行联邦灾害救济及援助法规；⑤洪水灾害应急管理等。

3）机制运行

美国的风险管理体系构筑在整体治理能力的基础上，通过法制化的手段，将完备的危机应对计划、高效的核心协调机构、全面的危机应对网络和成熟的社会应对能力包容在统一的体系中。其中，何时启动什么程度的应急计划，众议院、参议院对总统如何授权，决策机制如何形成，部门之间如何协调，都有章可循。

在此基础上，应急行动也井然有序、权责分明：国家安全委员会负责总体的局势分析和部门协调；总统在议会的授权后具有军事和经济上的决策权；联邦调查局牵头负责调查解决危机，联邦紧急事务管理局主要负责救援等危机事后处理，国防部等联邦政府部门负责提供相关的技术支持和专门性的行动。政府按危机发生的不同领域将危机反应划分为12个领域，每一个领域中指派一个领导机构负责管理该领域的危机反应，各个机构各司其职。图15.2表示的是在国土安全部成立之前的联邦紧急事务管理局的组织结构。

3. 俄罗斯

"大总统，大安全"是俄罗斯风险处理机制的特点。所谓"大总统"是指俄罗斯总统比美国总统拥有更广泛的权力，他不仅是国家元首和军队统帅，还掌握着广泛的行政权和立法建议权。所谓"大安全"是指俄罗斯设有专司国家安全战略的重要机构——俄罗斯联邦安全会议。

1）立法

俄罗斯的法律体系经历了一个逐渐完善的过程，2001年5月30日，普京签署《俄罗斯联邦紧急状态法》，这标志着俄罗斯风险管理法律体系初步建立。

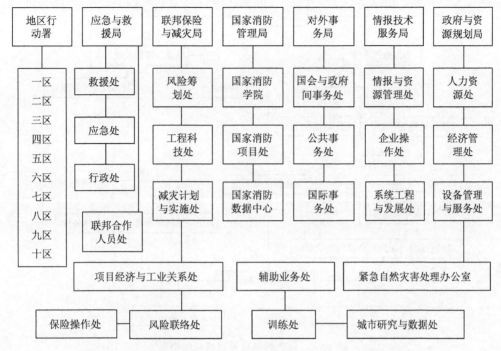

图 15.2　美国国土安全部成立之前的联邦紧急事务管理局结构图

2）机构设置

机构设置有下面几部分：①总统；②联邦安全会议；③国防部；④外交部；⑤俄罗斯联邦安全局；⑥对外情报局；⑦通信和信息署；⑧联邦边防局；⑨紧急情况部。

4. 以色列

1）立法

以色列没有专门的风险管理法律，但在其基本法中有一些涉及紧急状态的条款，并可根据实际情况临时制定有关紧急状态的法令。

政府还制定过不少的临时性紧急状态法令，主要是下列三种类型：①战争状态下的法规；②扩大紧急状态法规的效力范围的法规；③正常状态下制定的法规。

2）机构设置

机构设置有下面几部分：①中枢指挥系统；②参谋与咨询系统；③支援和保障系统；④信息管理系统。

以色列风险管理机制结构如图 15.3 所示。

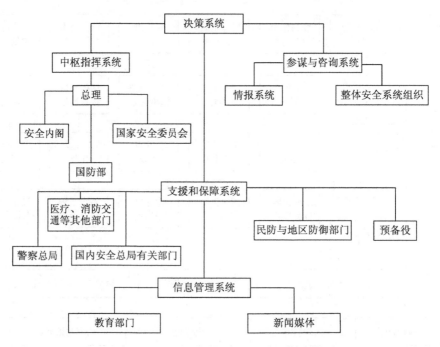

图 15.3　以色列风险管理机制结构图

5. 新加坡

新加坡政府首先明确自身定位，在公共安全和紧急救援事业中政府的职能不仅负责立法和加强监督、稽查和管制，有效行使公权力，而且负责与各行业代表共同组成拥有执行权力的"公共场所安全与卫生理事会"。理事会经常向公众公布各企业的安全纪录，向银行、证券交易所、保险公司等机构提供客观、准确的企业安全信息；检讨和修订安全标准。此外，新加坡政府还善于利用"外智"解决国家重大安全课题和向国际公示动态信息。新加坡为了保持在安全生产领域始终处于国际先进水平，政府还成立了"国际咨询委员会"，长期邀请国际专家检讨和提升新加坡的安全管理结构。

在新加坡，当重大自然灾害、事故灾害、恐怖主义威胁灾害时，首席指挥员是内政部属下的民防部队总监。这是一位专家型的指挥官，曾经在印度洋海啸救援活动中被联合国委任为救援协调指挥中心总指挥。作为政府的总理和各位部长们则成为他的保障力量，其中包括军队支援、国民动员、物资调配、外交行动、信息传播、医疗拯救等。

由于国际风险局势的变幻莫测及国内危机防范形势的紧迫性，新加坡政府敏锐地意识到：以往各机构在情报采集、处理、使用等方面自成系统，这一体制已经不适应新的形势发展需要。因此，政府集中人力、物力、财力资源，建立并加强了国家安全统筹部的决策与领导职能。新加坡政府从 2005 年 10 月开始着手建立"风险评估与侦测机制"信息系统，俗称"风险雷达"，以全面收集、分析和解读各种情报及灾难预测，特别是捕捉那些表面上看起来微不足道的信号，力求充分掌握各种可能构成威胁的状况。风险评估的内容包括自然灾害、疾病疫情、人为破坏、事故灾难及战争和国际恐怖主义威胁灾害等。

新加坡可能是全球第一个建立"风险评估与侦测机制"信息系统的国家，而这也是该领域最具雄心的一个开发计划。这一科技成果已使新加坡的武装部队、民防部队和其他国家安全机构在新加坡安全协调中心的网络系统中能够更加集中和精确地分享信息情报。

15.2　综合风险管理的梯形架构

在第 4 章中我们已经对综合灾害风险管理进行过讨论，其中简单地介绍了"综合风险管理的梯形架构"，本节我们对其进行较详细的阐述。"梯形架构"整合了管理模型、系统模型、量化分析模型等各种风险综合管理模型结构，是一套较完整的风险管理模型体系。

正如我们在第 4 章中所指出，综合风险管理的基本环境，是民众和政府有较高的风险意识，这是综合风险管理的根；综合风险管理的基本技术，是风险系统的监测、分析和防灾减灾中的量化分析技术，量化分析是综合风险管理的体；综合风险管理的根本目的，是为规避风险进行优化决策，这是综合风险管理的头脑部分。将根、体、头脑部分组合起来，形成一个架构，我们称其为综合风险管理的梯形架构(图 4.8)，它从下往上分别由"风险意识块"、"量化分析块"和"优化决策块"构成。

1. 风险意识块设计

由于我国多年实行计划经济，大事小事多由政府包揽，民众风险意识不高。与之相应的是，综合风险管理的法律体系不健全，没有国民安全教育体系，也没有风险评估的第三方机构，非政府组织在提高民众风险意识方面几乎发挥不了任何作用。政府对社会管理某些方面不适当的强制性做法(如强制人民只能买高价住房，本质上是使房地产商免除风险)和经营性公司对风险的过份逐利操作(如民众普遍对保险公司没有信任感)，只能让民众更觉无奈，政府和公司更加强势，既不利于提高民众的风险意识，更阻碍了提高官员的风险意识。因此，如果要提高我国综合风险管理的水平，首要工作是提高全社会的风险意识。根之不牢固，则体不稳，头脑不灵。为此，我们提出如图 15.4 所示的风险意识块设计。其中，相关的政府机构和法律是最重要的组成部分。

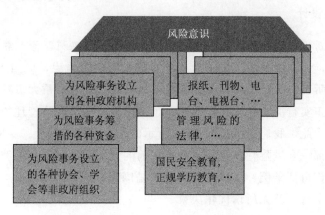

图 15.4　适应中国社会需要的，能提高全民风险意识的根部设计

2. 量化分析块设计

目前，我国已有许多大大小小的风险管理量化分析机构，许多监测设备和网络，用于风险分析和管理的大量个人用计算机和计算机系统。现存的主要问题是，不同类型风险的量化分析结果很难综合成某地区或社区的综合风险指标，各种设备和数据信息等不能共享，很少有自主知识产权的量化分析技术。也就是说，综合风险管理的主体在中国并未形成，相应的决策必然大大受限。为此，我们提出如图 15.5 所示的量化分析体系设计。其中的每一个部分，均应视为一个集成体。例如，有资质或资格参与风险量化分析的科学家、工程师和大学教授，应该在授权范围内有权使用相关的设备和数据信息，有权对相关的风险事件进行现场考察。有关的维护费用和差旅费，不是由科学家、工程师和大学教授们以科研项目费的方式支付，而是由政府依法拨付的风险管理预算中支付。国家从事的风险管理事业，本质上是公益事业，不应当用市场手段或产业化的方式来维护。

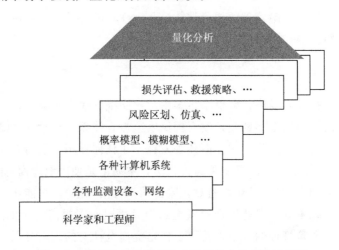

图 15.5　以综合风险管理为主导的量化分析体系设计

3. 优化决策块设计

优化决策是针对确定目标而言，应由高级行政官员、资深科学家、总工程师组成的群体在大量调研的基础，经论证和法律审查后确定。重大决策实施后，应当组织相应的听证会，反思决策效果，依听证会的结论对相关的责任人进行处理，对有重大贡献者进行奖励。只有通过听证会方可真正实行决策和管理的问责制，才能提高综合风险管理的水平，有效避免人力、物力的浪费。为此，我们提出如图 15.6 所示的优化决策块设计。要构建这样的决策块，关键是国家要有一部综合风险管理的基本法。目前的《地震预报管理条例》、《煤矿安全监察条例》、《安全生产许可证条例》等法规，均应该是国家综合风险管理基本法下的具体条文。总之，没有法律的支持，就无所谓优化决策。

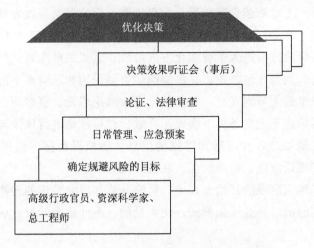

图 15.6　依法进行优化决策的体系设计

15.3　中国风险综合管理体系现状

1. 概述

　　总体上，我国的风险管理水平仍处于第一阶段，即技术风险管理阶段。这一阶段是指从人类有组织的社会出现到西方发达国家 1970 年所达水平的阶段，重点是从技术层面上对重大工程项目进行风险管理。这一阶段中早期的风险分析，是一种原始本能，多以定性为主。人们识别风险源、判断自身面对的风险大小，完全是一种自我保护的本能。采用的技术，完全来自经验。现代数理逻辑出现后，风险分析向量化分析发展，出现了传统意义上的风险分析技术。战争运筹、地震区划、洪水区划、流行病学、核电站设计安全、飞机设计安全、工矿企业生产安全、投资风险、保险等是这一阶段有代表性的一些研究内容。

　　我们的某些领域的风险管理水平进入了第二阶段，即风险科学和综合风险管理探索阶段。这一阶段开始的标志是，1970 年美国庆祝了第一个地球日，美国政府同时设立了环境保护署，关注环境（空气、水、土地和其他自然资源）质量，被提上了议事日程。这一阶段的主要特征是，大量的环保、法律、政策、心理研究人员，大量的官员、非技术人员等，参与到风险管理的工作中来，并逐步占据主导地位，以至于给人们一种感觉，风险管理已被非技术化。现代风险分析的理论和方法在这一时期中开始形成。人们更加关注如何在不确定性的条件下做出合理的决策。人们正视人口、资源与环境的矛盾，开始研究涉及人类生存的重大风险问题，贫困、全球气候变化、能源短缺、核技术和生物技术的控制、全球化、自然灾害中的生命线安全、环境污染、转基因食品安全、禁止克隆人类等是这一时期的研究热点。也正是在这一阶段，逐步形成了国际上普遍采用的风险评价四段法：危险辨认、暴露评估、剂量－反应评估、风险描述。这一时期的风险分析和风险管理，强调风险系统的复杂性和不确定性，并开始正视人们对风险系统的认识能力有限，采用模糊数学等新理论提高我们对现实世界的描述和分析能力。

　　我国已经开始推动个别部门进入风险管理的第三个阶段，也称为政府风险管理能力提升阶段，它始于美国 9·11 恐怖袭击事件后。如果说第一个阶段是科技人员唱主角，第二个阶段是社会学家唱主角，则第三个阶段将由政府唱主角。由于政府管理风险涉及十分巨大而复杂的系统，相应地，风险分析进入了智能化发展阶段，重点是借助现代信息处理手段对复杂系统的综合风险进行识别与评价。核心是风险源的智能识别和风险水平的智能评价。智能技术与现代风险分析技术最大不同点是，智能技术更少理论假设，更多面向实际，强调在智能技术的帮助下，实现信息不完备条件下快速、有效、较可靠地进行风险源的识别和风险水平的评估。这种技术将能处理各种清晰和模糊的信息，能根据数据、词语、部分事实进行推理，而不再是目前的理论假设、简单匹配、联想、统计处理。

目前我国仍处于第三阶段的开始过程中，风险分析和风险管理的智能化还停留在开始的探索阶段，条块分割的部门利益优先模式，使大量的、不计成本的投入成为主流，投入产出比相当低下。

到目前为止，我国的温饱问题尚未完全解决。截至 2003 年年底，我国仍有近 3000 万人没有解决温饱，收入水平处于最低生活保障线的城市居民有 2000 多万人。与此生活水平相对应的是，民众和政府的风险意识不高。明显的表现是民众私有财产投保率很低；多数地方官员上项目时只考虑政绩，不考虑资源和环境的承受力；我国煤矿重大事故频繁发生。这种情况映射到学术界，就是我国的风险研究缺少强烈的社会需求和必要的经费支持。因此，我国的风险研究总体上是以介绍和应用国外的研究成果为主。由于风险系统的个性明显，尤其是中西方社会系统差异较大，西方国家成功的风险分析理论和管理经验大多数并不适于中国。为回避这一问题，一个有趣的现象是，我国学术界对风险问题的研究主要侧重于自然系统，很少考虑社会系统，甚至在论及 2008 年中国汶川地震的惨重灾情时也尽量避开中小学教学楼"豆腐渣工程"的问题。

1）我国风险科学研究概况

尽管如此，我国学者对风险问题的研究，在某些领域仍有长足发展。自然灾害、生产安全、金融是三个比较有代表性的领域。

为提高自然灾害风险分析的水平，我国学者进行了不懈的努力，对此我们在 13.1 节的第 3 段中也有所介绍。

为提高生产安全工作中决策科学化的水平，吴宗之等采用风险评价方法，对系统发生事故的风险进行定性或定量的分析，评价系统发生危险的可能性及严重程度[243]。目前，大亚湾核电站已将风险分析的理念应用到工业安全管理中，总结出一套有效的方法[244]。该核电站还研究开发了电厂在线风险管理系统[245]。我国航天系统领域，也引入了广泛使用的概率风险评估方法，并将改进后的方法运用于我国某一型号运载火箭的重要子系统的安全分析[246]。我国乌鲁木齐管道煤气工程安全评价应用了风险评价方法[247]。基于等风险的原则确定海洋平台结构在余下周期内的载荷设计值，解决了基于等概率原则所确定的载荷标准过高而偏于保守的问题[248]。

虽然中国的金融系统由于以国家资源为强用力的后盾以往对风险问题忌莫讳深，但近年来已开展了不少工作。侯念东研究了银行贷款违约风险[249]。余中坚提出了对保险业改变管理机制，转变经营理念的风险防范策略[250]。杨秋芳对保险公司用再保险的技术转移风险进行了比较深入的研究[251]。赵迎琳等研究了保险创新产品的开发风险、监管法则和会计制度变更风险、市场行为和现金流不匹配风险等[252]。

2) 我国的风险管理现状

经过多年坚持不懈的努力，灾害损失增长趋势得到一定的抑制，特别是因灾死亡人数明显减少，取得了较大的经济效益和显著的社会效益。灾害管理工作已经成为国民经济与社会可持续发展的保障机制之一，对推动我国经济的快速发展和社会的持续进步发挥了重要作用。针对不断出现的新情况、新问题，我国还在不断调整和更新现有的风险管理体系。目前，直接涉及风险管理的主要机构有国家安全生产监督管理总局、中国地震局、国家环境保护总局、国家质量技术监督局、国家出入境检验检疫局、中国气象局、水利部、农业部、林业部、国家海洋局、公安部、民政部、卫生部、劳动和社会保障部、人口与计划生育委员会、国家宗教事务局、国家中医药管理局等几十个部门。

2003 年 SARS 危机爆发后，国务院办公厅成立了突发事件应急预案工作小组，把建立突发事件应急预案的工作作为国务院工作的一个重点。工作小组把突发事件分成自然灾害（如地震）、事故灾害（如重大生产事故）、公共卫生（包括生物安全）、社会治安（包括引起的社会动乱、骚乱等）四个大类，要求与各类突发事件相关的政府部门都做出各自的应急预案。除上述政府部门的开展的风险管理活动外，部分民间组织和学术机构也积极参与了风险管理工作。许多大学和研究机构，长期以来对自然灾害、工程风险、经济风险、危机管理等与风险管理相关的问题进行了研究。国际全球环境变化人文因素计划中国国家委员会（CNC-IHDP）关注的重点之一就是风险应对问题，拟开展在高科技发展（如纳米技术、克隆技术、转基因）进程中以及参与全球竞争和国际联合行动（如互联网、卫星通讯、生物多样性和生物遗传资源的掠夺）中可能引发的新型风险预研究。

2. 中国风险综合管理法律体系现状

风险管理工作的开展，需要有法律的强有力支持和严格的规范。建立风险综合管理法律体系，有助于明确风险管理中的各项权责，可以使管理者在风险综合管理中依法行政，使人民群众在风险时间中知法知情，使受害者在风险应急中依法获救，使媒体在风险应急中依法报道，确保风险管理的综合性、计划性、制度化和对策的法制化与规范化。

在国务院的直接领导下，各地区、各行业经过几年不懈努力，已经初步建立起应对各类突发事件的"应急预案"，这无疑在面对突发事件时具有重要的规范和指导意义。从公共安全暨紧急救援事业的整体看，"应急预案"是"亡羊补牢"的重要措施和手段；而非"防患于未然"的"法宝"。在"应急预案"的工作延伸中还亟待加强"全民防御"教育和建立涉及各行业、各领域公众的"安全文化"意识、政府的"安全审计"制度、公权力的"安全独立检察官"制度及常备不懈的"专家咨询及指挥系统"等。针对中国的具体国情以开放的襟怀引进国际先进经验、理论、技术、服务；同时，也要以创新的精神建立起自己的理论、教育、科技、管理、服务系统工程。

我国已经出台了大量有关风险治理的法律法规，如《消防法》、《安全生产法》、《防震减灾法》、《防洪法》、《核事故应急条例》、《传染病防治法》、《突发公共卫生事件应急条例》等。在许多专业领域（如消防、救灾）、法律法规体系已经比较完备[253]。

不过这些法律大多是针对具体的风险类别而制定的，其内容也都限定在所涉及具体风险领域范围之内，有很大的局限性。由于这些法律没有考虑与其他相关法律之间的相互联系，无论是灾前的预防措施的实施，还是在灾害发生时的灾害应急抢险，由于整个风险管理措施和活动涉及承灾体的各个领域，而相应的防灾相关法规比较单一，只适用于原有风险的相关部分，不能适用于所有部门，这样就造成各部门只能根据自己的判断进行相应的风险管理活动，结果各领域所采取的风险管理对策也就相当分散，相互之间达不到应有的协调，使得风险管理对策的效果在行政上无法得到充分体现。其次，在风险管理的组织方面，由于各种灾害法律没有形成能够推动综合风险管理的体制，这就造成国家和地方政府涉及风险管理方面的责任没有明确化。再者，在涉及防灾活动方面，单一风险管理的相关法律都缺乏综合性和规划性，即使在特定部门或行政机关制订了防灾方面的规划，但对于整个灾害而言，这种规划都缺乏统一性。而在进行灾后恢复时，一般又都是就本次灾害而制订的临时特例法作为灾后恢复政策的依据，这样，灾后重建往往只注重眼前，采取头痛医头、脚痛医脚的短视方法，对于地区的长远防灾规划不够重视，同样对于地区的综合防灾能力和风险管理水平的提高也缺乏综合规划。由于缺少国家层面上的"综合风险管理基本法"，按目前的方式推进这一领域的法律体系建设，并不能提高我国的风险管理能力。

3. 中国风险综合管理机构体系现状

目前，我国已建立了针对不同类型、不同领域风险的应对体系。例如，在核安全领域，我国建立了国家、省市自治区和核电站三级管理体制，实行"常备不懈，积极兼容，统一指挥，大力协同，保护公众，保护环境"的工作方针，确保核能生产安全。

针对不断出现的新情况、新问题，我国还在不断调整和更新现有的风险管理体系。如前文所述，2003 年 SARS 危机爆发后，国务院办公厅成立了突发事件应急预案工作小组，把建立突发事件应急预案的工作作为国务院工作的一个重点。

除上述政府部门开展的风险管理活动外，部分民间组织和学术机构也积极参与了风险管理工作。目前，依附于各级政府系统之下，已形成了十分庞杂的各种形形色色的与风险管理有关的机构。专业、非专业、专职、非专职、沾边带线的人员众多，国家和社会每年在这一领域的投入也十分惊人。然而，我国的风险分析和风险管理水平并不高。主要表现为重大恶性风险事件不断，国家基本的抗风险能力和潜在风险源并不明了，每年因为风险事件的损失巨大。例如，作为一个正常年份的 2005 年，仅自然灾害的直接损失就高达 2042 亿元！根本的问题是，我国现有的风险管理机构大多不是责任型机构，更象是某种利益机构。争经费、争项目是众多机构的首要任务。踏踏实实地从事风险管理的工作，反倒是很难的事。

我国的国家减灾委员会，主要职能是自然灾害救助应急，是一个中央政府的自然灾害风险管理协调机构，其结构如图 15.7 所示。该委员会的原名是"中国国际减灾委员会"，2005年经国务院批准改为现名，其办公室设于民政部，具体工作由民政部救灾司承担。

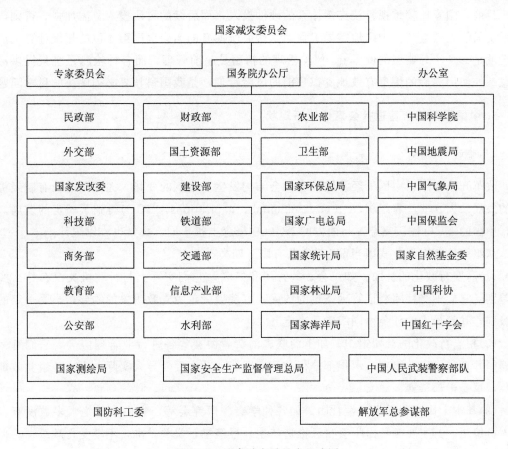

图 15.7　国家减灾委员会组成图

4. 中国风险综合管理科技支撑体系现状

截至 2007 年，中国已建立了较为完善、广覆盖的气象、海洋、地震、水文、森林火灾和病虫害等地面监测和观测网，建立了气象卫星、海洋卫星、陆地卫星系列，并正在建设减灾小卫星星座系统，自然灾害的预报、预警、评估、信息服务"天地一体化"的监测体系已初步形成。为加强灾害信息发布、应急处置、应急决策、减灾教育等能力建设，国家减灾委和民政部正在推动导航卫星和通信卫星在减轻灾害风险领域中的应用。

灾情信息网络、救灾物资储备和救灾装备等方面的建设工作得到了全面加强。覆盖到县的灾情信息网络系统已全面开通，提高了灾情信息报送时效。建立了灾害救助资金应急拨付及救灾物资应急调度制度，中央救灾应急资金在灾害发生后的 2～3 个工作日内基本可以下拨到灾区。初步建立了国家救灾物资储备体系，由 10 个中央直属储备库、31 个省级储备库和多灾地县储备点构成，基本保证了灾后 24h 内首批救灾物资运送到灾区。此外，救灾装备及救援设备也得到很大改善。建立了各类减灾专业基础数据库，空间信息技术、通讯技术、数字化技术、计算机和网络等高新技术已经在灾害风险预警预报、灾害风险响应、灾情评估、灾后恢复重建等方面发挥着越来越重要的作用，科技进步在减轻灾害风险领域的贡献率不断加大。

目前，国家比较重视科技支撑体系的硬件投入，而后续的科研投入急需加强。否则，多数系统只能无效空转。中国地震局工程力学研究所拥有的名列全国第 4 位的超级计算机成为摆设就是一个十分典型的例子①。风险管理的精髓是超前管理，而各种检测系统只提供滞后信息。如何用滞后的信息有效地支撑超前的风险管理，是我国科技界必须解决的科学问题。

5. 中国风险综合管理社会意识体系现状

1）非政府组织

改革开放以来，中国的经济结构和社会结构发生了深刻的变化，尤其是非公有制经济成分的发展壮大，非政府组织（non-governmental organizations，NGO）得到了一定的发展。但是，中国的 NGO 性质复杂，与西方的 NGO 在概念上很不同，数量也难以统计。

从组织体制上看，我国当前 NGO 共有以下四类[254]：

（1）高度行政化的社团。如工会、共青团和妇联，它们实际上与行政机关没有什么实质性差别。它们不受社团登记管理条例的约束，直接接受各级党政机关的领导，享受一定的行政级别，其领导人的任免由同级党委决定。

（2）相当行政化的社团组织。如工商联、消费者协会等各种行业管理协会，它们有一定的编制并享有一定的级别，承担部分行政管理职能，其主要领导人实际上也由各级党政部门任免，享受干部待遇。

（3）基本上民间化的学术性社团。如各种学会、研究会等，它们中的绝大多数没有专职的人员编制，其主要领导由学会自己推选产生并报经主管机关批准，不享受行政级别。但这些学会、研究会或协会中极少数也享有人员编制和行政级别的待遇。

（4）民办非企业单位。这是非常特殊的一类非政府组织，它们没有行政级别，行政化程度很低，它们除了进行专业研究和交流外，还为社会提供某种专业性的服务。

除金融体系和灾害管理体系中的非政府组织外，我国目前涉及风险管理领域的非政府组织寥寥无几，现有风险领域的民间组织和科研组织无论从数量上还是质量、级别上，都还远远不能满足我国风险综合管理的紧迫任务，应大力发展风险管理相关民间组织和学术机构。

2）公众

目前，我国公众的风险意识相对还比较薄弱，大多数人的防险自救意识和知识还比较薄弱。社区风险管理刚刚在起步阶段，向广大人民群众传播的通俗易懂的科普出版物及相关宣传品还相对较少。公众总体上还没有意识到风险不只是"一次性突发事件"，而是现代社会的常态。由于风险意识薄弱，人们对转移风险的途径和办法知之甚少。

我国公众风险意识不高的主要原因是，我们以往通过宣传的方式，夸大了政府在风险管理方面的能力，使公众对政府有较强的依赖性。正因为如此，我国在风险及灾害防御知识的科普教育方面尚未建立起研究、创作、推广、普及的社会合作体系和运作机制。甚至如何整

---

① http://www.iem.ac.cn/zhxw/2008top4.htm. 访问时间：2011 年 12 月 5 日

合政府、学校、社区、企业、媒体等相关资源，建立"全民防御"的教育体系还未得到全社会的足够重视。

相比而言，尼泊尔的社区减灾工作比我国的还要好，因为该国的公众对政府的依赖性较低，有较强的自救意识。加德满都的 25 个行政区，每个区都有社区减灾训练基地和以年青人为主的自愿者队伍。

　　3）媒体

长期以来，对媒体管制的后果，就是使媒体视"报喜不报忧"的做法为新闻正道，这会使人们缺乏居安思危的意识，削弱公众对危机的心理承受力。过去，每逢突发重大事件、疫情，并在当地甚至许多地方产生公共安全震荡时，一些地方政府部门的"常规动作"是封锁消息。在他们看来，过多的解释会引起更大范围的社会恐慌，这种做法只会令事件更加神秘，增强人们的恐慌。媒体作为提高风险管理必须借助的现代化手段之一，作用非常重要。

6. 中国风险综合管理体系面临的问题

经过多年坚持不懈的努力，我国的风险管理工作已经成为国民经济与社会可持续发展的保障机制之一，对推动我国经济的快速发展和社会的持续进步发挥了重要作用。针对不断出现的新情况、新问题，我国还在不断调整和更新现有的风险管理体系。

但是，与国际上发达国家先进的风险管理体制相比，我国管理体制存在以下不足。

　　1）管理体制以分领域、分部门的分散管理为主，缺乏统一的组织协调

总体上看，我国在风险管理领域已经建立了一套比较有特色的管理体制。但这种管理体制是以分领域、分部门分散管理为特点的，即根据风险的性质和类型，不同的风险由不同的专业部门负责管理，缺乏更高层次的组织协调。

　　2）风险管理的范围相对狭小

我国目前的风险管理，还主要集中在灾害、事故、卫生、治安等传统的危机领域，对由新科技（如转基因技术、纳米技术、信息技术）发展带来的新近凸现的风险，以及社会发展所带来的社会风险（如社会腐败、贫富差距、三农问题、失业、公共安全等）、新发传染病、食品安全，以及有关国民经济决策和大型工程决策失误等带来的风险关注不足。这在一定程度上也是由我国风险管理体制分部门的分散性造成的。

　　3）重点在灾害治理和危机管理而不是风险管理

目前风险管理主要侧重于风险爆发后的应对和恢复，而对风险的预测与预防工作做得不够，在风险来临时处于被动的撞击式反应而不是主动出击。在管理意识上尚未达到联合国强调的从目前的灾后（和危机发生后）的"反应文化"向"灾前"的"预防文化"的转变。

4) 风险管理以政府为主，没有充分发挥非政府组织等的作用

受计划经济体制等历史背景的影响，我国的风险管理工作长期以来以政府行为为主，企业、非政府组织没有发挥应有的作用。在我国，除了保险和银行业比较重视风险管理外，其他行业很少自觉运用风险管理来进行风险规避，在实施战略控制中仍缺少风险管理的控制系统；此外，我国的风险管理还没有发展成为一种气候，涉足风险管理的非政府组织和学术机构十分有限。建议将风险管理从以往的纯政府行为，辅之以专业化、国际化、产业化的新兴事业来发展，建立起"公共安全暨紧急救援"新的社会产业。这一产业将包括在政府规划下的理论、教育、科研、生产、信息、咨询服务等相关行业的建立和互动。

5) 与风险相关的研究工作相对落后

由于风险分析人员既要深知风险分析理论和方法的真谛，又要有实际的专门知识，还要有人际沟通的人文素质，属于复合型人才，培养成本十分高。我国从事风险分析的学者大都只接受过某一方面的训练，而且多数对不确定性量化分析的理论和方法一知半解，许多工作并不是真正意义上的风险分析。交叉学科在一些部门仍然没有地位是我国风险科学研究力量十分薄弱的最主要原因。

数学家只懂风险分析数学模型，地理学家没有能力将人口、资源与环境矛盾形式化，工程师只能按程序进行风险评价和风险管理，社会学家们除了罗列事实和进行呼吁而没有能力真正涉及风险问题的研究。这就是中国在风险科学研究领域方面普遍存在的严峻的现实。

建议重视和加强在公共安全暨紧急救援领域的学科教育，鼓励有条件的高等教育机构设立新的专业学科和研究领域，培养未来的专家型指挥人才，培训现有各地的行业管理人员。

6) 社会风险管理意识薄弱

没有意识到现代社会本身就是风险社会，风险不只是"一次性突发事件"，而是现代社会的常态。风险管理还没有纳入到政府和其他社会组织的日常工作体系中去。在我国近年来所发生的重大灾害事件中，无论是企业，还是个人，因灾害事故从保险公司得到的赔偿金额，在全部损失中所占的比例，一般都不大，这也充分反映了整个社会的风险意识薄弱。

7) 缺乏独立的、常设的、综合风险管理机制

虽然我国在风险管理领域已经建立了一套比较有特色的管理体制，但这种管理体制是以分领域、分部门等分散管理为特点的。这种分散的管理方式一方面不利于各种资源的有效利用，不利于提高风险管理的效率；另一方面，考虑到现代风险的多因性（产生原因复杂）、系统性（多种风险并发并带来复杂后果）和不可预期性（新风险或不常见风险随时可能爆发），这种分散的管理机制已经难以应对这种复杂的现代风险的管理需要。

8) 对风险认知等主观层面缺乏重视

传统的风险治理机制的重点在于对客观风险和灾难的防范、预警和事后处理，对主观层

面的问题较少涉及。但由于现代风险的"隐形"特征，它对社会的影响更多地表现在对人们主观"风险认知"的冲击之上。当人们对于某种风险的知识极端缺乏时，他们心理上的不确定感会严重影响其对于风险的认知、判断和评价，结果可能出现两种极端情况：要么惶惶不可终日，在极度恐慌和焦虑中采取各种各样的过度防护措施；要么听天由命，根本不采取任何措施。而无论哪种情况都无助于人们理性地对待并防范风险。

9) 政府对大众风险认知和自救互救的教育和宣传力度不够

风险事件发生时财产的损失是有价的，而生命是无价的，因此在综合风险管理中，受灾人员的管理最为重要。在某些危急情况下，消极的等待远道而来的援救人员是不理智的，在挽救生命的最初 10min 内，只有你自己或身边的人能够让你脱离危险，如何才能把握这宝贵的 10min？这就要求我们每个人都应掌握简单的急救互救技术。解放军 304 医院急救部首先提出了"白金 10min"的急救理念，并且义务向大众提供急救互救知识培训，取得了良好的社会效益。然而，个人或某个单位的力量是微不足道的，只有政府的重视和全社会的参与，才能防患于未然，才能在灾害发生时减轻人员的伤残率，缩短受灾后某地区恢复和重建的时间，也进一步减少了风险后期的投入。

"风险社会"的来临，给人类社会传统的风险治理机制带来了新的挑战。由于现代风险已经在本质上和特征上与传统风险有了根本的差异，因此我们必须重新审视传统的风险治理体制，建立符合风险社会要求的新机制。以政府风险管理代替传统的政府危机管理，实现政府管理模式的转型与跨越，须遵循合理的原则建立新的风险管理机构体系，以适应和谐社会的要求和可持续发展的目标。

15.4　中国风险综合管理体系的框架设计

对于我国综合风险管理体系的建立，建议以"有法可依，专人负责，科学管理，共担风险"为原则，在法制，管理，科学，社会四个方面共同努力，建立综合风险管理体系。根据前几节的研究，我们给出下列设计。

1. 中国风险综合管理法律体系的框架设计

风险管理工作的开展，需要有法律的强有力支持和严格的规范。建立综合风险管理法律体系，有助于明确风险管理中的各项权责，可以使管理者在综合风险管理中依法行政，使人民群众在风险实践中知法知情，使受害者在风险应急中依法获救，使媒体在风险应急中依法报道，确保风险管理的综合性、计划性、制度化和对策的法制化与规范化。

1) 我国现有法律法规体系及其缺陷

我国已经出台了大量有关风险治理的法律法规，但基本上这些法律是针对具体的风险类别而制定的，没有形成综合风险管理的法律体系，国家和地方政府涉及风险管理方面的责任没有明确化。再者，仅就涉及洪水风险管理而言，相关法律都缺乏综合性和规划性，如民政部和水利部在灾情认定上常常处于各唱各的歌、各吹各的调的状态。又如进行灾后恢复时，一般又都是就本次灾害而制订的临时特例法作为灾后恢复政策的依据，这样，灾后重建往往只注重眼前，采取头痛医头、脚痛医脚的短视方法，对于地区的长远防灾规划不够重视，同样对于地区的综合防灾能力和风险管理水平的提高也缺乏综合规划。

2）风险综合管理法律体系建设

为改变上文中提到的风险管理法律结构上的重大缺陷，使我国的整个风险管理对策体系化，并达到有规划地实施综合风险管理的目的。应制订一部综合风险管理的基本法。目前的《地震预报管理条例》、《煤矿安全监察条例》、《安全生产许可证条例》等法规，均应视为国家综合风险管理基本法下的具体条文。综合风险管理基本法不仅应是与所有风险事件有关法律法规的根本大法，又必须保留原有的风险事件对策相关法律和法规的完整性，并对原有法律的不足部分进行必要的补充，有机地调整各种法律、法规的相互关系。

更重要的是，"基本法"应使从风险感知、风险评价、风险管理，各个阶段都有相应的法律依据，涉及综合风险管理的相关事业都有制度和财政上的保障。同时，相关的机关团体和个人又必须承担各自应尽的义务和责任。规定和明确各自的责任，使综合风险管理活动更加制度化和规范化。"基本法"应将风险管理的责任明确，使政府、社会团体及个人在风险管理中各司其职，齐心协力，共同做好综合风险管理工作。"基本法"应推动综合风险管理体系的建立。"基本法"应对风险管理中所需费用，国家和地方政府如何负担，国家的风险事件补偿方式作出明确规定。在防范风险所产生的各种保障、保险活动应协助有关部门对之进行必要的监督和指导。在法律形式上风险确保综合管理所需的财政支持。

按照我国的立法实践，要形成一部相对独立的法律，十分困难。依附其他法律、法规进行风险管理立法则相对容易一些。例如，相对独立的《中华人民共和国保险法》的立法，难度远远大于《中华人民共和国防洪法》。因为后者是根据《中华人民共和国水法》制定的。然而，历史的经验证明，立法难，不应成为阻碍社会发展的理由。本章提出的中国风险综合管理法律体系，不受立法难易的限制，仅仅是从社会发展的需要出发，在大量调研资料的基础上，从学术研究的角度进行构思，以简略的方式给出。显然，这一体系与法学家们专业化的观点会有很大的不同。

图 15.8 给出了中国风险综合管理法律体系略图。值得说明的是，《国家风险综合管理资源管理法》是应建设节约型社会的需要而提出的，是此法律体系中不可或缺的一部分。尽管对于国有资产的管理已有大量的法律、法规，如《行政事业单位国有资产管理办法》、《国有资产评估管理办法》、《企业国有资产监督管理暂行条例》等，但它们与国家风险综合管理的关系不大。现实情况也说明，现有的法律、法规并不能保障风险综合管理资源的共享。该法律应该规定，凡由国家投入采集的数据和获得的研究成果均为国有资产（而非小团体资产），有关人员可以依法获得使用，拥有数据者均有保护这一国有资产的职责，据此类资产为私有或破坏者，依法追究相关的法律责任。

2. 中国风险综合管理机构体系的框架设计

作为综合风险管理体系的物理载体和实际执行者，综合风险管理的机构体系的合理与否

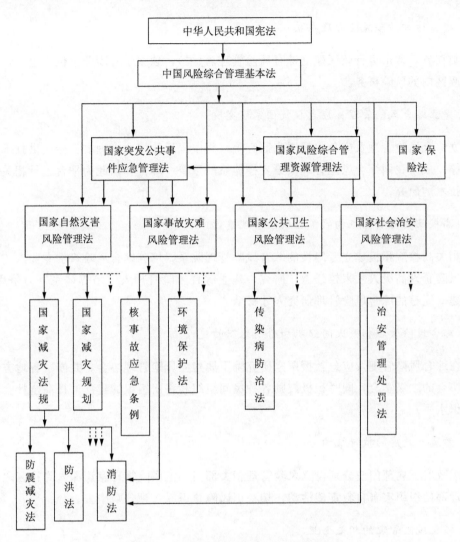

图 15.8　中国风险综合管理法律体系略图

从上到下的关系，说明其法源出处

就显得尤为重要，这里只提出需要重点建设的几个方面，只是一个总体的概述。

值得一提的是，各种风险研究和管理机构的大量建立，必然能为大量高学历人员提供就业岗位，大批解决高校毕业生的就业问题。根据有关专家的估计，这方面的投入产出比是1：10。国家既缓解了就业压力，又有了获利极高的收益，实在值得加紧时间进行。

1）建立中国风险综合管理委员会

建议将目前的"国家减灾委员会"发展为"中国风险综合管理委员会"，并逐步变为实体，使之成为国家日常管理风险的最高机构。中国风险综合管理委员会应包含以下主要机构和职能：①政策法律制订及评审部门；②国家综合风险信息管理中心；③重点风险专案组；④日常管理部门；⑤特大风险事件处置办公室。

2）建立地方综合风险管理机构

分别在省、地市级行政区建立综合风险管理署（局），独立于各事业单位之上，负责统筹管理行政区内的风险事务。

3）建立综合风险管理及应急救援国家研究院

建立综合风险管理及应急救援国家研究院，为中国风险综合管理委员会提供技术支持和决策支撑，成为我国综合风险管理决策支撑体系的重要一环，并以此为平台进行相关综合风险管理技术的研究。

4）高校及其他研究机构的综合风险管理建设

各相关高校应积极建立专门性的综合风险管理院系，培养综合风险管理专业人才，并吸引综合风险管理高级人才来校任教，研究、建立综合风险管理人才培养体系，力争用 20 年的时间建立完整的综合风险管理研究人才梯队。

5）综合风险管理相关民间组织和科研组织的建设

应在综合风险管理及应急救援国家研究院下属建立风险管理协会，并鼓励各地方建立风险管理协会的二级学会，同时积极鼓励各种民间组织和科研组织的建立，提高全社会的风险管理意识水平。

6）隶属于政府的执行机构

各级政府下属部门应分别设立风险管理相关部门，把风险管理意识深入到社区之中，由风险管理部门组织灾害自救宣传活动，切实把风险意识深入到公众中去。

7）涉及风险管理的相关企业

政府应扶持涉及风险管理产品研究和生产的相关企业，提高我国风险管理能力的硬件建设，并鼓励各类保险公司加入灾害保险领域。出台政策法规，对于会造成重大安全事故或社会影响的企业和对象强制投保，对于普通风险承载体鼓励投保。逐步将我国现有的政府赈灾为主的制度，转化为以商业保险理赔为主的制度。

8）媒体

应认识到媒体自身所具有的权威性、监督性作用，采取积极的态度介入风险事件的报道。有关部门作为新闻传播的管理者，应该认清身负的社会责任，引导、调控新闻媒体对事实加以解释，允许下级部门报忧，支持传媒发挥其环境检测功能和社会整合、解释的功能，负起其应有的社会责任。

综上所述，我国综合风险管理机构体系框架如图 15.9 所示。

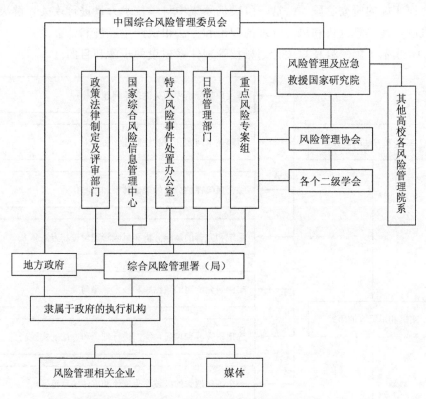

图 15.9　综合风险管理机构体系框架示意图

3. 国家科技攻关计划和科技管理体系的框架设计

国家科技攻关计划，是快速解决风险分析和风险管理中重大科学和技术问题的重要举措。有效的科技管理体系，是科技攻关计划顺利进行的保障，是日常科学研究工作必要的支持。

1）国家科技攻关计划框架

风险分析和风险管理的科学研究工作必须分三步走，即理论和方法的研究、实例和示范区研究；全面实施研究。每一阶段都要求集中力量科技攻关。

（1）理论和方法的研究阶段　　核心工作是，集中科学家和工程技术人员的力量，对风险分析和风险管理中的重大科学和技术问题进行攻关。同时，通过综合分析大量数据资料，推演重大风险事件等工作，摸清我们面临的重大风险问题，建立风险管理体系和模式，解决风险分析中的关键理论问题，有效监测技术问题和可靠性问题，建立适合中国国情的综合风险分析理论体系和监测体系。

（2）实例和示范区的研究阶段　　集中科学技术力量，研究现实风险系统，解决系统分析和管理中的一系列科技问题。例如，实例研究所需的数据库和技术保障问题。选定研究区和风险种类，进行理论和方法的实践研究，选定一个条件适宜的区域作为理论和方法的示范区。

（3）全面实施的研究阶段　　这一阶段仍须集中科学技术力量进行攻关，解决实施中的一些科技难题，使风险分析和风险管理的理论和方法很快产生经济和社会效益。

图 15.10 表示了国家科技攻关计划科技管理体系建设的步骤和目的。

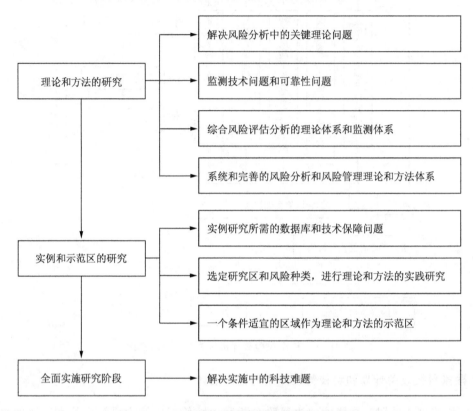

图 15.10　国家科技攻关计划的步骤和目的框图

2）科技管理体系框架

科学研究和工程技术面向社会的研究工作大体分军用和民用两类。国防科工委是我国军用研究的主要科技管理体系，科技部是我国民用研究的主要科技管理体系。风险分析和风险管理的科学研究和工程技术，既有军用的性质，也有民用的特点。例如，紧急事态下进行军事管制，风险管理就上升到军事管理的层次。通过卫星用遥感对地面风险发展态势进行监测，就有相当的军事意味。而对小规模的风险事件进行研究和管理，大多属于民用。

因此，对风险分析和风险管理的科技管理体系，应介于军用和民用之间。由于小规模风险事件发生的频度较高，大规模风险事件发生的频度较低，该管理体系应以民用为主。

目前我国主要实行五种类型的科技管理体系，分别是：①任务型；②首席科学家型；③自由申请型；④企业型；⑤风险投入型。

国防科工委的科研项目以任务型为主。例如，载人航天项目。科技部以首席科学家型为主。例如，863 项目和 973 项目。国家自然科学基金委员会以自由申请型主。例如，面上基金项目、重点基金项目。各种企业投入的基本都是企业型。例如，青岛颐中集团投入的"卷烟配方智能辅助设计系统"。各级政府为回国人员设立的项目以风险投入型为主。

对于风险分析和风险管理的科学研究，在国家层次上，应该建立任务型为主，自由申请为辅，鼓励企业参与的混合型科技管理体系。主要理由是，风险分析和风险管理的科学研究要有国家目标，形成国家的软竞争力。因此，不允许做假，要避免学术浮燥，还要考虑相关成果向企业的转化，为风险管理提供重要装备。

据此分析，我们提出由三部分组成的科技管理体系，即国家研究院部分、科技部-基金委部分、企业部分。

国家研究院就科学事务的具体职责包括以下五方面：

(1)制订并组织实施重大科研计划，包括合作研究中心(由研究机构、大学和企业共同成立的研究中心)计划、国家重点研究设施计划、创新参与计划中有关的国际科技合作、国家创新意识战略中的科学、工程和技术意识；

(2)协调和管理与风险有关的政府科技职能；

(3)负责双边或多边科技合作协定；

(4)制订有关科研机构的政策建议；

(5)制订科技发展的政策建议，包括一些重要问题的政策。

国家研究院的主要工作是，用国家提供的风险分析和风险管理研究预算，组织完成大型国家级任务。与其他封闭式研究院不同的是，参与完成任务的主要力量不是研究院自身，而是中国广大的科技人员；与科技部和基金委不同的是，参与完成任务的人员不得自己申请，而是委托民间机构对有关人员进行大量调查，选出合适人选。在本人自愿的基础上，通过答辩，由对任务负有责任的相关人员决定。

科技部-基金委在风险分析和风险管理科学研究方面的具体职责包括三方面：

(1)由科技部制订并组织实施与风险分析和风险管理有关的重大基础性研究计划、高科技计划；

(2)由基金委制订风险分析和风险管理研究的基金项目指南，并提供进行纯理论研究和应用基础研究的经费；

(3)向国家研究院推荐能承担国家大型任务的优秀科研人员。

科技部和基金委承担着为我国风险分析和风险管理源源不断提供新理论、新方法的重大任务。

企业在风险分析和风险管理科学研究方面的具体职责包括三方面：

(1)采用最有效的风险分析和风险管理科技手段，不断提高自身的风险管理水平；

(2)为提高自身的风险管理能力，自我投入进行相关的研究；

(3)开发和生产用于风险分析和风险管理的有关产品，为提高全社会的风险管理水平提供装备。

企业投入风险分析和风险管理研究的资金，应该作为企业可靠度和环境是否安全的重要指标。

图 15.11 给出了我国风险分析和风险管理的科技管理体系框架。

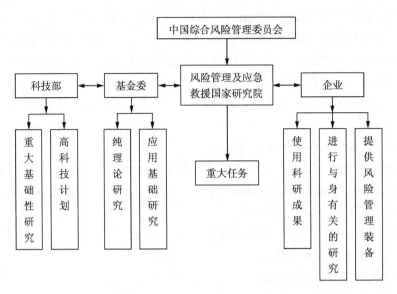

图 15.11　风险分析和风险管理的科技管理体系框架

4. 出版发行相关出版物的初步构思

扩大出版和发行国内外综合风险管理研究的相关技术、理论、法律、法规等。不拘泥于形式，拟通过较长的一段时间，将我国在综合风险管理研究出版物及相关宣传品的出版发行建设成为既适合广大科研工作者研究讨论，又便于政府及领导决策人员参考使用，还适合于广大人民群众阅读学习、进行自我教育的产品。通过调查研究，并结合我国目前的国情，提出与综合风险管理有关的出版物和及相关宣传品出版发行宜分三步走的建议。

1）紧抓现有资源，初步行动

在现有灾害、安全、环境等类期刊中增加综合风险管理专栏，鼓励广大从事灾害、安全、环境研究等领域的科研工作者进行综合风险管理的讨论研究。鼓励大众类期刊、杂志、报纸等科普读物增加灾害、安全、环境等风险方面的文字写作与转载。在部分条件较为成熟的乡村、城市社区进行综合风险管理教育普及活动，安全教育进社区，风险管理进社区。

2）拓宽新领域，逐步发展

由民政部牵头，组织国内综合风险管理研究的知名专家学者，定期开展综合风险管理研究的研讨会或研究会，并出版综合风险管理研究的成果集。鼓励现有风险、安全、环境类学会、协会等非政府组织进行综合风险管理的讨论研究，组织专家编写综合风险管理研究类较为成熟的理论、技术、法律法规类书籍，便于现有综合风险管理研究理论、技术的推广利用。在风险类科普读物的基础上，录制、拍摄综合风险管理研究的成功案例，出版发行综合风险管理类音响制品，充分利用电台、电视台、网络等渠道传播音频、视频节目。继续推进安全教育进社区、风险管理进社区活动，并开始选择部分县市进行试点分析研究。

3) 总体发展，全面推进

综合风险管理定期、非定期出版物及相关宣传品的发行已经比较系统，已形成全方位、多渠道出版发行的形式。灾害、安全、环境领域以致灾因子管理、危险源管理、污染源管理为主的学术期刊将转向以刊登相关领域综合风险管理研究为主，包括相关领域风险识别、风险评价、风险管理的理论、技术、法律、法规等研究成果。组织综合风险管理研究知名专家学者定期开展研讨会，既讨论综合风险管理研究理论、技术、法律法规的进一步成熟与完善，也讨论综合风险管理的理论、技术等与资源利用领域的结合与交流，以更好地为人类造福，出版成果集。进一步加大安全教育进社区、风险管理进社区活动力度，力争将风险影响控制在最小的范围内。全面推进与综合风险管理有关的出版物及相关宣传品的出版发行，有专门针对综合风险管理理论、技术、法律法规研究的专业学术期刊，并出版相关综合风险管理研究系列丛书。各类音响制品、科普读物进入校园，安全教育、风险管理教育从娃娃做起。

与综合风险管理有关的出版物及相关宣传品的出版发行，需要大量人力、物力、财力的支持。由于综合风险管理是非盈利性事业，效益体现在风险管理减少损失的收效上，而不是直接的产出上，所以需要国家、政府设立专款专用，支持国内综合风险管理各方面的研究，支持其出版发行相关领域定期、非定期出版物及相关宣传品。图 15.12 为出版发行物的主要内容。

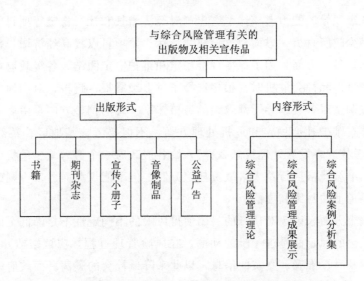

图 15.12　与综合风险管理有关的出版物及相关宣传品的主要内容

5. 中国风险综合管理信息系统的设计

为了使综合风险管理顺利进行，快速而正确地收集、处理、分析和传达与风险有关的各类信息就显得尤为重要。此外，为了避免或减轻不利事件发生时社会的震荡，把灾害信息及时传达给公众，则是风险综合管理的明智之举。而且对于政府部门来说，一个完善的决策支持系统对于正确的风险综合管理更是必不可少。而这些都是综合风险管理信息系统的一部分。

1) 建立综合风险管理情报系统

建国后，我国在各个灾害领域，已经建立了一套完整的包括空、天、地各个空间层面及远期、短期、临灾、灾中各个时间层面的检测预警体系。我国自行研制的风云系列气象卫星为天气预报和植被、冰雪覆盖、洪水、森林火灾等环境监测提供了重要数据。而且，我国计划在今后 10 年投入数十亿元人民币，研制、发射 10 颗气象卫星，大幅度提高对洪涝、干旱、台风、雪灾和沙尘暴等灾害性天气预测预报的水平。

但是，我国目前的防灾预警预报体系综合性相对较差，处于一种各灾种管理部门各自为政的状态，各自的检测数据共享程度不高，这就给涉及多风险类别的风险综合管理带来了困难。而且风险综合管理情报系统的建立除了一些技术方面的问题外，还有许多防灾情报传递自身的问题需要解决，所以要建立一个高效的灾害情报传递系统以满足风险综合管理的需要，应遵循以下三条原则：①须建立各风险综合管理机构全体的信息快速收集、传输、提供体制；②必须建立一个高效灵活多功能的情报服务体系；③建立一个集过去各种灾害情报相关的及经验教训为一体的专家系统，推动平常时期的风险综合管理情报的监管体系；④构筑规范化、标准化的情报体系，并推动防灾电子政府的建设。

2) 建立开放的信息沟通系统

目前针对各级领导的能力考核体系突出了对经济增长和社会稳定等项目的考核。在这种制度激励下，不少政府官员一方面想方设法争指标、争项目以提高经济增长率，有的甚至不惜虚报增长指标；另一方面，为了保持社会稳定和维护安定团结，各级政府在本地区、本部门内发生了突发事件和社会危机时，很多选择了对上级漏报、瞒报，对当地媒体进行封锁的政策。所以，应调整对各级领导干部政绩的考核体系。总的调整方向是由规模指标向质量指标的转变。集体在维护社会稳定和危机处理方面，不但要考核某地区、某部门"是否出事了"，而且还要考核"事发后处理得怎么样"，给各级政府一个努力减少危机事件的损失和补救的政策激励。继续严格执行重大事故责任追究制，但不能仅此而已，否则就会促成更为严重的信息传输渠道上的封锁和虚假。

其实从另一个方面来说，对信息的封闭使得风险的不确定性不是降低了而是增加了，由此带来的不是社会的稳定而是进一步的动荡。在风险管理过程，应该塑造开放的信息渠道，让社会公众了解及时、准确、真实的信息，以此来降低社会的震荡。而政府的网络体系无疑是塑造这种开放体系的重大优势，应利用政府网络和各种渠道及时收集、整理并发布各种信息，并加强与社会媒体的合作，共同塑造多元的信息渠道，以最大程度地降低风险所可能带来的社会动荡。形成包括政府各个部门、各地方政府、风险管理的核心机构及非政府组织、公民等在内的多元的治理主体，他们之间相互合作，彼此沟通，具有最大程度上的灵活性，形成风险管理的整体并合力克服传统组织上的诸多缺陷，才能真正有效地应对风险。

以 2005 年 11 月松花江水污染致使哈尔滨市停水 4 天的事件为例，由于政府在公众面临重大灾害风险时启用了开放式信息沟通系统，顺利化解了危机。如此严重的水危机，在世界城市发展史上也十分罕见。最初，发生了恐慌和抢购，然而仅仅经过一天时间，全城便恢复了秩序，数百万市民以令人叹服的勇气和毅力挺过了难关，这堪称奇迹。地方政府应对这场公共危机的经验教训，给人很多启示。

危机来临之初，这座城市曾一度陷入慌乱之中。从 20 日中午起，有的市民开始贮存水和粮食；有人不顾夜间的严寒，在街上搭起了帐篷；部分市民及外地民工开始离开哈尔滨，导致公路、民航、铁路客流大增。22 日凌晨，市政府发布第二份公告，证实了上游化工厂爆炸导致松花江水污染的消息。为了方便居民储水，市政府在同日又发出了一个公告。针对一件事，两天发布三个市政府公告，哈尔滨史无前例。市民心里有了底，慌乱局面很快缓和下来。当地领导对此深有感触："为了群众，更要相信群众。"市委、市政府决定：从 24 日起，每天召开新闻发布会，通报停水后的重要信息，让百姓在第一时间了解实情。省环保局也以每天两次的频率，通过媒体通报污染变化情况。正如省委常委、哈尔滨市委书记杜宇新说①，这样一个范围之大、时间之长、哈尔滨市历史上前所未有的"水危机"，是一次严峻的考验。只有向群众说实话，相信群众，依靠群众，才能万众一心，共渡难关。

3）建立风险管理规划决策支援系统

在风险管理规划的制订中，一方面，政府和行政机关常采用行政命令手段，很多规划很难得到社会公众的满意，对规划的好坏也没有适当的方法来评价，也不知道什么方案最经济最能有效地提高风险综合管理的效果。另一方面，居民自己的意见无法正确地向行政机关反映，造成政府和居民之间不能很好地沟通。所以制订一套风险管理规划决策支援系统可以使市民参与制订与自己所在地区有关的风险管理计划，并通过各种方案的比较，选定出最佳防灾方案。而且建立风险

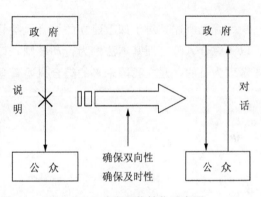

图 15.13　政府职能转化示意图

管理规划决策支援系统，对于培养和增强当代人的风险意识，帮助人们树立正确的风险意识理念也有重要作用。图 15.13 表示了政府和公众之间的关系应进行的转化。

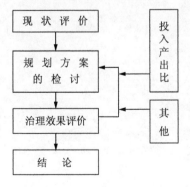

图 15.14　行政规划决策辅助系统

一个比较完善的危机管理信息和决策支持系统包括：资料库、知识系统、规范模型、危机的预警系统、电子信息技术的应用平台等。图 15.14 表示了行政规划决策系统的基本运行流程。

图 15.15 表示了开放式信息系统信息的流程。在这个循环的流程之中，政府和公众是一个交流的关系，而不是指令下达的关系，交流可能要通过多次才能完成，每次交流使得所得到的解决方案更高效，更容易被公众接受。需要注意的是：第一次公众把信息传达给政府的时候风险事

---

① http://www.gov.cn/jrzg/2005-11/28/content_111595.htm. 访问时间：20011 年 12 月 6 日

件处置办公室还没有处于运行的状态，所以信息直接传达到综合风险管理委员会（署、局），这时由综合风险管理委员会开始运作相应的风险事件处置办公室，而以后的信息交流由风险事件处置办公室来完成。

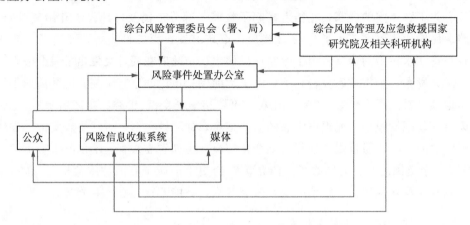

图 15.15　综合风险应急管理信息流程图

　　综上所述，对于如上建立的综合风险管理体制，应以中国风险综合管理委员会为中心，以《综合风险管理基本法》为行动准则，以透明的信息沟通为条件，以科学高效的综合风险管理为目的，建立我国未来的综合风险管理框架体系。

第16章 单元化应急管理仿真*

自然灾害的风险管理，归根结底要落实到社区。社区可大可小，关键是看如何达到最好的管理成效。面对突然而至的自然灾害，应急救助医疗资源在管理单元上配置得是否合理，极大地影响救助效果。管理系统计算机仿真技术，能帮助管理者寻找较好的配置方案，提高风险管理的成效。本章以震后医疗救助为例，用 ARENA 仿真软件对一个虚拟案例进行了仿真实验研究，证明了相关理论方法的正确性和应急救助过程计算机仿真的可行性。

16.1 单元化应急管理的概念

灾区的单元化应急管理是指为减轻灾害造成的损失和影响，对一定范围内的社会要素，按照其地域特征进行划分，并以划分出来的独立单元为基础进行的应急管理活动。

单元化应急管理是针对提高应急救助效率提出的，以提高第一应急时间内救助实效为根本出发点，即只有能提高救援真空期救助实效的应急管理才能称为单元化应急管理[160]。从这一角度，目前我国现有的应急管理，尤其是国家层面、省级层面上的应急管理就不能算是单元化应急管理，因为其过于宏观，根本就无法在第一时间内做出响应。相对地，社区级应急管理在某种程度上则可认为是单元化应急管理。

单元化应急管理的"单元"，类似于很多学者提出的"条块结合，以块为主"之理念中的"块"的管理，但在这种"条块"的思想中，并没有人对"块"给过详细界定，通常认为是某一确定的行政区。下面我们将给出应急管理单元的定义及其划分原则。

1. 应急救助基本单元

自然灾害应急管理基本单元是指单元化应急管理过程中划分出来的基本单元，具有相对独立且完备的基本应急管理能力。从定义可以看出，基本单元具有相对独立性、完备性和基本性。

相对独立性是指在应急准备、响应和恢复这一系列应急管理活动中，基本单元可以主要依靠自身的力量开展工作，尤其是在应急响应初期阶段，具有较强的独立应对能力，在不依赖外界救助力量的情况下，也能相对有序地开展救助活动。

完备性是指在应急管理相关功能方面，基本单元自身具有相对完备的应急预案、疏散规划、物资储备、医疗救护等类似于宏观应急管理的相关设施、组织、机构和指南。

基本性是指基本单元为了应对自然灾害，必须具备的基本应急管理能力。对于基本应急

*本章的单元化应急管理思想由作者与其指导的博士研究生杨富平共同提出，相关仿真理论模型的建立和计算工作由杨富平博士完成，仿真实验是在赵晗萍博士的帮助下实现的。

管理能力，相关研究和政策目前还没有做过明确阐述，这也许是需要相关法律法规进一步界定的问题。

以上三个方面相互统一，相互联系，既体现了基本单元的独特内涵，又体现了其在应急管理中重要而独特的作用。

灾害应急救助基本单元是指为高效地开展灾区现场应急救助，在应急管理基本单元内，以伤员集中运输分类站和搜救任务区基地为中心，并以该分类站和基地的服务范围为边界的现场应急救助区。

伤员集中运输分类站是灾害的第二现场，是在应急灾情估计的基础上设置的伤员集中点。伤员在第一现场受伤后，被灾民、志愿者或专业救援人员救出，伤员在现场可能受到急救处理，也可能没有经过急救处理，然后送往伤员集中运输分类站。在分类站根据伤员伤情的轻重，伤员将得到简单急救处理、分类并等待医疗运输工具的接送，伤员运送的先后将根据其伤势的轻重确定。通常因为应急救援基本单元范围相当有限，将伤员从受伤现场送到分类站的任务主要是在志愿者或灾民的帮助下完成的。

应急救助基本单元是一种具体的应急管理基本单元，提出应急救助基本单元的概念具有以下重要意义：

(1)使得应急救助工作更加有序。在应急准备阶段，通过对应急管理单元内相关实体(例如：建筑物)进行灾情预测评估后，可以进一步将风险高的区域进一步指定为应急救援基本单元，并规划设置伤员集中运输分类站和救援队任务区基地设立点。这样，在灾害发生后，医护人员可以直接到达已设定好的地点建立伤员集中运输分类站，救援队伍也可以在接到任务后直接到达已设定的地点建立现场任务区基地，从而使救助工作更加有序。

(2)使得各类救援人员任务更加明确。有了应急救援基本单元的规划设计，灾害发生后，分类站工作人员可以直接前往目的地开展伤员的急救和分类；医疗运输工具可以在不需要呼叫的情况下直接前往分类站接送伤员；专业救援队伍可以直接前往指定任务区指定地点建立基地并开展救援行动；灾民或志愿者可以担任现场伤员担架员、现场信息员和搜救向导。从而使得整个现场各类救助人员任务更加明确。

(3)缩短了医疗救护响应时间。例如，破坏性地震发生后，医疗救护人员和工具，不需要等待救助呼叫中心的调度，而是直接根据预先的应急预案，直接到达指定伤员集中分类站，从而提高了医疗救护响应时间。

(4)使得伤员的运输更加科学。伤员在分类站将根据伤情被分类，从而决定其运输的先后顺序，避免了传统呼叫调度模式下，相关人员对伤员位置、伤情信息等不对称带来的运输盲目性，也减轻了呼叫系统瘫痪带来的影响，从而使得伤员的运输更加科学。

综上，研究基于应急救援基本单元的应急救助，对编制应急预案具有重要的参考价值。

2. 基本单元的划分原则

由于应急管理基本单元提出的主要目的是为提高微观层面上相关应急预案的可操作性，提高应急救助的效率，因而在研究其划分原则时必须以此为目标。据此，我们提出划分基本单元的四项原则：第一响应、相对独立、应急功能完备性和基本能力。

1) 第一响应原则

单元化管理以提高微观层面上相关应急预案的可操作性，提高现场应急救助的效率为目的，因此能否在灾害发生后第一时间内进行高效响应和救助是进行单元划分的重要依据。

2) 相对独立性原则

从应急的实际过程来看，灾民是第一响应者，灾害发生后由于通讯中断、交通受阻等因素，外面救援力量很难在第一时间赶到现场，相关的救援统计数据也证明大多数被救出的幸存者是由灾民自救逃生的。这就必然地要求划分出来的应急管理基本单元在灾后一段时间内应当具备一定相对独立的自救和自我应急管理能力。

3) 应急功能完备性原则

很多学者对应急管理中的人员疏散、疏散场地规划建设、应急预案编制、物资储备、医疗救护等问题进行了深入研究，上述每一个方面都是应急中必不可少的部分。因此，为了更好地体现应急管理基本单元的相对独立性，其必须相对完备地具备上述功能。同时因为其是应急"管理"基本单元，所以还必须在上述硬件功能具备的基础上，具备相应的应急管理机构、组织和面向不同公众的应急指南等软功能。

4) 基本能力原则

从应急管理的角度，应急管理基本单元本身是进行高效应急管理的元数据级单位，从而具有相对独立性和功能完备性。但同时又因为其是"基本单元"，所以只需具备基本的应急管理能力，能在灾害准备阶段开展各种基本应急管理工作，在应急初期能有序地开展基本的应急救助行动，并不要求能完全独立地开展应急准备和应急救助的全部工作。

16.2　灾害应急救助

应急救助有时也被称为紧急救援。相关研究领域的学者对于"紧急救援"的概念一直存在着多种理解，但主要有两种[255]：一种是"搜索与营救"，称为"搜救"，是指在灾害发生后为拯救生命而进行的"搜索与营救"行动；另一种是"紧急的或急需的帮助"，也称"急难救助"。对于灾难事故的急救医疗则有比较规范的理解，即急救医疗（smergency medical service，EMS）。事实上，无论对救援采用哪种理解，都需要 EMS 的支援。但在本书中，我们认为应急救助更能确切地表达破坏性灾害发生后进行的搜索营救和紧急救助等应急响应过程。因此，本章中涉及救援相关的主题更多地采用"应急救助"一词，并将灾害应急救助定义为

定义 16.1　灾害应急救助是指在破坏性灾害发生后，为减轻灾害造成的损失和影响，由相关社会组织或个人对灾区灾民进行的紧急支援和救助行为。

以上定义粗略地规定了灾害应急救助发生的时间、救助的目的、主体、对象和内容，这

些部分相互联系构成一个完整的整体。具体地讲，灾害应急救助发生在灾害发生之后是指应急响应期，这是由应急救助本身的紧急性决定的；应急救助的目的是减轻灾害造成的损失和影响，包括减轻人员伤亡、财产损失、基础设施破坏、环境恶化及社会、经济、文化、心理等影响；应急救助的主体是相关社会组织或个人，包括国内外政府和非政府组织、灾区和非灾区个人，是一个很宽泛的范围；应急救助对象是灾区灾民；应急救助内容是任何形式的紧急支援和救助行为，包括搜救、医疗救护、捐款捐物、心理咨询、各种与减轻灾害损失和影响相关的志愿行为等。

1. 灾害应急救助的影响因素

应急救助的成败直接反映应急管理的水平。然而，灾害应急救助是一个复杂的、受多种不确定因素影响的过程，其影响因素主要包括灾害发生的时间、空间、强度，应急资源、体制、应急预案等，肖松雷[256]和杨富平等[257]对此进行了研究。

1）时间因素

灾害救助要考虑的时间要素分为两类，一类是灾害发生的时间，另一类是应急救助的时效，它们从不同的方面影响着灾害救助的难度、强度和效果。

（1）灾害发生的时间　　夜间人们都处于熟睡中，对灾害的感知能力和逃生能力降低，因而发生在夜间的灾害，通常给灾区带来更多的人员伤亡和财产损失；发生的白天的灾害，由于大多数人处于室外活动和清醒状态，有更多的机会从灾害中逃生，从而灾害给灾区带来的人员伤亡会大大减少。因此，通常发生在夜间的灾害应急比白天的应急救助难度更大，需要更多的人力物力，救助效果更差。

（2）应急救助的时效　　应急救助的时效是指救援人员实施救援的时间与成效之间的关系，主要用来衡量救援人员挽救灾民生命的时间成功率和处理特殊情况的效率。救助时效通常不表示单个救援人员的工作效率，而常常作为一个描述群体行为效率的概念，例如，可近似地认为是一个救援队的工作效率。然而，在救灾过程中，时间就是生命，使得时效的概念并不能等同于工作效率。对于特定的任务来说，通常救助时效与从灾害发生至救援人员到达现场的响应时间长短成反比，与救出灾民的数量和装备的优良程度成正比。高建国等人对地震救援时间和人员的成活率进行了研究[258]，同时还对目前我国救援初期的真空状态及整个过程中资源的利用率进行了研究[259]，表明在灾害初期尽量减少真空状态时间，提高救援初期的救援时效，对减轻灾害带来的人员伤亡和财产损失至关重要，实现整个过程的资源合理分配，对提高应急救助成效具有重要的现实意义。

2）空间因素

灾害发生的空间地理位置极大地影响着灾害所造成的人员伤亡和财产损失程度，也就影响着灾害的救助行为，这主要是由地理单元内经济发达程度、人口密度、财产密集度和防灾减灾措施等条件决定。有关空间地理位置与灾害的影响之间存在着两种观点，一种观点认为，人口密度大，财富比较集的区域，随着经济的发展，复杂的社会结构体系也在增加其脆弱性[260][261]；另一种观点认为，边远的农村地区由于社会灾害管理体系落后和经济结构更加脆弱，相比经济较发达的区域，自然灾害更加容易给这些地区带来不可恢复性的影响[262][263][264]。

事实上，上述两种观点都有一定的合理性，但不具普适性。前者较符合于多数不发达和发展中国家的情况。这些国家进入 21 世纪后，多数处于城市化进程的加速阶段[265]，但由于经济发展水平的制约，其不太合理的社会结构和抗灾能力增加了其各方面的脆弱性，因此发生在这些地区的破坏性灾害必然给这些国家带来更为严重的损失和影响。然而，这些国家的农村地区人口稀疏、经济落后，灾害造成的损失往往很难与其城市相比。后一种观点比较符合多数发达国家的情形。发达国家，其城市化进程已经经历了相当长的时期，其经济发展水平相对较高，城市结构的合理性和抗灾能力通常远远高于不发达和发展中国家，因此发生在发达国家的城市灾害，往往其引人注目的损失不是人员伤亡，而是经济损失。同时其农村经济也相对发达，但经济承受能力和抗灾能力始终相对其城市较弱，更有可能出现不可恢复性影响的灾害。

3) 灾害强度因素

灾害强度是承灾体遭受灾害打击后是否能形成破坏性灾害的重要判别依据。只有灾害强度达到了一定程度，才会对承灾体形成破坏，从而形成灾害。所以灾害强度的测定，是对承灾体进行损失评估的基本依据之一，从而也是应急救助行动的基本依据。灾害强度的研究涉及更多物理和工程方面的知识和技术，例如，对地震灾害而言，就涉及地震成因机制与监测、地震带和建筑物脆弱性评价等直接影响震害强度和受灾程度的因素的研究。

4) 资源因素

应急救助过程中的资源因素，可以分为基础设施资源和人力资源。

(1)基础设施资源　　基础设施资源是指灾前预测预警设施、灾中实时监控设施、灾后可用于救援的道路交通资源、医疗救护资源、可用的贮备物资、救灾过程中的通讯保障系统和水、电、气等生命线工程。可用基础设施资源是进行应急救助的基本保障。只有在应急准备阶段对相关基础设施进行合理规划建设和详细的评估，并做好基础设施资源之间的组织调度方案，才能为灾害发生后的应急反应提供合理的保障，使相应灾害损失和影响降到最低限度。

(2)人力资源　　人力资源主要指救灾时的现场救援人员。人力资源是应急救助的主体，现场救援工作能否顺利开展主要取决于各级专业救援队和自愿者能否提供及时的特殊救助服务和灾区人民的自救互救意识和水平。因此，不仅要加强各级灾害救援队建设，而且要大力支持防灾减灾志愿者队伍的发展，并提供必要的培训辅导和提供一定的装备。

5) 法律法规等体制因素

健全的法律法规体系是进行有效灾害应急助的重要保障。半个多世纪以来，世界上许多国家都先后建立了自己灾害应急方面的法律法规，有些国家如美国、日本等，已经有了比较完善的应急管理体系。我国也基本上建立了自己的应急管理体系，尤其是建立了专门针对自然灾害应急的法律法规。但我国的应急管理体系尚存在过于宏观的问题，规定了相关部门的职责，却缺少部门间相互协调、操作细则、执行监督等相关行为的准则性规定。

6）应急预案因素

各地区针对自然灾害制定的应急预案对灾害应急救助的展开影响极大。应急预案是应急救助的具体行动指南，是将相关法律法规落到实处的桥梁。主要问题是，我国目前的应急预案存在过于宏观，千遍一律等问题，还需要不断改进。

2. 应急救助模式

为了对尚未发生的灾害救助过程进行模拟，比较各种可行的救助模式，找出更为合理的救助方案，我们须在应急救助基本单元的基础上，探讨各种灾害状态下可能的救助模式。

1）点状救助模式

点状救助模式可以用如图 16.1 来表示，主要针对微观意义下的定点救助，可以认为是救援队在某个任务区内对某栋建筑物进行搜救的救助模式。也可一般化为需救援的范围较小，救援任务以人员疏散和危机处理为主的灾害事故的救助模式，即一般点状灾害事故的应急模式。也可简单表示灾害救助的宏观示意。下面我们总用实线表示初期投入的救助力量，用虚线表示增援的力量。

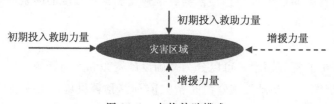

图 16.1　点状救助模式

2）面状救助模式

面状救助模式主要针对具有影响面较广，救援情况比较复杂，救援任务包括人员疏散、医疗救治、人员搜救、生命线恢复和危机控制等的较大灾害，也是一般的宏观救助模式。在这种情况下，灾害救助需分成多个救助基本单元来进行，需要根据不同的情况，以科学地量化的方式研究救助资源的分配。面状模式又分为下述 5 种。

（1）全局分散救助模式　　主要适用于受灾对象遭灾程度严重，救援工作需要在各个救助点同时展开，且需要在较短的时间内完成救助，第一批到场的救援人员在灾区民众的协助下无法在短的时间内完成救援任务而需要增援的面状灾害。可用图 16.2 说明这种救援模式。

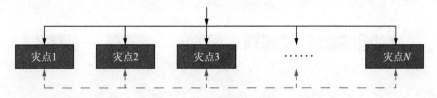

图 16.2　全局分散救助模式

如果将上述灾点看成应急管理基本单元，则从宏观的角度，全局分散救助模式可以用于对灾害救助资源进行预分配；如果将上述灾点看成救援队在某任务区需搜索的 N 栋建筑物，则从微观的角度，这种模式可近似救援力量充足情况下，对搜索区人员及任务分配的分散调度模式。

（2）全局顺序救助模式　　适用于受灾现场的破坏程度不是很严重，但灾害救助涉及范围广，第一批到场的救援人员无法在合理时间内完成整个灾区的救助，从而可采用顺序救援，并等待进一步的增援力量的面状灾害。其救援流程可用图 16.3 来说明。

图 16.3　顺序救助模式

如果将图中灾点看成某任务区搜救队需搜索的建筑物，则全局顺序救助模式，也可看作搜救在有限力量情形下对较大任务区的搜救过程。

（3）局部分散救助模式　　顾名思义，这是在灾区的局部区域内各个救助点上同时展开的模式，这是一种救援力量不足而只能顾及受灾严重的灾点，或只能顾及力量所能达到区域。当灾区范围较广，第一批救援力量必须重点集中在重灾区时，常常采用这种模式。该模式如图 16.4 所示。

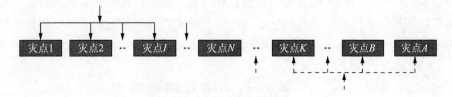

图 16.4　局部分散救助模式

从微观的角度看，这种模式也可看作在某个任务区内有两个或两个以上救援队时，每个救援队从不同的位置对灾区进行搜索的过程。

（4）混合救助模式　　主要适合于灾害影响范围较广，灾害破坏比较严重的场所集中在几个点上，这时，既需要首先集中一批救援力量救援重灾区，同时还急需增援力量，以便增加重灾区的救援力量和有效开展轻灾区的救助，而且救援行动既有分散救援，也有顺序救援。这种混合救助模式如图 16.5 所示。

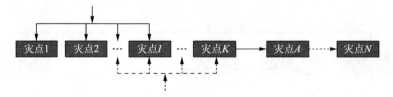

图 16.5　混合救助模式

（5）特大面状灾害救助模式　　对于特大面状灾害，灾害造成的影响范围很广，造成的破坏极其严重，受灾人数众多，需要动员全国，甚至国际社会的救援力量进行救援，无法估计需要增派多少救援力量。这种情况及其复杂，第一批到场的救援人员就有很多队，无法估计需要多少救援力量，需要增援的力量可能是在接到增援请求后到来，也可能是来自国际社会的自发救援队。此时，因为有多个随机到达的救援队，每个救援队都可能根据上面所讨论的救援模式展开救援工作。所以整个救援流程可以看作是多个救援队多种救援模式的组合，从而有下面的示意图 16.6，其中 PT 表示初期投入救助力量，ST 虚线为增援力量。

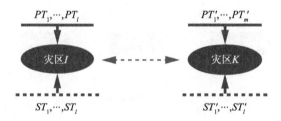

图 16.6　特大面状灾害救助模式

特大面状灾害救助模式是一个灾害救助过程宏观综合示意模式，在实际中不能转化为可操作层面的应急过程，但其可作为宏观管理使用，在制定具体的微观应急预案时，可以将其分解到每个应急管理基本单元，采用上述各种模式编写相应预案。

以上应急救助模式的提出主要是一方面从研究的角度，便于将计算机仿真技术引入灾害应急救助领域；另一方面从实际应用的角度，各种救助模式的提出在理论上可以使应急救助过程更加有计划性，不同的模式会产生不同的应急效果，而这种效果就可以用仿真的方法来对比各种模式，从而获得可以指导应急实际过程的方案。

16.3　医疗救助仿真理论模型

医疗救助是应急救助过程中最重要的任务之一，为了使医疗救助更具有计划性和可操作性，本章从管理系统计算机仿真的角度，在应急管理基本单元的基础上，对医疗救助仿真理论模型进行探讨。

1. 概述

对医疗救助过程进行计算机仿真的目的，是使我们在应急准备阶段，能够在对每一个应急管理基本单元进行应急灾情预估和现有应急医疗资源调查分析基础上，通过适当的数学模型，对同一基本单元的医疗应急能力进行不同资源组织方式和不同灾害状态下的比较分析，寻求较好医疗资源配置方案，对应急决策提供参考，为灾前应急演练、灾中实时管理和灾后改进应急医疗能力提供帮助。

仿真理论模型的研究，使计算机仿真建立在较科学方法之上，使仿真结果具有相当的可解释性和必要的可靠性。

模型的建立将以现有的灾害损失估计方法和医疗救护技术为基础问题。研究的时间段是害后紧急应急期，例如，作为医疗应急一般认为是地震后的 4 天时间[266][267]，即 96h 内，因为相关研究表明，地震四天后医院的压力已经减轻并开始进入常态[268]，可以类似于常态进行研究。

本研究主要侧重于方法性的理论研究探讨，因此相关研究数据主要通过两种方式获取：一种是相关灾害研究文献；另一种是通过采用适当的随机数发生器产生。对灾害医疗救助，主要考虑的因素包括伤亡人员的数量、分类和位置，医疗系统分类、能力和位置以及交通状况。在建模过程中，考虑到医疗救助过程的复杂性和不确定性，有时对上述因素进行适当合理的简化。

2. 伤员问题

大量不同程度伤情伤员的出现是破坏性灾害发生后最直接的后果之一，为了更及时有效地对伤员进行救治，必须对伤员出现的位置、分类和数量等进行较为深入的研究。

1）伤员位置确定

伤员位置的确定是相关医疗救护人员对伤员进行急救和治疗的第一步。在没有灾害发生的正常情况下，伤员病人的位置一般是通过其他人与急救呼叫中心（如 120 等）联系确定的。然而，在大规模灾害发生后，通讯网络和呼叫系统都可能因灾出现故障，而且即便是通讯系统正常，大量的呼叫也可能远远超出呼叫中心的应对能力，从而造成大量的伤员得不到及时救治，因此上述确定病人位置的常态方式已经不适合应急情形。事实上，通常在救援过程中，一般是在灾民的帮助下，由现场搜救人员和医疗人员直接发现伤员，确定其位置，并由专门的通讯人员通过专用通讯工具与相关部门或人员联系，这是一个自然的搜救过程。但这种"见一救一"的完全分散模式不利于医护人员集中有效地在现场开展伤员的急救、分类和转移工作。这样的过程可以在合理的规划设计下得到改进。

事实上，对于每一个应急管理基本单元，其人口密度、建筑物分布、医疗中心位置都是明确地分布在一个很有限的范围之内，通过灾害预测和人员伤亡估计方法，可以很容易地给出灾害发生后该单元内人员伤亡的大概分布情况。于是，可以通过伤员分布情况在伤亡较为集中的地方预设伤员集中运输分类站，并通过志愿队的形式以这些分类站为中心组建现场伤员运输队和搜索向导队。现场伤员运输队的任务是负责将伤员从受伤现场运送至伤员集中分类站。现场搜索向导队，是该小区域内专业救援队的灾情汇报人和搜救领路人。这种情况下，可以采用"集中-分散搜救模式"。该模式有如下三种特点和优势：

（1）通过集中与分散相结合，可以使现场应急救助更加高效有序。伤员集中分类站有集中伤员的功能，同时现场搜救向导队可以有效地将相关支援力量分散到救援现场第一线，现场伤员运队又可以直接将伤员从现场运送至分类站，从而使得震后搜救更加有序和高效。

（2）提高伤员的救治效率。相关医疗护理人员除了极少数需到受伤现场处理特殊情况外，大多数医疗护理人员可以在伤员集中地开展救护工作，有利于保存相关医护人员的体力，提高救护效率。

（3）实现伤员的合理分类和优化运输。分类站可以根据伤情对伤员进行分类并确定其运输先后顺序，从而伤员转运工具只需直接到伤员分类站按顺序接运伤员，也就优化了伤员的运输过程。

2）伤员分类

为在短时间内，充分利用有限的资源挽救更多伤员的生命，根据伤员的分类，确定紧急救治的顺序是应急医疗研究的重要课题。人们从医疗救援能力、医疗运输能力和医疗治疗能力三个方面对震后医疗救助进行了研究[269]，将伤亡人员分成如下四类：①立即死亡和在去往医院的途中死亡（Ⅳ）；②有生命危险-需立即治疗（Ⅰ）；③无生命危险-需住院治疗（Ⅱ）；④受伤-不需要住院（Ⅲ）。

3）伤员数量

在进行大批伤员救治过程中，时间问题往往是其瓶颈问题之一。造成救援时间不及时的原因，除了相关救援力量的响应速度外，另一个原因就是对灾区的需求分析不足导致的资源准备不充分，从而使大量伤员得不到及时治疗。对伤员的可能的数量进行估计就是为了进行灾后资源需求分析。

设 $A = \{a_1, a_2, \cdots, a_n\}$ 是建筑物结构类型的集合；建筑物可能的破坏程度的集合是 $D = \{d_1, d_2, d_3, d_4, d_5\} = \{$ 基本完好，轻微破坏，中等破坏，严重破坏，毁坏 $\}$；人员伤亡状态集合是 $C = \{c_1, c_2, \cdots, c_5\} = \{$ 死亡，重伤，中度受伤，不需住院治疗，未受伤 $\}$。对于某一区域内第 i 类建筑群，在遭到 j 程度的破坏时，伤亡状态为 k 所占的百分比记为 f_{ijk}，则 $F = \{f_{ijk}\}$ 为人员伤亡状态集，此处，$i = 1, 2, \cdots, n$；$j = 1, 2, \cdots, 5$；$k = 1, 2, \cdots, 5$。

设 $N' = \{N_1, N_2, \cdots, N_n\}$ 为灾害发生时所研究基本单元的各类建筑群内对应的人员总数，则在发生 d_j 强度的灾害时，该基本救援单元内受伤程度为 c_k 的人数 $C(k)$ 为

$$C(k) = \sum_{i=1}^{n} N_i f_{ijk} \tag{16.1}$$

从而，可以给出该基本单元内各类受伤并需治疗（不包括死亡和未受伤人员）的伤员总数为

$$C(k) = \sum_{k=2}^{4} \sum_{i=1}^{n} N_i f_{ijk} \tag{16.2}$$

3. 医疗系统

灾害医疗本身是一个极其复杂的过程，其医疗系统涉及的范围也比常态状况下的社会医疗系统要复杂。医疗救援主体多种多样，既有个人行为又有组织行为，应急医疗过程也因灾害影响而更加复杂。

1) 应急医疗主体分类

灾害应急医疗系统除了正常状态下以医院为主体的组织系统外,还包括大量社会力量的参与。以地震后医疗为例,根据救援力量的时间响应顺序和救援位置的差异,可将灾害应急医疗分为以下三个阶段[270]。

第一个阶段是灾后 0~1h 内,以个别医生的单独救治行为为主。在灾害发生后,医生估计灾害情形并参与救治行动,如果发现危重伤员,医生将现场急救,该阶段急救主要以稳定伤员伤情为主。

第二阶段是灾后 1~12h 内,以灾害医疗救助中心的救治行为为主。要求日常情况下配备有专职医生轮流值班;在交通遭到破坏下,其最远步行距离不超过 1h;配备有相应的运输工具和直升机停机坪。

第三阶段是灾后 12~72h,以伤员集中点的治疗行为为主。伤员集中点主要有两个功能:一是救援物资和伤员接收站,二是伤员治疗和转运站。其各方面配置类似于灾害医疗救助中心,但在规模上更大一些,功能更全一些,接近于战地医院。通常建立在一定规模的避难场内。

结合单元化应急管理思想和灾害救援响应过程特点,可以将医疗应急主体分为以下五类。

(1)现场医疗救治主体。主要包括第一响应时间内的自救互救灾民、现场个别具有专业知识医护人员的救治和搜救医护队。这类救援力量主要实现第一现场的急救,同时在灾民和志愿者的帮助下将伤员送往分类站。

(2)伤员集中分类站。主要以通过专业训练或培训的医生护士和部分志愿者为主,这些人员大部分预先确定并配备有一定数量的救护资源。其主要任务是稳定伤员伤情、急救、伤员分类和确定运输先后。

(3)临时医疗救护中心。此处的临时医疗救护中心类似于上述伤员集中点,通常作为大型应急避难场所的重要组成部分。其医疗救护主体主要是由当地相关医院派出的医生和护士,或外面医疗救援力量为核心,同时有一定量志愿者救护队存在。专业医生和护士主要负责中度及其以上伤员的治疗,志愿者救护队负责轻伤病人的治疗。

(4)本地医院。在医院的能力范围之内治疗各类病人,以危重病人和住院病人为救治重点。

(5)灾区诊所。主要以治疗轻伤不需要住院的伤员为主。

2) 医疗系统应急能力

医疗系统的应急能力是指上述所有应急力量整合下的应急治疗能力。最简单简的方法是用医生数量和床位数量两个指标进行评价,需求估计的一个简单计算方法是[271]。

$$N = N_m + d_n \tag{16.3}$$

式中,N 为应急状态需要的医生数或床位数;N_m 为正常情况下需要的医生数或床位数;d_n 为估计的重伤人员数量。

该方法的计算具有一定的合理性，至少在理论上可以保证每个严重伤员可以得到一个医生的治疗。

3）医疗救助过程

按照伤员接受医疗救助的整个流程，可以将伤员医疗救助过程分为伤员被发现后的急救处理过程、运送伤员集中分类站的运输过程、在分类站护理和等待运输工具过程、运送医院或临时医疗救护中心的运输过程、全面治疗前的再分类过程、治疗前监护或等待过程和接受全面治疗的过程，这一系列过程如图 16.7 所示。图中Ⅰ、Ⅱ、Ⅲ、Ⅳ分别对应前面四种类别的伤员。

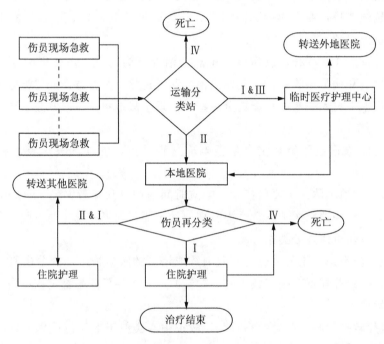

图 16.7　伤员医疗救助过程示意图

4. 应急医疗救助时间

1）伤员救助时间因素概述

事实上，无论灾害状况如何，医院，包括本地固有医院和临时野地医院，都是灾害应急医疗救助的主体。但在实际灾害应急过程中，时间就是生命，本地医院可能因为灾害的影响而不能很及时很充分地发挥其能力，野地医院一般是以外面支援的救助力量为主，因此在时间上有相当的滞后性。

然而，从应急医学的角度，主要以创伤为主，研究表明[272]，创伤病人死亡呈现三个峰值分布。第一死亡高峰在伤后 1h 内，为即刻死亡，数量占创伤死亡的 50％。多为严重的颅脑损伤、高位脊髓损伤、心脏、主动脉或其他大血管的破裂、呼吸道阻塞等，这类病人基本都死于现场，称为现场死亡。只有极少数病人可能被救活。第二死亡高峰出现在伤后 2～4h

内，称为早期死亡，其死亡数占创伤死亡的 30%，死亡原因多为脑、胸或腹内血管或实质性脏器破裂、严重多发伤、严重骨折等引起的大量失血，这类病人是创伤救治的主要对象。创伤后 1h 在临床上称为"黄金 1h"，这个阶段的现场急救、途中转运、急诊救治的情况直接决定了创伤病人的救治结果，目前临床创伤复苏主要集中在这个阶段。创伤后死亡的第三个高峰在创伤后 1~4 周内，占创伤死亡的 20%，称为后期死亡。死亡原因多为严重感染、脓毒性休克和多器官功能不全综合征及多器官功能衰竭。

统计资料还表明，震后 30min 内被救出人员，存活率可达 90% 以上；震后 1 天内被救出人员，存活率约 80% 左右；在 72h 以后搜救效果不明显；4 天后被救出人员存活的可能非常低。

2）伤员救助的时间过程分析

伤员救助的时间过程是指伤员被发现后，从现场急救、中途运送、分类和接受救治所需的一系列时间过程。如果得不到及时治疗，伤员的生命值将随着这一时间过程的推移而减少。

（1）伤员现场急救时间　包含了现场急救和运送至分类站所用时间，因为分类站被建立在伤员较为集中的第一或二现场，可近似认为伤员被从第一现场运送到分类站的运送时间近似相等，因此在急救时间上加上一个常数，不影响对急救时间过程的分析。

另外，破坏性地震灾害相关研究表明，随着受伤程度的增加，各种受伤程度伤员的数量呈逐渐减少趋势。但对于伤员的急救和分类时间却随着伤情的严重程度增加而先增加，然后突然减少，突然减少发生在致命伤或近似死亡伤情出现时，这时伤员救活无望，当作死亡处理，因此急救和分类时间会突然减少。考虑到伤员急救时间的随机性和上述过程的特点，可用贝塔分布来近似伤员的现场急救用时过程。若随机变量 X 的概率密度函数为式（16.4），则称 X 服从参数 $\alpha_1 > 0, \alpha_2 > 0$ 的贝塔分布（图 16.8）。

$$p(x) = \begin{cases} \dfrac{x^{\alpha_1-1}(1-x)^{\alpha_2-1}}{B(\alpha_1,\alpha_2)}, & 0 < x < 1 \\ 0, & \text{其他} \end{cases} \qquad (16.4)$$

其中

$$B(\alpha_1,\alpha_2) = \int_0^1 t^{\alpha_1-1}(1-t)^{\alpha_2-1}\,\mathrm{d}t$$

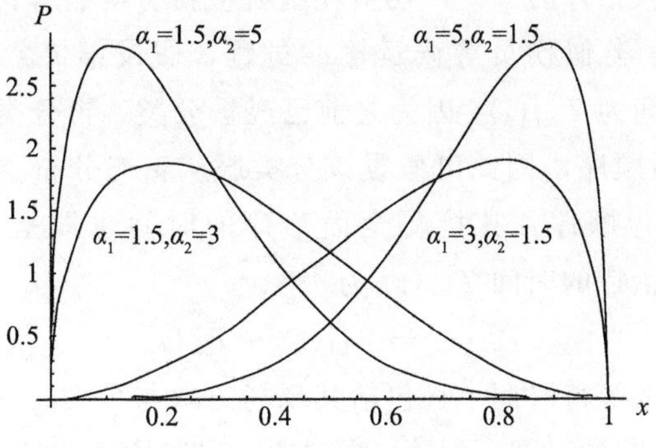

图 16.8　贝塔分布概率密度函数

在近似现场急救用此分布时，x 轴表示伤员的伤情，其取值范围在 $[0,1]$ 区间，0 表示没有受伤，1 表示死亡。p 轴可表示急救一个伤员所用时间。因此从图 16.8 中可以看出，右倾斜贝塔概率密度曲线比较适合这种情况，此时 $\alpha_1 > \alpha_2 > 1$。此外，从图 16.8 中可以看到，贝塔概率密度曲线具有非常好的性质，左倾斜曲线（当 $\alpha_2 > \alpha_1 > 1$）可以近似表示灾害发生后，伤员到达医院并等候治疗的伤员数量变化曲线。此时，曲线反映了伤员数量在灾害短时间内先急剧增加的趋势，随后在医疗能力不变或增加的情况下，伤员的到达也会随时间减少，因此伤员等待数量也呈减少趋势。

为了方便后面的量化分析和仿真建模，将第 j 个伤员在第 i 个集中分类站的急救时间记为 $T^i_{oet}(j)$，也称其为"第 i 个伤员集中分类站第 j 个伤员的现场急救时间"。

（2）伤员等待救护车（或其他运输工具）的时间　　伤员被送达指定集中分类站后，由于运输能力和交通状况等原因，伤员一般都有一段等待运输的时间，这段等待时间从伤员被急救并分类后开始到其被送上救护运输工具为止，记为 $T^i_{ow}(j)$，表示第 i 个伤员集中分类站第 j 个伤员被送往医院前的等待运输时间。一般认为，当第一辆救护车到达后，将一直有运输工具被分配到该运输分类站，直到所有伤员被运走。伤员等待运输时间可以在分析分类站伤员数量、伤员的运输优先顺序、分类站与医院的距离、运输工具速度和数量的基础上计算得到。

事实上，如果把伤员的等待过程和运输过程看作一个排队系统，排队等待视为进入队列，运输工具看作服务器，运输时间看作服务时间，则可以通过排队系统相关方法进行仿真分析。第 i 个伤员集中分类站第 j 个伤员到达队列的时间即是该伤员被急救分类结束时刻的时间，记为 $T^i_{owa}(j)$；其离开发生在有运输工具到达且前面无排队伤员的时刻，记为 $T^i_{owd}(j)$。因此有

$$T^i_{ow}(j) = T^i_{owd}(j) - T^i_{owa}(j) \tag{16.5}$$

（3）伤员运输时间　　是指伤员在运输工具上所花费时间。根据上述分析，运送一个伤员的时间可以视为服务器处理一个伤员事件的时间。在本文中，不失一般性，认为一辆救护车每次能接送一个伤员。用 $T^i_{otr}(j)$ 表示第 i 个伤员集中分类站第 j 个伤员的运输时间。

对医疗应急响应的研究表明，伤员入院治疗前的运输时间是影响伤员死亡率的一个因素，此运输时间被认为近似服从正态分布[273]。

（4）伤员在医院的等候治疗时间　　伤员在医院被再分类、等待并接受治疗的过程可以用一个排队系统来模拟。类似伤员等候运输的过程，假设第 i 个伤员到达医院的时间为 $T_{ha}(i)$；其被再分类的时间为 $T_{hrt}(i)$，因为之前已经被分类，再分类的目的是确定伤情是否恶化，并决定其治疗先后顺序，因此可假设该分类服从正态分布 $N(1,1)$，再分类完成后将调整队列中伤员的治疗顺序；其接受全面治疗的时间也即是其离开队列时间，记为 $T_{hd}(i)$，则其在医院等候治疗的时间 $T_{hw}(i)$ 为

$$T_{hw}(i) = T_{hd}(i) - T_{ha}(i) \tag{16.6}$$

（5）伤员全面治疗前的等待时间　　包括其现场急救与分类时间、等待运输工具时间和运输时间和在医院等候治疗的时间，记第 i 个到达医院伤员的治疗前等待时间为 $T_{ph}(i)$，则

$$T_{ph}(i) = T^j_{oet}(i) + T^j_{ow}(i) + T^j_{otr}(i) + T_{hw}(i) \tag{16.7}$$

式中，j 为该伤员来自第 j 个伤员集中分类站。

(6)伤员的治疗时间 主要是指伤员在医院接受全面治疗所用的时间，一般是指为挽救生命在医院的手术治疗时间。根据伤员伤势的轻重程度，伤员治疗顺序有先后之分，研究表明，减少伤员死亡率，主要任务是减少伤后 6h 内可能死亡伤员数量。因此我们假设合理救治程序或医疗资源准备应该有能力在 6h 内完成对重伤员的救治，对于无生命危险但需住院治疗的伤员的救治可以在此基础上进行。因此将接受医院全面伤员的治疗时间分为以下两个阶段。

第一阶段 以治疗有生命危险重伤员为主，需要平均时间最长。这类伤员属同一灾害原因引起，可近似认为治疗时间服从正态分布。设 $T_{\mathrm{ht}}^{\mathrm{I}}$ 为第 I 类伤员接受医院治疗需花费治疗时间的随机变量，则由假设 $T_{\mathrm{ht}}^{\mathrm{I}} \sim N(\mu_{\mathrm{I}}, \sigma_{\mathrm{I}}^2)$，记 $T_{\mathrm{ht}}^{\mathrm{I}}(i)$ 为第 I 类伤员的第 i 个接受医院全面治疗所需时间。因此在仿真模型中，治疗服务时间的随机数可按此正态分布产生。现根据 6h 时间限制、医院同时处理危重伤员的能力和处理一个危重伤员的期望时间，可以估计出医院危重伤员的应急能力。此处，医院同时处理危重伤员的能力由可并发开展手术的数量决定，一般主要是指手术室数量，但在危急情况下，如果手术可以不在手术室进行，则由可以同时组织急救手术的医师数决定。

因此，设某医院可以同时为 n 个危重伤员进行治疗，根据上述假设，每个伤员治疗的期望时间为随机变量 $T_{\mathrm{ht}}^{\mathrm{I}}$ 的期望值 $E(T_{\mathrm{ht}}^{\mathrm{I}})$，则在 6h 的时间制约条件下，时间单位用分钟表示（6h 为 360min），该医院危重伤员的治疗能力，也即是在有效时间内最多可治疗的危重伤员数量，记为 $N_{\mathrm{ht}}^{\mathrm{I}}$ 为

$$N_{\mathrm{ht}}^{\mathrm{I}} = \left[\frac{360 \cdot n}{E(T_{\mathrm{ht}}^{\mathrm{I}})}\right] \tag{16.8}$$

式中，$[\cdot]$ 为取整，同时 $N_{\mathrm{ht}}^{\mathrm{I}}$ 的计算结果应满足小于医院的最大床位数，但因为有 6h 的时间条件限制，这一条件一般都满足，因此在式(16.8)中没有特别说明。

第二阶段 以治疗无生命危险但需住院伤员为主，这类伤员为可延迟治疗类伤员，需要平均治疗时间较危险伤员略短。在仿真模型中，同上假设这类伤员的治疗时间也满足某一正态分布。设 $T_{\mathrm{ht}}^{\mathrm{II}}$ 为第 II 类伤员接受医院治疗需花费治疗时间的随机变量，则由假设 $T_{\mathrm{ht}}^{\mathrm{II}} \sim N(\mu_{\mathrm{II}}, \sigma_{\mathrm{II}}^2)$，记 $T_{\mathrm{ht}}^{\mathrm{II}}(i)$ 为第 II 类伤员的第 i 个接受医院全面治疗所需时间。因此在仿真模型中，治疗服务时间的随机数可按此正态分布产生。

对于这类伤员的治疗，假设没有时间条件和手术条件的限制，但其治疗过程受医师数量的限制，同时能进行 I 类伤员治疗的医师一定能进行 II 伤员的治疗。因此若定义该医院 II 类伤员的治疗能力为医院能够接纳的第 II 类伤员的总数，其值等于医院床位数减去第 I 类伤员的最大治疗数量，同时设某医院共有能进行 II 类伤员治疗的医生数量为 m，医院共有床位数为 N_{hb}，则医院 II 类伤员的治疗能力 $N_{\mathrm{ht}}^{\mathrm{II}}$ 为

$$N_{\mathrm{ht}}^{\mathrm{II}} = N_{\mathrm{hb}} - N_{\mathrm{ht}}^{\mathrm{I}} \tag{16.9}$$

因此，如果在第 I 和第 II 类伤员都充足的情况下，若假设除去进行危重伤员治疗医生后，医院剩下的 $(m-n)$ 位医生在 T_{II}' 时间（单位为分钟）内能完成医院最大治疗能力限内的 II 类伤员的治疗，则有

$$\frac{T'_{\text{II}}}{E(T^{\text{II}}_{\text{ht}})} \cdot (m-n) \leqslant N^{\text{II}}_{\text{ht}} \tag{16.10}$$

从而

$$T'_{\text{II}} \leqslant \frac{N^{\text{II}}_{\text{ht}}}{m-n} \cdot E(T^{\text{II}}_{\text{ht}}) \tag{16.11}$$

因此，设医院需要在 T 时间（单位为分钟）内能完成其最大能力限内的伤员治疗，则很显然，当 $\operatorname{Sup} T'_{\text{II}} \leqslant 360$ 时，$T = 360$；当 $\operatorname{Sup} T'_{\text{II}} > 360$ 时，T 满足下式

$$\frac{T}{E(T^{\text{II}}_{\text{ht}})} \cdot (m-n) + \frac{T-360}{E(T^{\text{II}}_{\text{ht}})} \cdot n \leqslant N^{\text{II}}_{\text{ht}} \tag{16.12}$$

从而

$$T \leqslant \frac{N^{\text{II}}_{\text{ht}} \cdot E(T^{\text{II}}_{\text{ht}}) + 360n}{m} \tag{16.13}$$

因此，式(16.13)取等号即是 T 的估计，此处 Sup 表示取上确界。

上述计算模型在计算时只基于医院的状况考虑了医院可用医生和床位，没有考虑护士的搭配和药品等资源的供应因素，因为这两项只要根据医生和床位的最大能力与需求进行配置即可。

3）伤员的生命曲线

从伤员伤情随时间的变化过程来看，可以用生物医学领域广泛使用的 Gompertz 曲线来刻画重伤员的死亡趋势[274]。改进的伤员的生命保存率 $Lsr(i)$[275] 较 Gompertz 曲线能更精细地刻画伤员的生命曲线。

$$Lsr(i) = (1 - e^{-Ae^{-B(1/p) \cdot T_{\text{ph}}(i)}}) \cdot (C \cdot P + D) \tag{16.14}$$

式中，P 为决定 Gompertz 曲线的初始值；$T_{\text{ph}}(i)$ 为第 i 个伤员在接受全面治疗前的等待时间，用式(16.7)进行计算；A、B、C 和 D 为曲线控制参数。选择合适的 A、B、C、D 和 P 值后可得到所需要的生命曲线形式。

生命曲线在我们的模型中，主要用来决定伤员在集中分类站的运输先后和在医院的接受全面治疗的先后顺序，同时设定一定域值，通过生命曲线可以描述伤员的死亡率。

16.4 震后医疗救助虚拟仿真案例

本节将在上述仿真理论模型的基础上，用一个虚拟的震后医疗救助案例来说明计算机仿真在震害医疗救助过程中应用的可行性。之所以采用虚拟案例而不用实例，主要原因是本研究属于灾害救助过程的精细化研究，尚不具备获取真实数据支撑实例研究的条件。模型中用到的单元应急灾情数据、基础运输距离和运输时间数据及医院相关救护能力数据等的收集整理在我国几乎还是一片空白。

在基础数据薄弱的条件下尚能对较为复杂的灾害风险管理系统展开研究，给出一些有意义的研究成果，正是计算机仿真的优势所在。这种先实验后实践的过程也正是计算机仿真技术被广泛应用的关键原因之一。

1. 虚拟案例阐述

设某地发生了一次强烈地震，并在某个包含五个居民区的应急管理基本单元内造成了一定程度的破坏和人员伤亡。地震发生后，重伤员首先被志愿者从受伤现场送往五个救援基本单元内的伤员集中分类运输站，随后被来自当地定点医疗救助医院和指定避难场应急医疗救助中心的运输工具接走，并在相应的医院或医疗救助中心接受治疗；轻伤员将自己寻找治疗处，在该模型中被指定到避难场的志愿者服务处。

上述医疗救助过程是一个宏观描述，更为详细的描述，如单元内人员具体伤亡数、救护车数等将在随后的介绍中逐步给出。同时该单元基本布局和应急流程如图 16.9 所示。

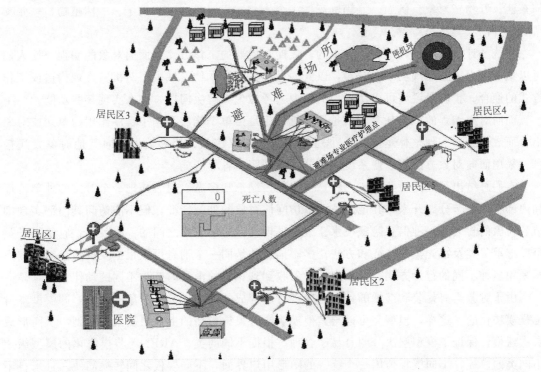

图 16.9　虚拟应急管理基本单元景观图

该基本单元被假定有五个居民区，一个定点医院和一个大型避难场。在地震灾害发生后，五个居民区重伤员将在第一时间被志愿者或灾民救出并送往各自的伤员集中运输分类站，在图中用红十字牌标示，然后，来自医院或避难场医疗救助中心的运输工具将把等待在各分类站的重伤员接送至相应救护中心进行治疗；轻伤员将步行至避难场并在志愿者服务中心得到治疗。经避难场相关医疗中心治疗完成的伤员将送往避难场的临时住所，避难场医疗救护中心无法救治的伤员将被送往医院，或通过直升机转移至外地。在这一过程中，伤员被分成了四类：死亡或路上死亡类（Ⅳ）、有生命危险需立即治疗类（Ⅰ）、暂无生命危险需住院治疗类（Ⅱ）和需治疗但不需住院类（Ⅲ）。因此仿真过程中第Ⅰ和第Ⅱ将视为重伤员，第Ⅲ类将被视为轻伤员。

2. 仿真模型实现途径

本虚拟案例仿真过程在 Window XP 操作系统环境下，使用 ARENA 仿真软件，在性能配置为 Inter(R) Pentium(R) D 2.8GHz 的双核处理器和 1.00GB 内存容量的个人电脑平台上建模实现。

ARENA 仿真软件是美国 System Modeling 公司于 1993 年开始研制开发的新一代可视化通用交互集成仿真软件。通过采用层次化的体系结构，ARENA 保证了具有易用性和柔性建模两方面的优点。在 ARENA 环境下，采用的是面向对象的层次建模方法。

对象(object)是一件事、一个实体、一个名词，可以获得的东西，可以想象并标识的任何东西。万物皆对象。例如，一辆汽车、一个人、一间房子、一张桌子、一株植物、一张支票、一件雨衣等均是对象。

传统的计算机编程，是面向过程的，人迎合机器的工作方式。面向对象的编程，使人们可以集中精力去抽象现实中的问题，以人的思维方式为本位，减少了对机器物理构造或工作方式的迎合。也就是说，可以用更多的精力去考虑怎么解决问题，怎么实现某些功能。

面向对象编程的一条基本原则是计算机程序是由单个能够起到子程序作用的单元或对象组合而成。为了实现整体运算，每个对象都能够接收信息、处理数据和向其他对象发送信息。采用面向对象方法可以使系统各部分各司其职、各尽所能。

人们总结出了面向对象的三大特点：封装、继承和多态。封装是把一个对象的外部特征和内部实现细节分离开来，其他对象可以访问该对象的外部特征，但不能访问其内部实现细节。对象的封装是一种信息隐藏技术。继承是现实世界中对象之间的一种关系，它使得子类可以继承父类及祖先类的特征和方法。多态描述的是同一个消息可以根据发送消息对象的不同采用多种不同的行为方式，即不同的对象收到到相同的消息时产生不同的动作。

由于对象具有封装和继承的特点，使得对象构成的模型也具有对象的特点，即模型本身也是模块化的。这样，模型又可以与其他模块或对象构成新的更大更复杂的模型，从而形成层次建模，保证了模型层次分明且易于管理。根据不同的类，ARENA 将模块化的模型组成不同类的模板，不同模板公用一个统一的图形用户界面，不同模板之间转换简便，且来自不同模板的模块可以共同来完成一个模型的建立工作。这样，在建模的同时实现模型的可视化表达，提高了可视化建模的效率。

3. 仿真模型中的 ARENA 模块

在本仿真模型中，从系统过程角度，共涉及五个组合模块：受伤现场(伤员到达)模块、集中运输分类站模块、医院治疗系统模块、医疗救护中心模块和志愿者服务中心模块。下面将对上述 ARENA 实现模块进行逐一介绍。

1) 受伤现场(伤员到达)模块

受伤现场模块如图 16.10 所示，它表明了伤员在现场的出现和运往分类站的过程。其中伤员的出现以指数时间间隔出现，体现了开始伤员多，后来伤员少的伤员出现过程，但具体参数需要通过更多的实际数据进行拟合，需进一步研究。伤员在现场(scene)受伤后，第 III 类伤员步行至避难场的志愿者服务中心(VAid_C)接受治疗；第 IV 类伤员进入死亡放置区，并记录其数量；第 I 和 II 类伤员由志愿者或灾民(volunteer)运往伤员集中运输分类站(triage station)。

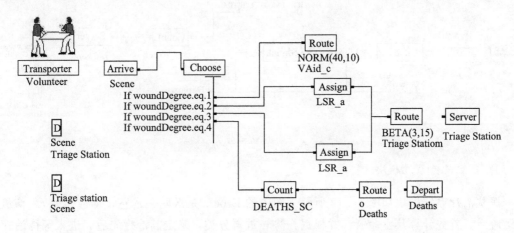

图 16.10　受伤现场模块

同时，对于重伤员，根据其发现时伤势的不同对其生命曲线参数进行了赋值，本案例中通过对生命曲线进行趋势分析，选定生命曲线表达式为

$$f(t) = 1 - e^{ae^{bt}} \tag{16.15}$$

式中，$b=1$，$a \in [0,8]$ 且 $a \sim U(0,8)$（$[0, 8]$ 的均匀分布）。对于第 I 类伤员 a 在 $[0, 2]$，对于第 II 类伤员，a 在 $[2, 8]$。

此外，伤员在现场的急救时间通过 Beta(3，1.5)分布来表示，其密度函数曲线如图 16.8 所示，其最大值为 2.8166 时间单位，均值为 0.6667 个时间单位，志愿者在路上单向花费时间为 3 个时间单位。因此在没有耽误的情况下，一个伤员在被发现到被送达至分类站的时间平均为 3.6667 个时间单位，最大为 5.8166 个时间单位。在本仿真模型中，伤员在五个居民区的现场急救时间和志愿者对其的转运时间假定是一样的。

2) 分类站模块

分类站模块如图 16.11 所示。伤员被送到分类站后，首先计算其生命值(LSR)，并根据伤势轻重分类，确定其运输先后，进入等待运输队列。当有运输工具到达时，计算队列首位伤员的等待时间并再次估计其生命值，若其生命值低于死亡限值(D_LIMIT)，将被视为死亡处理并计数，否则伤员将被送往医院或避难场专业医疗救护中心。这一过程中，伤员生命值通过式(16.15)进行计算，其中 t＝TNOW-STARTTIME；运输时间服从正态分布，均值根据分类站与医院(或救护中心)之间的距离决定。

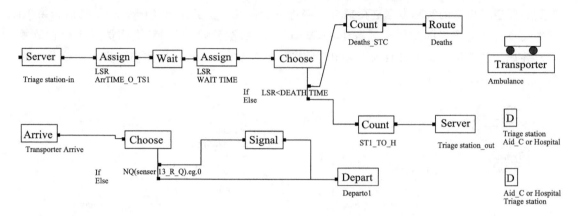

图 16.11　集中运输分类站模块

3) 医院治疗系统模块

医院治疗系统模块如图 16.12 所示（图中的 Eroom 是医院手术室，即应急室）。伤员到达医院后，首先计算其生命值，并根据伤势轻重再分类，确定其治疗先后，进入等待治疗队列。当有手术室空闲时，队列首位伤员被送出，并再次计算其生命值，当生命值低于死亡线时，被视为死亡处理并记数；当生命值大于等于死亡线并小于等于危险线（critical level）时，伤员被计数并接受治疗，该数目代表医院 6h 内的危急伤员治疗能力，超限时避难场不能治疗危急伤员将转往外地，否则转往该医院；生命值大于危险线的伤员直接进行治疗。这一过程中，治疗伤员所用时间用正态分布来描述，在灾害发生的 6h 内，以治疗危急伤员为主，用 $N(60，10)$ 来分配其治疗时间；灾害发生六小时以后，以治疗一般重伤员为主，用 $N(30，10)$ 来分配其时间。相关治疗时间的确定是根据相关文献[276] 数据资料进行的估计，在实际中有待进一步深入研究。医院治疗完成的伤员被送往病房。

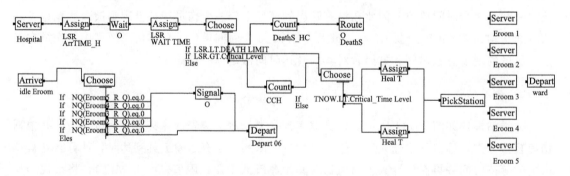

图 16.12　医院治疗系统模块

4) 医疗救护中心模块

避难场医疗救护中心模块如图 16.13 所示。送达医疗救护中心的伤员，首先计算其生命值，并根据伤势轻重再分类，确定其治疗先后，进入等待治疗队列。当救护中心有医生空闲时，队列首位伤员被送出，并再次计算其生命值，当生命值低于死亡线时，被视为死亡处理并记数；当生命值属于医疗救护中心能力范围时，伤员在救护中心接受治疗；当生命值大于死亡线，但其受伤程度有超出了救护中心的治疗能力时，伤员被送往医院或转移到外地。此时，在灾后 6h 以内，若医院的最大危急伤员治疗能力没有达到上限，则需转移治疗伤员被送往医院；若医院最大危急伤员治疗能力已达上限，则送往直升机坪，转运至外地治疗。在灾后 6h 以后，若接受医院治疗的伤员人数(不包括在医院的死亡伤员)小于医院最多可提供床位数时，伤员被送往医院，若接受医院治疗的伤员人数大于等于医院最多可提供的床位数时，伤员被送往直升机坪，转运外地治疗。伤员在救护中心所需治疗时间跟医院一样。救护中心治疗完成的伤员被送往临时居民安置宿舍。

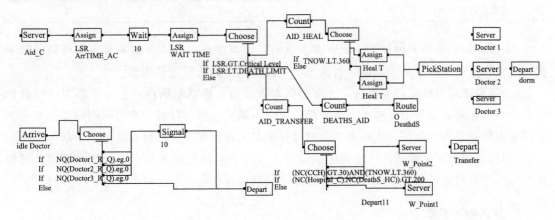

图 16.13　避难场医疗救护中心模块

5) 志愿者服务中心模块

志愿者服务中心模块如图 16.14 所示。该模块相对比较简单，简化了许多因素，只考虑服务中心对轻伤员的治疗过程。灾后，轻伤员自行步行至避难场设置的志愿者服务中心，接受治疗后前往避难场提供的临时帐篷驻地。治疗轻伤员所需时间也服从正态分布。

以上是对该模型包含的五个子系统 ARENA 实现模块的介绍，其逻辑结构与实际仿真运行逻辑模型基本一致，但有些细微的地方会略有差异，此时以实际仿真运行模型为准。

4. 仿真的条件假设

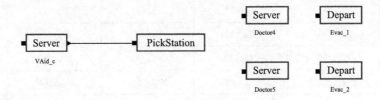

图 16.14　避难场志愿者服务中心模块

该仿真案例的假设条件包括应急管理基本单元本身景观图、应急单元内的居民区、受伤人口及其比例、医院、救护中心等，具体如下：

(1)仿真只在一个应急管理基本单元内进行，该基本单元的简要景观图如图 16.9 所示。

(2)假设该应急单元内共有五个伤员比较集中的应急救援基本单元，即图中五个居民区。同时，假定在某一烈度的地震发生后，对应的人员伤亡总数如表 16.1 所示，且五个居民区各种程度伤员所占伤员总数的比例是一样的，如表 16.2 所示。

表 16.1　人员伤亡总数分布

居民区编号	居民区 1	居民区 2	居民区 3	居民区 4	居民区 5
人员伤亡总数/人	800	400	500	600	700

表 16.2　不同伤势程度的伤员比例分布

伤员分类	死亡类(IV)	危急类(I)	一般重伤类(II)	轻伤类(III)
伤员占伤员总数的比例/%	3	5	15	77

（3）假设该应急单元内只有一家灾害应急治疗定点医院，且该医院共有五间可同时用于灾后危重伤员应急治疗的手术室，可为 300 个住院治疗的伤员提供床位。

（4）假设该应急单元内只有一个大型公共避难场所，避难场所内设有一个临时医疗救护中心、一个志愿者服务中心和一个直升机停机坪。同时，该医疗救护中心可同时提供三名医生用于灾后紧急医疗救助，该服务中心可提供两名志愿者用于灾后轻伤员的医治服务。

（5）假设居民区 1 和居民区 2 离医院较近，这两个居民区的重伤员直接送往医院；居民区 3、4、5 离避难场救护中心较近，这三个居民区的重伤员先送往救护中心。

5. 输入输出参数

1）实验输入参数

仿真需要输入参数如下表 16.3 所示，相应简写符号的含义对照如表 16.4 所示。

表 16.3　仿真输入参数表

	ERU1	ERU2	ERU3	ERU4	ERU5
Arri_Para	λ_1	λ_2	λ_3	λ_4	λ_5
W_Popu	W_Popu1	W_Popu2	W_Popu3	W_Popu4	W_Popu5
T_{oet}	$T_{oet}(1)$	$T_{oet}(2)$	$T_{oet}(3)$	$T_{oet}(4)$	$T_{oet}(5)$
T_{Vol}	$T_{Vol}(1)$	$T_{Vol}(2)$	$T_{Vol}(3)$	$T_{Vol}(4)$	$T_{Vol}(5)$
N_{Vol}	$N_{Vol}(1)$	$N_{Vol}(2)$	$N_{Vol}(3)$	$N_{Vol}(4)$	$N_{Vol}(5)$
N_{Ambu}	$N_{Ambu}(1)$	$N_{Ambu}(2)$	$N_{Ambu}(3)$	$N_{Ambu}(4)$	$N_{Ambu}(5)$
T_{Ambu}	$T_{Ambu}(1)$	$T_{Ambu}(2)$	$T_{Ambu}(3)$	$T_{Ambu}(4)$	$T_{Ambu}(5)$
W_Perc	第 I 类伤员		第 II 类伤员		第 III 类伤员	第 IV 类伤员
	$P_I(i)$		$P_{II}(i)$		$P_{III}(i)$	$P_{IV}(i)$
T_{ht}	重伤员(6h 内)		重伤员(6h 后)			轻伤员
	T_{ht_C}		T_{ht_S}			T_{ht_M}
其他	D_Limit, C_Level, N_{ht}^l, N_{hb}, N_Eroom, N_Adoc, N_VAdoc					

表 16.4　仿真输入参数含义对照表

符号名	含义	符号名	含义
ERU	应急救援单元	ERU1	第一个应急救援单元
Arri_Para	伤员到达指数函数 exp (λ) 中的参数 λ	D_Limit	生命线死亡域值，小于该值视为死亡
W_Popu	伤亡人员总数	W_Popu1	第一个应急救援单元内的人员伤亡总数
W_Perc	各类伤员百分比	$P_I(i)$	第 i 个应急救援单元内 I 类伤员占总伤亡数的比例
T_{oet}	现场急救时间	$T_{oet}(1)$	第一个应急救援单元内伤员的现场急救时间
T_{Vol}	志愿者运送一个伤员的单向行程时间	$T_{Vol}(1)$	第一个应急救援单元内志愿者的 T_{Vol}，受距离影响
T_{Ambu}	救护车运送一个伤员的单向行程时间	$T_{Ambu}(1)$	第一个分类站与治疗机构间一辆救护车的单向行程时间
T_{ht}	治疗伤员所需时间	T_{ht_C}	治疗一个危险伤员所需平均时间
N_{Vol}	志愿者数量	N_{Ambu}	救护车数量，各线路不一样
N_Eroom	医院手术室数量	N_VAdoc	志愿者服务中心医生数
N_Adoc	医疗救护中心医生数	N_{ht_S}	治疗一个一般重伤员所需时间
N_{ht}^I	医院对 I 类伤员的治疗能力	N_{ht_M}	治疗一个轻伤员所需时间
C_Level	危险病人判别域值，大于该值为一般重伤员	N_{hb}	医院对伤员的总治疗能力

2）实验输出参数

输出参数可以根据需要进行自定义，本仿真实验的输出参数见表 16.5。

表 16.5　仿真输出参数及其含义对照表

参数名	含义	符号名	含义
STi_C	第 i 个分类站的伤员数	STi_TO_H	第 i 个站被送往医院的伤员数
Death_STi	第 i 个分类站死亡人数	QQ0	医疗救助中心总排队伤员数
DeathS_C	死亡伤员总数	QQ01	医院总排队伤员数
DeathR_C	分类站死亡伤员数	QQ1	第一分类站等待运输的排队数
DeathI_C	立即死亡伤员数	QQ2	第二分类站等待运输的排队数
DeathH_C	医治过程中死亡伤员数	QQ3	第三分类站等待运输的排队数
DeathS_HC	在医院死亡伤员数	QQ4	第四分类站等待运输的排队数
DEATHS_AID	救护中心死亡伤员数	QQ5	第五分类站等待运输的排队数
Hospital_C	医院接收的伤员总数	Aid_C_C	救护中心接收的伤员数
Ward_C	医院接收的住院伤员数	AID_Heal	救护中心治疗伤员数
Transfer_C	救护中心转移到外地治疗的伤员数	W_Point1_C	救护中心转移到医院的伤员数

6. 仿真实验结果

在下面的仿真实验过程中，每次实验以具有相同输入参数的 50 次独立过程为一组进行仿真运行，其中每次独立运行仿真时间段为震后 48h，因而每次实验结果是 50 次独立过程的平均统计结果。然后再通过对不同的输入参数进行修改，进行下一次的仿真实验，并分析每次实验输出结果的变化，从而对应急医疗救助过程进行研究。输入参数见表 16.6，实验输出数据见表 16.7。

表 16.6 实验输入参数值

	ERU1	ERU2	ERU3	ERU4	ERU5
Arri_Para	2	2	2	2	2
W_Popu	800	400	500	600	700
T_{oet}	Beta(3, 1.5)	Beta(3, 1.5)	Beta(3, 1.5)	Beta(3, 1.5)	Beta(3, 1.5)
T_{Vol}	3	3	3	3	3
N_{Vol}	1	1	1	1	1
N_{Ambu}	1	1	1	1	1
T_{Ambu}	$N(20, 3)$	$N(10, 1)$	$N(15, 2)$	$N(20, 3)$	$N(15, 2)$
W_Perc	第 I 类伤员		第 II 类伤员	第 III 类伤员	第 IV 类伤员
	5%		15%	77%	3%
T_{ht}	重伤员(6h 内)		重伤员(6h 后)		轻伤员
	$N(60, 10)$		$N(30, 10)$		$N(3, 2)$
其他	D_Limit=0.025, C_Level=0.01, $N_{ht}^{I}=30$, $N_{hb}=300$, N_Eroom=5, N_Adoc=3, N_VAdoc=2				

表 16.7 实验输出参数值

参数名	输出值	参数名	输出值	参数名	输出值
ST1_C	164.00	ST5_C	136.26	DeathS_C	402.52
ST1_TO_H	105.50	ST5_TO_H	93.3000	DeathR_C	126.04
Death_ST1	58.5	Death_ST5	42.96	DeathI_C	89.56
ST2_C	77.9400	VAid_C_C	2311.06	DeathH_C	186.92
ST2_TO_H	77.7200	VAID_Heal	1855.96	DeathS_HC	58.50
Death_ST2	0.2200	Hospital_C	229.24	DEATHS_AID	130.74
ST3_C	101.60	Ward_C	173.06	QQ1	19.3511
ST3_TO_H	90.4800	Aid_C_C	290.12	QQ2	0.02640011
Death_ST3	11.12	AID_Heal	113.36	QQ3	3.3291
ST4_C	119.58	Transfer_C	0.00	QQ4	4.0007
ST4_TO_H	106.34	W_Point1_C	46.0200	QQ5	13.4301
Death_ST4	13.24	QQ0	26.2445	QQ01	2.6284

通过上述输出数据，可以得到以下六个结论：

(1)在此实验的输入参数下，伤员在分类站 1 和分类站 5 有较多的排队，同时在这两个分类站死亡的人数较其他分类站多；

(2)在总死亡 402 人中，有 89 名是现场立即死亡，126 名在分类站死亡，186 名在送往医院(或救护中心)的途中和医治过程中死亡；

(3)在分类站死亡的 126 名伤员，可能是因为运输工具的延误所致；

（4）在送往医院（或救护中心）的途中和医治过程中死亡的 186 名伤员，有 58 名在去往医院途中或在医院死亡，130 名在去往医疗救护中心途中或在救护中心死亡，其中后者比前者多了许多，这可能是因为在本模型中医院比救护中心有更多的医生所致。同时，前往救护中心的伤员基数也比前往医院的基数大也应该是造成这种现象的原因之一，而且医院和救助中心排队时间也说明了这一点；

（5）志愿者服务中心对轻伤员的治疗显得力量不足，尚有约 455 人在 48 小时内得不到治疗。

（6）避难场医疗救助中心共转移了 46 个危险伤员，并且全部转移到了当地医院。这表明在灾后 6 小时内，医院接收的危险病人数在其危重伤员治疗能力之内，同时从数据也可以看出，这种程度的灾害状态和应急资源配置状况下，医院接收的伤员数一直在医院的应急治疗能力之内。

现根据上述两表中的数据，对输入参数 W_Popu 和 $T_{Ambu}(i)$ 的均值，以及输出参数 $Death\_STi$ 和 QQi，$i=1，2，\cdots，5$ 相应数据进行正规化处理，并进行统计分析，可得图 16.15 所示对比图。

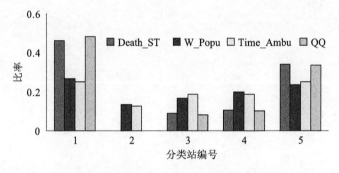

图 16.15　各救援单元分类站应急状况对比图

图 16.15 表明，在各应急救援基本单元具有相同的应急资源状况下（在此处指相等的志愿者和相等的救护车数量），伤亡人口基数大的应急救援基本单元，更容易在分类站形成较长的等待队列，分类站队列越长和分类站到医院（或应急医疗救助中心）所需时间越多，在分类站死亡的伤员越多。这一结论与应急医疗救助专家们的经验相符，说明该仿真模型相对客观地反映了实际应急医疗救助系统的运行情况。

该实验初步验证了本仿真模型的有效性。如果在每个伤员集中分类运输站各增加一辆救护车，使其运输效率提高一倍，并保持其他输入不变，我们就可以通过仿真去分析运输工具效率和分类站伤员排队状况对伤员死亡数量的影响。结论是，在志愿者等其他参数不变的情况下，通过在每个分类站各增加一辆救护车的措施，能使得分类站伤员的死亡率大幅下降。

进一步地，我们可以仿真增加医院手术室和避难场医疗救助中心医生数量，以及志愿者服务中心医务人员的数量，以观察这种改变对挽救伤员生命的影响。结论是，这些措施实际上是增加了相关医疗机构的医疗救助能力，从而使得在相关机构获得治疗的伤员数量有大幅度提高。

上述三个实验，通过修改不同的输入参数已经使得仿真模型具有的一些很好的输出，其资源配置已经在一定程度上达到了挽救更多伤员生命的目的。然而，依然还有不少伤员在救助中心和医院死去，为了进一步尝试挽救更多伤员的生命，我们用仿真方式增加医院的手术室数量和救助中心医生的数量，从而使分类站几乎没有伤员排队，医院和救助中心也几乎没有排队，这样的结果使得整个救助过程中死亡人数仅为 95 人，而其中有 88 人是现场立即死亡的，也即是说，在众多的伤员中仅有约 7 人在抢救过程中死去。

实验结果表明，避难场转移出的危急伤员数量不太受其他因素的影响，但受医院和救助中心可用医疗资源的影响较大。说明治疗的延迟，将导致部分伤员伤情加重。综上所述实验及其分析，可以看出本模型在模拟震后应急医疗过程方面是可行的，各项指标趋势符合实际系统常识，为提高应急医疗管理进行量化分析提供了重要工具。

第 17 章　模糊风险在管理决策中的应用

自然灾害系统十分复杂，用于估计灾害事件发生概率的数据通常不足。不完备的信息很难支撑一个精细模型进行风险分析或风险管理。使用小样本，我们不仅无法准确估计相关的概率，我们甚至无法判断估计值的误差在什么范围内。在这种情况下，用模糊概率来描述风险并给出软风险区划图是必然的选项。自然地，感兴趣的研究人员和风险管理者人想知道，软风险区划图是否能帮助我们更好地决策？答案是肯定的。本章给出三个案例进行说明。

17.1　软风险区划图在项目投资决策中的应用

面对只有 8 个样本点的小样本，文献[90]用计算模糊概率的内集-外集模型（简称 IOSM，详见第 13 章）来估计湖南省华容县的农作物洪水风险，并结合农作物市场收益等三个种植方案进行排序，从而做出决策。结果表明，基于 IOSM 估计给出决策，其收益明显高于直方图估计给出的决策。

本节我们介绍项目投资效益受洪水风险约束时软风险区划图能发挥的作用。

为了同非模糊方法计算的结果进行比较，我们须对模糊概率进行非模糊化处理。通常的非模糊化多采用所谓的重心法（参见式(9.10)）。为了将更多的注意力放在由 IOSM 计算出的可能性-概率分布（简称 PPD，详见第 13 章）的主要部分，用区间加权平均法计算来非模糊化一个 PPD。

1. 区间加权平均法

定义 17.1[277]　令 $\mu_x(p)$ 是$\{I_1, I_2, \cdots, I_m\} \times \{0, \frac{1}{n}, \frac{2}{n}, \cdots, 1\}$上的一个 PPD，它由 IOSM 用给定样本 $X = \{x_1, x_2, \cdots, x_n\}$ 计算而得，并且假定 $|X \cap I_j| = n_j$。称

$$A_j = \begin{cases} \dfrac{\pi_j(\frac{n_j-1}{n})}{\frac{n_j-1}{n}} + \dfrac{\pi_j(\frac{n_j}{n})}{\frac{n_j}{n}} + \dfrac{\pi_j(\frac{n_j+1}{n})}{\frac{n_j+1}{n}}, & \text{当 } 1 < n_j < n \\[3ex] \dfrac{\pi_j(\frac{n_j}{n})}{\frac{n_j}{n}} + \dfrac{\pi_j(\frac{n_j+1}{n})}{\frac{n_j+1}{n}}, & \text{当 } n_j = 1 \\[3ex] \dfrac{\pi_j(\frac{n_j-1}{n})}{\frac{n_j-1}{n}} + \dfrac{\pi_j(\frac{n_j}{n})}{\frac{n_j}{n}}, & \text{当 } n_j = n \end{cases} \tag{17.1}$$

为一个事件发生在 I_j 中的模糊概率的优先模糊集（priority fuzzy set）。

优先模糊集的定义，将模糊概率从多项表述简化为了 2~3 项的表述，也就是集中于其主要部分。式(17.1)中右边的各项由式(13.21)进行计算。式(17.1)式中的 $(\frac{n_j-1}{n})$，$(\frac{n_j}{n})$，$(\frac{n_j+1}{n})$ 分别为式(13.21)中的 p_{n_j-1}，p_{n_j} 和 p_{n_j+1}，如

$$\pi_j(\frac{n_j-1}{n}) = \pi_j(p_{n_j-1}) = q_{n_j,j}(\uparrow Q_J^-) \text{ 中的最末一个元素}$$

而 $\uparrow(Q_J^-)$ 由 "13.3.5 简便的内集-外集模型" 中的相应算法给出。

令

$$a_j = \min \text{supp} A_j, \qquad\qquad b_j = \max \text{supp} A_j \qquad\qquad (17.2)$$

式中，$\text{supp} A_j$ 为模糊集 A_j 的支集(参见式(6.5))。称$[a_j, b_j]$为事件在区间 I_j 中发生的似然概率区间(likelihood-probability interval)，并记为 P_{Ij}。

传统的概率估计方法由给定样本估计出一个事件在某个区间中发生的概率是一个数值。而 IOSM 的观点则认为样本太小时估计出的概率值不可信，应该是一个模糊概率。所有区间上的模糊概率形成一个可能性概率分布 PPD。由模糊概率过于宽泛，我们用优先模糊集提取其主要部分。而似然概率区间则是将优先模糊集转化为一个边界分别的区间，这就意味着用小样本估不准事件指定区间中发生的概率，但概率值落入似然概率区间中的可能性很大。

更进一步地，我们引入下面的表达式

$$\pi_a = \frac{1}{m}\sum_{j=1}^{m}\mu_{A_j}(a_j), \quad \pi_b = \frac{1}{m}\sum_{j=1}^{m}\mu_{A_j}(b_j) \qquad\qquad (17.3)$$

和

$$u_a = \sum_{j=1}^{m}u_j a_j \Big/ \sum_{j=1}^{m}a_j, \quad u_b = \sum_{j=1}^{m}u_j b_j \Big/ \sum_{j=1}^{m}b_j \qquad\qquad (17.4)$$

于是

$$u = \frac{\pi_a u_a + \pi_b u_b}{\pi_a + \pi_b} \qquad\qquad (17.5)$$

称为 PPD 的区间加权平均值。式(17.1)~式(17.5)组成的方法就称为非模糊化一个可能性—概率分布的区间加权平均(interval-weighted-average)法，简称 IWA 法。

在 IWA 法中，我们用 A_j 替代了式(13.21)中 PPD 的 $\pi_{I_j}(p)$。A_j 是 $\pi_{I_j}(p)$ 的主要部分。两者都是模糊概率但 A_j 的不确定性较小。接下来，模糊概率 A_j 被简化为了一个区间$[a_j, b_j]$。式(17.5)中的 u 是区间概率分布的期望值。通过这种方法，我们聚焦到了一个 PPD 的主体，从面衍生出一些区间概率。这就意味着，我们可以切除 PPD 中形态不理想的信息，改进风险评估。同时，风险区间$[u_a, u_b]$又保留了足够信息，在我们调整决策方案时将十分有用。

2. 洪水风险约束

设地区 D 含有四个区域 Z_1，Z_2，Z_3 和 Z_4。这些区域因洪水风险、水资源和运输条件的不同而有明显差异。淹没面积占总面积的比例称为洪水指数，记为 x。我们用区域中洪水指数概率分布的期望值作为风险的度量。本章旨在讨论使用软风险区划图是否能给决策提供帮助，并不讨论如何计算洪水风险。因此，我们可以对各区域假定出洪水指数的概率分布。在

一般情况下，轻微的洪水灾害频繁发生而大洪水很少发生。因此，如果一定要假设一个概率分布的话，指数分布应该是最好的洪水发生概率模型。自然地，可假设 x 的概率分布为：

$$p(x) = \lambda e^{-\lambda x} \tag{17.6}$$

我们假设区域 Z_1、Z_2、Z_3、Z_4 的洪水发生服从指数分布，参数分别为 $\lambda = 9$、15、100、25。这 4 个指数分布的期望值决定了真实风险的区划，其风险值在图 17.1 中标为 real risk。

使用程序 5-5 的指数分布的随机数发生器，种子数 574985 和 $n = 10$，分别输入 LAMBDA 为 9，15，100，25，我们得到四个样本，

$X_1 = \{0.093, 0.228, 0.115, 0.081, 0.079, 0.005, 0.347, 0.066, 0.037, 0.721\}$

$X_2 = \{0.056, 0.137, 0.069, 0.048, 0.047, 0.003, 0.208, 0.039, 0.022, 0.433\}$

$X_3 = \{0.008, 0.020, 0.010, 0.007, 0.007, 0.000, 0.031, 0.005, 0.003, 0.064\}$

$X_4 = \{0.033, 0.082, 0.041, 0.029, 0.028, 0.002, 0.125, 0.023, 0.013, 0.260\}$

并视其为过去 10 年分别在区域 Z_1，Z_2，Z_3，Z_4 记录下来的洪水指数。也就是说，X_i 可看作是在区域 Z_i 过去 10 年的历史洪水事件记录到的数据。

当我们只有历史洪水事件记录时，实际上很难证明洪水发生概率是服从指数分布还是别的分布。因此，如果只给定样本，我们就使用第 5 章中介绍的直方图模型（HM）估计概率分布并以期望值表达洪水风险。使用式 (8.43) 确定直方图的区间个数，计算得 $m = 4$，用上面的样本我们可以计算出传统意义的洪水风险 HM risk（图 17.1）

使用式 (13.21) 中的 IOSM，用上述 HM 中同样的 4 个区间，从 X_1，X_2，X_3 和 X_4，我们可以得到四个 PPD。再使用式 (17.1)～式 (17.5) 表述的 IWA 法，我们得到这些 PPD 的加权平均值，即可能性－概率分布的期望值，它们作为模糊风险，以 IOSM risks 的方式标于图 17.1 中。

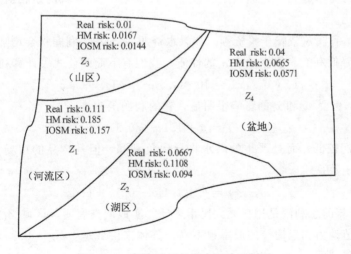

图 17.1　研究地区的洪水风险区划图

Real risk 是假定出来的真实风险，HM Risk 是用小样本和直方图估计出的风险，

IOSM risk 是用同样的小样本但用内集－外集模型估计出的模糊风险

例如，对河流区 Z_1，我们由上述的样本 X_1，使用式 (13.21) 中的 IOSM 得式 (17.7) 表达的 PPD。

$$\prod_{x_1} = \begin{array}{c} \\ I_1 \\ I_2 \\ I_3 \\ I_4 \end{array} \begin{matrix} p_0 & p_1 & p_2 & p_3 & p_4 & p_5 & p_6 & p_7 & p_8 & p_9 & p_{10} \\ \begin{pmatrix} 0.00 & 0.07 & 0.08 & 0.11 & 0.16 & 0.32 & 0.50 & 1.00 & 0.26 & 0.00 & 0.00 \\ 0.26 & 0.41 & 1.00 & 0.11 & 0.00 & 0.00 & 0.00 & 0.00 & 0.00 & 0.00 & 0.00 \\ 1.00 & 0.41 & 0.00 & 0.00 & 0.00 & 0.00 & 0.00 & 0.00 & 0.00 & 0.00 & 0.00 \\ 0.50 & 1.00 & 0.00 & 0.00 & 0.00 & 0.00 & 0.00 & 0.00 & 0.00 & 0.00 & 0.00 \end{pmatrix} \end{matrix}$$

$$(17.7)$$

式中，$I_j = [0.005 + (j-1)h, \ 0.005 + jh)$，$h = 0.179$，$j = 1, 2, 3, 4$；$p_k = k/10$，$k = 0$，1，2，…，10。

由式(17.1)对此 PPD 进行处理，我们得到 4 个优先模糊集：

$$A_1 = \frac{0.5}{p_6} + \frac{1}{p_7} + \frac{0.26}{p_8}, \quad A_2 = \frac{0.41}{p_1} + \frac{1}{p_2} + \frac{0.11}{p_3}, \quad A_3 = \frac{1}{p_0} + \frac{0.41}{p_1}, \quad A_4 = \frac{0.5}{p_0} + \frac{1}{p_1}$$

由式(17.2)，我们得到 4 个似然概率区间：

$$P_{I_1} = [0.6, 0.8], \quad P_{I_2} = [0.1, 0.3], \quad P_{I_3} = [0, 0.1], \quad P_{I_4} = [0, 0.1]$$

再使用式(17.3)～式(17.5)，即可得 PPD 的区间加权平均值 $u_{Z_1} = 0.157$。同理，我们可以计算出其他 3 个区域的 PPD 区间加权平均值：$u_{Z_2} = 0.094$，$u_{Z_3} = 0.0144$，$u_{Z_4} = 0.0571$。它们就是标于图 17.1 中的 IOSM risk。

3. 项目及水资源和成本

假设某公司将在地区 D 投资三个不同的项目 o_1、o_2、o_3，其投资额是确定的，但投资到哪个区域则要根据区域水资源 w、原材料、劳动力和运输等的成本 s，以及洪水风险 x 来定。此外，我们假设一个项目的产品市场是固定的，我们的目标是为项目选择合适的区域，使利润最大化。为简单起见，我们假定参数 w、s、x 在一个区域内是相对稳定的，并不随着时间而激烈变化。

项目 o 的基本利润 b_o 依赖于投资额。如果水资源 w 丰富，利润将会增加。同时，成本 s 和洪水风险 x 将降低利润。根据项目 o_1 的性质，我们有下面的公式去计算利润

$$g_{o_1}(w, s, x) = 10 + 0.6w - 0.1s - 3.1x$$

o_2 的利润相当大，但受 w 和 x 的影响很明显。它的利润函数是

$$g_{o_2}(w, s, x) = 9 + 1.1w - 0.1s - 3.1x$$

虽然 o_3 的利润较低，而且严重的洪水将导致负利润，但其产品的市场相当好，很值得投资。其的利润函数是

$$g_{o_3}(w, s, x) = 5 + 1.1w - 0.1s - 5.6x$$

我们假设未来 10 年的总利润是用亿元人民币来计。实地调查表明，区域 Z_1 能可靠地给项目供水，原材料、劳动力和运输等的成本也不高。具体来讲就是：$w_{Z_1} = 0.8$，$s_{Z_1} = 0.3$。以同样的方式，我们得到：$w_{Z_2} = 0.6$，$s_{Z_2} = 0.1$；$w_{Z_3} = 0.2$，$s_{Z_3} = 0.6$；$w_{Z_4} = 0.4$，$s_{Z_4} = 0.2$。

4. 项目的适用区域

如果将项目 o_i 投于区域 Z_j，那么在未来 10 年的利润将是 $g_{o_i}(w_{Z_j}, \ s_{Z_j}, \ x_{Z_j})$，此处 x_{Z_j} 是图 17.1 所示区域 Z_j 中的洪水风险。将 w，s，x 的值代入上述的利润函数 g_{o_1}，g_{o_2}，g_{o_3} 我

们得到表 17.1 所示在不同条件下项目的利润。最后一列显示产生最大利润的区域名称。结果表明，用 IOSM 计算出的风险约束选择出的区域与真实风险约束下选择的结果完全相同。这意味着软风险区划图用于为投资项目选择合适区域比传统方法计算出的风险区划图更好，因为在实际操作中我们并不知道洪水的真实风险约束。这得益于软风险区划图比用直方图生成的区划图更靠近真实的风险区划图。

表 17.1 项目 o_1、o_2、o_3 投在区域 Z_1、Z_2、Z_3、Z_4 的利润 （单位：亿元人民币）

项目	风险	区域 Z_1	区域 Z_2	区域 Z_3	区域 Z_4	最佳区域
	真实	10.106	10.143	10.029	10.096	Z_2
o_1	HM	9.877	10.007	10.010	10.014	Z_4
	IOSM	9.963	10.059	10.015	10.043	Z_2
	真实	9.506	9.443	9.129	9.296	Z_1
o_2	HM	9.276	9.307	9.110	9.214	Z_2
	IOSM	9.363	9.359	9.115	9.243	Z_1
	真实	5.228	5.276	5.104	5.196	Z_2
o_3	HM	4.814	5.030	5.070	5.048	Z_3
	IOSM	4.971	5.124	5.079	5.100	Z_2

17.2 软风险在选择城市进行投资中的应用

当遇到从一些城市中选择一个城市进行项目投资时，各城市中相关问题的软风险能给我们提供一些调节的空间，选择的投资城市会更为合理。

1. 干旱风险约束

假设某商人将在地区 D（图 17.2）的 4 个城市 c_1，c_2，c_3 和 c_4 中选择一个城市 c 投资开一间花店。主要的风险问题是干旱 R_c，利润取决于顾客的数量 N，包括来自其他城市的一些买家。

用式(17.3)和式(17.4)，对城市 c 估计得的干旱风险 PPD，我们可以得到 4 个参数：$\pi_a(c)$，$\pi_b(c)$，$u_a(c)$ 和 $u_b(c)$，它构造一个风险区间 $[u_a(c)$，$u_b(c)]$ 和一个可能性区间 $[\pi_a(c)$，$\pi_b(c)]$。我们称

$$R_c = [\pi_a(c)/u_a(c), \pi_b(c)/u_b(c)] \tag{17.8}$$

为城市 c 的模糊风险区间。不失一般性，我们考虑：

$$R_{c_1} = [0.5/0.2, 0.2/0.4], \quad R_{c_2} = [0.4/0.1, 0.3/0.3]$$
$$R_{c_3} = [0.5/0.3, 0.4/0.5], \quad R_{c_4} = [0.5/0.2, 0.3/0.4]$$

根据内集-外集模型和直方图模型的关系容易证明，在上述模糊风险区间的假设下，传统的直方图模型将计算得风险值：$r_{c_1} = 0.3$，$r_{c_2} = 0.2$，$r_{c_3} = 0.4$，$r_{c_4} = 0.3$，。我们假设城市 c_1，c_2，c_3 和 c_4 的预期顾客数量分别为：$N_1 = 10,000$，$N_2 = 13,000$，$N_3 = 22,000$，$N_4 = 20,000$。

图 17.2 地区 D 中 4 个城市的分布
某商人将从其中选出一个城市 c 投资开一间花店

如果城市 c 在年内遇到强度为 u 的干旱，投资的花店将支付更多的钱 $d(u)$ 从外地购买鲜花。不一般性，我们假设在一年内花店的利润是 $g(N, u) = f(N) - d(u)N$。对图 17.2 中的城市，我们假设：

$$g_1 = (18 - 16u^2)N_1, \quad g_2 = (16 - 14u^2)N_2, \quad g_3 = (18 - 17u^2)N_3, \quad g_4 = (17 - 2u^2)N_4$$

2. 适合于项目的城市

根据式(17.8)定义的模糊风险区间，城市 c 遇到强度为 $r_c = (u_a(c) + u_b(c))/2$ 的干旱其可能性是 1。同时，强度为 $u_a(c)$ 的可能性是 $\pi_a(c)$，强度为 $u_b(c)$ 发生的可能性是 $\pi_a(c)$。将 $g(N, u) = f(N) - d(u)N$ 的 u 分别代之以 $u_a(c)$，1 和 $u_b(c)$，我们可以计算出可能性分别为 $\pi_a(c)$，1 和 $\pi_b(c)$。的花店利润。对于图 17.2 中的城市，我们有表 17.2 显示利润和相应的可能性。由此，该商人知道 c_1，c_2 不适合投资，因为利润过低。

表 17.2 投资花店的利润(美元)和获得利润的可能性

城市	干旱 $u_a(c)$ 时的利润	可能性 $\pi_a(c)$	干旱 r_c 时的利润	可能性	干旱 $u_b(c)$ 时的利润	可能性 $\pi_b(c)$
c_1	173，600	0.5	165，600	1	154，400	0.2
c_2	206，180	0.4	200，720	1	191，620	0.3
c_3	362，340	0.5	336，160	1	302，500	0.4
c_4	338，400	0.5	336，400	1	333，600	0.3

如果投资者按照最大可能的干旱风险 r_c 选择一个城市，他会选择 c_4，因为表 17.2 中的第 4 列表明 $g_4(N_4, r_{c_4}) > g_3(N_3, r_{c_3})$。从这个选择，如果旱情以最大可能性的强度发生，在 c_3 和 c_4 的利润分别为 336，160 和 336，400 美元。换句话说，如果店铺开在城市 c_4，要比开在 c_3 多赚 240 美元。

然而，由于估不准干旱风险，风险或许是 $u_z(c)$，可能性是 $\pi_a(c)$。此时，c_3 和 c_4 的利润将分别为 362，340 和 338，400 美元。如果这种风险为真，意味着店铺开在城市 c_3，减灾效果高达 23，940 美元。类似地，真实风险的强度是 $\pi_b(c)$ 的可能性为 $u_b(c)$，此时 c_3 和 c_4 的利润分别是 302，500 和 333，600 美元，如果开店舍 c_4 而 c_3，将损失 31，100 美元。

于是就产生了这样的问题："城市 c_3 和 c_4 到底哪一个更适合于投资开花店？"要回答这个问题，软风险中的额外信息就能派上用场了。

从 $R_{c_3}=[0.5/0.6, 0.4/0.5]$，$R_{c_4}=[0.5/0.2, 0.3/0.4]$ 我们知道，城市 c_3 和 c_4 面对干旱风险分别为 $u_a(c_3)$ 和 $u_a(c_4)$ 的平均可能性是 $(0.5+0.5)/2=0.5$。而对于 $u_b(c_3)$ 和 $u_b(c_4)$，其平均可能性是 $(0.4+0.3)/2=0.35$。容易证明，面对 r_{c_3} 和 r_{c_4} 干旱风险分别的可能性是 1。

显然，出现某效益的可能性越高，相应收益就越可靠。例如，兑现国有银行利息效益的可能性很高，利息收入的可靠性就很高。而以高利息将钱贷给私人，兑现利息效益的可能性要大打折扣，高利息收入的可靠性就不高。

用可能性值 π 经乘法运算作用于获利值（多赚的钱）v，我们得了一个量值 $T=v\pi$，称为可能的获利。于是，我们有：①如果在城市 c_4 开店，可能的获利是 $T_{c_4}=240\times1=240$ 美元；②如果在城市 c_3 开店，可能的获利是 $T_{c_3}=23940\times0.5=11970$ 或 $-31100\times0.35=-10885$。两者对冲，得正向收益 $T_{c_3}=11970-10885=1085$ 美元。因为 $T_{c_3}-T_{c_4}=1085-240=845$ 美元，从而得知，城市 c_3 最适合于该项目投资。这 845 美元，就是软风险评估保留调节空间带来的收益。

17.3　用软风险改进核电站的设计

在 2011 年 3 月 11 日的日本大地震中，尽管福岛核电站所有反应堆在地震和海啸发生后都停止运行，大爆炸是由于电站冷却系统停止工作核反应堆内的燃料和外部的乏燃料池温度过高所致，似乎只要确保应急电源届时能发挥作用就可以避免此类灾难。事实则不然，现有的核电站抗震设计，并不能保证绝对安全，尤其当过分相信地震危险性分析结果时，可能潜伏着重大安全隐患。使用软风险，能帮助人们改进针对地震危险的核电站设计。

对于每个核电站场地，人们定义了两个必须考虑的地震强度。一个是核电站必须抗住的地震强度，只要地震不超过它，核反应堆将能够继续运行，这就是所谓运行基准地震（operating basis earthquake），记为 M_b。另一个地震强度是，当地震达到该值时，核反应堆自动关闭，并由厚厚的金属防护罩等对其进行极高强度的全密封保护。这一地震强度，称为安全停堆地震（safe shutdown earthquake），记为 M_s。$M_s>M_b$，但 M_s 发生的概率很小。显然，如果我们对核电站所在地 M_s 发生的概率估计过低，核反应堆将频繁关闭。如果我们不能精确地估计 M_s 发生的概率，最好是提高抗震设防，或者根据地震危险性区划图将核电站建于地震烈度较低的地方。

1. 地震风险约束

使用传统的概率地震危险性分析模型[80]，对于给定场地 Z，人们可以估计 m 级地震发生的概率 $\hat{p}(m)$。这意味着，如果 $\hat{p}(M_s)$ 小于规范中对 M_s 发生概率的要求，Z 就可能被选为核电站场址。问题是，没有人可以保证 $\hat{p}(M_s)$ 的误差是否在允许的范围内。如果真正的 $p(M_s)$ 高于设计概率，核电站将经常关闭。

需要说明的是，在严格的核电站地震危险性分析中[278]，人们研究的是场地地震动加速度超越概率，而非地震发生的概率，但由于它们之间可以转换，尽管相当复杂，我们仍然可以简化为地震发生的概率问题。而且，由于累积概率分布与概率密度函数有一对一关系，在没有必要时我们并不加以严格区分。

不失一般性，假定我们对于 Z 得到一个 PPD 如式(17.9)所示。并且假定它是连续的。

$$\prod = \{\pi_m(p) \mid m \in [0,8.5], p \in [0,1]\} \tag{17.9}$$

于是，对于一个给定的震级 m，我们得到一个其发生的模糊概率 $\pi_m(p)$，记为 $\widetilde{p}$。更进一步地，我们假设 $\ker(\widetilde{p}) \neq 0$，且 $|\operatorname{supp}\widetilde{p}| > 1$，此处 $|\ |$ 是集合的基数。在这种情况下，$\pi_{M_s}(p) = 1$ 表示 M_s 极有可能以 p 的概率发生，但它不能保证真正的发生概率就是 p，完全可能更高一些。

2. 用模糊概率分布推测的安全停堆地震

假定核电站的经营者被要求对场地安全条件进行全面评估，以确保一个轻水反应堆能持续不断地安全运行。记 M_s 的设计概率为 p_s，用传统模型估计出和概率分布是 $\hat{p}(m)$。如果 $\hat{p}(M_s) > p_s$，经营者就必须提高核电站的抗震设计标准，以应对比 M_s 高的地震发生的可能性。问题是，$\hat{p}(m)$ 如此不精确，以致于抗震设计人员并不知道下一个 M_s 应该是什么，也就是说，不知道提高抗震设计标准到什么程度，以使设计概率满足要求。换一种说法就是，如果 $\hat{p}(m)$ 足够精确，又假定 $\hat{p}(M') = p_s$，则 M' 为抗震设计要考虑的地震震级。此时一定 $M' > M_s$。当 $\hat{p}(m)$ 相当不精确时，这种简单的外推择值方法并不可信。此时，一个 PPD 能帮助我们选择合适的设计地震。不失一般性，我们可以假设 m 发生的模糊概率是以正态隶属函数描述，见式(17.10)和图 17.3，所有 m 的模糊概率组成了一个 PPD。

$$\mu_m(p) = \exp\left[\frac{-(\hat{p}(m) - p)^2}{2\sigma^2}\right], \quad p \in [0,1] \tag{17.10}$$

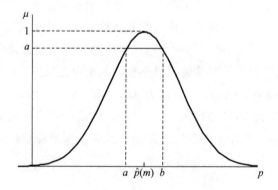

图 17.3　具有正态隶属函数的一个模糊概率

显然，如果 $\hat{p}(m)$ 是 100% 的可靠且以设计概率 p_s 来确定震级，则我们就可以用反函数来计算安全停堆地震的震级，即 $M' = \hat{p}^{-1}(p_s)$，因为函数 $\hat{p}(m)$ 的定义域与值域是一一映射，一定存在反函数。如果对给定的 m，$\hat{p}(m)$ 的可信度是 $\alpha(\alpha \in (0, 1))$，则有利于安全的偏好概率不是 $\hat{p}(m)$，更不是 $a = \inf\{p \mid \mu_m(p) \geqslant \alpha, p \in [0, 1]\}$，而是 $b = \sup\{p \mid \mu_m(p) \geqslant \alpha,$

$p\in[0，1]\}$。可信度和这三个概率值的关系见图 17.3。因此，对于一个给定的 α，从式 (17.10)，我们可以得到一个偏好函数 $b_a(m)$，$m\in[0，8.5]$。于是，在 $\hat{p}(m)$ 不精确，而可信度是 α 时，对于设计概率 p_s，安全停堆地震应该是

$$m_a = b_a^{-1}(p_s) \tag{17.11}$$

有限的信息资源用于风险评估得出不可靠的结果和核电站的绝对安全要求是一对矛盾，这就要求经营者要适当考虑比预测地震更大地震的发生，故而需要使用的 m_a 作为安全停堆地震。计算 m_a 时我们使用了模糊概率提供的调节余地。调节幅度的多少，在于我们对用传统方法估计出来结果的信任度。可以使用的信息资源越丰富，信任度就越高，反之就越低。可借助统计检验方法计算可信度（可信度）α。一个由隶属函数 $\mu_m(p)$，$p\in[0，1]$，定义的模糊概率，当 $\mu_m(\hat{p}(m))=1$ 时，我们称其为是良性的，即，最大可能性的概率值与用传统方法计算出来的相同。用 IOSM 计算出的 PPD 就是良性的，对给定的直方图区间，所计算出的在其内发生的模糊概率的最大可能性的概率值与直方图方法计算出来的相同。

17.4 结 论

软风险区划图是一种新的风险区划图。使用内集-外集模型由历史灾害数据计算的模糊概率可以生成软风险区划图。其优点在于能为决策提供更多的信息。此外，软风险区划图的精度也高于传统的概率风险区划图。

在现实世界中，我们无法知道真正的自然灾害风险。然而，为了证明一个用于计算概率风险的模型是否可靠，我们可以合理地选择一个总体，以其概率分布来代表真正的风险，并由计算机程序依此随机生成一些数据，经由模型用这些随机数来估计风险。如果模型估计的风险与真实风险误差很小，则说明该模型是可靠的。洪水风险的计算机模拟例子说明，软风险区划图更靠近真实风险，所以能帮助投资公司对利润取决于水资源、成本和洪水风险的项目选择出最合适的投资区域。

利润取决于旱风险和客户数量的花店例子说明，软风险可以帮助商人选择合适的城市投资，以赚取更多的钱，因为软风险可以提供更多的决策信息。

为安全起见，核电站的经营者必须避免低估安全停堆地震的概率。本章给出了一个地震软风险的一个例子，说明软风险能帮助我们合理调整抗震设计参数。

第 18 章 智联网支撑风险评价的探讨

风险分析工作是一项智能工作，风险管理也含有很高的智能成分。昆虫尚且知道躲避危险，何况人呢。然而，飞蛾扑火的现象不只昆虫界有，人类也有。不过，人类是高等智能动物，善于总结经验，不会屡屡出现飞蛾扑火的现象。如何发挥互联网的作用，集众人之所长，生超级之智能，解风险之万千，实在是一个值得研究的问题。

面对一个具体的风险问题，目前普遍依赖利益相关者自己的经验和各种途径得来的专家指导去应对。例如，学历教育和电视节目都是很有效的专家指导途径。但是，世界越来越复杂，个人经验和专家指导难以应对；各种风险瞬息万变，当事人可能毫无经验，针对性强的专家更是屈指可数，及时有效的建议弥足珍贵。借助互联网强大的功能，集百家之智，历万家之险，成超级之智，极有可能大大提高人类应对风险的能力，使复杂变简单，以不变应万变。

基于总有一些人已经历或研究过日常生活中的风险问题，文献[279]首次提出"智联网"的概念，它由智能体、互联网和一个数学模型构成，以汇集和处理相关信息，为面对风险而又没有经验的人们提供服务。过滤恶意假信息，处理不协调信息，优化处理不完备信息等，是构建正向智联网的关键，其核心技术是信息扩散的数据处理方法。智联网的在线服务，有望帮助人们有效解决远离有害食品、正确填报高考志愿和使恋爱更符合个性等问题。

18.1 智联网概念

人类社会经历了从农业阶段到工业阶段，再到信息化阶段三次巨大浪潮。目前，人类正处于第三次浪潮之中，其特点是形形色色的互联网无处不在。移动通信、物联网、战术数据链等大型的信息系统，无一例外皆有互联网的烙印。然而，今天的互联网系统，远非智能系统，更多的是信息发布和交换系统。以此支持的在线服务，并没有超出传统服务的内涵，只不过速度更快，花样更多，成本更低。换言之，如果不计成本和时间，今天的互联网所能提供的所有服务，传统手段均能提供。互联网真正的威力尚在发掘之中，智联网或许将成为其突破点之一。

"智联网"（internet of intelligences），是由各种智能体，通过互联网形成的一个巨大网络。其目的是集小智慧为大智慧，群策群力，帮助人们更好地认识世界，获得更好的生活质量。

"智联网"的提出，将是继人工智能和计算智能之后的智能科学大革命，同时也将推动世界信息产业再上一个新台阶。智联网的基础是互联网，智联网的核心技术是信息扩散的数据处理，智联网的发展动力是有偿智能服务。

与传统咨询服务业最大的不同是，提供智联网服务的不再限于专家。对某些实际问题，民众的经验可能强于专家的知识。对于巨大系统的复杂问题，专家群体的意见往往强于个别权威的判断。通过"智联网"获得尽可能正确的明智选择,将成为人们日常生活中的重要助手。

设 $A=\{a_1, a_2, \cdots, a_n\}$ 是含有的 n 个智能体 $a_1, a_2, \cdots, a_n$(如某大学的 n 个教授)的一个集合。设 $N=\{S, c_1, c_2, \cdots, c_n\}$ 是含有服务器 S 和 n 台计算机网络终端 $c_1, c_2, \cdots, c_n$ 的,一个可以独立工作的子系统,如一个局域网。设 M 是处理 n 个智能体所提供的信息的模型。三元体 (A, N, M) 称为一个智联网。

今天的互联网,已经有了 A 和 N,但还没有 M,不是智联网。尽管有许许多多在巨型计算机中的应用程序已经同互联网相通(如从分布式计算理念发展而来的网格计算理论、技术化的云计算、物联网超级信息管理系统等),但它们并不是为处理智能体所提供的信息而研制出来的,大多数信息中毫无智能成分。今天的互联网,尤如一个功能强大的超级工厂,能消化浩如烟海的原材料,生产琳琅满目的产品,但生产流程是按设计进行的,工厂本身没有任何智能,只不过充斥着大量技巧性的东西。明天的智联网,更象一部巨大的人脑,能通过"五官"接收信息,感知和判断世界,形成各种奇思妙想。没有人能够设计智能产品生产流程,就象没有人能按流程培养出一个爱因斯坦一样。人们对智联网所能做的,不过是提供生长发育的种子和成长的条件。最初级的智联网,人们提供一个处理智能信息的初级模型 M,自身通过运行进行改善和突变,生成高级智能模型 M。经历许许多多成功与失败的磨炼后,最终形成一个不为人所知其奥秘的高级智能模型。对于今天的人脑,人类又知道多少奥秘呢?所谓的专家系统、人工神经元网络、遗传算法、生物计算等带有一点"智能"的人工作品,连高级智能的皮毛都算不上,原则上还是一些技巧性的东西。

我们所说的智联网,是指"正向智联网"。形式化如下:

假定存在某一准则 R,可以判定 a_i, $i=1, 2, \cdots, n$ 的智力水平,记为 $q_i=R(a_i)$。假定 R 还能判定三元体 (A, N, M) 的智力水平,记为 $Q=R(A, N, M)$。当 $Q > \max\{q_1, q_2, \cdots, q_n\}$ 时,我们称其为一个正向智联网。

我们可以举例来说明什么是智联网,什么是正向智联网。三人团队 $A=\{$张三,李四,王五$\}$ 参加传统智力竞赛,即现场抢答,依标准答案现场判分。接下来,张三、李四、王五改为各使用一台由服务器 S 管理的网络 N 参赛,其他参赛队仍沿袭现场抢答方式。假定我们设计出了某种可以实时处理 A 队中各人所提供信息的模型 M,并依据处理结果回答问题。由参赛队 A,计算机网络 N 和信息处理模型 M 组成的系统是一个智联网。假定在以往参赛中最高智力者为张三,称为 A 队的传统智力分,记为 q。再假定 A 队用网络参赛而得的网络智力分为 Q。当 $Q > q$ 时,(A, N, M) 就是一个正向智联网,此时,A 队的得分一定高于传统方式参赛的得分。

最简单的智联网可以用图 18.1 示之,该系统由三个智能体 a_1、a_2、a_3,三台终端机 c_1、c_2、c_3,一台服务器 S 和一个信息处理模型 M 组成。

事实上,并非智能体联网就能形成智联网。例如,医学影像远程网络会诊并不是智联网,因为系统中并不存在本质上能对专家意见进行处理的任何模型。并非智联网均有正向性,例如,用一个简单的统计模型支撑的智联网,理论上来讲,智力水平为网中智能体的平均值。显然,智联网的核心技术在于网络信息处理模型 M。下面我们给出智联网及其有关概念的形式化定义。

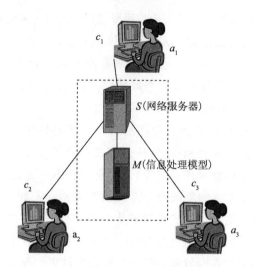

图 18.1　最简单的智联网

图中的三台计算机形成网络，三个工作人员是三个智能体

定义 18.1　具有观察、演绎、推理和解决问题能力的个体称为智能体。

例如，正常的个人、决策支持系统、恒温调节器、模糊洗衣机等，均是智能体。

定义 18.2　智能体解决问题的能力大小称为智力水平。

例如，中学生参加智力竞赛的得分高低通常能反映其智力水平。由于各种智力竞赛的难易程度和测试方式不同，由得分反映的智力水平具有相对性。

定义 18.3　设 A 是一个智能体集合，N 是 A 使用的一个网络，M 是处理 A 所提供信息的模型，三元体 (A, N, M) 称为一个智联网。

换言之，一个由智能体、计算机网络和信息处理器组成的系统，称为一个智联网。当其智力水平超越每个个体智力水平时，称为一个正向智联网。即

定义 18.4　设 (A, N, M) 是一个智联网，智力水平为 Q。再设 A 中个体的最大智力水平为 q。当 Q 大于 q 时，称 (A, N, M) 为一个正向智联网。

互联网是一个动态混沌系统，没有人知道每一个节点何时会发生什么变化，也不知这种变化对其他节点会产生什么影响。智联网则是一个智力提升系统，只有正向智联网才有存在的意义。智联网具有动态自组织性，目标是形成一个高级智能体。互联网从混沌系统走向自组织系统，必将是一次革命。

经过对比互联网应用模式的发展和人类大脑的结构机理，人们发现，二者有惊人的重合。例如，从电子邮件、电子公告牌到博客、社会化网络，互联网的每一个应用创新都能映射到人脑的功能结构中[280]。人们预测，互联网的应用模式将形成一个与人类大脑功能结构高度相似的网络虚拟结构，互联网正朝着使人脑充分互联的方向发展和进化。然而，现有的互联网技术，尚不足以自动形成超越个体智能体的智能，IBM 为其百年大庆于 2011 年推出的，能与冠军一比高下的沃森[281]，不过是对以往经验的学习而已。只有智联网，才有可能使网络成长为超级智能体，也就是个体智能的组合，超越简单智能的叠加。

18.2　风险分析与智联网

解决如何识别、规避和权衡风险的问题，是人们得以正常生活的基本保障。如果过马路时不能识别风险，就可能发生交通事故；如果地震区的建筑物不设防，就无法规避地震风险；如果感染后过量吃抗生素，就会让病菌产生耐药性。有效规避和管理风险，基础是风险分析。

正如我们在第 3 章中所指出，使用有关理论和方法，在相关知识和数据资料的基础上，对未来不利事件出现的可能性、规模、影响等进行的分析，称为风险分析。风险分析是为了认识风险，为风险管理提供科学依据，使未来情景向好的方向转变。

复杂问题的风险分析，需要相当的智慧。提高监测手段、综合使用各种技术和信息、大量访问专家等，是目前解决复杂风险问题的主要途径。然而，无论监测手段多么完善，大量的风险分析工作还是遇到信息不完备的问题；无论综合多少技术和信息，分析中的许多缺陷仍然暴露无遗；无论访问多少专家，结论也不会比简单统计更有说服力。

由于正向智联网能超越个体智力水平，用智联网改善现有的风险分析技术，极具发展前途。相应地，我们可以发展出监测型智联网、综合型智联网和评价型智联网。

1. 监测型智联网

设 A 是含有的 n 个智能监测器(如一台复杂机器人配置的 n 个智能传感器)的一个集合，N 是连接这 n 个智能监测器的一个计算机网络，M 是处理这 n 个智能监测器所提供信息的模型，三元体(A, N, M)称为一个监测型智联网。

例如，当一台机器人识别其环境风险时，监测型智联网能提高其识别能力。当我们监测自然和社会的各个机构能形成监测型智联网时，我们对自然灾害风险的监测能力就会大大提高。

监测型智联网正向化的基础是 M 能使监测器联动起来，并能生成比单个监测器更具使用价值的信息。例如，一个能快速捕捉变化目标的监测器能通过 N 和 M 使高精度观察器及时联动到目标上来。多个监测器的信息经 M 处理能对被监测对象有超越直观监测的认识。

监测型智联网有可能推进物联网的智能化。地震监测智联网有可能为提高地震预报精度创造条件。

2. 综合型智联网

设 A 由 n 个智能体组成，他们分别使用不同的技术(如线性回归技术、人工神经元网络技术等)或信息源(如遥感信息、气象信息等)对某一风险问题进行研究，N 是连接这 n 个智能体的一个计算机网络，M 是综合处理它们所提供信息的模型，三元体(A, N, M)称为一个综合型智联网。

例如，某灾害管理机构建有"天-地-现场"一体化业务平台，分析人员分别使用无人飞机、卫星遥感和地面观测数据等对气象灾害风险进行分析并通过计算网络传送给综合模型 M 实时处理，这就形成一个综合型智联网。

从分布式处理、并行处理和网格计算发展而来的云计算，将在综合型智联网方面发挥重要作用，因为系统的综合度越高，实时处理的任务越重。

3. 评价型智联网

设 A 由 n 个评价人员组成，N 是连接他们的一个计算机网络，M 是处理 A 所提供评价结果的模型，三元体 (A, N, M) 称为一个评价型智联网。

例如，根据欧盟预防和控制工业风险的塞维索指令 II，八位专家分别对某化工厂进行风险评价，并通过计算网络传送给模型 M 进行处理，这就形成一个评价型智联网。

这类智联网要解决的问题，从理念上来讲，有点类似于"盲人摸象"。从前，有四个盲人很想知道大象是什么样子，可他们看不见，只好用手摸。胖盲人先摸到了大象的牙齿。他就说："我知道了，大象就像一个又大、又粗、又光滑的大萝卜。"高个子盲人摸到的是大象的耳朵。"不对，不对，大象明明是一把大蒲扇嘛！"他大叫起来。"你们净瞎说，大象只是根大柱子。"原来矮个子盲人摸到了大象的腿。而那位年老的盲人呢，却嘟囔："唉，大象哪有那么大，它只不过是一根草绳。"四个盲人争吵不休，都说自己摸到的才是真正大象的样子。而实际上呢？他们一个也没说对。

由于风险是未来的一种情景，我们看不见全貌，只好凭经验和有限的科技手段来推测，相当于盲人摸象。多个"盲人"将"摸"到的信息上网，模型 M 形成的"象图"，就是评价型智联网的产品。依其规避风险或管理风险，将大大降低当事人的生存成本。

与传统的综合处理专家评价结果最大的不同是，评价型智联网不仅使专家间的匿名提示、协调、互动更加方便、有效，也为评价结果超越参与专家的水平创造了条件。

18.3　由智联网支撑的风险评价在线服务

风险因人而异。2007 年中石油在国内上市，随后其股票大跌。对于持有其较多股票的人而言，风险很大；对于不持有其股票的人，中石油股票是否大跌，与他们无关，没有风险。

风险问题，举不胜举，既有因人而异的风险，更有大量人们尚无法认识的风险。今天，在似乎人人都懂风险，人人都会进行风险评估的时代，五花八门的预测模型、拟合模型、插值模型等被称为是风险分析模型，而且，"专家打分"进行风险评估，似乎成了灵丹妙药。然而，现实情况是，人们对风险的研究尚处于初级阶段，这不仅反映在人类甚至于没有一个共同认知的风险概念，而且对地震风险、经济风险等重大风险问题也缺少令人信服的分析理论和方法，在灾难来临前侥幸多于掌控。

不过，在大量风险问题中，简单风险在一定的条件下可以被正确认识并加以规避。简单风险是指人们有能力认识的风险。条件是曾经有人经历过，并想出了规避的方法。有经验积累的简单风险，对经历过的人而言，能造成伤害的可能性大大降低，而对没有经历过的人，风险就比较大。

例如，摸黑走过一条左边有大坑的路，曾经掉进坑里的人知道走左边有危险，应该绕着走，但是对从来没有走过的人，他摸黑走该路就有较大风险，他或许掉进坑里去，或许顺利通过。这里，危险是指确定性的伤害，风险是指与伤害有关的一种未来情景。由于前进路线的不确定性，伤害可能出现，也可能不出现。

简单风险，也可能涉及复杂的系统，以个人的经验，尚难全面认识。特别地，当风险系统随着时间发生明显变化时，个人经验可能失效。此时，用评价型智联网集成风险经历者的经验，并尽量对集成经验加以提升，就能提供风险评价的在线服务。有三类简单风险较适合于在线服务：信心类简单风险、决策类简单风险和浪漫类简单风险。

1. 信心类简单风险在线服务

信心的最精辟定义出自《圣经·希伯来书》："信心是所望之事的实底，是未见之事的确据"。换言之，信心就是人所希望实现的事情的根据，是还没有发生、没有看见的事情必然要发生和被看见的证据。

信心的来源和本义是宗教领域根本性的问题。德国威丁堡大学的马丁·路德教授在1517 年的宗教改革运动中提出的"因信称义"的学说认为，人单单凭着信仰，无需教会这个媒介，就能够直接与上帝相沟通。只要有信心，而无需其他的条件和资格，就能获得生命信仰上的解脱，获得上天对你的拯救。于是，信心成为衡量一个人信仰的标准，惟有信心能成就一个人的信仰，而其他所有外在的行为、条件、资格、外力都不能成为信仰的依据。信心也成为人在世间生活、工作是否有意义的根据，成为能够战胜艰难险阻、开拓出美好喜乐的生活的动力。信心在人类史上开始具有了神圣的意味，成为人们生活和工作当中的强大精神力量。今天的清教徒，是最为虔诚的新教徒，他们完全秉持"因信称义"的学说，他们在信仰方面非常强调信心的作用。正是凭着这种信心，清教徒们不远万里到北美拓荒。他们坚信，这里肯定会是一个繁荣兴旺、日新月异的新国度；正是这种信心，使他们获得了独立战争的胜利，创建了美利坚合众国。可以说，是信心成就了清教徒，是信心成就了美利坚。

然而，世俗生活中的信心并不等同于宗教上的信心。毫无根据的盲信，足以带来重大伤害。在日常生活中，我们对一些事有信心，因为我们有较充足的证据信任它；对一些事则没有信心，感觉到有些把握不住，接触它可能会造成伤害。例如，我们对中国乒乓球队信心十足，因他们在世界乒乓球锦标赛上连年夺冠。但是，我们对中国的食品安全整体没有信心，因为转型期的中国对食品安全的监管严重缺失。2008 年爆发的三聚氰胺污染事件极大地打击了人们对国产奶粉的信心，全国有近 30 万名婴幼儿因食用问题奶粉患泌尿系统结石[282]。2011 年曝光的"全国每年返回餐桌的地沟油 200 万～300 万吨[283]"似乎说明中国的食品安全几近失控。

在宗教上，人的信心开始时可能像芥菜籽一样小，但未来成就非常巨大，超过开始时几百甚至几万倍，人就应该拥有这种必将成就万千成果的信心。信心的大小不是按目前的想法比较的，而是按照将来要成就的成果来比较大小的。人虽然比山渺小，但他如果有移山的信心，他的信心就比巍峨的大山还要大。

在世俗生活中，人的信心像凭据一样，信心的大小是由目前的处境决定的。信心由三个因素决定：行动实现难度的认知、个人或团体的情绪和外在意识。认知是指人们对行为必定成功的认识过程，由于这种认识过程只能是对行为未来发展状况的预期，所以这种认识过程实际上又是一种对行为过程的想象和推断；情绪是指有机体在受到生活环境中的刺激时，生物需要是否获得满足而产生的暂时的较剧烈的评价和体验，它包括喜、怒、忧、思、悲、恐、惊七种；外在意识是指人们在行为中大脑对外界事物觉察的清醒程度和反应灵敏程度，人们在睡眠时意识水平最低，在注意力高度凝聚时意识水平最高。

与风险有关的信心问题，其实就是信心的逆问题。以人们对消费品的信心为例，如果有大量的真凭实据表明某一消费品存在明显的安全问题，消费者使用它就面对较大的被伤害风险。这时人们对此消费品的信心就低；反之，如果风险很小，信心就高。

信心类简单风险在线服务，就是构建一个计算信心指数的信息处理模型 M，由其支撑一个智联网 (A, N, M)。

信心指数原本是债券市场上的一个指标，定义为 10 个顶级公司债券的平均收益率与 10 个中等级别公司债券的平均收益率的比值。这个比值总是小于 100%，因为高级别债券所承诺提供的到期收益率较小。当债券交易者对经济表示乐观时，他们对低级别债券所要求违约溢酬率就较低，这两类债券的收益率差就变小，信心指数接近 100%。因此，较高的信心指数通常是牛市的信号。这里的模型 M 可表为

$$信心 = \frac{10 \text{ 个顶级公司债券的平均收益率}}{10 \text{ 个中等公司债券的平均收益率}}$$

如果从风险分析的角度来看待消费品的信心指数，我们可将其简单地定义为消费满意度。当所有消费者都 100% 地满意时，信心指数为 1；当所有消费者都绝对不满意时，信心指数为 0。

现实中的问题是，任何调查机构都只能采取抽样方式进行调查，并且大多数机构的委托人是商品生产者，调查机构为了迎合雇主的需要，无法确保调查结果的客观性。另一个更为棘手的问题是，调查数据中常常夹杂有许多不实信息，如何排除，并非易事。我们可以用智联网技术很好地解决这些问题。

设 O 是待评估对象，A 是由 n 个消费者组成的智能体，他们经由互联网分别根据自己的消费经历对 O 进行定性和定量描述及评价。由于智联网的开放性和成本低，调查的面可以很广。当我们使用基于信息扩散的技术对调查进行分析后，就可以得知消费群体想表达的意思，从而评估出他们对 O 的信心。设 $O_1, O_2, \cdots, O_t$ 是由智联网评估的 t 个同类消费品，将它们依信心指数的大小从上到下排序，就能提供风险在线服务。

经由智联网提供这类服务的重点是个性化。人们从信心指数排名上只能看到综合而笼统的结果，并不提供性价比参数等，更没消费品适合对象的信息。两个信心指数相近的消费品，可能价格相差较大。信息回溯功能不仅可以让潜在消费者根据自己选定的指标进行再评价，还可以看到一些事故案例。当自己能承受时，信心指数随即提高。

作者建议首先建立奶粉信心智联网和饮料信心智联网，并可以尝试建立城市级餐馆信心智联网。

支撑信心类简单风险在线服务的智联网，是一种评价型智联网，其中的智能体是普通的消费者，使用的是互联网，评价模型 M 和信息回溯功能决定服务质量。

2. 决策类简单风险在线服务

正如本书第 4 章中所述，决策是指管理主体为了实现某种目标而对未来一定时期内有关活动的原则、方法、技术、途径等拟定备选方案，并从各种备选方案中作出选择的活动。备选方案是指供选择用的行动措施(原则、方法、技术、途径等)的汇集。原则上可通过目标拟定、资料分析、寻求备选和最优选项四步来实现决策。

传统上，上述的决策工作都是管理主体组织专家来进行。由于管理系统的复杂性，人们越来越难以选出最优方案，更多的时候是选出满意方案。人们在这方面做了很多有益的探索。其中，遗传算法就能为寻找满意方案提供许许多多帮助。

这种途径只适于重大项目的决策，其最大的问题是成本过高。一方面，人们在现实生活中常常遇到一些个人的决策问题，不当的决策潜伏着巨大的风险。另一方面，大量的人或许已经历类似的决策，或对其有了相当的研究，可以用智联网来形成重要的经验。

设 P 是某人待决策的问题，A 由 n 个经历和思考过此问题的人组成，他们经由互联网 N 分别对 P 进行阐述，并根据自己的经历或思考提出对 P 的决策建议。由于智联网可以提供足够大的信息兼容空间，参与者可以用智联网平台提供的标准构件，规范但较自由地表述对 P 的决策建议。智联网上的标准构件和处理它们的算法，构成了模型 M。当 (A, N, M) 为一个正向智联网时，它能给需要决策的人提供重要帮助。

已经上线的"志愿无忧网"(http://www.51bzy.com/)以专家咨询的方式为千千万万的高考学子提供填报志愿的咨询，很受考生家长们的欢迎。但是，这类网上咨询服务，与传统咨询服务并无本质区别，只是当事人见面的方式有所不同。这种网上咨询，无法超越专家群体，无法提高产品质量，但有利于扩大市场。

用智联网辅助决策，能集思广义，可望大幅提高产品质量，极可能将专家咨询提升到一个新的高度。当我们使用基于信息扩散的核心技术对参与者提供的信息进行分析后，就可以得知不同备选方案面对的风险，从而给使用者提供不同条件下采取何种决策方案的建议。更进一步地，可以根据模糊风险分析原理，列出其他参考方案。

作者建议首先建立高考志愿智联网和专业取向智联网，并可以尝试为年轻学者建立选择科研方向的智联网。

支撑决策类简单风险在线服务的智联网，是一种综合型智联网，其中的智能体是有一定背景的智者，使用的是互联网。如何过滤误导信息，融合同类有效信息，是模型 M 必须考虑的重大问题。

3. 浪漫类简单风险在线服务

风险渗透于生活的方方面面。谈情说爱、旅游观光等浪漫的事，时常也不尽如人意，一些严重的后果甚至会使人痛苦一生。有效规避相关的风险，锦上添花才能实现。

设 L 是某人拟全程经历的浪漫之旅，A 由 n 个经历过浪漫之旅或有相当研究的人组成，他们经由互联网 N，比对 L 与自己的经历或重要案例，从而判断参与者是否适合此浪漫之旅，并提出建议。由于智联网能溶百家之精华，显旅程之弯曲，无疑可以帮助浪漫中人提前看清旅程。如果前面是大坑，停止前进；如果略有阻力，则设法解决。由于浪漫之旅的动态性，这类风险问题的在线服务，可能要有一定的持续性。智联网(A, N, M)中的信息处理模型M，将更具挑战性。

我们以高校学生恋爱为例来说明模型M的基本原理。首先是L的构建。它由两大部分组成：双方自然属性和社会发展属性。前者由家庭背景（居住地、社会地位和经济条件等）和个人特质（学习成绩、性格和身体条件等）构成；后者由社会价值取向的变化和双方今后可能的就业构成。接下来是经历过浪漫之旅或有相当研究的人能剖析L和进行对比并给出建议的空间x。设x_1，x_2，$\cdots$，x_n是由n个智能体在t时给出的信息，$F(t, L, x_1, x_2, \cdots, x_n)$是对其处理的结果。由于两人相互了解的加深，在下一个时刻，L会有所变化，一些信息会得到补充，一些信息会得到更正，形成新的L'。此时，当持L'再次上智联网时，假定另有n'个智能体在t'时给出信息x_1'，x_2'，$\cdots$，x_n'，则我们有$F(t', L', x_1', x_2', \cdots, x_n')$，模型$M$就是要处理一系列这样的结果，给当事人提供非常负责的建议。

作者建议首先建立高校学生恋爱智联网和"新加坡、马来西亚、泰国"旅游智联网，并可以尝试建立国际旅游智联网。

支撑浪漫类简单风险在线服务的智联网，是一种监测型智联网，其中的智能体是有过浪漫经历或相当研究的人，使用的是互联网。根据形势变化提供较为稳定的服务，是模型M必须考虑的问题。

18.4　智联网中的关键技术

古人云：三个臭皮匠，顶一个诸葛亮。古人又云：一个和尚挑水吃，两个和尚抬水吃，三个和尚没水吃。前者是说，集思广义能出大智慧；后者是说，如果没有好的管理，人多了会坏事。

显然，使智联网呈正向，即智联网(A, N, M)的智力水平大于其中任何一个智能体a_i的智力水平，是智联网技术能投入使用的关键。今天，智能体遍布大江南北，长城内外，世界各地；另一方面，让智能体a_i上网已经没有任何技术问题。也就是说，智联网(A, N, M)中的A和N已经没有什么问题，关键在于M。

传统的信息处理模型，大多假定其处理的数据信息是基本可靠的，协调性较好的，关注的是信息中的模式，如各种函数关系。

智联网中的M则完全不同，面对的可能是恶意假信息，还有客观存在的不协调性，其次才是有效信息的处理，并且信息永远不完备。因此，智联网中的关键技术，其实就是解决上述问题的技术。

1. 恶意假信息识别技术

设x_i是来自于智联网(A, N, M)中智能体a_i的信息，如何判定它是恶意假信息？最简单的技术是离差技术。设样本$X = \{x_1, x_2, \cdots, x_n\}$的中心点是$x_0$，如果$x_i$与$x_0$的距离超过其他点与$x_0$平均距离一定倍数，则判定它是恶意假信息。

关键的问题还在于样本点的全面量化以及缺失项的处理，涉及不完备信息，需用到信息扩散技术。

2. 不协调信息识别技术

如果 $X = \{x_1, x_2, \cdots, x_n\}$ 中有大量的不协调信息，则是智能体间不同看法的正常反映。用模型自动找出相对协调的子集，并形成新的样本供更高一个层次的模型学习，是解决此问题的较好策略。第十一章中介绍的扩散型人工神经元网络已经提供了这方面的技术。

3. 不完备信息处理技术

当 $X = \{x_1, x_2, \cdots, x_n\}$ 是可以直接使用的信息时，由于智联网成本的控制，n 是一个较有限的整数，相应的信息 X 源是不完备的。无论是用其估计概率分布还是识别因素间的关系，均是小样本问题，需用信息扩散技术处理。

以信息扩散原理为基础，人们已经建立了五个实用的分析模型：

(1) 用信息分配方法计算软直方图，比传统直方图的估计效率提高 28%。

(2) 自学习离散回归模型，可以直接从给定的样本生成表达输入输出关系的模糊关系矩阵。

(3) 基于正态扩散函数的一种混合型人工神经元网络，有效地解决矛盾样本的学习问题。

(4) 以历史灾情资料为依据的农业自然灾害风险评估模型，计算以县市为区域的自然灾害风险水平。

(5) 计算模糊风险的内集-外集模型，不仅可以替代专家，依据给出的样本进行模糊概率估计，而且实践证明，用这一模型计算出来的自然灾害模糊风险能对减灾方案进行合理的筛选。

上述模型经过一定的改造就可用于智联网，只不过是将自然灾害的数据改为来自智联网的数据。尤其是自学习离散回归模型，非常适合于无人操作的系统大量处理数据。

18.5　人类将进入智联网时代

1712 年托马斯·纽科门制造了早期的蒸汽机。1765～1790 年，詹姆斯·瓦特运用科学理论，使蒸汽机的效率提高到原来纽科门机的 3 倍多，最终发明出了现代意义上的蒸汽机。1807 年罗伯特·富尔顿第一个成功地用蒸汽机来驱动轮船。由于蒸气机的出现，人类脱离了繁重的体力劳动，进入了机械化时代，也称为蒸汽机时代或第一次工业革命。

从 19 世纪 60～70 年代开始，出现了一系列电气发明。1866 年德国工程师西门子制成发电机，1870 年比利时工程师格拉姆发明电动机，电力开始用于带动机器，成为补充和取代蒸汽动力的新能源。电力工业和电器制造业迅速发展起来，人类跨入了电气化时代。电力的广泛应用、内燃机的发明和新交通工具的发明应用，称为第二次工业革命。

1946 年由冯·诺依曼设计的世界上第一台电子管电子计算机在美国诞生，其快速运算的能力解决了过去人力所不能完成的大量计算工作。从此，人类进入计算机时代。晶体管电子计算机的出现，使计算机开始在工业、农业、商业、医学、军事、科研等领域发挥巨大作用。微处理芯片的出现，使计算机深入到人们的家庭和日常生活。

1974 年美国国防部国防前沿研究项目署(ARPA)的罗伯特·卡恩和斯坦福大学的温顿·瑟夫开发了 TCP/IP 协议，定义了在电脑网络之间传送信息的方法，ARPA 网在内部投入使用。1990 年欧洲核子研究组织的蒂姆·伯纳斯-李推出世界上第一个网页浏览器和第一个网页服务器，推动了万维网的产生，人类进入互联网时代。尽管 1995~2000 年大量投机的出现产生了网络经济泡沫，最终导致 NASDAQ 和所有网络公司崩溃，但互联网的发展速度并没有减慢。今天，便捷的互联网不仅催生了电子商务、网络文化等诸多产业，而且产生了许多像 MySpace、Facebook、Youtube、维基百科这样的虚拟社区。随着互联网用户的增加，互联网在现代经济生活中正发挥着日益重要的作用。截至 2010 年 6 月 30 日，中国的网民数量达 4.2 亿人，互联网普及率达到 31.8%，继续超过世界平均水平[284]。

今天的互联网，仍以承载信息流为主，尚不具备本质上的智能。然而，一旦终端上的智能体之智慧能借助互联网联接起来并被放大，智联网时代就将来临。如果说 TCP/IP 协议使互联网成为可能，则解决终端智能协议远不能成就智联网，更关键的是处理相关信息的模型 M。不同类型的智能问题，相应的模型应该不同。不远的将来，云计算和物联网中的模型也有智能化的可能，将它们溶入智联网，将加速智联网时代的到来。届时，人类个体有限的智慧有可能被溶合后产生高级智慧，甚至大量出现不亚于爱因斯坦的超级智慧。果真如此的话，人类的生活会更加美好，人类的未来会更加光明。

18.6　结论与讨论

将智能体用计算机联接起来的网络称为智联网。智联网将是继人工智能和计算智能之后的智能科学大革命。智联网的发展动力是有偿智能服务。与传统咨询服务业最大的不同是，提供智联网服务的不再限于专家，而主要是大量有经验的民众。

智联网 (A, N, M) 正向否，取决于处理 n 个智能体所提供信息的模型 M。对于提供风险评价在线服务的智联网，信息扩散理论和方法成为 M 的核心技术，以解决信息不完备和自学习的问题。

本章首次在减灾领域提及了"智联网"的概念，并介绍了风险分析在线服务的一些研究，但仍处于理论探索阶段，尚未建成一个运行的智联网。作者建议以最简单、最明了的情景展开实验，形成简单的 M 范式。

一个最简单的实验如下：实验主持人邀请 A, B, C, D 四人参加实验，选定一条正在施工的道路作为实验对象。

主持人让 A 白天对施工道路的路况进行详细考查，并写出报告备用。主持人让 B, C, D 三人夜晚通过施工的道路，最先通过者给予奖励。随后，主持人让这三人描述道路路况，描述得最详细的给予奖励。并不知道路况的主持人综合 B, C, D 三人提供的信息，形成报告。最后，主持人研究 A 提供的报告和自己综合的报告，从而解决以下两大问题：①让 B，C, D 写什么形式的报告才更有利于自己综合出较完整的报告；②仅仅根据三人提供的信息，如何让自己的综合报告与 A 提供的报告差异最小。

显然，第一个问题的解决，有利于设计智联网终端的交互界面；第二个问题的解决，则有利于形成 M 的内核。

人工智能经历了从形式化到专家系统再到计算智能的漫长发展过程，效果并不显著，目前仍是步履维艰。无论知识工程也好，人工神经元网络也罢，不仅无法生产出超过普通人的实用智能系统，大多数系统甚至连少儿的智能都不如。智联网的出现，有望推动人工智能使之获得长足发展。

风险分析是展示人类智慧最具挑战性的问题之一，智联网集思广义的能力，有望使人们在日常生活中从未知的风险世界进入已经风险世界，从而在别人的帮助下可以自由地选择是去担当风险还是规避风险。担当风险的背后可能有较大收益，规避风险则降低不必要的伤害。

一个成功的支撑风险评价的智联网，应该按下列十六字方针去开发：用户定制，柔性感知，虚拟现实，超前体验。

对同一种风险问题，用户希望通过智联网得到的服务并不一样。以填报高考志愿为例，有的考生重视学校排名，有的考生重视将来的就业。用户定制，就要求智联网是面向对象的设计，使用户可以定制所需要的服务。

任何有价值的信息进入智联网，都对提高在线风险评价产品的质量有好处。然而，智能体更喜欢比较自由地表达，这有利于更好地体现其真意。柔性感知，就要求智联网是面向智能体的自然表达式设计，既使智能体便于参与，又方便于模型进行处理。

一个集众人之高见，并能得到一定升华而形成的风险评价意见，意味着什么，过于抽象。虚拟现实，就要求智联网提供虚拟现实的仿真服务，向用户展现评价所得风险的情景。一种较好的方案是有时间过程，能表达某种不确定性因果关系，情景有统计意义。以可视仿真的方式告诉客户将面对什么情景，印象深、帮助大。

当虚拟的现实不符合客户要求时，客户常想知道调整相关参数后风险的变化。超前体验，就要求智联网能依据评价结果，计算出调整参数后的新结果，使客户能超前知道如何降低风险，也知道什么情况下风险升高。超前体验有利于客户更好地进行风险管理。

参 考 文 献

[1] Ashcroft R，Dawson A，Draper H，et al. Principles of Health Care Ethics. Chichester：John Wiley & Sons，Inc.，2007.

[2] 黄崇福. 自然灾害风险评价——理论与实践. 北京：科学出版社，2005.

[3] 史培军. 四论灾害系统研究的理论与实践. 自然灾害学报，2005，14(6)：1-7.

[4] 刘树坤. 国外防洪减灾发展趋势分析. 水利水电科技进展，2000，2(1)：2-9.

[5] 马宗晋. 中国的地震减灾系统工程. 灾害学，2005，20(2)：1-5.

[6] 陈联寿. 中国台风灾害及台风登陆动力过程的研究. 科技和产业，2002，2(2)：51.

[7] 刘希林. 我国泥石流危险度评价研究：回顾与展望. 自然灾害学报，2002，11(4)：1-8.

[8] 孙丹，姚树人，韩焕金，等. 雷击火形成、分布和监测研究综述. 林火研究，2006，2：11-14.

[9] Bouchama A. The 2003 European heat wave. Intensive Care Medicine，2004，30 (1)：1-3.

[10] 王成功，董光荣，陈惠忠，等. 沙尘暴研究的进展. 中国沙漠，2000，20(4)：349-356.

[11] 王静. 地球运动超出地震学家的想象——许绍燮院士谈地震预报研究的新思路. 科技潮，2008，7：29-31.

[12] Reid H F. The mechanics of the earthquake. The California Earthquake of April 18，1906，Report of the State Investigation Commission，Vol II. Carnegie Institution of Washington，Washington D C，1910，16-28.

[13] Bridgman P W. Polymorphic transitions and geological phenomena. American Journal of Science，1945，243A：90-97.

[14] 李俊，刘金峰，莫多闻. 河北平原地裂缝的分布规律及成因初探. 水土保持研究，2003，10(3)：62-65+116.

[15] 王景明，刘贵一，王春梅. 我国地裂缝灾害对城乡建设的危害. 国土资源与环境，2001，(3)：28-30.

[16] 刘聪，袁晓军，朱锦旗. 苏锡常地裂缝. 武汉：中国地质大学出版社，2004.

[17] 殷跃平，张作辰，张开军. 我国地面沉降现状及防治对策研究. 中国地质灾害与防治学报，2005，16(2)：2-9.

[18] 黄晓航，张京浦. 赤潮发生机理研究——海藻原甲藻的氮营养生理特征. 海洋与湖沼，1997，28(1)：33-38.

[19] 杨瑾. 赤潮灾害应如何来防如何来挡. 海洋开发与管理，2006，23(5)：119-122.

[20] 李兴华，杨丽萍，吕迪波. 内蒙古夏季森林火灾发生原因及火险等级预报. 内蒙古气象，2004，(2)：27-29.

[21] 王昂生. 森林火灾成因、预报监测和人工防止研究. 地球科学进展，1990，(4)：38-40.

[22] 舒立福，王明玉，田晓瑞，等. 城市森林火灾成因及预防扑救技术. 中国城市林业，2007，5(3)：48-50.

[23] 周军. 涪陵地区森林火灾的防治与对策探讨. 四川林业科技，1995，16(1)：60-63.

[24] 王阿川. 森林火灾防治决策专家系统的研究与实现. 中国安全科学学报，2005，15 (2)：96-100.

[25] 苏和，刘殿卿. 锡林浩特市草原火灾. 内蒙古草业，2002，14(3)：23-24.

[26] 陈世荣. 草原火灾遥感监测与预警方法研究. 北京：中国科学院研究生院(中国科学院遥感应用研究所)，2006.

[27] 周利霞，高光明，邱冬生，等. 基于 MODIS 数据 FPI-NDVI 火灾监测方法研究. 安全与环境学报，2008，8(2)：114-116.

[28] 姚建仁，郑永权. 中国农作物病虫害发生演替趋势与未来的农药工业. 世界农药，2001，(4)：1-5.

[29] 潘宏阳. 我国森林病虫害预防工作存在的问题与对策. 中国森林病虫，2002，21(1)：42-47.

[30] 邹志燕，李磊. 城市园林植物病虫害发生特点与防治对策. 广东园林，2007，29(2)：65-67.

[31] 孙永平. 辽宁省森林病虫害成灾原因及治理对策. 辽宁林业科技，2000，(3)：13-16+46.

[32] 霍治国，刘万才，邵振润，等. 试论开展中国农作物病虫害危害流行的长期气象预测研究. 自然灾害学报，2000，9(1)：117-121.

[33] 陈少华，何胜. 浅谈园林植物病虫害防治. 热带林业，2008，36(1)：42-43+41.

[34] Swiss R. Sigma，No. 2. Zurich：Swiss Reinsurance Company，2000.

[35] Beck U. Risk Society: Towards a New Modernity. London: Sage Publications, 1992.

[36] ADRC. Total Disaster Risk Management: Good Practice 2005, Kobe, Japan: Asian Disaster Reduction Center, 2005.

[37] Alexander D. Confronting Catastrophe: New Perspectives on Natural Disasters. Oxford: Oxford University Press, 2000.

[38] Alwang J, Siegel P B, Jorgensen S L. Vulnerability: A View from Different Disciplines, Social Protection Discussion Paper Series, No. 0115. Washington DC: Social Protection Unit, Human Development Network, World Bank, 2001.

[39] Cardona O D. Indicators for Disaster Risk Management. First Expert Meeting on Disaster Risk Conceptualization and Indicator Modelling, Manizales. Colombia: Inter - American Development Bank, 2003.

[40] Clarke L. Mission Improbable: Using Fantasy Documents to Tame Disaster. Chicago: University of Chicago Press, 1999.

[41] Einstein H H. Landslide risk assessment procedure. In: Bonnard C. Proceedings of the Fifth International Symposium on Landslide, Vol. 2. Lausanne, Switzerland, 1988: 1075 - 1090.

[42] Garatwa W, Bollin C. Dsaster Risk Management: A Working Concept. Eschborn (Germany): Deutsche Gesellschaft für Technische Zusammenarbeit (GTZ), 2002.

[43] Knight F H. Risk. Uncertainty and Profit. New York: Hart, Schaffner and Marx, 1921.

[44] Rashed T, Weeks J. Assessing vulnerability to earthquake hazards through spatial multicriteria analysis of urban areas. International Journal of Geographical Information Science, 2003, 17(6):547 - 576.

[45] Schneiderbauer S, Ehrlich D. Risk. Hazard and People'S Vulnerability to Natural Hazards: a Review of Definitions, Concepts and Data. EUR Report 21410/EN, Luxembourg: Office for Official Publication of the European Communities.

[46] Shrestha B P. Uncertainty in risk analysis of water resources systems under climate change. In: Bogardi JJ, Kundzewicz Z W. Risk. Reliability. Uncertainty and Robustness of Water Resources Systems, UNESCO International Hydrology Series. Cambridge: Cambridge University Press, 2002:153 - 160.

[47] Smith K. Environmental Hazards: Assessing Risk and Reducing Disaster. London and New York: Routledge, 1996.

[48] Tiedemann H. Earthquakes and Volcanicn Eruptions: A Handbook on Risk Assessment. Geneva, Switzerland: Swiss Reinsurance Company, 1992.

[49] Pelling M, Maskrey A, Ruiz P, et al. UNDP Bureau for Crisis Prevention and Recovery: Reducing Disaster Risk: a Challenge for Development. A Global Report. New York: John S. Swift Co, 2004.

[50] UNEP. Global Environment Outlook 3—Past, Present and Future Perspectives. London: Earthscan Publications Ltd, 2002.

[51] Crichton D. Therisk triangle. In: Ingleton J. Natural Disaster Management. London: Tudor Rose, 1999:102 - 103.

[52] 黄崇福. 综合风险评估的一个基本模式. 应用基础与工程科学学报, 2008, 16(3):371 - 381.

[53] 胡锦涛. 高举中国特色社会主义伟大旗帜, 为夺取全面建设小康社会新胜利而奋斗 (在中国共产党第十七次全国代表大会上的报告), 中国共产党第十七次全国代表大会文件汇编. 北京: 人民出版社, 2007.

[54] Huang C F. The basic principle of integrated risk assessment. Proceedings of the First International Conference on Risk Analysis and Crisis Response. Paris: Atlantis Press, 2007:1 - 6.

[55] Huang C F, Ruan D. Fuzzy risks and an updating algorithm with new observations. Risk Analysis, 2008, 28(3): 681 - 694.

[56] Huss W R, Honton E J. Scenario planning: what style should you use. Long Range Planning, 1987, 20(4):21 - 29.

[57] Zadeh L A. Fuzzy sets, Information and Control, 1965, 8(3):338 - 353.

[58] Starr C. Risk and Risk Acceptance by Society. Electric Power Res. Inst. , Palo Alto, CA, 1977.

[59] IRGC. Risk Governance - Towards an Integrative Approach. White Paper No. 1. Geneva: International Risk Governance Council, 2005.

[60] Moore M N. Do nanoparticles present ecotoxicological risks for the health of the aquatic environment. Environment International, 2006, 32(8):967 - 976.

[61] Newton I. Philosophiae Naturalis Principia Mathematica. London：Joseph Streater for the Royal Society，1687.

[62] Mayhew S. A Dictionary of Geography. Oxford：Oxford University Press，2004.

[63] Megill R E. An Introduction to Risk Analysis. Tulsa，Oklahoma：Petroleum Publishing Company，1977.

[64] Aven T. Risk Analysis：Assessing Uncertainties Beyond Expected Values and Probabilies. New York：John Wiley & Sons Inc，2008.

[65] Adrian G. Integrated Risk and Vulnerability Assessment and Management Assisted by Decision Support Systems. Dordrecht：Springer，2005.

[66] Fedra K. Integrated risk assessment and management：overview and state of the art. Journal of Hazardous Materials，1998，61(1 - 3)：5 - 22.

[67] Makowski M. Modeling techniques for complex environmental problems. In：Makowski M，Nakayama H. Natural Environment Management and Applied Systems Analysis. Laxenburg，Austria：International Institute for Applied Systems Analysis，2001：41 - 77.

[68] 龚威. 重视对纳米技术风险的研究. 世界科学，2008，(3)：42 - 44.

[69] Black F，Scholes M. The pricing of options and corporate liabilities. Journal of Political Eeonomies，1973，81(3)：637 - 654.

[70] Merton R C. On the pricing of corporate debt：the risk structural of interest rate. Journal of Finance，1974，29(2)：449 - 470.

[71] Modigliani F，Miller M H. Corporate income taxes and the cost of capital：a correction. American Economic Review，1963，53(3)：433 - 443.

[72] 吴金星. 商业银行流动性风险集成式评价模型及实现研究. 华中科技大学博士学位论文，2004.

[73] Basel Committee on Banking Supervision. Sound Practices for the Management and Supervision of Operational Risk. Basel，Switzerland：Bank for International Settlements，2003.

[74] Basel Committee on Banking Supervision. International Convergence of Capital Measurement and Capital Standards：A Revised Framework. Basel，Switzerland：Bank for International Settlements，2004.

[75] 刘晓星. 银行操作风险度量方法比较研究. 财经问题研究，2006，(1)：61 - 67.

[76] Von Neumann J，Morgenstern O. Theory of Games and Economic Behaviour. Princeton，NJ：Princeton University Press，1944.

[77] Rumyantsev V V. The general equations of analytical dynamics. Journal of Applied Mathematics and Mechanics，1996，60(6)：899 - 909.

[78] 韩广才，张耀良. 一类广义力学系统的能量方程. 哈尔滨工程大学学报，2001，22 (4)：69 - 71.

[79] Cornell C A. Engineering seismic risk analysis. Bulletin of the Seismological Society of America，1968，58(5)：1583 - 1606.

[80] Senior Seismic Hazard Analysis Committee. Recommendations Seismic Hazard Analysis：Guidance on Uncertainty and Use of Experts. Washington DC：Regulatory Commission report CR - 6372，1997.

[81] Rojahn C，Sharpe R L. ATC - 13：Earthquake damage evaluation data for California. Redwood City，California：Applied Technology Council，1985.

[82] 刘安林，王野，黄崇福. 考虑网络用户安全需求特性的风险评估动态模型. 见：黄崇福，刘希林. 风险分析与危机反应的理论和实践. 巴黎：Atlantis 出版社，2008，804 - 813.

[83] 吴亚非，李新友，禄凯. 信息安全风险评估. 北京：清华大学出版社，2007.

[84] 张会，张继权，韩俊山. 基于 GIS 技术的洪涝灾害风险评估与区划研究——以辽河中下游地区为例. 自然灾害学报，2005，14(6)：141 - 146.

[85] Saaty T L. The Analytic Hierarchy Process. New York：McGraw Hill，1980.

[86] National Research Council，National Academy of Science. Risk Assessment in the Federal Government：Managing the Process. Washington DC：National Academy Press，1983.

[87] Dempster A P. Upper and lower probabilities induced by a multivalued mapping. Annals of Mathematical Statistics, 1967, 38(2):325 – 339.

[88] Shafer G A. Mathematical Theory of Evidence. Princeton, New Jersey: Princeton University Press, 1976.

[89] 谢德洛克, 贾尔迪尼, 格林塔尔, 等. 全球地震危险性评估计划(GSHAP)的全球地震危险性图. 国际地震动态, 2001, (10):25 – 29.

[90] Huang C F. An application of calculated fuzzy risk. Information Sciences, 2002, 142(1):37 – 56.

[91] Lewis P S, Goodman S H, Fandt P M. Management: Challenges in the 21st Century(2nd Ed.). Cincinnati, Ohio: South – Western College Publishing, 1998.

[92] Follett M P. Dynamic administration. In: Metcalf H, Urwlck L F. Dynamic Administration: the Collected Papers of Mary Parker Follett, New York: Harper & Row, 1942.

[93] 秦国顺. 建筑设计中防灾减灾概念设计初探. http://www. paper. edu. cn/index. php/default/releasepaper/downPaper/200807 – 415. 2010 – 11 – 19.

[94] 张旭东, 蒋海昆, 黎明晓. 地震预测与预警探讨. 中国地震, 2008, 24(1):67 – 76.

[95] 孔庆凯, 赵鸣. 地震预警系统中的算法研究. 灾害学, 2010, 25(9):305 – 308.

[96] 刘巍. 中国地震局的主要任务是预防(对原中国地震局副局长何永年和原中国地震台网中心首席预报员孙仕宏的采访报道). 瞭望新闻周刊. http://news. sina. com. cn/c/sd/2010 – 03 – 22/150019915938 _ 4. shtml. 2010 – 11 – 22.

[97] Sylves R. Disaster Policy & Politics: Emergency Management and Homeland Security. Washington DC: CQ Press, 2008.

[98] Yang F P, Huang C F, A computer simulation method for harmony among departments for emergency management. In: Ruan D, Dhondt P. et al. Applied Artificial Intelligence, Singapore: World Scientific, 2006, 698 – 703.

[99] Okada N, Tatano H, Hagihara Y, et al. Integrated Research on Methodological Development of Urban Diagnosis for Disaster Risk and its Applications. Annuals of Disaster Prevention Research Institute, Kyoto University. Kyoto: Kyoto University, 2004, 47 C.

[100] Okada N, Amendola A. Research Challenges for Integrated. Disaster Risk Management. Disaster Prevention Research Institute, Kyoto University, Japan. http://www. iiasa. ac. at/Research/RMS/dpri2002/Papers/Okada – Amendolappt. pdf. 2002 – 12 – 19.

[101] 黄崇福. 综合风险管理的梯形架构. 自然灾害学报, 2005, 14(6):8 – 14.

[102] 张俊香, 黄崇福, 乔森. 昆明-楚雄-大理-丽江地区地震软风险区划实例. 自然灾害学报, 2006, 15(1):59 – 65.

[103] 国家质量技术监督局. 中国地震动参数区划图(GB 18306—2001). 北京: 中国标准出版社, 2004.

[104] 史培军. 中国自然灾害系统地图集. 北京: 科学出版社, 2003.

[105] 李金锋, 黄崇福, 宗恬. 反精确现象与形式化研究. 系统工程理论与实践, 2005, 25(4):128 – 132.

[106] 谢迎军, 朱朝阳, 周刚, 等. 应急预案体系研究. 中国安全生产科学技术, 2010, 6(3):214 – 218.

[107] 滕五晓. 城市灾害应急预案基本要素探讨. 城市发展研究, 2006, 13(1):11 – 17.

[108] 钟开斌. 回顾与前瞻: 中国应急管理体系建设. 政治学研究, 2009, (1):78 – 88.

[109] 李雪峰. 英国应急管理的特征与启示. 行政管理改革, 2010, (3):54 – 59.

[110] 尚红, 赵红宇, 王哲龙. 灾难搜救机器人的运动机理和研究进展. 见: Knezic S, Rosmuller N, 薛澜, 等. 第17届国际应急管理大会论文集(北京, 2010 年 6 月 8～11 日). 博尔内姆(比利时): 国际应急管理学会, 2010, 828 – 834.

[111] 王梓坤. 概率论基础及其应用. 北京: 科学出版社, 1976.

[112] 李惕碚. 实验的数学处理. 北京: 科学出版社, 1980.

[113] Mann P S. Introductory Statistics. New York: John Wiley & Sons, Inc., 1998.

[114] 叶守泽, 夏军. 水文科学研究的世纪回眸与展望. 水科学进展, 2002, 13(1):93 – 104.

[115] Silverman B W. Density Estimation for Statistics and Data Analysis. London: Chapman and Hall, 1986.

[116] Parzen E. On estimation of a probability density function and mode. Annals of Mathematical Statistics, 1962, 33(3): 1065 – 1076.

[117] Wertz W. Statistical Density Estimation: a Survey. Göttingen: Vandenhoeck & Ruprecht, 1978.

[118] Bratley P, Fox B L, Schrage L E. A Guide to Simulation. New York: Springer – Verlag, 1987.

[119] Lehmer D H. Mathematical methods in large – scale computing units. Proceedings of the Second Symposium on Large Scale Digital Calculating Machinery. Cambridge, MA: Harvard University Press, 1951:141 – 146.

[120] Fishman G S, Moore L R. An exhaustive analysis of multiplicative congruential random number generators with modulus $2^{31} - 1$. SIAM Journal on Scientific and Statistical Computing, 1986, 7(1):24 – 45.

[121] 张正军, 邹志红, 冯允成. 仿真过程随机数发生器的选择. 西安电子科技大学学报, 1995, 22(9):26 – 33.

[122] Box G E P, Muller M E. A note on the generation of random normal deviates. Annals of Mathematical Statistics, 1958, 29(2):610 – 611.

[123] Zadeh L A. Probability measures of fuzzy events. Journal of Mathematical Analysis and Application, 1968, 23(2), 421 – 427.

[124] Utkin L V. Second – order uncertainty calculations by using the imprecise, Dirichlet model. Intelligent Data Analysis, 2007, 11(3):225 – 244.

[125] de Cooman G. Precision – imprecision equivalence in a broad class of imprecise hierarchical uncertainty models. Journal of Statistical Planning and Inference, 2002, 105 (1):175 – 198.

[126] 黄崇福. 内集–外集模型的计算机仿真检验. 自然灾害学报, 2002, 11(3):62 – 70.

[127] Talašová J, Pavlačka O. Fuzzy probability spaces and their applications in decision making. Austrian Journal of Statistics, 2006, 35(2 – 3):347 – 356.

[128] 陈启浩. 模糊值及其在模糊推理中的应用. 北京: 北京师范大学出版社, 1999.

[129] Zadeh L A. Fuzzy sets as a basis for a theory of possibility. Fuzzy Sets and Systems, 1978, 1(1):3 – 28.

[130] Zadeh L A. Fuzzy sets and information granularity. *In*: Gupta M M, Ragade R K, Yager R R. Advances in Fuzzy set Theory and Applications, New York: North – Holland, 1979:3 – 18.

[131] Bezdek J C. The thirsty traveller visits gamont: a rejoinder to comments on fuzzy set – what are they and why. IEEE transactions on Fuzzy Systems, 1994, 2(1):43 – 45.

[132] Zadeh L A. A theory of approximate reasoning. *In*: Hayes J E, Michie D, Mikulich L I. :Machine Intelligence, Vol 9. New York: Elsevier, 1979:149 – 194.

[133] 王阜. 震中烈度与震级关系的模糊识别. 地震工程与工程振动, 1983, 3(3):84 – 96.

[134] 黄崇福, 王家鼎. 模糊信息分析与应用. 北京: 北京师范大学出版社, 1992.

[135] 张南纶. 随机现象的从属特性及概率特性(III). 武汉建材学院学报, 1981, (3):9 – 24.

[136] 汪培庄. 模糊集论及其应用. 上海: 上海科学技术出版社, 1983.

[137] 王光远. 地震烈度的二级模糊综合评定. 地震工程与工程振动, 1984, 4(1):12 – 19.

[138] Vapnik V N. The Natureof Statistical Learning. Berlin: Springer – Verlag, 1995.

[139] MacQueen J B. Some methods for classification and analysis of multivariate observations. Proceedings of 5th Berkeley Symposium on Mathematical Statistics and Probability. Berkeley: University of California Press, 1967:281 – 297.

[140] Ruspini E R. A new approach to clustering. Information Control, 1969, 15(1):22 – 32.

[141] Bezdek J C. A convergence theorem for the fuzzy ISODATA clustering algorithms. IEEE Transactions on Pattern Analysis and Machine Intelligence, 1980, 2(1):1 – 7.

[142] 曹翠珍, 王俊新. 基于适应性供应链的应急物流网络优化研究. 西北农林科技大学学报(社会科学版), 2010, 10(04):61 – 67.

[143] Rowe A P. One Story of Radar. England: Cambridge University Press, 1948.

[144] Kirby M W, Capey R. The origins and diffusion of operational research in the UK. Journal of the Operational Research Society, 1998, 49(4):307 – 326.

[145] Morse P M, Kimball G E. Methods of Operations Research. New York: John Wiley & Sons, Inc. , 1951.

[146] 吴沧浦. IFORS第十届大会概况及运筹学动向. 北京工业学院学报, 1985, (2):89 – 90.

[147] 樊飞，刘启华. 运筹学发展的历史回顾. 南京工业大学学报(社会科学版)，2003，(1)：79 - 84.

[148] Cross F B. Paradoxical Perils of the Precautionary Principle. Washington and Lee Law Review，1996，53(3)：843 - 862.

[149] Wiener J B. The regulation of technology，and the technology of regulation. Technology in Society，2004，26(2 - 3)：483 - 500.

[150] Campbell - Mohn C，Applegate J S. Learning from NEPA：guidelines for responsible risk legislation. Harvard Environ Law Rev，1999，23(1)：93 - 139.

[151] 陈海嵩. 风险预防原则理论与实践反思. 北方法学，2010，4(3)：11 - 13.

[152] Busch P，Heinonen T，Lahti P. Heisenberg's uncertainty principle. Physics Reports，2007，452 (6)：155 - 176.

[153] 苏均平. 5·12 抗震救灾工作对军队机动卫勤分队建设的启示. 解放军医院管理杂志，2008，15(6)：506 - 507.

[154] 胡军智，李阳. 合理配置抗震医疗资源，全面提升医疗保障力度. 医疗卫生装备，2009，30(6)：91 - 92.

[155] 蓝伯雄，程佳惠，陈秉正. 管理数学(下)：运筹学. 北京：清华大学出版社，1997.

[156] 运筹学编写组. 运筹学(第三版). 北京：清华大学出版社，2005.

[157] 袁亚湘. 线性规划——现状与进展. 运筹学杂志，1989，8(1)：12 - 22.

[158] Kendall D G. Stochastic Processes Occurring in the Theory of Queues and their Analysis by the Method of the Imbedded Markov Chain. The Annals of Mathematical Statistics，1953，24(3)：338 - 354.

[159] Gordon G. Preliminary Manual for GPS - A General Purpose Systems Simulator (Technical memorandum 17 - 048)，IBM，White Plains，NY，USA，1961.

[160] 杨富平. 城市震害单元化应急管理与救助仿真研究. 北京：北京师范大学出版社，2007.

[161] 黎志成，冯允成，侯炳辉. 管理系统模拟. 北京：清华大学出版社，1989.

[162] Shannon C E. A mathematical theory of communication. Bell System Technical Journal，1948，27：379 - 423 and 623 - 656.

[163] 黄崇福，王家鼎. 模糊信息优化处理技术及其应用. 北京：北京航空航天大学出版社，1995.

[164] 刘贞荣，黄崇福，孔庆征，等. 云南活断裂分布对于震害面积影响的模糊定量研究. 地震学刊，1987，7(1)：9 - 16.

[165] Zadeh L A. Soft computing and fuzzy logic. IEEE Software，1994，11(6)：48 - 56.

[166] Kerre E. Fuzzy Sets and Approximate Reasoning. Xian：Xian Jiaotong University Press，1999.

[167] Pérez - Neira A，Sueiro J C，Rota J，et al. A dynamic non - singleton fuzzy logic system for DSKDMA communications. Proceedings of FUZZ - IEEE'98(Anchorage，USA，May 4~9，1998). Piscataway，NJ：the Institute of Electrical and Electronics Engineers Inc，1998，1494~1499.

[168] Kullback S. Information Theory and Statistics. New York：John Wiley Sons，Inc. 1959.

[169] Tanaka H. Possibility model and its applications. In：Ruan D. Fuzzy Logic Foundations and Industrial Applications. Boston：Kluwer Academic Publishers，1996，93 - 110.

[170] Wang P Z. A factor space approach to knowledge representation. Fuzzy Sets and Systems，1990，36(1)：113 - 124.

[171] Mamdani E H. Application of fuzzy logic to Approximate reasoning using linguistic synthesis. IEEE Transactions on Computer，1977，26(12)：1182 - 1191.

[172] 汪培庄. 模糊集与随机集落影. 北京：北京师范大学出版社，1985.

[173] 黄崇福. 地震震害面积的估计. 哈尔滨：国家地震局工程力学研究所，1985.

[174] 黄崇福，张俊香，刘静. 模糊信息优化处理技术应用简介. 信息与控制，2004，33(1)：61 - 66.

[175] Otness R K，Encysin L. Digital Time series Analysis. New York：John Wiley & Sons Inc，1972.

[176] Shang H J，Lu Y C，Chen Q，et al. Risk analysis and evaluation of some diseases (I). Proc. Of 18th NAFIPS International Conference. New York：NAFIPS，1999，304 - 307.

[177] Lu Y C，Shang H J，Xu X M，et al. 1999. Risk analysis and evaluation of some diseases (II). Proc. Of 18th NAFIPS International Conference. New York：NAFIPS，1999，308 - 312.

[178] 黄崇福. 信息扩散原理与计算思维及其在地震工程中的应用. 北京：北京师范大学出版社，1993.

[179] Huang C F, Shi Y. Towards Efficient Fuzzy Information Processing: Using the Principle of Information Diffusion. Heidelberg, Germany: Physica – Verlag (Springer)，2002.

[180] Tarbuck E J, Lutgens F K. Earth Science (Sixth Edition). New York: Macmillan Publishing Company，1991.

[181] Berlin G L. Earthquakes and the Urban Environment，Volume I. Boca Raton, Florida: CRC Press，1980.

[182] Kasahara K. Earthquake Mechanics. Cambridge: Cambridge University Press，1981.

[183] 冯德益，楼世博，林命周，等. 模糊数学方法在烈度评定中的应用. 地震工程与工程振动，1982，2(3):17 – 28.

[184] Huang C F, Leung Y. Estimating the relationship between isoseismal area and earthquake magnitude by hybrid fuzzy – neural – network method. Fuzzy Sets and Systems，1999，107(2):131 – 146.

[185] 杨玉成等. 豫北安阳小区现有房屋震害预测. 地震工程与工程振动，1985，5(2):39 – 53.

[186] 刘锡荟，陈一平，张卫东. 建筑物震害预测的落地贝叶斯原理的应用. 地震工程与工程振动，1985，5(1):1 – 12.

[187] 李树桢，李冀龙. 房屋建筑的震害矩阵计算与设防投资比确定. 自然灾害学报，1998，7(4):106 – 114.

[188] 黄崇福，徐祥文. 震害预测的模糊贴近类比法. 地震工程与工程振动，1988，8(3):57 – 66.

[189] 田启文. 地震烈度与震害指数的模糊关系. 地震工程与工程振动，1983，3(3):76 – 83.

[190] 徐祥文，黄崇福. 结构动力反应与震害关系的模糊识别. 地震工程与工程振动，1989，9(2):57 – 66.

[191] Rumelhart D E, McClelland J L. Parallel Distributed Processing. Cambridge，MA: MIT Press，1986.

[192] Pao Y H. Adaptive Pattern Recognition and Neural Networks. Reading. MA: Addison – Wesley，1989.

[193] Kosko B. Neural Networks and Fuzzy Systems. Englewood Cliffs，NJ: Prentice – Hall Inc，1992.

[194] 黄崇福，刘新立，周国贤，等. 以历史灾情资料为依据的农业自然灾害风险评估方法. 自然灾害学报，1998，7(2):1 – 9.

[195] Huang C F. Two models to assess fuzzy risk of natural disaster in China. Journal of Fuzzy Logic and Intelligent Systems，1997，7(1):16 – 26.

[196] Huang C F. Principle of information diffusion. Fuzzy Sets and Systems，1997，91(1):69 – 90.

[197] 龙尼兹 C. 地震危险性分析中的统计方法. 地震危险性评定与地震区划(D. R. 布里林格，片山恒雄等著，黄玮琼等译). 北京：地震出版社，1988，3 – 25.

[198] 夏普 H C. 董伟民. 对现行地震危险性估计方法的评述. 地震危险性评定与地震区划(D. R. 布里林格，片山恒雄等著，黄玮琼等译)，北京：地震出版社，(1988)，40 – 45.

[199] 陈颙，刘杰，陈棋福，等. 地震危险性分析和震害预测. 北京：地震出版社，1999.

[200] 张旭，万群志，程晓陶，等. 关于全国推广洪水风险图的认识与设想. 自然灾害学报，1997，6(4):61 – 67.

[201] 高庆华，马宗晋. 再议减轻自然灾害系统工程. 自然灾害学报，1995，4(2):6 – 13.

[202] 魏一鸣，范英，金菊良. 洪水灾害风险分析的系统理论. 管理科学学报，2001，4(2):7 – 11.

[203] 任鲁川. 区域自然灾害风险分析研究进展. 地球科学进展，1999，14(3):242 – 246.

[204] 周成虎，万庆，黄诗峰，等. 基于 GIS 的洪水灾害风险区划研究. 地理学报，2000，55(1):15 – 24.

[205] 刘德辅，褚晓明，王树青. 沿海和河口城市防灾设防标准系统分析. 灾害学，2001，16(4):1 – 7.

[206] 刘希林. 区域泥石流风险评价研究. 自然灾害学报，2000，9(1):54 – 61.

[207] 李硕，冯学智，左伟. 西藏那曲牧区雪灾区域危险度的模糊综合评价研究. 自然灾害学报，2001，10(1):86 – 91.

[208] 高俊峰，姜彤联. 苏南地区洪涝危险区的划定及其治理对策. 自然灾害学报，1997，6(3):56 – 62.

[209] 王石立，娄秀荣. 华北地区冬小麦干旱风险评估的初步研究. 自然灾害学报，1997，6(3):63 – 68.

[210] 李新运，常勇，李望，等. 重大工程项目灾害风险评估方法研究. 自然灾害学报，1998，7(4):24 – 29.

[211] Zadeh L A. Fuzzy logic，neural networks and soft computing. Communications of the ACM，1994，37(3):77 – 84.

[212] Bezdek J C. On the relationship between neural networks，pattern recognition and intelligence. International Journal of Approximate Reasoning，1992，6(2):85 – 107.

[213] Zadeh L A. From computing with numbers to computing with words – from manipulation of measurement to manipulation of perceptions. IEEE Trans on circuits and systems – I: Fundamental theory and applications，1999，45(1):

105 – 119.

[214] Robinson V B. Some implications of fuzzy set theory applied to geographic databases. Computers, Environment, and Urban Systems, 1998, 12(9):89 – 97.

[215] Zhan F B. Approximate analysis of binary topological relations between geographic regions with indeterminate boundaries. Soft Computing, 1998, 2(2):28 – 34.

[216] Wang F, Hall G B. Fuzzy representation of geographical boundaries in GIS. International journal of Geographical Information Systems, 1996, 10(5):573 – 590.

[217] Schmucker K J. Fuzzy Sets, Natural Language Computations and Risk Analysis. Rockvill, Maryland: Computer Science Press, 1984.

[218] Huang C F. Fuzzy risk assessment of urban natural hazards. Fuzzy Sets and System, 1996, 83(2):271 – 282.

[219] Huang C F. Information diffusion techniques and small sample problem. International Journal of Information Technology and Decision Making, 2002, 1(2):229 – 249.

[220] Goodman I R, Nguyen H T. Uncertainty Models for Knowledge – based Systems. Amsterdam: North – Holland, 1985.

[221] Karimi I, Hullermeier E. Risk assessment system of natural hazards: A new approach based on fuzzy probability. Fuzzy Sets and System, 2007, 158(9):987 – 999.

[222] 陆遥. 地震风险的二阶不确定性及其在地震保险产品设计中的考量. 北京: 北京师范大学, 2009.

[223] Huang C F, Moraga C. A fuzzy risk model and its matrix algorithm. International Journal of Uncertainty, Fuzziness and Knowledge – Based Systems, 2002, 10(4):347 – 362.

[224] Moraga C, Huang C F. Learning subjective probabilities from a small data set. Proceedings of 33rd International Symposium on Multiple – Valued Logic(Tokyo, May 16 – 19, 2003), Los Alamitos, California: IEEE Computer Society), 2003, 355 – 360.

[225] 张俊香, 黄崇福, 乔森. 昆明-楚雄-大理-丽江地区地震软风险区划实例. 自然灾害学报, 2006, 15(1):59 – 65.

[226] 宗恬. 模糊概率软计算技术在地震区划中的应用——以京津冀地区为例. 北京: 北京师范大学, 2006.

[227] 黄甫岗, 石绍先, 苏有锦. 20 世纪云南地震活动研究. 地震研究, 2000, 23(1):1 – 9.

[228] 张俊香. 新一代自然灾害风险区划原理与方法研究——以地震灾害为例. 北京: 北京师范大学, 2005.

[229] 黄崇福, 张俊香, 陈志芬, 等. 自然灾害风险区划图的一个潜在发展方向. 自然灾害学报, 2004, 13(2):9 – 15.

[230] Zhang J X, Huang C F, Qiao S. Mode of soft risk map made by using information diffusion technique. Proceedings of the 6th International FLINS Conference on Applied Computational Intelligence(Blankenberge, Belgium, on September 1 – 3, 2004), Singapore: World Scientific, 2004, 358 – 363.

[231] 刘祖荫, 苏有锦, 秦嘉政, 等. 20 世纪云南地震活动. 北京: 地震出版社, 2002.

[232] Beck U. World Risk Society. Cambridge: Polity Press, 1999.

[233] Giddens A. Runaway World: How Globalization is Reshaping our Lives. New York: Routledge, 2000.

[234] Lash S. Risk Culture. In: Adam B, Beck U, Van Loon J. The Risk Society and Beyond. Critical Issues for Social Theory. London: Sage, 2000:47 – 62.

[235] 科技发展与现代风险研究课题组. 跨越边界、一体化治理风险. 中国科技论坛, 2005, (6):130 – 134.

[236] Kates R W, Hohenemser C, Kasperson J. Perilous Progress: Managing the Hazards of Technology. Boulder: Westview Press, 1985.

[237] Cater W N. Disaster Management: A Disaster Manager's Handbook. Manila: ADB, 1991.

[238] 薛晔, 黄崇福, 周健, 等. 城市灾害综合风险管理的三维模式——阶段矩阵模式. 自然灾害学报, 2005, 14(6): 26 – 31.

[239] Huang C F. Integration degree of risk in terms of scene and application. Stochastic Environmental Research and Risk Assessment, 2009, 23(4):473 – 484.

[240] Gurjar B R, Mohan M. Integrated risk analysis for acute and chronic exposure to toxic chemicals. Journal of Hazard-

ous Materials, 2003, 103(1-2):25-40.

[241] Zadeh L A. Toward a theory of fuzzy information granulation and its centrality in human reasoning and fuzzy logic. Fuzzy Sets and Systems, 1997, 90(2):111-127.

[242] 黄崇福. 综合风险管理的地位、框架设计和多态灾害链风险分析研究. 应用基础与工程科学学报, 2006, 14(增刊):29-37.

[243] 吴宗之, 高进东, 魏利军. 危险评价方法及其应用. 北京: 冶金出版社, 2001.

[244] 周卫红. 风险分析在工业安全管理中的应用. 电力安全技术, 2000, 2(3):17-19.

[245] 丁震行. 核电厂运行风险管理. 电力安全技术, 2002, 4(11):4-6.

[246] 赵丽艳, 顾基发. 概率风险评估(PRA)方法在我国某型号运载火箭安全性分析中的应用. 系统工程理论与实践, 2000, 6:91-97.

[247] 刘俊杰, 李志民, 卢志海, 等. 油气管道风险评价在安全评价中的应用. 油气田地面工程, 2003, 22(1):71-76.

[248] 陈国明. 基于等风险原则确定在役平台安全分析的评估载荷. 中国海洋平台, 2002, 17(2):35-37.

[249] 侯念东. 对现代商业银行风险管理的再思考. 探讨, 2004, (3):36-38.

[250] 余中坚. 分红保险面临的风险及对策. 保险研究, 2003, (11):49-51.

[251] 杨秋芳. 产险公司要运用再保险技术管理风险. 保险研究, 2004, (2):33-47.

[252] 赵迎琳, 于泳, 杨融, 等. 保险业风险管理理论与方法的探讨. 保险研究, 2003, (7):36-38

[253] 刘燕华, 葛全胜, 吴文祥. 风险管理: 新世纪的挑战. 北京: 气象出版社, 2005.

[254] 王桂敏. 论我国非政府组织的作用. 长春: 吉林大学, 2004.

[255] 顾建华, 邹其嘉, 卢寿德, 等. 紧急救援有关问题的探讨与思考. 国际地震动态, 2003, 291(3):17-24.

[256] 肖松雷. 救援力量现场搜救行动指挥和部署模型初步研究. 北京: 中国地震局地球物理研究所, 2006.

[257] 杨富平, 姚清林, 黄崇福, 等. 灾害救援仿真模式研究. 应用基础与工程科学学报, 2006, 14(增刊):180-187.

[258] 高建国. 地震应急期分期. 灾害学, 2004, 19(1):11-15.

[259] 高建国, 肖兰喜. 2003年中国地震救灾评价. 国际地震动态, 2004, (2):1-5.

[260] 金磊. 城市灾害学研究及科学建议. 自然灾害学报, 2000, 9(2):32-38.

[261] 方世萍, 张芝霞. 城市地震应急救援措施探讨. 灾害学, 2004, 19(1):31-34.

[262] Blaikie P, Cannon T, Davis I, et al. At Risk: Natural Hazards, People's Vulnerability, and Disaster. London: Routledge, 1994.

[263] Bolin R, Stanford L. The Northridge Earthquake: community-based approaches to unmet recovery needs. Disaster, 1998, 22(1):21-38.

[264] Buckland J, Rahman M. Community-based disaster management during the 1997 Red River Flood in Canada. Disasters, 1999, 23(2):174-197.

[265] 陈颙. 城市地震灾害及其应对: 过去、现在和将来. 见: 丁石孙. 灾害管理与平安社区建设. 北京: 群言出版社, 2004:91-93.

[266] De Bruycker M, Greco D, Lechat M F. The 1980 Earthquake in southern Italy: morbidity and mortality. International Journal of Epidemiology, 1985, 14(1):113-117.

[267] Tanaka H, Iwai A, Oda J, et al. Overview of evacuation and transport of patients following the 1996 Hanshin-Awaji Earthquake. Journal of Emergency Medicine, 1998, 16(3):439-444.

[268] Fawcett W, Oliveira C S. Casualty treatment after earthquake disaster: development of a regional simulation model. Disasters, 2000, 24(3):271-287.

[269] de Boer J, Brismar B, Eldar R, et al. The medical severity index of disasters. The Journal of Emergency Medicine, 1989, 7(3):269-273.

[270] Schultz C H, Koenig K L., Noji E K. A medical disaster response to reduce immediate mortality after an earthquake. The New England Journal of Medicine, 1996, 334(7):438-444.

[271] 曹国强. 医疗救治机构规划研究问题. 唐山: 河北理工大学, 2005.

［272］何忠杰 . 白金 10 分钟——论现代抢救时间新观念与临床研究 . 中国急救医学，2004，24(10):745 - 746.

［273］Jomon A P，Santhosh K G. Transient modeling in simulation of hospital operations for emergency response. Prehospital and Disaster Medicine，2006，21(4):223 - 236.

［274］Kowald A. Theoretical Gompertzian implications on life span variability among genotypically identical animals. Mechanisms of Ageing and Development，1999，110:101 - 107.

［275］Hiroki I，Shinichiro Y，Isao K. Computer - simulated assessment of mmethods of transporting severely injured individuals in disaster—case study of an airport accident. Computer Methods and Programs in Biomedicine，2006，8: 256 - 263.

［276］何忠杰，袁晓玲，王宁，等 . 创伤小组救治原则的临床研究 . 中国急救医学，2004，24(11):821 - 824.

［277］Huang C F，Inoue H. Soft risk maps of natural disasters and their applications to decision - making. Information Sciences，2007，177(7):1583 - 1592.

［278］李志国，潘华，李金臣，等 . 累积绝对速度在核电厂地震危险性分析中的应用研究 . 地震学报，2010，32(1): 69 - 76.

［279］黄崇福 . 风险分析在线服务的智联网 . Journal of Risk Analysis and Crisis Response，2011，1(2):110 - 117.

［280］刘锋，彭赓，刘颖 . 从人脑的结构机理看互联网的进化 . 人类工效学，2009，15(1):11 - 14.

［281］苏锋 . "沃森"的胜利 . 微电脑世界，2011，(3):2.

［282］赵新培 . 问题奶粉致婴儿泌尿系统结石，全国发现 29.4 万名 . 北京青年报，2008 - 12 - 2.

［283］汪挺 . 食用油市场利润遭受严重挤压，正规军染指地沟油生产源于暴利 . 中国商报，2011 - 9 - 20.

［284］祝华新，单学刚，胡江春 . 2010 年中国互联网舆情分析报告 . 人民网，2011 - 01 - 23 http://www. people. com. cn/GB/209043/210110/13740882. html.

附录 A t 分布的 $t_{\alpha,\nu}$ 数值表

ν	$\alpha=0.1$	0.05	0.025	0.01	0.005	0.001	0.0005
1	3.078	6.314	12.706	31.821	63.656	318.289	636.578
2	1.886	2.920	4.303	6.965	9.925	22.328	31.600
3	1.638	2.353	3.182	4.541	5.841	10.214	12.924
4	1.533	2.132	2.776	3.747	4.604	7.173	8.610
5	1.476	2.015	2.571	3.365	4.032	5.894	6.869
6	1.440	1.943	2.447	3.143	3.707	5.208	5.959
7	1.415	1.895	2.365	2.998	3.499	4.785	5.408
8	1.397	1.860	2.306	2.896	3.355	4.501	5.041
9	1.383	1.833	2.262	2.821	3.250	4.297	4.781
10	1.372	1.812	2.228	2.764	3.169	4.144	4.587
11	1.363	1.796	2.201	2.718	3.106	4.025	4.437
12	1.356	1.782	2.179	2.681	3.055	3.930	4.318
13	1.350	1.771	2.160	2.650	3.012	3.852	4.221
14	1.345	1.761	2.145	2.624	2.977	3.787	4.140
15	1.341	1.753	2.131	2.602	2.947	3.733	4.073
16	1.337	1.746	2.120	2.583	2.921	3.686	4.015
17	1.333	1.740	2.110	2.567	2.898	3.646	3.965
18	1.330	1.734	2.101	2.552	2.878	3.610	3.922
19	1.328	1.729	2.093	2.539	2.861	3.579	3.883
20	1.325	1.725	2.086	2.528	2.845	3.552	3.850
21	1.323	1.721	2.080	2.518	2.831	3.527	3.819
22	1.321	1.717	2.074	2.508	2.819	3.505	3.792
23	1.319	1.714	2.069	2.500	2.807	3.485	3.768
24	1.318	1.711	2.064	2.492	2.797	3.467	3.745
25	1.316	1.708	2.060	2.485	2.787	3.450	3.725
26	1.315	1.706	2.056	2.479	2.779	3.435	3.707
27	1.314	1.703	2.052	2.473	2.771	3.421	3.689
28	1.313	1.701	2.048	2.467	2.763	3.408	3.674
29	1.311	1.699	2.045	2.462	2.756	3.396	3.660
30	1.310	1.697	2.042	2.457	2.750	3.385	3.646
60	1.296	1.671	2.000	2.390	2.660	3.232	3.460
120	1.289	1.658	1.980	2.358	2.617	3.160	3.373
∞	1.282	1.645	1.960	2.326	2.576	3.091	3.291

附录B χ^2 分布的 χ^2_α 数值表

ν	$\alpha=.005$	.010	.025	.05	.10	.25	.50	.75	.90	.95	.975	.99	.995
1	.39E-4	.00016	.00098	.0039	.0158	.102	.455	1.32	2.71	3.84	5.02	6.63	7.88
2	.0100	.0201	.0506	.103	.211	.575	1.39	2.77	4.61	5.99	7.38	9.21	1.6
3	.0717	.115	.216	.352	.584	1.21	2.37	4.11	6.25	7.81	9.35	11.3	12.8
4	.207	.297	.484	.711	1.06	1.92	3.36	5.39	7.78	9.49	11.1	13.3	14.9
5	.412	.554	.831	1.15	1.61	2.67	4.35	6.63	9.24	11.1	12.8	15.1	16.7
6	.676	.872	1.24	1.64	2.20	3.45	5.35	7.84	1.6	12.6	14.4	16.8	18.5
7	.989	1.24	1.69	2.17	2.83	4.25	6.35	9.04	12.0	14.1	16.0	18.5	2.3
8	1.34	1.65	2.18	2.73	3.49	5.07	7.34	1.2	13.4	15.5	17.5	2.1	22.0
9	1.73	2.09	2.70	3.33	4.17	5.9	8.34	11.4	14.7	16.9	19.0	21.7	23.6
10	2.16	2.56	3.25	3.94	4.87	6.74	9.34	12.5	16.0	18.3	2.5	23.2	25.2
11	2.60	3.05	3.82	4.57	5.58	7.58	1.3	13.7	17.3	19.7	21.9	24.7	26.8
12	3.07	3.57	4.40	5.23	6.30	8.44	11.3	14.8	18.5	21.0	23.3	26.2	28.3
13	3.57	4.11	5.01	5.89	7.04	9.3	12.3	16.0	19.8	22.4	24.7	27.7	29.8
14	4.07	4.66	5.63	6.57	7.79	1.2	13.3	17.1	21.1	23.7	26.1	29.1	31.3
15	4.60	5.23	6.26	7.26	8.55	11.0	14.3	18.2	22.3	25.0	27.5	3.6	32.8
16	5.14	5.81	6.91	7.96	9.31	11.9	15.3	19.4	23.5	26.3	28.8	32.0	34.3
17	5.70	6.41	7.56	8.67	1.1	12.8	16.3	2.5	24.8	27.6	3.2	33.4	35.7
18	6.26	7.01	8.23	9.39	1.9	13.7	17.3	21.6	26.0	28.9	31.5	34.8	37.2
19	6.84	7.63	8.91	1.1	11.7	14.6	18.3	22.7	27.2	3.1	32.9	36.2	38.6
20	7.43	8.26	9.59	1.9	12.4	15.5	19.3	23.8	28.4	31.4	34.2	37.6	4.0
21	8.03	8.90	1.3	11.6	13.2	16.3	2.3	24.9	29.6	32.7	35.5	38.9	41.4
22	8.64	9.54	11.0	12.3	14.0	17.2	21.3	26.0	3.8	33.9	36.8	4.3	42.8
23	9.26	1.2	11.7	13.1	14.8	18.1	22.3	27.1	32.0	35.2	38.1	41.6	44.2
24	9.89	1.9	12.4	13.8	15.7	19.0	23.3	28.2	33.2	36.4	39.4	43.0	45.6
25	1.5	11.5	13.1	14.6	16.5	19.9	24.3	29.3	34.4	37.7	4.6	44.3	46.9
26	11.2	12.2	13.8	15.4	17.3	2.8	25.3	3.4	35.6	38.9	41.9	45.6	48.3
27	11.8	12.9	14.6	16.2	18.1	21.7	26.3	31.5	36.7	4.1	43.2	47.0	49.6
28	12.5	13.6	15.3	16.9	18.9	22.7	27.3	32.6	37.9	41.3	44.5	48.3	51.0
29	13.1	14.3	16.0	17.7	19.8	23.6	28.3	33.7	39.1	42.6	45.7	49.6	52.3
30	13.8	15.0	16.8	18.5	2.6	24.5	29.3	34.8	4.3	43.8	47.0	5.9	53.7
35	17.2	18.5	2.6	22.5	24.8	29.1	34.3	4.2	46.1	49.8	53.2	57.3	6.3
40	2.7	22.2	24.4	26.5	29.1	33.7	39.3	45.6	51.8	55.8	59.3	63.7	66.8
45	24.3	25.9	28.4	3.6	33.4	38.3	44.3	51.0	57.5	61.7	65.4	7.0	73.2

附录 C 1900～1975 年中国内地观察到的中强地震纪录

编号	省(区、市)	日期	纬度	经度	里氏震级	震中烈度
1	江西	1941 年 9 月 21 日	(25.1°N	115.8°E)	$5\frac{3}{4}$	Ⅶ
2	广西	1958 年 9 月 25 日	22.6°N	109.5°E	$5\frac{3}{4}$	Ⅶ
3	广东	1962 年 3 月 19 日	23.7°N	114.7°E	6.4	Ⅷ
4	广东	1969 年 7 月 26 日	21.8°N	111.8°E	6.4	Ⅷ
5	云南	1913 年 12 月 31 日	24.2°N	102.5°E	6.5	Ⅸ
6	云南	1917 年 7 月 31 日	(28.0°N	104.0°E)	6.5	Ⅸ
7	云南	1927 年 3 月 15 日	(25.4°N	103.1°E)	6.0	Ⅷ
8	云南	1934 年 1 月 12 日	23.7°N	102.7°E	6.0	Ⅷ
9	云南	1938 年 5 月 14 日	22.5°N	100.0°E	6.0	Ⅶ
10	云南	1941 年 12 月 26 日	22.7°N	99.9°E	7.0	Ⅷ
11	云南	1941 年 5 月 16 日	23.6°N	99.8°E	7.0	Ⅸ
12	云南	1948 年 6 月 27 日	(26.6°N	99.6°E)	$6\frac{1}{4}$	Ⅷ
13	云南	1948 年 10 月 9 日	(27.2°N	104.0°E)	$5\frac{3}{4}$	Ⅷ
14	云南	1950 年 9 月 13 日	23.5°N	103.1°E	5.8	Ⅷ
15	云南	1951 年 12 月 21 日	26.7°N	100.0°E	6.3	Ⅸ
16	云南	1952 年 6 月 19 日	22.7°N	99.8°E	6.5	Ⅷ
17	云南	1952 年 12 月 8 日	22.9°N	99.7°E	5.8	Ⅶ⁺
18	云南	1953 年 5 月 4 日	24.2°N	103.2°E	5.0	Ⅶ⁻
19	云南	1953 年 5 月 21 日	(26.5°N	99.9°E)	5.0	Ⅵ
20	云南	1955 年 5 月 27 日	25.5°N	105.0°E	5.0	Ⅵ⁺
21	云南	1955 年 6 月 7 日	26.5°N	101.1°E	6.0	Ⅶ⁻
22	云南	1956 年 8 月 24 日	27.0°N	101.5°E	4.8	Ⅵ
23	云南	1960 年 9 月 2 日	28.9°N	98.5°E	5.5	Ⅵ
24	云南	1961 年 6 月 12 日	24.9°N	98.7°E	5.8	Ⅷ
25	云南	1961 年 6 月 27 日	27.9°N	99.7°E	6.0	Ⅷ
26	云南	1962 年 4 月 25 日	23.6°N	106.1°E	5.5	Ⅶ
27	云南	1962 年 6 月 24 日	25.2°N	101.2°E	6.2	Ⅷ⁻
28	云南	1963 年 4 月 23 日	25.8°N	99.5°E	6.0	Ⅶ⁻
29	云南	1964 年 2 月 13 日	25.6°N	100.6°E	5.4	Ⅶ
30	云南	1965 年 5 月 24 日	24.1°N	102.6°E	5.2	Ⅵ⁺
31	云南	1965 年 7 月 3 日	22.4°N	101.6°E	6.1	Ⅶ⁺
32	云南	1966 年 1 月 31 日	27.8°N	99.7°E	5.1	Ⅶ⁺
33	云南	1966 年 2 月 5 日	26.2°N	103.2°E	6.5	Ⅸ⁻
34	云南	1966 年 2 月 13 日	26.1°N	103.1°E	6.2	Ⅶ
35	云南	1966 年 2 月 18 日	26.0°N	103.2°E	5.2	Ⅵ⁺
36	云南	1966 年 9 月 19 日	23.8°N	97.9°E	5.4	Ⅶ⁺
37	云南	1966 年 9 月 21 日	23.8°N	97.9°E	5.2	Ⅶ
38	云南	1966 年 9 月 23 日	26.1°N	104.5°E	5.0	Ⅵ⁺
39	云南	1966 年 9 月 28 日	27.5°N	100.0°E	6.4	Ⅸ
40	云南	1966 年 10 月 11 日	28.2°N	103.7°E	5.2	Ⅵ
41	云南	1970 年 1 月 5 日	24.1°N	102.6°E	7.8	Ⅹ
42	云南	1970 年 1 月 5 日	23.9°N	103.6°E	5.3	Ⅵ
43	云南	1970 年 2 月 5 日	24.2°N	102.2°E	5.5	Ⅵ⁺

编号	省（区、市）	日期	纬度	经度	里氏震级	震中烈度
44	云南	1970 年 2 月 7 日	22.9°N	100.8°E	5.5	Ⅶ⁺
45	云南	1971 年 2 月 5 日	24.9°N	99.2°E	5.5	Ⅶ⁺
46	云南	1971 年 4 月 28 日	22.5°N	101.2°E	6.5	Ⅷ
47	云南	1972 年 1 月 23 日	23.5°N	102.5°E	5.5	Ⅶ
48	云南	1973 年 3 月 22 日	22.1°N	100.9°E	5.5	Ⅶ
49	云南	1973 年 4 月 22 日	22.7°N	104.0°E	5.0	Ⅵ
50	云南	1973 年 6 月 1 日	25.0°N	98.7°E	5.0	Ⅵ
51	云南	1973 年 6 月 2 日	25.0°N	98.7°E	5.0	Ⅵ
52	云南	1973 年 6 月 2 日	25.0°N	98.7°E	$4\frac{3}{4}$	Ⅵ⁻
53	云南	1973 年 8 月 2 日	27.9°N	104.6°E	5.4	Ⅵ
54	云南	1973 年 8 月 16 日	22.9°N	101.1°E	6.3	Ⅷ
55	四川	1933 年 8 月 25 日	32.0°N	103.7°E	7.5	Ⅹ
56	四川	1935 年 12 月 18 日	28.6°N	103.7°E	6.0	Ⅷ
57	四川	1936 年 4 月 27 日	(28.7°N	103.7°E)	6.8	Ⅸ
58	四川	1941 年 10 月 8 日	(32.1°N	103.3°E)	6.0	Ⅷ
59	四川	1947 年 6 月 7 日	(26.7°N	102.9°E)	5.5	Ⅶ
60	四川	1948 年 5 月 25 日	(29.7°N	100.3°E)	$7\frac{1}{4}$	Ⅹ
61	四川	1948 年 6 月 18 日	28.7°N	101.4°E	$5\frac{3}{4}$	Ⅶ
62	四川	1949 年 11 月 13 日	(29.5°N	102.0°E)	5.5	Ⅵ～Ⅶ
63	四川	1952 年 9 月 30 日	(28.4°N	102.2°E)	6.8	Ⅸ
64	四川	1954 年 7 月 21 日	(27.7°N	101.1°E)	5.3	Ⅶ
65	四川	1955 年 4 月 14 日	(30.0°N	101.8°E)	7.5	Ⅸ
66	四川	1955 年 9 月 23 日	(26.4°N	101.9°E)	6.8	Ⅸ
67	四川	1955 年 9 月 28 日	26.6°N	101.3°E	5.5	Ⅶ
68	四川	1955 年 10 月 1 日	29.9°N	101.4°E	5.8	Ⅶ
69	四川	1958 年 2 月 8 日	(31.8°N	104.4°E)	6.2	Ⅶ
70	四川	1960 年 11 月 9 日	32.8°N	103.7°E	6.8	Ⅸ
71	四川	1962 年 2 月 27 日	27.1°N	101.8°E	5.5	Ⅶ
72	四川	1967 年 1 月 24 日	(30.3°N	104.1°E)	5.5	Ⅶ
73	四川	1967 年 8 月 30 日	(31.6°N	100.3°E)	6.8	Ⅸ
74	四川	1970 年 2 月 24 日	(30.6°N	103.2°E)	6.3	Ⅸ
75	四川	1971 年 8 月 16 日	28.9°N	103.6°E	5.8	Ⅶ⁺
76	四川	1972 年 9 月 27 日	30.1°N	101.6°E	5.8	Ⅶ
77	四川	1973 年 2 月 6 日	31.1°N	100.1°E	7.9	Ⅹ
78	宁夏	1920 年 12 月 16 日	(36.5°N	105.7°E	8.5	Ⅻ
79	甘肃	1927 年 5 月 23 日	(33.6°N	102.6°E)	8.0	Ⅺ
80	甘肃	1936 年 8 月 1 日	34.2°N	105.7°E	6.0	Ⅷ
81	甘肃	1954 年 2 月 11 日	39.0°N	101.3°E	7.3	Ⅹ
82	陕西	1959 年 8 月 11 日	35.5°N	110.6°E	5.4	Ⅵ～Ⅶ
83	甘肃	1960 年 2 月 3 日	33.8°N	104.5°E	5.3	Ⅵ
84	甘肃	1961 年 10 月 1 日	34.3°N	104.8°E	5.7	Ⅶ
85	宁夏	1962 年 12 月 7 日	(38.1°N	106.3°E)	5.4	Ⅶ
86	甘肃	1962 年 12 月 11 日	34.8°N	105.1°E	5.0	Ⅵ⁺
87	青海	1963 年 1 月 11 日	37.5°N	101.6°E	4.8	Ⅶ
88	青海	1963 年 4 月 19 日	35.7°N	97.0°E	7.0	Ⅷ⁺
89	甘肃	1967 年 8 月 20 日	32.7°N	106.8°E	5.0	Ⅵ
90	甘肃	1967 年 10 月 16 日	(30.8°N	105.1°E)	4.8	Ⅵ

附录 C 续 2

编号	省(区、市)	日期	纬度	经度	里氏震级	震中烈度
91	宁夏	1970 年 12 月 3 日	35.9°N	105.6°E	5.5	Ⅶ
92	宁夏	1971 年 3 月 24 日	35.5°N	98.0°E	6.8	Ⅷ
93	新疆	1914 年 8 月 5 日	43.5°N	91.5°E	7.5	Ⅸ
94	新疆	1931 年 8 月 11 日	47.1°N	89.8°E	8.0	Ⅺ
95	新疆	1944 年 3 月 10 日	42.5°N	82.5°E	$7\frac{1}{4}$	Ⅸ
96	新疆	1949 年 2 月 24 日	42.0°N	84.0°E	$7\frac{1}{4}$	Ⅸ
97	新疆	1955 年 4 月 15 日	39.9°N	74.6°E	7.0	Ⅸ
98	新疆	1961 年 4 月 14 日	(39.9°N	77.8°E)	6.8	Ⅸ
99	新疆	1962 年 8 月 20 日	44.7°N	81.6°E	6.4	Ⅷ
100	新疆	1963 年 8 月 29 日	39.8°N	74.3°E	6.5	Ⅷ
101	新疆	1965 年 11 月 13 日	(43.6°N	88.3°E)	6.6	Ⅷ
102	新疆	1969 年 2 月 12 日	(41.5°N	79.3°E)	6.5	Ⅷ
103	新疆	1969 年 9 月 14 日	39.7°N	74.8°E	5.5	Ⅶ
104	新疆	1970 年 7 月 29 日	(39.9°N	77.7°E)	5.8	Ⅶ
105	新疆	1971 年 3 月 23 日	(41.5°N	79.3°E)	6.0	Ⅷ
106	新疆	1971 年 6 月 16 日	41.4°N	79.3°E	5.8	Ⅶ
107	新疆	1971 年 7 月 26 日	39.9°N	77.3°E	5.6	Ⅶ
108	新疆	1971 年 8 月 1 日	43.9°N	82.4°E	4.8	Ⅵ
109	新疆	1972 年 1 月 16 日	40.2°N	78.9°E	6.2	Ⅶ
110	新疆	1972 年 4 月 9 日	42.2°N	84.6°E	5.6	Ⅶ
111	新疆	1973 年 6 月 3 日	44.4°N	83.5°E	6.0	Ⅶ
112	山东	1937 年 8 月 1 日	(35.2°N	115.4°E)	$6\frac{3}{4}$	Ⅸ
113	山西	1952 年 10 月 8 日	(38.9°N	112.8°E)	5.5	Ⅷ
114	河北	1954 年 2 月 16 日	(37.6°N	115.7°E)	$4\frac{3}{4}$	Ⅶ
115	山西	1956 年 8 月 19 日	(37.9°N	113.9°E)	5.0	Ⅶ
116	河北	1957 年 1 月 1 日	(40.4°N	115.3°E)	5.0	Ⅵ
117	山西	1957 年 6 月 6 日	(37.6°N	112.5°E)	5.0	Ⅵ
118	山西	1957 年 6 月 11 日	(37.8°N	112.5°E)	5.0	Ⅵ
119	吉林	1960 年 4 月 13 日	(44.7°N	121.0°E)	$5\frac{3}{4}$	Ⅶ
120	山西	1965 年 1 月 13 日	(35.1°N	111.6°E)	5.5	Ⅶ +
121	河北	1965 年 5 月 7 日			$4\frac{1}{4}$	Ⅵ
122	河北	1966 年 3 月 6 日	37.5°N	115.0°E	5.2	Ⅶ
123	河北	1966 年 3 月 8 日	37.4°N	114.9°E	6.8	Ⅸ +
124	河北	1966 年 3 月 20 日	37.3°N	115.0°E	5.6	Ⅵ
125	河北	1966 年 3 月 22 日	37.5°N	115.1°E	7.2	Ⅹ
126	河北	1966 年 3 月 26 日	37.6°N	115.3°E	6.2	Ⅶ +
127	河北	1966 年 3 月 29 日	37.5°N	114.9°E	6.0	Ⅷ
128	吉林	1966 年 10 月 2 日	(43.8°N	125.0°E)	5.2	Ⅶ
129	河北	1967 年 3 月 27 日	38.5°N	116.5°E	6.3	Ⅶ
130	河北	1967 年 7 月 28 日	(40.7°N	115.8°E)	5.5	Ⅵ
131	河北	1967 年 12 月 3 日	37.6°N	115.2°E	5.7	Ⅶ
132	山西	1967 年 12 月 18 日	36.5°N	110.8°E	5.4	Ⅵ +
133	山西	1969 年 4 月 24 日	39.3°N	113.3°E	4.6	Ⅵ
134	辽宁	1975 年 2 月 4 日	40.7°N	122.8°E	7.3	Ⅸ

注：用括号括起来的经纬度为参考值。

附录 D 震中烈度的真实值与四种模型所得估计值

编号	M	真实烈度		LR			FINA			LDSS			NDSS		
		I_0	数字	$\bar{y}$	$\hat{I}_0$	C	$\bar{y}$	$\hat{I}_0$	C	$\bar{y}$	$\hat{I}_0$	C	$\bar{y}$	$\hat{I}_0$	C
1	5.75	Ⅶ	7	7.28	Ⅶ	T	7.30	Ⅶ	T	7.31	Ⅶ	T	7.29	Ⅶ	T
2	5.75	Ⅶ	7	7.28	Ⅶ	T	7.30	Ⅶ	T	7.31	Ⅶ	T	7.29	Ⅶ	T
3	6.4	Ⅷ	8	8.17	Ⅷ	T	8.11	Ⅷ	T	8.32	Ⅷ	T	8.33	Ⅷ	T
4	6.4	Ⅷ	8	8.17	Ⅷ	T	8.11	Ⅷ	T	8.32	Ⅷ	T	8.33	Ⅷ	T
5	6.5	Ⅸ	9	8.31	Ⅷ	F	8.39	Ⅷ	F	8.46	Ⅷ	F	8.41	Ⅷ	F
6	6.5	Ⅸ	9	8.31	Ⅷ	F	8.39	Ⅷ	F	8.46	Ⅷ	F	8.41	Ⅷ	F
7	6	Ⅷ	8	7.62	Ⅷ	T	7.68	Ⅷ	T	7.74	Ⅷ	T	7.59	Ⅷ	T
8	6	Ⅷ	8	7.62	Ⅷ	T	7.68	Ⅷ	T	7.74	Ⅷ	T	7.59	Ⅷ	T
9	6	Ⅶ	7	7.62	Ⅷ	F	7.68	Ⅷ	F	7.74	Ⅷ	F	7.59	Ⅷ	F
10	7	Ⅷ	8	9	Ⅸ	F	9.02	Ⅸ	F	9.2	Ⅸ	F	8.61	Ⅸ	F
11	7	Ⅸ	9	9	Ⅸ	T	9.02	Ⅸ	T	9.2	Ⅸ	T	8.61	Ⅸ	T
12	6.25	Ⅷ	8	7.97	Ⅷ	T	8.06	Ⅷ	T	8.15	Ⅷ	T	7.84	Ⅷ	T
13	5.75	Ⅷ	8	7.28	Ⅶ	F	7.30	Ⅶ	F	7.31	Ⅶ	F	7.29	Ⅶ	F
14	5.8	Ⅶ	8	7.34	Ⅶ	F	7.35	Ⅶ	F	7.36	Ⅶ	F	7.36	Ⅶ	F
15	6.3	Ⅸ	9	8.03	Ⅷ	F	8.06	Ⅷ	F	8.16	Ⅷ	F	8.04	Ⅷ	F
16	6.5	Ⅷ	8	8.31	Ⅷ	T	8.39	Ⅷ	T	8.46	Ⅷ	T	8.41	Ⅷ	T
17	5.8	Ⅶ+	7.2	7.34	Ⅶ	T	7.35	Ⅶ	T	7.36	Ⅶ	T	7.36	Ⅶ	T
18	5	Ⅶ−	6.8	6.24	Ⅵ	F	6.06	Ⅵ	F	6.2	Ⅵ	F	6.31	Ⅵ	F
19	5	Ⅵ	6	6.24	Ⅵ	T	6.06	Ⅵ	T	6.2	Ⅵ	T	6.31	Ⅵ	T
20	5	Ⅵ+	6.2	6.24	Ⅵ	T	6.06	Ⅵ	T	6.2	Ⅵ	T	6.31	Ⅵ	T
21	6	Ⅶ−	6.8	7.62	Ⅷ	F	7.68	Ⅷ	F	7.74	Ⅷ	F	7.59	Ⅷ	F
22	4.8	Ⅵ	6	5.96	Ⅵ	T	6.06	Ⅵ	T	6.2	Ⅵ	T	6.18	Ⅵ	T
23	5.5	Ⅵ	6	6.93	Ⅶ	F	6.89	Ⅶ	F	6.86	Ⅶ	F	6.83	Ⅶ	F
24	5.8	Ⅶ	7	7.34	Ⅶ	F	7.35	Ⅶ	F	7.36	Ⅶ	F	7.36	Ⅶ	F
25	6	Ⅷ	8	7.62	Ⅷ	T	7.68	Ⅷ	T	7.74	Ⅷ	T	7.59	Ⅷ	T
26	5.5	Ⅶ	7	6.93	Ⅶ	T	6.89	Ⅶ	T	6.86	Ⅶ	T	6.83	Ⅶ	T
27	6.2	Ⅷ−	7.8	7.9	Ⅷ	T	8.06	Ⅷ	T	8.05	Ⅷ	T	7.67	Ⅷ	T
28	6	Ⅶ−	6.8	7.62	Ⅷ	F	7.68	Ⅷ	F	7.74	Ⅷ	F	7.59	Ⅷ	F
29	5.4	Ⅶ	7	6.79	Ⅶ	T	6.81	Ⅶ	T	6.86	Ⅶ	T	6.73	Ⅶ	T
30	5.2	Ⅵ+	6.2	6.52	Ⅶ	F	6.44	Ⅵ	F	6.58	Ⅶ	F	6.51	Ⅶ	F
31	6.1	Ⅶ+	7.2	7.76	Ⅷ	F	7.95	Ⅷ	F	7.83	Ⅷ	F	7.55	Ⅷ	F
32	5.1	Ⅶ+	7.2	6.38	Ⅵ	F	6.24	Ⅵ	F	6.46	Ⅵ	F	6.45	Ⅵ	F
33	6.5	Ⅸ−	8.8	8.31	Ⅷ	F	8.39	Ⅷ	F	8.46	Ⅷ	F	8.41	Ⅷ	F
34	6.2	Ⅶ	7	7.90	Ⅷ	F	8.06	Ⅷ	F	8.05	Ⅷ	F	7.67	Ⅷ	F
35	5.2	Ⅵ+	6.2	6.52	Ⅶ	F	6.44	Ⅵ	F	6.58	Ⅶ	F	6.51	Ⅶ	F
36	5.4	Ⅶ+	7.2	6.79	Ⅶ	T	6.81	Ⅶ	T	6.86	Ⅶ	T	6.73	Ⅶ	T
37	5.2	Ⅶ	7	6.52	Ⅶ	T	6.44	Ⅵ	F	6.58	Ⅶ	T	6.51	Ⅶ	T
38	5	Ⅵ+	6.2	6.24	Ⅵ	T	6.06	Ⅵ	T	6.2	Ⅵ	T	6.31	Ⅵ	T
39	6.4	Ⅸ	9	8.17	Ⅷ	F	8.11	Ⅷ	F	8.32	Ⅷ	F	8.33	Ⅷ	F
40	5.2	Ⅵ	6	6.52	Ⅶ	F	6.44	Ⅵ	F	6.58	Ⅶ	F	6.51	Ⅶ	F
41	7.8	Ⅹ	10	10.10	Ⅹ	T	10.60	Ⅺ	F	10.24	Ⅹ	T	10.11	Ⅹ	T
42	5.3	Ⅵ	6	6.65	Ⅶ	F	6.59	Ⅶ	F	6.76	Ⅶ	F	6.54	Ⅶ	F
43	5.5	Ⅵ+	6.2	6.93	Ⅶ	F	6.89	Ⅶ	F	6.86	Ⅶ	F	6.83	Ⅶ	F
44	5.5	Ⅶ+	7.2	6.93	Ⅶ	T	6.89	Ⅶ	T	6.86	Ⅶ	T	6.83	Ⅶ	T

附录 D 续 1

编号	M	真实烈度		LR			FINA			LDSS			NDSS		
		I_0	数字	$\hat{y}$	$\hat{I}_0$	C	$\bar{y}$	$\hat{I}_0$	C	$\bar{y}$	$\hat{I}_0$	C	$\bar{y}$	$\hat{I}_0$	C
45	5.5	VII$^+$	7.2	6.93	VII	T	6.89	VII	T	6.86	VII	T	6.83	VII	T
46	6.5	VIII	8	8.31	VIII	T	8.39	VIII	T	8.46	VIII	T	8.41	VIII	T
47	5.5	VII	7	6.93	VII	T	6.89	VII	T	6.86	VII	T	6.83	VII	T
48	5.5	VII	7	6.93	VII	T	6.89	VII	T	6.86	VII	T	6.83	VII	T
49	5	VI	6	6.24	VI	T	6.06	VI	T	6.2	VI	T	6.31	VI	T
50	5	VI	6	6.24	VI	T	6.06	VI	T	6.2	VI	T	6.31	VI	T
51	5	VI	6	6.24	VI	T	6.06	VI	T	6.2	VI	T	6.31	VI	T
52	4.75	VI$^-$	5.8	5.89	VI	T	6.06	VI	T	6.2	VI	T	6.16	VI	T
53	5.4	VI	6	6.79	VII	F	6.81	VII	F	6.86	VII	F	6.73	VII	F
54	6.3	VIII	8	8.03	VIII	T	8.06	VIII	T	8.16	VIII	T	8.04	VIII	T
55	7.5	X	10	9.69	X	T	10	X	T	9.68	X	T	9.69	X	T
56	6	VIII	8	7.62	VIII	T	7.68	VIII	T	7.74	VIII	T	7.59	VIII	T
57	6.8	IX	9	8.72	IX	T	8.61	IX	T	8.83	IX	T	9.01	IX	T
58	6	VIII	8	7.62	VIII	T	7.68	VIII	T	7.74	VIII	T	7.59	VIII	T
59	5.5	VII	7	6.93	VII	T	6.89	VII	T	6.86	VII	T	6.83	VII	T
60	7.25	X	10	9.35	IX	F	9.56	X	T	9.39	IX	F	9.8	X	T
61	5.75	VII	7	7.28	VII	T	7.30	VII	T	7.31	VII	T	7.29	VII	T
62	5.5	VI~VII	6.5	6.93	VII	T	6.89	VII	T	6.86	VII	T	6.83	VII	T
63	6.8	IX	9	8.72	IX	T	8.61	IX	T	8.83	IX	T	9.01	IX	T
64	5.3	VII	7	6.65	VII	T	6.59	VII	T	6.76	VII	T	6.54	VII	T
65	7.5	IX	9	9.69	X	F	10	X	F	9.68	X	F	9.69	X	F
66	6.8	IX	9	8.72	IX	T	8.61	IX	T	8.83	IX	T	9.01	IX	T
67	5.5	VII	7	6.93	VII	T	6.89	VII	T	6.86	VII	T	6.83	VII	T
68	5.8	VII	7	7.34	VII	T	7.35	VII	T	7.36	VII	T	7.36	VII	T
69	6.2	VII	7	7.90	VIII	F	8.06	VIII	F	8.05	VIII	F	7.67	VIII	F
70	6.8	IX	9	8.72	IX	T	8.61	IX	T	8.83	IX	T	9.01	IX	T
71	5.5	VII	7	6.93	VII	T	6.89	VII	T	6.86	VII	T	6.83	VII	T
72	5.5	VII	7	6.93	VII	T	6.89	VII	T	6.86	VII	T	6.83	VII	T
73	6.8	IX	9	8.72	IX	T	8.61	IX	T	8.83	IX	T	9.01	IX	T
74	6.3	IX	9	8.03	VIII	F	8.06	VIII	F	8.16	VIII	F	8.04	VIII	F
75	5.8	VII$^+$	7.2	7.34	VII	T	7.35	VII	T	7.36	VII	T	7.36	VII	T
76	5.8	VII	7	7.34	VII	T	7.35	VII	T	7.36	VII	T	7.36	VII	T
77	7.9	X	10	10.24	X	T	10.79	XI	F	10.44	X	T	10.48	X	T
78	8.5	XII	12	11.07	XI	F	11.97	XII	T	12	XII	T	11.8	XII	T
79	8	XI	11	10.38	X	F	11	XI	T	10.69	XI	T	10.83	XI	T
80	6	VIII	8	7.62	VIII	T	7.68	VIII	T	7.74	VIII	T	7.59	VIII	C
81	7.3	X	10	9.41	IX	F	9.61	X	T	9.46	IX	F	9.79	X	T
82	5.4	VI~VII	6.5	6.79	VII	T	6.81	VII	T	6.86	VII	T	6.73	VII	T
83	5.3	VI	6	6.65	VII	F	6.59	VII	F	6.76	VII	F	6.54	VII	F
84	5.7	VII	7	7.21	VII	T	7.30	VII	T	7.21	VII	T	7.18	VII	T
85	5.4	VII	7	6.79	VII	T	6.81	VII	T	6.86	VII	T	6.73	VII	T
86	5	VI$^+$	6.2	6.24	VI	T	6.06	VI	T	6.2	VI	T	6.31	VI	T
87	4.8	VII	7	5.96	VI	F	6.06	VI	F	6.2	VI	F	6.18	VI	F
88	7	VIII$^+$	8.2	9	IX	F	9.02	IX	F	9.2	IX	F	8.61	IX	F
89	5	VI	6	6.24	VI	T	6.06	VI	T	6.2	VI	T	6.31	VI	T
90	4.8	VI	6	5.96	VI	T	6.06	VI	T	6.2	VI	T	6.18	VI	T
91	5.5	VII	7	6.93	VII	T	6.89	VII	T	6.86	VII	T	6.83	VII	T

编号	M	真实烈度		LR			FINA			LDSS			NDSS		
		I_0	数字	$\hat{y}$	$\hat{I}_0$	C	$\bar{y}$	$\hat{I}_0$	C	$\bar{y}$	$\hat{I}_0$	C	$\bar{y}$	$\hat{I}_0$	C
92	6.8	Ⅷ	8	8.72	Ⅸ	F	8.61	Ⅸ	F	8.83	Ⅸ	F	9.01	Ⅸ	F
93	7.5	Ⅸ	9	9.69	Ⅹ	F	10	Ⅹ	F	9.68	Ⅹ	F	9.69	Ⅹ	F
94	8	Ⅺ	11	10.38	Ⅹ	F	11	Ⅺ	T	10.69	Ⅺ	T	10.83	Ⅺ	T
95	7.25	Ⅸ	9	9.35	Ⅸ	T	9.56	Ⅹ	F	9.39	Ⅸ	T	9.8	Ⅹ	F
106	5.8	Ⅶ	7	7.34	Ⅶ	T	7.35	Ⅶ	T	7.36	Ⅶ	T	7.36	Ⅶ	T
107	5.6	Ⅶ	7	7.07	Ⅶ	T	7.08	Ⅶ	T	7.03	Ⅶ	T	6.88	Ⅶ	T
108	4.8	Ⅵ	6	5.96	Ⅵ	T	6.06	Ⅵ	T	6.2	Ⅵ	T	6.18	Ⅵ	T
109	6.2	Ⅶ	7	7.90	Ⅷ	F	8.06	Ⅷ	F	8.05	Ⅷ	F	7.67	Ⅷ	F
110	5.6	Ⅶ	7	7.07	Ⅶ	T	7.08	Ⅶ	T	7.03	Ⅶ	T	6.88	Ⅶ	T
111	6	Ⅶ	7	7.62	Ⅷ	F	7.68	Ⅷ	F	7.74	Ⅷ	F	7.59	Ⅷ	F
112	6.75	Ⅸ	9	8.65	Ⅸ	T	8.61	Ⅸ	T	8.79	Ⅸ	T	9	Ⅸ	T
113	5.5	Ⅷ	8	6.93	Ⅶ	F	6.89	Ⅶ	F	6.86	Ⅶ	F	6.83	Ⅶ	F
114	4.75	Ⅶ	7	5.89	Ⅵ	F	6.06	Ⅵ	F	6.2	Ⅵ	F	6.16	Ⅵ	F
115	5	Ⅶ	7	6.24	Ⅵ	F	6.06	Ⅵ	F	6.2	Ⅵ	F	6.31	Ⅵ	F
116	5	Ⅵ	6	6.24	Ⅵ	T	6.06	Ⅵ	T	6.2	Ⅵ	T	6.31	Ⅵ	T
117	5	Ⅵ	6	6.24	Ⅵ	T	6.06	Ⅵ	T	6.2	Ⅵ	T	6.31	Ⅵ	T
118	5	Ⅵ	6	6.24	Ⅵ	T	6.06	Ⅵ	T	6.2	Ⅵ	T	6.31	Ⅵ	T
119	5.75	Ⅶ	7	7.28	Ⅶ	T	7.30	Ⅶ	T	7.31	Ⅶ	T	7.29	Ⅶ	T
120	5.5	Ⅶ⁺	7.2	6.93	Ⅶ	T	6.89	Ⅶ	T	6.86	Ⅶ	T	6.83	Ⅶ	T
121	4.25	Ⅵ	6	5.2	Ⅴ	F	6	Ⅵ	T	6.19	Ⅵ	T	5.95	Ⅵ	T
122	5.2	Ⅶ	7	6.52	Ⅶ	T	6.44	Ⅵ	F	6.58	Ⅶ	T	6.51	Ⅶ	T
123	6.8	Ⅸ⁺	9.2	8.72	Ⅸ	T	8.61	Ⅸ	T	8.83	Ⅸ	T	9.01	Ⅸ	T
124	5.6	Ⅵ	6	7.07	Ⅶ	F	7.08	Ⅶ	F	7.03	Ⅶ	F	6.88	Ⅶ	F
125	7.2	Ⅹ	10	9.28	Ⅸ	F	9.46	Ⅸ	F	9.28	Ⅸ	F	9.78	Ⅹ	T
126	6.2	Ⅶ⁺	7.2	7.90	Ⅷ	F	8.06	Ⅷ	F	8.05	Ⅷ	F	7.67	Ⅷ	F
127	6	Ⅷ	8	7.62	Ⅷ	T	7.68	Ⅷ	T	7.74	Ⅷ	T	7.59	Ⅷ	T
128	5.2	Ⅶ	7	6.52	Ⅶ	T	6.44	Ⅵ	F	6.58	Ⅶ	T	6.51	Ⅶ	T
129	6.3	Ⅶ	7	8.03	Ⅷ	F	8.06	Ⅷ	F	8.16	Ⅷ	F	8.04	Ⅷ	F
130	5.5	Ⅵ	6	6.93	Ⅶ	F	6.89	Ⅶ	F	6.86	Ⅶ	F	6.83	Ⅶ	F
131	5.7	Ⅶ	7	7.21	Ⅶ	T	7.30	Ⅶ	T	7.21	Ⅶ	T	7.18	Ⅶ	T
132	5.4	Ⅵ⁺	6.2	6.79	Ⅶ	F	6.81	Ⅶ	F	6.86	Ⅶ	F	6.73	Ⅶ	F
133	4.6	Ⅵ	6	5.69	Ⅵ	T	6.19	Ⅵ	T	6.50	Ⅶ	F	6.02	Ⅵ	T
134	7.3	Ⅸ	9	9.41	Ⅸ	T	9.61	Ⅹ	F	9.46	Ⅸ	T	9.79	Ⅹ	F
110	5.6	Ⅶ	7	7.07	Ⅶ	T	7.08	Ⅶ	T	7.03	Ⅶ	T	6.88	Ⅶ	T
111	6	Ⅶ	7	7.62	Ⅷ	F	7.68	Ⅷ	F	7.74	Ⅷ	F	7.59	Ⅷ	F
112	6.75	Ⅸ	9	8.65	Ⅸ	T	8.61	Ⅸ	T	8.79	Ⅸ	T	9	Ⅸ	T
113	5.5	Ⅷ	8	6.93	Ⅶ	F	6.89	Ⅶ	F	6.86	Ⅶ	F	6.83	Ⅶ	F
114	4.75	Ⅶ	7	5.89	Ⅵ	F	6.06	Ⅵ	F	6.2	Ⅵ	F	6.16	Ⅵ	F
115	5	Ⅶ	7	6.24	Ⅵ	F	6.06	Ⅵ	F	6.2	Ⅵ	F	6.31	Ⅵ	F
116	5	Ⅵ	6	6.24	Ⅵ	T	6.06	Ⅵ	T	6.2	Ⅵ	T	6.31	Ⅵ	T
117	5	Ⅵ	6	6.24	Ⅵ	T	6.06	Ⅵ	T	6.2	Ⅵ	T	6.31	Ⅵ	T
118	5	Ⅵ	6	6.24	Ⅵ	T	6.06	Ⅵ	T	6.2	Ⅵ	T	6.31	Ⅵ	T
119	5.75	Ⅶ	7	7.28	Ⅶ	T	7.30	Ⅶ	T	7.31	Ⅶ	T	7.29	Ⅶ	T
	T 的数目			86			87			88			90		
	均方误差			$\varepsilon_{LR}=0.267$			$\varepsilon_{FINA}=0.280$			$\varepsilon_{LDSS}=0.265$			$\varepsilon_{NDSS}=0.226$		